처음 만나는
디지털 논리회로

임석구, 홍경호 지음

한빛아카데미
Hanbit Academy, Inc.

지은이 **임석구** sklim@bu.ac.kr

한국항공대학교 전자공학과를 졸업하고 서울대학교 전자공학과 공학석사 학위를 취득하였으며, LG 중앙연구소, 한국전자통신연구원에서 근무했다. 한국항공대학교에서 전자공학 박사학위를 취득한 후 현재는 백석대학교 정보통신학부 교수로 재직중이다. 저서로는 『IT CookBook, 디지털 논리회로(초판/개정판/개정3판)』(한빛아카데미, 2015), 『IT CookBook, 디지털 논리회로 실험』(한빛아카데미, 2014), 『IT CookBook, C 언어로 배우는 8051 마이크로프로세서』(한빛아카데미, 2010), 『순서도 for C』(정익사, 2013), 『공업수학』(대영사, 2006) 등이 있다. 관심 연구 분야는 통신 네트워크, 휴대 인터넷, 임베디드 시스템 등이며, 주요 강의 과목은 논리회로, 마이크로프로세서 등이다.

지은이 **홍경호** khhong@bu.ac.kr

영남대학교 전자공학과에서 학사, 동 대학교 대학원 컴퓨터공학과에서 석, 박사학위를 취득하였다. 1996년부터 1998년까지 협성대학교에서 교수로 재직했고, 1998년부터 백석대학교 정보통신학부 교수로 재직중이다. 저서 및 역서로는 『IT CookBook, 디지털 논리회로(초판/개정판/개정3판)』(한빛아카데미, 2015), 『IT CookBook, 디지털 논리회로 실험』(한빛아카데미, 2014), 『문제로 풀어 보는 C 언어 정석』(생능출판사, 2015), 『순서도 for C』(정익사, 2013)』, 『컴퓨터 구조론』(한티미디어, 2009) 등이 있다. 관심 연구 분야는 컴퓨터 아키텍처, 패턴인식, 신경망, 임베디드 시스템, 유비쿼터스 등이며, 주요 강의 과목은 컴퓨터 구조론, 디지털 시스템 설계, 논리회로, 마이크로프로세서 등이다.

처음 만나는 디지털 논리회로

초판발행 2016년 7월 25일
10쇄발행 2023년 1월 30일

지은이 임석구, 홍경호 / **펴낸이** 전태호
펴낸곳 한빛아카데미(주) / **주소** 서울시 서대문구 연희로2길 62 한빛아카데미(주) 2층
전화 02-336-7112 / **팩스** 02-336-7199
등록 2013년 1월 14일 제2017-000063호 / **ISBN** 979-11-5664-263-3 93560

책임편집 유경희 / **기획** 박현진 / **편집** 박현진 / **진행** 김미정
디자인 표지 박정화 / **전산편집** 임희남 / **제작** 박성우, 김정우
영업 김태진, 김성삼, 이정훈, 임현기, 이성훈, 김주성 / **마케팅** 길진철, 김호철, 주희

이 책에 대한 의견이나 오탈자 및 잘못된 내용에 대한 수정 정보는 아래 이메일로 알려주십시오.
잘못된 책은 구입하신 서점에서 교환해 드립니다. 책값은 뒤표지에 표시되어 있습니다.
홈페이지 www.hanbit.co.kr / 이메일 question@hanbit.co.kr

모든 것을 가르쳐 주는 절대적인 스승은 없다!

디지털 시스템 설계에 관한 연구는 반도체 산업과 컴퓨터 기술의 발달로 인해 비약적인 발전을 해왔다. 디지털 시스템 설계 분야 중 하나인 마이크로프로세서는 공장 자동화, 각종 산업용 기기의 제어장치, 각종 통신회로 설계 등과 같은 분야에서 널리 사용되고 있다. 이러한 디지털 시스템을 설계하기 위해서는 디지털 논리회로의 설계가 우선되어야 한다. 이러한 관점에서 볼 때 디지털 논리회로는 전자공학, 통신공학, 정보통신공학, 컴퓨터공학 전반에 걸쳐 꼭 알아야 하는 필수 지식이라고 할 수 있다.

현재 전자공학과와 컴퓨터 관련 학과에는 컴퓨터와 하드웨어의 이해를 돕기 위한 과목이 많이 개설되어 있다. 그 중에서 디지털 논리회로는 컴퓨터 하드웨어의 기본을 이루고 있는 디지털 회로의 기초 부분으로, 컴퓨터 하드웨어 원리 이해 및 디지털 시스템의 이해와 분석, 설계에 필요한 기초 개념들을 배우는 과목이다. 따라서 디지털 논리회로의 기초를 잘 다져놓아야만 후속 과목(마이크로프로세서, 컴퓨터 구조, 디지털 시스템 설계, 임베디드 시스템)에서 배울 마이크로프로세서의 주변제어회로 설계, 컴퓨터 구조의 이해와 설계, 각종 하드웨어 인터페이스 설계, VHDL(VHSIC Hardware Description Language)을 이용한 FPGA 회로 설계 등을 제대로 이해할 수 있다.

이 책의 학습법

이 책은 가능하면 한 학기 안에 모든 과정을 마칠 수 있도록 구성했다. 전반부(1~7장)는 디지털 논리회로의 기초 부분으로, 디지털과 아날로그의 개념, 정보표현을 위한 수의 체계, 다양한 디지털 코드, 기본 게이트, 불 대수, 카르노 맵, 조합논리회로 등을 자세히 설명했다. 후반부(8~11장)는 순서논리회로에 해당하는 플립플롭, 순서논리회로의 설계, 카운터와 레지스터, 메모리를 소개했다.

전체적으로 각 장의 연습문제를 풍부하게 구성하였고, 아울러 최근 10년 동안 출제된 각종 산업기사 자격시험 문제들을 선별, 수록하여 자격시험의 출제 경향을 분석하면서 정리할 수 있도록 했다.

감사의 글

강의를 통하여 교재의 내용을 검증하고 수정·보완하였으나 아직도 집필상의 미숙함과 오류 등으로 부족한 점이 많을 것으로 예상된다. 이러한 문제점들은 지속적으로 수정·보완하여 디지털 논리회로 분야의 학문 연구에 좋은 지침서가 되도록 최선의 노력을 다할 것이다.

이 책이 출간되기까지 많은 도움을 주신 한빛아카데미㈜ 관계자분들께 감사를 드린다.

지은이 **임석구, 홍경호**

미 리 보 기

CHAPTER

05

불 대수

이 장에서는 불 대수의 법칙과 논리식 표현 방법을 이해하는 것을 목표로 한다.

- 기본 논리식의 표현 방법을 이해할 수 있다.
- 불 대수의 법칙을 이해하고 복잡한 논리식을 간소화할 수 있다.
- 논리회로를 논리식으로, 논리식을 논리회로로 표현할 수 있다.
- 곱의 합(SOP)과 최소항의 개념을 이해하고 이를 활용할 수 있다.
- 합의 곱(POS)과 최대항의 개념을 이해하고 이를 활용할 수 있다

CONTENTS

| 장 도입글 |

해당 장의 내용을 왜 배우는지, 무엇을 배우는지 설명한다.

SECTION 04

OR 게이트

OR 게이트도 모든 논리 기능을 구축하는 데 필요한 기본 게이트 중 하나다. 이 절에서는 OR 게이트의 동작을 이해하고, 논리기호, 진리표, 핀 배치도, 동작파형, 논리식을 알고, 입력에 따른 출력을 이해한다.

Keywords | 2입력 OR 게이트 | 3입력 OR 게이트 | OR 논리식 |

| 학습목표/Keywords |

해당 절에서 학습하는 핵심 내용을 키워드로 보여준다.

OR 게이트는 입력 2개 이상에 대해 출력 1개를 얻는 게이트로, **논리합**(logical sum)이라 한다. 이 게이트는 입력이 모두 0인 경우에만 출력이 0이 되고, 입력 중에 1이 하나라도 있으면 출력은 1이 된다. [그림 4-16]은 2입력 OR 게이트의 진리표, 동작파형, 논리기호, IC7432 칩을 보여준다.

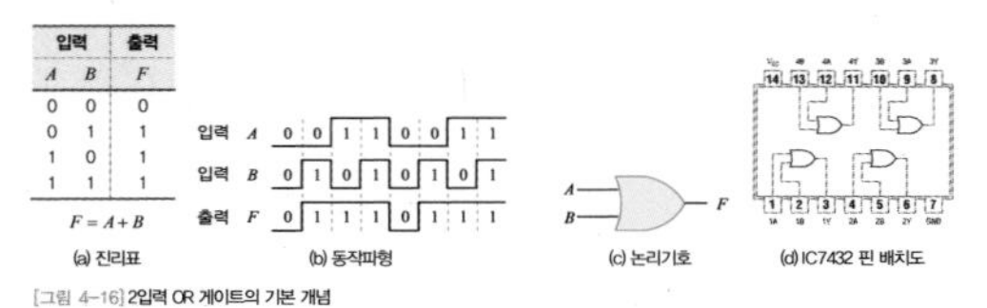

[그림 4-16] 2입력 OR 게이트의 기본 개념

OR 게이트의 출력에 대한 논리식은 $F = A + B$로 나타낸다. 스위칭 회로로 표시하면 [그림 4-17(a)]와 같이 나타낼 수 있으며, 스위치 A, B 둘 중에서 적어도 하나가 닫혀있으면 전구에 불이 켜진다.

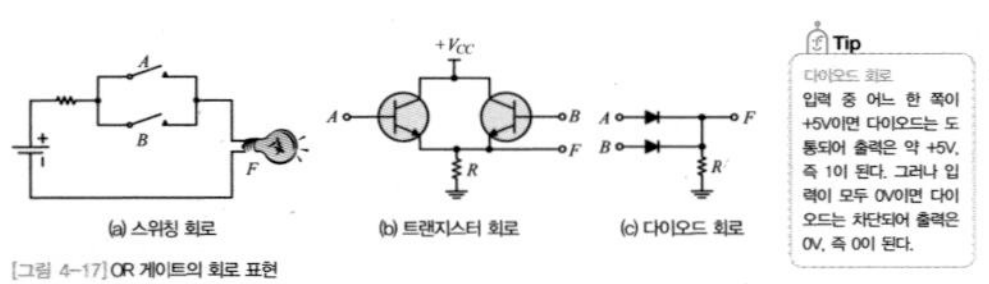

[그림 4-17] OR 게이트의 회로 표현

Tip

다이오드 회로
입력 중 어느 한 쪽이 +5V이면 다이오드는 도통되어 출력은 약 +5V, 즉 1이 된다. 그러나 입력이 모두 0V이면 다이오드는 차단되어 출력은 0V, 즉 0이 된다.

트랜지스터 회로는 [그림 4-17(b)]와 같이 표현한다. 입력 중에서 적어도 하나가 +5V이면 해당 트랜지스터가 도통되어 출력은 +5V, 즉 1이 된다. 그러나 모든 입력이 0V이면 트랜지스터는 차단되어 출력은 약 0V, 즉 0이 된다.

108 CHAPTER 04. 논리게이트

| 본문 |

해당 절의 핵심 내용을 다룬다.

| Tip 박스 |

본문에 대한 보충설명이나 추가 내용을 제시한다.

이 책의 연습문제 답과 기출문제 풀이과정은 다음 경로에서 다운로드할 수 있습니다.
http://www.hanbit.co.kr/exam/4263

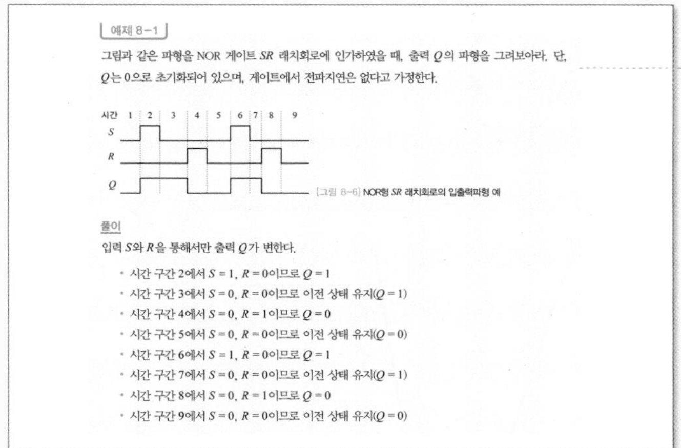

예제 8-1

그림과 같은 파형을 NOR 게이트 *SR* 래치회로에 인가하였을 때, 출력 *Q*의 파형을 그려보아라. 단, *Q*는 0으로 초기화되어 있으며, 게이트에서 전파지연은 없다고 가정한다.

[그림 8-6] NOR형 *SR* 래치회로의 입출력파형 예

풀이

입력 *S*와 *R*을 통해서만 출력 *Q*가 변한다.

- 시간 구간 2에서 $S = 1$, $R = 0$이므로 $Q = 1$
- 시간 구간 3에서 $S = 0$, $R = 0$이므로 이전 상태 유지($Q = 1$)
- 시간 구간 4에서 $S = 0$, $R = 1$이므로 $Q = 0$
- 시간 구간 5에서 $S = 0$, $R = 0$이므로 이전 상태 유지($Q = 0$)
- 시간 구간 6에서 $S = 1$, $R = 0$이므로 $Q = 1$
- 시간 구간 7에서 $S = 0$, $R = 0$이므로 이전 상태 유지($Q = 1$)
- 시간 구간 8에서 $S = 0$, $R = 1$이므로 $Q = 0$
- 시간 구간 9에서 $S = 0$, $R = 0$이므로 이전 상태 유지($Q = 0$)

| 예제 |

본문에서 다룬 개념을 적용한 문제와
상세한 풀이를 제공한다.

| 연습문제 |

해당 장에서 학습한 내용을
문제를 통해 확인한다.

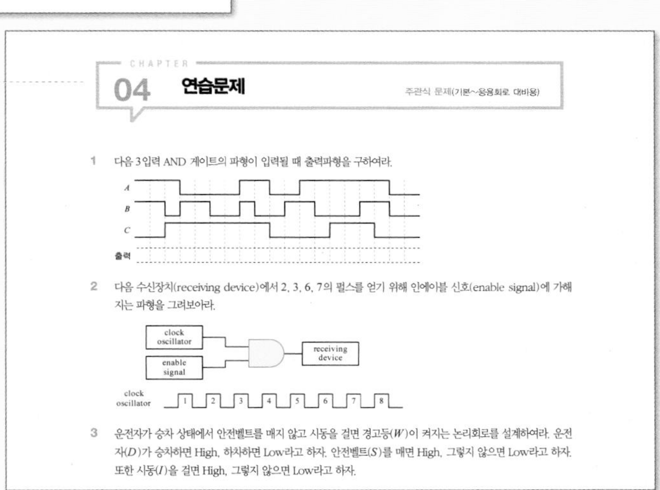

CHAPTER 04 연습문제 주관식 문제(기본~응용회로 대비용)

1 다음 3입력 AND 게이트의 파형이 입력될 때 출력파형을 구하여라.

2 다음 수신장치(receiving device)에서 2, 3, 6, 7의 펄스를 얻기 위해 인에이블 신호(enable signal)에 가해지는 파형을 그려보아라.

3 운전자가 승차 상태에서 안전벨트를 매지 않고 시동을 걸면 경고등(*W*)이 켜지는 논리회로를 설계하여라. 운전자(*D*)가 승차하면 High, 하차하면 Low라고 하자. 안전벨트(*S*)를 매면 High, 그렇지 않으면 Low라고 하자. 또한 시동(*I*)을 걸면 High, 그렇지 않으면 Low라고 하자.

| 기출문제 |

최근 10년간 출제된 각종 산업기사
시험문제로, 출제 경향을
살펴볼 수 있다.

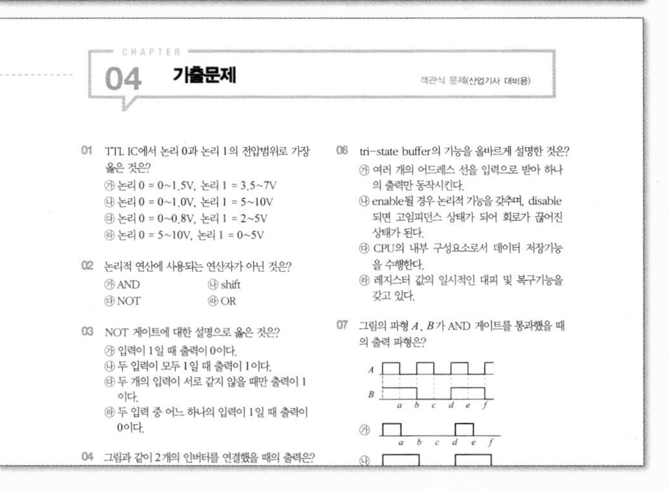

CHAPTER 04 기출문제 객관식 문제(산업기사 대비용)

01 TTL IC에서 논리 0과 논리 1의 전압범위로 가장 옳은 것은?
㉮ 논리 0 = 0~1.5V, 논리 1 = 3.5~7V
㉯ 논리 0 = 0~1.0V, 논리 1 = 5~10V
㉰ 논리 0 = 0~0.8V, 논리 1 = 2~5V
㉱ 논리 0 = 5~10V, 논리 1 = 0~5V

02 논리적 연산에 사용되는 연산자가 아닌 것은?
㉮ AND ㉯ shift
㉰ NOT ㉱ OR

03 NOT 게이트에 대한 설명으로 옳은 것은?
㉮ 입력이 1일 때 출력이 0이다.
㉯ 두 입력이 모두 1일 때 출력이 1이다.
㉰ 두 개의 입력이 서로 같지 않을 때만 출력이 1이다.
㉱ 두 입력 중 어느 하나의 입력이 1일 때 출력이 0이다.

04 그림과 같이 2개의 인버터를 연결했을 때의 출력은?

06 tri-state buffer의 기능을 올바르게 설명한 것은?
㉮ 여러 개의 어드레스 선을 입력으로 받아 하나의 출력만 동작시킨다.
㉯ enable될 경우 논리적 기능을 갖추며, disable되면 고임피던스 상태가 되어 회로가 끊어진 상태가 된다.
㉰ CPU의 내부 구성요소로서 데이터 저장기능을 수행한다.
㉱ 레지스터 값의 일시적인 대피 및 복구기능을 갖고 있다.

07 그림의 파형 *A*, *B*가 AND 게이트를 통과했을 때의 출력 파형은?

학습 로드맵

이 책에서 다루는 내용이 무엇이고, 각 주제의 학습 순서를 보여준다.

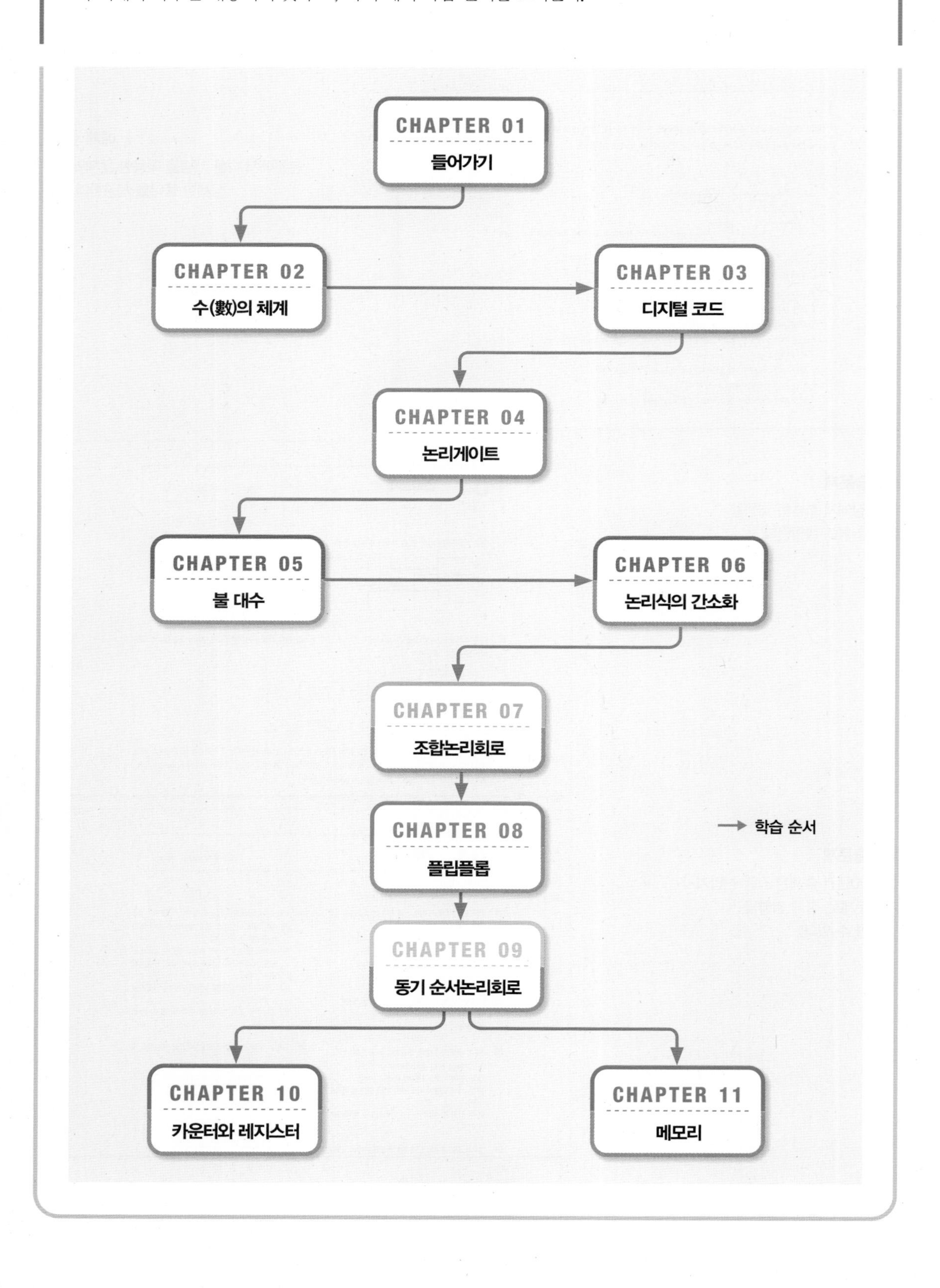

Contents

Contents

CHAPTER 04 논리게이트

CHAPTER 05 불 대수

CHAPTER 06 논리식의 간소화

Contents

Contents

CHAPTER

01

들어가기

이 장에서는 디지털 시스템의 특징, 집적회로의 종류 및 특성을 이해하는 것을 목표로 한다.

- 아날로그 신호와 디지털 신호의 개념을 이해할 수 있다.
- 디지털 정보의 표현 방법을 이해하고 이를 활용할 수 있다.
- 주기적인 파형에서 주파수, 주기, 듀티 사이클의 개념을 이해하고 계산할 수 있다.
- 디지털 회로의 장점과 단점에 대해 설명할 수 있다.
- ADC와 DAC의 개념을 이해할 수 있다.

CONTENTS

SECTION

01 디지털과 아날로그

디지털 신호는 이산값을 갖는 양을 다루고, 아날로그 신호는 연속값을 갖는 양을 다룬다. 이 절에서는 디지털의 기본적인 사항을 주로 다루지만, 아날로그 역시 많은 응용 분야에서 쓰이고 있으므로 그에 대해서도 알고 있어야 한다.

Keywords | 디지털 시스템 | 아날로그 시스템 |

디지털 신호와 아날로그 신호

전자 및 통신 산업의 핵심인 디지털 시스템은 반도체 집적회로 기술과 시스템 기술이 눈부시게 발전하면서 방송, 통신, 컴퓨터가 융합되는 정보화 사회로 진전하는 데 커다란 역할을 하고 있다. 디지털 시스템이 아날로그 시스템과 대조되는 점은 이산적인 단위량의 정수배로 표시하고, 이산량을 이용하여 정보를 처리한다는 점이다.

현실 세계의 물리적인 양은 시간에 따라 연속적으로 변화하는 것이 많다. 예를 들어 온도, 습도, 소리, 빛 등은 시간에 따라 연속적인 값을 갖는다. 이러한 물리적인 양을 전기·전자적으로 측정하기 위해 트랜스듀서(transducer)를 이용하여 전기·전자적 신호로 변환하면 원래의 물리적인 양과 유사한(analog) 연속적인 값을 갖는다. 이러한 전기·전자 신호를 **아날로그 신호**라고 한다. 이에 반해 **디지털 신호**는 분명히 구별되는 두 레벨의 신호값만을 갖는다.

아날로그 신호와 디지털 신호를 그림으로 표현하면 [그림 1-1]과 같다.

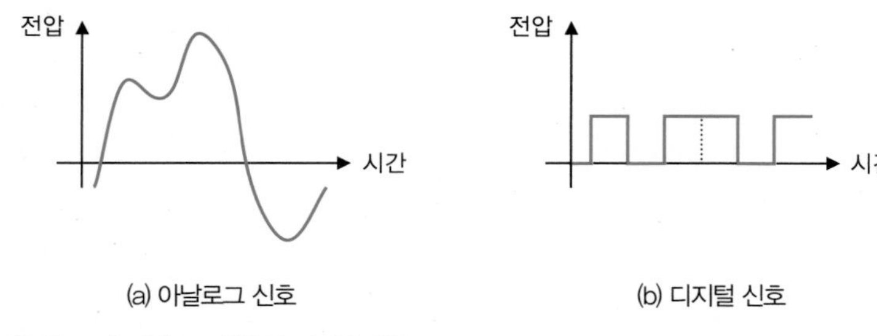

(a) 아날로그 신호 (b) 디지털 신호

[그림 1-1] 아날로그 신호와 디지털 신호

일상생활에서 사용하는 전자기기는 아날로그 신호를 디지털 신호로 변환하여 사용한다. 시계를 예로 들면, 초침과 분침이 회전하는 형태의 눈금 시계는 아날로그 시계이고 시간이 숫자로 표시되는 형태의 시계는 디지털 시계이다. 또 다른 예로 아날로그 테스터기와 디지털 테스터기를 [그림

1-2]에서 확인할 수 있다. 이렇듯 우리 생활 주변에서 온도계, 습도계, 시계, 회로시험기 등에서 아날로그 형태와 디지털 형태의 기기를 쉽게 발견할 수 있다.

(a) 아날로그 테스터기

(b) 디지털 테스터기

[그림 1-2] 아날로그 테스터기와 디지털 테스터기

디지털 시스템과 아날로그 시스템

전기·전자회로는 취급하는 신호의 성격에 따라 아날로그 시스템과 디지털 시스템으로 구분하며, 각각 아날로그 신호와 디지털 신호를 통해 동작한다. [그림 1-3(a)]에 나타난 것처럼 이산적인 정보를 가공·처리하여 이산적인 정보를 출력하는 모든 형태의 장치를 **디지털 시스템**이라고 한다.

시스템이란 임의의 종합된 형태의 작업이나 기능을 수행하는 일정한 체계를 갖춘 기기의 집합체로 정의된다. 디지털 시스템은 간단한 산술연산을 수행하는 장치에서부터 컴퓨터나 방송, 통신 시스템처럼 매우 복잡한 시스템에 이르기까지 다양하게 정의될 수 있다.

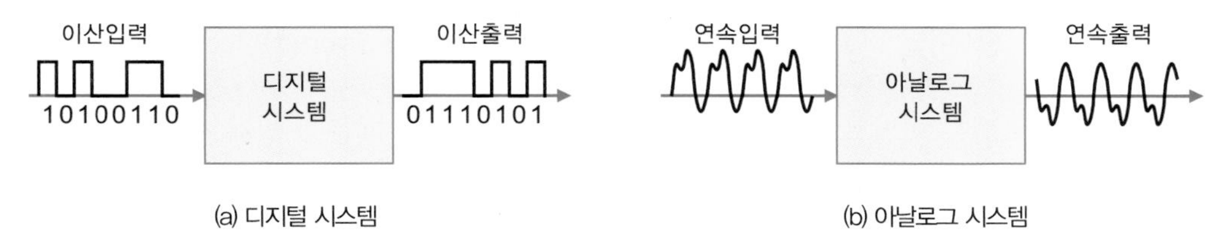

(a) 디지털 시스템 (b) 아날로그 시스템

[그림 1-3] 디지털 시스템과 아날로그 시스템

이에 비해 **아날로그 시스템**은 디지털 시스템에 대응하는 것으로 [그림 1-3(b)]와 같이 연속적인 정보를 입력받아 처리하여 연속적인 형태의 정보를 출력하는 시스템으로 정의된다. 오늘날에는 대부분의 전자 시스템이 디지털화되었지만, 그 전에는 모두 아날로그 시스템이었다. 연속적으로 변하는 다양한 정보를 이산적인 정보로 변환하기 위해서는 아날로그-디지털 변환기(ADC : analog-to-digital converter)를 사용한다.

아날로그 시스템에 비해 디지털 시스템은 다음과 같은 장점이 있다.

❶ 내부와 외부 잡음에 강하다. 일반적으로 아날로그 시스템은 외부 잡음이나 온도 변화, 부품의 사용 기간 등에 민감하게 반응하지만, 디지털 시스템에서의 전기·전자 신호는 이산적인 정보를 사용하기 때문에 내·외부 잡음의 영향을 줄일 수 있다.

❷ 설계하기가 쉽다. 디지털 시스템에서 사용되는 회로는 off 또는 on 상태만이 중요한 스위칭(switching) 회로다. 따라서 회로의 전압이나 전류의 정확한 값보다 전압이나 전류가 일정한 범위 내에 있으면 off 또는 on 상태를 쉽게 인식할 수 있다. 또 디지털 시스템은 좀 더 규모가 작은 서브시스템으로 분해하는 것이 가능하고, 높은 레벨에서 낮은 레벨에 이르기까지 다양한 시스템 모델로 나타낼 수 있으며, 계층 구조를 갖춘 시스템 설계도 가능하다.

❸ 프로그래밍으로 전체 시스템을 제어할 수 있어서 규격이나 사양 변경에 쉽게 대응할 수 있다. 또 기능 구현의 유연성을 높일 수 있고, 개발 기간을 단축할 수 있다.

❹ 디지털 정보의 이산적인 특징 때문에 정보를 저장하거나 가공하기 쉽다.

❺ 정보 처리의 정확성과 정밀도를 높일 수 있다. 또한 아날로그 시스템으로는 다루기 어려운 비선형 처리나 다중화 처리 등도 가능하다.

❻ 전체 시스템 구성을 소형화하고 저렴한 가격에 구성할 수 있다. 여러 가지 디지털 회로나 기능을 하나의 칩에 집적하면 인쇄회로기판(PCB : printed circuit board)의 크기나 사용하는 부품의 수를 줄일 수 있기 때문이다.

이러한 디지털 시스템의 장점들 때문에 기존 아날로그 시스템이나 새로운 시스템을 대부분 디지털 시스템으로 구성한다. 하지만 시스템에서 관측하고 동작, 제어되는 정보의 물리적인 양은 대부분 본디 아날로그 양이다. 사람들은 아날로그 정보인 물리적인 양에 좀 더 익숙하기 때문에 디지털 시스템으로 처리한 정보라고 해도 최종적으로는 아날로그 형태의 정보로 다시 변환해야 한다. 이를 위한 장치가 디지털-아날로그 변환기(DAC : digital-to-analog converter)다.

이와 같이 디지털 시스템은 아날로그와의 인터페이스를 필요로 하기 때문에 전체 시스템을 효율적으로 구축하기 위해서는 아날로그 신호의 본질이나 특성을 좀 더 철저하게 이해해야 한다.

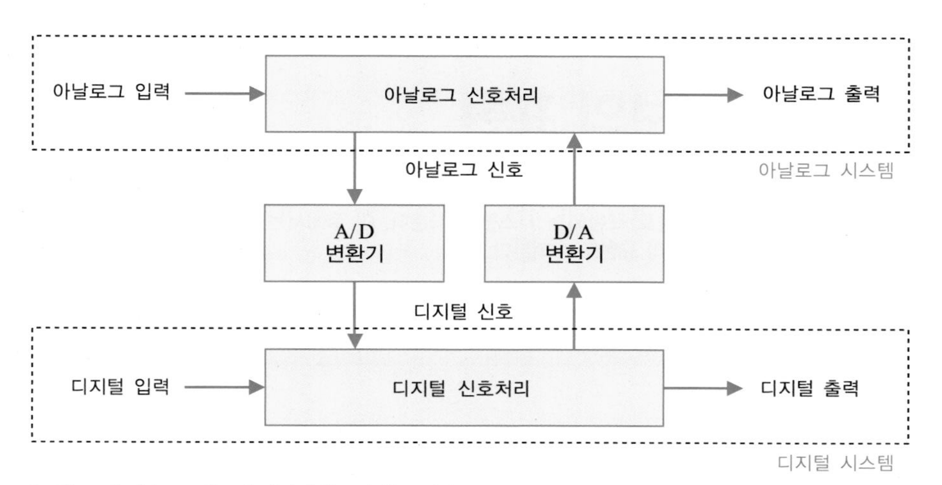

[그림 1-4] 아날로그 회로와 디지털 회로의 상호 연결

SECTION 02

디지털 정보의 표현

디지털 시스템은 보통 High/Low의 두 전압 레벨로 표현되는 시스템을 다룬다. 이 절에서는 디지털 정보의 전압레벨 및 표현 단위를 알아보고, 전자소자를 이용한 논리 표현도 살펴본다.

Keywords | 디지트 | 2진수 체계 | 비트 | 니블 | 바이트 |

디지털 정보의 전압레벨

시스템에서 사용하는 정보를 신호라고 하며, 이러한 전기신호는 일반적으로 전압이나 전류로 나타낸다. 디지털 정보를 표현하는 데 사용하는 2진수 체계(binary system)는 0과 1 두 디지트(digit)를 사용하기 때문에 정보를 가장 간단한 형태로 나타낼 수 있다.

[그림 1-5]는 디지털 시스템의 입출력에서 전압레벨에 따라 2진 디지털 정보를 나타내는 예이다. 출력신호의 전압이 2.7~5V 범위에 있으면 High 레벨, 즉 2진수의 1을 나타내고, 0~0.4V의 범위에 있으면 Low 레벨, 즉 2진수의 0을 나타낸다. 만일 출력신호의 전압이 0.4~2.7V 범위에 있으면 Low 레벨도 아니고 High 레벨도 아닌 **하이 임피던스**(high-impedance) 상태라고 한다.

이와 마찬가지로 입력신호도 그림에 나타난 것처럼 전압레벨의 변화에 따라 Low, High 또는 2진수 0, 1로 표현한다. 이때 입력신호 전압의 변동 범위가 출력신호 전압의 변동 범위보다 큰 이유는 신호 전송 과정 중에 발생하는 잡음에 강하게 대응하기 위해서다.

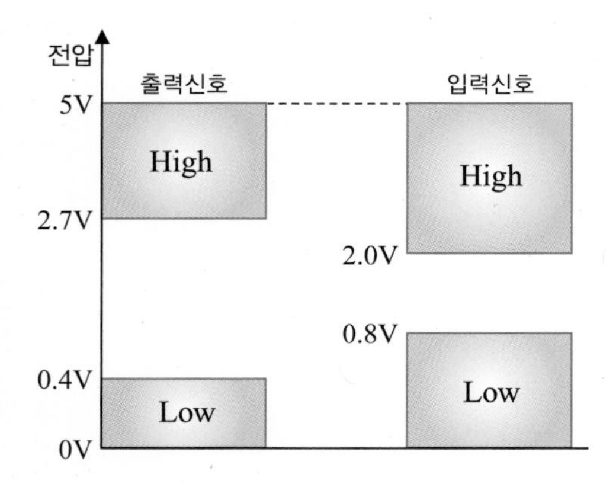

[그림 1-5] 디지털 시스템의 전압레벨

디지털 정보의 표현 단위

디지털 정보의 단위로는 비트(bit), 바이트(byte) 등이 있는데, **비트**는 컴퓨터의 정보를 나타내는 가장 기본적인 단위다. 컴퓨터는 일종의 전자 장치로, 전압이 높고 낮음의 두 가지 상태만을 감지할 수 있으며, 이를 간단히 2진수로 표현한다(예 0V → 0, +5V → 1). 2진수 한 자리(0과 1)는 두 가지 상태의 정보를 표현할 수 있다.

비트 1개는 단순히 2가지 상태만 저장할 수 있기 때문에 매우 단순한 정보만 표현할 수 있다. 예를 들어, 2비트는 4가지 상태의 정보를 표현할 수 있다. 그런데 컴퓨터에서는 보통 비트 8개를 모은 8비트(**1바이트**)를 사용한다. 한편 1바이트의 반, 즉 4비트 단위는 **니블**(nibble)이라고 한다.

1byte = 8bit	2byte = 16bit
4byte = 32bit	8byte = 64bit

1바이트를 **1캐릭터**(character)라고도 한다. 이는 1바이트로 영어 알파벳 문자 하나를 표현할 수 있기 때문이다. 반면에 한글과 같은 동양권의 문자를 표기하려면 한 문자당 2바이트가 필요하다. 한글 코드를 2바이트 조합형 혹은 완성형이라고 하는 말은 이러한 이유 때문이다.

사실 정확하게 말하면 영어권의 문자는 8비트(1바이트)가 아닌 7비트만으로도 표현할 수 있다. 7비트는 0~127까지 128개의 정보를 표현할 수 있으며, 알파벳과 특수문자를 표현하고도 남는다.

1워드(word)는 특정 CPU에서 취급하는 명령어나 데이터의 길이에 해당하는 비트 수다. 즉 컴퓨터 하드웨어에서 한 단위로 취급하는 비트 벡터다. 워드의 길이는 보통 8의 정수 배로 나타내는데, 일반적으로 사용하는 워드 길이는 기종에 따라 8, 16, 32, 64비트 등이 될 수 있다. [그림 1-6]은 비트, 니블 및 바이트의 관계를 나타낸 것이다.

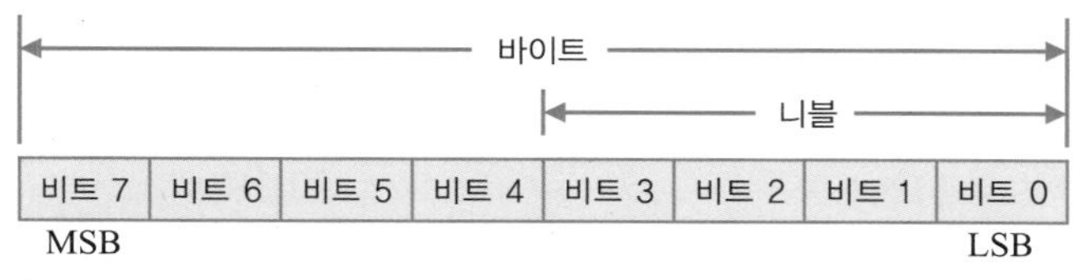

[그림 1-6] 비트, 니블 및 바이트의 관계

Tip

MSB(most significant bit) 최상위비트

LSB(least significant bit) 최하위비트

대용량인 경우 IEC 단위인 Ki, Mi, Gi, Ti 등을 사용하여 나타내며, bit는 소문자 b, byte는 대문자 B를 용량 단위 뒤에 붙여서 사용한다. 4Mib는 4Mebibit, 4MiB는 4Mebibyte다. 초기에는 컴퓨터 용량의 단위로 SI 단위인 K, M 등을 사용했지만, 컴퓨터 산업이 발달하고 용량 단위가 커짐에 따라 SI 단위를 그대로 사용하면 큰 오차가 발생할 수밖에 없다. 예를 들어, RAM 용량이 512MB라면 실제로는 536,870,912B이므로, 정확하게 512MiB 또는 536MB로 표시해야 한다. 또 다른 예로

Mbit/s를 나타낼 때 네트워크 설계자는 일반적으로 1,048,576bit/s로, 통신공학자는 SI 단위인 1,000,000bit/s로 사용했다. 또한, PCI 버스의 대역폭인 133.3MB/s는 4바이트 데이터를 33.3MHz의 빠르기로 전송한다는 의미다. 여기서 MHz의 M은 1,000,000을, MB의 M은 1,048,576을 의미하므로 부정확한 표현이다. 데이터 용량과 전송률이 계속 증가하고 있는 현재 SI 단위를 혼용하거나 부정확하게 사용하면 심각한 문제가 될 것이다. 따라서 IT 산업에서는 IEC 60027-2에 정의된 정확한 단위를 사용해야 한다. [표 1-1]에 SI(International System of Units) 단위와 IEC(International Electrotechnical Commission) 단위를 비교하여 나타냈다.

[표 1-1] SI 단위와 IEC 단위 비교

SI(10진 단위)			IEC(2진 단위)			
값	기호	이름	값	기호	이름	10진 변환 크기
$(10^3)^1=10^3$	k, K	kilo-	$(2^{10})^1=2^{10}\cong10^{3.01}$	Ki	kibi-	1,024
$(10^3)^2=10^6$	M	mega-	$(2^{10})^2=2^{20}\cong10^{6.02}$	Mi	mebi-	1,048,576
$(10^3)^3=10^9$	G	giga-	$(2^{10})^3=2^{30}\cong10^{9.03}$	Gi	gibi-	1,073,741,824
$(10^3)^4=10^{12}$	T	tera-	$(2^{10})^4=2^{40}\cong10^{12.04}$	Ti	tebi-	1,099,511,627,776
$(10^3)^5=10^{15}$	P	peta-	$(2^{10})^5=2^{50}\cong10^{15.05}$	Pi	pebi-	1,125,899,906,842,624
$(10^3)^6=10^{18}$	E	exa-	$(2^{10})^6=2^{60}\cong10^{18.06}$	Ei	exbi-	1,152,921,504,606,846,976
$(10^3)^7=10^{21}$	Z	zetta-	$(2^{10})^7=2^{70}\cong10^{21.07}$	Zi	zebi-	1,180,591,620,717,411,303,424
$(10^3)^8=10^{24}$	Y	yotta-	$(2^{10})^8=2^{80}\cong10^{24.08}$	Yi	yobi-	1,208,925,819,614,629,174,706,176

Tip

kibi- kilobinary
mebi- megabinary
gibi- gigabinary
tebi- terabinary
pebi- petabinary
exbi- exabinary
zebi- zettabinary
yobi- yottabinary

예제 1-1

어떤 USB 메모리에 32GB가 표시되어 있다. 이러한 32GB USB 메모리에는 얼마나 많은 데이터가 저장되는지를 IEC 단위인 GiB로 표시하여라. 단, $1\text{Gi} = 2^{30}$ 이다.

풀이

32GB는 관례적으로 사용하는 SI 단위(10진 단위)이므로 이를 2진 단위인 IEC 단위로 변환한다.

32G는 32,000,000,000를 의미하므로 2^{30}으로 나누면 $\frac{32,000,000,000}{2^{30}} = 29,802,322,387$ 이다.

따라서 32GB는 29.8GiB가 된다.

Tip

- 비트 n개로는 2^n가지 정보를 표현할 수 있다. 예를 들어, $n=4$이면 $16(=2^4)$가지 정보를 표현할 수 있다.
- m가지 정보를 표현하려면 비트 $\lceil \log_2 m \rceil$개가 필요하다. 예를 들어, $m=10$이면 $\log_2 10 \approx 3.219$이므로 $\lceil \log_2 10 \rceil = 4$ 비트가 필요하다.

전자소자를 이용한 논리 표현

디지털 정보를 0, 1 또는 Low, High로 표현하는 방법 외에도 다이오드(diode)나 트랜지스터(transistor)의 off/on, 전기 스위치의 open/close, 논리학의 false/true 등 여러 가지 표현이 같은 의미로 사용되고 있다.

디지털 시스템에서 0과 1의 2진 상태를 전자회로를 사용하여 표현할 때는 바이폴라(bipolar) 트랜지스터나 MOS(metal oxide semiconductor) 트랜지스터를 주로 이용한다. [그림 1-7(a)]는 바이폴라 트랜지스터를 이용해 2진 상태를 표현한 예로, 입력전압 V_i 의 값에 따라 출력전압 V_o 의 레벨이 결정된다. $V_i = V_{CC}$ 면 트랜지스터 스위치가 on 상태가 되어 $V_o = 0V$ 가 된다. 반면 $V_i = 0V$ 면 트랜지스터 스위치가 off 상태가 되어 $V_o = V_{CC}$ 가 되는 과정으로 2진 상태를 표현할 수 있다. [그림 1-7(b)]는 NMOS에 의한 2진 상태의 스위칭 논리를 나타낸 예로, 바이폴라 트랜지스터와 마찬가지로 입력 V_G 에 따라 2진 상태를 표현할 수 있다.

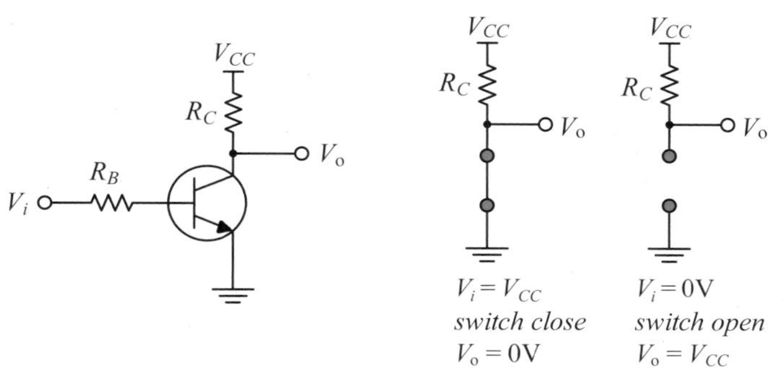

(a) 바이폴라 트랜지스터를 이용한 스위칭

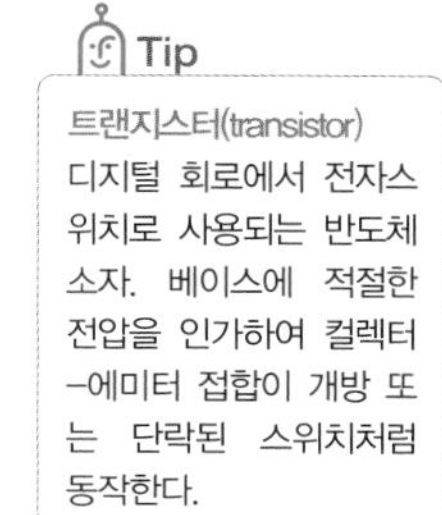

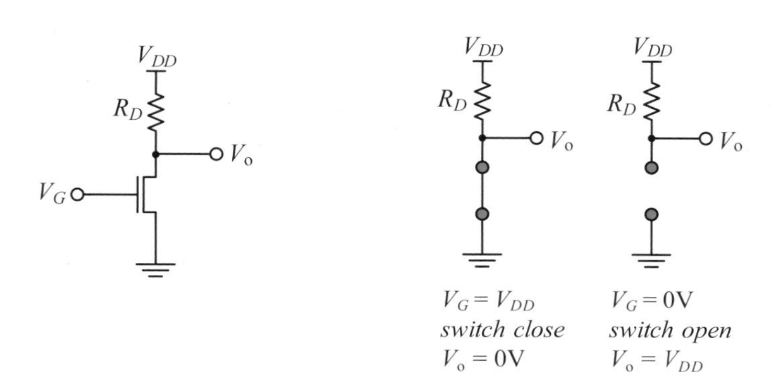

(b) NMOS 트랜지스터를 이용한 스위칭

[그림 1-7] 스위칭 소자를 이용한 2진 상태 표현

예제 1-2

다음과 같은 트랜지스터 회로에 입력신호 V_i 가 인가되었을 때, 출력파형 V_o 를 그려보아라.

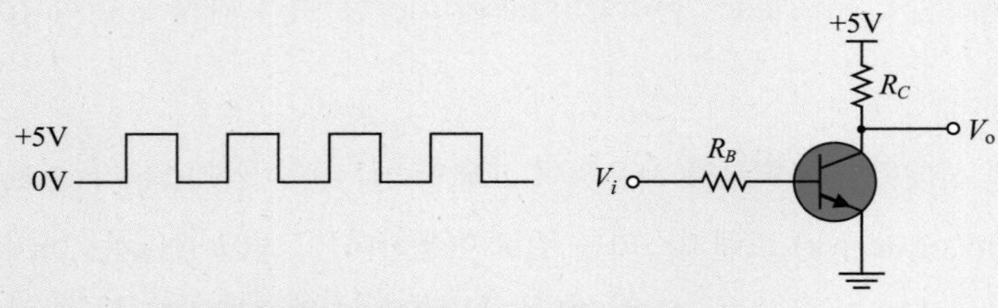

[그림 1-8] 트랜지스터 회로에 펄스 파형이 입력되는 경우

풀이

[그림 1-7(a)]의 트랜지스터 회로에서 $V_i = 0V$ 이면 $V_o = +5V$ 이고, $V_i = +5V$ 이면 $V_o = 0V$ 이므로 [그림 1-9]와 같다. 따라서 출력 V_o 는 입력 V_i 의 반전된 형태가 된다. 이 회로는 NOT 게이트로 동작한다(4장 참조).

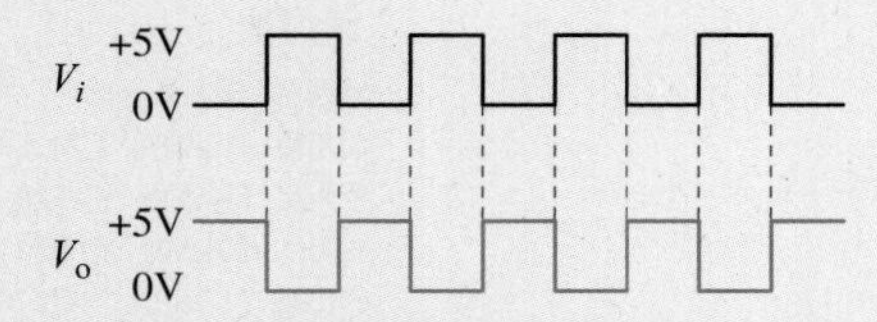

[그림 1-9] 트랜지스터 회로에 펄스 파형이 입력되는 경우 입출력파형

SECTION 03

펄스 파형

디지털 시스템에서 사용하는 대부분의 파형은 일련의 펄스로 구성된다. 이 절에서는 실제적인 펄스 파형과 이상적인 펄스 파형의 차이점을 알아보고, 펄스 파형의 주기, 주파수, 듀티 사이클에 대해서도 살펴본다.

Keywords | 상승시간 | 하강시간 | 주기 | 주파수 | 듀티 사이클 |

펄스 파형

펄스(pulse)는 전압레벨이 일반적으로 Low 상태와 High 상태를 반복하기 때문에 디지털 시스템에서 매우 중요하다. 디지털 시스템에서 사용하는 대부분의 파형은 일련의 펄스로 구성되고, 주기 펄스(periodic pulse)와 비주기 펄스(non-periodic pulse)로 나뉜다. 주기 펄스는 일정한 구간마다 파형이 반복되며, 비주기 펄스는 주기가 없는 파형이다.

[그림 1-10]은 이상적인 주기 펄스의 모양을 나타낸 것이다. 그림에서 펄스는 두 개의 에지(edge), 즉 **상승에지**(rising edge)와 **하강에지**(falling edge)로 구성되어 있다. 상승에지는 리딩에지(leading edge)라고 부르며, 하강에지는 트레일링 에지(trailing edge)라고도 한다.

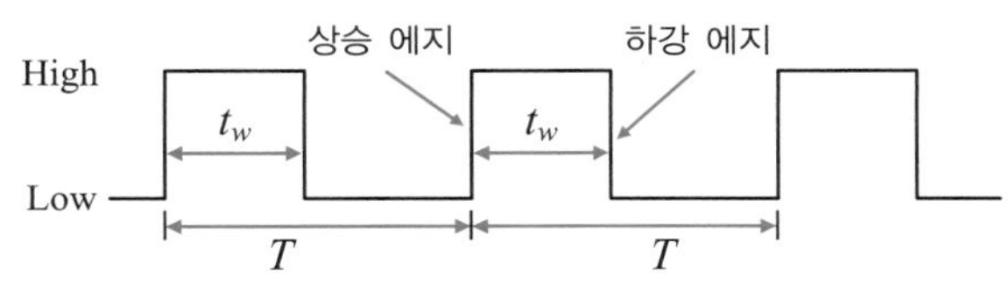

[그림 1-10] 이상적인 펄스 파형

실제적인 펄스의 모양은 [그림 1-10]에서 보는 것처럼 Low에서 High로, 또는 High에서 Low로 순간적으로 변하지 않으며 [그림 1-11]과 같은 형태를 띤다. 여기서 t_r과 t_f는 각각 상승시간과 하강시간을 나타낸다. 상승시간(rising time, t_r)은 Low 레벨에서 High 레벨로 증가하는 데 걸리는 시간, 하강시간(falling time, t_f)은 High 레벨에서 Low 레벨로 감소하는 데 걸리는 시간을 의미한다.

실제로는 펄스 진폭(A)이 10%에서 90%까지 증가하는 시간을 **상승시간**으로 정의하고, 펄스 진폭이 90%에서 10%까지 떨어지는 시간을 **하강시간**으로 정의한다. **펄스 폭**(pulse width, t_w)은 펄스가 존속하는 시간으로, 상승 구간과 하강 구간의 50%인 두 지점 사이의 시간 간격으로 정의한다.

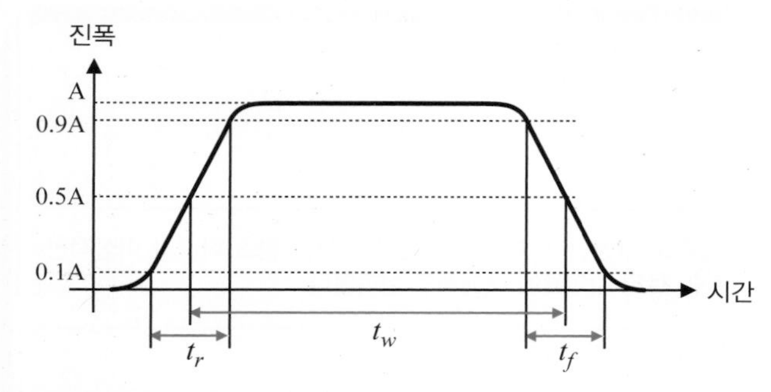

[그림 1-11] 실제 펄스 파형

주기, 주파수 및 듀티 사이클

주파수(frequency)란 주기적인 파형이 1초 동안에 진동한 횟수를 의미하는데, 1초 동안에 주기가 몇 번 반복되는지에 따라 결정된다. 주파수 단위는 전파를 처음 발견한 독일의 헤르츠의 이름을 따서 헤르츠(Hz)를 쓴다. 또 **주기**(period)는 주기적인 파형이 1회 반복하는 데 걸리는 시간을 의미한다. 예를 들어, [그림 1-12]에 나타난 것처럼 1초 동안 주기적인 파형이 1회 반복하면 1Hz가 되고, 주기는 1초가 된다. 1초 동안 2회 반복하면 주파수는 2Hz가 되고, 주기는 0.5초가 된다. 1000회 반복하면 주파수는 1000Hz(=1KHz)가 되며, 주기는 1ms가 된다.

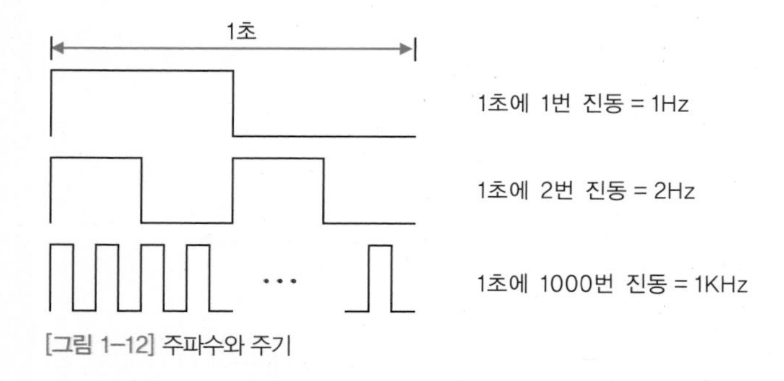

[그림 1-12] 주파수와 주기

펄스 파형의 주파수 f와 주기 T는 서로 역수 관계에 있으며, 다음과 같이 표현할 수 있다.

$$T = \frac{1}{f}, \quad f = \frac{1}{T}$$

주기적인 펄스 파형의 주요한 특성은 **듀티 사이클**(duty cycle, 충격 계수)이다. [그림 1-10]을 참조로 듀티 사이클은 다음과 같이 정의되며, 주기 T에 대한 펄스 폭(t_w)의 비를 백분율로 정의한다.

$$\text{듀티 사이클} = \frac{t_w}{T} \times 100\%$$

예제 1-3

펄스 폭이 50μs이고 주기가 500μs인 주기 파형이 있다. 주파수와 듀티 사이클을 구하여라.

풀이

① 주파수 : $f = \frac{1}{T} = \frac{1}{500\mu s} = \frac{1}{500 \times 10^{-6}} \text{Hz} = 2\text{KHz}$

② 듀티 사이클 : $duty\ cycle = \frac{t_w}{T} \times 100\% = \frac{50\mu s}{500\mu s} \times 100\% = 10\%$

예제 1-4

전압 레벨이 0V, +5V이고, 주파수가 250Hz이며, 듀티 사이클이 다른 펄스 파형이 있다. 펄스 파형의 듀티 사이클이 각각 0%, 25%, 50%, 75%, 100%라면 각 펄스 파형의 차이점을 간략하게 설명하여라.

풀이

주파수가 250Hz인 펄스 파형의 주기는 4ms(=1/250)이다. 듀티 사이클이 0%인 펄스 파형은 1주기 4ms 동안 High인 구간이 없고 Low로만 구성되는 파형이며, 듀티 사이클이 100%인 파형은 1주기 동안 Low 구간이 없고 High로만 구성되는 파형이다. 또한 25%, 50%, 75%의 펄스 파형은 1주기 4ms 동안 High인 구간이 1ms, 2ms, 3ms인 펄스 파형을 의미한다. 이를 그림으로 나타내면 [그림 1-13]과 같다.

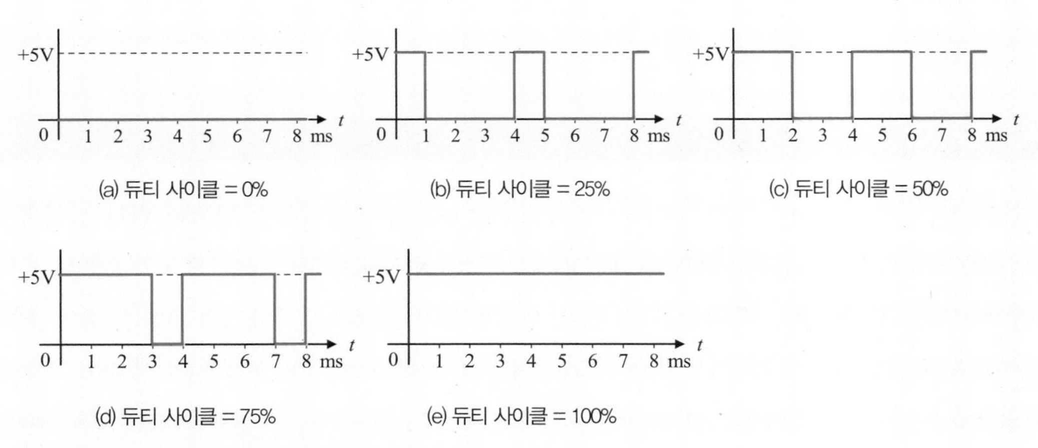

[그림 1-13] 듀티 사이클이 서로 다른 펄스 파형의 모양

SECTION

04 디지털 집적회로

현대의 디지털 시스템은 소형, 높은 신뢰성, 저 비용, 저 전력 등의 이유로 거의 모든 설계에서 IC를 이용한다. 이 절에서는 제작 형태에 따른 IC 패키지의 종류를 알아보고, 집적되는 트랜지스터의 수에 따른 IC의 분류도 살펴본다.

Keywords | IC | DIP | SMD | VLSI |

디지털 정보를 처리하는 디지털 시스템의 하드웨어(hardware)를 디지털 회로라고 한다. 즉 디지털 회로는 2진 상태와 회로를 구성하는 논리에 따라 2진 상태의 출력신호를 발생시키는 것이다. 이와 같이 디지털 회로가 입력신호에 반응하는 형태는 내부 회로 구성의 논리에 의존하기 때문에 디지털 회로를 논리회로라고도 한다. 이 책에서는 디지털 하드웨어, 디지털 회로, 논리회로 등을 특별히 구별하지 않고 사용할 것이다.

1960년대의 논리회로는 저항, 다이오드, 트랜지스터 등과 같은 부피가 큰 개별 부품으로 구성되었으나 **집적회로**(IC : integrated circuit) 기술의 발전으로 여러 트랜지스터를 한 칩(chip)에 통합할 수 있게 되었다. 집적회로는 작은 실리콘(silicon) 칩 위에 저항, 커패시터, 다이오드, 트랜지스터 등의 전자부품을 여러 단계의 공정을 거쳐서 내부적으로 상호 연결한 것을 의미하고, 칩은 실리콘 반도체를 의미한다. 이 칩을 세라믹 또는 플라스틱 기판에 부착하여 필요한 외부 핀(pin)에 연결한다. 핀의 수는 내부회로에 따라 적게는 14개, 많게는 100개 이상이 되기도 한다.

IC 패키지

IC 패키지는 [그림 1-14]와 같이 PCB(printed circuit board)에 장착하는 방법에 따라 **삽입 장착**(through-hole mounted)**형**과 **표면 실장**(SMD : surface-mounted device)**형**으로 구분한다. 삽입 장착형 IC는 PCB 보드의 구멍에 끼우는 핀을 가지고 있어 뒷면의 도체에 납땜으로 연결할 수 있다. 대부분의 삽입 장착형 IC는 [그림 1-14(a)]와 같은 DIP(dual-in-line package) 형태다. 또한 표면 실장형 IC로는 SOIC(small outline integrated circuit), QFP(quad flat package), PLCC(plastic leaded chip carrier) 등이 있다.

DIP는 1965년에 개발되어 IC 실장에 적용한 후부터 1980년대까지 IC 패키지의 주류였다. 그 후, 표면 실장형 패키지로 PLCC 및 SOIC가 개발되어 자리를 양보하게 되었지만 지금도 범용 로직,

EEPROM 등 많은 IC에 사용되고 있다. 세라믹 DIP는 CerDIP(서딥)이라고 하고, 플라스틱 DIP는 PDIP(피딥)이라고도 표시한다.

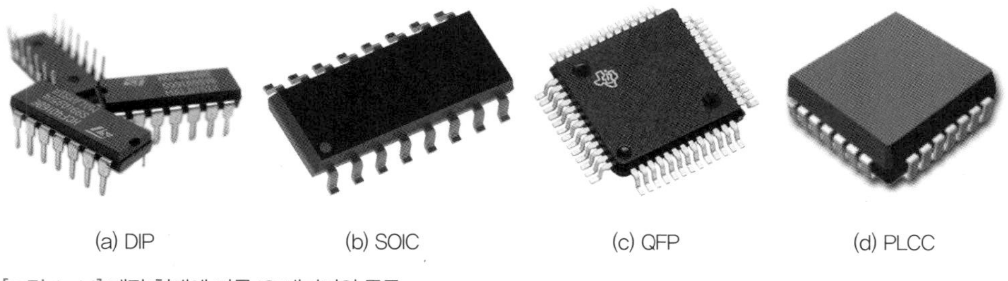

(a) DIP (b) SOIC (c) QFP (d) PLCC

[그림 1-14] 제작 형태에 따른 IC 패키지의 종류

SOP(small outline package)는 DIP의 리드 간격을 절반으로 하고 리드는 표면 실장을 위해 다리가 바깥쪽으로 구부러져 있다. 미국에서는 SOP를 SOIC라고 부른다. 그리고 패키지의 4방향에서 리드 핀을 낸 것을 QFP라고 한다. PLCC는 QFP와 같이 패키지 4변의 측면에 리드가 나와 있으며, 리드의 끝 부분은 J자형으로 안쪽으로 구부러져 있다.

현대 전자공학의 미래는 더 작고 조밀한 부품과 시스템을 제조하는 능력에 달려있다. SMD는 이러한 요구를 충족한다. SMD는 DIP 형태의 논리회로 크기를 70%, 무게를 90%가량 줄였다. 또한 PCB의 제조 가격을 크게 떨어뜨렸다. SMD는 PCB 기판 표면의 금속 처리된 곳에 직접 납땜 처리를 하기 때문에 비용을 절감할 수 있다. DIP는 각 핀에 해당하는 구멍을 뚫어야 하지만, SMD는 크기가 작아 특별한 도구와 기술이 필요하기 때문에 제거하는 데 어려움이 있다.

집적회로 기술이 개발된 이래 IC 제조 기술은 눈부시게 발전했다. 칩 소요 면적의 소형화뿐만 아니라 1990년대에는 트랜지스터가 수백만 개 집적된 마이크로프로세서(microprocessor)가 등장했으며, 현재는 수천만 개의 트랜지스터를 집적할 수 있게 되었다.

집적회로의 분류

집적회로는 집적되는 트랜지스터의 수에 따라 [표 1-2]와 같이 5가지로 분류한다.

[표 1-2] 소자 수에 따른 집적회로의 분류

종류	소자 수
소규모 집적회로(SSI : Small Scale IC)	100개 이하
중규모 집적회로(MSI : Medium Scale IC)	100 ~ 1,000개
대규모 집적회로(LSI : Large Scale IC)	1,000 ~ 10,000개
초대규모 집적회로(VLSI : Very Large Scale IC)	10,000 ~ 1,000,000개
극초대규모 집적회로(ULSI : Ultra Large Scale IC)	1,000,000개 이상

- **SSI** : 복잡하지 않은 디지털 IC 부류로, 기본적인 게이트 기능과 플립플롭이 이 부류에 해당한다.
- **MSI** : 좀 더 복잡한 기능을 수행하는 디코더(decoder), 인코더(encoder), 멀티플렉서(multi-plexer), 디멀티플렉서(demultiplexer), 카운터(counter), 레지스터(register), 소형 기억장치 등의 기능을 포함하는 부류다.
- **LSI** : 반도체 기억장치 칩, 휴대용 계산기 등과 같이 한 개의 칩에 1,000개~10,000개에 이르는 등가 게이트를 갖는 부류다.
- **VLSI** : 한 칩에 10,000개~1,000,000개에 이르는 등가 게이트를 포함하는 복잡한 집적회로는 일반적으로 VLSI 부류에 속한다. 이 부류에는 대용량 반도체 메모리, 1만 게이트 이상의 논리회로, 단일 칩 마이크로프로세서(single-chip microprocessor) 등이 있다.
- **ULSI** : 대개 한 칩에 회로소자들이 약 1,000,000개 이상 들어 있는 집적회로를 가리킨다. 예를 들면, 인텔의 486이나 펜티엄 등이 ULSI 정도의 집적도를 가진 프로세서들이다. 그러나 VLSI와 ULSI 사이의 정확한 구분은 사실 모호하다.

모든 집적회로는 2가지 형태의 트랜지스터, 즉 바이폴라 접합 트랜지스터(bipolar junction transistor)와 MOSFET(metal-oxide semiconductor field-effect transistor)에 의해 구현된다. 바이폴라 트랜지스터를 사용하는 디지털 회로 기술로는 TTL(transistor-transistor logic)과 ECL (emitter-coupled logic)이 있으나 이중에서 TTL이 더 많이 사용된다. MOSFET를 사용하는 기술로는 CMOS(complementary MOS)와 NMOS(N-channel MOS)가 있으며, 마이크로프로세서에는 MOS 기술이 사용된다.

SSI와 MSI 회로에는 일반적으로 TTL과 CMOS가 모두 사용되며, LSI, VLSI, ULSI는 작은 공간을 차지하고 전력소모가 적은 CMOS나 NMOS를 사용하여 구현한다.

SECTION

05 ADC와 DAC

디지털 기술을 사용하여 신호를 처리하기 위해서는 우선 입력되는 아날로그 신호를 디지털 형태로 변환해야 한다. 이 절에서는 아날로그-디지털 변환 과정을 살펴본다.

Keywords | ADC | DAC | 표본화 | 양자화 | 부호화 |

디지털 회로를 이용한 신호처리는 아날로그 회로에 비하여 잡음의 영향을 덜 받고 더 정확하다. 또 정보를 저장할 수 있고 대규모 IC화가 용이하다. 그러므로 아날로그 신호를 디지털 신호로 변환하여 처리하는 것이 유리하다. 아날로그 신호를 디지털 신호로 변환하는 장치를 **아날로그-디지털 변환기**(ADC : analog-to-digital converter)라고 하며, 변환 과정은 [그림 1-15]와 같이 3가지 과정으로 이루어진다.

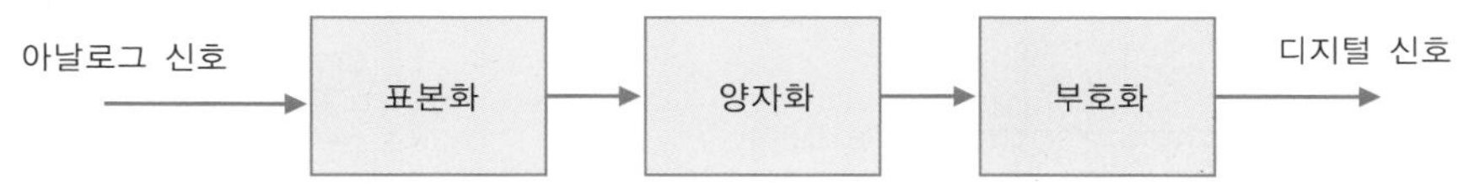

[그림 1-15] 아날로그-디지털 변환 과정의 블록도

표본화

사람의 음성과 같은 아날로그 신호를 디지털화하려면 일정한 간격으로 **표본화**(sampling)해야 한다. 샤논(Shannon)의 표본화 정리(sampling theorem)에 따르면 신호의 최고 주파수의 2배 이상의 빈도로 샘플링하면 샘플링된 데이터로부터 본래의 데이터를 재현할 수 있다고 한다. 예를 들어, 우리가 흔히 음성 전송에 이용하는 주파수 대역은 30~3,400Hz로, 음성 대역폭은 3KHz가 된다.

음성 대역은 이웃하는 채널끼리의 간섭을 피하기 위한 보호 밴드(guard band)까지 포함하여 4KHz가 되는 것이 보통이다. 따라서 음성 신호를 재현할 수 있게 하려면 4KHz의 2배인 8KHz, 즉 1초 동안 8,000번 표본화해야 한다. 그러면 표본화 순간 아날로그 신호의 진폭과 같은 크기의 진폭을 갖는 펄스를 얻는다. [그림 1-16(a)]는 아날로그 신호를 표본화하여 얻은 펄스를 표시한 것이다.

양자화

[그림 1-16(b)]에 표시되어 있는 것처럼 펄스의 진폭 크기를 디지털 양으로 변환하는 것을 **양자화**(quantization)라 한다. 즉 최대 아날로그 신호의 진폭을 양자화 레벨의 숫자로 나누어 각 간격에서 뽑아낸 표본값을 미리 정해진 값에서 가장 가까운 값으로 변환하는 것이다. 이 과정에서 불가피하게 **양자화 잡음**(quantization noise)이 발생한다. 예를 들어, [그림 1-16(b)]에서 첫 번째 표본점의 원 신호 2.8과 양자화 파형 3.0 사이에는 0.2 차이가 존재하게 되는데, 이것을 양자화 잡음이라 한다. 신호레벨의 수(resolution, 분해능)를 늘리면 양자화 잡음을 줄일 수 있으나, 데이터의 양이 많아지는 단점이 있다.

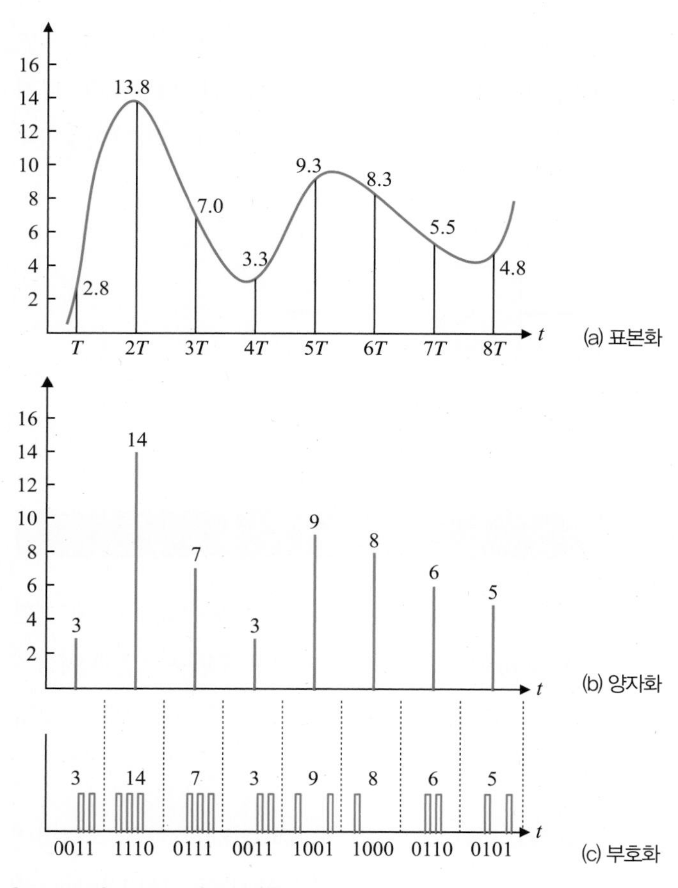

[그림 1-16] 아날로그-디지털 변환 과정

Tip

분해능

전체 진폭을 얼마나 잘게 쪼개었는가를 나타낸다. [그림 1-16]과 같은 4비트 변환기인 경우 $1/(2^4-1) = 0.067$의 분해능을 갖는다.

10진수 ↔ 2진수

10진수	2진수
0	0000
1	0001
2	0010
3	0011
4	0100
5	0101
6	0110
7	0111
8	1000
9	1001
10	1010
11	1011
12	1100
13	1101
14	1110
15	1111

부호화

부호화(encoding)는 양자화한 값을 2진 디지털 부호로 변환하는 과정이다. [그림 1-16(c)]에서는 4비트로 부호화하는 경우를 나타냈는데 일반적으로 전화 음성에서는 8비트로 부호화한다.

예제 1-5

[그림 1-17]과 같은 8bit DAC에서 디지털 입력 $00110010_{(2)}$이 인가된 경우 아날로그 출력이 1.0V로 출력되었다면 8bit DAC로부터 출력되는 가장 큰 값을 구하여라.

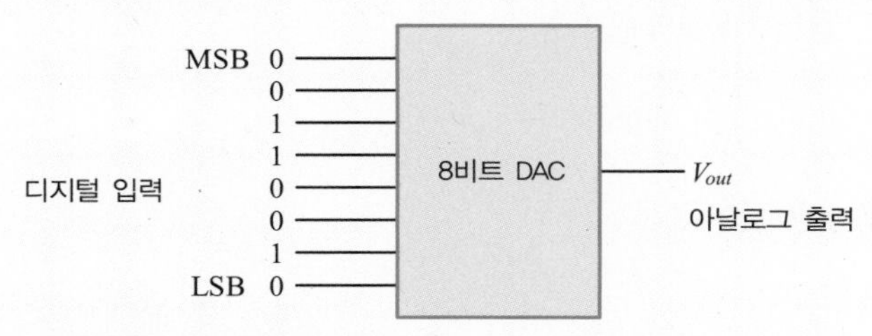

[그림 1-17] 8비트 DAC에 데이터 00110010이 입력되는 경우

풀이

8비트 DAC는 0(=0000 $0000_{(2)}$)에서 255(=1111 $1111_{(2)}$)까지 입력되므로 50(=0011 $0010_{(2)}$)이 1.0V로 출력되었다면 출력되는 가장 큰 값인 255인 경우에는 5.1V가 출력된다.

$$50 : 1\text{V} = 255 : x \leftrightarrow x = \frac{1\text{V} \times 255}{50} = 5.1\text{V}$$

ADC와 DAC 과정의 예

ADC와는 반대 기능을 수행하는 장치, 즉 디지털 신호를 아날로그 신호로 변환하는 장치를 **디지털-아날로그 변환기**(DAC : digital-to-analog converter)라고 한다. [그림 1-18]은 ADC와 DAC 변환 과정의 예로, CD(compact disk) 오디오 시스템의 신호처리 과정을 표시한 것이다.

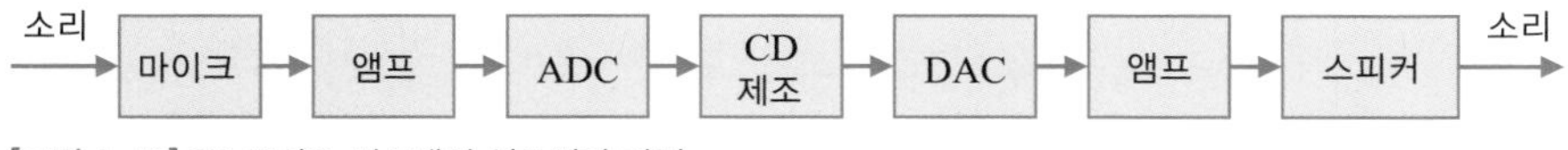

[그림 1-18] CD 오디오 시스템의 신호처리 과정

CHAPTER

01 연습문제

주관식 문제(기본~응용회로 대비용)

1 아날로그 신호와 디지털 신호의 차이점을 설명하여라.

2 다음에서 아날로그 양과 디지털 양을 말해보아라.

① 전선에 흐르는 전류 ② 실내 온도 ③ 해변의 모래알
④ 비행기 고도 ⑤ 어떤 물질의 원자 수

3 디지털 시스템의 장점을 아날로그 시스템과 비교하여 설명하여라.

4 디지털 정보의 단위에 대한 다음 물음에 답하여라.

① 64비트는 몇 바이트와 같은가?
② 1024비트는 몇 바이트와 같은가?
③ 8바이트는 몇 비트와 같은가?
④ 1킬로바이트(1Kbyte)는 몇 비트와 같은가?
⑤ 32킬로바이트(32Kbyte)는 몇 바이트와 같은가?
⑥ 64메가바이트(64Mbyte)는 몇 바이트와 같은가?
⑦ 6.4기가바이트(6.4Gbyte)는 몇 바이트와 같은가?

5 흑백 디지털 카메라는 이미지상에 대해 세밀한 격자(grid)를 놓고 격자의 각 셀에서 보이는 명암 정도를 2진수로 나타내어 측정하고 기록한다. 예를 들어, 4비트를 사용하면 검은색을 0000, 흰색을 1111로 주어지고 명암에 따라 값은 0000과 1111 사이의 값을 갖는다. 격자의 각 셀에서 254가지의 명암 정도를 구분하기 위해서는 몇 비트가 필요한가?

6 3백만 화소(pixel, 픽셀)의 디지털 카메라는 각 화소마다 빛의 3원색인 R, G, B 각각의 명암을 8비트로 저장한다. 모든 비트가 압축 없이 저장된다면 128MiB 메모리 카드에 몇 장의 화면이 저장될 수 있을까? 단, $1M = 2^{20}$이다.

7 다음 그림에 나타낸 펄스에 대해 다음을 결정하여라.

① 상승시간(t_r) ② 하강시간(t_f) ③ 펄스 폭(t_w) ④ 진폭

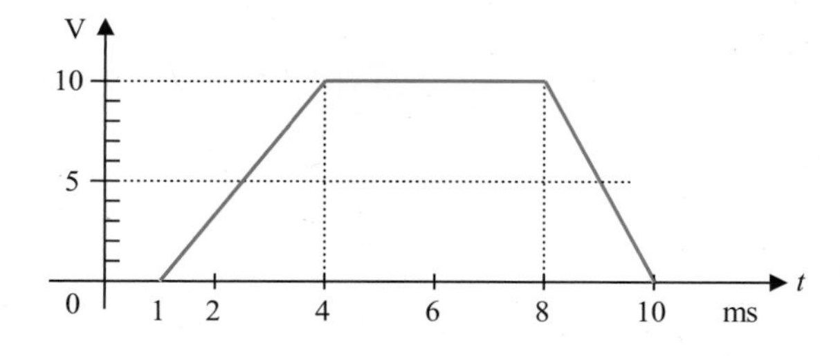

8 다음과 같은 펄스 파형에서 주기, 주파수, 듀티 사이클을 결정하여라.

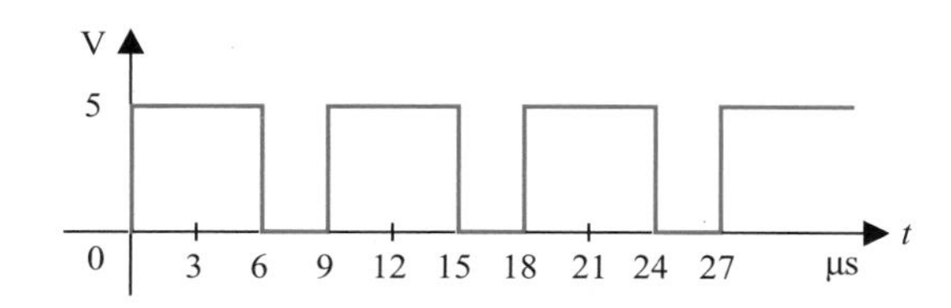

9 펄스 폭이 25μs이고 주기가 250μs인 주기 파형이 있다. 이 파형의 주파수와 듀티 사이클을 구하여라.

10 양자화 잡음에 대해 설명하여라.

11 아날로그 신호인 0~100℃ 온도값을 0~10V로 표현하는 온도센서가 있다. 이 온도센서의 값을 1초에 100번, 10비트 디지털 신호로 변환하는 경우 다음 값들을 구하여라.

① 입력 범위(temperature input range)
② 샘플링 레이트(sampling rate)
③ 양자화 레벨(quantization level)
④ 전압 분해능(voltage resolution)
⑤ 온도 분해능(temperature resolution)

CHAPTER

01 기출문제

객관식 문제(산업기사 대비용)

01 비트(bit)에 대한 설명 중 옳지 않은 것은?

㉮ 정보를 나타내는 최소 단위이다.
㉯ binary digit의 약자이다.
㉰ 2진수로 표시된 정보를 나타내기에 알맞다.
㉱ 10진수로 표시된 정보를 나타내기에 알맞다.

02 정보의 단위로 가장 적은 것은?

㉮ byte ㉯ word
㉰ bit ㉱ record

03 컴퓨터에서 계산속도가 빠른 단위 순서대로 나열된 것은?

㉮ ps-ns-μs-ms
㉯ μs-ps-ns-ms
㉰ ms-μs-ns-ps
㉱ ms-ns-μs-ps

04 기억장치의 액세스타임(access time) 표현이다. 1μs는 몇 초인가?

㉮ 10^{-3} ㉯ 10^{-6}
㉰ 10^{-9} ㉱ 10^{-12}

05 컴퓨터 내부의 클록펄스는 초당 반복하는 펄스의 수로 표시된다. MHz는 펄스가 초당 몇 회 반복되는가?

㉮ 10^{4} ㉯ 10^{5}
㉰ 10^{6} ㉱ 10^{7}

06 4비트로 나타낼 수 있는 정보 단위는?

㉮ nibble ㉯ character
㉰ full-word ㉱ double-word

07 기억용량 단위인 4니블(nibble)은 몇 바이트(byte)인가?

㉮ 1바이트 ㉯ 2바이트
㉰ 3바이트 ㉱ 4바이트

08 컴퓨터에서 4KiB는 정확히 얼마인가?

㉮ 2048byte ㉯ 4000byte
㉰ 4052byte ㉱ 4096byte

09 상승시간(rise time)은 펄스 진폭의 몇 %에서 몇 %까지 상승하는 데 걸리는 시간인가?

㉮ 0~90% ㉯ 10~90%
㉰ 10~100% ㉱ 0~100%

10 하강시간(fall time)은 펄스 진폭의 몇 %부터 몇 %까지 떨어지는 데 걸리는 시간인가?

㉮ 90~0% ㉯ 90~10%
㉰ 100~10% ㉱ 100~0%

11 다음 중 펄스 신호에 대한 설명으로 틀린 것은?

㉮ 상승시간이란 펄스의 진폭이 10%에서 90%까지 상승하는 데 걸리는 시간을 말한다.
㉯ 하강시간이란 펄스의 진폭의 90%에서 10%까지 하강하는 데 걸리는 시간을 말한다.
㉰ 펄스폭이란 펄스 파형이 상승 및 하강의 전폭의 66.7%가 되는 구간의 시간을 말한다.
㉱ 오버슈트란 상승 파형에서 이상적 펄스파의 진폭보다 높은 부분을 말한다.

12 그림과 같은 출력파형에서 주파수는 몇 Hz인가?

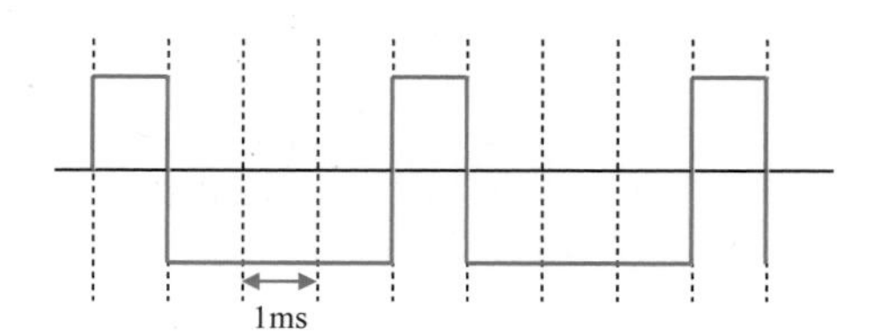

㉮ 200Hz ㉯ 250Hz
㉰ 300Hz ㉱ 350Hz

13 다음 그림은 이상적인 펄스이다. 이 펄스의 점유율 D는?

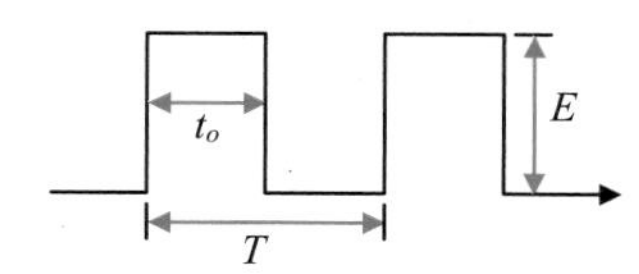

㉮ $D = \frac{t_0}{T}$ ㉯ $D = \frac{T}{t_0}$
㉰ $D = \frac{E}{T}$ ㉱ $D = \frac{E}{t_0}$

14 다음 펄스 파형에서 펄스의 duty cycle은 몇 %인가? (단, $\tau = 0.5\mu s$, $T = 10\mu s$)

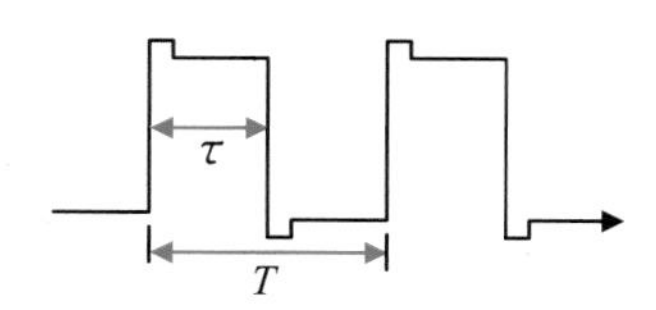

㉮ 5% ㉯ 10%
㉰ 20% ㉱ 25%

15 듀티 사이클(duty cycle)이 0.1이고, 주기가 40μs인 펄스의 폭은?

㉮ 10μs ㉯ 0.2μs
㉰ 2μs ㉱ 4μs

16 50Hz의 주파수를 갖는 펄스열의 듀티 사이클(duty cycle)이 25%라면 펄스의 폭은 얼마인가?

㉮ 50ms ㉯ 20ms
㉰ 5ms ㉱ 1ms

17 다음 입출력 기능 중 아날로그 입력데이터를 디지털 신호로 바꾸어 주는 기능은?

㉮ 전송 기능 ㉯ 변환 기능
㉰ A/D 변환 기능 ㉱ D/A 변환 기능

18 A/D 변환기는 어떤 형태의 신호를 2진부호로 변환하는가?

㉮ 펄스 ㉯ 디지털
㉰ 비트 ㉱ 아날로그

19 다음 중 음성신호를 PCM(Pulse Code Modulation) 방식을 통해 송신측에서 디지털 신호로 변환하는 과정이 옳은 것은?

㉮ 표본화 → 양자화 → 부호화
㉯ 부호화 → 양자화 → 표본화
㉰ 양자화 → 표본화 → 부호화
㉱ 표본화 → 부호화 → 양자화

20 12비트 2진 입력 D/A 변환기의 분해능은?

㉮ $\frac{1}{2^{12}}$ ㉯ $\frac{1}{2^6}$
㉰ $\frac{1}{2^3}$ ㉱ $\frac{1}{2}$

21 다음 중 n개의 비트로 표시할 수 있는 데이터의 수는?

㉮ n 개 ㉯ n^2 개
㉰ 2^n 개 ㉱ $2^n - 1$ 개

22 2바이트로 나타낼 수 있는 수의 표현 범위는?

㉮ $2^8 - 1$ ㉯ 64K
㉰ 128K ㉱ 1M

23 64가지의 각기 다른 자료를 나타내려고 하면 최소한 몇 개의 비트(bit)가 필요한가?

㉮ 1개 ㉯ 3개
㉰ 5개 ㉱ 6개

24 최대 표현 숫자가 256 종류인 경우 이를 표현하기 위하여 몇 비트의 디지트가 필요하게 되는가?

㉮ 5비트 ㉯ 6비트
㉰ 7비트 ㉱ 8비트

01. ㉱	02. ㉰	03. ㉮	04. ㉯	05. ㉰	06. ㉮	07. ㉯	08. ㉱	09. ㉯	10. ㉯
11. ㉰	12. ㉯	13. ㉮	14. ㉮	15. ㉱	16. ㉰	17. ㉰	18. ㉱	19. ㉮	20. ㉮
21. ㉰	22. ㉯	23. ㉱	24. ㉱						

CHAPTER

02

수(數)의 체계

이 장에서는 2진수, 8진수, 10진수, 16진수 체계의 특징을 이해하는 것을 목표로 한다.

- 10진수, 2진수, 8진수, 16진수 등의 표현 방법을 이해할 수 있다.
- 10진수, 2진수, 8진수, 16진수 등을 상호 변환할 수 있다.
- 2진수의 연산과 2진수 음수의 표현 방법을 이해하고 이를 활용할 수 있다.
- 부동소수점 2진수를 IEEE 754 표준 방식으로 표현할 수 있다.

CONTENTS

SECTION 01

10진수

10진수는 일상생활에서 사용하고 있으며, 0부터 9까지 10개의 기호로 모든 수를 표시한다. 이 절에서는 각 자리를 10의 거듭제곱을 곱한 형태로 나타낼 수 있는 10진수의 표현방법을 설명한다.

Keywords | 10진수 | 기수 | 진법 |

우리가 일상적으로 수를 셀 때는 0부터 9까지 10개의 기호로 표현하는 **10진수**(十進數, decimal number)를 사용한다.

10진수는 각 자릿수를 0~9 사이의 수로 나타낸다. 소수점을 기준으로 자릿수가 왼쪽으로 한 자리씩 이동하면서 0부터 1씩 증가하는 10의 양의 거듭제곱을 곱한 형태로 나타내고, 오른쪽으로 가면서 −1부터 1씩 감소하는 10의 음의 거듭제곱을 곱한 형태로 나타낸다.

$$\begin{aligned} 9345.35 &= 9\times1000+3\times100+4\times10+5\times1+3\times0.1+5\times0.01 \\ &= 9\times10^3+3\times10^2+4\times10^1+5\times10^0+3\times\frac{1}{10^1}+5\times\frac{1}{10^2} \\ &= 9\times10^3+3\times10^2+4\times10^1+5\times10^0+3\times10^{-1}+5\times10^{-2} \end{aligned}$$

현재 우리가 사용하는 10진법 기호인 1에서 9까지의 아라비아 숫자는 기원전 2세기에 인도에서 발명되었다. 기원전 2세기에서 8세기에 걸쳐 오늘날과 같은 모습이 되었고, 그러던 중 빈자리를 나타내는 0이 고안되어 사용되었다. 인도에서 사용한 이러한 기법이 아라비아로 전해지고, 다시 유럽으로 전해졌다. 0이 실제로 사용되었을 가능성은 기원전으로 본다. 그러나 실제로 문헌에 나타난 것은 인도의 수학자 아리아바타(Aryabhata)가 499년에 쓴 『아리아바티야(Aryabhatiya)』란 책을 통해서였고, 825년에 아라비아의 수학자인 알콰리즈미(Alkhwarezmi)가 인도의 수에 대한 책에서 영(0)을 소개했다. 아라비아의 기수법을 의미하는 알고리즘(algorism)은 그의 이름에서 유래되었다.

진법을 나타내는 기본수를 **기수**(基數, radix, base)라 한다. 10이 기수인 수를 10진법, 2가 기수인 수를 2진법, 12가 기수인 수를 12진법이라 한다.

SECTION 02

2진수

2진수는 전기·전자·통신·컴퓨터공학에서 주로 사용하고 있으며, 0과 1의 2개의 기호로 모든 수를 표시한다. 이 절에서는 2진수의 표현 방법을 이해하고 10진수로 변환하는 방법을 학습한다.

Keywords | 0, 1 | 2진법 |

2진수(binary number) 역시 매우 오래 전에 만들어졌다. 프랑스의 계몽 사상가이며 철학자인 디드로(Diderot)가 중국의 『예김』(Ye-Kim, 기원전 25세기 무렵)이란 책을 소개하며 2진법을 다루었다. 이후 17세기 독일의 철학자이며 수학자인 라이프니츠(Leibniz, 1646 ~ 1716)가 2진법을 제안했지만 받아들여지지 않았다.

현재 2진수는 전기·전자·통신·컴퓨터공학에서 주로 사용하고 있다. 실제로 초기의 컴퓨터에서 사용한 펀치 카드나 종이 테이프 같은 데이터 입력기에서는 구멍의 유무에 따라 0과 1을 표현했고, 메모리로 사용된 자기 코어(magnetic core)의 경우에는 코어 중심부에 전선을 통과하여 자화하는 방향에 따라 0과 1을 표현했다.

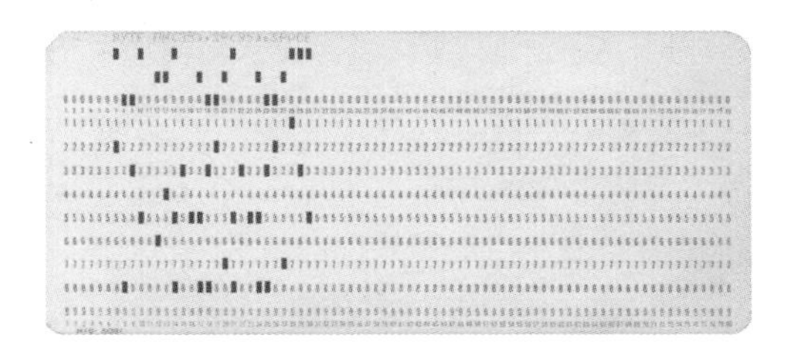

(a) 펀치 카드

(b) 종이 테이프

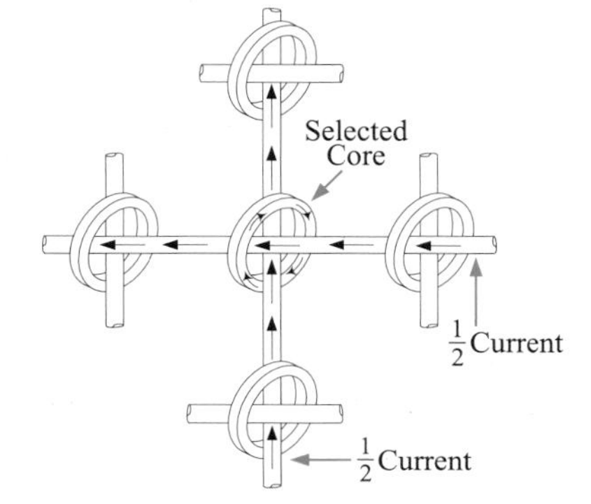

(c) 자기 코어

[그림 2-1] 2진수를 표시하기 위한 다양한 방법

다이오드(diode)와 트랜지스터(transistor) 등의 반도체가 발명되면서 전류의 유무에 따라 0과 1을 표현하게 되었다. 만약 현재의 디지털 반도체가 2진법을 사용하지 않았다면 매우 복잡한 컴퓨터가 되었을 것이다. 예를 들어, 전압의 세기에 따라 수를 표현한다면 상당히 복잡해지고, 아예 표현이 불가능했을지도 모른다.

2진수는 0과 1, 두 개의 기호를 사용하여 데이터나 신호의 유무를 판단한다. 2진수는 2를 기수로 하므로 다음 식과 같이 나타낼 수 있다. 보통 2진법을 표현할 때 기수 2를 표시하여 $xxx.xx_{(2)}$ 또는 $xxx.xx_2$로 나타내며(여기서 x는 0 또는 1), 각 자리의 가중치를 2의 거듭제곱으로 표현한다. 각 자리의 값과 가중치를 곱하면 10진수가 된다.

$$
\begin{aligned}
1010.1011_{(2)} &= 1\times 2^3 + 0\times 2^2 + 1\times 2^1 + 0\times 2^0 + 1\times \frac{1}{2^1} + 0\times \frac{1}{2^2} + 1\times \frac{1}{2^3} + 1\times \frac{1}{2^4} \\
&= 1\times 2^3 + 0\times 2^2 + 1\times 2^1 + 0\times 2^0 + 1\times 2^{-1} + 0\times 2^{-2} + 1\times 2^{-3} + 1\times 2^{-4} \\
&= 8 + 0 + 2 + 0 + 0.5 + 0 + 0.125 + 0.0625 \\
&= 10.6875_{(10)}
\end{aligned}
$$

2진수를 사용하는 데는 여러 가지 불편한 점이 있다. 수를 표현하는 데 많은 자릿수가 필요할 뿐만 아니라 정확한 크기를 가늠하기가 어렵다. 컴퓨터 내부 정보를 표현할 때는 2진수를 사용하지만 사람에게 보여주기 위해서는 2진수를 8진수, 16진수 또는 10진수로 바꿔서 표현해야 한다.

예제 2-1

2진수 $1000101.1011_{(2)}$을 10진수로 변환하여라.

풀이

$$
\begin{aligned}
1000101.1011_{(2)} &= 1\times 2^6 + 1\times 2^2 + 1\times 2^0 + 1\times 2^{-1} + 1\times 2^{-3} + 1\times 2^{-4} \\
&= 64 + 4 + 1 + 0.5 + 0.125 + 0.0625 \\
&= 69.6875_{(10)}
\end{aligned}
$$

SECTION 03

8진수와 16진수

이 절에서는 2진수를 8진수, 16진수로 변환하는 방법을 학습하고, 반대로 8진수, 16진수를 2진수로 변환하는 방법에 대해서도 학습한다.

Keywords | 8진법 | 16진법 | 진법 변환 |

$2^3 = 8^1$ 이므로 2진수 3자리는 **8진수**(octal) 1자리로 표현할 수 있고, $2^4 = 16^1$ 이므로 2진수 4자리는 **16진수**(hexadecimal) 1자리로 표현할 수 있다. 2진수는 8진수나 16진수로 나타내면 좀 더 간결하게 표현할 수 있다. 보통은 8진수보다 16진수를 더 많이 사용한다. 논리회로, 컴퓨터 구조나 어셈블리어(assembly language)에서도 16진수를 더 많이 사용한다.

2진수를 8진수와 16진수로 변환하는 방법을 살펴본다. 다음과 같이 2진수가 있다면 소수점을 기준으로 좌우로 3자리씩 끊어서 8진수로 바꾼다. 왼쪽 끝과 오른쪽 끝의 빈자리는 0으로 채운다.

$$\begin{aligned} 10101110100010.0111111_{(2)} &= 10\ 101\ 110\ 100\ 010.011\ 111\ 1_{(2)} \\ &= 010\ 101\ 110\ 100\ 010.011\ 111\ 100_{(2)} \\ &= 2\quad 5\quad 6\quad 4\quad 2.\ 3\quad 7\quad 4_{(8)} \end{aligned}$$

16진수도 마찬가지로 다음과 같이 소수점을 기준으로 좌우로 4자리로 끊은 다음 16진수로 변환한다.

$$\begin{aligned} 10101110100010.0111111_{(2)} &= 10\ 1011\ 1010\ 0010.0111\ 111_{(2)} \\ &= 0010\ 1011\ 1010\ 0010.0111\ 1110_{(2)} \\ &= 2\quad B\quad A\quad 2.\ 7\quad E_{(16)} \end{aligned}$$

8진수는 0부터 7까지 8개의 기호로 나타낸다. 각각의 자리는 다음과 같은 의미이며, 모두 계산하면 10진수가 된다.

$$\begin{aligned} 607.36_{(8)} &= 6 \times 8^2 + 0 \times 8^1 + 7 \times 8^0 + 3 \times 8^{-1} + 6 \times 8^{-2} \\ &= 6 \times 64 + 0 \times 8 + 7 \times 1 + 3 \times 0.125 + 6 \times 0.015625 \\ &= 384 + 0 + 7 + 0.375 + 0.09375 \\ &= 391.46875_{(10)} \end{aligned}$$

16진수는 0부터 9까지의 숫자와 영어 알파벳 대문자(또는 소문자) A(a)부터 F(f)까지 16개의 기호로 나타내며, 그 의미는 다음과 같다.

$$
\begin{aligned}
6C7.3A_{(16)} &= 6\times16^2 + C\times16^1 + 7\times16^0 + 3\times16^{-1} + A\times16^{-2} \\
&= 6\times256 + 12\times16 + 7\times1 + 3\times0.0625 + 10\times0.00390625 \\
&= 1536 + 192 + 7 + 0.1875 + 0.0390625 \\
&= 1735.2265625_{(10)}
\end{aligned}
$$

2진수에 해당하는 8진수 및 16진수 기호는 [표 2-1]과 같다.

[표 2-1] 2진수에 해당하는 8진수, 16진수, 10진수 기호

2진수	8진수	10진수
000	0	0
001	1	1
010	2	2
011	3	3
100	4	4
101	5	5
110	6	6
111	7	7

2진수	16진수	10진수
0000	0	0
0001	1	1
0010	2	2
0011	3	3
0100	4	4
0101	5	5
0110	6	6
0111	7	7
1000	8	8
1001	9	9
1010	A	10
1011	B	11
1100	C	12
1101	D	13
1110	E	14
1111	F	15

예제 2-2

다음 8진수와 16진수를 10진수로 변환하여라.

(a) $475.26_{(8)}$　　　(b) $A91.CD_{(16)}$

풀이

(a)
$$
\begin{aligned}
475.26_{(8)} &= 4\times8^2 + 7\times8^1 + 5\times8^0 + 2\times8^{-1} + 6\times8^{-2} \\
&= 4\times64 + 7\times8 + 5\times1 + 2\times0.125 + 6\times0.015625 \\
&= 256 + 56 + 5 + 0.25 + 0.09375 \\
&= 317.34375_{(10)}
\end{aligned}
$$

(b)
$$
\begin{aligned}
A91.CD_{(16)} &= A\times16^2 + 9\times16^1 + 1\times16^0 + C\times16^{-1} + D\times16^{-2} \\
&= 10\times256 + 9\times16 + 1\times1 + 12\times0.0625 + 13\times0.00390625 \\
&= 2560 + 144 + 1 + 0.75 + 0.05078125 \\
&= 2705.80078125_{(10)}
\end{aligned}
$$

SECTION

04

진법 변환

이 절에서는 2진법, 8진법, 16진법, 10진법으로 나타낸 수를 다른 진법으로 변환하는 방법에 대해 학습한다. 이를 통해 각 진법 간에 원활한 변환을 수행할 수 있다.

Keywords | 고정소수점수 | 부동소수점수 | 진법 변환 |

컴퓨터에서 다루는 2진수는 크게 두 가지 형태가 있으며, **고정소수점수**(固定小數點數 : fixed point number, 정수 : 整數)와 **부동소수점수**(浮動小數點數 : floating point number, 실수 : 實數)로 구분한다. 고정소수점수는 소수점이 맨 마지막 자리 뒤에 고정되어 있는 수, 즉 소수점을 표현하지 않는 수로, 양의 정수, 0, 음의 정수를 모두 표현한다. 부동소수점수는 소수점이 떠다니면서 움직인다는 의미로 점의 위치가 수의 크기에 따라 이동한다.

이 절에서는 각 진법 간의 변환에 대해 알아본다. 10진법을 다른 진법으로 바꿀 때는 바꾸려는 진법의 기수(radix)로 나누거나 기수를 곱해서 계산한다. 정수 부분은 바꾸려는 진법의 기수로 나누어 그 나머지를 적고, 소수 부분은 기수를 곱하여 정수가 되는 부분을 적는다.

10진수 – 2진수 변환

10진법을 2진법으로 변환하는 과정은 크게 소수점 왼쪽의 정수 부분과 소수점 오른쪽의 소수 부분으로 나뉜다.

소수점 왼쪽 부분인 10진수 정수 부분을 2진수로 변환할 때는 2로 나누어 그 나머지를 나열하면 2진수가 된다. 소수점 오른쪽 부분인 소수 부분을 변환할 때는 2를 곱하여 정수가 되는 수를 순서대로 나열하면 된다. 예를 들어, 10진수 75.6875를 2진수로 바꿀 때는 정수(75)와 소수(.6875) 두 부분으로 나누어서 계산한다.

먼저 정수 부분부터 살펴보자. 정수 부분인 75를 2로 나누고 몫과 나머지를 계산한다. 나머지를 순서대로 적어두고 몫을 다시 2로 나눈다. 최종적으로 몫이 0이 될 때까지 반복한다.

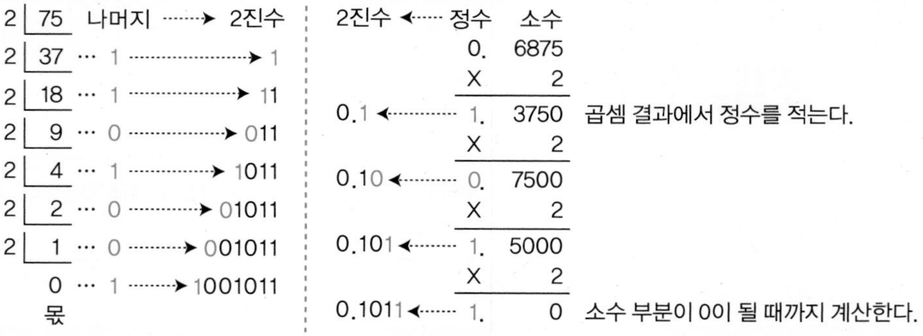

```
2 | 75   나머지 ·······> 2진수     |  2진수 <····· 정수   소수
2 | 37 ··· 1 ··············> 1     |                0.   6875
2 | 18 ··· 1 ··············> 11    |                X       2
2 |  9 ··· 0 ··············> 011   |  0.1 <········ 1.   3750  곱셈 결과에서 정수를 적는다.
2 |  4 ··· 1 ··············> 1011  |                X       2
2 |  2 ··· 0 ············> 01011   |  0.10 <······· 0.   7500
2 |  1 ··· 0 ··········> 001011    |                X       2
     0 ··· 1 ········> 1001011     |  0.101 <······ 1.   5000
    몫                             |                X       2
                                   |  0.1011 <····· 1.      0  소수 부분이 0이 될 때까지 계산한다.
```

정수 부분은 2로 나눈 나머지를 오른쪽에서 왼쪽 방향으로 하나씩 적어나간다. 10진수 75는 2진수 $1001011_{(2)}$이다. 그리고 소수 부분 0.6875에 2를 곱하면 1.375가 된다. 곱셈 결과에서 정수가 되는 1을 2진수 소수점의 오른쪽에 적는다. 다시 정수 부분을 뺀 0.375에 2를 곱하면 0.75가 되며 정수 0을 앞서 적은 수의 오른쪽에 적는다. 이 과정을 반복하여 소수 부분이 0이 되면 끝낸다.

이렇게 나온 정수 부분 1001011과 소수 부분 0.1011을 더하면 $1001011.1011_{(2)}$이 된다. 즉 $75.6875_{(10)} = 1001011.1011_{(2)}$이다.

또 다른 예로 75.6을 보자. 정수 부분은 75이므로 위에서 계산한 결과를 그대로 사용하고 다른 부분인 소수 0.6만 계산해보자.

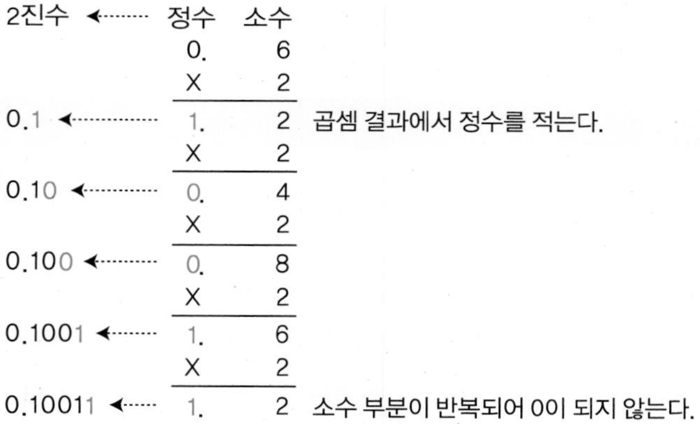

```
2진수 <······ 정수   소수
               0.      6
               X       2
0.1 <········  1.      2   곱셈 결과에서 정수를 적는다.
               X       2
0.10 <·······  0.      4
               X       2
0.100 <······  0.      8
               X       2
0.1001 <·····  1.      6
               X       2
0.10011 <····  1.      2   소수 부분이 반복되어 0이 되지 않는다.
```

계산 결과를 써 보면 $75.6_{(10)} = 1001011.100110011001100..._{(2)}$이 된다. 즉 소수 부분에 1001이 무한히 반복하여 나타난다. 이와 같이 대부분의 10진 소수는 2진수로 정확하게 표현할 수 없다. 이렇게 무한히 반복되는 2진수를 컴퓨터에서 모두 표현할 수 없을 뿐만 아니라 소수 부분에 표현해야 할 자릿수가 많아지면 10진수를 2진수로 바꾸는 데 시간이 많이 소요된다. 물론 많은 소수 자릿수를 나타내면 그만큼 원래의 10진수와 가까운 수를 표현할 수 있다. 따라서 컴퓨터에서 2진 실수를 나타낼 때 소수 부분의 자릿수에 따라 정밀도가 달라진다.

10진수-8진수 변환

진법 변환 방법은 모든 진법에서 동일한 원리를 적용한다. 2진법에서 사용한 10진수 75.6875를 8진수로 바꿔보자. 정수 75는 8로 나누어 8진수로 바꾸고, 소수 0.6875는 8을 곱하여 8진수로 바꾼다.

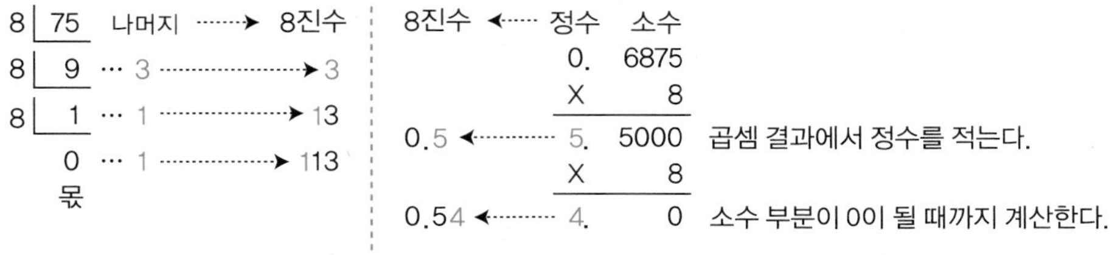

```
8 | 75   나머지 ······▶ 8진수   |  8진수 ◀····· 정수   소수
8 |  9 ··· 3 ···········▶ 3     |               0.   6875
8 |  1 ··· 1 ···········▶ 13    |               X       8
     0 ··· 1 ···········▶ 113   |  0.5 ◀······· 5.   5000   곱셈 결과에서 정수를 적는다.
    몫                          |               X       8
                                |  0.54 ◀······ 4.      0   소수 부분이 0이 될 때까지 계산한다.
```

따라서 10진수 75.6875를 8진수로 바꾸면 $113.54_{(8)}$가 된다. 또 다른 예로 75.6을 8진수로 바꿔보자. 75는 $113_{(8)}$이므로 0.6에 대해서만 8진수로 바꿔보자.

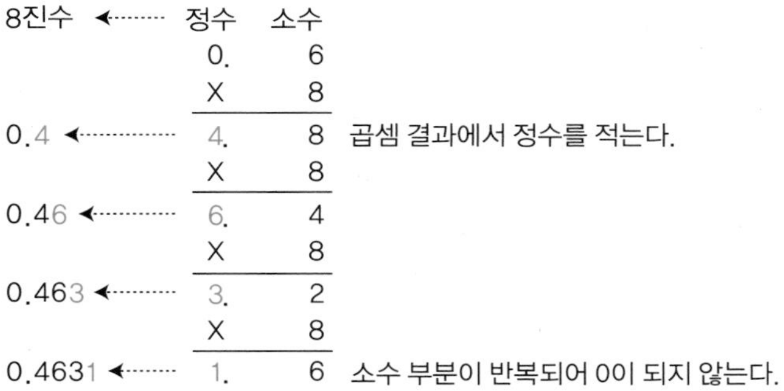

```
8진수 ◀······ 정수   소수
               0.      6
               X       8
0.4 ◀········  4.      8   곱셈 결과에서 정수를 적는다.
               X       8
0.46 ◀·······  6.      4
               X       8
0.463 ◀······  3.      2
               X       8
0.4631 ◀·····  1.      6   소수 부분이 반복되어 0이 되지 않는다.
```

그러므로 $75.6_{(10)} = 113.46314631\ldots_{(8)}$이 된다. 여기서도 소수 부분의 4631이 무한히 반복된다.

10진수-16진수 변환

10진수를 16진수로 바꿀 때도 같은 방법을 사용한다. 앞의 예에서 사용한 10진수 75.6875를 16진수로 바꿔 보자. 16으로 나눈 결과 또는 16을 곱한 결과에서 10부터 15에 해당하는 16진 기호는 A(a)부터 F(f)까지 사용한다.

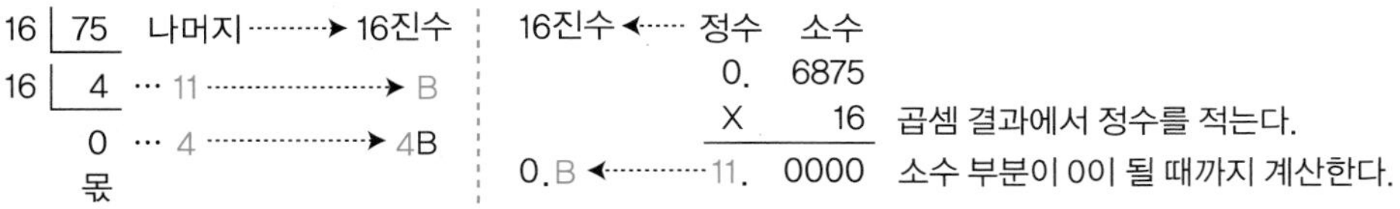

```
16 | 75   나머지 ·······▶ 16진수  |  16진수 ◀····· 정수   소수
16 |  4 ··· 11 ···········▶ B     |                 0.   6875
      0 ··· 4 ············▶ 4B    |                 X      16   곱셈 결과에서 정수를 적는다.
     몫                           |  0.B ◀········ 11.   0000   소수 부분이 0이 될 때까지 계산한다.
```

10진 정수 75는 16으로 나누어 나머지를 적으면 16진수 $4B_{(16)}$가 되고, 소수 0.6875에 16을 곱하여 16진수로 바꾸면 $0.B_{(16)}$이다. 그러므로 10진수 75.6875를 16진수로 바꾸면 $4B.B_{(16)}$가 된다. 다른 예로 75.6을 16진수로 바꿔보자. 75는 $4B_{(16)}$이므로 0.6에 대해서만 16진수로 바꿔보자.

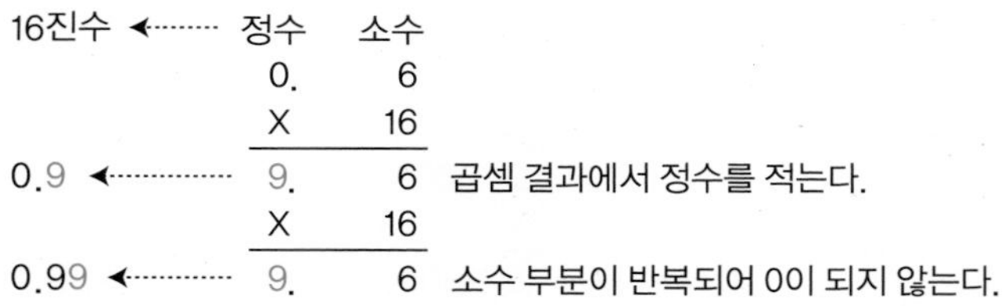

```
16진수 ◀······· 정수   소수
                 0.     6
                 X     16
               ─────────────
0.9  ◀·········  9.     6   곱셈 결과에서 정수를 적는다.
                 X     16
               ─────────────
0.99 ◀·········  9.     6   소수 부분이 반복되어 0이 되지 않는다.
```

그러므로 $75.6_{(10)} = 4B.999\ldots_{(16)}$가 된다. 여기서도 소수 부분에 9가 무한히 반복되는 것을 볼 수 있다.

지금까지 10진법을 2, 8, 16진법으로 바꾸는 방법을 살펴보았는데, 모두 같은 원리를 사용한 것을 알 수 있다. 2, 8, 16진법은 컴퓨터에서 많이 사용하기 때문에 조금 자세히 살펴보았다. 다른 진법의 변환도 같은 방법을 이용하여 계산할 수 있다. 예를 들어, 5진법으로 바꾸는 방법 하나만 살펴보자.

10진 정수 75.6875를 5진수로 바꿔보자. 정수 75를 5로 나누어 나머지를 적으면 5진수 $300_{(5)}$이고, 소수 0.6875에 5를 곱하여 5진수로 바꾸면 $0.32043204\ldots_{(5)}$이다.

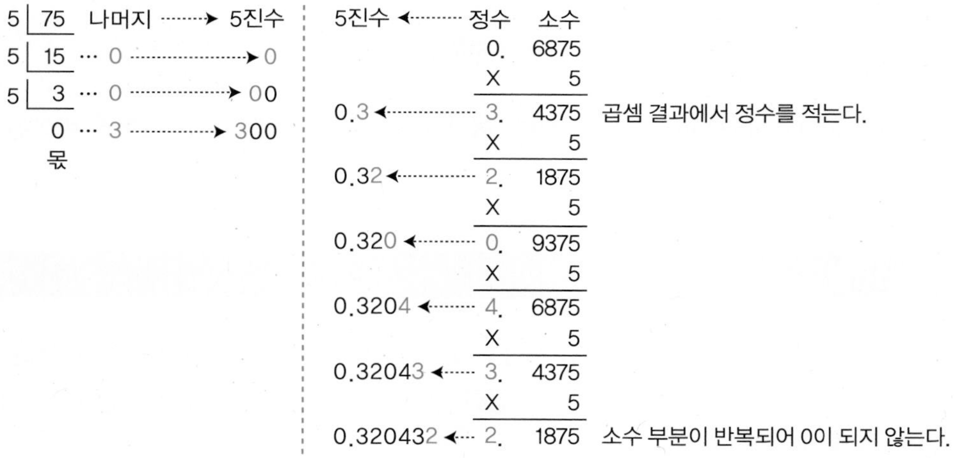

```
5 | 75  나머지 ······▶ 5진수    5진수 ◀······· 정수   소수
5 | 15 ··· 0 ··········▶ 0                     0.   6875
5 |  3 ··· 0 ··········▶ 00                    X       5
    0  ··· 3 ··········▶ 300                 ──────────────
   몫                             0.3 ◀·········  3.   4375   곱셈 결과에서 정수를 적는다.
                                                  X       5
                                                ──────────────
                                  0.32 ◀········  2.   1875
                                                  X       5
                                                ──────────────
                                  0.320 ◀·······  0.   9375
                                                  X       5
                                                ──────────────
                                  0.3204 ◀······  4.   6875
                                                  X       5
                                                ──────────────
                                  0.32043 ◀·····  3.   4375
                                                  X       5
                                                ──────────────
                                  0.320432 ◀····  2.   1875   소수 부분이 반복되어 0이 되지 않는다.
```

그러므로 10진수 75.6875를 5진수로 바꾸면 $300.32043204\ldots_{(5)}$가 되어 소수 부분 3204가 반복되는 것을 볼 수 있다. 진법에 따라 소수 부분이 반복될 수도 있고 정확하게 계산될 수도 있다. 이것은 10진법과 다른 진법이 정확하게 맞지 않기 때문이다. 다른 진법에 대해서도 적용해보기 바란다.

2진수-8진수-16진수-10진수 상호 변환

앞에서도 언급했지만 2진수를 8진수 또는 16진수로 또는 그 반대로 상호 변환하는 것은 쉽게 계산할 수 있다. 2진수 3자리는 8진수 1자리가 되고, 2진수 4자리는 16진수 1자리가 된다. 각 진법 간의 변환 개념도를 [그림 2-2]에 나타냈다.

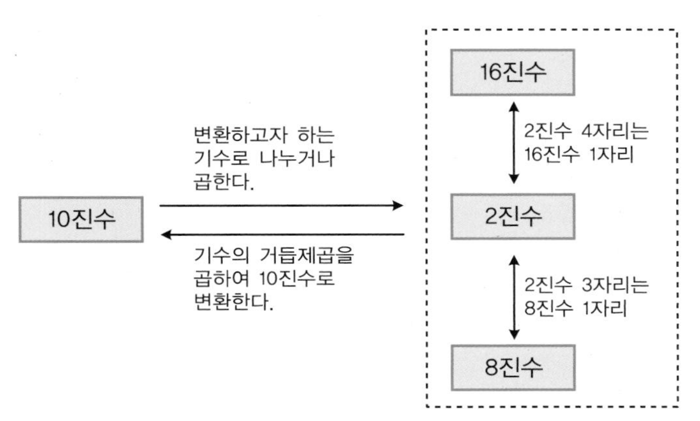

[그림 2-2] 10, 2, 8, 16진법 변환 개념도

앞의 예에서 10진수 75.6875는 2진수 $1001011.1011_{(2)}$이었다. 이렇게 변환한 2진수를 8진수나 16진수로 바로 변환할 수 있다. 소수점을 기준으로 좌우로 3개씩 나누어 [표 2-1]에 해당하는 8진수로 바꾸면 된다. 모자라는 빈칸은 0으로 채워서 변환한다.

$$\begin{aligned} 75.6875_{(10)} &= 1001011.1011_{(2)} \\ &= 001\ 001\ 011.101\ 100_{(2)} \\ &= \ \ 1\ \ \ \ 1\ \ \ \ 3.\ \ 5\ \ \ \ 4_{(8)} \end{aligned}$$

75.6은 다음과 같다.

$$\begin{aligned} 75.6_{(10)} &= 1001011.1001100110011001\ldots_{(2)} \\ &= 001\ 001\ 011.100\ 110\ 011\ 001\ 100\ 110\ 011\ldots_{(2)} \\ &= \ \ 1\ \ \ \ 1\ \ \ \ 3.\ \ 4\ \ \ \ 6\ \ \ \ 3\ \ \ \ 1\ \ \ \ 4\ \ \ \ 6\ \ \ \ 3\ldots_{(8)} \end{aligned}$$

10진수-8진수 변환에서의 결과와 일치하는 것을 볼 수 있다. 각 진법 간의 변환표는 [표 2-2]와 같다.

[표 2-2] 10진수에 대한 2, 8, 16진수 표현

10진수	2진수	8진수	16진수
0	0000	00	0
1	0001	01	1
2	0010	02	2
3	0011	03	3
4	0100	04	4
5	0101	05	5
6	0110	06	6
7	0111	07	7
8	1000	10	8
9	1001	11	9
10	1010	12	A
11	1011	13	B
12	1100	14	C
13	1101	15	D
14	1110	16	E
15	1111	17	F

16진수는 소수점을 기준으로 좌우로 4자리씩 끊어서 변환한다.

$$\begin{aligned} 75.6875_{(10)} &= 1001011.1011_{(2)} \\ &= 0100\ \ 1011.1011_{(2)} \\ &= \quad 4 \qquad B. \quad B_{(16)} \end{aligned}$$

$$\begin{aligned} 75.6_{(10)} &= 1001011.1001100110011001\ldots_{(2)} \\ &= 0100\ \ 1011.1001\ 1001\ 1001\ 1001\ldots_{(2)} \\ &= \quad 4 \qquad B. \quad 9 \quad 9 \quad 9 \quad 9\ldots_{(16)} \end{aligned}$$

10진수–16진수에서 변환한 결과와 일치하는 것을 볼 수 있다. 8진수와 16진수는 2진수와 쉽게 상호 변환이 가능하고 2진수보다 짧게 나타낼 수 있기 때문에 보기도 좋고 간결하다. 실제로 컴퓨터에서는 2진법과 더불어 8진법, 16진법을 많이 사용하며, 특히 16진법을 더 많이 사용한다.

반대로 8진수와 16진수를 2진수로 바꿀 때도 [표 2-2]를 참조하면 쉽게 변환할 수 있다.

$$367.75_{(8)} = 011\ 110\ 111.\ 111\ 101_{(2)}$$

$$9A3.50F3_{(16)} = 1001\ 1010\ 0011.\ 0101\ 0000\ 1111\ 0011_{(2)}$$

2진수, 8진수, 16진수를 10진수로 변환할 수도 있어야 한다. 2진수를 10진수로 변환할 때는 각 자릿수의 2진수 값에 자릿수에 해당하는 2의 거듭제곱을 곱하여 계산한다.

$$\begin{aligned}101101.101_{(2)} &= 1\times 2^5 + 0\times 2^4 + 1\times 2^3 + 1\times 2^2 + 0\times 2^1 + 1\times 2^0 + 1\times 2^{-1} + 0\times 2^{-2} + 1\times 2^{-3} \\ &= 32 + 0 + 8 + 4 + 0 + 1 + 0.5 + 0 + 0.125 \\ &= 45.625_{(10)}\end{aligned}$$

8진수, 16진수도 마찬가지로 8의 거듭제곱과 16의 거듭제곱을 곱하여 계산한다.

$$\begin{aligned}364.35_{(8)} &= 3\times 8^2 + 6\times 8^1 + 4\times 8^0 + 3\times 8^{-1} + 5\times 8^{-2} \\ &= 3\times 64 + 6\times 8 + 4\times 1 + 3\times 0.125 + 5\times 0.015625 \\ &= 192 + 48 + 4 + 0.375 + 0.078125 \\ &= 244.453125_{(10)}\end{aligned}$$

$$\begin{aligned}A3.D2_{(16)} &= 10\times 16^1 + 3\times 16^0 + 13\times 16^{-1} + 2\times 16^{-2} \\ &= 10\times 16 + 3\times 1 + 13\times 0.0625 + 2\times 0.00390625 \\ &= 160 + 3 + 0.8125 + 0.0078125 \\ &= 163.8203125_{(10)}\end{aligned}$$

8진수, 16진수는 2진수로 변환한 후 10진수로 변환해도 된다. 위의 계산 과정을 2진수로 변환한 후 다시 계산해도 결과는 동일하다.

$$\begin{aligned}364.35_{(8)} &= 011\ 110\ 100.\ 011\ 101_{(2)} \\ &= 0\times 2^8 + 1\times 2^7 + 1\times 2^6 + 1\times 2^5 + 1\times 2^4 + 0\times 2^3 + 1\times 2^2 + 0\times 2^1 \\ &\quad + 0\times 2^0 + 0\times 2^{-1} + 1\times 2^{-2} + 1\times 2^{-3} + 1\times 2^{-4} + 0\times 2^{-5} + 1\times 2^{-6} \\ &= 0 + 128 + 64 + 32 + 16 + 0 + 4 + 0 + 0 + 0 + 0.25 + 0.125 + 0.0625 + 0 + 0.015625 \\ &= 244.453125_{(10)}\end{aligned}$$

$$\begin{aligned}A3.D2_{(16)} &= 1010\ \ 0011\ .\ 1101\ \ 0010_{(2)} \\ &= 1\times 2^7 + 0\times 2^6 + 1\times 2^5 + 0\times 2^4 + 0\times 2^3 + 0\times 2^2 + 1\times 2^1 + 1\times 2^0 \\ &\quad + 1\times 2^{-1} + 1\times 2^{-2} + 0\times 2^{-3} + 1\times 2^{-4} + 0\times 2^{-5} + 0\times 2^{-6} + 1\times 2^{-7} + 0\times 2^{-8} \\ &= 128 + 0 + 32 + 0 + 0 + 0 + 2 + 1 + 0.5 + 0.25 + 0 + 0.0625 + 0 + 0 + 0.0078125 \\ &= 163.8203125_{(10)}\end{aligned}$$

예제 2-3

10진수 48.8125를 2진수, 8진수, 16진수로 변환하여라.

풀이

먼저 10진수 48.8125를 2진수로 변환하기 위해 정수 부분과 소수 부분으로 나누어 변환하면 $110000.1101_{(2)}$이 된다.

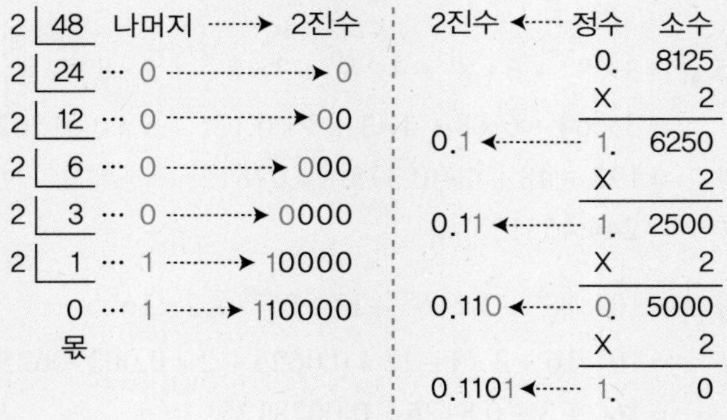

	몫	나머지	→ 2진수
2	48		
2	24	… 0	→ 0
2	12	… 0	→ 00
2	6	… 0	→ 000
2	3	… 0	→ 0000
2	1	… 1	→ 10000
	0	… 1	→ 110000

2진수 ←	정수	소수
	0.	8125
	X	2
0.1 ←	1.	6250
	X	2
0.11 ←	1.	2500
	X	2
0.110 ←	0.	5000
	X	2
0.1101 ←	1.	0

2진수 $110000.1101_{(2)}$을 8진수로 변환해보자. 소수점을 기준으로 좌우로 3개씩 나누어 변환하면 $60.64_{(8)}$가 된다.

$$110000.1101_{(2)} = 110\ 000.110\ 100_{(2)} = 60.64_{(8)}$$

그 다음으로 2진수 $110000.1101_{(2)}$을 16진수로 변환해보자. 소수점을 기준으로 좌우로 4개씩 나누어 변환하면 $30.D_{(16)}$가 된다.

$$110000.1101_{(2)} = 0011\ 0000.1101_{(2)} = 30.D_{(16)}$$

SECTION 05

2진수 정수 연산과 보수

이 절에서는 2진수의 표현 방법 3가지를 이용하여 음수와 양수를 표기하는 방법을 학습하고, 2의 보수를 이용한 연산, 부호 확장, 10진수로의 변환 방법을 익힌다.

Keywords | 부호와 절대치 | 1의 보수 | 2의 보수 | 부호 확장 | 보수 연산 |

컴퓨터에서 사용하는 기본적인 연산에 대해 살펴보자. 컴퓨터의 연산을 이해하기 전에 2진수를 표현하는 세 가지 방법과 10진수 연산을 간단히 살펴보고, 2의 보수를 이용한 계산 방법을 알아본다. 문자, 숫자, 기호 등 컴퓨터에서 사용하는 모든 데이터는 2진수로 저장되고 계산된다. 2진 정수를 컴퓨터에서는 **고정**(固定)**소수점수**(fixed-point number)라고 한다.

2진수 양의 정수 덧셈

10진수에서는 해당하는 자리의 두 수를 더하여 결과가 10 이상이 되면 윗자리로 자리올림(carry : 현재 자리에서 바로 윗자리로의 올림수)하여 더한다. 2진수도 마찬가지로 해당하는 두 수를 더하여 2 이상이 되는 결과가 발생하면 윗자리에 더한다. 기본적인 한 자리 2진수 2개를 더해보자.

0	0	1	1
+ 0	+ 1	+ 0	+ 1
00	01	01	10

위의 결과에서 $1_{(2)} + 1_{(2)} = 10_{(2)}$이 된다. 즉 **캐리**(carry)가 발생한다. 현재는 한 비트 연산이기 때문에 그 결과를 그대로 수용하면 된다. 그러나 여러 비트 연산일 경우에는 캐리까지 같이 연산해 주어야 한다.

	10진수		2진수		8진수		16진수
carry →	1 1		0 1 1 0 0 0 0		1 0		0
	4 9	=	0 0 1 1 0 0 0 1	=	6 1	=	3 1
	+ 5 8	=	+ 0 0 1 1 1 0 1 0	=	+ 7 2	=	+ 3 A
	1 0 7	=	0 1 1 0 1 0 1 1	=	1 5 3	=	6 B

어떤 진법이든 계산 원리는 동일하다. 2진수는 0과 1로만 나타내므로 덧셈 계산을 쉽게 할 수 있다.

2진수 음의 정수 표현과 보수

디지털 컴퓨터는 모든 데이터를 기호 0과 1로 표현하므로 +, − 부호도 0 또는 1로 나타낸다. 컴퓨터에서는 **부호비트**(sign bit)를 이용하여 양수(+)를 0으로, 음수(−)를 1로 표시한다. 모든 경우에 부호 비트는 가장 왼쪽 비트인 최상위비트(MSB : most significant bit)에 나타낸다.

2진수로 데이터를 표시할 때는 항상 자릿수(비트 크기)를 동일하게 표시해야 한다는 점에 유의해야 한다. 즉 부호는 항상 동일한 위치에 있어야 한다. 부호비트의 위치가 달라지면 어느 비트가 부호비트인지 알 수 없기 때문이다. 보통 2진수 데이터를 나타낼 때는 8, 16, 32, 64비트 길이 중 하나의 크기로 고정하여 나타낸다. 비트 크기가 늘어날 때는 **부호 확장**(sign extension) 방법을 사용하여 비트 크기를 조절한다. 비트 크기가 줄어들 때 작은 값은 제대로 표현될 수 있지만 큰 값은 제대로 표현할 수 없는 경우가 발생한다. 따라서 비트의 크기를 줄이는 경우는 거의 없다.

2진 음수를 표시하는 방법에는 세 가지가 있는데, 부호와 절대치(sign−magnitude), 1의 보수(1's complement), 2의 보수(2's complement)이다. ANSI 표준은 32, 64 또는 128비트 2의 보수이다. 이 표준에 따라 모든 컴퓨터에서는 2의 보수 표현 방법을 사용한다.

❶ **부호와 절대치** : 부호와 절대치 표현은 부호만 음(−), 양(+)으로 나타내고 뒷자리는 절댓값 크기를 사용한다. 즉 10진수를 2진수로 바꾼 그대로이다. 예를 들어, [표 2−3]에서 −125와 +125의 부호만 다르고 뒷자리 7개는 모두 같다. 표현 방법은 쉽지만 컴퓨터 연산에 사용하기에는 적합하지 않다.

❷ **1의 보수** : 1의 보수는 각 자릿수의 값을 0을 1로, 1을 0으로 바꾸면 된다. 예를 들어, +3을 −3으로 나타내면 00000011이 11111100으로 변환된다. 즉 해당하는 비트의 2진수를 반대의 상태(2진수에는 0과 1밖에 없으므로)로 바꾼 것이다. 1의 보수도 연산하는 데 조금은 불편하다.

❸ **2의 보수** : 2의 보수는 1의 보수에 1을 더하면 된다. +3인 00000011의 1의 보수 11111100에 1을 더한 11111101(+3)이 2의 보수이다. 반대로 11111101(+3)의 2의 보수는 00000010+1인 00000011이다.

모든 진법에는 2가지의 보수가 있으며, r진법이라면 r의 보수와 $r-1$의 보수가 있다. 예를 들어, 10진법에는 10의 보수와 9의 보수가 있고, 8진법에는 8의 보수와 7의 보수가 있으며, 2진법에는 2의 보수와 1의 보수가 있다. 어떤 수 x를 n자리 r진법으로 표시했을 때 보수를 나타내는 방법은 다음과 같다.

- r진법 n자릿수 x의 r의 보수 : $r^n - x$
- r진법 n자릿수 x의 $r-1$의 보수 : $r^n - 1 - x$

[표 2-3] 부호와 절대치, 1의 보수, 2의 보수의 8비트 표현 범위

2진수	8비트 크기이며, MSB가 부호비트임		
	부호와 절대치	1의 보수	2의 보수
00000000	+0	+0	+0
00000001	+1	+1	+1
00000010	+2	+2	+2
…	…	…	…
01111101	+125	+125	+125
01111110	+126	+126	+126
01111111	+127	+127	+127
10000000	−0	−127	−128
10000001	−1	−126	−127
10000010	−2	−125	−126
…	…	…	…
11111101	−125	−2	−3
11111110	−126	−1	−2
11111111	−127	−0	−1

예를 들어, 3자리 10진수 567의 9의 보수는 $10^3 - 1 - 567 = 999 - 567 = 432$이다. 또 10의 보수는 $10^3 - 567 = 1000 - 567 = 433$이다. 쉽게 말해 567의 각 자리를 9로 만드는 수가 9의 보수이다. 5에는 4를, 6에는 3을, 7에는 2를 더하면 9가 되므로 567의 9의 보수는 432다. 10의 보수는 9의 보수에 +1을 한 결과다. 2진법도 마찬가지다. 위의 예에서 $2(r)$진수 $8(n)$비트 $00000011(x)$의 1의 보수는 다음과 같다.

$$r^n - 1 - x = 2^8 - 1 - 0000\ 0011 = 1111\ 1111 - 0000\ 0011 = 1111\ 1100$$

2의 보수는 다음과 같다. 이는 1의 보수에 1을 더한 결과와 같다.

$$r^n - x = 2^8 - 0000\ 0011 = 1\ 0000\ 0000 - 0000\ 0011 = 1111\ 1101$$

즉 모든 진법에서 r의 보수는 $r-1$의 보수를 구한 다음 1을 더하면 된다. 10진수의 9의 보수와 마찬가지로 2진수의 1의 보수란 '각 자릿수를 1로 만드는 수'이다. 즉 0에 1을 더하면 1이 되고, 1에 0을 더하면 1이 되기 때문에 0과 1을 바꾼 상태와 같아진다.

모든 컴퓨터에서는 2의 보수를 사용한다. 보수를 사용하는 이유는 음수를 표현하기 위해서다. 음수를 달리 표현할 방법이 없기 때문이기도 하고 연산을 쉽게 하기 위해서 보수를 사용하는 것이다. 컴퓨터 하드웨어에는 뺄셈 회로가 없고 보수 회로만 있다. 보수를 취하여 더하면 뺄셈이 되기 때문에 굳이 뺄셈 연산을 하는 하드웨어를 따로 두지 않아도 된다.

10진수 83을 8비트 2진수로 나타내고 2의 보수를 만들어보자. 83을 8비트 2진수로 바꾸면 $01010011_{(2)}$이며, 1의 보수는 $10101100_{(2)}$이다. 여기에 1을 더하면 2의 보수 $10101100_{(2)} + 1_{(2)} = 10101101_{(2)}$이 된다. 즉 2진수 $10101101_{(2)}$은 −83이다. 반대로 $-83 = 10101101_{(2)}$ 을 2의 보수로 바꾸면 $01010010_{(2)} + 1_{(2)} = 01010011_{(2)} = 83$이 된다. 즉 양수를 2의 보수로 변환하면 음수가 되고, 음수를 2의 보수로 변환하면 양수가 된다. 주의할 점은 보수를 취할 때 정해진 크기의 비트 수로 맞춰야 한다는 것이다. 보통 8, 16, 32, 64비트로 맞춘다. 자릿수를 맞추는 이유는 최상위비트(가장 왼쪽 비트)가 부호비트이며, 2의 보수로 나타냈을 때 같은 종류의 데이터는 항상 같은 위치에 부호를 위치시키기 위함이다. 따라서 컴퓨터 내부에 저장되는 동일한 종류의 데이터의 비트 수는 항상 같다. (cf. 최하위비트, LSB(least significant bit), 가장 오른쪽 비트)

10진수 보수 연산의 예를 들어보자. 10진수 4자리 뺄셈 7928−879를 계산해보자.

$$7928 - 879 = 7928 + (-879) = 7928 + (-0879)$$
$$\rightarrow 7928 + \left(10^4 - 0879\right) = 7928 + 9121 = 17049$$
$$\rightarrow 17049 - 10^4 = 7409$$

실제로 복잡한 것 같지만 원리는 간단하다. 뺄셈이 있으면 그 값의 보수를 취해서 더하면 된다. 즉 −879의 4자리에 대한 10의 보수는 9121이다. 이 값을 7928과 더하면 17049가 되는데, 여기서 자릿수를 벗어나는 맨 앞의 1을 버리면 7049가 된다. 1을 버리는 이유는 보수를 계산하는 과정 $(10^4 - 0879)$ 에서 10^4 을 더했기 때문에 4자리를 벗어나는 앞자리를 제거해야 하기 때문이다. 이 계산 과정에서 뺄셈을 하지 않고 10의 보수를 취해서 더함으로써 뺄셈을 덧셈으로 바꿔 계산하였다. 이 예에서는 큰 수에서 작은 수를 빼는 것을 살펴보았다. 그러나 작은 수에서 큰 수를 빼는 것은 10진수에서는 표현하기 힘들다. 그 이유는 계산 결과에 부호를 표현할 수 있는 방법이 적당하지 않기 때문이다.

2진수 연산도 이와 같은 보수의 원리를 사용한다. 2진수를 표시하는 방법이 3가지(부호와 절대치, 1의 보수, 2의 보수)가 있지만, 컴퓨터 시스템에서는 2의 보수를 사용한다. [표 2−4]는 n비트를 사용하여 2의 보수를 나타낼 때 표현 가능한 10진수의 표현 범위다.

[표 2−4] n비트 2의 보수에 대한 10진수의 표현 범위

비트 수	2의 보수를 사용한 2진 정수의 표현 범위
n비트	$-2^{n-1} \sim +2^{n-1}-1$
4비트	$-2^{4-1}(-8) \sim +2^{4-1}-1(+7)$
8비트	$-2^{8-1}(-128) \sim +2^{8-1}-1(+127)$
16비트	$-2^{16-1}(-32,768) \sim +2^{16-1}-1(+32,767)$
32비트	$-2^{32-1}(-2,147,483,648) \sim +2^{32-1}-1(+2,147,483,647)$
64비트	$-2^{64-1}(-9,223,372,036,854,775,808) \sim +2^{64-1}-1(+9,223,372,036,854,775,807)$

예제 2-4

8비트로 표현된 어떤 수 A를 2의 보수로 변환했다. 이때 변환한 결과를 B라고 할 때 A와 B의 합을 구하여라.

풀이

2진수 8비트 A의 2의 보수는 $B = 2^8 - A$이므로 $A + B$는 다음과 같다.

$$A + B = A + (2^8 - A) = 2^8 = 256$$

Tip

1의 보수로 바꾸지 않고 2의 보수로 직접 변경하는 방법

최하위비트(LSB)에서부터 최초의 1을 만날 때까지 그냥 쓰고, 나머지는 반대(0 → 1, 1 → 0)로 바꾼다. $00110000_{(2)}$(=48)의 2의 보수를 만들어 보자. 여기서는 오른쪽 비트에서부터 최초의 1이 있는 5번째 비트($10000_{(2)}$)까지는 그대로 쓰고, 나머지는 반대(0 → 1, 1 → 0)로, 즉 상위의 $001_{(2)}$을 $110_{(2)}$으로 바꾸면 $11010000_{(2)}$(=−48)이 된다. $11001101_{(2)}$(=−51)의 2의 보수는 맨 오른쪽 비트가 $1_{(2)}$이므로 이 비트만 그대로 두고 나머지는 반대로 해준다. 즉 $00110011_{(2)}$(=51)이다.

```
001 | 10000     1100110 | 1
↓↓↓ |           ↓↓↓↓↓↓↓ |
110 | 10000     0011001 | 1
```

부호 확장

부호 확장이란 늘어난 비트 수만큼 부호를 늘려주는 방법이다. 부호와 절대치 표현 방식에서 부호는 MSB로 그대로 자리를 옮기고 나머지 부분은 0으로 채워서 부호를 확장한다. 1의 보수와 2의 보수는 늘어난 길이만큼 부호비트와 같은 수로 채운다. 이렇게 부호를 확장해도 값에는 변화가 없다. [표 2-5]의 예에서 8비트 2의 보수로 표현한 음수 $10010111_{(2)}$과 16비트 2의 보수로 표현한 음수 $1111111110010111_{(2)}$을 비교해보자. 두 음수의 2의 보수를 취하면 양수 $01101001_{(2)}$과 $0000000001101001_{(2)}$이 되어 같으므로 부호를 확장해도 값은 변하지 않는다.

[표 2-5] 2진수 표현 방법에 따른 부호 확장

2진수 표현 방식	부호 확장 방법	구분	8비트	16비트 확장
부호와 절대치	부호만 MSB로 옮기고, 나머지는 0으로 채움	양수(+42)	00101010	00000000 00101010
		음수(−23)	10010111	10000000 00010111
1의 보수	늘어난 길이만큼 부호와 같은 값으로 모두 채움	양수(+42)	00101010	00000000 00101010
		음수(−104)	10010111	11111111 10010111
2의 보수	늘어난 길이만큼 부호와 같은 값으로 모두 채움	양수(+42)	00101010	00000000 00101010
		음수(−105)	10010111	11111111 10010111

2의 보수로 표현된 음수를 10진수로 변환

2의 보수로 표현된 음수를 10진수로 바꾸는 방법을 살펴보자. 또한 2의 보수로 표현한 음수인 $10101100_{(2)}$이 10진수로 얼마인지 계산해보자.

■ MSB만 음수로 계산

MSB가 1이므로 음수이다. 이 위치의 크기는 $128(=2^7)$ 이며 부호가 1(음수)이므로 실제 값은 −128이다. 여기에 나머지 수를 더한다. 즉 뒷부분 $0101100_{(2)}$ 은 양수로 계산하여 더한다.

$$\begin{aligned} 10101100_{(2)} &= -1\times 2^7 + 0\times 2^6 + 1\times 2^5 + 0\times 2^4 + 1\times 2^3 + 1\times 2^2 + 0\times 2^1 + 0\times 2^0 \\ &= -128 + 0 + 32 + 0 + 8 + 4 + 0 + 0 \\ &= -84_{(10)} \end{aligned}$$

■ 보수로 바꿔 계산

음수를 양수로 바꾸기 위해 2의 보수로 바꾼 다음 10진수로 변환하고 −부호를 붙인다.

$$\begin{aligned} 10101100_{(2)} \xrightarrow{\text{2의 보수}} 01010100_{(2)} &= 0\times 2^7+1\times 2^6+0\times 2^5+1\times 2^4+0\times 2^3+1\times 2^2+0\times 2^1+0\times 2^0 \\ &= 0+64+0+16+4+0+0 \\ &= 84 \xrightarrow{\text{−부호를 붙여서}} -84_{(10)} \end{aligned}$$

2의 보수 연산

2의 보수는 표현 범위 내에서 자유롭게 계산할 수 있다. 여러 가지 가능한 2진수 정수의 연산을 살펴보자. 뺄셈인 경우에는 2진수를 보수를 취하여 부호를 숫자 속으로 넣은 다음 덧셈을 한다.

```
①        10진수                     2진수
                 carry  0 0 1 1 0 1 0 1 1
  양수     49      =      0 0 1 1 0 0 0 1
+ 양수    +58      =    + 0 0 1 1 1 0 1 0
-------------          -------------------
  양수    107      =      0 1 1 0 1 0 1 1
```

```
②        10진수                     2진수
                 carry  1 1 1 1 1 1 1 0
  양수     58      =      0 0 1 1 1 0 1 0
- 양수    −49      =    − 0 0 1 1 0 0 0 1
-------------          -------------------
  양수                    0 0 1 1 1 0 1 0
+ 음수                  + 1 1 0 0 1 1 1 1
-------------          -------------------
  양수      9      =      0 0 0 0 1 0 0 1
```

```
③                carry  0 0 0 0 0 0 0 0 0
  양수     49      =      0 0 1 1 0 0 0 1
- 양수    −58      =    − 0 0 1 1 1 0 1 0
-------------          -------------------
  양수                    0 0 1 1 0 0 0 1
+ 음수                  + 1 1 0 0 0 1 1 0
-------------          -------------------
  음수     −9      =      1 1 1 1 0 1 1 1
```

```
④                carry  1 1 0 0 1 1 1 0
- 양수    −49      =    − 0 0 1 1 0 0 0 1
- 양수    −58      =    − 0 0 1 1 1 0 1 0
-------------          -------------------
  음수                    1 1 0 0 1 1 1 1
+ 음수                  + 1 1 0 0 0 1 1 0
-------------          -------------------
  음수   −107      =      1 0 0 1 0 1 0 1
```

⑤			carry 0 1 0 0 0 0 1 0
양수	98	=	0 1 1 0 0 0 1 0
+ 양수	+74	=	+ 0 1 0 0 1 0 1 0
음수	−84	=	**1 0 1 0 1 1 0 0**

⑥			carry 1 0 1 1 1 1 1 0
− 양수	−98	=	− 0 1 1 0 0 0 1 0
− 양수	−74	=	− 0 1 0 0 1 0 1 0
음수			**1 0 0 1 1 1 1 0**
+ 음수			**+ 1 0 1 1 0 1 1 0**
양수	+84	=	0 1 0 1 0 1 0 0

계산 과정 중에 굵게 표시한 2진수는 음수를 의미하며, − 기호가 2진수 속으로 들어갔다. 즉 MSB가 1이므로 음수이다. 계산 결과를 보면 ①~④는 정상적으로 계산되었고, ⑤, ⑥은 계산 결과가 잘못되었음을 보여준다. 계산 결과가 잘못되었다는 것은 데이터의 표현 범위를 벗어났다는 의미다(overflow). 8비트 2진 정수는 −128 ~ +127 범위 내에서만 표현된다. 그러므로 98 + 74 = 172, −98 − 74 = −172 이므로 172나 −172는 8비트 2의 보수로 표현할 수 없다.

정수 연산의 결과에 **오버플로우**(overflow)가 발생했는지 여부는 쉽게 판단할 수 있다. 위 계산에서 보는 바와 같이 마지막 캐리 두 개(밑줄 친 부분)가 같은 값(00 또는 11)이면 정상적으로 계산된 것이고, 다른 값(01 또는 10)이면 오버플로우가 발생한 것이다. ⑤는 마지막 두 개의 캐리가 01이고, ⑥은 마지막 두 개의 캐리가 10으로 다르기 때문에 오버플로우다. [그림 2-3]은 2진수 연산의 개념을 나타낸 것이다. 시계방향으로 이동하면 덧셈, 반시계 방향으로 이동하면 뺄셈이다. 4비트인 경우 5 + 5 = −6 이고, 8비트인 경우 98 + 74 = −84 이다.

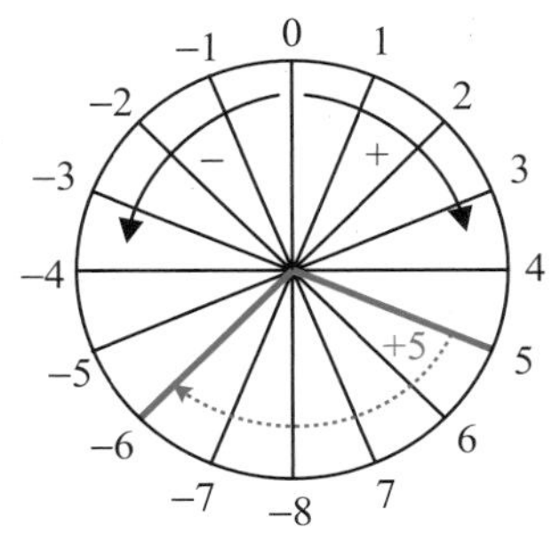

(a) 4비트 2진 정수의 2의 보수

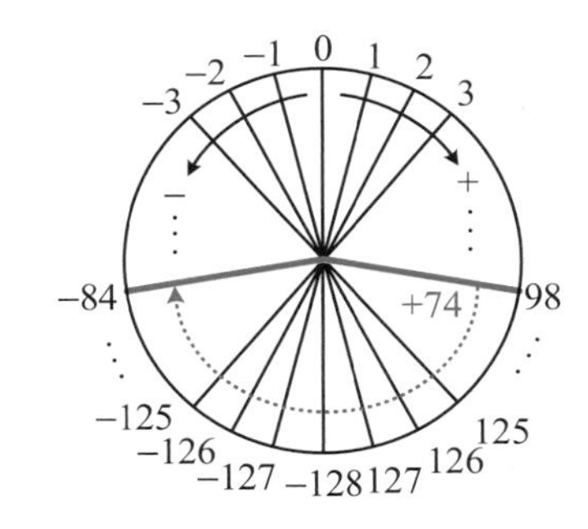

(b) 8비트 2진 정수의 2의 보수

[그림 2-3] 2진 정수의 2의 보수 개념도

예제 2-5

8비트 연산 98 + 74의 경우, 오버플로우가 발생하여 잘못 계산된 결과인 $-84(10101100_{(2)})$를 얻었다. 부호 확장을 통해서 올바른 결과를 얻을 수 있음을 설명하여라.

풀이

16비트로 부호를 확장하여 연산하는 과정은 다음과 같다.

```
           carry    0 00000000 1000010
   98        =        00000000 01100010
 + 74        =      + 00000000 01001010
 -----             -------------------
  172        =        00000000 10101100
```

마지막 캐리 두 개(밑줄친 부분)가 같으므로 정상적으로 계산되었음을 알 수 있다. 그 결과는 MSB가 0(양수)인 $00000000\ 10101100_{(2)}$ 이 되며, 10진수로 바꿔 나타내면 다음과 같다.

$$00000000\ 10101100_{(2)} = 128 + 32 + 8 + 4 = 172_{(10)}$$

SECTION
06 2진 부동소수점수의 표현

이 절에서는 10진 실수를 2진수 실수로 변환하는 방법을 익히고 그 반대로 변환하는 방법을 배운다. 2진수를 정규화하고 정해진 비트에 각각 부호, 지수, 가수가 저장되는 원리를 배운다.

Keywords | 단일정밀도 | 2배정밀도 | 부호, 지수, 가수 | 정규화 | hidden bit | 바이어스 |

컴퓨터에서는 **2진 부동소수점수**(floating point number, 실수)를 표현할 때 과학적인 표기 방식을 사용하며, 매우 작은 값이나 큰 값을 나타낼 수 있도록 하고 있다. 10진수 123.456은 과학적인 표기방식으로 1.23456×10^2으로 표현하며, 마찬가지로 16진수인 123.ABC도 $1.23ABC \times 16^2$으로 표현한다. 컴퓨터에서는 부동소수점수를 **IEEE 754 표준 표기방식**으로 나타낸다. 부동소수점수는 **부호**(sign)와 **지수**(exponent) 및 **가수**(mantissa) 세 영역으로 나뉜다. 부호는 전체 수가 양수인지 음수인지 표시하고, 지수는 2의 지수, 가수는 소수 이하 부분을 표시한다. 부동소수점수는 표현 범위에 따라서 **단일정밀도**(single precision, 32bit) 부동소수점수와 **2배정밀도**(double precision, 64bit) 부동소수점수 등의 표현 방법이 있다. [그림 2-4]는 2가지 표현 방법에 대해 부호, 지수, 가수에 할당된 비트 수를 나타낸다.(cf. **4배정밀도** : quadruple precision, 128bit)

구분	IEEE 754 표준 부동소수점수의 비트 할당	바이어스
단일정밀도 부동소수점수	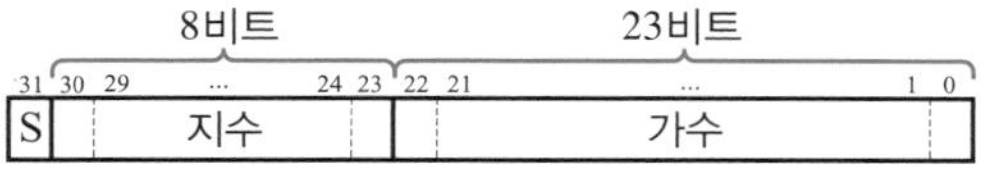 8비트 / 23비트 31 / 30 29 … 24 23 / 22 21 … 1 0 S / 지수 / 가수	127
2배정밀도 부동소수점수	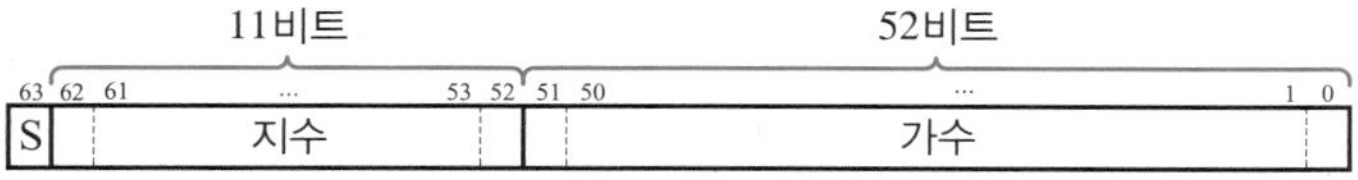 11비트 / 52비트 63 / 62 61 … 53 52 / 51 50 … 1 0 S / 지수 / 가수	1023

[그림 2-4] 단일정밀도 및 2배정밀도 부동소수점수에 할당된 비트 수

부호(S)가 0일 때는 양수, 1일 때는 음수를 나타낸다. 지수도 양수와 음수를 구별하여 나타낼 수 있어야 한다. 양의 지수와 음의 지수를 표현하기 위해 **바이어스**(bias)를 사용한다. [그림 2-4]에 나타낸 것처럼 단일정밀도일 때 바이어스는 127이며, 2배정밀도일 때 바이어스는 1023이다. 계산된 지수값에 바이어스를 더해 실제 컴퓨터 내부에 저장한다. 예를 들어, 2^{10}이면 지수 $10(1010_{(2)})$에 바이어스 $127(01111111_{(2)})$을 더한 $137(10001001_{(2)})$을 지수에 저장하고, 2^{-10}이면 바이어스 127에 지수 $-10(-1010_{(2)})$을 더한 $117(1110101_{(2)})$을 지수에 저장한다. 마찬가지로 2배정밀도 부

동소수점수일 때는 1023을 더한다. 바이어스가 단일정밀도일 경우 128, 2배정밀도일 경우 1024도 가능하지만 IEEE 표준에서는 바이어스 127과 1023을 사용한다.

가수 부분은 단일정밀도일 경우에는 23비트, 2배정밀도일 경우에는 52비트로 나타낸다. 가수에 저장될 데이터는 2진수를 정규화(normalization)하여 나타낸다. 다음은 10진수 5를 여러 가지 형태로 나타낸 것이다.

$$5.0 \times 10^0 = 0.05 \times 10^2 = 5000 \times 10^{-3}$$

10진수 5의 정규화된 표현 방법은 5.0×10^0이다. 2진수도 이와 같이 정규화된 표현 방식으로 나타낸다. $75.6875_{(10)} = 1001011.1011_{(2)}$을 정규화된 2진 부동소수점수로 나타내보자.

$$75.6875_{(10)} = 1001011.1011_{(2)} = 1.0010111011_{(2)} \times 2^6 = 1.0010111011_{(2)} \times 2^{110_{(2)}}$$

여기에서 1.0010111011이 가수에 해당된다. 0.0을 제외한 모든 2진수를 정규화하면 가수는 항상 $1.\times\times\times_{(2)}$로 표현된다. 그러므로 '1.'을 컴퓨터에 저장할 필요가 없으며, 실제로도 저장하지 않는다(hidden bit). 이로 인해 컴퓨터 내부에는 23비트 가수가 저장되지만, 생략되는 한 비트를 포함하여 실제로는 24비트를 표현하는 것이다. 즉 컴퓨터에 저장되는 부동소수점수의 가수 앞에는 '1.'이 항상 생략되어 표현된다. 한 비트라도 더 표현함으로써 오차를 좀 더 줄일 수 있다. 그러므로 컴퓨터 내부에는 단일정밀도 부동소수점수 $1.0010111011_{(2)} \times 2^{110_{(2)}}$가 다음과 같이 저장된다.

부호	지수(바이어스 127)	가수($1.\times\times\times_{(2)}$)
양수	01111111(127) + 110(6)	1.을 생략한 가수
0	10000101	00101110110000000000000

10진수 −0.2를 단일정밀도 부동소수점수로 나타내보자. 먼저 2진수로 바꾸고 정규화한다. 음수이므로 부호는 1, 지수는 $01111111_{(2)} - 11_{(2)} = 01111100_{(2)} (127 - 3 = 124)$이고, 가수는 '1.'을 생략한 23비트인 $10011001100110011001100_{(2)}$이다.

$$-0.2_{(10)} = -0.001100110011\ldots_{(2)} = -1.100110011\ldots_{(2)} \times 2^{-3}$$
$$= -1.100110011\ldots_{(2)} \times 2^{-11_{(2)}}$$

부호	지수(바이어스 127)	가수($1.\times\times\times_{(2)}$)
음수	01111111(127) − 11(3)	1.을 생략한 가수
1	01111100	10011001100110011001100

단일정밀도와 2배정밀도 부동소수점수의 표현 범위는 [표 2-6]과 같다.

[표 2-6] 단일정밀도 및 2배정밀도 부동소수점수의 표현 범위

	단일정밀도 부동소수점수	2배정밀도 부동소수점수
비정규화된 2진수	$\sim \pm 2^{-149}$ to $\pm(1-2^{-23})\times 2^{126}$	$\sim \pm 2^{-1074}$ to $\pm(1-2^{-52})\times 2^{1022}$
정규화된 2진수	$\sim \pm 2^{-126}$ to $\pm(2-2^{-23})\times 2^{127}$	$\sim \pm 2^{-1022}$ to $\pm(2-2^{-52})\times 2^{1023}$
10진수	$\sim \pm 1.40\times 10^{-45}$ to $\sim \pm 3.40\times 10^{38}$	$\sim \pm 4.94\times 10^{-324}$ to $\sim \pm 1.798\times 10^{308}$

예제 2-6

$\frac{1}{256}$ 을 단일정밀도 부동소수점수 표현 방식으로 나타내어라.

풀이

$\frac{1}{256}$을 정규화된 방법으로 표현하면 $\frac{1}{256}=\frac{1}{2^8}=1.0\times 2^{-8}=1.0\times 2^{-1000_{(2)}}$ 이므로 단일정밀도 부동소수점수로 나타내면 다음과 같이 된다.

부호	지수(바이어스 127)	가수($1.\times\times\times_{(2)}$)
양수	01111111(127) − 1000(8)	1.을 생략한 가수
0	01110111	00000000000000000000000

[그림 2-5]는 2진 부동소수점수의 표현 범위를 그림으로 나타낸 것이다.

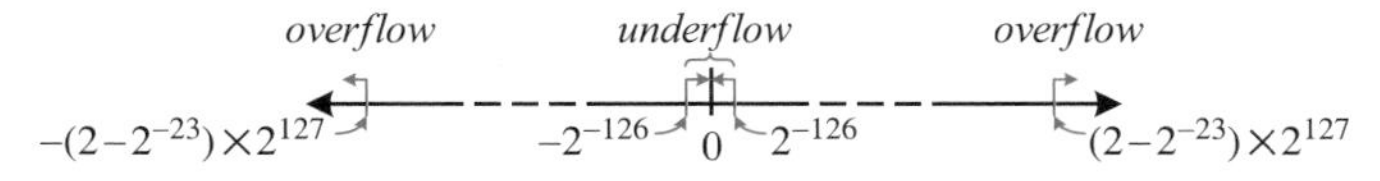

[그림 2-5] 단일정밀도 부동소수점수의 표현 범위(정규화된 2진수)

0에 아주 가까이 접근할 때(underflow)는 0으로 표현한다. 실제로 이 표준 형식으로는 0을 직접 표현할 수 없다. 특별히 0은 지수와 가수를 모두 0으로 표시하며, +0과 −0으로 구별되지만 실제 비교 연산에서는 같은 것으로 한다. 또 ±∞(overflow)는 지수 비트가 모두 1이고, 가수 비트가 모두 0인 경우이며, 부호 비트로 이들을 구분한다. 따라서 +∞와 −∞로 구별한다. NaN(Not a Number)은 실제로 표현하지 못하는 수로 지수 비트들이 모두 1이며, 가수 비트들이 모두 0이 아닌 경우를 의미한다.

CHAPTER

02 연습문제

주관식 문제(기본~응용회로 대비용)

1 다음 물음에 답하여라.

① 컴퓨터 내부에서 10진수를 사용하지 않는 이유는 무엇인가?

② 컴퓨터의 디지털 회로는 단지 2진수로만 동작하는데, 8진수와 16진수가 필요한 이유는 무엇인가?

2 다음 10진수를 2진수, 8진수, 16진수로 바꿔보아라.

① 892 ② 783.8125 ③ 48.3515625

④ 0.0078125 ⑤ 52.7578125 ⑥ 47.9

3 다음 10진수를 괄호 안의 진수로 바꿔보아라.

① 398.3(3진수) ② 89.328125(4진수) ③ 32.2416(5진수)

④ 98.22(9진수) ⑤ 12.33(12진수) ⑥ 74.234(15진수)

4 다음 8진수는 2진수와 16진수로, 16진수는 2진수와 8진수로 바꿔보아라.

① $2136_{(8)}$ ② $6743_{(8)}$ ③ $5436.15_{(8)}$

④ $0.02136_{(8)}$ ⑤ $1023_{(16)}$ ⑥ $6BCF_{(16)}$

⑦ $F420_{(16)}$ ⑧ $330F.FC_{(16)}$ ⑨ $0.0E34_{(16)}$

5 다음 표의 빈 칸을 채워라.

	10진수	2진수	8진수	16진수
10진수	225.225			
2진수		11010111.11		
8진수			623.77	
16진수				2AC5.D

6 다음 8진수를 계산하여라.

① 1372 + 4631 ② 47135 + 5125 ③ 175214 + 152405

7 어떤 CD player는 12비트의 신호를 동등한 값의 아날로그 신호로 변환할 수 있는 기능을 가지고 있다.

① 이 CD player에서 사용될 수 있는 최솟값과 최댓값을 16진수로 나타내어라.

② 이 시스템이 나타낼 수 있는 서로 다른 아날로그 신호의 값은 몇 개인가?

8 다음 8비트 2진수에 대한 2의 보수를 구하여라.

① 00101011 ② 11010101 ③ 00011110

④ 11011110 ⑤ 10000001 ⑥ 00101010

9 어떤 컴퓨터에서 정수로 15비트 2의 보수를 사용한다면 정수의 표현 범위를 계산하여라.

10 다음 10진수를 8비트 1의 보수와 2의 보수로 나타내어라.

① +18　② +115　③ +79
④ −49　⑤ −3　⑥ −100

11 다음 10진수의 9의 보수와 10의 보수를 구하여라.

① 25,478,036　② 63,325,600
③ 25,000,000　④ 00,000,000

12 다음 연산을 10의 보수를 이용하여 계산하여라.

① 5255 − 2363　② 1756 − 5632　③ 200 − 600
④ 1300 − 260　⑤ 632 − 563　⑥ 856 − 965

13 음수를 표현할 때, 2의 보수가 부호와 절대치 또는 1의 보수보다 선호되는 이유를 설명하여라.

14 다음 각 진수로 표현된 수를 10진수로 바꿔보아라. 단, 2진 정수는 8비트 2의 보수다.

① $10101010_{(2)}$　② $11110001_{(2)}$　③ $01010101_{(2)}$
④ $00101011_{(2)}$　⑤ $0.10101_{(2)}$　⑥ $3526_{(8)}$
⑦ $7736_{(8)}$　⑧ $34.531_{(8)}$　⑨ $3203_{(4)}$
⑩ $6432_{(7)}$　⑪ $A289B_{(12)}$　⑫ $A501_{(16)}$
⑬ $839C_{(16)}$　⑭ $ABCD_{(16)}$

15 다음 10진수를 2진수로 바꾼 후, 8비트 2의 보수를 이용하여 계산하여라. 계산이 정상적으로 되었는지도 검사하여라.

① 78 − 34　② 98 − 100　③ −56 − 34
④ 59 − 11　⑤ 98 − 59　⑥ −88 − 105

16 다음 물음에 답하여라.

① 16진수 C3DF의 16의 보수를 구하여라.
② C3DF를 2진수로 변환하여라.
③ ②의 결과를 2의 보수로 바꿔보아라.
④ ③의 결과를 16진수로 바꾸고 ①의 결과와 비교하여라.

17 다음 중 10진수는 2진수 IEEE 754 부동소수점수로, IEEE 754 부동소수점수는 10진수로 변환하여라.

① 236.6　② 0.035　③ −0.05　④ −10245.0
⑤ 0 01111010 01001000000000000000000　⑥ 1 01111000 11010000000000000000000
⑦ $\frac{1}{32}$　⑧ $-\frac{1}{128}$　⑨ $\frac{45}{256}$　⑩ $-\frac{189}{1024}$

CHAPTER

02 기출문제

객관식 문제(산업기사 대비용)

01 10진법으로 한 자릿수를 나타내려면 2진법으로 최소한 몇 개의 비트가 필요하겠는가?

㉮ 2비트　㉯ 4비트
㉰ 8비트　㉱ 10비트

02 10진수의 45를 2진수로 변환한 값으로 맞는 것은?

㉮ $101000_{(2)}$　㉯ $101101_{(2)}$
㉰ $101110_{(2)}$　㉱ $101111_{(2)}$

03 10진수 0.6875를 2진수로 변환한 것은?

㉮ $0.1010_{(2)}$　㉯ $0.1101_{(2)}$
㉰ $0.1011_{(2)}$　㉱ $0.1111_{(2)}$

04 10진수 14.625를 2진수로 변환한 것은?

㉮ $1011.011_{(2)}$　㉯ $1100.11_{(2)}$
㉰ $1011.111_{(2)}$　㉱ $1110.101_{(2)}$

05 2진수 110110을 10진수로 옳게 나타낸 것은?

㉮ $45_{(10)}$　㉯ $52_{(10)}$
㉰ $54_{(10)}$　㉱ $58_{(10)}$

06 2진수 0.101을 10진수로 나타내면?

㉮ $0.2_{(10)}$　㉯ $0.35_{(10)}$
㉰ $0.5_{(10)}$　㉱ $0.625_{(10)}$

07 2진수 101110.1101을 10진수로 표현하면?

㉮ $22.8125_{(10)}$　㉯ $46.8125_{(10)}$
㉰ $2.28125_{(10)}$　㉱ $4.68125_{(10)}$

08 10진수 127을 8진수로 변환한 값은?

㉮ $127_{(8)}$　㉯ $135_{(8)}$
㉰ $165_{(8)}$　㉱ $177_{(8)}$

09 8진수 246을 10진수로 옳게 고친 것은?

㉮ $128_{(10)}$　㉯ $160_{(10)}$
㉰ $166_{(10)}$　㉱ $182_{(10)}$

10 8진수 23.32를 10진수로 변환하면? (단, 소수점 4째 자리 이하 생략)

㉮ $18.406_{(10)}$　㉯ $18.102_{(10)}$
㉰ $19.406_{(10)}$　㉱ $19.102_{(10)}$

11 10진수 45를 16진수로 변환한 것은?

㉮ $2A_{(16)}$　㉯ $2B_{(16)}$
㉰ $2C_{(16)}$　㉱ $2D_{(16)}$

12 10진수 673을 16진수로 바꾸면?

㉮ $2B1_{(16)}$　㉯ $2A1_{(16)}$
㉰ $291_{(16)}$　㉱ $2C1_{(16)}$

13 10진수 0.875를 16진수로 변환한 것으로 옳은 것은?

㉮ $140_{(16)}$　㉯ $0.14_{(16)}$
㉰ $0.E_{(16)}$　㉱ $0.0E_{(16)}$

14 16진수 F8을 10진수로 변환하면?

㉮ $23_{(10)}$　㉯ $158_{(10)}$
㉰ $193_{(10)}$　㉱ $248_{(10)}$

15 16진수 73C.4E를 10진수로 변환하면 다음 중 어느 값이 근사치인가?

㉮ $185.23_{(10)}$　㉯ $1852.305_{(10)}$
㉰ $18523.05_{(10)}$　㉱ $123.25_{(10)}$

16 2진수 1011010을 8진수로 올바르게 변환한 것은?

㉮ $132_{(8)}$　㉯ $123_{(8)}$
㉰ $124_{(8)}$　㉱ $142_{(8)}$

17 8진수 224를 2진수로 변환하면?

㉮ $010010100_{(2)}$
㉯ $010010101_{(2)}$
㉰ $010010110_{(2)}$
㉱ $010010111_{(2)}$

18 8진수 3456.71을 2진수로 변환한 표현으로 옳은 것은?

㉮ $011101101110.111001_{(2)}$
㉯ $011100101110.111001_{(2)}$
㉰ $011100111110.111001_{(2)}$
㉱ $011101010111.100111_{(2)}$

19 16진수 F509를 2진수로 변환하면?

㉮ $1000\ 0001\ 0000\ 1000_{(2)}$
㉯ $1001\ 1000\ 0000\ 1001_{(2)}$
㉰ $1100\ 0001\ 0000\ 1001_{(2)}$
㉱ $1111\ 0101\ 0000\ 1001_{(2)}$

20 8진수 265를 16진수로 나타내면?

㉮ $D5_{(16)}$ ㉯ $C3_{(16)}$
㉰ $A5_{(16)}$ ㉱ $B5_{(16)}$

21 16진수 2AE를 8진수로 변환하면?

㉮ $257_{(8)}$ ㉯ $1256_{(8)}$
㉰ $2557_{(8)}$ ㉱ $4317_{(8)}$

22 16진수 7C.D를 8진수로 변환하면?

㉮ $174.61_{(8)}$ ㉯ $174.64_{(8)}$
㉰ $176.61_{(8)}$ ㉱ $176.64_{(8)}$

23 2진수 10010010.011을 각각 4진수, 8진수, 16진수로 변환한 것은?

㉮ $2802.12_{(4)}$ $262.3_{(8)}$ $B2.6_{(16)}$
㉯ $2202.12_{(4)}$ $242.3_{(8)}$ $A2.6_{(16)}$
㉰ $2402.12_{(4)}$ $252.3_{(8)}$ $D2.6_{(16)}$
㉱ $2102.12_{(4)}$ $222.3_{(8)}$ $92.6_{(16)}$

24 다음 진수 표현 중에 제일 작은 수에 해당하는 것은?

㉮ $FF_{(16)}$ ㉯ $11111111_{(2)}$
㉰ $254_{(10)}$ ㉱ $377_{(8)}$

25 다음 수들 중에서 가장 큰 값은?

㉮ 2진수 1011101
㉯ 8진수 157
㉰ 10진수 165
㉱ 16진수 B7

26 10진수 12와 같지 않은 것은?

㉮ 2진수 1100 ㉯ 5진수 22
㉰ 8진수 14 ㉱ 16진수 B

27 다음 연산 결과로 옳은 것은? (단, 수의 표현은 2의 보수임)

$$101011_{(2)} - 100110_{(2)}$$

㉮ $000110_{(2)}$ ㉯ $000101_{(2)}$
㉰ $100110_{(2)}$ ㉱ $100101_{(2)}$

28 8진법의 수 256과 542를 더한 값은?

㉮ $798_{(8)}$ ㉯ $1000_{(8)}$
㉰ $1020_{(8)}$ ㉱ $A20_{(8)}$

29 16진수인 다음 식의 결과값은 무엇인가?

$$1A1D_{(16)} - F9F_{(16)} = (\quad)_{(16)}$$

㉮ A7E ㉯ FFA
㉰ A55 ㉱ AFA

30 2진수 1001의 1의 보수에 해당하는 것은?

㉮ $0001_{(2)}$ ㉯ $0110_{(2)}$
㉰ $0111_{(2)}$ ㉱ $0101_{(2)}$

31 2진수 01010의 1의 보수는?

㉮ $11111_{(2)}$ ㉯ $01010_{(2)}$
㉰ $10101_{(2)}$ ㉱ $10110_{(2)}$

32 2진수 011001의 1의 보수는?

㉮ $011000_{(2)}$ ㉯ $011010_{(2)}$
㉰ $100110_{(2)}$ ㉱ $011001_{(2)}$

33 2진수 01001101의 1의 보수는?

㉮ $10110010_{(2)}$
㉯ $01001110_{(2)}$
㉰ $11001101_{(2)}$
㉱ $10110011_{(2)}$

34 부호와 1의 보수 표현 방법에 의해 8비트로 10진수 27과 −35를 표현하면?

㉮ $00011011_{(2)}$, $10100011_{(2)}$
㉯ $00011011_{(2)}$, $11011100_{(2)}$
㉰ $11100100_{(2)}$, $01011100_{(2)}$
㉱ $11100101_{(2)}$, $01011101_{(2)}$

35 3의 1의 보수 표현과 값이 같은 것은?

㉮ 1의 2의 보수
㉯ 2의 2의 보수
㉰ 4의 2의 보수
㉱ 8의 2의 보수

36 10진수 −11을 부호와 1의 보수 표현에 대한 16진 표현으로 옳은 것은? (단, 8비트 데이터 형식임)

㉮ $F4_{(16)}$ ㉯ $B4_{(16)}$
㉰ $8F_{(16)}$ ㉱ $C4_{(16)}$

37 다음 중 2진수 1110의 2의 보수는?

㉮ $1010_{(2)}$ ㉯ $0001_{(2)}$
㉰ $1101_{(2)}$ ㉱ $0010_{(2)}$

38 2진수 1001011의 2의 보수를 구하면?

㉮ $0110100_{(2)}$ ㉯ $1110100_{(2)}$
㉰ $1110101_{(2)}$ ㉱ $0110101_{(2)}$

39 2진수 11110001을 2의 보수로 나타내고 이것을 10진수로 표시하면?

㉮ $00001111_{(2)}$ 및 $+15_{(10)}$
㉯ $00001111_{(2)}$ 및 $-15_{(10)}$
㉰ $00001110_{(2)}$ 및 $-13_{(10)}$
㉱ $00001110_{(2)}$ 및 $+13_{(10)}$

40 부호가 붙어있는 10진수 −1을 2의 보수 표시법으로 표현하면?

㉮ $00000001_{(2)}$ ㉯ $10000001_{(2)}$
㉰ $10000010_{(2)}$ ㉱ $11111111_{(2)}$

41 10진수 −9를 부호화된 2의 보수로 표시하면? (단, 7bit로 표현)

㉮ $0001001_{(2)}$ ㉯ $1001001_{(2)}$
㉰ $1110111_{(2)}$ ㉱ $1110110_{(2)}$

42 10진수 −14를 부호화된 2의 보수 표현법으로 표현된 것은? (단, 8bit로 표현)

㉮ $10001110_{(2)}$ ㉯ $11100011_{(2)}$
㉰ $11110010_{(2)}$ ㉱ $11111001_{(2)}$

43 10진수 −121을 부호화된 2의 보수 표현법으로 표현된 것은?

㉮ $00000111_{(2)}$
㉯ $10000111_{(2)}$
㉰ $01111000_{(2)}$
㉱ $11111000_{(2)}$

44 2의 보수 표현 방법에 의해 10진수 36과 −72를 8비트로 올바르게 표현한 것은?

㉮ $00100100_{(2)}$, $00111000_{(2)}$
㉯ $00100100_{(2)}$, $10111000_{(2)}$
㉰ $00100100_{(2)}$, $10110111_{(2)}$
㉱ $10100100_{(2)}$, $01000111_{(2)}$

45 2의 보수를 이용한 뺄셈 $0011_{(2)}-1101_{(2)}$의 연산 결과 값은?

㉮ $0111_{(2)}$ ㉯ $1011_{(2)}$
㉰ $0110_{(2)}$ ㉱ $1001_{(2)}$

46 $0101000_{(2)} - 1101101_{(2)}$의 2진수 뺄셈 연산을 2의 보수를 이용하여 계산하면 10진수로 얼마인가?

㉮ $-49_{(10)}$ ㉯ $-59_{(10)}$
㉰ $-69_{(10)}$ ㉱ $-79_{(10)}$

47 수치를 표현하는 데 있어서 0의 판단이 가장 쉬운 방법은?

㉮ 1의 보수 ㉯ 2의 보수
㉰ 부호와 절대치 ㉱ 부동소수점

48 다음 10진수 → 2진수 → 1의 보수 → 2의 보수의 관계를 나타낸 것 중 옳은 것은?

㉮ 8 → 1000 → 1001 → 0110
㉯ 7 → 0111 → 1000 → 0111
㉰ 9 → 1001 → 0110 → 0111
㉱ 8 → 1000 → 0111 → 1110

49 10진수 5를 1의 보수와 2의 보수로 각각 표시하면?

㉮ 1의 보수 : 1010, 2의 보수 : 1011
㉯ 1의 보수 : 1010, 2의 보수 : 1100
㉰ 1의 보수 : 1011, 2의 보수 : 1001
㉱ 1의 보수 : 1010, 2의 보수 : 1101

50 다음 괄호 안에 들어갈 내용이 순서대로 된 것은?

10101001에 대한 1의 보수는 (㉠)이고, 2의 보수는 (㉡)이다.

㉮ ㉠ 01010110 ㉡ 01010111
㉯ ㉠ 01010101 ㉡ 01010101
㉰ ㉠ 01011010 ㉡ 01011011
㉱ ㉠ 01011011 ㉡ 01011110

51 다음 중에서 10진수 274의 9의 보수는 어느 것인가?

㉮ 726 ㉯ 725
㉰ 265 ㉱ 283

52 2의 보수 표현 방식으로 8비트의 기억 공간에 정수를 표현할 때 표현 가능한 범위는?

㉮ $-2^7 \sim +2^7$ ㉯ $-2^8 \sim +2^8$
㉰ $-2^7 \sim +(2^7-1)$ ㉱ $-(2^7-1) \sim +2^7$

53 16비트로 2의 보수법을 사용하여 표현할 때 최대로 표현할 수 있는 정수(N)의 범위는?

㉮ $-2^{16} \le N \le 2^{16}-1$
㉯ $-2^{15} \le N \le 2^{15}-1$
㉰ $0 \le N \le 2^{32}$
㉱ $0 \le N \le 2^{32}-1$

54 처음 비트(bit)를 부호 비트(sign bit)로 사용할 때 16비트로 표시할 수 있는 가장 큰 양의 정수는 얼마인가?

㉮ 2^{16} ㉯ $2^{16}-1$
㉰ 2^{15} ㉱ $2^{15}-1$

55 32비트로 2의 보수법을 사용하여 표현할 때 최대로 표현할 수 있는 양의 정수는 얼마인가?

㉮ 2^{32} ㉯ $2^{32}-1$
㉰ 2^{31} ㉱ $2^{31}-1$

56 n개의 비트(bit)로 정수를 표시할 때 2의 보수 표현법에 의한 범위를 적절히 나타낸 것은?

㉮ $-2^{n-1}-1 \sim 2^{n-1}$
㉯ $-2^{n-1} \sim 2^{n-1}+1$
㉰ $-2^{n-1}-1 \sim 2^{n-1}+1$
㉱ $-2^{n-1} \sim 2^{n-1}-1$

57 정수를 기억시키기 위하여 8비트 레지스터를 사용하고 있다. 이 때 MSB를 부호비트(sign bit)로 사용한다면 기억시킬 수 있는 최댓값은?

㉮ +256 ㉯ +255
㉰ +128 ㉱ +127

58 8비트로 부호와 절댓값 표현 방법에 의해 25와 −25를 표현한 것은?

㉮ 25 : 00011001, −25 : 10011001
㉯ 25 : 11001100, −25 : 10011001
㉰ 25 : 01100110, −25 : 11100110
㉱ 25 : 01100110, −25 : 10011011

59 8비트 메모리 워드에서 비트패턴 $11101101_{(2)}$은 "① 부호와 절대치(signed magnitude), ② 부호와 1의 보수, ③ 부호와 2의 보수"로 해석될 수 있다. 각각에 대응되는 10진수를 순서대로 나타낸 것은?

㉮ ① : −109, ② : −19, ③ : −18
㉯ ① : −109, ② : −18, ③ : −19
㉰ ① : 237, ② : −19, ③ : −18
㉱ ① : 237, ② : −18, ③ : −19

60 10진수 −9의 고정소수점 형식으로 표현한 것 중 틀린 것은?

㉮ 10001001 ㉯ 11110110
㉰ 11100110 ㉱ 11110111

61 컴퓨터에서 음수를 표현하는 방법으로 옳지 않은 것은?

㉮ 부호와 절댓값 표시
㉯ 부호화된 1의 보수 표시
㉰ 부호화된 2의 보수 표시
㉱ 부호화된 16의 보수 표시

62 고정소수점(fixed point number) 표현 방식이 아닌 것은?

㉮ 1의 보수에 의한 표현
㉯ 2의 보수에 의한 표현
㉰ 9의 보수에 의한 표현
㉱ 부호와 절댓값에 의한 표현

63 가산기능과 보수기능만 있는 산술논리연산장치(ALU)를 이용하여 $A-B$를 하고자 할 때 옳은 방법은?

㉮ $F = A - B$
㉯ $F = A - B + 1$
㉰ $F = A + \overline{B} + 1$
㉱ $F = \overline{A} + B + 1$

64 다음 ( ) 안의 내용으로 옳은 것은?

감산은 기본적으로 ( )의 가산으로 귀착된다.

㉮ 여수(與數) ㉯ 보수(complement)
㉰ 2진수 ㉱ 8진수

65 컴퓨터에서 보수를 사용하는 이유는?

㉮ 제산에서의 불필요한 과정을 제거시키기 위한 법
㉯ 가산의 결과를 체크하기 위한 법
㉰ 감산에서 보수를 가산법으로 처리하기 위한 법
㉱ 승산에서 연산 과정을 간단히 하기 위한 법

66 정수 표현에서 음수를 나타내는데 부호화된 2의 보수법이 1의 보수법에 비해 장점은?

㉮ 산술 연산 속도가 빠른 점과 양수 표현이 좋다.
㉯ 2의 보수에서는 캐리(carry)가 발생하면 무시한다.
㉰ 양수 표현이 유리하다.
㉱ 보수 취하기가 쉽다.

67 대부분의 마이크로프로세서가 사용하는 숫자 체계는 무엇인가?

㉮ 1's complement
㉯ 2's complement
㉰ signed-magnitude
㉱ signed-digit

68 다음에서 수치 자료에 대한 부동소수점 표현의 특징이 아닌 것은?

㉮ 고정소수점 표현보다 표현의 정밀도를 높일 수 있다.
㉯ 아주 작은 수와 아주 큰 수의 표현에는 부적합하다.
㉰ 수 표현에 필요한 자릿수에 있어서 효율적이다.
㉱ 과학이나 공학 또는 수학적인 응용에 주로 사용되는 수 표현이다.

69 부동소수점 표현 방식의 특징에 해당하지 않는 것은?

㉮ 연산이 복잡하고 시간이 많이 걸린다.
㉯ 대단히 큰 수치와 작은 수치의 표현이 용이하다.
㉰ 부동소수점 수치를 계산할 수 없는 컴퓨터는 서브루틴으로 처리한다.
㉱ 고정소수점 표현에 비해 bit열이 적게 필요하다.

70 부동소수점 표현 방식 중 틀린 것은?

㉮ 소수점의 위치가 한곳에 고정되어 있는 고정소수점 표현 방식에 비해 부동소수점 표현 방식은 소수점의 위치를 움직일 수 있도록 하였다.
㉯ 부동소수점 데이터 표현은 일반적으로 BCD 코드가 널리 이용된다.
㉰ 부동소수점 방식은 수의 표현에 대한 정밀도를 높일 수 있다는 장점이 있다.
㉱ 부동소수점에 의한 표현은 부호 비트(sign bit), 지수 부분(exponent part), 가수 부분(mantissa part)으로 구분된다.

71 부동소수점 연산에서 정규화(normalize)시키는 주된 이유는?

㉮ 연산속도를 증가시키기 위해서이다.
㉯ 숫자표시를 간단히 하기 위해서이다.
㉰ 유효숫자를 늘리기 위해서이다.
㉱ 연산결과의 정확성을 높이기 위해서이다.

72 실수는 부동소수점 표현 방법으로 나타낼 때 두 부분으로 나누어서 표시된다. 지수 부분과 다른 한 부분은?

㉮ 가수 부분
㉯ 부호 부분
㉰ 소수점 부분
㉱ 정규 부분

73 부동소수점수에서 저장 비트가 필요 없는 것은?

㉮ 부호　　　　㉯ 지수
㉰ 소수점　　　㉱ 소수(가수)

74 컴퓨터에서 수치 자료에 대한 부동소수점 표현 방식의 일반적인 형식으로 사용되는 것은?

㉮ 부호 + 지수부 + 가수부
㉯ 부호 + 가수부 + 지수부
㉰ 가수부 + 부호 + 가수부
㉱ 가수부 + 지수부 + 부호

75 다음 중 부동소수점수의 국제표준으로 제정된 표준안은?

㉮ IEEE 754　　　㉯ IEEE 755
㉰ IEEE 756　　　㉱ IEEE 757

76 10진수 + 14925를 단정도 부동소수점 표현 방식으로 올바르게 나타낸 것은? (단, IEEE 754 표준을 따르며, 바이어스는 127임을 가정한다.)

㉮ 지수부 = 16진수 8D, 가수부 = D268(부호 0)
㉯ 지수부 = 16진수 8C, 가수부 = D268(부호 0)
㉰ 지수부 = 16진수 8D, 가수부 = E934(부호 0)
㉱ 지수부 = 16진수 8C, 가수부 = E934(부호 0)

77 10진수 −13.625를 IEEE 754 형태로 옳게 나타낸 것은? (단, 부호 : 1비트, 지수 : 8비트, 가수 : 23비트이다)

㉮ 0 0000 1101 1011 0100 0000 0000 0000 000
㉯ 0 1000 0100 1011 0100 0000 0000 0000 000
㉰ 1 0000 1101 1011 0100 0000 0000 0000 000
㉱ 1 1000 0010 1011 0100 0000 0000 0000 000

78 어떤 수를 32비트 단정도 부동소수점 표현방법으로 표현할 때 지수 부분에서 underflow가 발생되는 것은? (단, 지수부분의 bias는 64이다.)

㉮ 2^{-65}　　　㉯ 2^{-64}
㉰ 2^{64}　　　㉱ 2^{65}

79 실수 13.625를 2진수 형태의 IEEE 754 표준 부동소수점 형식으로 표현했을 때 가수(mantissa)의 처음 다섯 비트는? (단, 소수점 바로 다음이 가수의 1번째 비트이다.)

㉮ 10110　　　㉯ 01100
㉰ 00110　　　㉱ 01011

80 수치정보의 표현에 있어서 만족시켜야 할 조건이 아닌 것은?

㉮ 기억장치의 공간을 적게 차지해야 한다.
㉯ 데이터 처리 및 CPU내에서 이동이 용이해야 한다.
㉰ 10진수와 상호 변환이 용이해야 한다.
㉱ 한정된 수의 비트로 나타내므로 정밀도가 낮아야 한다.

1. ㉯	2. ㉯	3. ㉰	4. ㉱	5. ㉰	6. ㉱	7. ㉯	8. ㉱	9. ㉰	10. ㉰
11. ㉱	12. ㉯	13. ㉰	14. ㉱	15. ㉯	16. ㉮	17. ㉮	18. ㉯	19. ㉱	20. ㉱
21. ㉯	22. ㉯	23. ㉱	24. ㉰	25. ㉱	26. ㉱	27. ㉯	28. ㉰	29. ㉮	30. ㉯
31. ㉰	32. ㉰	33. ㉮	34. ㉯	35. ㉰	36. ㉮	37. ㉱	38. ㉱	39. ㉮	40. ㉱
41. ㉰	42. ㉰	43. ㉯	44. ㉯	45. ㉰	46. ㉰	47. ㉯	48. ㉰	49. ㉮	50. ㉮
51. ㉯	52. ㉰	53. ㉯	54. ㉱	55. ㉱	56. ㉱	57. ㉱	58. ㉮	59. ㉯	60. ㉰
61. ㉱	62. ㉰	63. ㉰	64. ㉯	65. ㉰	66. ㉯	67. ㉯	68. ㉯	69. ㉱	70. ㉯
71. ㉰	72. ㉮	73. ㉰	74. ㉮	75. ㉮	76. ㉯	77. ㉱	78. ㉮	79. ㉮	80. ㉱

CHAPTER

03

디지털 코드

이 장에서는 디지털 시스템에서 비수치적 자료를 표현하는 여러 가지 디지털 코드를 이해하는 것을 목표로 한다.

- 다양한 디지털 코드를 구분하여 이해할 수 있다.
- 문자와 숫자를 나타내는 코드를 이해할 수 있다.
- 가중치 코드와 비가중치 코드를 이해하고 이를 활용할 수 있다.
- 에러 검출 코드를 이해하고 이를 활용할 수 있다.

CONTENTS

SECTION
01 숫자 코드

디지털 시스템에는 많은 전문화된 코드들이 사용된다. 이 절에서는 2진수를 이용하여 숫자를 나타내는 다양한 방법을 배운다. 또한 각 코드들의 특징을 이해하고 이용분야에 대해서도 살펴본다.

Keywords | BCD 코드 | 3초과 코드 | 가중치 코드 | 비가중치 코드 | 그레이 코드 |

BCD 코드와 3초과 코드

BCD 코드(Binary Coded Decimal code : 2진화 10진 코드, 8421 코드)는 10진수 0부터 9까지를 2진화한 코드로 실제 표기는 2진수지만 10진수처럼 사용한다. 즉 1010부터 1111까지 6개는 사용하지 않는다. [표 3-1]은 10진수 각 자리에 해당하는 10진수를 그대로 2진화한 값이다.

[표 3-1] BCD(8421) 코드

10진수	BCD 코드	10진수	BCD 코드	10진수	BCD 코드
0	0000	10	0001 0000	20	0010 0000
1	0001	11	0001 0001	31	0011 0001
2	0010	12	0001 0010	42	0100 0010
3	0011	13	0001 0011	53	0101 0011
4	0100	14	0001 0100	64	0110 0100
5	0101	15	0001 0101	75	0111 0101
6	0110	16	0001 0110	86	1000 0110
7	0111	17	0001 0111	97	1001 0111
8	1000	18	0001 1000	196	0001 1001 0110
9	1001	19	0001 1001	237	0010 0011 0111

BCD 코드의 연산은 10진수 연산처럼 수행한다.

10진 덧셈	BCD 덧셈	10진 덧셈	BCD 덧셈
6	$0110_{(BCD)}$	42	$0100\ 0010_{(BCD)}$
+ 3	$+\ 0011_{(BCD)}$	+ 37	$+\ 0011\ 0111_{(BCD)}$
9	$1001_{(BCD)}$	79	$0111\ 1001_{(BCD)}$

그러나 계산 결과가 BCD 코드를 벗어날 때, 즉 9를 초과하는 경우에는 계산 결과에 6($0110_{(BCD)}$)을 더해준다.

10진 덧셈		BCD 덧셈
8		1000
+ 7		+ 0111
		1111
	+6	+ 0110
15		0001 0101

예제 3-1

96+58을 BCD로 바꾸어 연산한 결과는?

풀이

96과 58을 BCD로 바꾸어 계산하면 1110 1110이 되어 10의 자리와 1의 자리 모두가 9를 초과하므로 계산 결과에 0110 0110(=$66_{(10)}$)을 더해주면 올바른 결과를 얻는다.

10진 덧셈		BCD 덧셈
96		1001 0110
+ 58		+ 0101 1000
		1110 1110
	+66	+ 0110 0110
154		0001 0101 0100

3초과 코드(excess-3 code)는 BCD 코드(8421 코드)에 3(=$0011_{(2)}$)을 더하여 나타낸 코드이다. 즉 3초과 코드는 10개의 코드만 있는 10진 코드이며, 0000, 0001, 0010, 1101, 1110, 1111은 3초과 코드에 없는 코드이다. 3초과 코드는 자기 보수의 성질을 가지며 현재값에서 1의 보수를 취하면 10진수에서 9의 보수에 해당하는 값이 된다. 10진수 6에 대한 9의 보수는 3이다. [표 3-2]에서 보면 6의 3초과 코드는 1001이고, 6의 9의 보수인 3의 3초과 코드는 0110이다. 그러므로 3초과 코드는 2진 비트 위치에 따라서 보면 자기 보수의 관계에 있다는 것을 알 수 있다.

[표 3-2] 3초과 코드

10진수	BCD 코드	3초과 코드
0	0000	0011
1	0001	0100
2	0010	0101
3	0011	0110
4	0100	0111
5	0101	1000
6	0110	1001
7	0111	1010
8	1000	1011
9	1001	1100

자기 보수의 관계

예제 3-2

10진수 38을 3초과 코드로 변환하여라.

풀이

$38_{(10)}$에서 10의 자리 $0011_{(2)}$과 1의 자리 $1000_{(2)}$ 각각을 3초과 코드로 변환하면 0110 1011이 된다.

다양한 2진 코드들

그 외에도 여러 가지 코드가 있으며, 이들은 크게 두 가지로 나눌 수 있다. 하나는 가중치 코드(weighted code)이고 다른 하나는 비가중치 코드(non-weighted code)이다.

■ 가중치 코드

가중치 코드는 각 비트 위치에 따라서 값이 정해진 코드이다. [표 3-3]은 이들 중 몇 가지를 뽑아 놓은 것이다. 이 외에도 여러 가지 코드(7421, 753-6, 6421, 6311, 5211, 4211 코드 등)가 있으며, 필요에 따라 원하는 코드를 만들어 쓸 수 있다.

[표 3-3] 가중치 코드

10진수	8421코드 (BCD)	2421 코드	5421 코드	84-2-1 $(84\bar{2}\bar{1})$ 코드	51111 코드	바이퀴너리 코드 (biquinary code) 5043210	링 카운터 코드 (ring counter code) 9876543210
0	0000	0000	0000	0000	00000	0100001	0000000001
1	0001	0001	0001	0111	00001	0100010	0000000010
2	0010	0010	0010	0110	00011	0100100	0000000100
3	0011	0011	0011	0101	00111	0101000	0000001000
4	0100	0100	0100	0100	01111	0110000	0000010000
5	0101	1011	1000	1011	10000	1000001	0000100000
6	0110	1100	1001	1010	11000	1000010	0001000000
7	0111	1101	1010	1001	11100	1000100	0010000000
8	1000	1110	1011	1000	11110	1001000	0100000000
9	1001	1111	1100	1111	11111	1010000	1000000000

■ 비가중치 코드

비가중치 코드는 각 위치에 해당하는 값이 없는 코드를 말하며, [표 3-4]와 같은 종류들이 있다. 이러한 코드들은 데이터 변환과 같은 특수한 용도로 사용한다. 3초과 코드는 앞에서 설명했던 것처럼 BCD 코드에 3을 더해서 만들어진 코드로, 10진수에 대한 9의 보수의 성질을 가진다.

5중 2코드(2-out-of-5)는 5비트 중에서 2비트만 1이 되도록 만들어진 코드로, 에러가 발생했을 때 쉽게 알아볼 수 있게 만들어진 것이다. 미국의 우편 바코드(U.S. Post Office POSTNET barcode)에서 5중 2코드를 실제로 사용하고 있으나 [표 3-4]에 보여준 코드 배열과는 조금 다르다. 다만 5비트 중 2비트만 1이 있으며, 5중 2코드는 여러 가지 모양으로 만들 수 있다. 시프트 카운터 코드는 LSB에서부터 1이 하나씩 MSB쪽으로 이동하며 1이 5개 모두 채워지면 하나씩 제거하여 만들어진 코드이다. 그레이 코드의 용도는 다음 절에서 자세히 설명한다. 이외에도 다양한 코드들이 있을 수 있지만 실제로 사용되는 코드는 많지 않다.

[표 3-4] 비가중치 코드

10진수	3초과 코드 (excess-3 code)	5중 2코드 (2-out-of-5 code)	시프트 카운터 코드 (shift counter code)	그레이 코드 (gray code)
0	0011	11000	00000	0000
1	0100	00011	00001	0001
2	0101	00101	00011	0011
3	0110	00110	00111	0010
4	0111	01001	01111	0110
5	1000	01010	11111	0111
6	1001	01100	11110	0101
7	1010	10001	11100	0100
8	1011	10010	11000	1100
9	1100	10100	10000	1101

예제 3-3

10진수 3468을 2421코드로 변환하여라.

풀이

각 자리별로 변환하면 다음과 같다. 여기서 3, 4, 6은 각각 2가지 경우가 존재한다.

3	4	6	8
0011 or 1001	0100 or 1010	1100 or 0110	1110

예제 3-4

74-2-1코드로 표현한 아래의 수를 10진수로 나타내라.

(a) 0110 (b) 1100 (c) 1001 (d) 1011

풀이

(a) $0110 = 7 \times 0 + 4 \times 1 + (-2) \times 1 + (-1) \times 0 = 4-2 = 2$

(b) $1100 = 7 \times 1 + 4 \times 1 + (-2) \times 0 + (-1) \times 0 = 7+4 = 11$

(c) $1001 = 7 \times 1 + 4 \times 0 + (-2) \times 0 + (-1) \times 1 = 7-1 = 6$

(d) $1011 = 7 \times 1 + 4 \times 0 + (-2) \times 1 + (-1) \times 1 = 7-2-1 = 4$

그레이 코드

그레이 코드(gray code)는 가중치가 없기 때문에 연산에는 부적합하다. 대신 아날로그-디지털 변환기나 입출력 장치 코드로 주로 쓰인다. 그레이 코드는 연속되는 코드들 간에 한 비트만 변하여 새로운 코드가 되며, 입력 코드로 사용하면 오차가 작아지는 특징이 있다.

[표 3-5]는 4비트 2진 코드를 그레이 코드로 나타낸 것이다. 그레이 코드 0111을 기준으로 변화를 살펴보면 직전 코드 0110과는 최하위비트(LSB : least significant bit) 한 비트만 다르고, 바로 다음 코드 0101과는 뒤에서 두 번째 비트만 다른 것을 알 수 있다.

[표 3-5] 4비트 그레이 코드

10진 코드	2진 코드	그레이 코드	10진 코드	2진 코드	그레이 코드
0	0000	0000	8	1000	1100
1	0001	0001	9	1001	1101
2	0010	0011	10	1010	1111
3	0011	0010	11	1011	1110
4	0100	0110	12	1100	1010
5	0101	0111	13	1101	1011
6	0110	0101	14	1110	1001
7	0111	0100	15	1111	1000

2진 코드를 그레이 코드로 바꾸는 방법을 살펴보자. [그림 3-1]처럼 최상위비트(MSB)는 그대로 내려쓰고, 그 다음 그레이 비트부터는 앞의 2진 비트와 그 다음 2진 비트를 비교하여 같으면 0, 다르면 1을 내려쓴다. 여기서 ⊕는 XOR를 나타내며, 두 개의 2진 비트를 비교하여 같으면 0, 다르면 1을 나타내는 논리연산자이다. XOR에 대해서는 4장에서 상세히 알아본다.

이번에는 그레이 코드를 2진 코드로 바꾸는 방법을 알아보자. [그림 3-2]처럼 그레이 코드의 MSB는 마찬가지로 그대로 내려쓴다. 그 다음부터는 생성된 2진 비트와 그레이 코드의 다음 비트를 비교하여 같으면 0, 다르면 1을 내려쓴다.

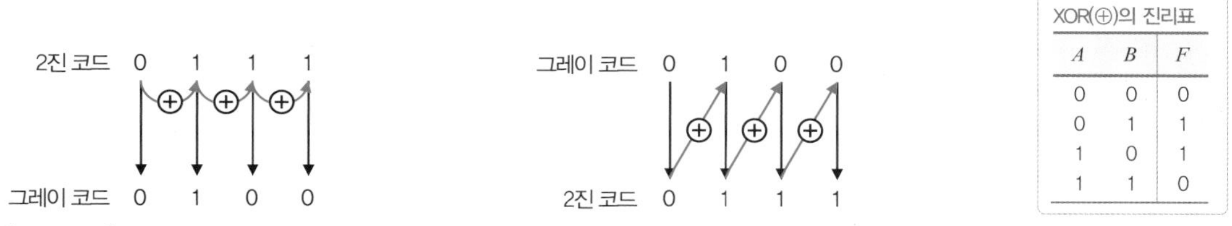

[그림 3-1] 2진 코드를 그레이 코드로 변환하는 방법 [그림 3-2] 그레이 코드를 2진 코드로 변환하는 방법

Tip

XOR(⊕)의 진리표

A	B	F
0	0	0
0	1	1
1	0	1
1	1	0

이 절의 도입부에서 언급했듯이 그레이 코드를 입력장치에 사용하면 오차를 줄일 수 있다. [그림 3-3]을 참고하여 살펴보자.

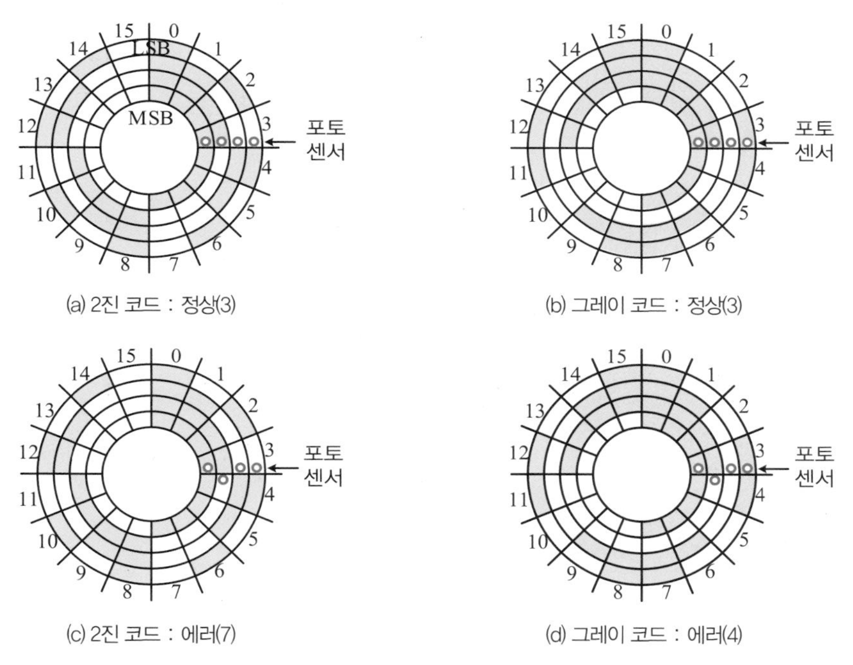

(a) 2진 코드 : 정상(3) (b) 그레이 코드 : 정상(3)

(c) 2진 코드 : 에러(7) (d) 그레이 코드 : 에러(4)

[그림 3-3] 그레이 코드 입력장치 적용 예(흰색 : 1, 파란색 : 0)

(a), (b)처럼 센서가 정상적으로 배치되어 있을 경우에는 별 문제가 없다.

그러나 (c), (d)와 같이 약간의 오차가 발생한 경우에는 2진 코드의 경우 0011(=3)로 인식되어야 하는데, 0111(=7)로 인식되어 4만큼 차이가 나면서 심각한 오차가 발생한다. 그러나 그레이 코드의 경우 0010(=3)이 0110(=4)으로 인식되어 오직 1만큼 오차가 발생한다. 즉 그레이 코드표에 나타난 바와 같이 바로 다음 숫자로 인식된다. 이렇게 연속적인 코드에서 한 비트만 달라지므로 오차의 비율을 줄일 수 있고, 2진 코드와 그레이 코드 간의 변환도 비교적 간단하게 처리할 수 있으므로 좋은 입력 시스템이 될 수 있다.

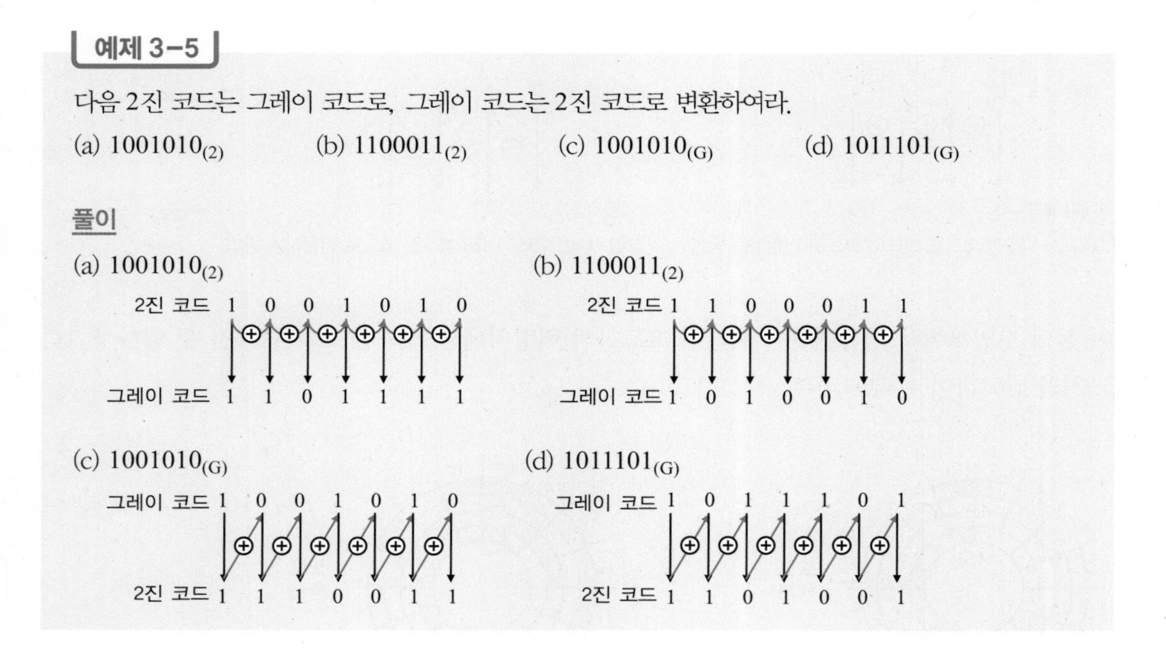

예제 3-5

다음 2진 코드는 그레이 코드로, 그레이 코드는 2진 코드로 변환하여라.

(a) $1001010_{(2)}$ (b) $1100011_{(2)}$ (c) $1001010_{(G)}$ (d) $1011101_{(G)}$

풀이

(a) $1001010_{(2)}$ (b) $1100011_{(2)}$

(c) $1001010_{(G)}$ (d) $1011101_{(G)}$

SECTION 02

에러 검출 코드

디지털 코드의 에러를 검출하고 정정하는 방법은 여러 가지다. 이 절에서는 디지털 코드 에러를 검출하기 위한 패리티에 대해서 학습하고, 에러의 검출 및 정정이 가능한 해밍코드 생성 및 정정 방법을 배운다.

Keywords | 패리티 비트 | 병렬 패리티 | 해밍코드 |

패리티 비트

에러 검출 코드로 가장 간단하게 사용되는 것이 **패리티 비트**(parity bit)를 사용한 코드이다. 주로 컴퓨터 내부의 주기억장치에서 사용한다. 서버급 컴퓨터의 주기억장치 중에서 패리티를 사용하는 메모리 모듈(ECC : error check correction, 메모리의 에러 체크 기능)을 볼 수 있으며, 메모리에 저장하거나 전달할 데이터에 패리티를 붙여서 전송한다.

패리티에는 데이터에서 1의 개수를 짝수로 맞추어 주는 **짝수 패리티**(even parity)와 홀수로 맞추어 주는 **홀수 패리티**(odd parity)가 있다. [표 3-6]에서 파랗게 표시한 부분이 패리티이다. 짝수 패리티는 1의 개수가 짝수 개, 홀수 패리티는 1의 개수가 홀수 개로 맞춰져 있다. 그러므로 짝수 패리티의 경우 데이터가 전달된 후 1의 개수가 짝수 개이면 정확하게 전달된 것이고, 홀수 개이면 전송 과정에서 에러가 발생한 것이다. 홀수 패리티는 그 반대이다.

[표 3-6] 7비트 ASCII 코드에 패리티 비트를 추가한 코드

데이터	짝수 패리티	홀수 패리티
: :	: :	: :
A	0 1000001	1 1000001
B	0 1000010	1 1000010
C	1 1000011	0 1000011
D	0 1000100	1 1000100
: :	: :	: :

이와 같이 패리티 비트는 데이터 전송 과정에 에러가 있는지 검사하기 위해 추가한 비트이다. 그러나 패리티는 단지 에러가 있는지 검출할 뿐이며, 여러 비트에 에러가 발생하면 검출이 안 되는 경우도 있다. 실제로 데이터 전송과정에서 에러가 발생할 확률은 백만분의 1 이하이기 때문에 큰 문제는 되지 않는다. 그러나 인터넷과 같은 네트워크를 통해 컴퓨터 외부로 전송할 경우에는 에러

가 발생할 확률이 높아진다. 만약 전송 시 에러가 발생했다면 데이터를 다시 전송해야 한다.

[그림 3-4]에는 7비트 데이터를 전송할 때 패리티 비트를 사용하여 에러를 검출하는 시스템을 나타냈다. 에러를 검출하기 위해 송신 측에 패리티 발생기를 구성하고 수신 측에는 패리티 검출기를 구성하여 그 출력을 보고 에러 발생 여부를 판단한다.

예를 들어, 송신 측에 7비트 입력의 짝수 패리티 발생기를 달아서 8비트 부호를 만들어 전송하고, 수신 측에 이 8비트 부호에 대한 짝수 패리티 검출기를 달았을 때 검출기의 출력이 $Y=0$이면 에러가 발생하지 않았다고 판단하고 $Y=1$이면 에러가 발생했다고 판단한다. 마찬가지로 홀수 패리티 발생기와 검출기를 사용하는 경우에는 $Y=1$이면 에러가 발생하지 않았다고 판단하고 $Y=0$이면 에러가 발생했다고 판단한다.

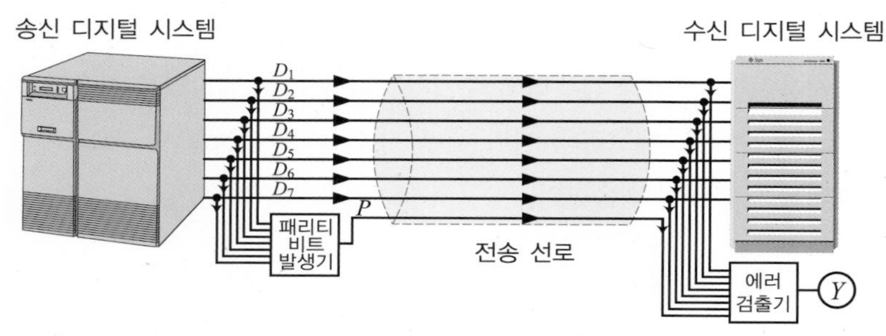

[그림 3-4] 데이터 전송 시스템에서 패리티 비트를 사용한 에러 검출

예제 3-6

홀수 패리티 시스템에서 코드 그룹 10110, 11010, 110011, 10101110100, 1100010101011을 수신했다. 에러가 발생한 그룹을 찾아보자.

풀이

홀수 패리티가 필요하므로 1이 짝수 개인 그룹에서 에러가 발생했다. 따라서 110011, 10101110100에 비트 에러가 발생했음을 알 수 있다.

병렬 패리티

패리티 비트를 하나만 사용하면 에러를 검출할 수만 있고, 정정할 수는 없다. 이 문제를 해결하기 위해 패리티를 블록 데이터에 적용시키는 방법을 사용한다. 가로와 세로 데이터들에 패리티를 적용하면 에러를 검출하여 그 위치를 찾아 정정할 수 있다. 이를 **병렬 패리티**(parallel parity)라 한다. 병렬 패리티는 [표 3-7]과 같이 가로 1바이트에 대해서 패리티를 만들고 세로 1바이트에 대해서 패리티를 만들어서 블록 단위로 전송하면 가로와 세로에 대해서 패리티를 검사하여 에러를 찾아내고 정정할 수 있다. 만약 한 비트 에러가 발생하면 가로와 세로 패리티의 특정 부분에 패리티가 맞지 않는다. [표 3-8]과 같이 두 부분이 마주치는 곳에서 에러가 발생한 것이므로 이 부분을 정정하면 된다.

[표 3-7] 병렬 패리티에서 원본 데이터 블록

									패리티 비트
	1	0	1	0	1	1	1	1	0
	1	0	0	0	0	0	1	1	1
	0	1	0	0	0	0	0	0	1
	1	1	1	1	0	0	0	0	0
	1	0	1	1	1	0	0	1	1
	0	0	0	0	0	1	1	1	1
	1	1	1	1	1	1	1	1	0
	0	1	1	1	1	0	0	0	0
패리티 워드	1	0	1	0	0	1	0	1	0

[표 3-8] 병렬 패리티에서 에러가 발생한 블록

									패리티 비트
	1	0	1	0	1	1	1	1	0
	1	0	0	0	0	0	1	1	1
	0	1	0	0	0	0	0	0	1
	1	1	1	1	0	0	0	0	0
	1	0	1	1	0	0	0	1	1
	0	0	0	0	0	1	1	1	1
	1	1	1	1	1	1	1	1	0
	0	1	1	1	1	0	0	0	0
패리티 워드	1	0	1	0	0	1	0	1	0

예제 3-7

5개의 ASCII 문자를 병렬 패리티(수평, 수직 패리티) 문자로 검사할 때 코드의 효율을 구하여라.

풀이

ASCII 문자 5개와 패리티 비트를 포함하여 전송하는 총 비트수는 48(=(7+1)×(5+1))이다. 또한 패리티 비트를 제외하고 전송되는 순수 데이터 비트 수는 35(=7×5)개이다. 따라서 전송 효율은 순수한 데이터 비트 수와 전송되는 총 비트 수와의 비율이므로 다음과 같다.

7

5

$$\text{효율} = \frac{\text{전송 비트 수}}{\text{총 비트 수}} = \frac{7\times5}{(7+1)\times(5+1)} = \frac{35}{48} = 0.7292 = 72.92\%$$

해밍코드

해밍코드(Hamming code)는 패리티 코드를 응용하여 한 비트에 에러가 발생했을 때 그 위치를 찾아 정정할 수 있도록 벨(Bell) 연구소의 R. 해밍(R. Hamming)이 개발한 것이다. 해밍코드는 원본 데이터 외에 추가적으로 많은 비트가 필요하므로 많은 양의 데이터 전달이 필요하다. 그러나 2개

이상의 비트에 에러가 발생하면 정정이 불가능하다.

패리티 비트 수를 p, 데이터 비트 수를 d라 할 때 $2^{p-1} - p + 1 \le d \le 2^p - p - 1$ 이다(또는 $2^p \ge p + d - 1$). 예를 들어, $p = 4$이면 $2^{4-1} - 4 + 1 \le d \le 2^4 - 4 - 1$이므로 $5 \le d \le 11$이다. 즉 데이터 비트 수가 5개 이상 11개 이하일 때 패리티는 4비트이다. 여기서 $p \ge 2$이다. 패리티 비트의 위치는 [표 3-9]와 같이 앞에서부터 1, 2, 4, 8, 16, 32, ...의 위치에 들어가며, 기호 P_1, P_2, P_4, P_8, ... 과 같이 나타낸다.

[표 3-9] 해밍코드에서 패리티 비트의 위치와 패리티 생성 영역

비트 위치	1	2	3	4	5	6	7	8	9	10	11	12
기호	P_1	P_2	D_3	P_4	D_5	D_6	D_7	P_8	D_9	D_{10}	D_{11}	D_{12}
P_1 영역	✓		✓		✓		✓		✓		✓	
P_2 영역		✓	✓			✓	✓			✓	✓	
P_4 영역				✓	✓	✓	✓					✓
P_8 영역								✓	✓	✓	✓	✓

데이터는 나머지 위치에 순서대로 들어가며, D_3, D_5, D_6...로 나타낸다. 전체적인 순서는 $P_1P_2D_3P_4D_5D_6D_7P_8D_9D_{10}$...이다. 해밍코드는 짝수 패리티를 사용한다.

P_1은 P_1을 포함하여 하나 건너 하나씩 데이터를 취하여 짝수 패리티를 만든다. P_2는 P_2를 포함하여 2개의 데이터를 취하고 2개 건너 2개씩 취한다. P_4는 P_4를 포함하여 4개의 데이터를 취하고 4개 건너 4개씩 데이터를 취한다. P_8은 P_8을 포함하여 8개의 데이터를 취하고 8개 건너 8개씩 데이터를 취한다. 더 이상의 데이터가 없으면 있는 데까지만 취한다. 더 많은 데이터가 있더라도 이와 같은 방법으로 계속해서 정해진 위치에 패리티와 데이터를 추가할 수 있다. 데이터를 취하여 짝수 패리티가 되도록 기호 P_1, P_2, P_4, P_8을 만든다. 여기서 ⊕는 XOR를 나타내며, 1의 개수가 홀수 개일 때 1을 생성하여 1의 개수를 짝수 개로 만들어준다.

$$P_1 = D_3 \oplus D_5 \oplus D_7 \oplus D_9 \oplus D_{11}$$
$$P_2 = D_3 \oplus D_6 \oplus D_7 \oplus D_{10} \oplus D_{11}$$
$$P_4 = D_5 \oplus D_6 \oplus D_7 \oplus D_{12}$$
$$P_8 = D_9 \oplus D_{10} \oplus D_{11} \oplus D_{12}$$

[표 3-10]은 원본 데이터가 00101110일 때 해밍코드를 생성하는 과정을 보여준다. 앞에서 설명한 방법대로 계산하면 다음과 같은 결과를 얻을 수 있다.

$$P_1 = D_3 \oplus D_5 \oplus D_7 \oplus D_9 \oplus D_{11} = 0 \oplus 0 \oplus 0 \oplus 1 \oplus 1 = 0$$
$$P_2 = D_3 \oplus D_6 \oplus D_7 \oplus D_{10} \oplus D_{11} = 0 \oplus 1 \oplus 0 \oplus 1 \oplus 1 = 1$$
$$P_4 = D_5 \oplus D_6 \oplus D_7 \oplus D_{12} = 0 \oplus 1 \oplus 0 \oplus 0 = 1$$
$$P_8 = D_9 \oplus D_{10} \oplus D_{11} \oplus D_{12} = 1 \oplus 1 \oplus 1 \oplus 0 = 1$$

생성된 패리티를 정해진 위치에 넣으면 해밍코드 010101011110이 만들어진다.

[표 3-10] 원본 데이터가 00101110일 경우 해밍코드 생성 예

비트 위치	1	2	3	4	5	6	7	8	9	10	11	12
기호	P_1	P_2	D_3	P_4	D_5	D_6	D_7	P_8	D_9	D_{10}	D_{11}	D_{12}
원본 데이터			0		0	1	0		1	1	1	0
생성된 코드	0	1	0	1	0	1	0	1	1	1	1	0

[표 3-11]은 앞에서 생성한 해밍코드가 송신 과정에서 에러가 발생했을 때 에러를 검출하여 정정하는 과정을 보여준다. 에러를 정정하는 과정은 해밍코드를 생성할 때와 같은 방법으로 한다. 단, 생성 시에는 기호 P_1, P_2, P_4, P_8을 만들어내는 과정이지만, 이번에는 이 패리티 비트들을 포함하여 짝수 패리티 검사를 한다.

$$P_1 = P_1 \oplus D_3 \oplus D_5 \oplus D_7 \oplus D_9 \oplus D_{11} = 0 \oplus 0 \oplus 1 \oplus 0 \oplus 1 \oplus 1 = 1$$
$$P_2 = P_2 \oplus D_3 \oplus D_6 \oplus D_7 \oplus D_{10} \oplus D_{11} = 1 \oplus 0 \oplus 1 \oplus 0 \oplus 1 \oplus 1 = 0$$
$$P_4 = P_4 \oplus D_5 \oplus D_6 \oplus D_7 \oplus D_{12} = 1 \oplus 1 \oplus 1 \oplus 0 \oplus 0 = 1$$
$$P_8 = P_8 \oplus D_9 \oplus D_{10} \oplus D_{11} \oplus D_{12} = 1 \oplus 1 \oplus 1 \oplus 1 \oplus 0 = 0$$

검사한 패리티를 $P_8P_4P_2P_1$ 순서로 정렬한다. 모든 패리티가 0이면 에러가 없는 것이고, 그렇지 않으면 에러가 발생한 것이다. 위의 결과가 0101이므로 에러가 있으며, 이를 10진수로 바꾸면 5이다. 즉 수신된 데이터 010111011110에서 왼쪽에서부터 5번째 비트 1이 에러가 발생한 것이므로 0으로 바꿔주면 에러가 정정된다. 해밍코드는 데이터 비트뿐만 아니라 패리티 비트에 에러가 발생해도 찾아낼 수 있으며, 정정할 수도 있다.

[표 3-11] 해밍코드에서 발생한 에러를 찾아 정정하는 과정

비트 위치	1	2	3	4	5	6	7	8	9	10	11	12
기호	P_1	P_2	D_3	P_4	D_5	D_6	D_7	P_8	D_9	D_{10}	D_{11}	D_{12}
해밍코드	0	1	0	1	1	1	0	1	1	1	1	0
패리티 검사	1	0		1				0				
$P_8P_4P_2P_1$	$P_8P_4P_2P_1$ = 0101 = 5 : 5번 비트에 에러가 발생. 1 → 0으로 교정											
해밍코드 수정	0	1	0	1	0	1	0	1	1	1	1	0

예제 3-8

다음 해밍코드 1 1 1 1 0 1 0 0 1 0 1 0에서 에러가 있는지 검사하여라.

풀이

비트 위치		1	2	3	4	5	6	7	8	9	10	11	12
기호		P_1	P_2	D_3	P_4	D_5	D_6	D_7	P_8	D_9	D_{10}	D_{11}	D_{12}
해밍코드		1	1	1	1	0	1	0	0	1	0	1	0
P_1 계산	0	1		1		0		0		1		1	
P_2 계산	0		1	1			1	0			0	1	
P_4 계산	0				1	0	1	0					0
P_8 계산	0								0	1	0	1	0

$P_8P_4P_2P_1 = 0000$이므로 에러가 없다.

SECTION 03

문자 코드

디지털 시스템에서는 여러 가지 문자 코드가 사용된다. 이 절에서는 문자를 표시하는 코드인 ASCII, EBCDIC, Unicode 및 한글 코드의 표현 방법을 살펴본다.

Keywords | ASCII 코드 | EBCDIC 코드 | 유니코드 |

앞에서 설명한 코드들은 연산용 숫자 코드들이다. 이 절에서는 그 밖의 각종 제어코드, 문자, 숫자, 특수문자를 표시하기 위한 코드들을 살펴볼 것이다.

ASCII 코드

ASCII(American Standard Code for Information Interchange) **코드**는 미국 국립 표준 연구소(ANSI : American National Standard Institute)가 제정한 정보 교환용 미국 표준 코드이다. 3비트 존(zone)과 4비트 디지트(digit)에 1비트의 패리티 비트를 추가하여 만든 8비트 코드이며, 0~127까지 128가지 문자를 표현한다. ASCII 코드의 구성은 영대문자와 영소문자, 숫자, 특수문자, 입출력장치에 사용하는 제어문자 및 각종 통신용 제어문자들로 구성되어 있다.

ASCII 텍스트 형식의 특징은 전문을 대상으로 한 비통제 탐색이 가능하고, ASCII 코드를 사용하는 모든 시스템 및 응용 프로그램 간의 호환이 가능하다는 것이다. 그러나 대부분의 문헌이 순수한 텍스트로만 구성되지 않기 때문에 다양한 비텍스트적 요소를 표현할 수 없고 미국과 일부 유럽의 문자만을 지원한다는 단점이 있다.

확장 ASCII 코드는 패리티를 사용하지 않고 128~255까지 추가 128가지 문자를 사용하는 코드로, PC와 같은 컴퓨터에서 여러 가지 특수문자, 선 문자, 영어 외의 외국 문자를 추가하여 나타낸 것이다. 그러나 우리나라와 같이 영어를 사용하지 않는 곳에서는 문자 코드를 16비트나 그 이상으로 확장하여 나타내므로 확장 ASCII 코드를 사용하는 데 불편함이 있으며, 한글 코드의 확장 부분에 추가로 이러한 코드(여러 가지 특수문자, 선 문자, 영어 외의 외국 문자)를 나타낸다. 또 운영체제나 사용환경에 따라 조금씩 다를 수 있다.

[표 3-12] ASCII 코드

패리티	존 비트			디지트 비트			
7	6	5	4	3	2	1	0
C	1	0	0	영문자 A~O(0001~1111)			
	1	0	1	영문자 P~Z(0000~1010)			
	0	1	1	숫자 0~9(0000~1001)			

(a) 코드의 구성

*	0	1	2	3	4	5	6	7	8	9	A	B	C	D	E	F
0	NUL	SOH	STX	ETX	EOT	ENQ	ACK	BEL	BS	TAB	LF	VT	FF	CR	SO	SI
1	DLE	DC1	DC2	DC3	DC4	NAK	SYN	ETB	CAN	EM	SUB	ESC	FS	GS	RS	US
2		!	"	#	$	%	&	'	(	)	*	+	,	−	.	/
3	0	1	2	3	4	5	6	7	8	9	:	;	〈	=	〉	?
4	@	A	B	C	D	E	F	G	H	I	J	K	L	M	N	O
5	P	Q	R	S	T	U	V	W	X	Y	Z	[	＼	]	^	_
6	`	a	b	c	d	e	f	g	h	i	j	k	l	m	n	o
7	p	q	r	s	t	u	v	w	x	y	z	{	|	}	~	DEL

(b) 표준 ASCII 코드표

*	0	1	2	3	4	5	6	7	8	9	A	B	C	D	E	F
8	Ç	ü	é	â	ä	à	å	ç	ê	ë	è	ï	î	ì	Ä	Å
9	É	æ	Æ	ô	ö	ò	û	ù	ÿ	Ö	Ü	¢	£	¥	Pt	f
A	á	í	ó	ú	ñ	Ñ	ª	º	¿	⌐	¬	½	¼	¡	«	»
B	░	▒	▓	│	┤	╡	╢	╖	╕	╣	║	╗	╝	╜	╛	┐
C	└	┴	┬	├	─	┼	╞	╟	╚	╔	╩	╦	╠	═	╬	╧
D	╨	╤	╥	╙	╘	╒	╓	╫	╪	┘	┌	█	▄	▌	▐	▀
E	α	β	Γ	π	Σ	σ	μ	τ	Φ	Θ	Ω	δ	∞	∅	ε	∩
F	≡	±	≥	≤	⌠	⌡	÷	≈	°	•	·	√	^{n}	^{2}	■	

(c) 확장 ASCII 코드표

예제 3-9

"Digital Logic!"의 문자 데이터를 전송하기 위한 1바이트 ASCII 코드를 구하여라. 단, MSB는 홀수 패리티 비트이다.

풀이

[표 3-12]의 ASCII 코드표를 참조하여 각 문자에 대한 ASCII 코드를 구하고, MSB에 홀수 패리티 비트를 부여하면 다음과 같다. 예를 들어, D의 ASCII 코드는 $44_{(16)}$($=100\ 0100_{(2)}$)이므로 MSB에 홀수 패리티를 고려하면 1100 0100이다.

D	i	g	i	t	a	l
11000100	11101001	01100111	11101001	11110100	01100001	11101100
(space)	L	o	g	i	c	!
00100000	01001100	11101111	01100111	11101001	11100011	10100001

표준 BCD 코드

표준 BCD(Natural Binary Coded Decimal) **코드**는 6비트로 한 문자를 표현한다. 상위 2비트는 존 비트(zone bit)로, 하위 4비트는 디지트 비트(digit bit)로 사용한다. 또 에러를 검사하기 위해 왼쪽에 검사 비트(check bit) 한 개를 추가한다. 표준 BCD 코드는 최대 64문자까지 표현할 수 있다.

[표 3-13] 표준 BCD 코드

패리티	존 비트		디지트 비트			
6	5	4	6	5	4	6
C	1	1	영문자 A~I(0001~1001)			
	1	0	영문자 J~R(0001~1001)			
	0	1	영문자 S~Z(0010~1001)			
	0	0	숫자 0~9(0001~1010)			
	혼용		특수문자 및 기타문자			

(a) 코드의 구성

문자	C ZZ8421	문자	C ZZ8421	문자	C ZZ8421	문자	C ZZ8421	문자	C ZZ8421
A	0 110001	J	1 100001	S	1 010010	1	0 000001	=	0 001011
B	0 110010	K	1 100010	T	0 010011	2	0 000010	〉	1 001100
C	1 110011	L	0 100011	U	1 010100	3	1 000011	+	0 010000
D	0 110100	M	1 100100	V	0 010101	4	0 000100	.	1 011011
E	1 110101	N	0 100101	W	0 010110	5	1 000101	)	0 011100
F	1 110110	O	0 100110	X	1 010111	6	1 000110	%	1 011101
G	0 110111	P	1 100111	Y	1 011000	7	0 000111	?	0 011111
H	0 111000	Q	1 101000	Z	0 011001	8	0 001000	−	1 100001
I	1 111001	R	0 101001			9	1 001001	@	1 111010
						0	1 001010	$	1 111111

(b) 코드표

EBCDIC 코드

EBCDIC(Extended Binary Coded Decimal Interchange Code) **코드**는 IBM의 System/360에 처음으로 사용했으며(1964년 4월 7일), 표준 BCD 코드를 확장하여 만들어졌다. 주로 대형 컴퓨터와 IBM 계열 컴퓨터에서 많이 사용하는 8비트 코드로 존 비트 4개와 디지트 비트 4개로 구성되어 있다. 여기에 패리티 체크용 1비트를 추가해서 총 9비트로 구성된다. 256가지 문자 코드를 표현할 수 있는 영숫자 코드이다.

[표 3-14] EBCDIC 코드

b_9	b_8 b_7 b_6 b_5	b_4 b_3 b_2 b_1
패리티	존 비트	디지트 비트
1	4	4

b_8 b_7		b_6 b_5	
0 0	통신제어문자		
0 1	특수문자		
1 0	소문자	0 0	a~i
		0 1	j~r
		1 0	s~z
		1 1	
1 1	대문자/숫자	0 0	A~I
		0 1	J~R
		1 0	S~Z
		1 1	0~9

(a) 코드의 구성

16진		0	1	2	3	4	5	6	7	8	9	A	B	C	D	E	F
	2진	0000	0001	0010	0011	0100	0101	0110	0111	1000	1001	1010	1011	1100	1101	1110	1111
0	0000	NUL	SOH	STX	ETX	SEL	HT	RNL	DEL	GE	SPS	RPT	VT	FF	CR	SO	SI
1	0001	DLE	DC1	DC2	DC3	RES	NL	BS	POC	CAN	EM	UBS	CU1	IFS	IGS	IRS	IUS
2	0010	DS	SOS	FS	WUS	BYP	LF	ETB	ESC	SA	SFE	SM	CSP	MFA	ENQ	ACK	BEL
3	0011			SYN	IR	PP	TRN	NBS	EOT	SBS	IT	RFF	CU3	DC4	NAK		SUB
4	0100	space	RSP										.	〈	(	+	|
5	0101	&										!	$	*	)	;	¬
6	0110	–	/									|	,	%	_	〉	?
7	0111										"	:	#	@	'	=	"
8	1000		a	b	c	d	e	f	g	h	i						±
9	1001		j	k	l	m	n	o	p	q	r						
A	1010		~	s	t	u	v	w	x	y	z						
B	1011	^										[	]				
C	1100	{	A	B	C	D	E	F	G	H	I	SHY					
D	1101	}	J	K	L	M	N	O	P	Q	R						
E	1110	\		S	T	U	V	W	X	Y	Z						
F	1111	0	1	2	3	4	5	6	7	8	9						EO

(b) 코드표

유니코드

유니코드(unicode)는 플랫폼, 프로그램, 언어에 상관없이 모든 문자에 대해 고유 번호를 제공한다. 기존의 ASCII 코드의 한계성을 극복하기 위해 개발된 인터넷 시대의 표준 코드로, 유니코드 컨소시엄은 32bit(UTF-32), 16bit(UTF-16), 8bit(UTF-8)의 세 가지 기본 코드를 제안하였고, 1991년 10월에 버전 1.0.0이 발표된 이후 수정을 거듭해 나가고 있다.

유니코드는 XML, Java, ECMAScript(JavaScript), LDAP, CORBA 3.0, WML 등과 같이 현재 널리 사용되는 표준에 필요하며, ISO/IEC 10646을 구현하는 공식적인 방법이다. 다양한 운영체제와 최신의 모든 웹 브라우저 및 기타 많은 제품에서 유니코드를 지원한다. 유니코드 표준의 출현과 이를 지원하는 도구가 사용 가능하게 됨에 따라 유니코드는 컴퓨터 산업 분야에서 중요한 부분을 차지하고 있다.

유니코드는 유럽, 중동, 아시아 등 거의 대부분의 문자를 포함하고 있으며, 10만 개 이상의 문자로 구성되어 있다. 특히 동남아 및 극동아시아에서 사용하는 한자 70,207자뿐만 아니라 한글로 표현할 수 있는 11,172개 문자를 모두 포함한다. 또 구두표시, 수학기호, 전문기호, 기하학적 모양, 딩벳기호 등을 포함하고 있다. 버전 5.1.0에는 아프리카, 인도, 인도네시아, 미얀마, 베트남 등에서 쓰이는 소수 민족언어의 문자들도 상당수 추가되었다. 앞으로도 유니코드는 산업계의 요구를 반영하여 새로운 문자들을 추가해 나갈 것이다.

한글코드

한글은 ASCII 코드를 기반으로 16비트를 사용하여 하나의 문자를 표현하며, 조합형과 완성형으로 나뉜다. 일반적으로 컴퓨터에서는 완성형을 사용하지만, 한글의 특성을 완전히 살리지 못한다는 한계를 보완하기 위해서 워드프로세서에서는 조합형을 사용하기도 한다.

■ 조합형

한글의 초성과 중성, 종성을 각각 5비트로 나타내고 MSB를 1로 하여 한글임을 표시하는 방식이다. 그러나 조합형으로 표현된 한글은 경우에 따라 다른 응용프로그램에서는 사용할 수 없는 문자들이 많다. 조합형은 자음과 모음으로 조합 가능한 모든 한글(11,172 글자)을 사용할 수 있으며, 우리나라 고어(古語)까지 취급할 수 있다는 장점이 있지만 출력할 때 다시 모아 써야 하는 단점이 있다. 많은 논란 끝에 완성형 한글과 함께 한국 표준으로 제정되었다.

[표 3-15] 조합형 한글의 구조

<table>
<tr><th colspan="8">상위 바이트</th><th colspan="8">하위 바이트</th></tr>
<tr><td>1</td><td></td><td></td><td></td><td></td><td></td><td></td><td></td><td></td><td></td><td></td><td></td><td></td><td></td><td></td><td></td></tr>
<tr><td></td><td colspan="5">초성</td><td colspan="5">중성</td><td colspan="5">종성</td></tr>
</table>

한글임을 나타냄

■ **완성형**

완성형 한글 코드는 1987년 정부가 한국 표준으로 정한 것으로, 가장 많이 사용하는 한글 음절을 2바이트의 2진수와 일대일로 대응하여 표현하는 방법이다. 즉 '가'라는 글자는 10110000 10100001, '각'이라는 글자는 10110000 10100010과 같은 식으로 미리 코드를 글자별로 정해놓았다. 이 코드에서는 한글을 초성, 중성, 종성으로 나누지 않고 글자 단위로 처리하기 때문에 사용 불가능한 글자도 있으며, 현재 한글 2,350자, 한자 4,888자, 각종 학술기호, 외국문자 등을 영역별로 나누어 사용한다. 이 코드는 한글을 나타내는 코드의 첫 번째와 두 번째 바이트의 MSB가 모두 1이다. ASCII 코드의 영문자는 7비트 코드이기 때문에 MSB를 0으로 만들면, 한글과 영문 ASCII 코드가 중복되지 않아 처리하기 편리하다는 장점이 있다.

CHAPTER

03 연습문제

주관식 문제(기본~응용회로 대비용)

1 다음 10진수를 BCD로 변환하여라.

① 104 ② 275 ③ 369
④ 547 ⑤ 1052 ⑥ 2639

2 다음 BCD 코드를 10진수로 변환하여라.

① 10000000 ② 001000110111 ③ 001101000110
④ 011101010100 ⑤ 0001011010000011 ⑥ 0110011001100111

3 각 10진수를 BCD로 변환하여 더하라.

① 4 + 3 ② 6 + 1 ③ 28 + 23
④ 65 + 58 ⑤ 143 + 276 ⑥ 295 + 157

4 자기 보수적인 성질을 가진 코드들을 나열해 보아라.

5 4비트로 10진 코드를 만들 때 가중치가 다음과 같은 경우 10진 코드를 만들어 보고, 이 코드가 자기 보수 코드인지를 판별하여라.

① 4 3 1 1 ② 6 3 1 1 ③ 6 4 2 1

6 2진 코드는 그레이 코드로, 그레이 코드는 2진 코드로 변환하여라.

① $1011_{(2)}$ ② $0111_{(2)}$
③ $1001_{(2)}$ ④ $1000_{(2)}$
⑤ $10010101010_{(2)}$ ⑥ $00100001010101_{(2)}$
⑦ $1010101010101010_{(2)}$ ⑧ $10110101_{(2)}$
⑨ $00101100_{(2)}$ ⑩ $1011001101011010_{(2)}$
⑪ $0011111000010010_{(2)}$ ⑫ $1110_{(G)}$
⑬ $1101_{(G)}$ ⑭ $1001_{(G)}$
⑮ $0011_{(G)}$ ⑯ $01011101011_{(G)}$
⑰ $11100101011100_{(G)}$ ⑱ $1010101010101010_{(G)}$

7 3초과 코드를 그레이 코드로 변환하여라.

8 병렬 패리티를 이용하여 블록 단위로 데이터를 전송하는 시스템에서 그림과 같은 데이터 블록을 수신하였다. 전송된 데이터의 에러 유무를 검사하여라.

패리티 비트 ↓

	1	0	1	1	0	0	0	0
	1	1	0	0	1	1	1	0
	0	1	1	0	1	0	0	1
	0	1	0	0	1	0	1	0
	1	0	1	0	1	0	0	0
	0	1	1	1	1	1	0	0
	1	1	1	1	0	0	0	1
패리티 워드 →	1	0	0	1	0	1	1	1

9 다음 해밍코드 중 에러가 있는지 검사하여라.

① 1 0 1 1 0 1 1 1 1 1 1 0　　② 0 1 1 0 1 1 0 0 1 1 1 0

③ 0 1 1 0 0 0 0 0 1 0 1 0 1 1 0　　④ 1 0 1 0 1 1 0 0 1 1 1 0 1 1 0

10 다음 2진 코드를 ASCII 코드로 표현하여라.

① 1001010　　② 1101111　　③ 1101000

④ 1101110 0100000　　⑤ 1000100 1101111 1100101

11 다음은 ASCII 코드를 16진수로 나타낸 것이다. 무슨 문자인가?

① 47　　② 4E　　③ 36　　④ 52

12 10진수 295를 다음에 정해진 코드로 각각 나타내어라.

① 2진수　　② BCD 코드　　③ ASCII 코드

13 다음 문자들을 표준 BCD 코드로 표현하여라.

① E　　② S　　③ M　　④ 7

14 다음은 EBCDIC 코드를 16진수로 나타낸 것이다. 무슨 문자인지 표현하여라.

① C7　　② E5　　③ D6　　④ F9

15 카드 52장에 규칙을 정하여 2진 코드를 할당하여라. 단, 최소 비트 수를 사용한다.

CHAPTER

03 기출문제

객관식 문제(산업기사 대비용)

01 BCD 코드(code)란?

㉮ 1byte code ㉯ bit
㉰ 2진화 5진 code ㉱ 2진화 10진수

02 BCD(8421) 코드는 몇 개의 2진 비트를 사용하는가?

㉮ 6개 ㉯ 5개
㉰ 4개 ㉱ 3개

03 BCD 코드의 가중치(weight)는?

㉮ 7421 ㉯ 6311
㉰ 5421 ㉱ 8421

04 BCD 코드(8421 code)에서 사용하지 않는 조합은?

㉮ 0000 ㉯ 1001
㉰ 1011 ㉱ 0110

05 10진수로 표시된 수 9를 BCD(binary coded decimal)로 표시한 값은?

㉮ 0110 ㉯ 1000
㉰ 1001 ㉱ 0111

06 10진수 35를 BCD 코드로 나타내면?

㉮ 00110011 ㉯ 00100000
㉰ 00110101 ㉱ 00100101

07 10진수 956에 대한 BCD 코드는?

㉮ 1001 0101 0110
㉯ 1101 0110 0101
㉰ 1000 0101 0110
㉱ 1010 0110 0101

08 10진수 1234를 BCD 코드로 표현한 것은?

㉮ 0001 0010 0011 0100
㉯ 1110 1101 1100 1011
㉰ 1001 1010 0100 0000
㉱ 0110 0101 1010 0001

09 BCD 8421 코드 0110을 10진수로 표현하면?

㉮ $3_{(10)}$ ㉯ $4_{(10)}$
㉰ $6_{(10)}$ ㉱ $7_{(10)}$

10 BCD 코드 0110 1001 1000을 10진수로 변환한 것으로 옳은 것은?

㉮ $698_{(10)}$ ㉯ $696_{(10)}$
㉰ $968_{(10)}$ ㉱ $618_{(10)}$

11 다음은 10진수를 BCD 코드로 표현한 것이다. 이 코드로 표현된 10진수는 어느 것인가?

0001 1001 1000 0100

㉮ $2673_{(10)}$ ㉯ $1984_{(10)}$
㉰ $1784_{(10)}$ ㉱ $1094_{(10)}$

12 2진수 10101.11을 BCD 코드로 변환하면?

㉮ $11001.0001001_{(BCD)}$
㉯ $11001.01110101_{(BCD)}$
㉰ $100001.0001001_{(BCD)}$
㉱ $100001.01110101_{(BCD)}$

13 8진수 1234를 10진수로 변환한 후, 다시 8421 코드로 변환하면?

㉮ 0110 0111 1001
㉯ 0110 0111 1000
㉰ 0110 0110 0010
㉱ 0110 0110 1000

14 BCD 연산 6+7의 연산결과로 옳은 것은?

㉮ 0 1101 ㉯ 1 0011
㉰ 1 1101 ㉱ 1 1101

15 69+85를 BCD로 바꾸어 연산한 결과는?

㉮ 1110 1110
㉯ 0001 0101 0100
㉰ 0010 0101 0100
㉱ 1110 1110 1110

16 다음의 BCD 가산 456+111을 행하면?

㉮ 0111 0110 0101
㉯ 0001 0001 0111
㉰ 0101 0111 0110
㉱ 0101 0110 0111

17 7bit 코드로 정보 전송 시에 발생하는 오류의 검색이 용이하도록 한 코드 방식은?

㉮ 8421 코드 ㉯ excess-3 코드
㉰ BCD 코드 ㉱ biquinary 코드

18 3초과 코드(excess-3 code)는 어떻게 구성하는가?

㉮ 8421 코드에 6을 더한 코드
㉯ 8421 코드에 3을 더한 코드
㉰ 착오 검출 코드
㉱ 착오 교정 해밍코드

19 3초과 코드의 설명으로 옳지 않은 것은?

㉮ 가중치 코드이다.
㉯ BCD 코드에 3을 더한 것과 같다.
㉰ 10진수를 표현하기 위한 코드이다.
㉱ 코드를 구성하는 어떤 비트 값도 0이 아니다.

20 다음 중 3초과 코드(excess-3 code)에 대한 설명으로 옳지 않은 것은?

㉮ 자기 보수형 코드이다.
㉯ 대표적인 언웨이티드 코드이다.
㉰ 8421 code에 $3_{(10)}$을 더하여 만든 것이다.
㉱ BCD 코드보다 연산이 어렵다.

21 10진수 9를 3초과 코드로 변환하면?

㉮ 1001 ㉯ 1110
㉰ 1101 ㉱ 1100

22 10진수 584를 3초과 코드로 변환한 것으로 옳은 것은?

㉮ 1010 0110 0100 ㉯ 1000 1011 0111
㉰ 0101 1100 0010 ㉱ 0101 1001 0111

23 3초과 코드에서 사용하지 않는 코드는?

㉮ 1100 ㉯ 0101
㉰ 0001 ㉱ 1011

24 0100 0110와 같이 두 자리로 표시된 3초과 코드를 10진수로 나타내면?

㉮ 13 ㉯ 46
㉰ 64 ㉱ 134

25 3초과 코드를 이용하여 5와 3을 더하면?

㉮ 1110 ㉯ 0111
㉰ 1001 ㉱ 1011

26 2-out-of-5 code에 해당되지 않는 것은?

㉮ 10010 ㉯ 11000
㉰ 10001 ㉱ 11001

27 shift counter code(Johnson code)는 몇 개의 비트를 사용하는가?

㉮ 4비트 ㉯ 5비트
㉰ 6비트 ㉱ 8비트

28 ring counter code는 몇 개의 bit를 사용하는가?

㉮ 10비트 ㉯ 9비트
㉰ 8비트 ㉱ 4비트

29 4bit code가 아닌 것은?

㉮ BCD code ㉯ 2421 code
㉰ 3초과 code ㉱ 2-out-of-5 code

30 현 상태에서 다음 상태로 코드의 그룹이 변화할 때 단지 하나의 비트만이 변화되는 최소 변화 코드의 일종이며, 또한 비트의 위치가 특별한 가중치를 갖지 않는 비가중치 코드로서 산술연산에는 부적합하고 입출력 장치와 A/D 변환기와 같은 응용장치에 많이 사용하는 코드 체제는?

㉮ 3초과 코드 ㉯ 8421 코드
㉰ 그레이 코드 ㉱ 해밍코드

31 이웃하는 코드가 한 비트만 다르기 때문에 코드 변환이 용이해서 A/D 변환에 주로 사용되는 코드는?

㉮ gray code
㉯ Hamming code
㉰ excess-3 code
㉱ alphanumeric code

32 A/D 변환기(analog-digital converter)나 입출력장치 코드로 주로 사용하는 코드는?

㉮ 5421 코드 ㉯ BCD 코드
㉰ 3초과 코드 ㉱ 그레이 코드

33 다음 코드 중 어느 것이 hardware error를 최소로 하는 데 적합한가?

㉮ excess-3 코드 ㉯ gray 코드
㉰ ASCII 코드 ㉱ 8421 코드

34 다음 중 그레이 코드(gray code)를 바르게 설명한 것은 어느 것인가?

㉮ 연산하는 데 용이
㉯ 인접 부호와 2비트가 동일
㉰ 인접 부호와 1비트가 상이
㉱ 가중치 코드

35 다음 중 그레이 코드(gray code)의 특성과 거리가 먼 것은?

㉮ 데이터 전송 ㉯ 입출력장치
㉰ 사칙연산 ㉱ A/D converter

36 2진수를 그레이 코드로 변환하는 회로에 들어가는 논리게이트 명칭은?

㉮ OR 게이트 ㉯ NOR 게이트
㉰ XOR 게이트 ㉱ XNOR 게이트

37 다음 회로는 무엇인가?

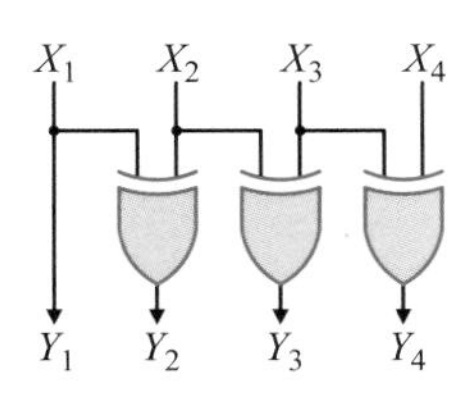

㉮ 2진수를 그레이 코드로 변환하는 회로
㉯ 2진수를 3초과 코드로 변환하는 회로
㉰ 그레이 코드를 2진수로 변환하는 회로
㉱ 3초과 코드를 2진수로 변환하는 회로

38 2진수 1001을 gray code로 변환하면?

㉮ $1101_{(G)}$ ㉯ $1110_{(G)}$
㉰ $1100_{(G)}$ ㉱ $1111_{(G)}$

39 2진수 11010을 그레이 코드로 변환한 것은?

㉮ $11011_{(G)}$ ㉯ $10111_{(G)}$
㉰ $11101_{(G)}$ ㉱ $11110_{(G)}$

40 10진수 15의 gray code는 어느 것인가?

㉮ $1111_{(G)}$ ㉯ $1000_{(G)}$
㉰ $1010_{(G)}$ ㉱ $1011_{(G)}$

41 2진수 0011과 0100을 더하여 그레이 코드(gray code)로 변환한 값은?

㉮ $0100_{(G)}$ ㉯ $0101_{(G)}$
㉰ $0111_{(G)}$ ㉱ $1001_{(G)}$

42 그레이 코드 1101을 2진수로 변환한 것은?

㉮ $1010_{(2)}$ ㉯ $1001_{(2)}$
㉰ $1000_{(2)}$ ㉱ $1100_{(2)}$

43 그레이 코드 1010을 10진수로 변환하면?

㉮ $12_{(10)}$ ㉯ $10_{(10)}$
㉰ $7_{(10)}$ ㉱ $5_{(10)}$

44 그레이 코드 011011을 2진수로 변환한 것은?

㉮ $110010_{(2)}$ ㉯ $010110_{(2)}$
㉰ $010010_{(2)}$ ㉱ $111000_{(2)}$

45 그레이 코드 11100100011을 2진 코드(binary code)로 변환하면?

㉮ $10111000010_{(2)}$
㉯ $10101001010_{(2)}$
㉰ $11011011010_{(2)}$
㉱ $11001011000_{(2)}$

46 3초과 코드 0111의 10진수 값과 그레이 코드(gray code) 0111의 10진수 값을 각각 나열한 것은?

㉮ 4, 5 ㉯ 5, 6
㉰ 6, 7 ㉱ 7, 8

47 3초과 코드로 표현된 4비트 수 1000을 gray 코드로 표현하면?

㉮ $0101_{(G)}$ ㉯ $0110_{(G)}$
㉰ $0111_{(G)}$ ㉱ $1001_{(G)}$

48 10진수 6을 4bit excess-3 gray 코드로 표현한 것은?

㉮ $0110_{(G)}$ ㉯ $1101_{(G)}$
㉰ $1100_{(G)}$ ㉱ $1001_{(G)}$

49 다음 2진 부호는 어떤 종류의 부호인가?

10진수	( )
0	0000
1	0001
2	0011
3	0010
4	0110
5	0111
6	0101
7	0100
8	1100
9	1101

㉮ Hamming code ㉯ gray code
㉰ BCD code ㉱ excess-3 code

50 가중치 코드(weighted code)가 아닌 것은?

㉮ 8421 code ㉯ gray code
㉰ 51111 code ㉱ biquinary code

51 다음 중 비가중치(non-weighted) 코드인 것은?

㉮ 8421 코드 ㉯ biquinary 코드
㉰ 2-out-of-5 코드 ㉱ 2421 코드

52 다음 중 가중치 코드(weighted code)가 아닌 것은?

㉮ 51111 코드 ㉯ 2421 코드
㉰ 8421 코드 ㉱ 3초과 코드

53 다음 중 자기보수성(self-complement) 코드는?

㉮ Hamming code ㉯ excess-3 code
㉰ gray code ㉱ 6-3-1-1 code

54 다음 중 자기보수 코드(self-complement code)인 것은?

㉮ alphanumeric code
㉯ 2421 code
㉰ 5421 code
㉱ 8421 code

55 다음 중 자기보수 코드의 종류가 아닌 것은?

㉮ 그레이 코드 ㉯ 3초과 코드
㉰ 2421 코드 ㉱ $84\bar{2}\bar{1}$ 코드

56 다음은 10진수를 표현하는 2진 코드(binary code)들이다. 이들 중 자기보수화(self-complementary)가 불가능한 코드는?

㉮ 8421(BCD) 코드 ㉯ 3초과 코드
㉰ 51111 코드 ㉱ 2421 코드

57 다음 코드의 분류 중 그 연결이 옳은 것은?

㉮ 자기보수코드 : 8421 코드
㉯ 자기보수코드 : 2421 코드
㉰ 가중치(weighted) 코드 : 3초과 코드
㉱ 가중치(weighted) 코드 : 그레이 코드

58 parity bit의 기능으로 옳은 것은?

㉮ error 검출용 비트이다.
㉯ bit 위치에 따라 weight 값을 갖는다.
㉰ BCD 코드에서만 사용한다.
㉱ error bit이다.

59 패리티 검사를 하는 이유로 적합한 것은?

㉮ 전송된 부호의 오류를 검출하기 위하여
㉯ 기억 장치의 여유도를 검사하기 위하여
㉰ 전송된 부호의 속도를 높이기 위하여
㉱ 중계 전송로의 여유도를 검사하기 위하여

60 패리티 비트에 관한 설명 중 옳지 않은 것은?

㉮ 기수(odd) 체크에 사용될 경우도 있다.
㉯ 우수(even) 체크에 사용될 경우도 있다.
㉰ 정보 표현의 단위에 여유를 두기 위한 방법이다.
㉱ 정보가 맞고, 틀림을 판별하기 위해 사용된다.

61 ASCII 코드를 사용하여 통신할 때 몇 개의 패리티 비트를 추가하여 통신하는가?

㉮ 1비트 ㉯ 2비트
㉰ 3비트 ㉱ 0비트

62 패리티 비트의 오류 검출은 몇 개 비트까지 가능한가?

㉮ 1개 ㉯ 2개
㉰ 3개 ㉱ 검출 불가

63 패리티 비트에 대한 설명으로 옳지 않은 것은?

㉮ 한 개의 비트만으로 간단하게 구현할 수 있다.
㉯ 2비트 이상의 오류를 검출할 수 있다.
㉰ 오류를 교정할 수 없다.
㉱ 데이터에 패리티 비트를 추가해서 사용한다.

64 패리티 검사(parity check)에 대한 설명 중 옳지 않은 것은?

㉮ 수신측에서는 패리티 생성기(parity generator)를 사용한다.
㉯ 홀수(odd) 또는 짝수(even) 검사로 사용된다.
㉰ 자료의 정확한 송신 여부를 판단하기 위해 사용된다.
㉱ 홀수 패리티(odd parity)는 Exclusive-NOR function을 포함하여 구현한다.

65 다음 그림은 홀수 패리티 비트를 사용한 2진 데이터를 나타낸 것이다. 패리티 착오를 일으킨 부분은?

㉮ ⓐ　㉯ ⓑ　㉰ ⓒ　㉱ ⓓ

66 다음 자료는 기수 패리티 비트(odd parity bit)를 포함하고 있다. 잘못된 비트(bit)를 찾아내면? (단, 가장 오른쪽 열(column)에 있는 비트가 패리티 비트이고, 가장 밑에 있는 것이 패리티 워드이다.)

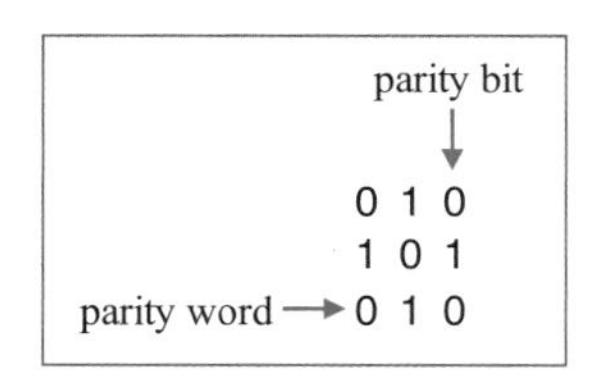

㉮ 1행 1열의 비트　㉯ 1행 2열의 비트
㉰ 2행 2열의 비트　㉱ 2행 1열의 비트

67 다음 코드 중에 열은 수평 홀수 패리티(odd parity)이고 4행은 수직 홀수 패리티이다. 오류가 단 1개 발생했을 때 그 행과 열은?

	1열	2열	3열	4열	5열	6열	7열	8열
1행	1	0	1	1	0	1	1	0
2행	0	1	0	0	1	1	1	1
3행	1	1	0	1	0	0	1	0
4행	1	0	0	1	0	1	0	0

㉮ 1행 8열　㉯ 3행 8열
㉰ 3행 2열　㉱ 4행 2열

68 데이터 통신에서 에러의 검출 및 교정까지 가능한 코드는?

㉮ parity code　㉯ excess-3 code
㉰ BCD code　㉱ Hamming code

69 다음 중 에러 검출용 코드가 아닌 것은?

㉮ gray code　㉯ biquinary code
㉰ 2-out-of-5 code　㉱ Hamming code

70 정보비트를 해밍 부호화할 때 요구되는 해밍비트의 수를 구하는 공식은? (단, p: 데이터 비트를 전송하기 위해 요구되는 중복 비트수, m: 데이터 비트수)

㉮ $2^p \ge p+m+1$　㉯ $2^p \ge p+m-1$
㉰ $2^p \ge p-m+1$　㉱ $2^p \ge p-m-1$

71 다음 각 ( )안에 알맞은 것은?

> (ㄱ)는 데이터 수신 시 데이터 중에서 발생한 1비트의 오류를 검출하고, 교정까지 가능한 코드로서, 1비트의 오류를 교정하기 위하여 여분으로 BCD 코드에 (ㄴ)비트를 추가해야 하며, 2비트 이상의 오류를 교정하기 위해 더 많은 여분의 비트를 추가해야 한다.

㉮ (ㄱ) : 3초과 코드, (ㄴ) : 2
㉯ (ㄱ) : 그레이 코드, (ㄴ) : 3
㉰ (ㄱ) : 해밍코드, (ㄴ) : 3
㉱ (ㄱ) : 패리티 체크 코드, (ㄴ) : 2

72 해밍코드(Hamming code)를 만들기 위해서는 BCD 코드와 일반적으로 몇 개의 점검 비트(check bit)가 필요한가?

㉮ 1개 ㉯ 2개
㉰ 3개 ㉱ 4개

73 해밍코드 방식에 의하여 구성된 코드가 16비트인 경우 데이터 비트의 수 및 패리티 비트의 수는 각각 몇 개씩인가?

㉮ 데이터 비트 : 11비트, 패리티 비트 : 5비트
㉯ 데이터 비트 : 10비트, 패리티 비트 : 6비트
㉰ 데이터 비트 : 12비트, 패리티 비트 : 4비트
㉱ 데이터 비트 : 15비트, 패리티 비트 : 1비트

74 다음 중 해밍코드에 대한 설명으로 틀린 것은?

㉮ 오류를 검출 및 교정할 수 있다.
㉯ 정보 비트의 길이에 따라 패리티 비트의 수가 결정된다.
㉰ 한 비트 당 최소한 두 번 이상의 패리티 검사가 이루어진다.
㉱ 해밍코드에서 4개의 정보 비트를 체크하기 위한 최소한의 패리티 비트는 2개가 된다.

75 정보 코드의 에러 교정 방식에서 우수 패리티(even parity)를 사용하여 BCD수 1001에 대한 단일 에러 교정 코드를 결정한 것 중 알맞은 것은?

㉮ 10010 ㉯ 01001
㉰ 0011001 ㉱ 1100110

76 K.O.R.P.A 영문자를 표준 BCD 코드로 각각 구성할 때 영문자 코드의 존 비트(zone bit) 구성이 다른 문자는 무엇인가?

㉮ K ㉯ O ㉰ P ㉱ A

77 데이터 통신 및 마이크로컴퓨터에서 많이 채택되고 있는 코드는?

㉮ BCD 코드 ㉯ Hamming 코드
㉰ EBCDIC 코드 ㉱ ASCII 코드

78 영문자 코드에 해당하는 것은?

㉮ gray code ㉯ BCD code
㉰ ASCII code ㉱ 3초과 code

79 ASCII 코드에서 문자 표시는 몇 비트로 구성되어 있는가? (단, parity bit는 제외)

㉮ 5비트 ㉯ 6비트
㉰ 7비트 ㉱ 8비트

80 ASCII 코드에서 존(zone) 비트로 사용되는 비트의 수는?

㉮ 1개 ㉯ 2개 ㉰ 3개 ㉱ 4개

81 미국 표준 코드로서 1개의 패리티 비트와 3개의 존 비트, 그리고 4개의 디지트 비트로 구성되는 코드체계는?

㉮ 8421 코드 ㉯ ASCII 코드
㉰ Hamming 코드 ㉱ EBCDIC 코드

82 ASCII 문자에 해당되지 않는 것은?

㉮ 제어 문자 ㉯ 영문자
㉰ 로마 숫자 ㉱ 아라비아 숫자

83 다음 중 7bit ASCII 코드로 숫자 31을 나타내면?

㉮ 0110011 0110001
㉯ 1000011 1000001
㉰ 1110011 1110001
㉱ 0000011 0000001

84 ASCII 문자 “A”와 숫자 “5”의 코드 값의 차이는 12이다. ASCII 문자 “Z”와 숫자 “6”의 코드 값의 차이는?

㉮ 36 ㉯ 35 ㉰ 26 ㉱ 25

85 다음 코드 중 그 특성이 다른 것은?

㉮ BCD 코드 ㉯ 2421 코드
㉰ excess-3 코드 ㉱ ASCII 코드

86 다음 중 ASCII 코드에 대한 설명으로 옳지 않은 것은?

㉮ 1비트의 parity 비트를 추가하여 8비트로 사용한다.
㉯ 1개의 문자를 4개의 zone 비트와 3개의 digit 비트로 표현한다.
㉰ 128가지의 문자를 표현할 수 있다.
㉱ 통신 제어용 및 마이크로컴퓨터의 기본코드로 사용한다.

87 자료의 표현 방식에 대한 설명 중 옳지 않은 것은?

㉮ 비트(bit)는 정보를 나타내는 최소단위이다.
㉯ 비트(bit)는 binary digit의 약자이다.
㉰ ASCII 코드 자체는 6비트이다.
㉱ ASCII 코드는 영어의 대문자와 소문자를 구별할 수 있다.

88 자료의 외부적 표현 방식인 확장된 2진화 10진 코드(EBCDIC)로 나타낼 수 있는 최대 문자 수는?

㉮ 64개 ㉯ 128개
㉰ 192개 ㉱ 256개

89 각각의 문자에 대하여 8개의 비트와 1개의 패리티 비트로 구성되는 코드는?

㉮ EBCDIC 코드 ㉯ 표준 BCD 코드
㉰ 하모니 코드 ㉱ excess-3 코드

90 EBCDIC의 비트 구성에서 존 비트(zone bit)는 몇 비트로 구성되는가?

㉮ 1비트 ㉯ 3비트
㉰ 4비트 ㉱ 6비트

91 EBCDIC 부호에서 숫자를 나타내는 경우, 존(zone) 비트는?

㉮ 0000 ㉯ 1111
㉰ 0101 ㉱ 1110

92 EBCDIC 코드로 10진 숫자 5를 표현한다면?

㉮ 11101010 ㉯ 11110101
㉰ 00000101 ㉱ 00100101

93 다음 그림과 같이 EBCDIC 코드에서는 처음 4비트를 zone이라 부르는데, 처음 2비트가 01로 시작할 때 무엇을 나타내는가?

0	1						

㉮ 여분 ㉯ 특수문자
㉰ 소문자 ㉱ 대문자

94 한글 2바이트 조합형 코드에서 한글과 영문을 구분하기 위한 비트 수는?

㉮ 1비트 ㉯ 2비트
㉰ 3비트 ㉱ 4비트

95 자료의 표현 방식에서 한글/한자의 경우는 몇 비트로 표현되는가?

㉮ 1비트 ㉯ 4비트
㉰ 8비트 ㉱ 16비트

96 1Gbyte의 USB 메모리에 저장할 수 있는 최대 한글 글자 수는? (단, 한글 1자를 저장하기 위해서는 2바이트가 필요하다.)

㉮ 2^{15} ㉯ 2^{20} ㉰ 2^{29} ㉱ 2^{30}

97 자료에 관한 설명 중 옳은 것은?

㉮ EBCDIC 코드는 데이터 통신용으로 널리 쓰이며, 특히 소형 컴퓨터용으로 쓰인다.
㉯ ASCII 코드는 IBM사에서 개발한 것으로 대형 컴퓨터용에 쓰인다.
㉰ 자료의 가장 작은 단위를 bit라 하며, bit는 binary digit의 약자이다.
㉱ 부동소수점 방식의 특징은 적은 bit를 차지함과 동시에 정밀도가 낮다는 것이다.

1. ㉱ 2. ㉰ 3. ㉱ 4. ㉰ 5. ㉰ 6. ㉰ 7. ㉮ 8. ㉮ 9. ㉰ 10. ㉮
11. ㉯ 12. ㉱ 13. ㉱ 14. ㉯ 15. ㉯ 16. ㉱ 17. ㉱ 18. ㉯ 19. ㉮ 20. ㉱
21. ㉱ 22. ㉯ 23. ㉰ 24. ㉮ 25. ㉱ 26. ㉱ 27. ㉯ 28. ㉮ 29. ㉱ 30. ㉰
31. ㉮ 32. ㉱ 33. ㉯ 34. ㉰ 35. ㉰ 36. ㉰ 37. ㉮ 38. ㉮ 39. ㉯ 40. ㉯
41. ㉮ 42. ㉯ 43. ㉮ 44. ㉰ 45. ㉮ 46. ㉮ 47. ㉰ 48. ㉯ 49. ㉯ 50. ㉯
51. ㉰ 52. ㉱ 53. ㉯ 54. ㉯ 55. ㉮ 56. ㉮ 57. ㉯ 58. ㉮ 59. ㉮ 60. ㉰
61. ㉮ 62. ㉮ 63. ㉯ 64. ㉮ 65. ㉰ 66. ㉰ 67. ㉰ 68. ㉱ 69. ㉮ 70. ㉮
71. ㉰ 72. ㉰ 73. ㉮ 74. ㉱ 75. ㉰ 76. ㉱ 77. ㉱ 78. ㉰ 79. ㉰ 80. ㉰
81. ㉯ 82. ㉰ 83. ㉮ 84. ㉮ 85. ㉱ 86. ㉯ 87. ㉰ 88. ㉱ 89. ㉮ 90. ㉰
91. ㉯ 92. ㉯ 93. ㉯ 94. ㉮ 95. ㉱ 96. ㉰ 97. ㉰

CHAPTER

04

논리게이트

이 장에서는 논리게이트의 종류 및 특성을 이해하는 것을 목표로 한다.

- 논리게이트와 논리 레벨의 기본 개념을 이해할 수 있다.
- 논리게이트의 동작 원리, 진리표, 논리기호들을 이해하고 이를 활용할 수 있다.
- 게이트들의 전기적인 특성을 이해하고 이를 활용할 수 있다.

CONTENTS

SECTION 01

논리 레벨

디지털 회로는 논리 0과 논리 1을 구분하기 위해 두 전압 영역에서 동작한다. 이 절에서는 논리게이트의 동작 범위와 전압에 따른 논리 레벨을 알아보고, 다양한 종류의 논리게이트에 대해 학습한다.

Keywords | 논리게이트 | 논리 0 | 논리 1 | 정논리 | 부논리 |

논리회로는 하드웨어를 구성하는 기본 요소인 논리게이트로 구성한다. 논리게이트는 한 개 이상의 입력 단자와 하나의 출력 단자로 구성되는 전자회로이다. 디지털 시스템에 흐르는 전압이나 전류와 같은 전기적인 신호를 두 가지의 구분된 값(0, 1)으로 인식한다. 보통은 전압으로 나타내며, 디지털 회로에서는 논리 0과 논리 1을 구분하기 위해 전압 영역에서 동작한다. 실제 디지털 시스템에서 허용하는 전압 영역은 [그림 4-1]과 같다.

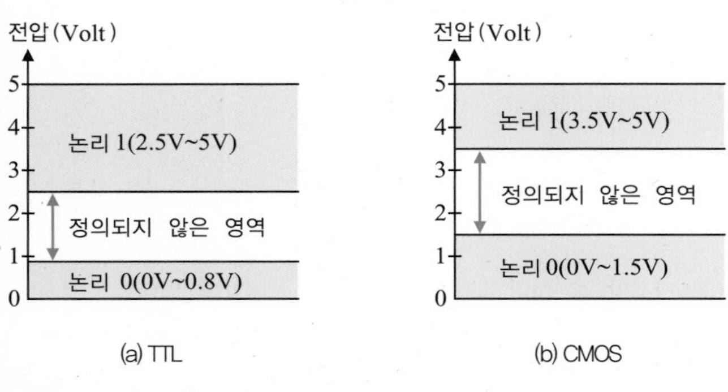

[그림 4-1] TTL과 CMOS 논리 레벨 정의 영역

Tip

TTL(transistor–transistor logic)
바이폴라(bipolar) 접합형 트랜지스터(BJT)와 저항으로 구성된 디지털 회로를 의미한다. 실리콘(Si), 게르마늄(Ge) 또는 갈륨–비소(GaAs) 등으로 만든다.

CMOS(Complementary metal–oxide–semiconductor)
P형과 N형으로 구성된 금속산화물 반도체이다. 한때는 알루미늄이 사용되었으나 현재는 폴리실리콘을 사용한다.

논리게이트는 두 가지(0, 1) 신호를 발생시키는 장치이다. 기본적으로 게이트는 [그림 4-2]와 같이 스위치 역할을 하는 트랜지스터(transistor)로 구성되어 있으며, 트랜지스터는 세 연결점인 컬렉터(collector), 베이스(base), 에미터(emitter)로 구성되어 있다. 여기서 입력전압 V_{in}이 임계값보다 작으면 트랜지스터는 높은 저항 상태가 되고, 입력에 인가된 전압 $+V_{CC}$(+5V)가 출력 V_{out}에 나타난다. 입력전압 V_{in}이 임계값보다 크면 트랜지스터의 컬렉터와 에미터는 연결 상태가 되고, 출력 V_{out}은 0V(ground)가 된다. 트랜지스터는 논리 부정(NOT 게이트)으로 동작한다.

논리회로에서는 논리 1을 High 전압($+V_{CC}$)으로, 논리 0을 Low 전압(ground)으로 나타내는데, 이를 **정논리**(positive logic)라 한다.

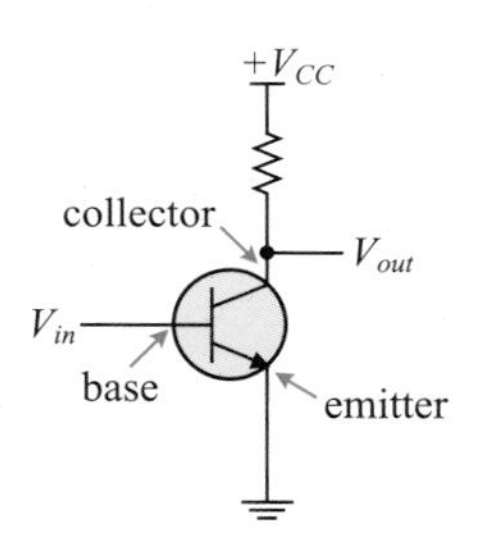

[그림 4-2] 트랜지스터

Tip

트랜지스터(transistor)
디지털 회로에서 전자스위치로 사용되는 반도체 소자. 베이스에 적절한 전압을 인가하여 컬렉터-에미터 접합이 개방 또는 단락된 스위치처럼 동작한다.

컴퓨터 시스템을 비롯한 모든 디지털 시스템은 여러 가지 논리게이트가 모여 조합논리회로와 순서논리회로로 구성된다. **게이트**(gate)란 디지털 전자회로의 기본적 요소로서, 기본 논리게이트는 하나 또는 그 이상의 입력을 가지며 하나의 출력을 갖는다. 각각의 게이트는 서로 다른 모양으로 표현한다. 기본이 되는 논리게이트로 AND, OR, NOT 게이트가 있으며, 이들을 조합하여 만든 게이트로 NAND, NOR, XOR, XNOR 게이트 등이 있다.

Tip

정논리와 부논리

디지털 시스템에서 두 전압 레벨은 두 2진 숫자(binary digit)인 0과 1을 나타낸다. 예를 들어, 논리 레벨 전압으로 0V와 +5V가 있다고 가정하자.

두 전압 레벨에서, 0V인 Low 레벨을 0으로 나타내고 +5V인 High 레벨을 1로 나타내는 것을 양논리 또는 **정논리**(positive logic)라고 한다. 반대로 Low 레벨인 0V를 1로 나타내고, High 레벨인 +5V를 0으로 나타내는 것을 음논리 또는 **부논리**(negative logic)라고 한다.

전압레벨	정논리	부논리
+5V	High = 1	High = 0
0V	Low = 0	Low = 1

정논리와 부논리는 모두 디지털 시스템에서 사용되고 있으며, 일반적으로 정논리를 많이 사용한다.

SECTION 02

NOT 게이트와 버퍼 게이트

NOT 게이트는 반전 또는 보수화라 불리는 연산을 수행하는 논리회로이다. 이 절에서는 NOT 게이트, 버퍼 게이트, 3상태 버퍼 게이트를 이해하고 입출력 신호의 전달, 진리표, 논리기호, 논리식, 동작파형, 핀 배치도 등을 이해한다.

Keywords | NOT 게이트 | 버퍼 게이트 | 3상태 | 논리기호 | 진리표 | 논리식 |

NOT 게이트

NOT 게이트는 입력 한 개와 출력 한 개가 있는 게이트이며, 논리 부정을 나타낸다. 2진수의 논리 반전(反轉)을 만들어내므로 입력의 반대로 출력한다. 즉 입력이 0(off)이면 1(on)을 출력하고, 입력이 1(on)이면 0(off)을 출력한다. 따라서 NOT 게이트를 **인버터**(inverter)라고도 한다.

NOT은 논리식 $\overline{A}$나 A'으로 표시한다. [그림 4-3]은 NOT 게이트의 진리표, 동작파형, 논리기호, IC 7404 칩을 보여준다. **진리표**(truth table)란 게이트의 가능한 모든 입력조합 레벨과 그로 인한 출력 결과를 정리한 표이다. 동작파형은 시간에 따라 입력과 출력의 변화를 보여주는 그래프이다.

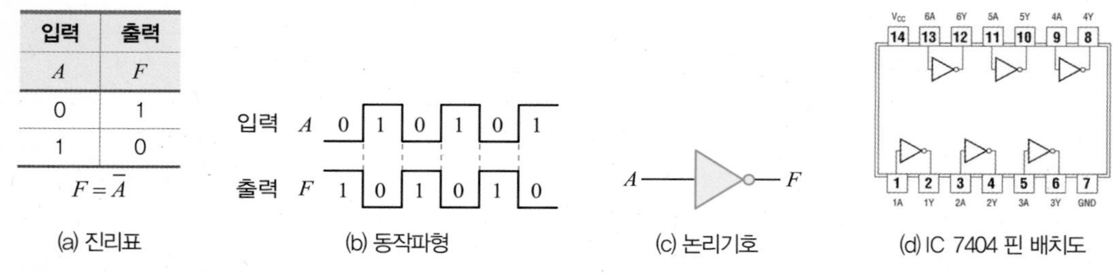

입력	출력
A	F
0	1
1	0

$F = \overline{A}$

(a) 진리표 (b) 동작파형 (c) 논리기호 (d) IC 7404 핀 배치도

[그림 4-3] NOT 게이트의 기본 개념

NOT 게이트의 스위칭 회로는 [그림 4-4(a)]와 같이 표현할 수 있고, 이를 트랜지스터 회로로 나타내면 [그림 4-4(b)]와 같으며, IC 칩으로는 7404가 있다.

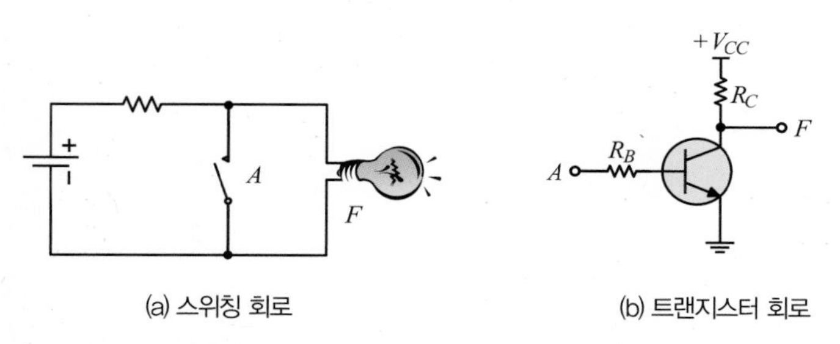

(a) 스위칭 회로 (b) 트랜지스터 회로

[그림 4-4] NOT 게이트의 회로 표현

Tip

트랜지스터 회로에서 입력 A가 0V이면, 베이스 전류가 흐르지 않으므로 트랜지스터는 차단되고 출력전압은 $+V_{CC}$인 +5V가 된다. 그러나 입력 A에 +5V를 인가하면 트랜지스터는 도통되므로 출력은 약 0.2V까지 저하되어 0V가 된다.

트랜지스터 회로에서 입력 A가 0V이면, 베이스 전류가 흐르지 않으므로 트랜지스터는 차단되고 출력전압은 V_{CC}인 +5V가 된다. 그러나 입력 A에 +5V를 인가하면 트랜지스터는 도통되므로 출력은 약 0.2V까지 저하되어 0V가 된다.

예제 4-1

다음과 같은 회로의 입력 A에 구형파를 인가하였다. 출력 X와 Y의 파형을 그려보아라.

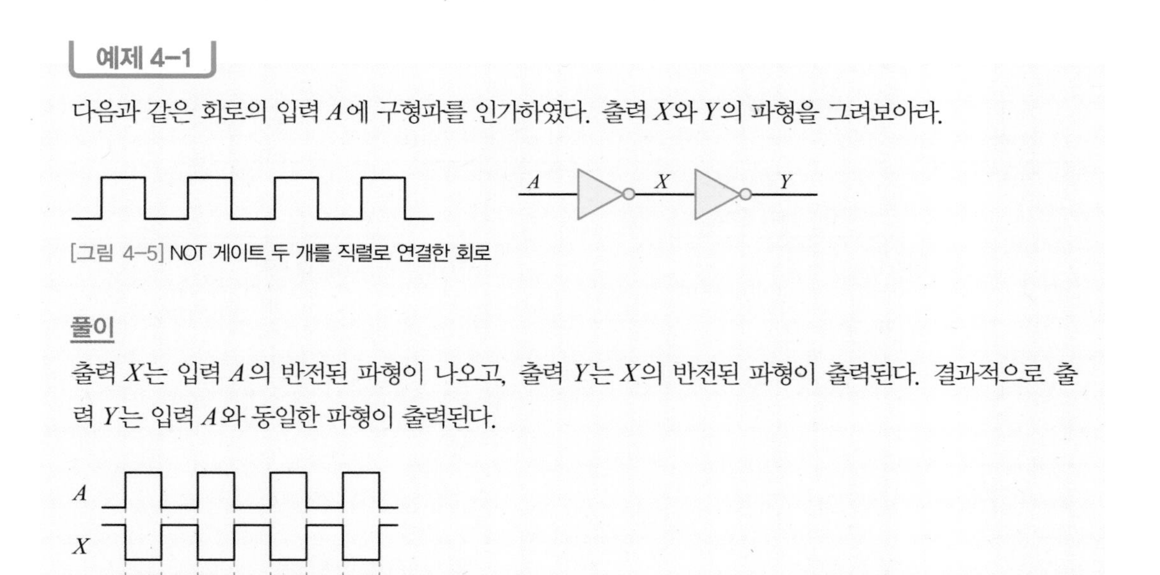

[그림 4-5] NOT 게이트 두 개를 직렬로 연결한 회로

풀이

출력 X는 입력 A의 반전된 파형이 나오고, 출력 Y는 X의 반전된 파형이 출력된다. 결과적으로 출력 Y는 입력 A와 동일한 파형이 출력된다.

[그림 4-6] NOT 게이트를 직렬 연결한 회로의 입출력파형

버퍼 게이트

버퍼(buffer)는 입력된 신호를 변경하지 않고 입력된 상태 그대로 출력하는 게이트로, [그림 4-7(b)]와 같이 단순한 전송을 의미한다. 즉 입력이 0이면 출력도 0, 입력이 1이면 출력도 1이 된다.

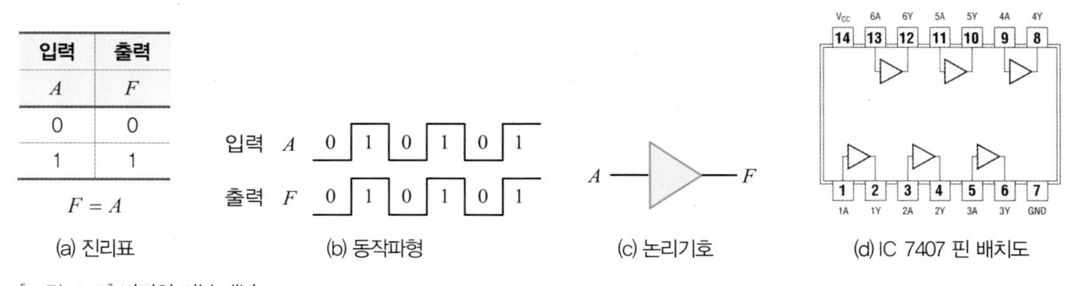

입력	출력
A	F
0	0
1	1

$F = A$

(a) 진리표 (b) 동작파형 (c) 논리기호 (d) IC 7407 핀 배치도

[그림 4-7] 버퍼의 기본 개념

3상태(tri-state) **버퍼**는 3개 레벨(Low, High, 하이 임피던스) 중 하나를 출력으로 갖는 논리소자이다. 제어단자 E(또는 $\overline{E}$)는 입력단자 A와 출력단자 F 사이의 회로를 개폐하는 역할을 한다. [그림 4-8]은 3상태 버퍼의 진리표, 논리기호, IC 74125 칩과 IC 74126 칩을 보여준다.

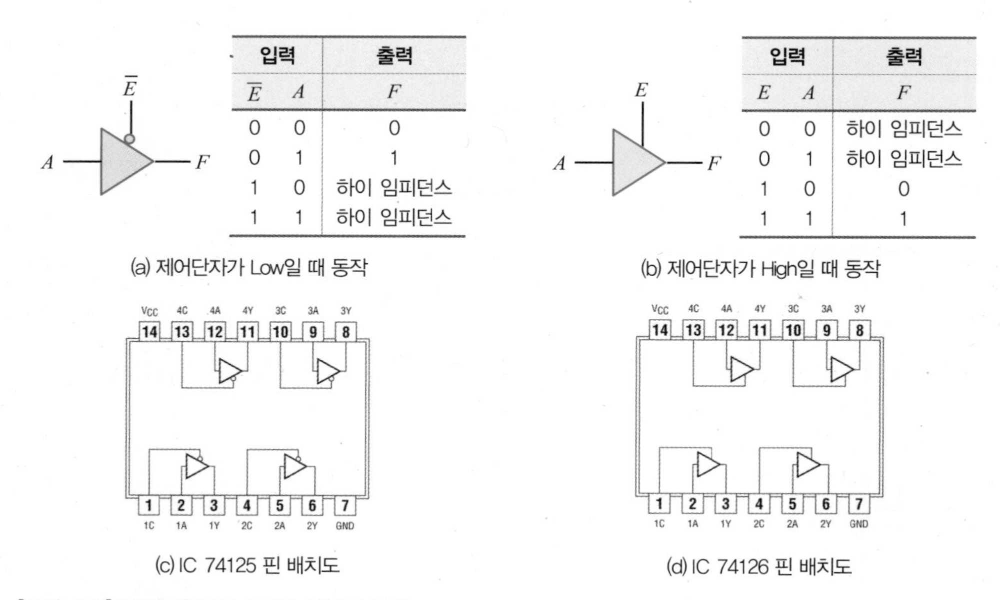

입력		출력
$\overline{E}$	A	F
0	0	0
0	1	1
1	0	하이 임피던스
1	1	하이 임피던스

(a) 제어단자가 Low일 때 동작

입력		출력
E	A	F
0	0	하이 임피던스
0	1	하이 임피던스
1	0	0
1	1	1

(b) 제어단자가 High일 때 동작

(c) IC 74125 핀 배치도

(d) IC 74126 핀 배치도

[그림 4-8] 3상태 버퍼의 논리기호, 진리표 및 IC

[그림 4-8(a)]에서 제어단자 $\overline{E}$가 Low이면 버퍼(출력=입력)처럼 동작한다. $\overline{E}$가 High이면 출력은 하이 임피던스 상태가 되어 Low도 High도 아니다. 마찬가지로 [그림 4-8(b)]에서는 E가 High이면 버퍼처럼 동작하고, E가 Low이면 출력은 하이 임피던스 상태가 된다.

예제 4-2

[그림 4-8(b)]에서 입력 A와 제어단자 E에 [그림 4-9]와 같은 파형을 인가하였다. 출력 F의 파형을 그려보아라.

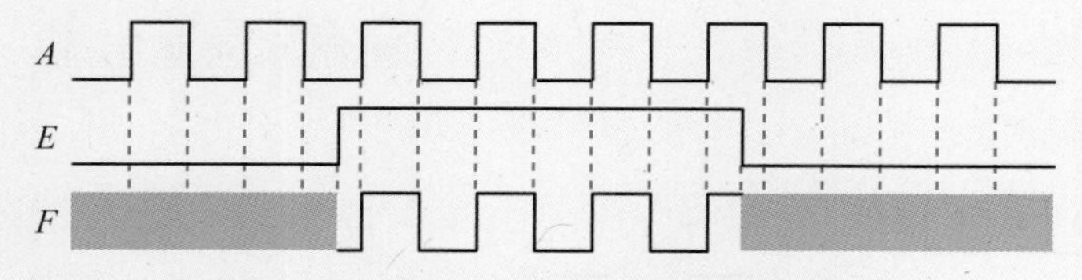

[그림 4-9] 제어단자가 High일 때 동작하는 버퍼회로의 동작파형

풀이

제어단자 E가 High인 구간에서는 입력 A의 파형이 출력 F로 그대로 나오고, 제어단자 E가 Low인 구간에서는 출력 F가 하이 임피던스 상태가 된다.

SECTION

03 AND 게이트

AND 게이트는 모든 논리 기능을 구축하는 데 필요한 기본 게이트 중 하나다. 이 절에서는 AND 게이트의 동작을 이해하고, 논리기호, 진리표, 핀 배치도, 동작파형, 논리식을 알고, 입력에 따른 출력을 이해한다.

Keywords | 2입력 AND 게이트 | 3입력 AND 게이트 | AND 논리식 |

AND 게이트는 2개 이상의 입력에 대해 1개의 출력을 얻는 게이트로, **논리곱**(logical product)이라 한다. 이 게이트의 출력은 입력에 따라 결정되는데, 입력이 모두 1(on)인 경우에만 출력은 1(on)이 되고, 입력 중에 0(off)이 하나라도 있으면 출력은 0(off)이 된다. [그림 4-10]은 2입력 AND 게이트의 진리표, 동작파형, 논리기호, IC 7408 칩을 보여준다.

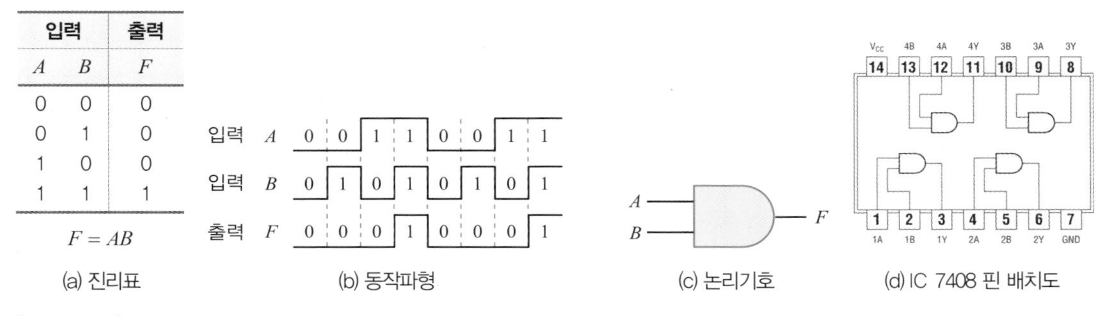

[그림 4-10] 2입력 AND 게이트의 기본 개념

AND 게이트의 출력에 대한 논리식은 $F = A \cdot B = AB$ 로 나타낸다. 스위칭 회로로 표시하면 [그림 4-11(a)]와 같이 나타낼 수 있으며, 스위치 A, B 둘 다 닫혔을 때만 전구에 불이 켜진다. 트랜지스터 회로는 [그림 4-11(b)]와 같이 표현한다.

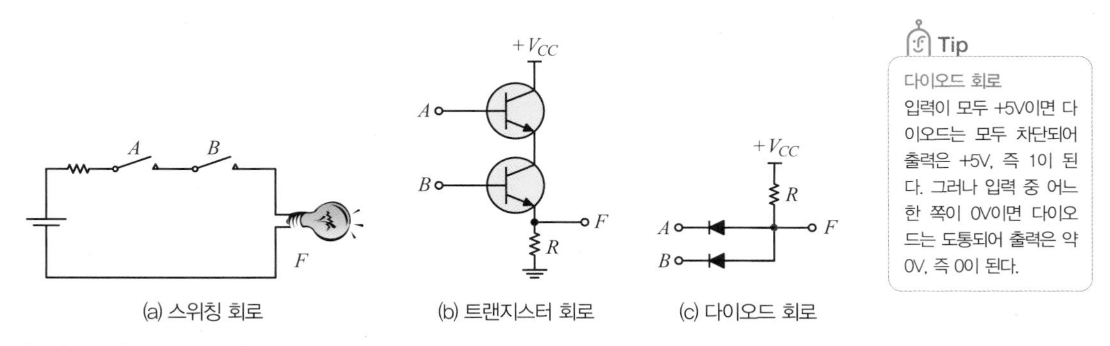

[그림 4-11] AND 게이트의 회로 표현

Tip
다이오드 회로
입력이 모두 +5V이면 다이오드는 모두 차단되어 출력은 +5V, 즉 1이 된다. 그러나 입력 중 어느 한 쪽이 0V이면 다이오드는 도통되어 출력은 약 0V, 즉 0이 된다.

트랜지스터 회로는 [그림 4-11(b)]와 같이 표현한다. 입력이 모두 +5V이면 트랜지스터는 모두 도통되어 출력은 +5V, 즉 1이 된다. 그러나 입력 중 어느 한 쪽이 0V이면 트랜지스터는 차단되어 출력은 약 0V, 즉 0이 된다.

기본 AND 게이트는 입력이 2개인 2입력 AND 게이트이다. 그러나 입력이 여러 개인 AND 게이트도 원리는 2입력 AND 게이트와 같다. [그림 4-12]는 3입력 AND 게이트의 진리표, 동작파형, 논리기호, IC 7411 칩을 보여준다.

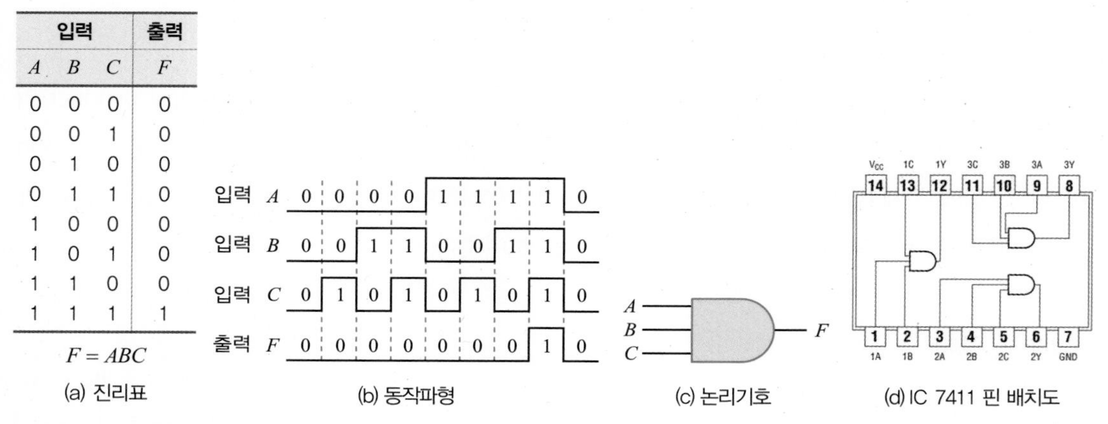

입력			출력
A	B	C	F
0	0	0	0
0	0	1	0
0	1	0	0
0	1	1	0
1	0	0	0
1	0	1	0
1	1	0	0
1	1	1	1

$F = ABC$

(a) 진리표 (b) 동작파형 (c) 논리기호 (d) IC 7411 핀 배치도

[그림 4-12] 3입력 AND 게이트의 기본 개념

예제 4-3

2입력 AND 게이트의 한 입력 A에 구형파를 인가하였다. 다른 입력인 B에 0을 인가한 경우와 1을 인가한 경우 각각의 개략적인 출력파형을 그려보아라.

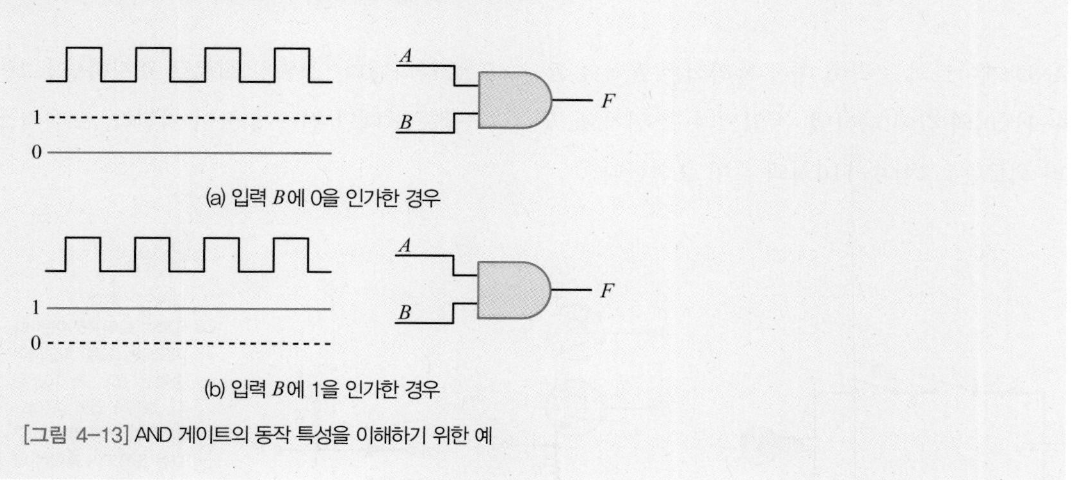

(a) 입력 B에 0을 인가한 경우

(b) 입력 B에 1을 인가한 경우

[그림 4-13] AND 게이트의 동작 특성을 이해하기 위한 예

풀이

각 시간 구간별로 AND 게이트의 출력을 결정한다.

(a) 입력 B에 0을 인가한 경우, 시간 구간 1, 3, 5, 7에서는 $A=1$, $B=0$이므로 출력 $F=0$이다. 시간 구간 2, 4, 6에서는 $A=0$, $B=0$이므로 출력 $F=0$이다. 따라서 출력 F는 항상 0이 출력된다.

(b) 입력 B에 1을 인가한 경우, 시간 구간 1, 3, 5, 7에서는 $A=1$, $B=0$이므로 출력 $F=1$이다. 시간 구간 2, 4, 6에서는 $A=0$, $B=1$이므로 출력 $F=0$이다. 따라서 출력 F에는 A와 동일한 파형이 나온다.

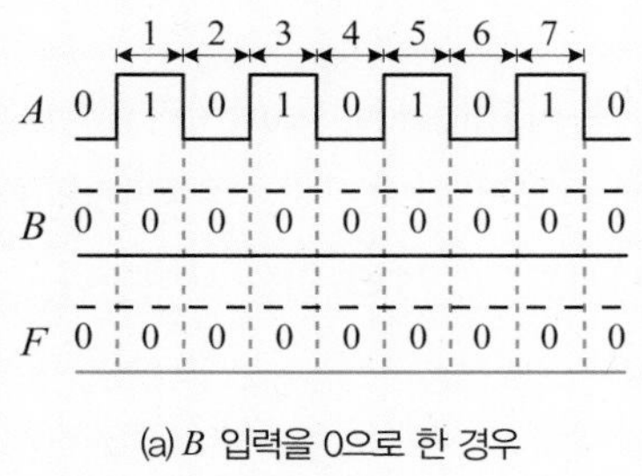

(a) B 입력을 0으로 한 경우

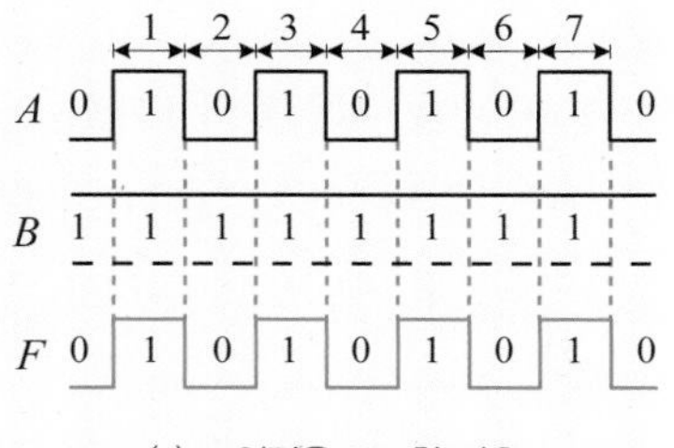

(b) B 입력을 1로 한 경우

[그림 4-14] AND 게이트의 동작 특성 결과

[그림 4-15]는 3입력 AND 게이트가 자동차의 좌석벨트 경보 시스템에 사용된 예를 보인 것으로, AND 게이트는 점화스위치가 켜지고 좌석벨트가 풀려있는 상태를 감지한다. 점화스위치가 켜지면 AND 게이트의 입력 A는 High가 되고, 좌석벨트가 채워지지 않으면 AND 게이트의 입력 B도 High가 된다. 또한 점화스위치가 켜지면 타이머가 작동되어 입력 C가 30초 동안 High로 유지된다.

점화스위치가 켜지고, 좌석벨트가 풀려 있고, 타이머가 작동하는 3가지 조건하에서 AND 게이트의 출력은 High가 되며, 운전자에게 주의를 환기시키는 경보음이 울리게 된다. 경보음은 30초간 울린 후에 멈추며, 처음부터 좌석벨트가 채워져 있었다면 경보음은 울리지 않는다.

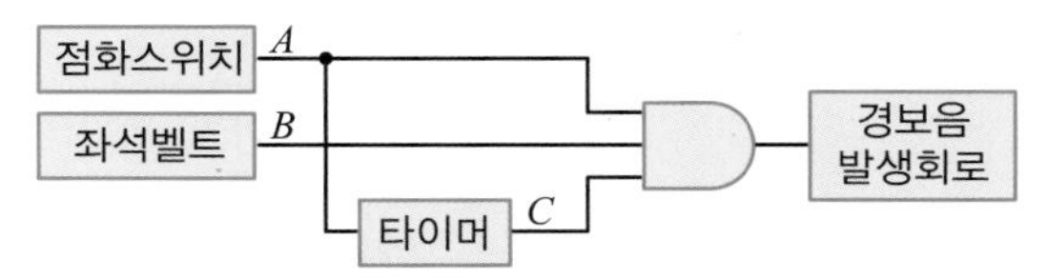

[그림 4-15] AND 게이트를 이용한 좌석벨트 경보 시스템

SECTION

04 OR 게이트

OR 게이트도 모든 논리 기능을 구축하는 데 필요한 기본 게이트 중 하나다. 이 절에서는 OR 게이트의 동작을 이해하고, 논리기호, 진리표, 핀 배치도, 동작파형, 논리식을 알고, 입력에 따른 출력을 이해한다.

Keywords | 2입력 OR 게이트 | 3입력 OR 게이트 | OR 논리식 |

OR 게이트는 입력 2개 이상에 대해 출력 1개를 얻는 게이트로, **논리합**(logical sum)이라 한다. 이 게이트는 입력이 모두 0인 경우에만 출력이 0이 되고, 입력 중에 1이 하나라도 있으면 출력은 1이 된다. [그림 4-16]은 2입력 OR 게이트의 진리표, 동작파형, 논리기호, IC 7432 칩을 보여준다.

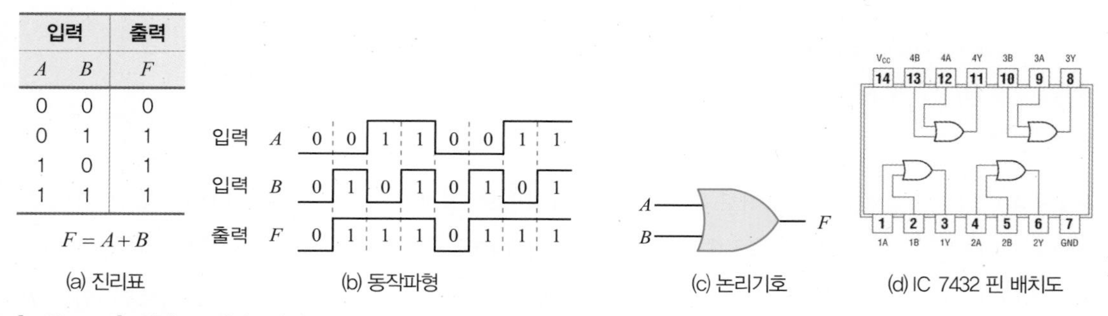

입력		출력
A	B	F
0	0	0
0	1	1
1	0	1
1	1	1

$F = A + B$

(a) 진리표 (b) 동작파형 (c) 논리기호 (d) IC 7432 핀 배치도

[그림 4-16] 2입력 OR 게이트의 기본 개념

OR 게이트의 출력에 대한 논리식은 $F = A + B$로 나타낸다. 스위칭 회로로 표시하면 [그림 4-17(a)]와 같이 나타낼 수 있으며, 스위치 A, B 둘 중에서 적어도 하나가 닫혀있으면 전구에 불이 켜진다.

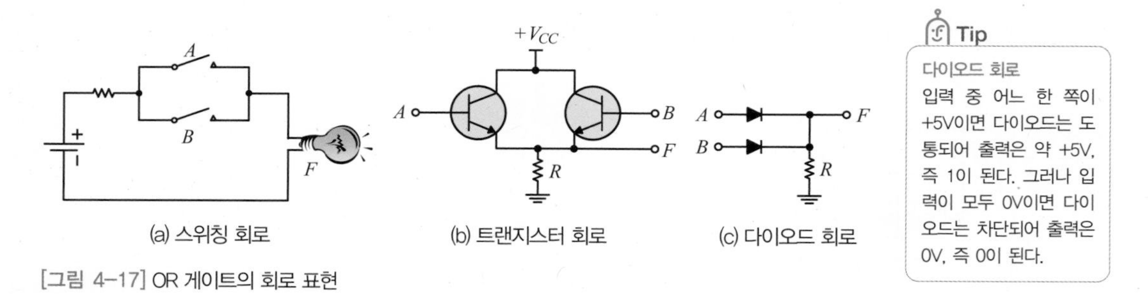

(a) 스위칭 회로 (b) 트랜지스터 회로 (c) 다이오드 회로

[그림 4-17] OR 게이트의 회로 표현

Tip

다이오드 회로

입력 중 어느 한 쪽이 +5V이면 다이오드는 도통되어 출력은 약 +5V, 즉 1이 된다. 그러나 입력이 모두 0V이면 다이오드는 차단되어 출력은 0V, 즉 0이 된다.

트랜지스터 회로는 [그림 4-17(b)]와 같이 표현한다. 입력 중에서 적어도 하나가 +5V이면 해당 트랜지스터가 도통되어 출력은 +5V, 즉 1이 된다. 그러나 모든 입력이 0V이면 트랜지스터는 차단되어 출력은 약 0V, 즉 0이 된다.

기본 OR 게이트는 입력이 2개인 2입력 OR 게이트이다. 그러나 입력이 여러 개인 OR 게이트도 원리는 2입력 OR 게이트와 같다. [그림 4-18]은 3입력 OR 게이트에 대한 진리표, 동작파형, 논리기호를 나타낸 것이다.

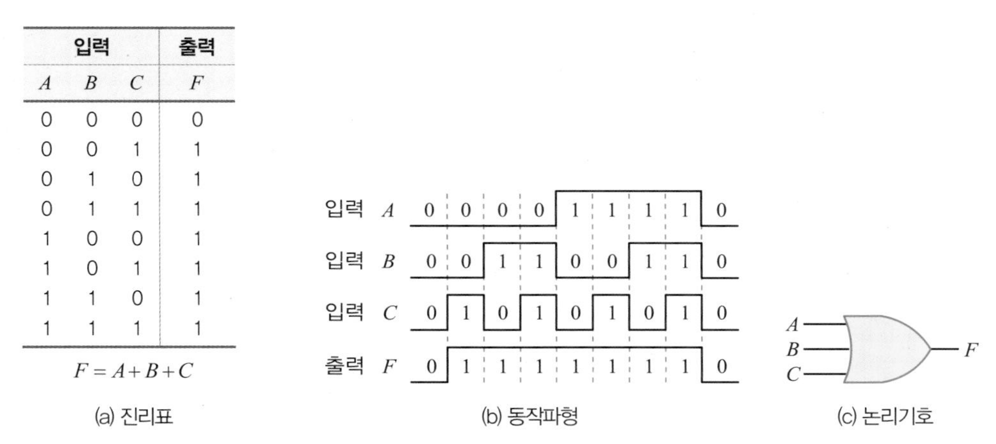

입력			출력
A	B	C	F
0	0	0	0
0	0	1	1
0	1	0	1
0	1	1	1
1	0	0	1
1	0	1	1
1	1	0	1
1	1	1	1

$F = A + B + C$

(a) 진리표 (b) 동작파형 (c) 논리기호

[그림 4-18] 3입력 OR 게이트의 기본 개념

예제 4-4

2입력 OR 게이트의 한 입력 A에 구형파를 인가하였다. 다른 입력인 B에 0을 인가한 경우와 1을 인가한 경우 각각의 개략적인 출력파형을 그려보아라.

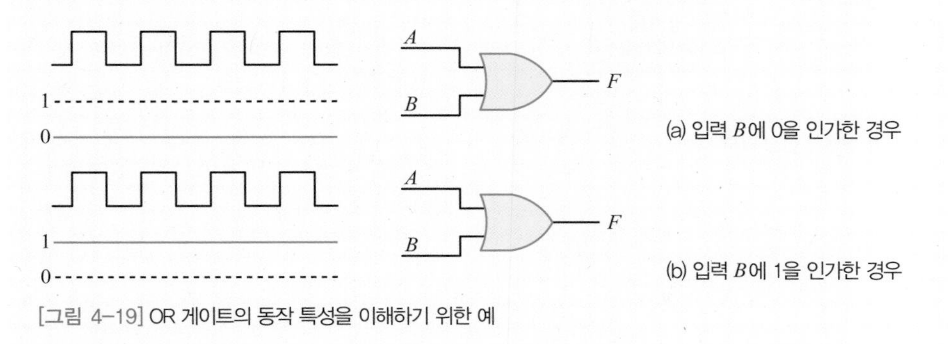

(a) 입력 B에 0을 인가한 경우

(b) 입력 B에 1을 인가한 경우

[그림 4-19] OR 게이트의 동작 특성을 이해하기 위한 예

풀이

각 시간 구간별로 OR 게이트의 출력을 결정한다.

(a) 입력 B에 0을 인가한 경우, 시간 구간 1, 3, 5, 7에서는 $A = 1$, $B = 0$이므로 출력 $F = 1$이다. 시간 구간 2, 4, 6에서는 $A = 0$, $B = 0$이므로 출력 $F = 0$이다. 따라서 출력 F에는 A와 동일한 파형이 나온다.

(b) 입력 B에 1을 인가한 경우, 시간 구간 1, 3, 5, 7에서는 $A = 1$, $B = 1$이므로 출력 $F = 1$이다. 시간 구간 2, 4, 6에서는 $A = 0$, $B = 1$이므로 출력 $F = 1$이다. 따라서 출력 F는 항상 1이 출력된다.

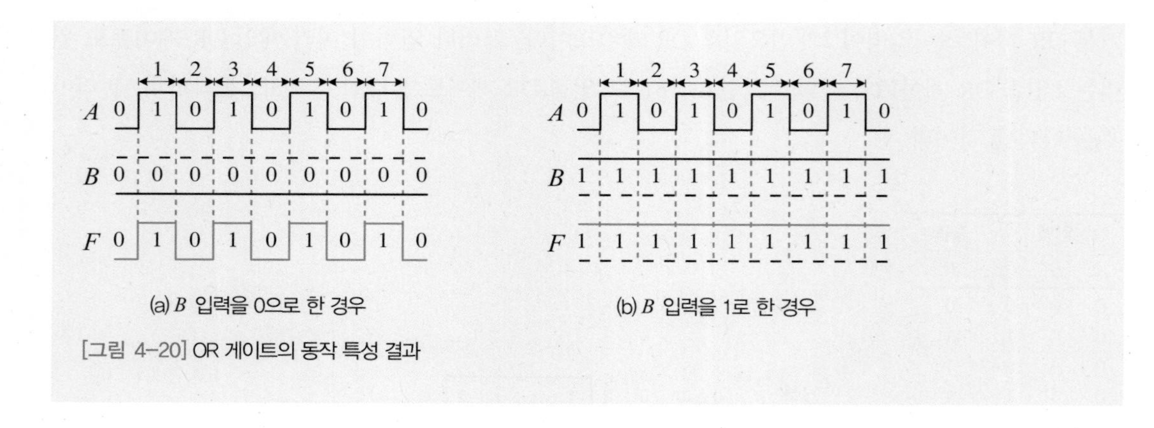

[그림 4-20] OR 게이트의 동작 특성 결과

[그림 4-21]은 3입력 OR 게이트를 가정집의 침입 탐지 시스템에 사용한 예를 보인 것으로, 출입문 1개와 창문 2개가 있는 방에 적용할 수 있다. 출입문과 창문에 설치된 각 센서는 자기 스위치(magnetic switch)로서, 문이 열려 있을 때에는 High를 출력하고, 닫혀 있을 때에는 Low를 출력한다. 출입문과 모든 창문이 닫혀 있을 때에는 OR 게이트의 입력은 모두 Low가 되어 OR 게이트의 출력은 Low가 되므로 경보음이 울리지 않는다. 출입문과 창문 중에서 어느 하나라도 열려 있으면 OR 게이트에 High가 입력되므로 3입력 OR 게이트의 출력은 High가 출력되며, 이때 경보회로가 작동되어 침입을 알리는 경보음이 울리게 된다.

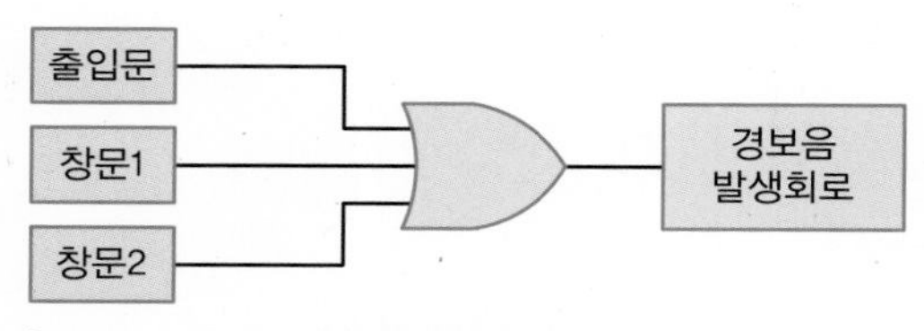

[그림 4-21] OR 게이트를 이용한 침입 탐지 시스템

SECTION
05 NAND 게이트

NAND 게이트는 AND 게이트와 NOT 게이트의 조합으로 구성된 것이다. 이 절에서는 NAND 게이트의 동작을 이해하고, 논리기호, 진리표, 핀 배치도, 동작파형, 논리식을 알고, 입력에 따른 출력을 이해한다.

Keywords | 2입력 NAND 게이트 | 3입력 NAND 게이트 | NAND 논리식 |

NAND 게이트는 2개 이상의 입력에 대해 출력 1개를 얻는 게이트로, 입력이 모두 1인 경우에만 출력이 0이 되고, 그렇지 않으면 출력은 1이 된다. 이 게이트는 AND 게이트와 반대로 동작하며, NOT-AND의 의미로 NAND 게이트라고 부른다. NAND 게이트는 AND 게이트 바로 뒤에 NOT 게이트가 이어지는 것과 같이 동작한다. [그림 4-22]는 2입력 NAND 게이트의 진리표, 동작파형, 논리기호, IC 7400 칩을 보여준다.

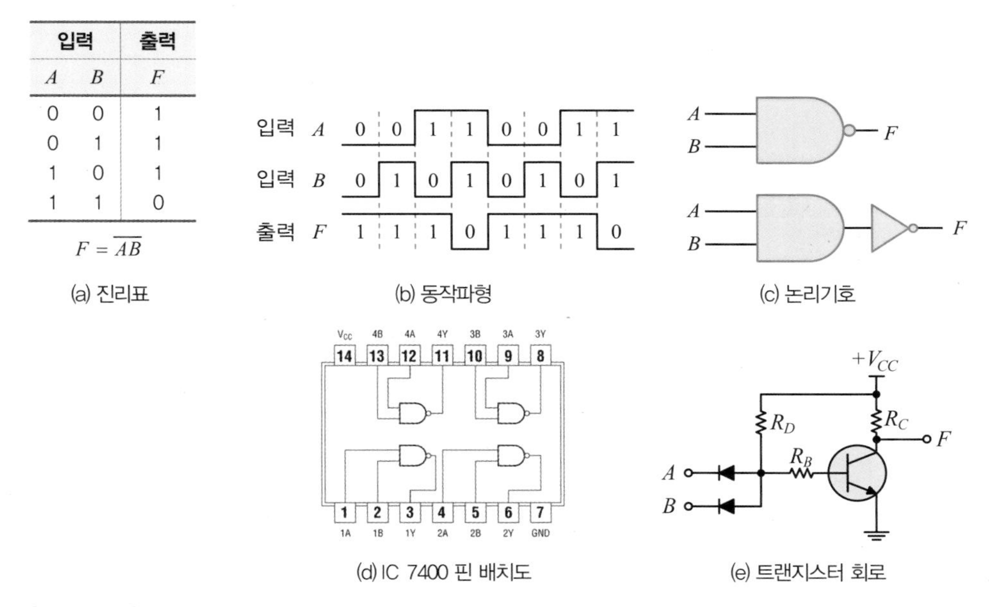

입력		출력
A	B	F
0	0	1
0	1	1
1	0	1
1	1	0

$F = \overline{AB}$

(a) 진리표

[그림 4-22] 2입력 NAND 게이트의 기본 개념

NAND 게이트의 불 대수식은 $F = \overline{AB} = (AB)'$ 이다. [그림 4-23]은 3입력 NAND 게이트의 진리표, 동작파형, 논리기호, IC 7410 칩을 보여준다.

입력			출력
A	B	C	F
0	0	0	1
0	0	1	1
0	1	0	1
0	1	1	1
1	0	0	1
1	0	1	1
1	1	0	1
1	1	1	0

$F = \overline{ABC}$

(a) 진리표

입력 A 0 0 0 0 1 1 1 1 0
입력 B 0 0 1 1 0 0 1 1 0
입력 C 0 1 0 1 0 1 0 1 0
출력 F 1 1 1 1 1 1 1 0 1

(b) 동작파형

A B C F

(c) 논리기호

V_{CC} 1C 1Y 3C 3B 3A 3Y
14 13 12 11 10 9 8
1 2 3 4 5 6 7
1A 1B 2A 2B 2C 2Y GND

(d) IC 7410 핀 배치도

[그림 4-23] 3입력 NAND 게이트의 기본 개념

예제 4-5

3입력 NAND 게이트 입력에 [그림 4-24]와 같은 파형이 입력될 때 출력 F의 파형을 그려보아라.

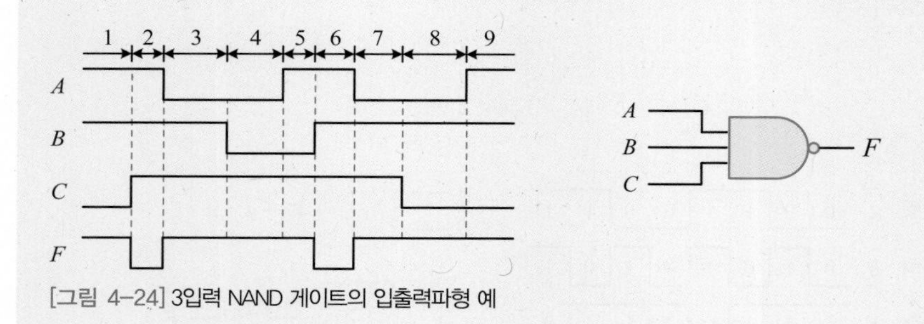

[그림 4-24] 3입력 NAND 게이트의 입출력파형 예

풀이

출력 F는 3개의 입력이 모두 1일 때만 0이 되고, 나머지 경우에는 1이 되므로 시간 구간 2, 6에서는 출력이 0이 되고 시간 구간 1, 3, 4, 5, 7, 8, 9에서는 1이 된다.

SECTION
06 NOR 게이트

NOR 게이트는 OR 게이트와 NOT 게이트의 조합으로 구성된 것이다. 이 절에서는 NOR 게이트의 동작을 이해하고, 논리기호, 진리표, 핀 배치도, 동작파형, 논리식을 알고, 입력에 따른 출력을 이해한다.

Keywords | 2입력 NOR 게이트 | 3입력 NOR 게이트 | NOR 논리식 |

NOR 게이트는 2개 이상의 입력에 대해 출력 1개를 얻는 게이트로, 입력이 모두 0인 경우에만 출력이 1이 되고, 입력 중에 하나라도 1이 있으면 출력은 0이 된다. 이 게이트는 OR 게이트와 반대로 동작하며, NOT-OR의 의미로 NOR 게이트라고 부른다. NOR 게이트는 OR 게이트 바로 뒤에 NOT 게이트가 이어진 것과 같이 동작한다. [그림 4-25]는 2입력 NOR 게이트의 진리표, 동작파형, 논리기호, IC 7402 칩을 보여준다.

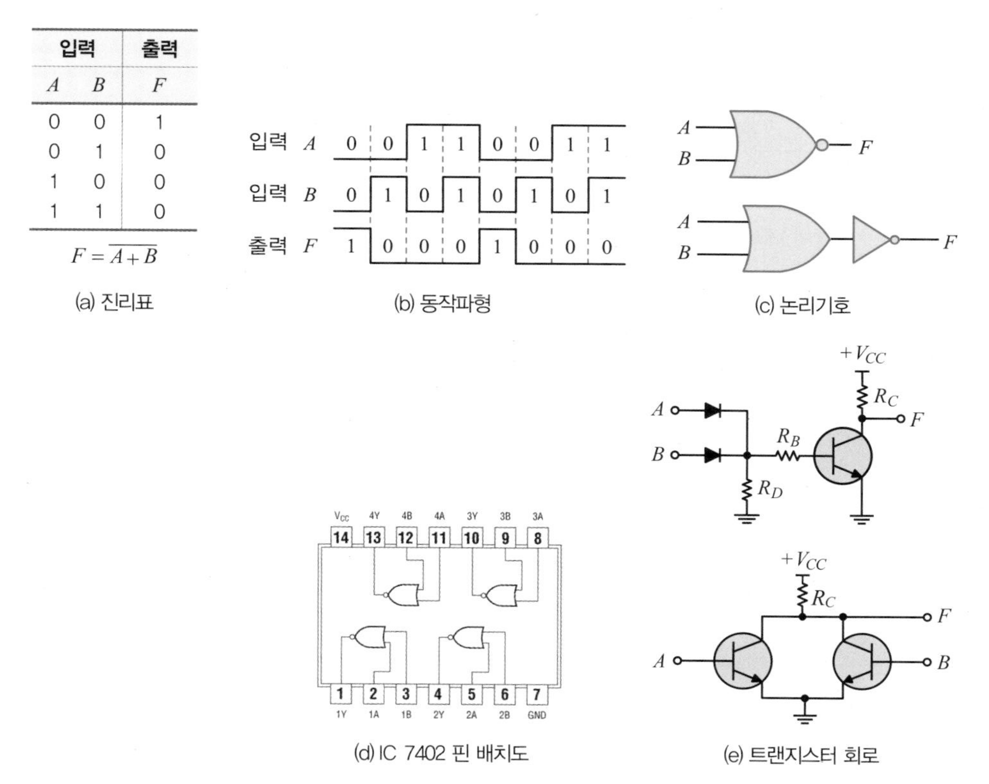

입력		출력
A	B	F
0	0	1
0	1	0
1	0	0
1	1	0

$F=\overline{A+B}$

(a) 진리표 (b) 동작파형 (c) 논리기호 (d) IC 7402 핀 배치도 (e) 트랜지스터 회로

[그림 4-25] 2입력 NOR 게이트의 기본 개념

NOR 게이트의 출력에 대한 불 대수식은 $F=\overline{A+B}=(A+B)'$ 이다. [그림 4-26]은 3입력 NOR 게이트의 진리표, 동작파형, 논리기호, IC 7427 칩을 보여준다.

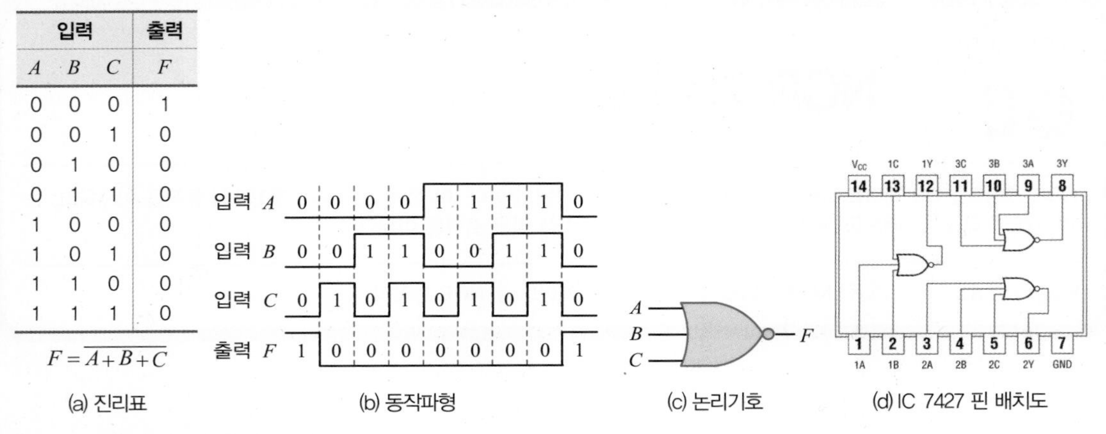

입력			출력
A	B	C	F
0	0	0	1
0	0	1	0
0	1	0	0
0	1	1	0
1	0	0	0
1	0	1	0
1	1	0	0
1	1	1	0

$F = \overline{A+B+C}$

(a) 진리표 (b) 동작파형 (c) 논리기호 (d) IC 7427 핀 배치도

[그림 4-26] 3입력 NOR 게이트의 기본 개념

예제 4-6

3입력 NOR 게이트 입력에 [그림 4-27]과 같은 파형이 입력될 때 출력 F의 파형을 그려보아라.

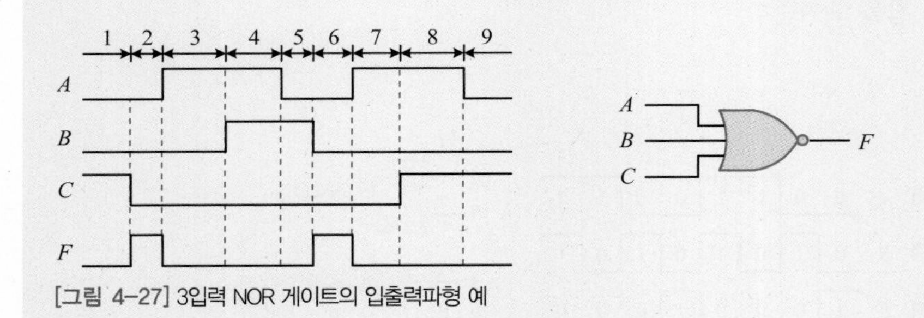

[그림 4-27] 3입력 NOR 게이트의 입출력파형 예

풀이

출력 F는 3개의 입력이 모두 0일 때만 1이 되고, 나머지 경우에는 0이 되므로 시간 구간 2, 6에서는 출력이 1이 되고 시간 구간 1, 3, 4, 5, 7, 8, 9에서는 0이 된다.

SECTION

07 XOR 게이트

XOR 게이트는 앞에서 설명한 다른 게이트의 조합으로 구성된 것으로, 여러 응용분야에서 중요한 역할을 수행한다. 이 절에서는 XOR 게이트의 동작을 이해하고, 논리기호, 진리표, 핀 배치도, 동작파형, 논리식을 알고, 입력에 따른 출력을 이해한다.

Keywords | 2입력 XOR 게이트 | 3입력 XOR 게이트 | XOR 논리식 |

[그림 4-28(a)]와 [그림 4-30(a)]의 진리표에서 보는 것처럼 **XOR**(eXclusive OR) **게이트**는 홀수 개의 1이 입력되면 출력은 1이 되고 그렇지 않으면 출력은 0이 된다. 2입력 XOR 게이트의 경우 두 입력 중 하나가 1이면 출력이 1이 되고, 두 입력이 모두 0이거나 1이면 출력은 0이 된다고 생각하면 이해하기가 쉽다. [그림 4-28]은 2입력 XOR 게이트의 진리표, 동작파형, 논리기호, IC 7486 칩을 보여준다.

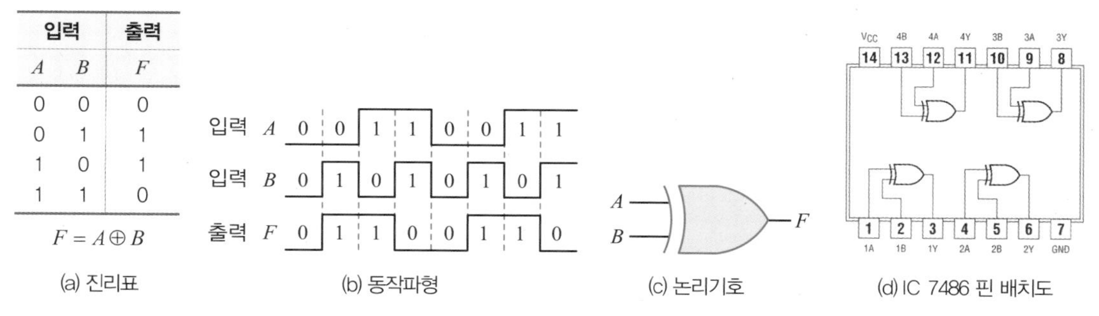

입력		출력
A	B	F
0	0	0
0	1	1
1	0	1
1	1	0

$F = A \oplus B$

(a) 진리표 (b) 동작파형 (c) 논리기호 (d) IC 7486 핀 배치도

[그림 4-28] 2입력 XOR 게이트의 기본 개념

XOR 게이트의 출력에 대한 불 대수식은 다음과 같다.

$$F = A \oplus B = \overline{A}B + A\overline{B} = A'B + AB'$$

XOR 게이트의 불 대수식을 AND, OR, NOT 게이트로 표현하면 [그림 4-29]와 같다. [그림 4-30]은 3입력 XOR 게이트의 진리표, 동작파형, 논리기호를 보여준다.

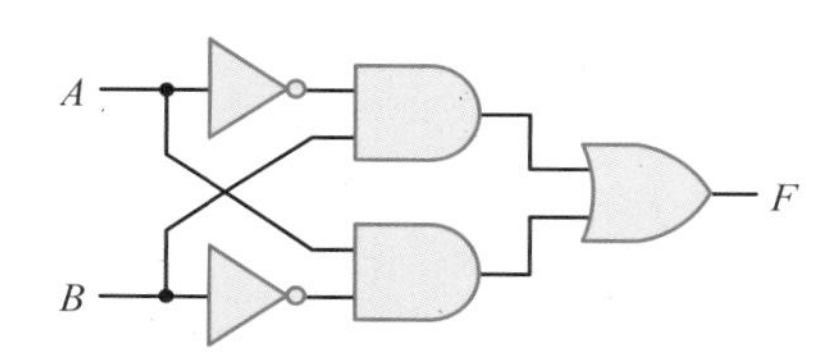

[그림 4-29] XOR 게이트의 AND-OR 게이트 표현

입력			출력
A	B	C	F
0	0	0	0
0	0	1	1
0	1	0	1
0	1	1	0
1	0	0	1
1	0	1	0
1	1	0	0
1	1	1	1

$F = A \oplus B \oplus C$

(a) 진리표

입력 A 0 0 0 0 1 1 1 1 0

입력 B 0 0 1 1 0 0 1 1 0

입력 C 0 1 0 1 0 1 0 1 0

출력 F 0 1 1 0 1 0 0 1 0

(b) 동작파형

(c) 논리기호

[그림 4-30] 3입력 XOR 게이트의 기본 개념

예제 4-7

2입력 XOR 게이트의 한 입력 A에 구형파를 인가하였다. 다른 입력인 B에 0을 인가한 경우와 1을 인가한 경우 각각의 개략적인 출력파형을 그려보아라.

풀이

[그림 4-31(a)]와 같이 입력 B에 0을 인가한 경우 AB=00이면 F=0, AB=10이면 F=1이므로 출력 F는 입력 A와 같은 파형이 출력된다. 반면에 [그림 4-31(b)]와 같이 입력 B에 1을 인가한 경우 AB=01이면 F=1, AB=11이면 F=0이므로 출력 F는 입력 A의 반전된 파형이 출력된다.

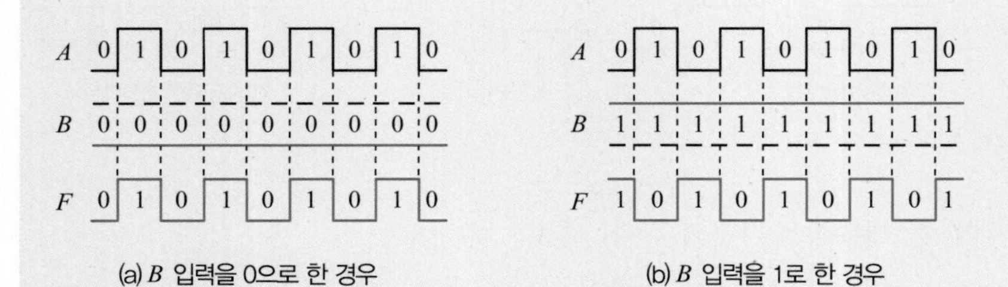

(a) B 입력을 0으로 한 경우 (b) B 입력을 1로 한 경우

[그림 4-31] 2입력 XOR 게이트의 동작 특성을 이해하기 위한 예

SECTION

08 XNOR 게이트

XNOR 게이트는 XOR 게이트와 NOT 게이트의 조합으로 구성된 것이다. 이 절에서는 XNOR 게이트의 동작을 이해하고, 논리기호, 진리표, 핀 배치도, 동작파형, 논리식을 알고, 입력에 따른 출력을 이해한다.

Keywords | 2입력 XNOR 게이트 | 3입력 XNOR 게이트 | XNOR 논리식 |

[그림 4-32(a)]와 [그림 4-34(a)]의 진리표에서 보는 것처럼 **XNOR**(eXclusive NOR) **게이트**는 짝수 개의 1이 입력되면 출력은 1이 되고, 그렇지 않으면 출력은 0이 된다. XOR 게이트에 NOT 게이트를 연결한 것이므로 출력값은 XOR 게이트와 반대가 된다. 2입력 XNOR 게이트의 경우, 두 개의 입력이 다르면 출력은 0이 되고, 같으면 출력은 1이 된다고 생각하면 이해하기가 쉽다. [그림 4-32]는 XNOR 게이트의 진리표, 동작파형, 논리기호, IC 74266 칩을 보여준다.

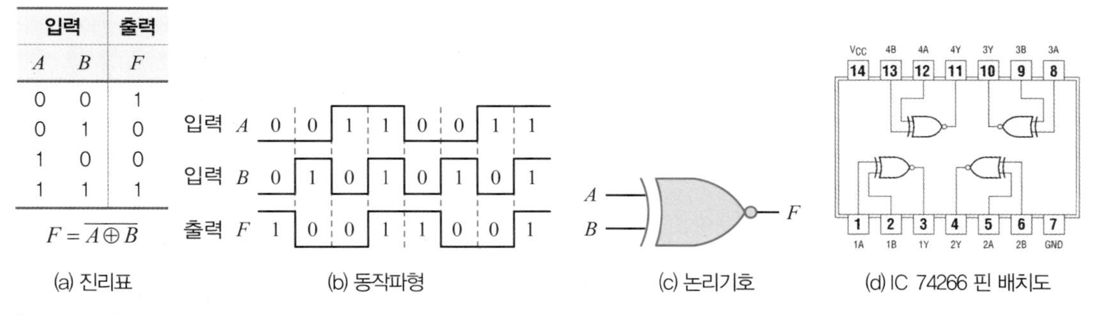

입력		출력
A	B	F
0	0	1
0	1	0
1	0	0
1	1	1

$F = \overline{A \oplus B}$

(a) 진리표 (b) 동작파형 (c) 논리기호 (d) IC 74266 핀 배치도

[그림 4-32] 2입력 XNOR 게이트의 기본 개념

XNOR 게이트의 출력에 대한 불 대수식은 다음과 같다.

$$F = \overline{A}\overline{B} + AB = A'B' + AB = \overline{A \oplus B} = A \odot B$$

XNOR 게이트의 불 대수식을 XOR, NOT 또는 AND, OR, NOT 게이트로 표현하면 [그림 4-33]과 같다.

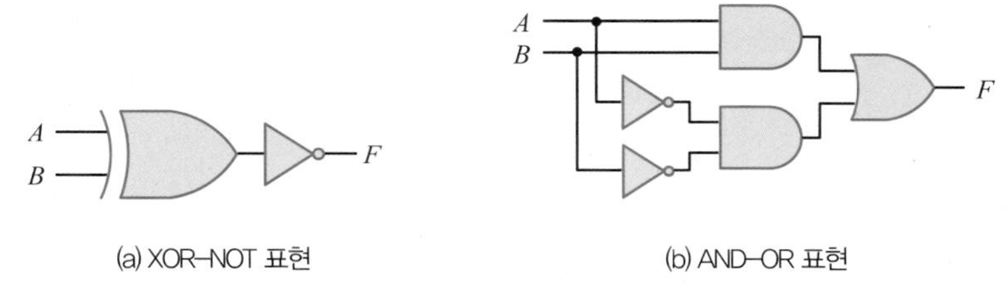

(a) XOR-NOT 표현 (b) AND-OR 표현

[그림 4-33] XNOR 게이트의 표현 방법

[그림 4-34]는 3입력 XNOR 게이트의 진리표, 동작파형, 논리기호를 보여준다.

입력			출력
A	B	C	F
0	0	0	1
0	0	1	0
0	1	0	0
0	1	1	1
1	0	0	0
1	0	1	1
1	1	0	1
1	1	1	0

$F=\overline{A \oplus B \oplus C}$

(a) 진리표

입력 A 0 0 0 0 1 1 1 1 0
입력 B 0 0 1 1 0 0 1 1 0
입력 C 0 1 0 1 0 1 0 1 0
출력 F 1 0 0 1 0 1 1 0 1

(b) 동작파형

A, B, C, F

(c) 논리기호

[그림 4-34] 3입력 XNOR 게이트의 기본 개념

예제 4-8

[그림 4-35(a)]는 2입력 XOR 게이트 2개를 사용하여 3입력 XOR 게이트를 구성한 경우인데, 이를 진리표를 이용하여 확인하여라. 또한 [그림 4-35(b)]는 2입력 XOR 게이트와 2입력 XNOR 게이트를 각각 1개씩 사용하여 3입력 XNOR 게이트를 구성한 경우이다. 이를 진리표를 이용하여 확인하여라.

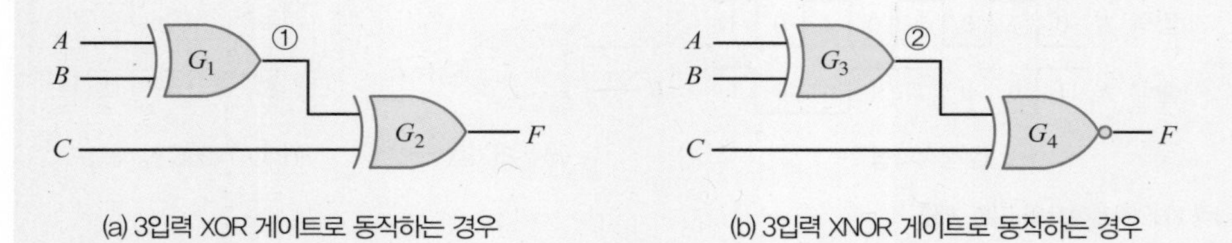

(a) 3입력 XOR 게이트로 동작하는 경우

(b) 3입력 XNOR 게이트로 동작하는 경우

[그림 4-35] 2입력 게이트를 사용하여 3입력 XOR 게이트와 XNOR 게이트를 구성하는 경우

풀이

[그림 4-35(a)]에서 입력이 A와 B인 XOR 게이트 G_1의 출력을 ①의 행에 작성한다. 다음에는 XOR 게이트 G_2의 입력인 ①과 C에 대해 출력 F를 작성하면 그 결과는 3입력 XOR 게이트로 동작함을 알 수 있다.

동일한 방법으로 2입력 AND 게이트 2개를 사용하여 3입력 AND 게이트를 구성할 수도 있다. 또한 2입력 OR 게이트 2개를 이용하여 3입력 OR 게이트를 구성할 수 있다.

[그림 4-35(b)]에서 입력이 A와 B인 XOR 게이트 G_3의 출력을 ②의 행에 작성한다. 다음에는 XNOR 게이트 G_4의 입력인 ②와 C에 대해 출력 F를 작성하면 그 결과는 3입력 XNOR 게이트로 동

작함을 알 수 있다. 2입력 게이트 2개를 사용하여 3입력 NAND 게이트를 구성하는 경우나 3입력 NOR 게이트를 구성하는 경우에도 동일한 방법을 적용하면 된다.

입력			출력	
A	*B*	*C*	①	*F*
0	0	0	0	0
0	0	1	0	1
0	1	0	1	1
0	1	1	1	0
1	0	0	1	1
1	0	1	1	0
1	1	0	0	0
1	1	1	0	1

▲ [그림 4-35(a)]의 진리표

입력			출력	
A	*B*	*C*	②	*F*
0	0	0	0	1
0	0	1	0	0
0	1	0	1	0
0	1	1	1	1
1	0	0	1	0
1	0	1	1	1
1	1	0	0	1
1	1	1	0	0

▲ [그림 4-35(b)]의 진리표

Tip

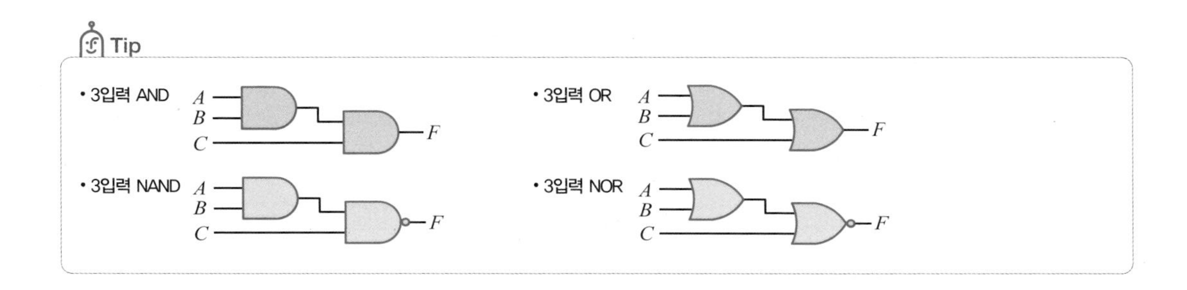

SECTION 09

게이트의 전기적 특성

이 절에서는 게이트의 전파지연시간, 전력소모, 잡음여유도, 팬-아웃을 이해한다. 또한 논리회로를 구동하기 위한 싱크전류, 소스전류, 풀-업 저항, 풀-다운 저항을 사용하는 방법을 익히고, IC 계열별 특징도 파악한다.

Keywords | 전파지연시간 | 전력소모 | 잡음여유도 | 팬-아웃 | 싱크, 소스전류 | 풀-업, 풀-다운 저항 |

컴퓨터와 디지털 전자공학의 기반이 되는 IC(integrated circuit, 집적회로)는 지난 50년간 기술적으로 다양하게 발전해왔다.

1947년 트랜지스터(transistor : transfer-resistance) 개발은 전기전자 기술에 엄청난 발전을 가져왔다. 트랜지스터의 성공과 고체물리학의 발전은 또 다른 기술인 IC의 기반이 되었다.

첫 번째 IC는 1959년에 텍사스 인스트루먼트(Texas Instruments), 페어차일드 카메라(Fairchild Camera), 인스트루먼트 컴퍼니(Instrument Company) 등에서 만들었으며, 이들 IC는 하나의 칩에 게이트를 10개 가량 집적한 SSI(small scale IC)이다. 매년 두 배 정도의 집적도 향상이 진행되어 1965년에는 게이트를 100개 가량 집적한 MSI(medium scale IC)가, 1971년에 수천 개의 게이트로 구성된 LSI(large scale IC)가 만들어졌다. 현재는 수십만 혹은 수백만 게이트로 이루어진 VLSI(very large scale IC)와 ULSI(ultra large scale IC) 시대이다.

IC는 재료에 따라 그 특성이나 기능이 정해진다. 쌍극형(bipolar)이나 전통적인 트랜지스터를 사용한 소자로는 TTL(transistor-transistor logic)과 ECL(emitter-coupled logic)이 있으며, 전계 효과 트랜지스터(FET : field effect transistors)나 단극형 트랜지스터인 PMOS(P-type metal oxide semiconductor), NMOS(N-type metal oxide semiconductor), CMOS(complementary metal oxide semiconductor)를 사용한 소자들이 있다. 이들은 특정 용도(전력소모, 온도 등의 사용환경)에 따라 그룹으로 묶는다.

TTL 계열은 NAND, ECL 계열은 NOR, CMOS는 인버터(inverter) 게이트들에 사용되며, 네 가지 특성에 따라 평가된다.

❶ **전파지연시간** : 신호가 입력되고 출력될 때까지의 시간을 말하며, 게이트의 동작속도를 나타낸다.

❷ **전력소모** : 게이트가 동작할 때 소모되는 전력량을 말한다.

❸ **잡음여유도** : 디지털 회로에서 데이터의 값에 변경을 주지 않는 범위 내에서 최대로 허용된 잡

음 마진을 나타낸다.

❹ **팬아웃** : 한 게이트의 출력으로부터 다른 여러 개의 입력으로 공급되는 전류를 말하며, 정상적인 동작으로 한 출력이 최대 몇 개의 입력으로 연결되는가를 나타낸다.

디지털 회로는 높은 전압에서 논리 1(true, on), 낮은 전압에서 논리 0(false, off)을 표시하는 정논리(positive logic)와, 그 반대로 낮은 전압에서 논리 1(true), 높은 전압에서 논리 0(false)을 표시하는 부논리(negative logic)가 있다.

전파지연시간

논리게이트는 상태가 변할 때 약간의 시간이 걸리는데 이를 **전파지연시간**(gate propagation delay time)이라고 한다. 출력이 0에서 1로 변할 때 t_{PLH}(propagation delay time from low to high)이라 하고, 출력이 1에서 0으로 변할 때 t_{PHL}(propagation delay time from high to low)이라 한다. t_{PLH}와 t_{PHL}은 입력이 50%가 될 때부터 출력이 50%가 될 때까지를 측정한다. 전파지연시간의 개념도는 [그림 4-36]과 같으며, 게이트마다 그리고 IC를 제조하는 방법에 따라 조금씩 차이가 있다.

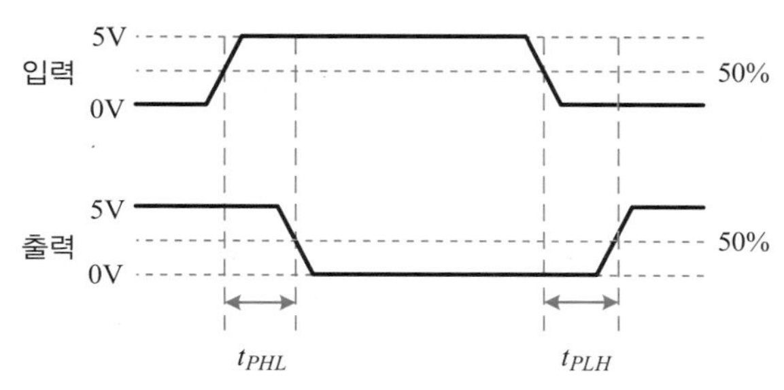

[그림 4-36] 전파지연시간

[표 4-1] 주요 디지털 IC 계열별 특성표

	t_{PLH} (max)[ns]	t_{PHL} (max)[ns]	V_{OH} (min)[V]	V_{OL} (max)[V]	V_{IH} (min)[V]	V_{IL} (max)[V]	I_{OH} (max)[mA]	I_{OL} (max)[mA]	I_{IH} (max)[μA]	I_{IL} (max)[mA]
7400	22	15	2.4	0.4	2	0.8	−0.4	16	40	−1.6
74S00	4.5	5	2.7	0.5	2	0.8	−1	20	50	−2
74LS00	15	15	2.7	0.4	2	0.8	−0.4	8	20	−0.4
74ALS00	11	8	3	0.4	2	0.8	−0.4	8	20	−0.1
74F00	5	4.3	2.5	0.5	2	0.8	−1	20	20	−0.6
74HC00	23	23	3.84	0.33	3.15	0.9	−4	4		
74AC00	8	6.5	4.4	0.1	3.15	1.35	−75	75		
74ACT00	9	7	4.4	0.1	2	0.8	−75	75		

- t_{PHL} : High에서 Low로 변할 때 전파지연시간
- t_{PLH} : Low에서 High로 변할 때 전파지연시간
- V_{OH} : 논리 레벨이 High일 때 출력전압
- V_{OL} : 논리 레벨이 Low일 때 출력전압
- V_{IH} : 논리 레벨이 High일 때 입력전압
- V_{IL} : 논리 레벨이 Low일 때 입력전압
- I_{OH}, I_{OL}, I_{IH}, I_{IL} : 위와 같을 때 전류

예제 4-9

게이트 X의 t_{PHL}은 5ns이며, t_{PLH}는 4.5ns이다. 게이트 Y의 t_{PHL}는 8ns이며, t_{PLH}는 7.5ns이다. 각 게이트의 전파지연시간을 계산하고, 어느 게이트가 더 높은 주파수에서 동작하는지 설명하여라.

풀이

게이트 X와 Y의 전파지연시간을 t_{PHL}과 t_{PLH}의 평균으로 계산하면 다음과 같다.

- 게이트 X의 전파지연시간 : (5ns + 4.5ns) / 2 = 4.75ns
- 게이트 Y의 전파지연시간 : (8ns + 7.5ns) / 2 = 7.75ns

동작 가능한 최대 주파수는 전파지연시간의 역수이므로 게이트 X가 더 높은 주파수에서 동작함을 알 수 있다.

- 게이트 X의 최대 동작 주파수 : 1 / 4.75ns = 210.53MHz
- 게이트 Y의 최대 동작 주파수 : 1 / 7.75ns = 129.03MHz

전력소모

논리장치(IC Chip)의 **전력소모**(power dissipation)는 공급전압(V_{CC})과 공급전류(I_{CC})의 곱 $P_{CC} = V_{CC} \times I_{CC}$ 로 나타낸다. 이들 공급전압과 공급전류는 각 제조사와 IC의 특성에 따라 다르며, 공급사에서 제공하는 데이터시트(datasheet)에 표시되어 있다. TTL 계열에서 양 전원은 V_{CC}(collector voltage), 음 전원(ground : GND, 접지)은 V_{EE} (emitter voltage)로 나타내며, FET(field effect transistor)를 기반으로 하는 MOS IC에서는 V_{DD}(drain voltage)와 V_{SS}(source voltage)로 나타낸다. 일반적으로 TTL IC에 공급되는 양 전원은 V_{CC}로, 음 전원은 GND(ground)로 나타낸다. 이들에 공급되는 전류를 I_{CC}라고 한다.

예제 4-10

어떤 논리게이트가 +5V DC 전압에서 동작하며 평균 4mA의 전류가 흐른다면 전력소모는 얼마인가?

풀이

$$P = 5 \times 4 \times 10^{-3}\,\text{W} = 20 \times 10^{-3}\,\text{W} = 20\text{mW}$$

잡음여유도

잡음여유도(noise margin)란 출력과 입력 사이에 존재하는 식별 전압의 차이값을 말하며, 입력신호에 어느 정도의 잡음(noise)이 있을 경우에도 신호를 식별 가능하도록 해준다. 논리회로에서 입력전압의 잡음을 견뎌낼 수 있는 회로의 능력을 **잡음 면역**(immunity)이라 하며, 잡음 면역의 정도를 **잡음여유도**라 한다.

High 레벨의 잡음여유도는 $V_{NH} = V_{OH}(\text{min}) - V_{IH}(\text{min})$ 이고, Low 레벨의 잡음여유도는 $V_{NL} = V_{IL}(\text{max}) - V_{OL}(\text{max})$ 이다. [그림 4-37], [그림 4-38]은 잡음여유도의 개념을 설명해준다.

Tip
V_{NH} : $V_{Noise\ High}$
V_{NL} : $V_{Noise\ Low}$

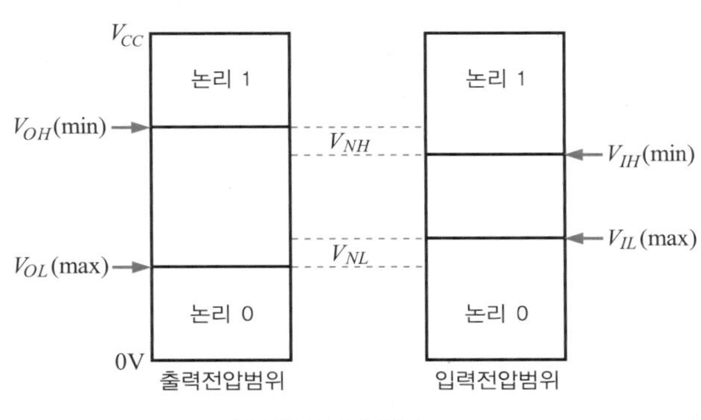

(a) 입출력 전압 범위

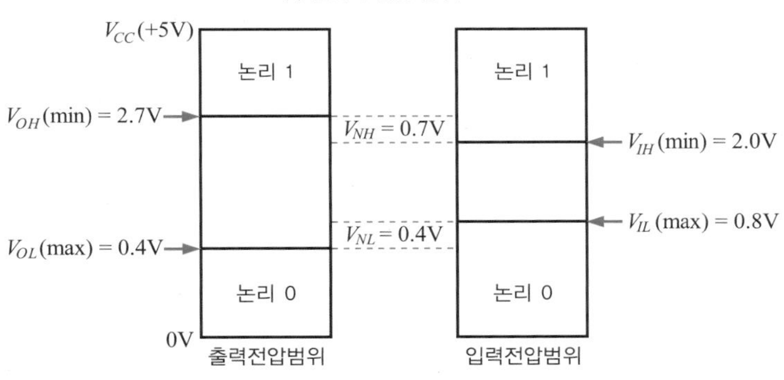

(b) LS-TTL의 입출력 레벨

[그림 4-37] 잡음여유도

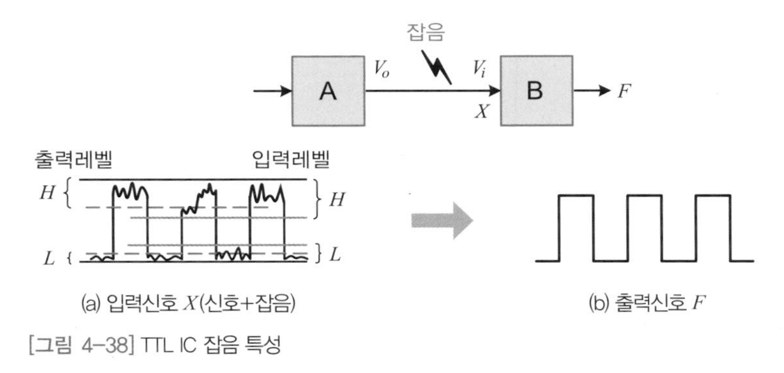

(a) 입력신호 X(신호+잡음)

(b) 출력신호 F

[그림 4-38] TTL IC 잡음 특성

예제 4-11

주어진 파라미터를 이용하여 74LS 계열 IC의 잡음여유도를 계산하여라.

[표 4-2] 74LS 계열의 파라미터

파라미터	값
V_{IH} (min)	2.0V
V_{IL} (max)	0.8V
V_{OH} (min)	2.7V
V_{OL} (max)	0.4V

풀이

- Low 레벨의 잡음여유도 : $V_{NL} = V_{IL}(\text{max}) - V_{OL}(\text{max}) = 0.8\text{V} - 0.4\text{V} = 0.4\text{V}$
- High 레벨의 잡음여유도 : $V_{NH} = V_{OH}(\text{min}) - V_{IH}(\text{mim}) = 2.7\text{V} - 2.0\text{V} = 0.7\text{V}$

예제 4-12

[표 4-3]에는 3가지 종류의 게이트에 대한 전압 파라미터가 표시되어 있다. 잡음이 많은 산업 환경에서 사용할 수 있는 최선의 게이트를 선택하여라.

[표 4-3] 3가지 종류의 게이트에 대한 전압 파라미터

게이트 종류	V_{OH}(min)	V_{OL}(max)	V_{IH}(min)	V_{IL}(max)
게이트 A	2.4V	0.4V	2.0V	0.8V
게이트 B	3.5V	0.2V	2.5V	0.6V
게이트 C	4.2V	0.2V	3.2V	0.8V

풀이

게이트 A	• Low 레벨의 잡음여유도 : $V_{NL} = V_{IL}(\text{max}) - V_{OL}(\text{max}) = 0.8\text{V} - 0.4\text{V} = 0.4\text{V}$ • High 레벨의 잡음여유도 : $V_{NH} = V_{OH}(\text{min}) - V_{IH}(\text{mim}) = 2.4\text{V} - 2.0\text{V} = 0.4\text{V}$
게이트 B	• Low 레벨의 잡음여유도 : $V_{NL} = V_{IL}(\text{max}) - V_{OL}(\text{max}) = 0.6\text{V} - 0.2\text{V} = 0.4\text{V}$ • High 레벨의 잡음여유도 : $V_{NH} = V_{OH}(\text{min}) - V_{IH}(\text{mim}) = 3.5\text{V} - 2.5\text{V} = 1.0\text{V}$
게이트 C	• Low 레벨의 잡음여유도 : $V_{NL} = V_{IL}(\text{max}) - V_{OL}(\text{max}) = 0.8\text{V} - 0.2\text{V} = 0.6\text{V}$ • High 레벨의 잡음여유도 : $V_{NH} = V_{OH}(\text{min}) - V_{IH}(\text{mim}) = 4.2\text{V} - 3.2\text{V} = 1.0\text{V}$

게이트 C가 Low 레벨에서 잡음여유도가 크고, 또한 High 레벨에서도 잡음여유도가 가장 크므로 잡음이 많은 산업 현장에서는 게이트 C가 가장 적합하다.

팬-인과 팬-아웃

팬-인(fan-in)은 한 개의 게이트 입력에 접속할 수 있는 최대 입력단의 수를 말한다. TTL NAND 게이트의 경우에는 입력 개수가 2, 3, 4, 8개인 것들이 있으며, 더 많은 입력을 원할 경우에는 게이트를 여러 개 사용한다.

팬-아웃(fan-out)은 정상적인 동작에 영향을 주지 않고, 한 게이트에서 다른 게이트로의 입력으로 연결할 수 있는 최대 출력단의 수를 말한다. 예를 들어, LS-TTL 게이트를 접속할 경우 팬-아웃 수는 다음과 같이 계산할 수 있다.

- High 레벨인 경우 : $I_{OH}(\max) / I_{IH}(\max) = 0.4\text{mA} / 0.02\text{mA} = 20$개
- Low 레벨인 경우 : $I_{OL}(\max) / I_{IL}(\max) = 8\text{mA} / 0.4\text{mA} = 20$개

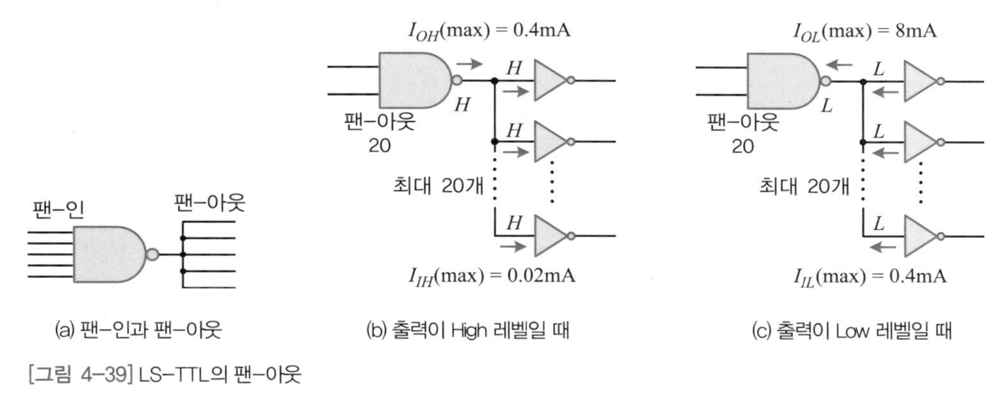

[그림 4-39] LS-TTL의 팬-아웃

예제 4-13

[표 4-1]을 참조하여 74F00의 팬-아웃을 계산하여라.

풀이

- High 레벨인 경우 : $\dfrac{I_{OH}(\max)}{I_{IH}(\max)} = \dfrac{1\text{mA}}{20\mu\text{A}} = \dfrac{1\text{mA}}{0.02\text{mA}} = 50$개
- Low 레벨인 경우 : $\dfrac{I_{OL}(\max)}{I_{IL}(\max)} = \dfrac{20\text{mA}}{0.6\text{mA}} = 33$개

High 레벨인 경우 50개이고, Low 레벨인 경우 33개이다. 팬-아웃은 최악의 경우를 고려하여 33개이다.

싱크전류와 소스전류

칩에는 보통 **싱크전류**(sink current) 또는 **소스전류**(source current)라는 출력이 있으며, 칩 출력에서의 전류방향을 나타낸다.

칩이 싱크전류를 포함하면 출력 쪽으로 전류가 흘러 들어간다는 뜻이다. 칩의 출력과 +전원 사이에 소자를 연결하여 칩의 출력이 Low(0V)일 때 동작한다. 칩이 소스전류를 포함하면 출력에서 바깥으로 전류가 흐른다는 뜻이다. 칩의 출력과 0V 사이에 소자를 연결하여 출력이 High($+V_{CC}$)일 때 동작한다.

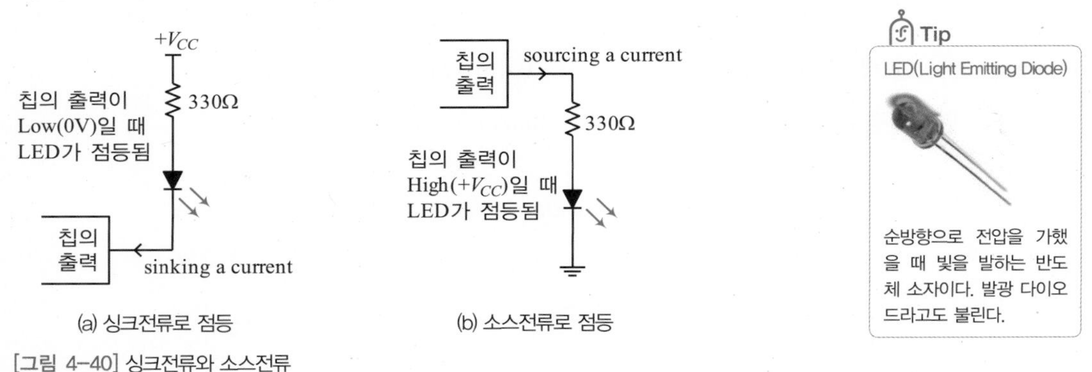

[그림 4-40] 싱크전류와 소스전류

일반적으로 이 두 가지 방법을 모두 사용할 수 있다. 단, 74계열 TTL의 경우, 대부분의 칩에서 싱크전류는 16mA까지 사용할 수 있고, 소스전류는 0.25mA 이하로 사용할 수 있다. LED를 점등하기 위해서는 2V(red, green, yellow) ~ 4V(blue, white)의 전압과 20mA 정도의 전류가 필요하므로 74계열에서 LED를 점등하기 위해서는 싱크전류를 이용한다. 높은 팬-아웃 IC를 LSI 출력에 접속하기 위해서는 74LS06, 74LS07과 같은 버퍼(buffer)를 사용한다. 이들은 게이트의 외부에서 공급되는 싱크전류를 40mA까지 허용하며, 0.25mA의 소스전류를 공급한다.

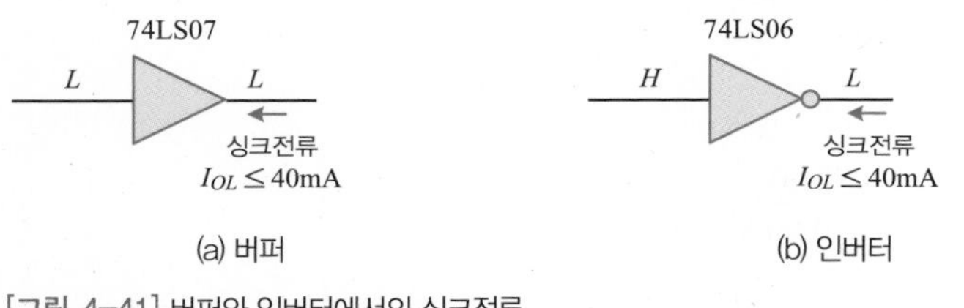

[그림 4-41] 버퍼와 인버터에서의 싱크전류

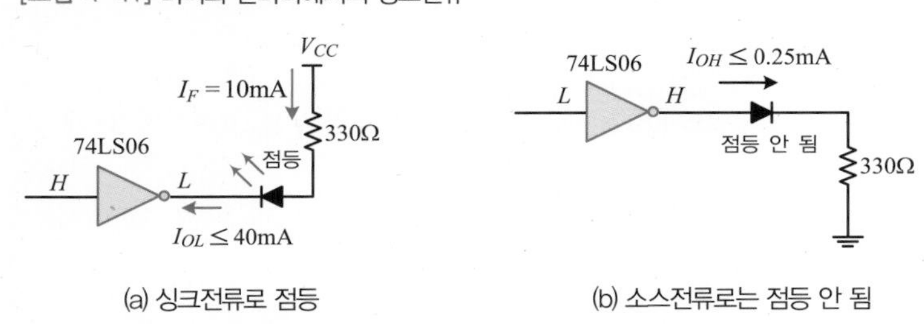

[그림 4-42] TTL IC에서 싱크전류 및 소스전류 사용

풀-업 저항과 풀-다운 저항

풀-업(pull-up) **저항**과 **풀-다운**(pull-down) **저항**은 여러 가지 입력으로부터 안전하게 동작할 수 있도록 해준다. 풀-업 저항은 전원 쪽으로 연결할 때 사용하고, 풀-다운 저항은 접지 쪽으로 연결할 때 사용한다.

[그림 4-43(a)]의 경우 스위치가 연결되어 있으면 NOT 게이트에 0이 정상적으로 입력되지만, 스위치가 떨어져 있을 경우에는 게이트의 입력이 연결되지 못해 높은 저항(high-impedance)이 걸림으로써 실제로 전원과 연결이 끊어진다(floating). 스위치가 끊어지거나 연결되지 않은 상태가 되면 대부분의 게이트에서는 입력이 High(논리 1) 상태가 된다. 이는 바람직하지 않은 상태이며, 전자적인 잡음 때문에 입력이 Low(논리 0)가 될 수 있다. 따라서 정상적인 동작이 이루어지지 않을 가능성이 크며, 회로 전체가 불안정한 상태가 된다.

연결되지 못하는 현상(floating)을 방지하기 위해 [그림 4-43(b)]와 같이 게이트의 입력을 전원(V_{CC})에 직접 연결할 수 있다. 이때 스위치가 끊어지면 게이트가 on 상태가 된다. 그러나 스위치가 on 상태가 되면 전원과 접지가 직접 연결되어 쇼트(short)되며, 과전류가 흘러 전선이 탈 수도 있다. 이는 매우 바람직하지 않은 방법이다.

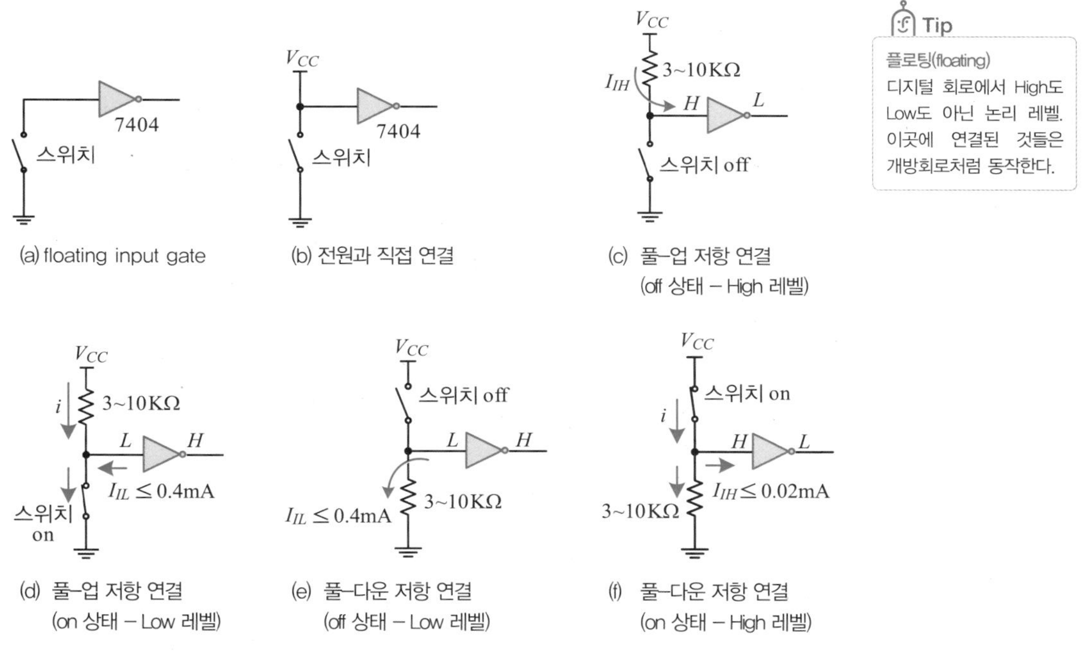

(a) floating input gate

(b) 전원과 직접 연결

(c) 풀-업 저항 연결 (off 상태 – High 레벨)

(d) 풀-업 저항 연결 (on 상태 – Low 레벨)

(e) 풀-다운 저항 연결 (off 상태 – Low 레벨)

(f) 풀-다운 저항 연결 (on 상태 – High 레벨)

[그림 4-43] 풀-업 저항과 풀-다운 저항

Tip

플로팅(floating)
디지털 회로에서 High도 Low도 아닌 논리 레벨. 이곳에 연결된 것들은 개방회로처럼 동작한다.

이런 문제를 해결하기 위해 사용하는 방법이 풀-업 저항과 풀-다운 저항이다. 풀-업 저항과 풀-다운 저항은 회로가 정확하게 동작하도록 해주는 동시에 회로를 보호하는 역할을 한다. 풀-업 저항과 풀-다운 저항으로는 3~10KΩ을 사용한다.

IC 계열별 특징

디지털 IC는 **TTL**(transistor-transistor logic)과 **CMOS**(complementary metal oxide semiconductor)가 있다. TTL은 BJT(bipolar junction transistor)와 diode(schottky diode)로 구성된 논리회로이고, CMOS는 NMOS와 PMOS FET로 구성된 논리회로이다. CMOS는 TTL보다 소비전력이 적고 사용전압의 범위가 넓다는 장점이 있으나, TTL보다 속도가 떨어진다는 단점이 있다. 그러나 최근에는 고속의 CMOS IC가 개발되어 TTL과 비슷한 보급 성향을 보이고 있다. TTL 중에서는 74계열 외에 군용과 같이 열악한 환경에서도 동작할 수 있게 개발된 54계열이 있다. 74계열은 작동 온도 범위가 0~70℃ 정도인 반면에 54계열은 −55~125℃에서도 동작할 수 있다.

TTL, CMOS에는 각각 여러 가지 종류가 있다. TTL은 LS(low power-schottky)와 F(fast) 타입을 사용하고, CMOS는 4000B 계열과 HC(high speed CMOS) 타입을 주로 사용한다. 실제로 이들 이외의 제품은 시중에서 구하기 힘들다. [표 4-4]에는 TTL과 CMOS의 대표적인 전기적 특성과 장단점을 요약하여 정리하였다.

[표 4-4] TTL과 CMOS 특성 비교

구분	TTL	CMOS
전원전압	4.75~5.25V	일반형 : 3 ~ 8V, 고속형 : 2 ~ 6V
논리 레벨 전압(Low)	0~0.8V	0~1/3V_{DD}*
논리 레벨 전압(High)	2.4~5.0V	2/3 ~ V_{DD}*
팬-아웃	10개	50개
소비전력	10mW	10μW
최대 동작주파수	LS형 : 45MHz, ALS형 : 100MHz	일반형 : 2MHz, 고속형 : 45MHz
형태	74LSxx, 74ALSxx, 74Fxx, 74ASxx	40xxx, 14xxx, 74HCxxx
잡음 여유도	2.4V	3V
장단점	• 전달 지연시간이 짧다. • 소비전력이 크다. • 잡음 여유도가 작다. • 온도에 따라 threshold 전압이 크게 변한다.	• 소비전력이 작다. • 낮은 전압에서 동작한다. • 잡음 여유도가 크다. • 구조가 간단하여 집적화가 쉽다. • 전원 전압 범위가 넓다. • 정전 파괴가 쉽다.

* V_{DD}는 CMOS에 인가된 전압

CHAPTER 04 연습문제

주관식 문제(기본~응용회로 대비용)

1 다음 3입력 AND 게이트의 파형이 입력될 때 출력파형을 구하여라.

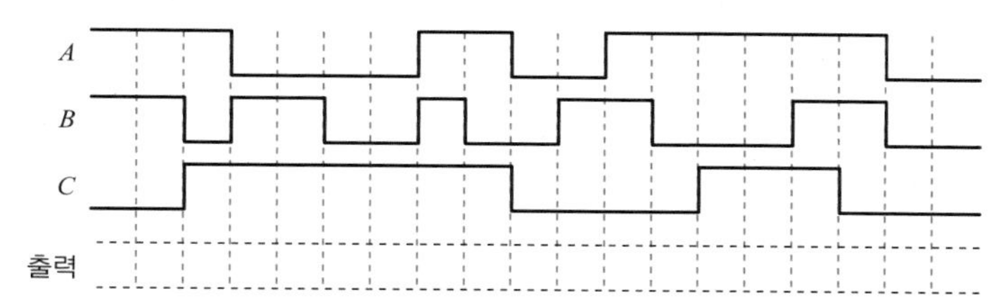

2 다음 수신장치(receiving device)에서 2, 3, 6, 7의 펄스를 얻기 위해 인에이블 신호(enable signal)에 가해지는 파형을 그려보아라.

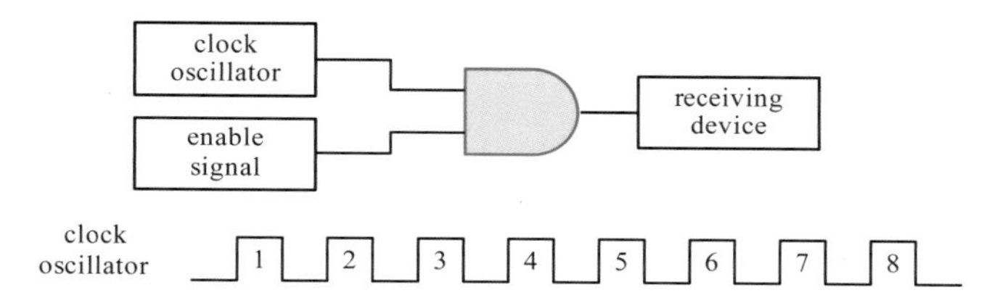

3 운전자가 승차 상태에서 안전벨트를 매지 않고 시동을 걸면 경고등(W)이 켜지는 논리회로를 설계하여라. 운전자(D)가 승차하면 High, 하차하면 Low라고 하자. 안전벨트(S)를 매면 High, 그렇지 않으면 Low라고 하자. 또한 시동(I)을 걸면 High, 그렇지 않으면 Low라고 하자.

4 자동차 도난경보기는 보통 문이 닫혀 있을 때 4개의 각 문에 Low 스위치가 연결되어 있다. 만약 어떤 문이라도 열리게 되면 도난 경보가 울린다. 경보는 active-high 출력을 필요로 한다. 이 논리를 제공하기 위해서는 어떤 형태의 게이트가 필요한지 설명하여라.

5 5입력 OR 게이트에서 High를 출력하는 입력 조합은 몇 가지인가?

6 다음 논리회로의 입력에 파형이 인가될 때 출력파형을 구하여라.

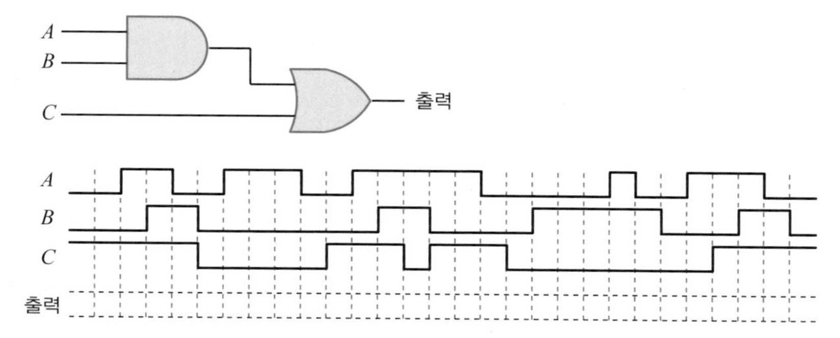

7 OR 게이트인지 AND 게이트인지 모르는 2입력 게이트를 가지고 있다고 가정하자. 게이트의 입력에 어떤 신호의 조합을 인가해보면 게이트의 유형을 알 수 있겠는가?

8 그림에 2입력 AND 게이트와 2입력 OR 게이트의 입력파형 A와 출력파형 F를 나타냈다. 입력단자 B에 어떤 파형이 인가되어야 하는지 각각 그려보아라.

①

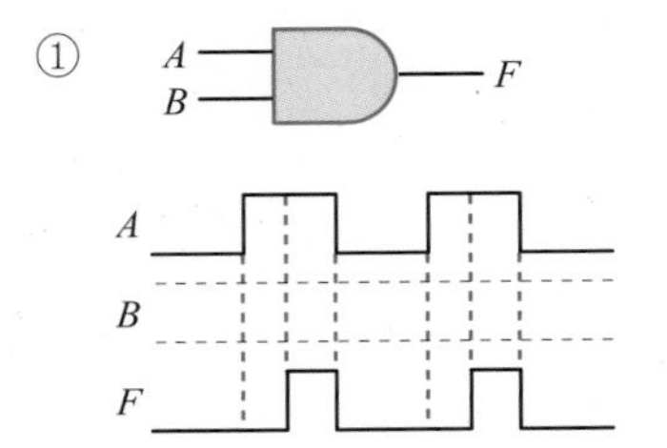

②

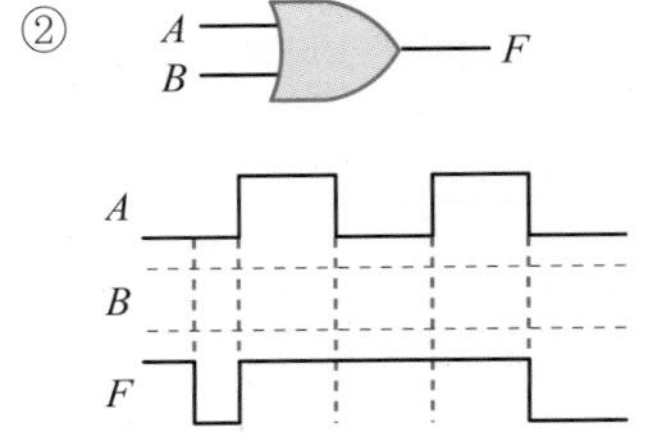

9 제조공정에 필요한 액체 화학물을 두 개의 탱크에 저장하는 공장이 있다. 각 탱크에는 저장된 화학물이 25% 이하임을 검출할 수 있는 센서가 부착되어 있다. 이 센서의 출력은 저장된 화학물이 25% 이상이면 High, 25% 이하이면 Low가 된다. 두 탱크 모두 25% 이상 채워졌을 때, 표시판의 녹색 LED가 on되어야 한다. 이 논리를 제공하기 위해서는 어떤 형태의 게이트가 필요한지 설명하여라. 단, LED는 [그림 4-40(a)]와 같이 싱크전류로 구동됨을 가정한다.

10 4입력 NAND 게이트 하나를 포함하고 있는 회로를 고장 진단하던 중 NAND 게이트의 출력이 항상 High인 것을 발견하였다고 가정하자. 어떤 문제가 발생할 수 있는지 설명하여라.

11 다음 3입력 NOR 게이트의 입력파형을 보고 출력파형을 구하여라.

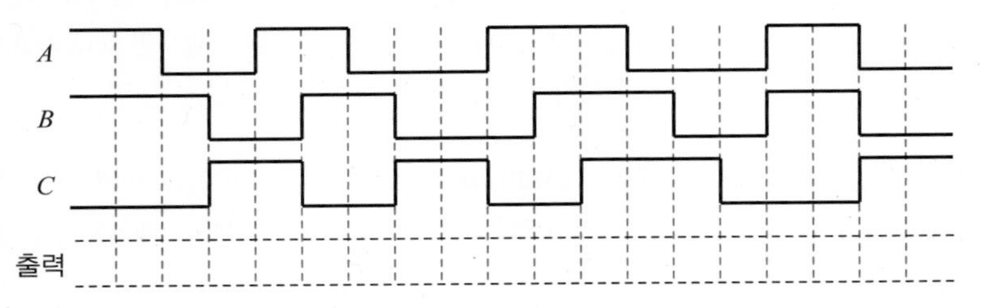

12 다음 각 물음에 대한 답을 2가지씩 제시하여라.

① 3입력 AND 게이트를 사용하여 2입력 AND 게이트 기능을 갖도록 구현하여라.
② 3입력 OR 게이트를 사용하여 2입력 OR 게이트 기능을 갖도록 구현하여라.
③ 3입력 NAND 게이트를 사용하여 2입력 NAND 게이트 기능을 갖도록 구현하여라.
④ 3입력 NOR 게이트를 사용하여 2입력 NOR 게이트 기능을 갖도록 구현하여라.

13 항공기에는 3개의 착륙기어가 있으며, 각각의 기어에는 센서가 부착되어 있다. 착륙기어가 펴졌을 때 센서출력은 Low이고, 그렇지 않으면 High라고 가정한다. 항공기가 착륙 전에 기어를 내리는 스위치를 동작시켰을 때, 3개의 기어가 모두 제대로 펴지면 녹색 LED가 on되어야 한다. 이 논리를 제공하기 위해서는 어떤 형태의 게이트가 필요한지 설명하여라. 단, LED는 [그림 4-40(b)]와 같이 소스전류로 구동됨을 가정한다.

14 이륙 후에 3개의 착륙기어가 모두 접히지 않았을 경우를 식별하기 위해서는 어떤 형태의 게이트가 필요한지 설명하여라. LED는 게이트 출력이 Low일 때 on된다고 가정한다. 단, LED는 [그림 4-40(a)]와 같이 싱크전류로 구동됨을 가정한다.

15 다음 3입력 XOR 게이트의 입력파형을 보고 출력파형을 구하여라.

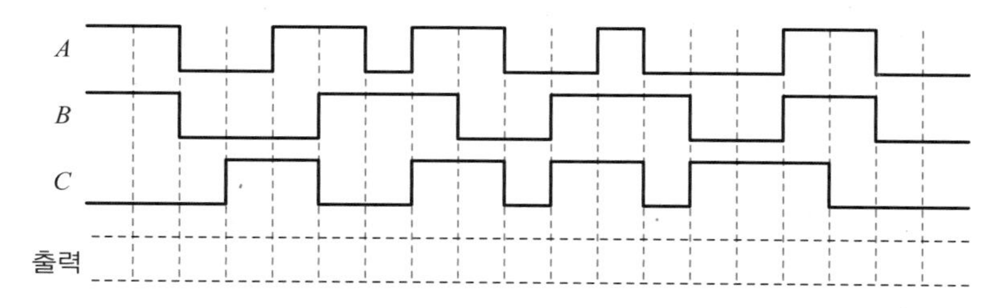

16 2입력 XOR 게이트 2개를 사용하여 2입력 XNOR 게이트를 기능을 수행하는 회로를 구현하여라.

17 다음 회로에서 입력 A에 구형파를 인가했을 경우 개략적인 출력파형을 그려보아라. 단, NOT 게이트에서의 전파지연은 펄스 폭에 비해 매우 작다고 가정한다.

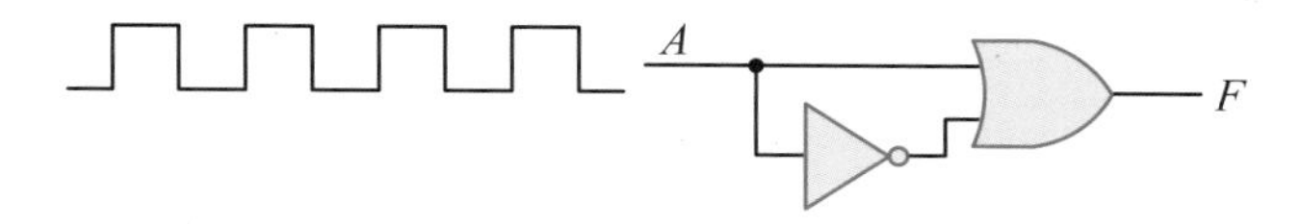

① NOT 게이트에서의 전파지연을 무시한 경우

② NOT 게이트에서의 전파지연을 고려한 경우

18 다음 회로에 대해 [연습문제 17]을 반복하여라.

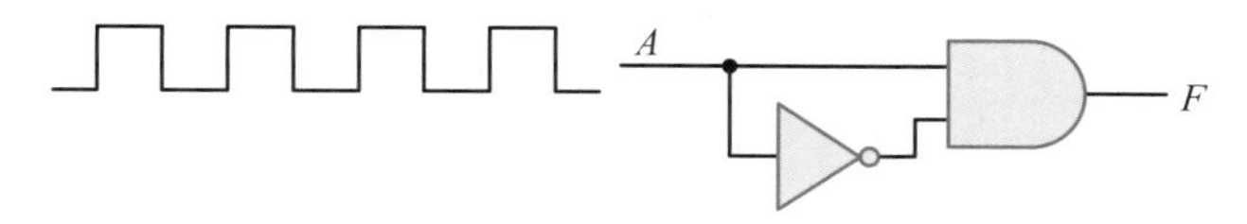

19 어떤 논리게이트가 +5V의 DC 전원에서 동작하고, 논리 1에서 전류는 1.5mA, 논리 0에서는 12.5mA의 전류가 흐른다면 이 게이트의 평균 전력소모는 얼마인가?

20 다음 표를 보고 계열별 잡음여유도를 계산한 후, 게이트를 ① 동작 속도가 빠른 순서대로, ② 잡음여유도가 높은 순서대로 나열하여라.

	t_{PHL} (max) [ns]	t_{PLH} (max) [ns]	V_{OH} (min) [V]	V_{OL} (max) [V]	V_{IH} (min) [V]	V_{IL} (max) [V]	I_{OH} (max) [mA]	I_{OL} (max) [mA]	I_{IH} (max) [μA]	I_{IL} (max) [mA]
7400	22	15	2.4	0.4	2	0.8	−0.4	16	40	−1.6
74S00	4.5	5	2.7	0.5	2	0.8	−1	20	50	−2
74LS00	15	15	2.7	0.4	2	0.8	−0.4	8	20	−0.4
74ALS00	11	8	3	0.4	2	0.8	−0.4	8	20	−0.1
74F00	5	4.3	2.5	0.5	2	0.8	−1	20	20	−0.6
74HC00	23	23	3.84	0.33	3.15	0.9	−4	4		
74AC00	8	6.5	4.4	0.1	3.15	1.35	−75	75		
74ACT00	9	7	4.4	0.1	2	0.8	−75	75		

CHAPTER

04 기출문제

객관식 문제(산업기사 대비용)

01 TTL IC에서 논리 0과 논리 1의 전압범위로 가장 옳은 것은?

㉮ 논리 0 = 0~1.5V, 논리 1 = 3.5~7V
㉯ 논리 0 = 0~1.0V, 논리 1 = 5~10V
㉰ 논리 0 = 0~0.8V, 논리 1 = 2~5V
㉱ 논리 0 = 5~10V, 논리 1 = 0~5V

02 논리적 연산에 사용되는 연산자가 아닌 것은?

㉮ AND　　㉯ shift
㉰ NOT　　㉱ OR

03 NOT 게이트에 대한 설명으로 옳은 것은?

㉮ 입력이 1일 때 출력이 0이다.
㉯ 두 입력이 모두 1일 때 출력이 1이다.
㉰ 두 개의 입력이 서로 같지 않을 때만 출력이 1이다.
㉱ 두 입력 중 어느 하나의 입력이 1일 때 출력이 0이다.

04 그림과 같이 2개의 인버터를 연결했을 때의 출력은?

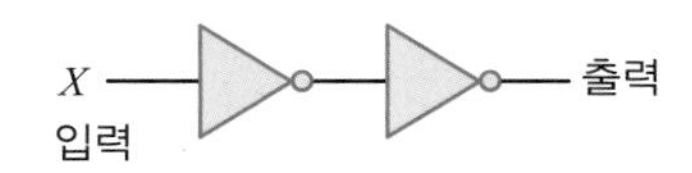

㉮ X　　㉯ $\overline{X}$　　㉰ 0　　㉱ 1

05 다음과 같은 3상태 버퍼(tri-state buffer)회로에서 입력 X가 Low 상태이고, 제어선 C가 Low 상태일 때 출력 Y는 어떤 상태인가?

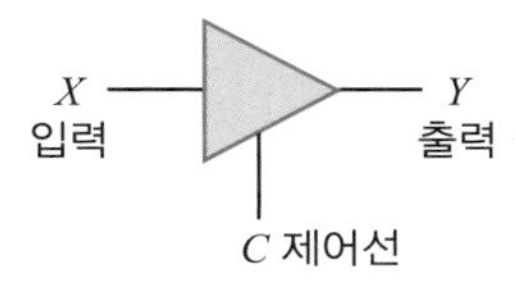

㉮ Low 상태
㉯ High impedance 상태
㉰ High 상태
㉱ Low impedance 상태

06 tri-state buffer의 기능을 올바르게 설명한 것은?

㉮ 여러 개의 어드레스 선을 입력으로 받아 하나의 출력만 동작시킨다.
㉯ enable될 경우 논리적 기능을 갖추며, disable되면 고임피던스 상태가 되어 회로가 끊어진 상태가 된다.
㉰ CPU의 내부 구성요소로서 데이터 저장기능을 수행한다.
㉱ 레지스터 값의 일시적인 대피 및 복구기능을 갖고 있다.

07 그림의 파형 A, B가 AND 게이트를 통과했을 때의 출력파형은?

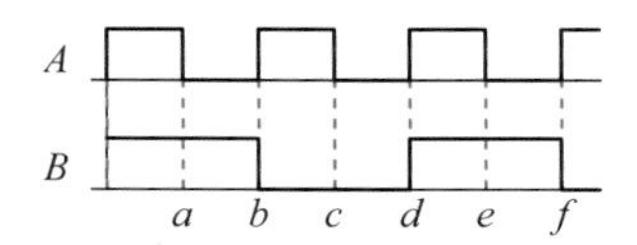

㉮
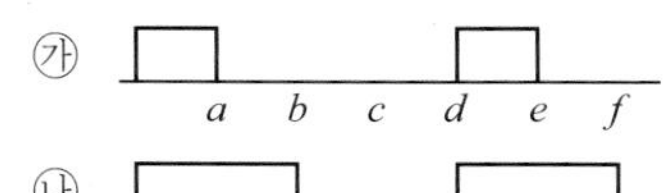

㉯ ㉰
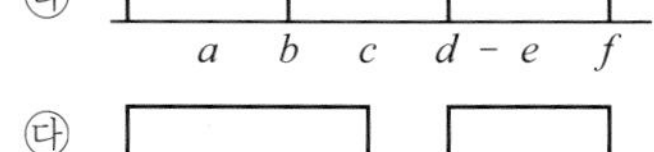

㉱
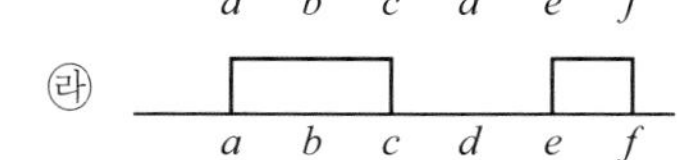

08 A 레지스터 내용이 11010100이고, B 레지스터 내용이 10101100일 때 A와 B의 AND 연산 결과는?

㉮ 11010100　　㉯ 10101100
㉰ 10000100　　㉱ 11111100

09 2의 보수를 사용하는 컴퓨터에서 10진수 5와 11을 AND 연산하고 complement하였다면 결과는? (단, 연산 시 4비트를 사용한다.)

㉮ $1_{(10)}$　　㉯ $2_{(10)}$
㉰ $-1_{(10)}$　　㉱ $-2_{(10)}$

10 특정 비트 또는 특정 문자를 삭제하기 위해 필요한 연산은?

㉮ OR 연산
㉯ MOVE 연산
㉰ complement 연산
㉱ AND 연산

11 출력에 High를 얻음으로써 10진수 x를 디코딩할 수 있는 논리회로이다. 이때 입력 $ABCD$는?

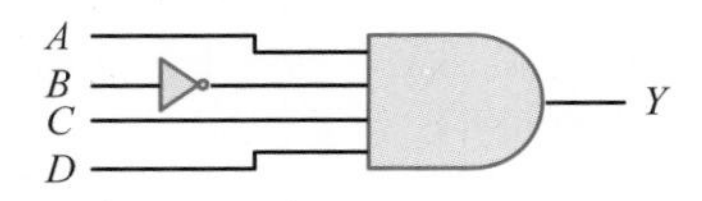

㉮ 0011
㉯ 0100
㉰ 1011
㉱ 1101

12 그림의 게이트(gate)는? (단, 정논리인 경우이다.)

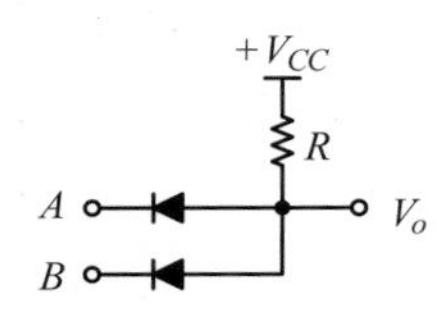

㉮ AND
㉯ NAND
㉰ OR
㉱ NOR

13 그림의 회로는 어떤 논리 동작을 하는가?

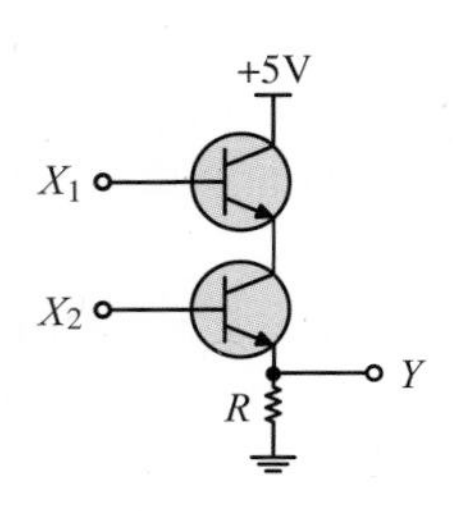

㉮ AND
㉯ OR
㉰ NOR
㉱ NAND

14 그림과 같이 A, B 2개의 레지스터에 있는 자료에 대해 ALU가 OR 연산을 행하면 그 결과의 출력 레지스터 C의 내용은?

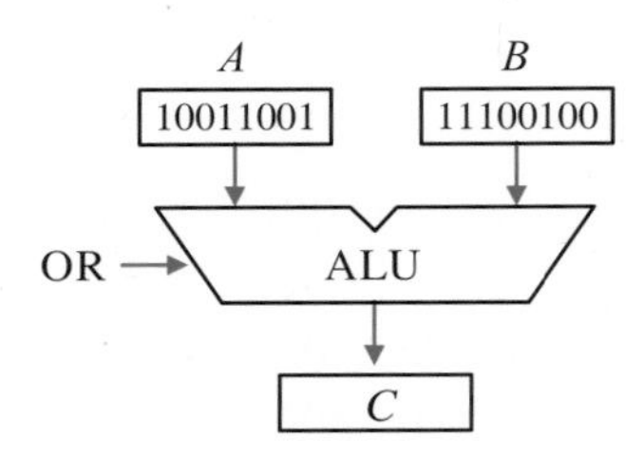

㉮ 11111100 ㉯ 11101101
㉰ 11111101 ㉱ 01100111

15 2개 이상의 자료를 섞을 때(문자 삽입 등)의 사용에 편리한 연산자는?

㉮ MOVE 연산 ㉯ 보수 연산
㉰ AND 연산 ㉱ OR 연산

16 레지스터에 저장되어 있는 몇 개의 비트를 1로 하기 위해서는 그 장소에 x를 가진 데이터를 y 연산을 하면 된다. 이때 x와 y는?

㉮ $x=0$, y → AND
㉯ $x=1$, y → AND
㉰ $x=1$, y → OR
㉱ $x=0$, y → OR

17 8비트 레지스터에 저장되어 있는 비트들을 모두 1로 만들기 위해 해당 레지스터에 데이터 A를 연산 B로 계산할 때 옳은 것은?

㉮ A: FF, B: OR
㉯ A: 00, B: AND
㉰ A: 00, B: OR
㉱ A: FF, B: AND

18 그림의 스위칭 회로와 같은 동작을 하는 논리회로는?

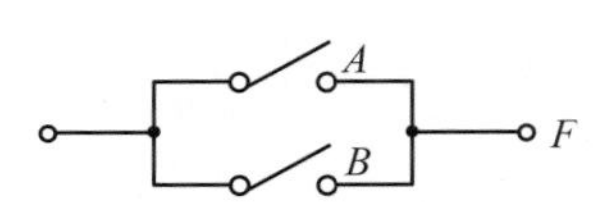

㉮ NOR 논리회로 ㉯ AND 논리회로
㉰ NOT 논리회로 ㉱ OR 논리회로

19 다음 회로의 논리식은?

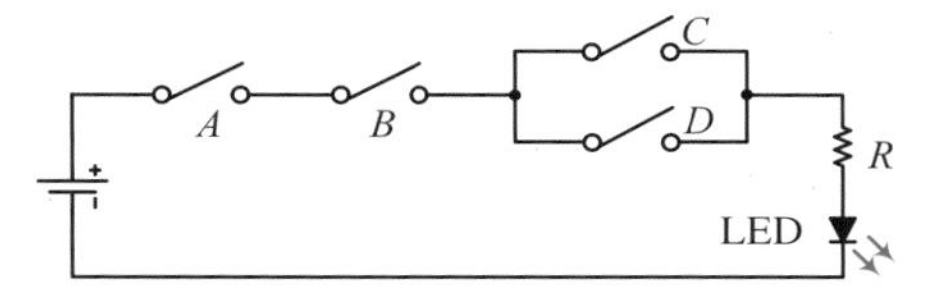

㉮ $AB(C+D)$ ㉯ $(A+B)CD$
㉰ $(A+B)(C+D)$ ㉱ $ABCD$

20 정논리(positive logic)에서 그림과 같은 회로의 출력을 나타내는 논리식은?

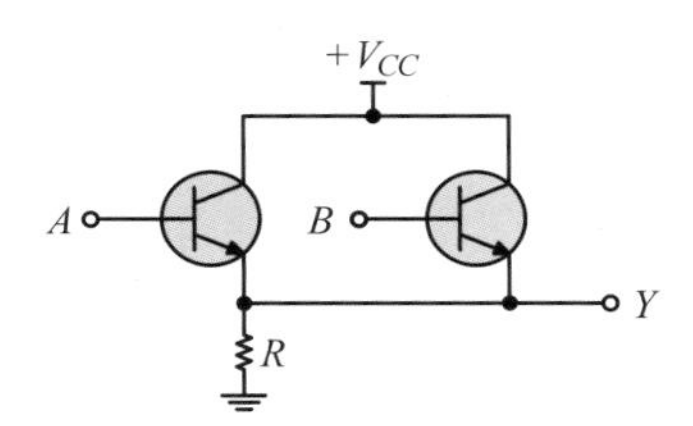

㉮ AB ㉯ $A+B$ ㉰ $\overline{AB}$ ㉱ $\overline{A+B}$

21 그림과 같은 정논리(positive logic) 회로에서 A, B, C를 입력, Y를 출력이라고 하면 이는 어떤 논리게이트인가?

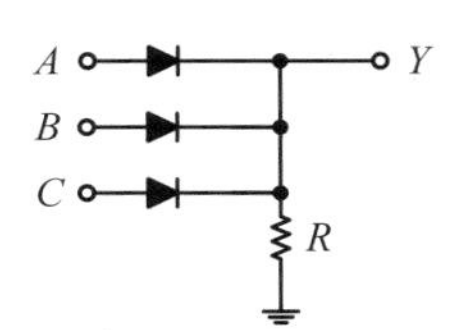

㉮ AND 게이트 ㉯ OR 게이트
㉰ XOR 게이트 ㉱ NAND 게이트

22 6개의 입력을 가지는 OR 게이트에서 입력 조합 중 몇 개가 High 출력을 만드는가?

㉮ 31개 ㉯ 32개 ㉰ 63개 ㉱ 64개

23 다음 그림의 X, Y 입력에 대한 동작파형의 논리 게이트는 무엇인가?

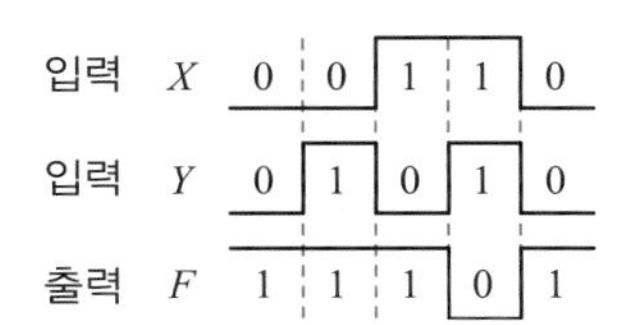

㉮ NAND 게이트 ㉯ AND 게이트
㉰ OR 게이트 ㉱ NOT 게이트

24 다음 진리표(truth table)는 무슨 게이트인가?

A	B	$C(A, B)$
1	1	0
1	0	1
0	1	1
0	0	1

㉮ NOR ㉯ AND
㉰ OR ㉱ NAND

25 다음은 2개 입력 A, B를 가지는 NAND 게이트의 진리표이다. z_0, z_1, z_2, z_3에 알맞은 2진값은?

A	B	출력
0	0	z_0
0	1	z_1
1	0	z_2
1	1	z_3

㉮ 0001 ㉯ 0111
㉰ 1110 ㉱ 0110

26 다음의 진리표에 대한 논리기호로 옳은 것은?

X	Y	Z	출력
0	0	0	1
0	0	1	1
0	1	0	1
0	1	1	1
1	0	0	1
1	0	1	1
1	1	0	1
1	1	1	0

㉮ X Y Z ㉯ X Y Z
㉰ X Y Z ㉱ X Y Z

27 입력이 모두 1일 때만 출력이 0이고, 그 외에는 1인 게이트는? (단, 정논리인 경우임)

㉮ AND ㉯ NAND
㉰ OR ㉱ NOR

28 진리표가 다음과 같을 때 해당되는 게이트는?

A	B	X
0	0	1
0	1	0
1	0	0
1	1	0

㉮ AND　㉯ OR　㉰ NAND　㉱ NOR

29 입력이 모두 0(Low)일 때만 출력이 1(High)로 나오는 게이트는?

㉮ AND　㉯ NAND　㉰ OR　㉱ NOR

30 다음 게이트(gate) 중 두 입력이 0과 1일 때 1의 출력이 나오지 않는 것은?

㉮ OR　㉯ XOR　㉰ NAND　㉱ NOR

31 다음 보기 중 NOR 게이트를 나타내는 논리식은?

㉮ $f(x, y) = x + y$　㉯ $f(x, y) = \overline{x + y}$

㉰ $f(x, y) = xy$　㉱ $f(x, y) = \bar{x}y$

32 다음 회로가 수행할 수 있는 논리 기능은?

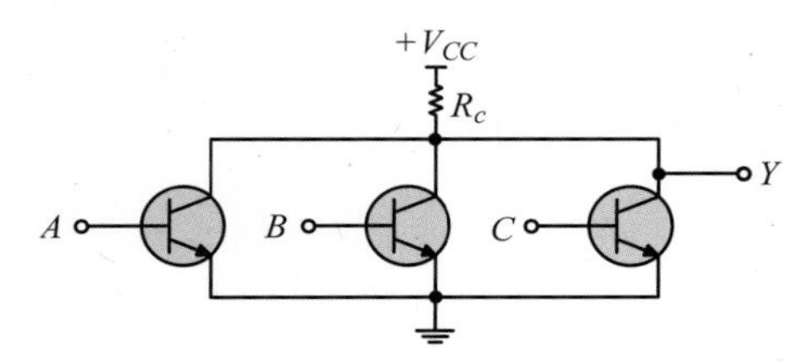

㉮ NOT　㉯ NOR　㉰ AND　㉱ OR

33 NOR 게이트인 다음 그림의 논리회로 기호와 동일한 것은?

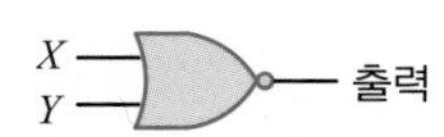

㉮ 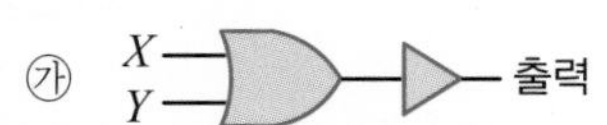

㉯ 

㉰ 

㉱ X, Y — 출력

34 다음 진리표와 같은 연산을 하는 게이트는?

입력		출력
A	B	X
0	0	0
0	1	1
1	0	1
1	1	0

㉮ OR 게이트　㉯ AND 게이트

㉰ XOR 게이트　㉱ NAND 게이트

35 두 개의 입력파형 A, B에 대해 출력파형 Y가 그림과 같을 때 어떤 게이트를 통과한 것인가?

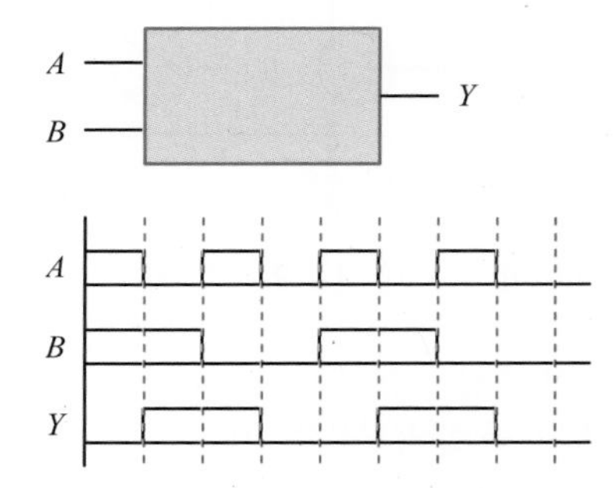

㉮ OR　㉯ NOR

㉰ NAND　㉱ XOR

36 다음과 같은 게이트의 출력을 나타낸 것은?

A, B → X

㉮ $A + B$　㉯ $A\bar{B} + \bar{A}B$

㉰ $\overline{AB}$　㉱ AB

37 다음 진리표에 해당하는 논리식(F)으로 맞은 것은?

입력		출력
A	B	F
0	0	0
0	1	1
1	0	1
1	1	0

㉮ $F = A + B$　㉯ $F = \bar{A}B + AB$

㉰ $F = \bar{A}B + A\bar{B}$　㉱ $F = AB + \overline{AB}$

38 다음 그림의 출력 Y는 어떤 회로와 같은가?

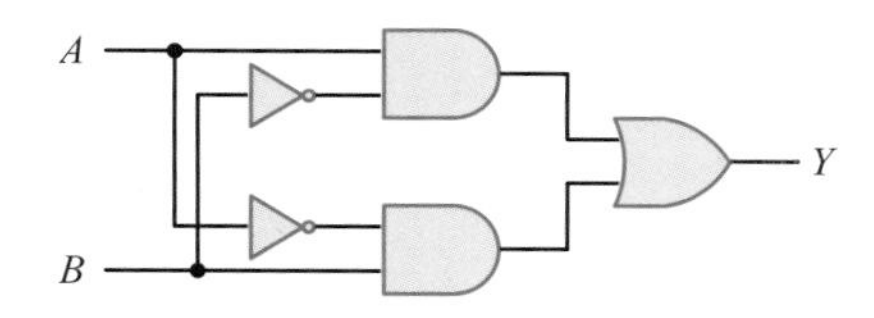

㉮ NAND 회로　　㉯ AND-OR 회로
㉰ NOR 회로　　㉱ XOR 회로

39 컴퓨터의 연산장치에서 2개의 자료 11011101과 01101101을 XOR 연산하였을 때의 결과는?

㉮ 01001111　　㉯ 10110000
㉰ 11111101　　㉱ 01001101

40 레지스터 A에 11011001이 들어 있다. 레지스터 A의 내용이 01101101로 바뀌었다면 레지스터 B의 내용이 10110100이면 A, B에 수행된 논리 마이크로 동작은?

㉮ $A \leftarrow AB$
㉯ $A \leftarrow A+B$
㉰ $A \leftarrow A \oplus B$
㉱ $A \leftarrow \overline{A+B}$

41 다음 진리표와 같은 연산을 하는 게이트는?

입력		출력
A	B	F
0	0	1
0	1	0
1	0	0
1	1	1

㉮ AND 게이트　　㉯ NAND 게이트
㉰ XOR 게이트　　㉱ XNOR 게이트

42 두 입력이 0과 1일 때, 1의 출력이 나오지 않는 것은?

㉮ NAND 게이트　　㉯ OR 게이트
㉰ XNOR 게이트　　㉱ XOR 게이트

43 $A=0$, $B=1$, $C=1$, $D=1$일 때 논리값이 1이 되는 것은?

㉮ $\overline{A}BCD$　　㉯ $A\overline{B}CD$
㉰ $AB\overline{C}D$　　㉱ $ABC\overline{D}$

44 $A=1$, $B=0$, $C=1$, $D=0$일 때, 논리값이 1이 되는 것은?

㉮ $A\overline{B}+C\overline{D}$　　㉯ $\overline{A}B+\overline{C}D$
㉰ $\overline{AB}+\overline{CD}$　　㉱ $AB+CD$

45 다음 중 논리식을 만족하는 조건으로 옳은 것은?

$$A\overline{B}+\overline{C}=1$$

㉮ $A=0$, $B=1$, $C=1$　　㉯ $A=1$, $B=1$, $C=1$
㉰ $A=0$, $B=1$, $C=0$　　㉱ $A=0$, $B=0$, $C=1$

46 다음 게이트의 출력은? (단, $A=B=S=1$)

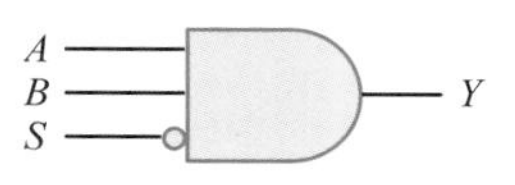

㉮ 0　　㉯ 1　　㉰ AB　　㉱ S

47 다음 논리회로의 출력 결과는?

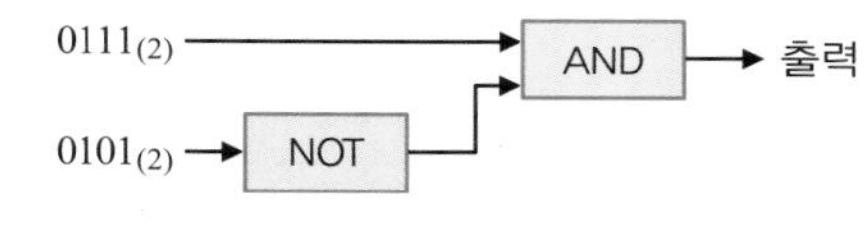

㉮ $0000_{(2)}$　　㉯ $0101_{(2)}$
㉰ $1111_{(2)}$　　㉱ $0010_{(2)}$

48 다음 논리회로에서 $A=1$, $B=0$일 때 출력 X, Y의 값으로 옳은 것은?

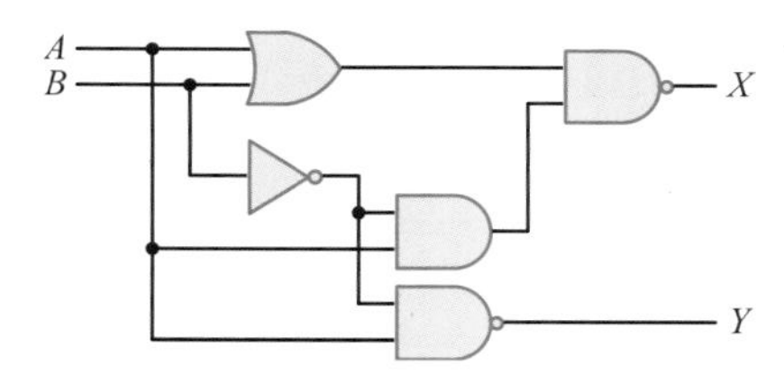

㉮ $X=1$, $Y=1$　　㉯ $X=1$, $Y=0$
㉰ $X=0$, $Y=1$　　㉱ $X=0$, $Y=0$

49 다음 논리회로의 출력 F가 0이 되기 위한 조건은?

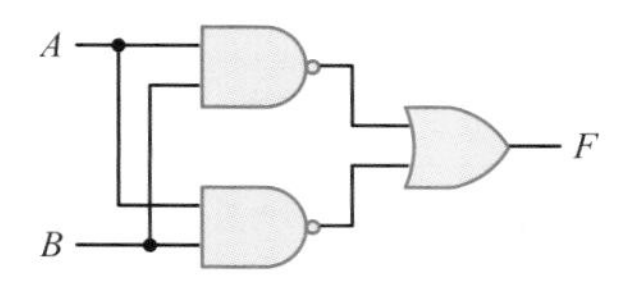

㉮ $A=0$, $B=0$　　㉯ $A=0$, $B=1$
㉰ $A=1$, $B=0$　　㉱ $A=1$, $B=1$

50 다음 논리회로의 출력 Y가 0이 될 입력의 조합은?

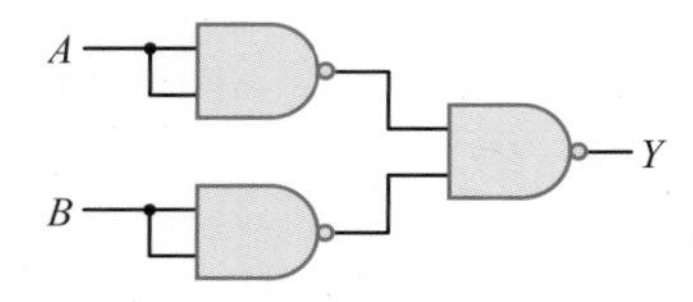

㉮ $A=0$, $B=0$ ㉯ $A=0$, $B=1$
㉰ $A=1$, $B=0$ ㉱ $A=1$, $B=1$

51 다음 논리회로에서 A값이 0011이고, B값이 1000일 때 출력 Y는?

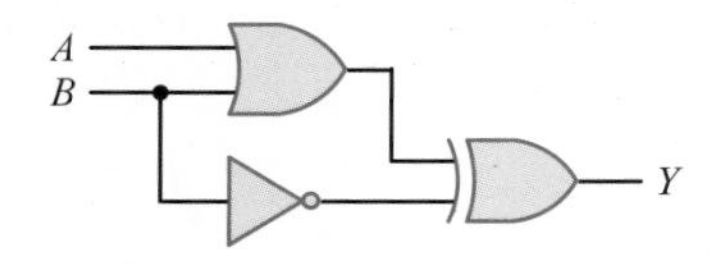

㉮ 1100 ㉯ 0011 ㉰ 1011 ㉱ 1101

52 다음 논리회로에서 $A=1001$, $B=0111$이 입력될 때 출력 Y는?

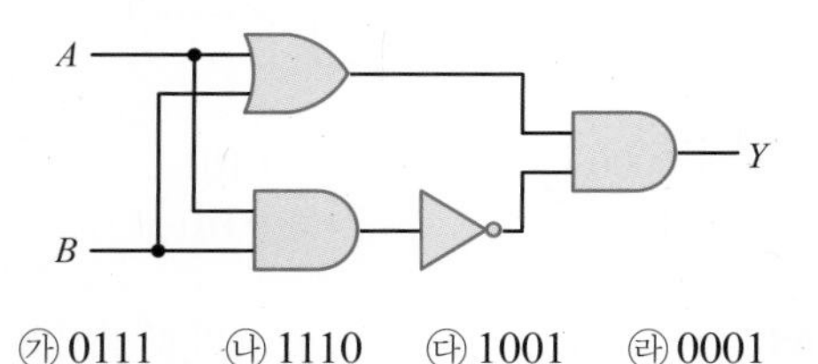

㉮ 0111 ㉯ 1110 ㉰ 1001 ㉱ 0001

53 다음 논리회로에서 A의 데이터는 0101, B의 데이터는 1001이 입력될 때 X의 출력값은?

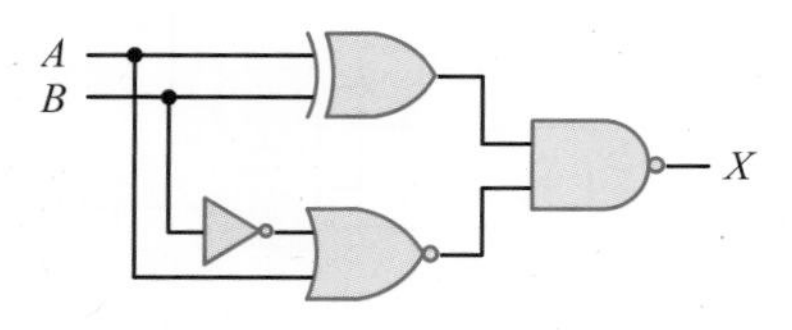

㉮ 0111 ㉯ 1110 ㉰ 1100 ㉱ 1001

54 다음 그림에서 A의 값은 1010, B의 값은 0011이 입력될 때 출력 X값은?

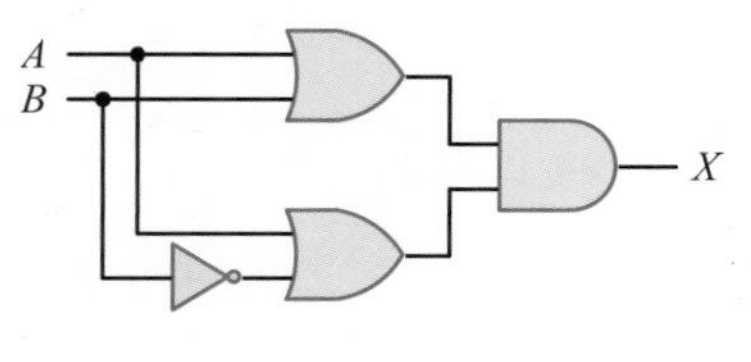

㉮ 1100 ㉯ 0011 ㉰ 1010 ㉱ 0101

55 다음과 같은 논리회로에서 A의 입력은 1000, B의 입력은 1011일 때의 출력은?

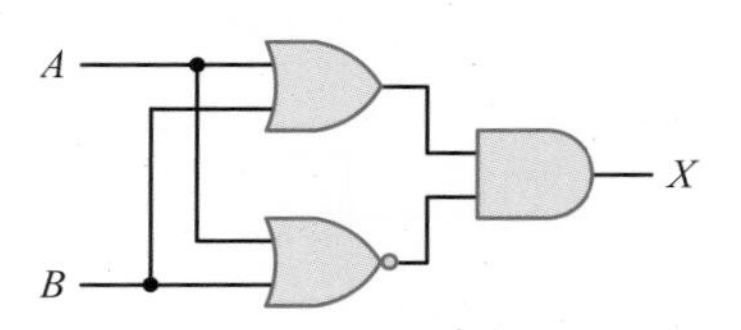

㉮ 0011 ㉯ 1000
㉰ 1011 ㉱ 0000

56 그림의 논리회로에서 3개의 입력단자에 각각 1의 입력이 들어오면 출력 A와 B의 값은?

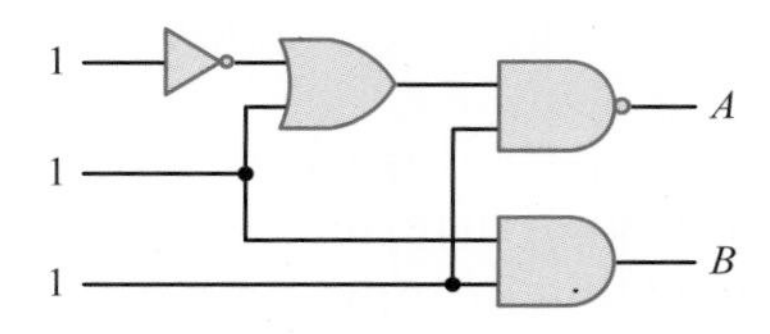

㉮ $A=1$, $B=0$ ㉯ $A=1$, $B=1$
㉰ $A=0$, $B=0$ ㉱ $A=0$, $B=1$

57 그림의 논리회로에서 각 입력에 대한 출력(Y_1 Y_2 Y_3 Y_4)은?

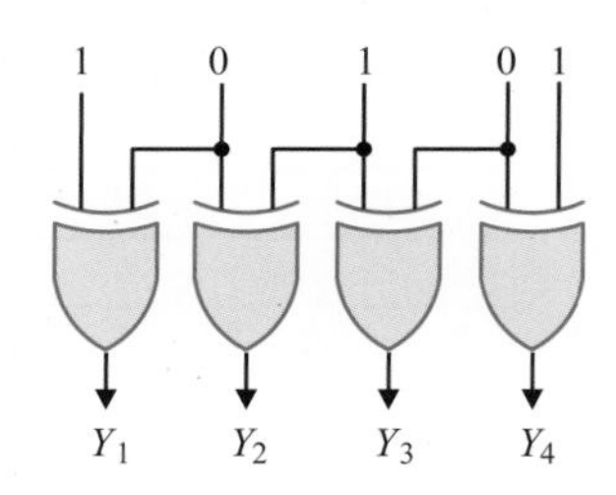

㉮ 1000 ㉯ 1111
㉰ 1100 ㉱ 1101

58 다음 계수기의 게이트 펄스는 정확히 10초 시간 폭을 갖는다고 한다. 만일 클록펄스가 579Hz의 주파수 신호라면 게이트 펄스가 끝난 후에는 계수기가 얼마를 계수하겠는가?

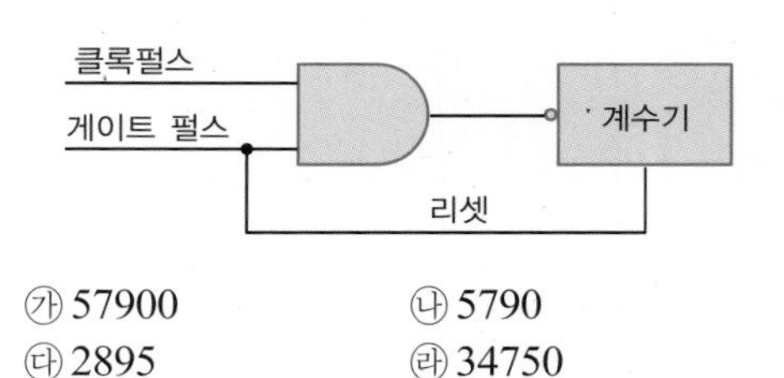

㉮ 57900 ㉯ 5790
㉰ 2895 ㉱ 34750

59 어떤 계수기가 0.2초 동안 게이트되었다. 계수되는 신호파의 주파수가 250KHz라면 게이트 펄스가 끝나는 시각에서의 계수기의 BCD 출력은?

㉮ 50,000　　㉯ 25,000
㉰ 10,000　　㉱ 5,000

60 다음 논리게이트 중에서 출력 분기수(fan-out)가 가장 큰 것은?

㉮ DTL　　㉯ TTL
㉰ RTL　　㉱ CMOS

61 다음 중 게이트 당 소비전력이 가장 적은 소자는?

㉮ TTL　　㉯ ECL
㉰ RTL　　㉱ CMOS

62 TTL에 비교하여 CMOS 집적회로의 특징이 아닌 것은?

㉮ 소비전력이 적다.
㉯ 잡음여유도가 높다.
㉰ 동작속도가 빠르다.
㉱ 폭넓은 전원전압에서 동작이 가능하다.

63 하나의 논리게이트 출력이 정상적인 동작상태를 유지하면서 구동할 수 있는 표준 부하의 수를 의미하는 것은?

㉮ 팬-아웃(fan-out)
㉯ 전력소모(power dissipation)
㉰ 전파지연시간(propagation delay time)
㉱ 잡음여유도(noise margin)

64 논리회로에서 결과값을 얻기 위해 일정한 시간 동안 파형을 유지하고 있어야 하는 시간을 무엇이라 하는가?

㉮ propagation delay time
㉯ setup time
㉰ hold time
㉱ access time

65 논리게이트의 특성을 결정하는 각 요인들에 대한 설명으로 옳지 않은 것은?

㉮ 논리게이트의 입력파형과 출력파형 사이에 발생하는 시간지연을 지연시간이라 한다.
㉯ 논리게이트의 입출력 특성 곡선에서 입력전압에 대한 출력전압의 High level과 Low level 사이의 전압차를 논리스윙이라 한다.
㉰ 논리회로가 취급할 수 있는 입력단자의 수를 팬-인(fan-in)이라 한다.
㉱ 논리회로가 취급할 수 있는 입력단자의 수를 팬-아웃(fan-out)이라 한다.

66 디지털 IC 계열에 대한 특성이 다음 표와 같다면, 논리장치인 chip의 전력소모를 줄이기 위하여 가장 낮은 전력을 소모하는 것은 어느 것인가?

종류	공급전압[V]	공급전류[mA]
7400	2	16
74LS00	2	8
74S00	2	20
74AC00	3.15	75

㉮ 7400　　㉯ 74LS00
㉰ 74S00　　㉱ 74AC00

1. ㉰	2. ㉯	3. ㉮	4. ㉮	5. ㉯	6. ㉯	7. ㉮	8. ㉰	9. ㉱	10. ㉱
11. ㉰	12. ㉮	13. ㉮	14. ㉰	15. ㉱	16. ㉰	17. ㉮	18. ㉱	19. ㉮	20. ㉯
21. ㉯	22. ㉰	23. ㉮	24. ㉱	25. ㉰	26. ㉰	27. ㉯	28. ㉱	29. ㉱	30. ㉱
31. ㉯	32. ㉯	33. ㉯	34. ㉰	35. ㉱	36. ㉯	37. ㉰	38. ㉱	39. ㉯	40. ㉰
41. ㉱	42. ㉰	43. ㉮	44. ㉮	45. ㉰	46. ㉮	47. ㉱	48. ㉱	49. ㉱	50. ㉮
51. ㉮	52. ㉯	53. ㉮	54. ㉰	55. ㉱	56. ㉱	57. ㉯	58. ㉯	59. ㉮	60. ㉱
61. ㉱	62. ㉰	63. ㉮	64. ㉰	65. ㉱	66. ㉯				

CHAPTER

05

불 대수

이 장에서는 불 대수의 법칙과 논리식 표현 방법을 이해하는 것을 목표로 한다.

- 기본 논리식의 표현 방법을 이해할 수 있다.
- 불 대수의 법칙을 이해하고 복잡한 논리식을 간소화할 수 있다.
- 논리회로를 논리식으로, 논리식을 논리회로로 표현할 수 있다.
- 곱의 합(SOP)과 최소항의 개념을 이해하고 이를 활용할 수 있다.
- 합의 곱(POS)과 최대항의 개념을 이해하고 이를 활용할 수 있다

CONTENTS

SECTION 01

기본 논리식의 표현

기본적으로 불 대수식은 AND, OR, NOT을 이용하여 표현한다. 이 절에서는 입력 및 출력에 따른 진리표를 이용하여 불 대수식의 표현 방법을 배운다.

Keywords | 불 대수 | 1입력 논리식 | 2입력 논리식 | 3입력 논리식 |

불 대수(Boolean algebra)는 1854년 영국의 수학자 조지 불(George Boole)이 논리계산을 형식화하여 도입한 대수계로, 논리식을 간소화하기 위한 수학이다. 즉 불 대수를 이용하여 논리식을 표현할 수 있다.

기본적으로 불 대수식은 AND, OR, NOT을 이용하여 표현한다. 각각의 입력과 출력에 해당하는 기호는 보통 알파벳 대문자 또는 소문자로 나타낸다. AND 식은 곱셈 형식, OR 식은 덧셈 형식으로 표현하며, NOT 식은 $\overline{A}$ 또는 A'로 표현한다. 완전한 논리식은 입력 항목들의 상태에 따른 출력을 결정하는 식이다. 예를 들어, $A=0$ 이고 $B=1$ 일 때 출력을 1로 만드는 논리식은 $F=\overline{A}B$ 이다. $A=0$ 또는 $B=1$ 일 때 출력을 1로 만드는 논리식은 $F=\overline{A}+B$ 이다. ($A=0$, $B=1$) 또는 ($A=1$, $B=0$)일 때 출력을 1로 만드는 논리식은 $F=\overline{A}B+A\overline{B}$ 이다. 이러한 방법으로 입력을 결정하고 원하는 결과를 얻고자 할 때 논리식을 만들 수 있다. [표 5-1]은 1입력, [표 5-2]는 2입력, [표 5-3]은 3입력에 대한 출력의 논리식을 나타낸 것이다.

[표 5-1] 1입력 논리식

입력	출력
A	F
0	$\overline{A}$
1	A

[표 5-2] 2입력 논리식

입력		출력
A	B	F
0	0	$\overline{A}\overline{B}$
0	1	$\overline{A}B$
1	0	$A\overline{B}$
1	1	AB

[표 5-3] 3입력 논리식

입력			출력
A	B	C	F
0	0	0	$\overline{A}\overline{B}\overline{C}$
0	0	1	$\overline{A}\overline{B}C$
0	1	0	$\overline{A}B\overline{C}$
0	1	1	$\overline{A}BC$
1	0	0	$A\overline{B}\overline{C}$
1	0	1	$A\overline{B}C$
1	1	0	$AB\overline{C}$
1	1	1	ABC

출력함수를 구성할 때 여러 가지 논리식이 있을 수 있다. 예를 들어, [표 5-4]와 같이 $A=0$ 또는 $B=0$ 일 때 1을 출력하는 논리식은 $F=\overline{A}+\overline{B}$ 이다. 이것을 다르게 표현해보면 $A=1$이고 $B=1$ 일 때를 제외한 나머지 경우에 출력이 1이 된다는 의미이므로, 둘 모두 0($A=0$, $B=0$)이거나 둘 중에 하나가 0 ($A=0$, $B=1$ 또는 $A=1$, $B=0$)일 때이므로 논리식은 $F=\overline{A}\overline{B}+\overline{A}B+A\overline{B}$ 이다. 또 다른 표현 방법으로 A, B 모두 1($F=AB$)일 때만 결과가 0이므로 $F=\overline{AB}$ 를 출력함수로 사용할 수도 있다.

[표 5-4] $F=\overline{A}+\overline{B}$ 의 진리표

입력		출력
A	B	F
0	0	1
0	1	1
1	0	1
1	1	0

즉 $F=\overline{A}+\overline{B}=\overline{A}\overline{B}+\overline{A}B+A\overline{B}=\overline{AB}$ 이다. 이와 같이 동일한 결과를 만들어 내는 방식을 여러 논리식으로 표현할 수 있다. 다음 절에 나오는 불 대수 법칙을 이용하여 이를 증명할 수 있다.

이번에는 논리식 $F=A+\overline{B}C$ 의 진리표를 만들어보자. 이 식은 $A=1$이거나 $B=0$이고 $C=1$일 때 원하는 출력($F=1$)을 얻는다는 뜻이다. 따라서 [표 5-5]와 같은 진리표를 만들 수 있다.

[표 5-5] $F=A+\overline{B}C$ 의 논리식 유도

입력							출력
A	B	C	$A=1$	$\overline{B}$	C	$\overline{B}C$	$A+\overline{B}C$
0	0	0		1			0
0	0	1		1	1	1	1
0	1	0					0
0	1	1			1		0
1	0	0	1	1			1
1	0	1	1	1	1	1	1
1	1	0	1				1
1	1	1	1		1		1

SECTION 02

불 대수 법칙

불 대수는 디지털 시스템에 쓰이는 수학으로, 디지털 논리회로를 분석하기 위해서는 이에 대한 기초 지식이 필요하다. 이 절에서는 불 대수의 공리, 불 대수의 기본 법칙을 이용하여 논리식을 표현하고, 기본 법칙을 증명하는 방법을 익힌다.

Keywords | 불 대수의 공리 | 불 대수의 법칙 | 증명 | 드모르간의 정리 |

불 대수의 모든 항은 0 또는 1을 갖는다. [표 5–6]은 기본 연산 AND와 OR의 불 대수 공리를 나타낸 것이다.

이 기본 공리를 일반 공식으로 나타내는 방법 및 불 대수의 기본 법칙을 [표 5–7]에 정리하였다. 불 대수에서는 이중부정의 법칙, 교환법칙, 결합법칙, 분배법칙이 모두 성립하며, 집합에서처럼 드모르간의 정리(De Morgan's theorem)도 성립한다.

[표 5–6] 불 대수 공리

P1	$A=0$ 또는 $A=1$
P2	$0\cdot 0=0$
P3	$1\cdot 1=1$
P4	$0+0=0$
P5	$1+1=1$
P6	$1\cdot 0=0\cdot 1=0$
P7	$1+0=0+1=1$

Tip

공리(axiom, 公理)
논리적 체계를 구성하기 위해 가장 기본이 되는 몇 가지 명제들을 증명 없이 받아들이기로 하고 사용하는 것

[표 5–7] 불 대수의 기본 법칙

① $A+0=0+A=A$	② $A\cdot 1=1\cdot A=A$	③ $A+1=1+A=1$
④ $A\cdot 0=0\cdot A=0$	⑤ $A+A=A$	⑥ $A\cdot A=A$
⑦ $A+\overline{A}=1$	⑧ $A\cdot\overline{A}=0$	⑨ $\overline{\overline{A}}=A$

교환법칙(commutative law)

⑩ $A+B=B+A$	⑪ $A\cdot B=B\cdot A$

결합법칙(associate law)

⑫ $(A+B)+C=A+(B+C)$	⑬ $(A\cdot B)\cdot C=A\cdot(B\cdot C)$

분배법칙(distributive law)

⑭ $A\cdot(B+C)=A\cdot B+A\cdot C$	⑮ $A+B\cdot C=(A+B)\cdot(A+C)$

드모르간의 정리(De Morgan's theorem)

⑯ $\overline{A+B}=\overline{A}\cdot\overline{B}$	⑰ $\overline{A\cdot B}=\overline{A}+\overline{B}$

흡수 법칙(absorptive law)

⑱ $A+A\cdot B=A$	⑲ $A\cdot(A+B)=A$

합의(合意)의 정리(consensus theorem)

⑳ $AB+BC+\overline{A}C=AB+\overline{A}C$	㉑ $(A+B)(B+C)(\overline{A}+C)=(A+B)(\overline{A}+C)$

불 대수의 분배법칙 ⑮는 일반 수학식과 혼동하여 잘못된 식처럼 보인다. 이 법칙이 옳다는 사실을 진리표를 이용하여 증명해보자. 좌측식 중에서 논리곱 $B \cdot C$를 계산하고 A와 $B \cdot C$의 논리합 $A+B \cdot C$를 계산한다. 우측식에서 논리합 $A+B$와 $A+C$를 계산한 다음 이들을 논리곱으로 표현하면 [표 5-8]과 같이 좌측식과 우측식이 일치함을 확인할 수 있다.

[표 5-8] 진리표를 이용한 분배법칙 $A+B \cdot C=(A+B) \cdot (A+C)$의 증명

A	B	C	좌측식		우측식		
			$B \cdot C$	$A+B \cdot C$	$A+B$	$A+C$	$(A+B) \cdot (A+C)$
0	0	0	0	0	0	0	0
0	0	1	0	0	0	1	0
0	1	0	0	0	1	0	0
0	1	1	1	1	1	1	1
1	0	0	0	1	1	1	1
1	0	1	0	1	1	1	1
1	1	0	0	1	1	1	1
1	1	1	1	1	1	1	1

진리표를 이용하여 드모르간의 정리도 증명해보자. 드모르간의 정리 ⑯의 경우 좌측식은 $A+B$를 구한 다음 NOT 연산을 하고, 우측식은 $\overline{A}$와 $\overline{B}$를 구한 다음 논리곱을 하면 [표 5-9]와 같이 좌측식과 우측식이 일치함을 알 수 있다.

[표 5-9] 진리표를 이용한 드모르간의 정리 $\overline{A+B}=\overline{A} \cdot \overline{B}$의 증명

A	B	$A+B$	좌측식 $\overline{A+B}$	$\overline{A}$	$\overline{B}$	우측식 $\overline{A} \cdot \overline{B}$
0	0	0	1	1	1	1
0	1	1	0	1	0	0
1	0	1	0	0	1	0
1	1	1	0	0	0	0

드모르간의 정리는 항의 개수가 많아도 [표 5-10]과 같이 적용할 수 있다.

[표 5-10] 드모르간 정리의 일반식

3항 드모르간 정리	$\overline{A+B+C}=\overline{A} \cdot \overline{B} \cdot \overline{C}$ $\overline{A \cdot B \cdot C}=\overline{A}+\overline{B}+\overline{C}$
4항 드모르간 정리	$\overline{A+B+C+D}=\overline{A} \cdot \overline{B} \cdot \overline{C} \cdot \overline{D}$ $\overline{A \cdot B \cdot C \cdot D}=\overline{A}+\overline{B}+\overline{C}+\overline{D}$
일반식	$\overline{A_1+A_2+A_3+\ldots+A_n}=\overline{A_1} \cdot \overline{A_2} \cdot \overline{A_3} \cdot \ldots \cdot \overline{A_n}$ $\overline{A_1 \cdot A_2 \cdot A_3 \cdot \ldots \cdot A_n}=\overline{A_1}+\overline{A_2}+\overline{A_3}+\ldots+\overline{A_n}$

드모르간 정리를 이용한 예는 다음과 같다.

$$\overline{\overline{A+B}+C} = \overline{\overline{A+B}} \cdot \overline{C} = (A+B)\overline{C} = A\overline{C} + B\overline{C}$$

$$\overline{\overline{\overline{A}+B}+\overline{C \cdot D}} = \overline{\overline{\overline{A}+B}} \cdot \overline{\overline{C \cdot D}} = (\overline{A}+B)CD = \overline{A}CD + BCD$$

$$\begin{aligned}\overline{(A+B)\cdot\overline{C}\cdot\overline{D}+E+\overline{F}} &= \overline{(A+B)\cdot\overline{C}\cdot\overline{D}} \cdot \overline{E} \cdot \overline{\overline{F}} = (\overline{A+B}+\overline{\overline{C}}+\overline{\overline{D}}) \cdot \overline{E} \cdot F \\ &= (\overline{A}\cdot\overline{B}+C+D)\cdot\overline{E}\cdot F = \overline{A}\,\overline{B}\,\overline{E}F + C\overline{E}F + D\overline{E}F\end{aligned}$$

$$\begin{aligned}\overline{\overline{AB}(CD+\overline{E}F)(\overline{AB}+\overline{CD})} &= \overline{\overline{AB}} + \overline{(CD+\overline{E}F)} + \overline{(\overline{AB}+\overline{CD})} \\ &= AB + (\overline{CD}\,\overline{\overline{E}F}) + \overline{\overline{AB}}\,\overline{\overline{CD}} \\ &= AB + (\overline{C}+\overline{D})(E+\overline{F}) + ABCD \\ &= AB + \overline{C}E + \overline{C}\,\overline{F} + \overline{D}E + \overline{D}\,\overline{F} + ABCD\end{aligned}$$

예제 5-1

[표 5-7]의 합의의 정리(⑳, ㉑)를 불 대수의 기본 법칙과 진리표를 이용하여 증명하여라.

풀이

합의의 정리란 $AB + BC + \overline{A}C = AB + \overline{A}C$ 에서 가운데 항의 B와 C는 A 및 $\overline{A}$와 연관되어 있으며, B와 C가 A 및 $\overline{A}$와 연관되어 각 항에 나타나 있을 때는 제거할 수 있다. 불 대수의 기본 법칙을 이용하여 다음과 같이 합의의 정리를 증명할 수 있으며, [표 5-11]과 같이 진리표를 이용하여 증명할 수도 있다.

- **불 대수의 기본 법칙을 이용한 증명**

$$\begin{aligned}AB + BC + \overline{A}C &= AB + (A+\overline{A})BC + \overline{A}C = AB + ABC + \overline{A}BC + \overline{A}C \\ &= AB(1+C) + \overline{A}C(1+B) \\ &= AB + \overline{A}C\end{aligned}$$

$$\begin{aligned}(A+B)(B+C)(\overline{A}+C) &= (A+B)(A\overline{A}+B+C)(\overline{A}+C) \\ &= (A+B+0)(A+B+C)(\overline{A}+B+C)(\overline{A}+0+C) \\ &= (A+B+0\cdot C)(\overline{A}+0\cdot B+C) \\ &= (A+B)(\overline{A}+C)\end{aligned}$$

- **진리표를 이용한 증명**

[표 5-11] 진리표를 이용한 합의의 정리 증명

입력			좌측식				우측식		
A	B	C	AB	BC	$\overline{A}C$	$AB+BC+\overline{A}C$	AB	$\overline{A}C$	$AB+\overline{A}C$
0	0	0	0	0	0	0	0	0	0
0	0	1	0	0	1	1	0	1	1
0	1	0	0	0	0	0	0	0	0
0	1	1	0	1	1	1	0	1	1
1	0	0	0	0	0	0	0	0	0
1	0	1	0	0	0	0	0	0	0
1	1	0	1	0	0	1	1	0	1
1	1	1	1	1	0	1	1	0	1

(a) $AB+BC+\overline{A}C=AB+\overline{A}C$

입력			좌측식				우측식		
A	B	C	$A+B$	$B+C$	$\overline{A}+C$	$(A+B)(B+C)(\overline{A}+C)$	$A+B$	$\overline{A}+C$	$(A+B)(\overline{A}+C)$
0	0	0	0	0	1	0	0	1	0
0	0	1	0	1	1	0	0	1	0
0	1	0	1	1	1	1	1	1	1
0	1	1	1	1	1	1	1	1	1
1	0	0	1	0	0	0	1	0	0
1	0	1	1	1	1	1	1	1	1
1	1	0	1	1	0	0	1	0	0
1	1	1	1	1	1	1	1	1	1

(b) $(A+B)(B+C)(\overline{A}+C)=(A+B)(\overline{A}+C)$

Tip

쌍대성(duality)

불 대수 공리나 기본 법칙에서 좌우 한 쌍에서 0과 1을 서로 바꾸고 동시에 '•'과 '+'를 서로 바꾸면 다른 한 쪽이 얻어지는 성질. 한 쪽을 다른 쪽의 쌍대(dual)라고 한다. 예를 들어, 기본 법칙 ①과 ②는 쌍대성이 성립하며 ③과 ④, ⑤와 ⑥, ⑦과 ⑧도 마찬가지이다.

SECTION 03

논리회로의 논리식 변환

논리회로를 분석하기 위해서는 논리식으로 변환하는 과정이 필요하다. 이 절에서는 논리회로를 보고 논리식을 유도하는 방법을 살펴본다.

Keywords | 입력변수 | 출력 논리식 |

이 절에서는 논리회로를 분석하기 위하여 논리회로를 논리식으로 표현하는 방법을 살펴본다. 다음 회로에서 논리식을 유도해보자. 먼저 입력변수가 있으면 파악하고, 없으면 정의한다.

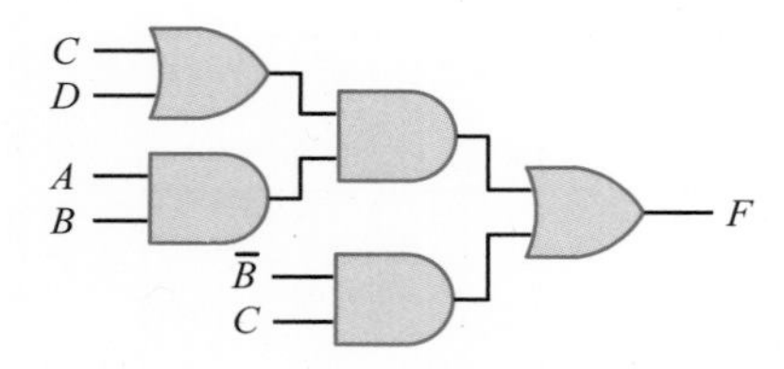

[그림 5-1] $(C+D)AB+\overline{B}C$의 논리회로

이 회로에서 입력변수는 A, B, C, D 4개이다. 입력단에 연결된 회로들로부터 하나씩 출력 쪽으로 나아가면서 논리식을 만든다. 먼저 ① C, D가 OR 게이트로 연결되어 있으므로 논리식은 $C+D$이고, ② A, B는 AND 게이트로 연결되어 있으므로 논리식은 AB이며, ③ $\overline{B}$와 C도 AND 게이트로 연결되어 있으므로 논리식은 $\overline{B}C$가 된다. 두 번째 단으로는 출력 $C+D$와 출력 AB가 AND 게이트의 입력으로 연결되므로 $(C+D)AB$가 된다. 출력 $\overline{B}C$는 두 번째 단을 거치지 않고 $(C+D)AB$의 출력과 마지막 단에서 OR 게이트의 입력이 되므로 최종 논리식은 $(C+D)AB+\overline{B}C$가 됨을 알 수 있다. 즉 다음과 같이 원래 회로에 게이트를 거칠 때마다 게이트의 출력을 적어주면서 한 단계씩 출력 쪽으로 나아가면 된다.

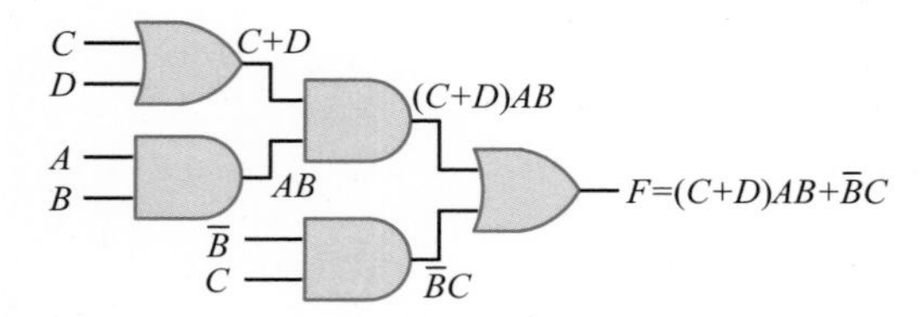

[그림 5-2] $(C+D)AB+\overline{B}C$ 논리식의 유도 과정

마찬가지로 다음 회로들로부터 논리식을 유도해보자. 앞의 예와 마찬가지로 입력단에서부터 출력단으로 게이트를 거칠 때마다 논리식을 하나씩 적어 나가면서 최종 단까지 논리회로를 구성할 수 있다.

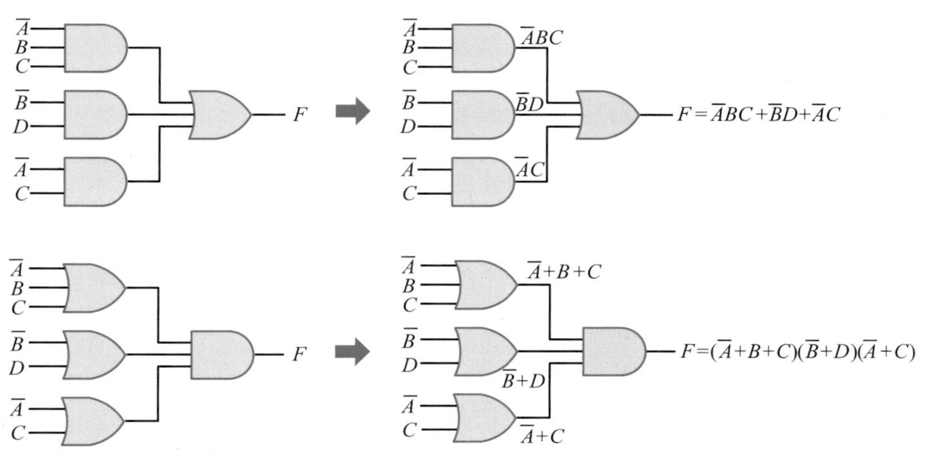

[그림 5-3] 논리회로로로부터 논리식 유도

예제 5-2

다음 논리회로의 논리식을 구하여라.

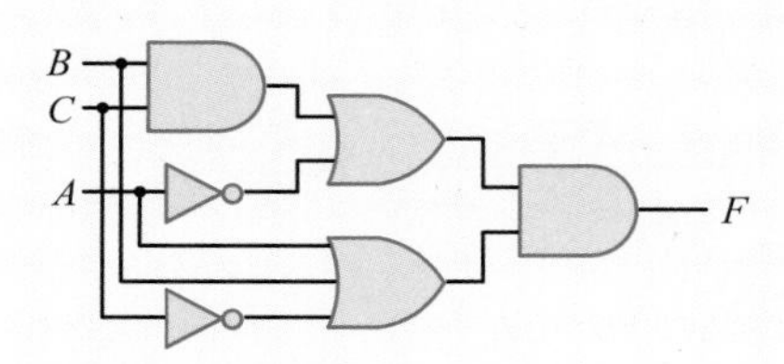

[그림 5-4] 논리회로

풀이

입력단에서부터 출력단으로 게이트를 거칠 때마다 논리식을 하나씩 적어 나가면 최종 단에서의 논리식은 다음과 같다.

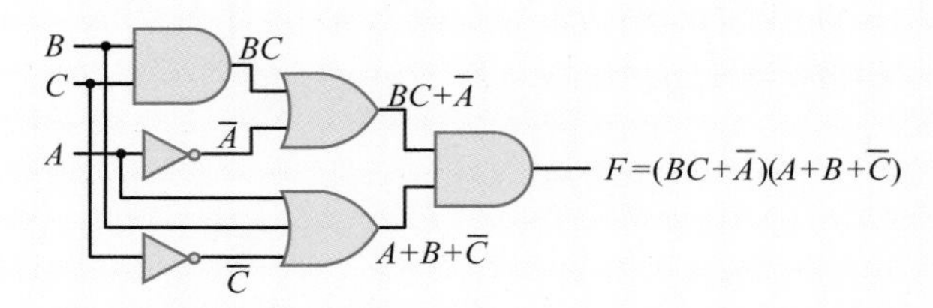

[그림 5-5] 논리회로의 논리식 유도

SECTION
04
논리식의 논리회로 구성

디지털 시스템 설계 시 불 대수식이 주어진 경우 이를 논리회로로 표현할 필요가 있다. 이 절에서는 기본 게이트인 AND, OR, NOT을 이용하여 표현된 논리식으로부터 논리회로를 구성하는 방법을 살펴본다.

Keywords | AND-OR 논리식 | OR-AND 논리식 | 보수입력 |

기본 게이트인 AND, OR, NOT을 이용하여 논리식으로부터 논리회로를 구성하는 방법을 살펴본다. 논리식 $F=\overline{A}B+A\overline{B}+BC$를 논리회로로 구성해보자. 이 논리식은 AND-OR로 구성된 회로이다. 먼저 각각의 $\overline{A}B$, $A\overline{B}$, BC는 AND이므로 각 입력을 AND 게이트로 나타낸다. 여기서 NOT은 생각하지 않고 그린다. 모든 AND 게이트 회로를 만들고, 이들 세 AND 게이트의 출력을 OR 게이트 입력으로 사용하여 회로를 구성하면 [그림 5-6(a)]와 같다. 이 회로는 보수 입력이 가능할 때 또는 회로를 간단히 나타낼 때 사용한다. NOT 게이트를 사용하면 보수 입력을 모두 [그림 5-6(b)]와 같이 나타낼 수 있다.

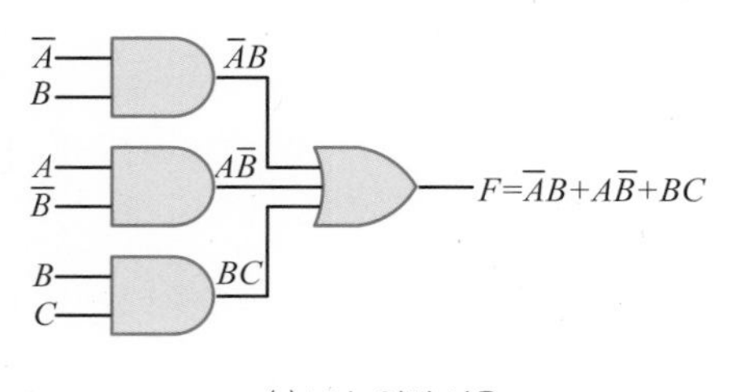

(a) 보수 입력 사용

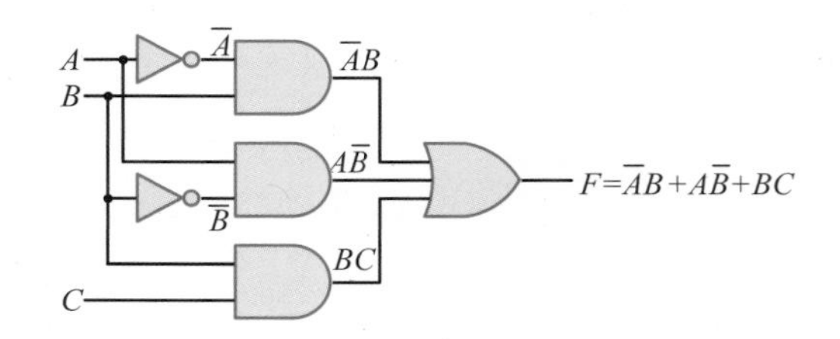

(b) NOT 게이트 사용

[그림 5-6] $\overline{A}B+A\overline{B}+BC$의 AND-OR 논리회로

$F(A,B,C)=\overline{A}B\overline{C}+\overline{A}BC+A\overline{B}\overline{C}+A\overline{B}C+ABC$의 경우를 살펴보자. 조금 복잡한 논리식 같지만 회로를 그리는 것은 어렵지 않다. 앞에서와 같이 각 항은 AND이므로 AND 게이트를 사용하고, 이들 AND 게이트의 출력을 5입력 OR 게이트 입력으로 사용하여 회로를 그릴 수 있다.

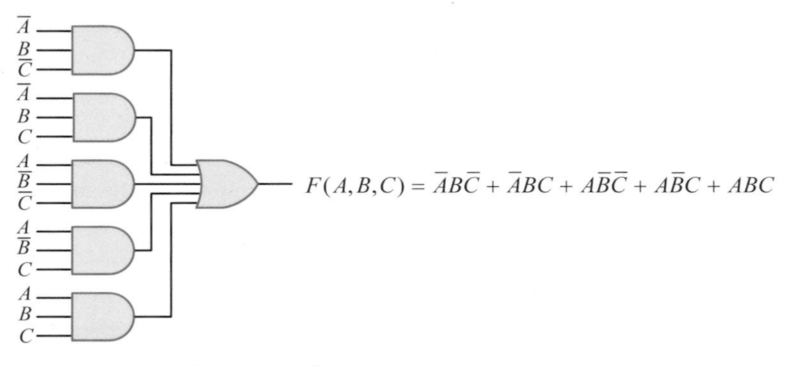

[그림 5-7] $F = \overline{A}B\overline{C} + \overline{A}BC + A\overline{B}\overline{C} + A\overline{B}C + ABC$의 회로도

[그림 5-8]은 OR-AND 회로다. 먼저 각각의 OR 항에 대해서 게이트를 그린다. 모든 OR 게이트 출력을 AND 게이트 입력으로 사용하여 회로를 구성한다.

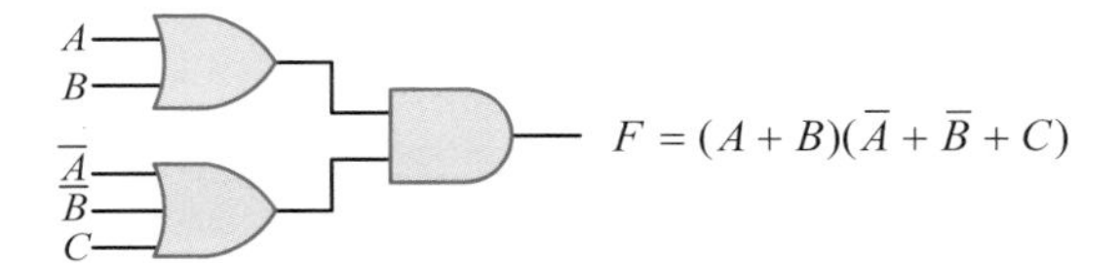

[그림 5-8] $F = (A + B)(\overline{A} + \overline{B} + C)$의 OR-AND 회로도

논리식 $F = \overline{E} + B\overline{C}D + (CE + \overline{B})A$도 입력 순서대로 따라가면서 위와 같은 방법으로 회로를 그리면 된다. 다만, 여기서는 AND-OR 또는 OR-AND 회로의 2단계로 구성되지 않고 복합적으로 구성되어 있다. 먼저 $\overline{E}$, $B\overline{C}D$, CE, $\overline{B}$를 만들고, 두 번째로 $CE + \overline{B}$, 세 번째로 $(CE + \overline{B})A$, 마지막으로 이들을 $\overline{E}$, $B\overline{C}D$, $(CE + \overline{B})A$의 출력을 OR 게이트 입력으로 연결하면 된다.

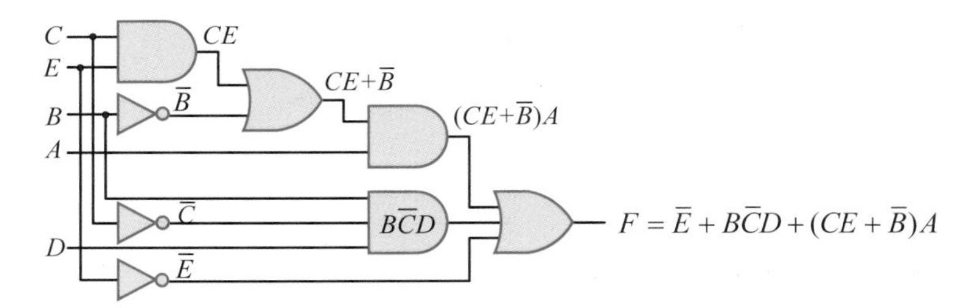

[그림 5-9] 다단계 논리회로

이와 같이 논리식을 이용하여 가장 앞단의 회로부터 최종 출력단이 나올 때까지 순서대로 하나씩 게이트를 그려나가면 원하는 회로를 만들 수 있다.

SECTION 05

불 대수식의 표현 형태

일반적으로 불 대수식은 2가지 형태로 표현할 수 있다. 이 절에서는 불 대수식을 대표적인 곱의 합과 최소항, 합의 곱과 최대항을 이해하고 논리식의 표현형태를 익히며, 최소항과 최대항과의 관계를 알아본다.

Keywords | 곱의 합 | 합의 곱 | 최소항 | 최대항 |

불 대수식을 표현하는 2가지 기본 형태인 곱의 합(SOP : sum of product, AND–OR 결합 형태), 합의 곱(POS : product of sum, OR–AND 결합 형태)을 살펴보고, 이들을 최소항(minterm)과 최대항(maxterm)으로 표현하는 방법을 알아본다.

곱의 합과 최소항

곱의 합(SOP)은 입력 측인 1단계가 AND 항(곱의 항, product term)으로 구성되고, 출력 측인 2단계는 OR 항(합의 항, sum term)으로 만들어진 논리식이다. 다음 불 대수식은 곱의 항(AND) 4개로 만들어졌으며, 변수는 A, B, C, D 네 개를 가지고 있다. 이와 같이 각 항은 AND로 구성되고, 이들을 OR 항으로 모두 결합된 것을 곱의 합이라 한다.

$$A\overline{B}+B\overline{C}D+\overline{A}D+\overline{D}$$

다음은 SOP의 여러 가지 예이다.

- $F=\overline{A}BC\overline{D}+A\overline{B}\,\overline{C}\,\overline{D}+A\overline{B}CD+ABCD$
- $F=B+\overline{A}C+AB\overline{C}D$
- $F=\overline{A}+B+C$
- $F=A\overline{C}$
- $F=D$

[그림 5–10]은 SOP 형태의 논리식인 $F=\overline{A}BC+\overline{B}D+\overline{A}C$를 회로로 나타낸 것이다. SOP 형태의 논리식은 AND–OR 2레벨 회로로 나타난다. 여기서 **레벨**(level)이란 입력단에서 출력단까지 거치는 최대 게이트 수를 뜻한다.

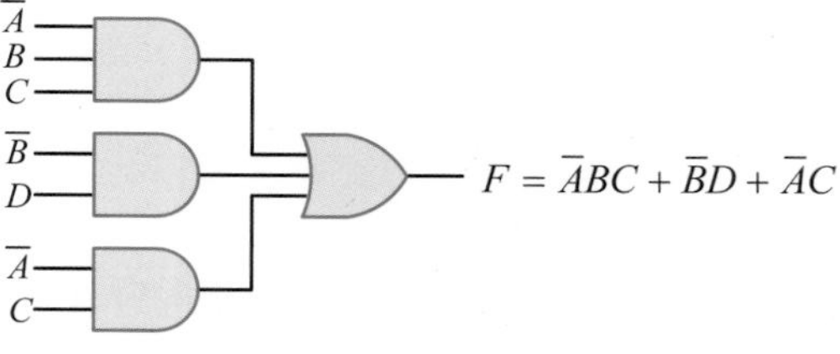

[그림 5–10] SOP $F=\overline{A}BC+\overline{B}D+\overline{A}C$의 회로도

같은 동작을 하는 논리식을 다양한 SOP의 형태로 나타낼 수 있다. **표준 곱의 항들의 합**(canonical sum, sum of standard product terms)은 모든 항이 표준 곱의 항(standard product term)으로 나타난 것을 말한다. 표준 곱의 항이란 함수의 모든 변수를 포함하고 있는 항이다.

다음 함수를 보자. 이 함수에는 변수가 4개 있으며, 각 항은 이들 4개의 변수를 모두 포함하고 있다.

$$F = \overline{A}BC\overline{D} + A\overline{B}\overline{C}\overline{D} + A\overline{B}CD + ABCD$$

이렇게 표현한 표준 곱의 항을 **최소항**이라고 한다. 예를 들어, 함수에서 A, B, C, D 네 변수를 사용할 때, $\overline{A}BC\overline{D}$, $ABCD$는 최소항(표준 곱의 항)이지만 $A\overline{B}C$는 3개 변수만 있으므로 최소항이 아니다. 이와 같이 최소항은 SOP이지만 모든 SOP가 최소항은 아니다.

최소 SOP(minimum sum of products)는 SOP로 나타낸 함수 중에서 최소 곱의 항들로 나타낸 것을 말한다. 예를 들어, 다음 식들은 모두 같은 결과를 만들어내는 논리식이다. 이들 중 ③과 ④는 최소 SOP이다. 이들 논리식을 간소화하는 방법은 다음 절에서 다룬다.

① $\overline{A}B\overline{C} + \overline{A}BC + A\overline{B}\overline{C} + A\overline{B}C + ABC$
② $\overline{A}B + A\overline{B} + ABC$
③ $\overline{A}B + A\overline{B} + AC$
④ $\overline{A}B + A\overline{B} + BC$

이제 진리표로부터 최소항식을 표현하는 방법을 살펴보자. [표 5-12]의 진리표를 이용하여 논리식을 구해보자.

[표 5-12] $F = \overline{A}B + A\overline{B} + AB$의 진리표

입력		출력
A	B	F
0	0	0
0	1	1
1	0	1
1	1	1

[표 5-12]의 진리표에서는 변수 2개를 사용하므로 입력의 경우의 수는 모두 4(=2^2)개이며, 다음과 같은 의미이다.

$A = 0$ AND $B = 1$ OR
$A = 1$ AND $B = 0$ OR
$A = 1$ AND $B = 1$일 때 $F = 1$이다.

이를 다른 방식으로 표현하면 다음과 같다.

$$\bar{A}=1 \text{ AND } B=1 \text{ OR}$$
$$A=1 \text{ AND } \bar{B}=1 \text{ OR}$$
$$A=1 \text{ AND } B=1 \text{일 때 } F=1\text{이다.}$$

이를 간단하게 다시 표현하면 다음과 같다.

$$\bar{A}B=1 \text{ OR } A\bar{B}=1 \text{ OR } AB=1 \text{ 일 때 } F=1\text{이다.}$$

그러므로 최종 논리식은 다음과 같다.

$$F=\bar{A}B+A\bar{B}+AB$$

진리표의 각 행은 곱의 형태로 나타내고, 진리표에서 F가 1인 행의 곱의 항을 OR하여 SOP로 만든다. 처음 진리표로부터 논리식을 만들면 각 항은 모든 변수를 포함하는, 즉 간소화하지 않은 최소항으로 표현된다.

[표 5-13]의 진리표는 2입력변수의 최소항과 최소항을 기호로 표현한 것이다. 최소항을 나타내는 기호로 소문자 m을 사용하고, 기호 m의 아래 첨자로 표기된 숫자는 각 항을 10진수로 표현한 값이다. 가령 $AB=10_{(2)}=2_{(10)}$이라면 m_2로 나타내며, 10진수 2를 아래 첨자로 사용한다.

그러므로 논리식 $\bar{A}B+A\bar{B}+AB$를 기호를 사용하여 최소항식으로 나타내면 다음과 같다. 그리고 최소항들의 합의 형태이므로 수학기호 Σ를 사용하여 다음과 같이 나타낸다.

$$F=\bar{A}B+A\bar{B}+AB=m_1+m_2+m_3=\sum m(1,2,3)$$

입력변수가 3개일 때도 마찬가지이며, 표현 방법은 [표 5-14]와 같다.

[표 5-13] 2변수 최소항의 표현 방법

A B	최소항	기호
0 0	$\bar{A}\bar{B}$	m_0
0 1	$\bar{A}B$	m_1
1 0	$A\bar{B}$	m_2
1 1	AB	m_3

[표 5-14] 3변수 최소항의 표현 방법

A B C	최소항	기호
0 0 0	$\bar{A}\bar{B}\bar{C}$	m_0
0 0 1	$\bar{A}\bar{B}C$	m_1
0 1 0	$\bar{A}B\bar{C}$	m_2
0 1 1	$\bar{A}BC$	m_3
1 0 0	$A\bar{B}\bar{C}$	m_4
1 0 1	$A\bar{B}C$	m_5
1 1 0	$AB\bar{C}$	m_6
1 1 1	ABC	m_7

[표 5-15]는 3입력 A, B, C를 가지는 함수 $F(A,B,C)=\sum m(0,1,3,5,7)$의 진리표이다.

[표 5-15] $F(A,B,C)=\sum m(0,1,3,5,7)$의 진리표

$A\ B\ C$	F	최소항	기호
0 0 0	1	$\overline{A}\overline{B}\overline{C}$	m_0
0 0 1	1	$\overline{A}\overline{B}C$	m_1
0 1 0	0	$\overline{A}B\overline{C}$	m_2
0 1 1	1	$\overline{A}BC$	m_3
1 0 0	0	$A\overline{B}\overline{C}$	m_4
1 0 1	1	$A\overline{B}C$	m_5
1 1 0	0	$AB\overline{C}$	m_6
1 1 1	1	ABC	m_7

이 진리표의 최소항식은 다음과 같다.

$$\begin{aligned} F(A,B,C) &= \sum m(0,1,3,5,7) \\ &= \overline{A}\overline{B}\overline{C}+\overline{A}\overline{B}C+\overline{A}BC+A\overline{B}C+ABC \end{aligned}$$

그리고 $\overline{F}$를 최소항식으로 나타내보자. $\overline{F}$는 F의 부정이므로 결과가 1이 아닌 0을 선택하면 된다. 즉 다음 식과 같다.

$$\begin{aligned} \overline{F}(A,B,C) &= \sum m(2,4,6) \\ &= \overline{A}B\overline{C}+A\overline{B}\overline{C}+AB\overline{C} \end{aligned}$$

F와 $\overline{F}$의 관계는 다음과 같다.

$$\begin{aligned} F(A,B,C) &= \sum m(0,1,3,5,7) = \overline{A}\overline{B}\overline{C}+\overline{A}\overline{B}C+\overline{A}BC+A\overline{B}C+ABC \\ &= \overline{\overline{F}} = \overline{\sum m(2,4,6)} = \overline{\overline{A}B\overline{C}+A\overline{B}\overline{C}+AB\overline{C}} \end{aligned}$$

$$\begin{aligned} \overline{F}(A,B,C) &= \sum m(2,4,6) = \overline{A}B\overline{C}+A\overline{B}\overline{C}+AB\overline{C} \\ &= \overline{\sum m(0,1,3,5,7)} = \overline{\overline{A}\overline{B}\overline{C}+\overline{A}\overline{B}C+\overline{A}BC+A\overline{B}C+ABC} \end{aligned}$$

예제 5-3

다음 진리표를 이용하여 F와 $\overline{F}$를 최소항식으로 나타내어라.

$A\ B\ C$	F	$\overline{F}$
0 0 0	0	1
0 0 1	1	0
0 1 0	1	0
0 1 1	1	0
1 0 0	1	0
1 0 1	1	0
1 1 0	0	1
1 1 1	0	1

풀이

$$F(A,B,C) = \sum m(1,2,3,4,5) = \overline{A}\overline{B}C+\overline{A}B\overline{C}+\overline{A}BC+A\overline{B}\overline{C}+A\overline{B}C$$

$$\overline{F}(A,B,C) = \sum m(0,6,7) = \overline{A}\overline{B}\overline{C}+AB\overline{C}+ABC$$

[표 5-16]은 4변수에 대한 최소항 표현이다.

[표 5-16] 4변수 최소항의 표현 방법

$A\ B\ C\ D$	최소항	기호	$A\ B\ C\ D$	최소항	기호
0 0 0 0	$\overline{A}\overline{B}\overline{C}\overline{D}$	m_0	1 0 0 0	$A\overline{B}\overline{C}\overline{D}$	m_8
0 0 0 1	$\overline{A}\overline{B}\overline{C}D$	m_1	1 0 0 1	$A\overline{B}\overline{C}D$	m_9
0 0 1 0	$\overline{A}\overline{B}C\overline{D}$	m_2	1 0 1 0	$A\overline{B}C\overline{D}$	m_{10}
0 0 1 1	$\overline{A}\overline{B}CD$	m_3	1 0 1 1	$A\overline{B}CD$	m_{11}
0 1 0 0	$\overline{A}B\overline{C}\overline{D}$	m_4	1 1 0 0	$AB\overline{C}\overline{D}$	m_{12}
0 1 0 1	$\overline{A}B\overline{C}D$	m_5	1 1 0 1	$AB\overline{C}D$	m_{13}
0 1 1 0	$\overline{A}BC\overline{D}$	m_6	1 1 1 0	$ABC\overline{D}$	m_{14}
0 1 1 1	$\overline{A}BCD$	m_7	1 1 1 1	$ABCD$	m_{15}

입력변수가 4개인 예를 보자.

$$F(A,B,C,D) = \sum m(0,1,5,9,11,15)$$

이 식은 다음과 같은 최소항식으로 쉽게 표현할 수 있다.

$$F = \overline{A}\overline{B}\overline{C}\overline{D} + \overline{A}\overline{B}\overline{C}D + \overline{A}B\overline{C}D + A\overline{B}\overline{C}D + A\overline{B}CD + ABCD$$

예제 5-4

다음 논리식을 최소항식으로 변환하여라.

$$F(A,B,C,D) = A\overline{B}C + \overline{A}\overline{B} + AB\overline{C}D$$

풀이

첫 번째 항 $A\overline{B}C$ 에는 변수 $\overline{D}$ 또는 D가 없으므로 다음과 같이 $\overline{D}+D$를 곱한다.

$$A\overline{B}C = A\overline{B}C(\overline{D}+D) = A\overline{B}C\overline{D} + A\overline{B}CD$$

두 번째 항 $\overline{A}\overline{B}$ 에는 $\overline{C}$, C와 $\overline{D}$, D가 없으므로 다음과 같이 $(\overline{C}+C)(\overline{D}+D)$ 를 곱한다.

$$\overline{A}\overline{B} = \overline{A}\overline{B}(\overline{C}+C)(\overline{D}+D) = \overline{A}\overline{B}\overline{C}\overline{D} + \overline{A}\overline{B}\overline{C}D + \overline{A}\overline{B}C\overline{D} + \overline{A}\overline{B}CD$$

세 번째 항 $AB\overline{C}D$ 는 이미 최소항이므로 식 F의 최소항식은 다음과 같다.

$$\begin{aligned} F(A,B,C,D) &= A\overline{B}C + \overline{A}\overline{B} + AB\overline{C}D \\ &= A\overline{B}C\overline{D} + A\overline{B}CD + \overline{A}\overline{B}\overline{C}\overline{D} + \overline{A}\overline{B}\overline{C}D + \overline{A}\overline{B}C\overline{D} + \overline{A}\overline{B}CD + AB\overline{C}D \\ &= \sum m(0,1,2,3,10,11,13) \end{aligned}$$

합의 곱과 최대항

합의 곱(POS)이란 입력 측인 1단계는 OR 항(sum term, 합의 항)으로 구성되고, 출력 측인 2단계는 AND 항(product term, 곱의 항)으로 만들어진 논리식을 말한다. 각 합의 항(sum term)은 하나 이상의 변수들이 OR 연산자로 만들어진 것이다. 표준 합의 항, 즉 모든 변수를 포함하는 OR 항을 **최대항**이라 한다. 예를 들면, A, B, C, D 변수를 사용하는 함수에서 $\overline{A}+B+C+\overline{D}$, $A+B+C+D$와 같이 만들어진 합의 항이 **표준 합의 항**이다.

합의 곱 형태의 논리식은 합의 항(OR 항) 하나 이상을 AND 연산자로 연결한 식이다. 다음 몇 가지 예를 보자.

- $(A+B)(A+C)$
- $A(B+C)$
- A
- $A+B$
- $(A+\overline{B}+\overline{C}+\overline{D})(\overline{A}+B+C+\overline{D})$

표준 합의 항의 곱(product of standard sum terms)은 최대항들의 곱으로 이루어진 것을 말한다. [표 5-17]은 각각 2, 3, 4변수 최대항을 나타낸 것이다.

[표 5-17] 최대항 표현 방법

$A\ B$	최대항	기호
0 0	$A+B$	M_0
0 1	$A+\overline{B}$	M_1
1 0	$\overline{A}+B$	M_2
1 1	$\overline{A}+\overline{B}$	M_3

(a) 2변수 최대항 표현

$A\ B\ C$	최대항	기호
0 0 0	$A+B+C$	M_0
0 0 1	$A+B+\overline{C}$	M_1
0 1 0	$A+\overline{B}+C$	M_2
0 1 1	$A+\overline{B}+\overline{C}$	M_3
1 0 0	$\overline{A}+B+C$	M_4
1 0 1	$\overline{A}+B+\overline{C}$	M_5
1 1 0	$\overline{A}+\overline{B}+C$	M_6
1 1 1	$\overline{A}+\overline{B}+\overline{C}$	M_7

(b) 3변수 최대항 표현

$A\ B\ C\ D$	최대항	기호	$A\ B\ C\ D$	최대항	기호
0 0 0 0	$A+B+C+D$	M_0	1 0 0 0	$\overline{A}+B+C+D$	M_8
0 0 0 1	$A+B+C+\overline{D}$	M_1	1 0 0 1	$\overline{A}+B+C+\overline{D}$	M_9
0 0 1 0	$A+B+\overline{C}+D$	M_2	1 0 1 0	$\overline{A}+B+\overline{C}+D$	M_{10}
0 0 1 1	$A+B+\overline{C}+\overline{D}$	M_3	1 0 1 1	$\overline{A}+B+\overline{C}+\overline{D}$	M_{11}
0 1 0 0	$A+\overline{B}+C+D$	M_4	1 1 0 0	$\overline{A}+\overline{B}+C+D$	M_{12}
0 1 0 1	$A+\overline{B}+C+\overline{D}$	M_5	1 1 0 1	$\overline{A}+\overline{B}+C+\overline{D}$	M_{13}
0 1 1 0	$A+\overline{B}+\overline{C}+D$	M_6	1 1 1 0	$\overline{A}+\overline{B}+\overline{C}+D$	M_{14}
0 1 1 1	$A+\overline{B}+\overline{C}+\overline{D}$	M_7	1 1 1 1	$\overline{A}+\overline{B}+\overline{C}+\overline{D}$	M_{15}

(c) 4변수 최대항 표현

논리식 $(A+B)(A+\overline{B})(\overline{A}+B)$ 를 기호를 사용하여 최대항식으로 나타내면 다음과 같다. 그리고 최대항은 대문자 M으로 표시하고, 각 항은 곱의 형태이므로 수학기호 $\prod$ 를 사용하여 다음과 같이 표시한다.

$$\begin{aligned} F(A,B) &= (A+B)(A+\overline{B})(\overline{A}+B) \\ &= M_0 \cdot M_1 \cdot M_2 \\ &= \prod M(0,1,2) \end{aligned}$$

이 최대항식을 진리표로 나타내면 [표 5-18]과 같다. 최대항은 최소항과 반대로 출력이 0인 부분을 선택하여 최대항으로 하고 이들을 AND로 결합하는 POS 형태가 된다.

[표 5-18] $(A+B)(A+\overline{B})(\overline{A}+B)$의 진리표

입력		출력
A	B	F
0	0	0
0	1	0
1	0	0
1	1	1

예제 5-5

다음 최대항식을 진리표로 만들어보고, 논리식을 구해보아라.

$$F(A,B,C) = \prod M(0,1,3,5,7)$$

풀이

진리표는 다음과 같다.

[표 5-19] $F(A,B,C) = \prod M(0,1,3,5,7)$의 진리표

$A\ B\ C$	F	최대항	기호
0 0 0	0	$A+B+C$	M_0
0 0 1	0	$A+B+\overline{C}$	M_1
0 1 0	1	$A+\overline{B}+C$	M_2
0 1 1	0	$A+\overline{B}+\overline{C}$	M_3
1 0 0	1	$\overline{A}+B+C$	M_4
1 0 1	0	$\overline{A}+B+\overline{C}$	M_5
1 1 0	1	$\overline{A}+\overline{B}+C$	M_6
1 1 1	0	$\overline{A}+\overline{B}+\overline{C}$	M_7

F가 0인 항을 모두 찾아서 최대항식으로 나타내면 다음과 같다.

$$\begin{aligned} F(A,B,C) &= \prod M(0,1,3,5,7) \\ &= (A+B+C)(A+B+\overline{C})(A+\overline{B}+\overline{C})(\overline{A}+B+\overline{C})(\overline{A}+\overline{B}+\overline{C}) \end{aligned}$$

예제 5-6

다음 논리식을 최대항식으로 변환하여라.

$$F(A,B,C,D) = (A+\overline{B}+C)(\overline{B}+C+\overline{D})(A+\overline{B}+\overline{C}+D)$$

풀이

첫 번째 항 $A+\overline{B}+C$에는 변수 $\overline{D}$ 또는 D가 없으므로 다음과 같이 $\overline{D}D$를 합한 다음 [표 5-7]의 ⑮번 법칙($A+BC=(A+B)(A+C)$)을 적용한다.

$$A+\overline{B}+C = A+\overline{B}+C+\overline{D}D = (A+\overline{B}+C+\overline{D})(A+\overline{B}+C+D)$$

두 번째 항 $\overline{B}+C+\overline{D}$에는 $\overline{A}$ 또는 A가 없으므로 다음과 같이 $\overline{A}A$를 합한 다음 [표 5-7]의 ⑮번 법칙을 적용한다.

$$\overline{B}+C+\overline{D} = \overline{A}A+\overline{B}+C+\overline{D} = (\overline{A}+\overline{B}+C+\overline{D})(A+\overline{B}+C+\overline{D})$$

세 번째 항 $A+\overline{B}+\overline{C}+D$는 이미 최대항이므로 식 F의 최대항식은 다음과 같다.

$$\begin{aligned} F(A,B,C,D) &= (A+\overline{B}+C)(\overline{B}+C+\overline{D})(A+\overline{B}+\overline{C}+D) \\ &= (A+\overline{B}+C+\overline{D})(A+\overline{B}+C+D)(\overline{A}+\overline{B}+C+\overline{D})(A+\overline{B}+\overline{C}+D) \\ &= \prod M(4,5,6,13) \end{aligned}$$

최소항과 최대항의 관계

[표 5-20]을 참고하여 최소항과 최대항의 관계를 알아보자. 앞에서도 언급했듯이 최소항은 출력이 1인 항을 SOP로 나타낸 것이고, 최대항은 출력이 0인 항을 POS로 나타낸 것이다. 즉 최소항과 최대항은 상호 보수의 성질을 띤다고 말할 수 있다.

[표 5-20] 최소항과 최대항의 관계

$A\ B\ C$	F	$\overline{F}$	최소항	기호	최대항	기호	관계
0 0 0	0	1	$\overline{A}\overline{B}\overline{C}$	m_0	$A+B+C$	M_0	$M_0=\overline{m_0}$
0 0 1	1	0	$\overline{A}\overline{B}C$	m_1	$A+B+\overline{C}$	M_1	$M_1=\overline{m_1}$
0 1 0	1	0	$\overline{A}B\overline{C}$	m_2	$A+\overline{B}+C$	M_2	$M_2=\overline{m_2}$
0 1 1	1	0	$\overline{A}BC$	m_3	$A+\overline{B}+\overline{C}$	M_3	$M_3=\overline{m_3}$
1 0 0	1	0	$A\overline{B}\overline{C}$	m_4	$\overline{A}+B+C$	M_4	$M_4=\overline{m_4}$
1 0 1	1	0	$A\overline{B}C$	m_5	$\overline{A}+B+\overline{C}$	M_5	$M_5=\overline{m_5}$
1 1 0	0	1	$AB\overline{C}$	m_6	$\overline{A}+\overline{B}+C$	M_6	$M_6=\overline{m_6}$
1 1 1	0	1	ABC	m_7	$\overline{A}+\overline{B}+\overline{C}$	M_7	$M_7=\overline{m_7}$

최소항과 최대항 사이의 관계를 F와 $\overline{F}$의 최소항식과 최대항식을 이용하여 살펴보자. 먼저 F를 최소항식으로 나타낸 뒤 이를 이중부정하여 최대항식으로 바꾼다.

$$\begin{aligned}
F(A,B,C) &= \sum m(1, 2, 3, 4, 5) \\
&= \bar{A}\bar{B}C + \bar{A}B\bar{C} + \bar{A}BC + A\bar{B}\bar{C} + A\bar{B}C \\
&= \overline{\overline{\bar{A}\bar{B}C + \bar{A}B\bar{C} + \bar{A}BC + A\bar{B}\bar{C} + A\bar{B}C}} \\
&= \overline{\overline{\bar{A}\bar{B}C} \cdot \overline{\bar{A}B\bar{C}} \cdot \overline{\bar{A}BC} \cdot \overline{A\bar{B}\bar{C}} \cdot \overline{A\bar{B}C}} \\
&= \overline{(A+B+\bar{C})(A+\bar{B}+C)(A+\bar{B}+\bar{C})(\bar{A}+B+C)(\bar{A}+B+\bar{C})} \\
&= \overline{\prod M(1, 2, 3, 4, 5)}
\end{aligned}$$

이 식에서 알 수 있듯이 F의 최소항식 $\sum m(1,2,3,4,5)$는 $\overline{F}$의 최대항식 $\prod M(1,2,3,4,5)$를 부정해 놓은 식인 $\overline{\prod M(1,2,3,4,5)}$이다. 실제로는 같은 식이지만 최소항과 최대항은 표기가 부정으로 된다는 것이다. 즉 다음 식처럼 의미를 생각할 수 있다.

$$F(A,B,C) = \sum m(1,2,3,4,5) = \overline{\prod M(1,2,3,4,5)} = \prod M(0,6,7) = \overline{\sum m(0,6,7)}$$

$$\begin{aligned}
\overline{F}(A,B,C) &= \sum m(0,6,7) = \bar{A}\bar{B}\bar{C} + AB\bar{C} + ABC = \overline{\overline{\bar{A}\bar{B}\bar{C} + AB\bar{C} + ABC}} \\
&= \overline{\overline{\bar{A}\bar{B}\bar{C}} \cdot \overline{AB\bar{C}} \cdot \overline{ABC}} = \overline{(A+B+C)(\bar{A}+\bar{B}+C)(\bar{A}+\bar{B}+\bar{C})} = \overline{\prod M(0,6,7)}
\end{aligned}$$

$\overline{F}$도 마찬가지로 해석해 볼 수 있다.

$$\overline{F}(A,B,C) = \sum m(0,6,7) = \overline{\prod M(0,6,7)} = \prod M(1,2,3,4,5) = \overline{\sum m(1,2,3,4,5)}$$

그러므로 최소항과 최대항을 표기할 때 보수가 된다는 의미다. 최소항을 부정하면 최대항 형식이 되고, 최대항을 부정하면 최소항 형식이 된다. 논리회로를 간소화할 수 있는 방향으로 적절하게 최소항과 최대항을 사용하면 된다. 일반적으로 최소항을 선호한다.

예제 5-7

다음 최대항식을 최소항식으로 바꾸어 나타내고, 부정도 최소항식과 최대항식으로 나타내보아라.

$$F(A,B,C) = \prod M(0,2,3,7)$$

풀이

$$\begin{aligned}
F(A,B,C) &= \prod M(0,2,3,7) = (A+B+C)(A+\bar{B}+C)(A+\bar{B}+\bar{C})(\bar{A}+\bar{B}+\bar{C}) \\
&= \overline{\overline{(A+B+C)(A+\bar{B}+C)(A+\bar{B}+\bar{C})(\bar{A}+\bar{B}+\bar{C})}} \\
&= \overline{\bar{A}\bar{B}\bar{C} + \bar{A}B\bar{C} + \bar{A}BC + ABC} = \overline{\sum m(0,2,3,7)} \\
&= \overline{\prod M(1,4,5,6)} = \sum m(1,4,5,6) \\
&= \bar{A}\bar{B}C + A\bar{B}\bar{C} + A\bar{B}C + AB\bar{C}
\end{aligned}$$

$$\overline{F}(A,B,C) = \overline{\prod M(0,2,3,7)} = \sum m(0,2,3,7) = \overline{\sum m(1,4,5,6)} = \prod M(1,4,5,6)$$

SECTION 06

불 대수 법칙을 이용한 논리식의 간소화

이 절에서는 불 대수의 기본 법칙을 이용하여 논리식을 간소화하는 방법을 알아본다. 최소항으로 복귀하는 방법을 익힌 후 불 대수의 법칙을 적용하여 간소화하는 방법을 익힌다.

Keywords | 최소항으로 변환 | 간소화 |

불 대수 법칙을 이용하여 논리식을 간소화하는 방법을 살펴본다. 다음 식들은 어떤 관계에 있는지 간소화하면서 살펴보자.

① $\overline{A}B\overline{C} + \overline{A}BC + A\overline{B}\overline{C} + A\overline{B}C + ABC$

② $\overline{A}B + A\overline{B} + ABC$

③ $\overline{A}B + A\overline{B} + AC$

④ $\overline{A}B + A\overline{B} + BC$

최소항식인 ①번 식을 불 대수의 법칙을 이용하여 간소화해보자. 앞에서도 설명했듯이 최소항은 모든 항을 간소화하지 않고 그대로 표현한 것이다. 즉 간소화할 여지가 남아 있을 수 있다. 첫 번째 항과 두 번째 항을 묶고, 세 번째 항과 네 번째 항을 묶으면 각각에서 C 변수가 없어진다.

$$\begin{aligned}\overline{A}B\overline{C} + \overline{A}BC + A\overline{B}\overline{C} + A\overline{B}C + ABC &= (\overline{A}B\overline{C} + \overline{A}BC) + (A\overline{B}\overline{C} + A\overline{B}C) + ABC \\ &= \overline{A}B(\overline{C} + C) + A\overline{B}(\overline{C} + C) + ABC \\ &= \overline{A}B \cdot 1 + A\overline{B} \cdot 1 + ABC = \overline{A}B + A\overline{B} + ABC\end{aligned}$$

이와 같이 ①번 식을 간소화하면 ②번 식이 된다는 사실을 알았다. 그러나 ②번 식이 최소화된 것 같이 보이지만 실제로 최소화된 것은 아니다. ABC 항에서 하나의 변수가 더 줄어들 수 있다. ABC 항과 하나의 변수만 다른 것을 찾아보면 그 항과 ABC 항이 줄어들 것이다.

앞 절에서 $A + A = A$ 라는 법칙을 살펴보았다. 즉 같은 항이 여러 개 있어도 불 대수식의 논리값에는 아무런 변화가 없음을 알 수 있다. 위 식에서 ABC 항과 변수 하나가 다른 $A\overline{B}C$ 항을 하나 더 추가한 다음 계산해보자.

$$\begin{aligned}\overline{A}B\overline{C} + \overline{A}BC + A\overline{B}\overline{C} + A\overline{B}C + ABC + A\overline{B}C &= (\overline{A}B\overline{C} + \overline{A}BC) + (A\overline{B}\overline{C} + A\overline{B}C) + (ABC + A\overline{B}C) \\ &= \overline{A}B(\overline{C} + C) + A\overline{B}(\overline{C} + C) + AC(B + \overline{B}) \\ &= \overline{A}B \cdot 1 + A\overline{B} \cdot 1 + AC \cdot 1 = \overline{A}B + A\overline{B} + AC\end{aligned}$$

③번 식과 같은 결과를 얻을 수 있다. 이제 더 간소화할 수 없다. 그런데 위 계산 과정에서 $A\overline{B}C$ 를 추가하지 않고, 역시 ABC 와 하나의 변수만 다른 $\overline{A}BC$ 를 추가해서 계산해보자.

$$
\begin{aligned}
\bar{A}B\bar{C} + \bar{A}BC + A\bar{B}\bar{C} + A\bar{B}C + ABC + \bar{A}BC &= (\bar{A}B\bar{C} + \bar{A}BC) + (A\bar{B}\bar{C} + A\bar{B}C) + (ABC + \bar{A}BC) \\
&= \bar{A}B(\bar{C} + C) + A\bar{B}(\bar{C} + C) + BC(A + \bar{A}) \\
&= \bar{A}B \cdot 1 + A\bar{B} \cdot 1 + BC \cdot 1 = \bar{A}B + A\bar{B} + BC
\end{aligned}
$$

④번 식과 같은 결과를 얻을 수 있다. ③번 식과 ④번 식은 형태는 다르지만, 논리회로의 출력은 같다. 즉 출력은 같지만 다른 형태의 논리식은 여러 개가 될 수 있다. 위와 같이 어떤 식에서 같은 항을 몇 개 추가하더라도 전체 결과에는 영향을 미치지 않으므로 간소화할 수 있는 여지가 있다면 같은 항을 추가하여 간소화할 수 있다. 만약에 식 ①이 주어지지 않고 식 ②가 주어졌을 때 식 ③이나 식 ④로 바로 간소화하는 방법을 살펴보자. 먼저 논리식 $A + \bar{A}B$는 간소화될 수 있을까? 분배법칙([표 5-7]의 ⑭ 또는 ⑮)을 사용하여 풀어보면 다음과 같다.

$$A(\bar{A} + B) = A\bar{A} + AB = 0 + AB = AB$$

$$A + \bar{A}B = (A + \bar{A})(A + B) = 1 \cdot (A + B) = A + B$$

그러므로 식 ②에서 바로 항을 추가하지 않고 다음과 같이 바로 간소화할 수 있다.

$$
\begin{aligned}
\bar{A}B + A\bar{B} + ABC &= \bar{A}B + A(\bar{B} + BC) = \bar{A}B + A(\bar{B} + B)(\bar{B} + C) \\
&= \bar{A}B + A \cdot 1 \cdot (\bar{B} + C) = \bar{A}B + A\bar{B} + AC
\end{aligned}
$$

또는 다음과 같이 간소화할 수도 있다.

$$
\begin{aligned}
A\bar{A}B + A\bar{B} + ABC &= B(\bar{A} + AC) + A\bar{B} = B(\bar{A} + A)(\bar{A} + C) + A\bar{B} \\
&= B \cdot 1 \cdot (\bar{A} + C) + A\bar{B} = \bar{A}B + A\bar{B} + BC
\end{aligned}
$$

규칙을 적용할 수 있는 항이 있을 때 어느 항에 적용하느냐에 따라서 식을 간소화한 결과는 달라질 수 있다.

예제 5-8

불 대수 법칙을 이용하여 다음 논리식을 간소화하라.

$$\bar{A}\bar{B}\bar{C} + \bar{A}B\bar{C} + \bar{A}BC + A\bar{B}\bar{C}$$

풀이

주어진 논리식을 간소화하면 다음과 같다.

$$
\begin{aligned}
\bar{A}\bar{B}\bar{C} + \bar{A}B\bar{C} + \bar{A}BC + A\bar{B}\bar{C} &= \bar{A}\bar{B}\bar{C} + A\bar{B}\bar{C} + \bar{A}B\bar{C} + \bar{A}BC \\
&= \bar{B}\bar{C}(\bar{A} + A) + \bar{A}B(\bar{C} + C) = \bar{B}\bar{C} + \bar{A}B
\end{aligned}
$$

이번에는 최소항식 $F(A,B,C)=\sum m(0,1,3,5,7)$을 간소화하는 과정을 살펴보자.

$$\begin{aligned} F(A,B,C) &= \sum m(0,1,3,5,7) = \overline{A}\overline{B}\overline{C} + \overline{A}\overline{B}C + \overline{A}BC + A\overline{B}C + ABC \\ &= \overline{A}\overline{B}(\overline{C}+C) + \overline{A}C(\overline{B}+B) + AC(\overline{B}+B) \\ &= \overline{A}\overline{B} + \overline{A}C + AC = \overline{A}\overline{B} + C(\overline{A}+A) = \overline{A}\overline{B} + C \end{aligned}$$

또 $\overline{F}$도 구해보면 $\overline{F}$는 F의 부정이므로 결과가 1이 아닌 0을 선택하면 된다. 즉 다음 식과 같다.

$$\begin{aligned} \overline{F}(A,B,C) &= \overline{\sum m(0,1,3,5,7)} = \sum m(2,4,6) = \overline{A}B\overline{C} + A\overline{B}\overline{C} + AB\overline{C} \\ &= B\overline{C}(\overline{A}+A) + A\overline{C}(\overline{B}+B) = B\overline{C} + A\overline{C} = (A+B)\overline{C} \end{aligned}$$

예제 5-9

다음 진리표에서 논리식을 구하고 불 대수 법칙을 이용하여 간소화하여라.

[표 5-21] 불 대수 법칙을 이용한 간소화 예제

$A\ B\ C$	F	$\overline{F}$
0 0 0	0	1
0 0 1	1	0
0 1 0	1	0
0 1 1	1	0
1 0 0	1	0
1 0 1	1	0
1 1 0	0	1
1 1 1	0	1

풀이

논리식 F와 $\overline{F}$를 구하면 다음과 같다.

$$F(A,B,C) = \sum m(1,2,3,4,5) = \overline{A}\overline{B}C + \overline{A}B\overline{C} + \overline{A}BC + A\overline{B}\overline{C} + A\overline{B}C$$

$$\overline{F}(A,B,C) = \sum m(0,6,7) = \overline{A}\overline{B}\overline{C} + AB\overline{C} + ABC$$

논리식 F와 $\overline{F}$를 간소화하면 다음과 같다.

$$\begin{aligned} F(A,B,C) &= \overline{A}\overline{B}C + \overline{A}B\overline{C} + \overline{A}BC + A\overline{B}\overline{C} + A\overline{B}C \\ &= \overline{B}C(\overline{A}+A) + \overline{A}B(\overline{C}+C) + A\overline{B}(\overline{C}+C) = \overline{B}C + \overline{A}B + A\overline{B} \end{aligned}$$

$$\overline{F}(A,B,C) = \overline{A}\overline{B}\overline{C} + AB\overline{C} + ABC = \overline{A}\overline{B}\overline{C} + AB(\overline{C}+C) = \overline{A}\overline{B}\overline{C} + AB$$

CHAPTER

05 연습문제

주관식 문제(기본~응용회로 대비용)

1 진리표를 이용하여 다음 각 함수가 일치하는지 확인해보아라.

① $F = \overline{ABC}$, $G = \overline{A} + \overline{B} + \overline{C}$

② $F = X\overline{Y} + Y\overline{Z} + \overline{X}Z$, $G = \overline{X}Y + \overline{Y}Z + X\overline{Z}$

③ $F = \overline{A}\overline{C} + \overline{A}C + BC$, $G = (\overline{A} + C)(\overline{A} + B + \overline{C})$

④ $F = \overline{A}\overline{C} + BC + A\overline{B}$, $G = \overline{B}\overline{C} + AC + \overline{A}B$

⑤ $F = AB + AC + \overline{A}BD$, $G = BD + A\overline{B}C + AB\overline{D}$

2 다음 식이 성립함을 불 대수 법칙을 이용하여 확인해보아라.

① $\overline{X}\overline{Y} + XY + \overline{X}Y = \overline{X} + Y$

② $\overline{X}Y + X\overline{Y} + XY + \overline{X}\overline{Y} = 1$

③ $\overline{X} + XY + X\overline{Z} + X\overline{Y}\overline{Z} = \overline{X} + Y + \overline{Z}$

④ $X\overline{Y} + \overline{Y}\overline{Z} + \overline{X}\overline{Z} = X\overline{Y} + \overline{X}\overline{Z}$

3 드모르간의 정리를 이용하여 다음 식을 지정된 형태로 변환해보아라.

$$F = XY + \overline{X}\overline{Y} + \overline{Y}Z$$

① AND와 NOT만 사용하여 나타내어라.

② OR와 NOT만 사용하여 나타내어라.

4 다음 논리식의 부정($\overline{F}$)을 구하여라.

① $F = WX + YZ$

② $F = X\overline{Y} + \overline{X}Y$

③ $F = (A\overline{B} + C)\overline{D} + E$

④ $F = AB(\overline{C}D + C\overline{D}) + \overline{A}\overline{B}(\overline{C} + D)(C + \overline{D})$

⑤ $F = (A + \overline{B} + C)(\overline{A} + \overline{C})(A + B)$

⑥ $F = AB\overline{D} + \overline{B}\overline{C} + \overline{A}CD + \overline{A}B\overline{C}D$

⑦ $F = (A + \overline{B} + C)(\overline{A} + B + C)(A + \overline{B} + \overline{C})$

⑧ $F = (A + B)(\overline{B} + C) + \overline{D}(\overline{A}B + C)$

5 자동차 경고 버저(buzzer)의 논리를 설계하려고 한다. 경고 버저는 전조등(H)이 켜지고 운전석 문(D)이 열려 있거나, 또는 시동장치에 키(K)가 꽂혀있고 운전석 문(D)이 열려 있을 때 동작한다. 자동차 경고 버저의 논리식을 작성하여라. 작성한 논리식을 AND 게이트 2개, OR 게이트 1개를 사용하여 논리회로를 그려보아라. 또 AND 게이트 1개, OR 게이트 1개를 사용하여 논리회로를 그려보아라.

6 입력신호 A, 제어신호 B, 출력 X와 Y가 다음과 같이 동작하는 논리회로를 설계하여라.

- B=1이면 출력 X는 입력 A를 따르고, 출력 Y는 0이 된다.
- B=0이면 출력 X는 0이 되고, 출력 Y는 입력 A를 따른다.

7 다음 각 회로에 대한 출력식을 구하고 각 출력이 High가 되는 입력의 조건을 구하여라.

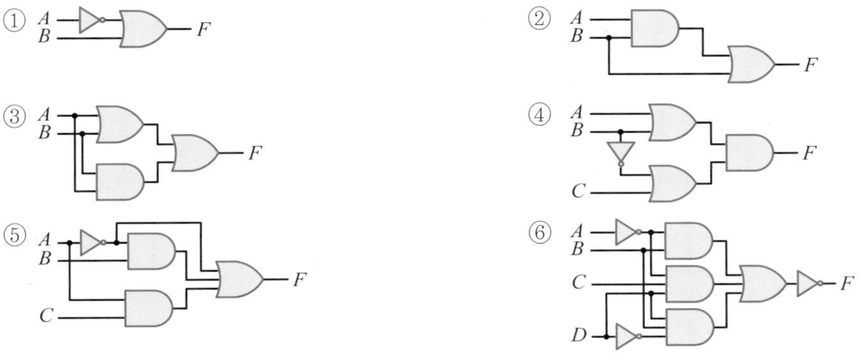

① (회로: 입력 A, B → 출력 F)

② 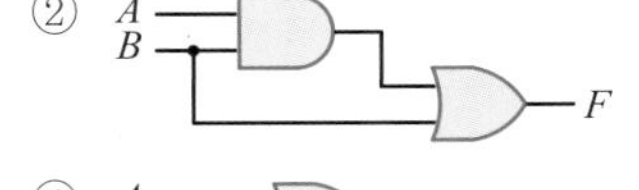

③ 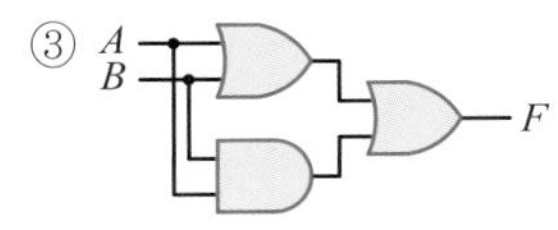

④ 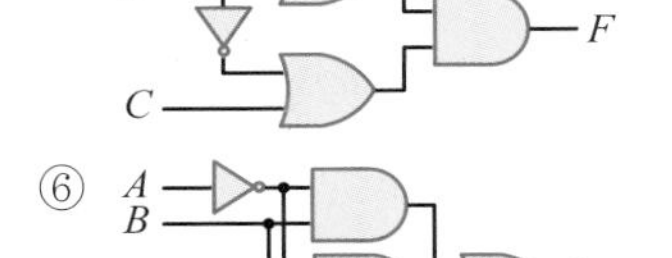

⑤ 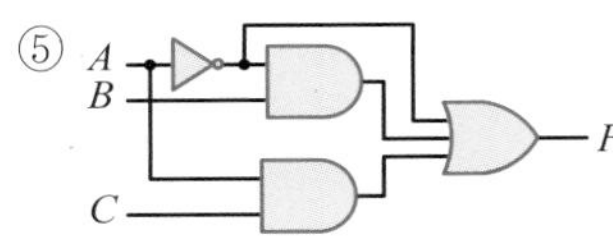

⑥ (회로: 입력 A, B, C, D → 출력 F)

8 다음 불 대수식을 논리회로로 그려보아라.

① $F = B\overline{C} + AB + ACD$

② $F = (A+B)(C+D)(\overline{A}+B+D)$

③ $F = (AB + \overline{A}\overline{B})(C\overline{D} + \overline{C}D)$

④ $F = \overline{A}\overline{B} + AC + \overline{B}C$

⑤ $F = AB + C(A+B)$

⑥ $F = W\overline{X}(V + \overline{Y}Z) + (\overline{W}Y + \overline{V})(\overline{X + YZ})$

9 다음 논리함수에 대한 질문에 답하여라.

$$F(A,B,C) = \sum m(0,1,3,5,7)$$

① 진리표를 그려라.

② 최소항의 논리식을 구하여라.

③ 간소화 SOP를 구하여라.

④ $\overline{F}$를 최소항 기호로 나타내어라.

10 다음 식을 최소항식으로 확장하여 표현하여라.

① $F(A,B,C) = A\overline{B} + \overline{B}\overline{C}$

② $F(A,B,C) = \overline{A} + BC + \overline{B}\overline{C}$

③ $F(A,B,C,D) = A\overline{B}C + BD + \overline{A}\overline{D}$

11 다음 논리식의 진리표를 구하고 최소항식과 최대항식으로 나타내어라.

① $F = (XY + Z)(Y + XZ)$

② $F = (\overline{A} + B)(\overline{B} + C)$

③ $F = \overline{Y}Z + WX\overline{Y} + WX\overline{Z} + \overline{W}\overline{X}Z$

④ $F = A + \overline{B}C$

⑤ $F = \overline{A}\overline{C}\overline{D} + \overline{A}C\overline{D} + BC$

⑥ $F = WX\overline{Y} + X\overline{Y}Z + W\overline{X}\overline{Z}$

12 진리표에 주어진 불 함수 E와 F에 대해서 다음 물음에 답하여라.

XYZ	E	F
0 0 0	1	0
0 0 1	1	0
0 1 0	1	1
0 1 1	0	1
1 0 0	0	0
1 0 1	0	0
1 1 0	0	1
1 1 1	0	1

① 각 함수의 최소항과 최대항을 기호로 나타내어라.

② $\overline{E}$와 $\overline{F}$의 최소항을 기호로 나타내어라.

③ E와 F를 최소항의 합으로 나타내어라.

④ E와 F를 간소화하여 나타내어라.

13 다음 진리표를 참고하여 질문에 답하여라.

$A\ B\ C$	F
0 0 0	0
0 0 1	1
0 1 0	0
0 1 1	1
1 0 0	1
1 0 1	0
1 1 0	1
1 1 1	1

① F를 숫자 형태의 최소항으로 표현하여라.
② F를 최소항의 합으로 나타내어라.
③ F를 간소화하여 나타내어라.
④ $\bar{F}$를 숫자 형태의 최소항으로 표현하여라.

14 다음 논리식을 불 대수 법칙을 이용하여 간소화하여라.

① $1 \cdot (A + B + C)$
② $A + B + C + 1$
③ $ABC + 1$
④ $(\bar{A} \cdot 1) + A$
⑤ $(\bar{A}AB + D)(CE\bar{E} + \bar{D})$
⑥ $(A + 0)(C + D\bar{D})$
⑦ $(A + \bar{A})B + (C + \bar{C})B$
⑧ $\bar{\bar{A}}\bar{\bar{A}}$
⑨ $AB\bar{A} + (B\bar{B}C + C) + C(D + 1)$
⑩ $(A + B) + (\bar{A} + \bar{B})$

15 불 대수 법칙을 이용하여 논리식을 간소화하여라.

① $(AB + CD) + (A + C)$
② $A(AB + C)$
③ $\bar{A}B + AB + \bar{A}\bar{B}$
④ $A + A\bar{B} + \bar{A}B$
⑤ $AB + A\bar{B}C$
⑥ $A\bar{B} + ABC$
⑦ $A\bar{B}\bar{C} + A\bar{B}C + AB\bar{C} + ABC$
⑧ $AB + A(B + C) + B(B + C)$
⑨ $(A\bar{B}(C + BD) + \bar{A}\bar{B})C$
⑩ $\overline{AB + AC} + \bar{A}\bar{B}C$

16 다음 불 대수식을 간소화하여라.

① $F = XYZ + \bar{X}Y + XY\bar{Z}$
② $F = \bar{X}YZ + XZ$
③ $F = (\overline{X + Y})(\bar{X} + \bar{Y})$
④ $F = XY + X(WZ + W\bar{Z})$
⑤ $F = (X + \bar{Y} + X\bar{Y})(XY + \bar{X}Z + YZ)$
⑥ $F = \bar{A}\bar{C} + ABC + A\bar{C}$
⑦ $F = (\overline{\overline{CD} + A}) + A + CD + AB$

CHAPTER
05 기출문제

객관식 문제(산업기사 대비용)

01 논리식 중 성립되지 않는 것은?

㉮ $A \cdot A = A$ ㉯ $A = \overline{\overline{A}}$
㉰ $A + \overline{A} = A$ ㉱ $A \cdot \overline{A} = 0$

02 다음 불 대수 공식 중 틀린 것은?

㉮ $X + 0 = 0$ ㉯ $X + X = X$
㉰ $X \cdot \overline{X} = 0$ ㉱ $X \cdot X = X$

03 불 대수식 중 옳지 않은 것은?

㉮ $A \cdot 1 = A$ ㉯ $A + 1 = 1$
㉰ $A \cdot \overline{A} = 0$ ㉱ $A + \overline{A} = 0$

04 다음 논리식 중 틀린 것은?

㉮ $A + 0 = A$ ㉯ $A \cdot 0 = 0$
㉰ $A \cdot 1 = 1$ ㉱ $A + 1 = 1$

05 다음 중 논리식이 틀린 것은?

㉮ $A + 1 = A$ ㉯ $A + A = A$
㉰ $A \cdot A = A$ ㉱ $A + A \cdot B = A$

06 다음 불 대수의 관계식이 옳지 않은 것은?

㉮ $X(Y + Z) = XY + XZ$
㉯ $\overline{XY} = \overline{X} + \overline{Y}$
㉰ $X \cdot X = 1$
㉱ $X + X = X$

07 불 대수(Boolean algebra)가 옳지 않은 것은?

㉮ $A + \overline{A}B = A$
㉯ $A \cdot A = A$
㉰ $A + A\overline{B} = A$
㉱ $A(A + B) = A$

08 불 대수에 관한 정리 중 옳지 않은 것은?

㉮ $A + A = A$
㉯ $A\overline{A} = 0$
㉰ $A + AB = A$
㉱ $A + \overline{AB} = A + B$

09 다음 중 불 대수 정리로 옳지 않은 것은?

㉮ $B + \overline{B} = 1$
㉯ $AB + A\overline{B} = B$
㉰ $(A + B)(A + \overline{B}) = A$
㉱ $A(\overline{A} + B) = AB$

10 불 대수의 법칙에 어긋나는 것은?

㉮ $\overline{A}B + A\overline{B} = A + B$
㉯ $A + AB = A$
㉰ $A + \overline{A}B = A + B$
㉱ $(A + B) \cdot (A + C) = A + B \cdot C$

11 불 대수의 정리 중 옳지 않은 것은?

㉮ $A + B = B + A$
㉯ $A + B \cdot C = (A + B)(A + C)$
㉰ $A + \overline{A} = 1$
㉱ $A \cdot B = \overline{A + \overline{B}}$

12 다음 불 대수의 정리 중 틀린 것은?

㉮ $A + AB = A$ ㉯ $A(A + B) = B$
㉰ $A + \overline{A}B = A + B$ ㉱ $A(\overline{A} + B) = AB$

13 다음 불 함수의 대수식이 옳지 않은 것은?

㉮ $\overline{X \cdot Y} = \overline{X} + \overline{Y}$ ㉯ $X \cdot \overline{X} = 0$
㉰ $X + X = 2X$ ㉱ $X + \overline{X}Y = X + Y$

14 다음 불 대수 중 옳지 않은 것은?

㉮ $X + XY = X$
㉯ $X\overline{Y} + Y = X + Y$
㉰ $(X + Y)(X + \overline{Y}) = \overline{X}$
㉱ $XY + \overline{X}Z + YZ = XY + \overline{X}Z$

15 다음 불 대수의 정리와 관련 있는 것은?

$$(A + B) + C = A + (B + C)$$

㉮ 교환법칙 ㉯ 결합법칙
㉰ 분배법칙 ㉱ 부정법칙

16 논리식 $A+AB=A$ 의 불 대수 정리는?

㉮ 결합법칙 ㉯ 교환법칙
㉰ 분배법칙 ㉱ 흡수법칙

17 다음 논리회로 법칙 중 서로 잘못 연결된 것은?

㉮ 교환법칙 : $A+B=B+A$
㉯ 결합법칙 : $A\cdot(B+C)=A\cdot B+A\cdot C$
㉰ 분배법칙 : $A+(B\cdot C)=(A+B)\cdot(A+C)$
㉱ 드모르간의 법칙 : $\overline{A\cdot B}=\overline{A}+\overline{B}$

18 드모르간(De Morgan)의 정리에 속하는 식은?

㉮ $A+\overline{A}=1$
㉯ $(A\cdot B)\cdot C=A\cdot(B\cdot C)$
㉰ $\overline{A\cdot B}=\overline{A}+\overline{B}$
㉱ $A+B=B+A$

19 드모르간(De Morgan)의 정리를 옳게 나타낸 것은?

㉮ $\overline{A+B}=A+B$ ㉯ $\overline{A+B}=A\cdot B$
㉰ $\overline{A+B}=\overline{A}\cdot\overline{B}$ ㉱ $\overline{A+B}=\overline{A}+\overline{B}$

20 $\overline{AB}$ 를 드모르간의 정리에 의해서 올바르게 변환시킨 회로는?

㉮ 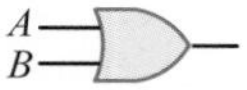 ㉯ 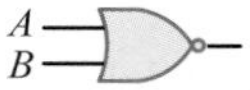
㉰ 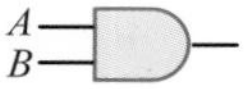 ㉱

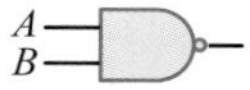

21 다음 중 논리식 $\overline{A}+\overline{B}$ 와 등가인 회로는?

㉮ 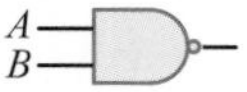 ㉯ 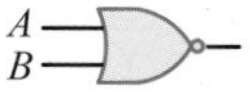
㉰ 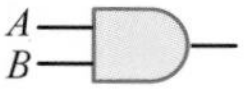 ㉱

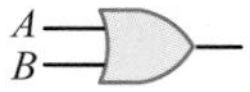

22 다음의 논리회로도에서 드모르간(De Morgan)의 정리를 나타내는 것은 어느 것인가?

㉮ = 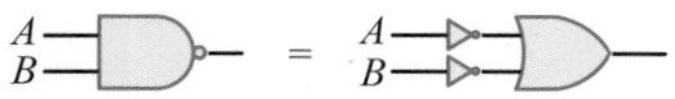
㉯ = 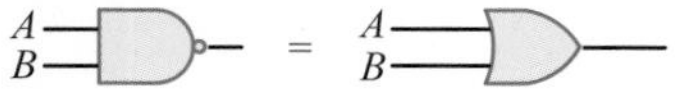
㉰ = 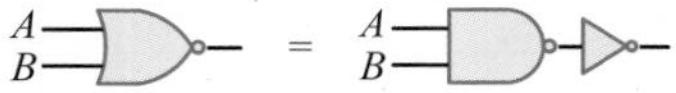
㉱ =

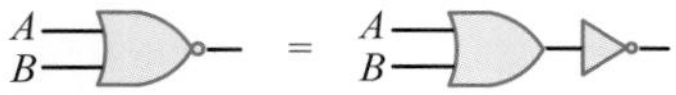

23 다음 논리식은 무슨 법칙을 활용하여 전개한 것인가?

$$F=\overline{C}(\overline{AB})=\overline{C}(\overline{A}+\overline{B})=\overline{C+AB}=\overline{AB+C}$$

㉮ 보수와 병렬의 법칙
㉯ 드모르간(De Morgan)의 법칙
㉰ 교차와 병렬의 법칙
㉱ 적(積)과 화(和)의 분배의 법칙

24 $A+\overline{A}=1$ 의 쌍대인 것을 표시한 식은?

㉮ $A\cdot\overline{A}=0$ ㉯ $A\cdot\overline{A}=1$
㉰ $A+\overline{A}=A$ ㉱ $A+\overline{A}=0$

25 다음 중 결과가 다른 하나는?

㉮ $A(A+B)$ ㉯ $A+AB$
㉰ $1\cdot A$ ㉱ $A+1$

26 다음 불(Boolean) 대수식을 간단히 한 결과 Y는?

$$Y=A\overline{A}+B$$

㉮ $Y=A$ ㉯ $Y=B$
㉰ $Y=\overline{A}$ ㉱ $Y=\overline{B}$

27 논리식 $A+AB$를 간단히 한 결과는?

㉮ $A+B$ ㉯ A
㉰ B ㉱ 1

28 논리식 $\overline{A}+B+\overline{A}+\overline{B}$를 간소화하여 정리하면?

㉮ $\overline{A}$ ㉯ $\overline{B}$
㉰ 1 ㉱ B

29 논리식 $Y=A+AB+AC$를 간소화하면?

㉮ $Y=A$ ㉯ $Y=B$
㉰ $Y=A+B$ ㉱ $Y=A+C$

30 논리식 $X=(A+B)(\overline{A\cdot B})$ 와 같은 것은?

㉮ $A+\overline{B}$
㉯ $\overline{A}B+A\overline{B}$
㉰ $A+B$
㉱ $\overline{A}+B$

31 다음 논리식을 간단히 하면?

$$\overline{\overline{A}+B}+\overline{\overline{A}+\overline{B}}$$

㉮ $A+B$　　㉯ AB
㉰ A　　㉱ B

32 다음 논리식 $\overline{\overline{A}B}+A\overline{B}+AB$를 간단히 표현하면?

㉮ $A+B$　　㉯ $\overline{A}+B$
㉰ $A+\overline{B}$　　㉱ $\overline{A}+\overline{B}$

33 다음 논리식 중에서 좌, 우 항의 관계가 틀린 것은?

㉮ $(A+B)(\overline{A}+\overline{B}) = A\overline{B}+\overline{A}B$
㉯ $AB = \overline{A}+\overline{B}$
㉰ $(A+B)\overline{AB} = A\overline{B}+\overline{A}B$
㉱ $A \oplus B = A\overline{B}+\overline{A}B$

34 다음 불 대수식과 등가인 것은?

$$A+B\cdot C$$

㉮ $A\cdot B\cdot(A+C)$　　㉯ $(A+B)\cdot(A+C)$
㉰ $(A+B)\cdot A\cdot C$　　㉱ $(A+B)\cdot(\overline{A+C})$

35 불 대수식 $(A+B)(A+C)$와 등가인 것은?

㉮ BC　　㉯ ABC
㉰ $A+B+C$　　㉱ $A+BC$

36 다음 논리식 F를 간소화한 것은?

$$F = \overline{A}(BC+B\overline{C})+A(BC+B\overline{C})$$

㉮ B　　㉯ BC
㉰ AC　　㉱ $A+B\overline{C}$

37 논리식 $\overline{B}(\overline{A}+C)(B+\overline{C})$ 를 간소화하면?

㉮ ABC　　㉯ $\overline{A}\cdot\overline{B}\cdot\overline{C}$
㉰ $A+B+C$　　㉱ $\overline{A}+\overline{B}+\overline{C}$

38 논리식 $f = xy+wxy$를 간단히 하면?

㉮ xy　　㉯ w
㉰ wxy　　㉱ wx

39 논리식 $A\overline{B}\overline{C}+AB\overline{C}$를 간소화하면?

㉮ $A\overline{C}$　㉯ $\overline{A}C$　㉰ AC　㉱ AB

40 다음 불 대수식을 간소화할 때 맞는 것은?

$$RST+RS(\overline{T}+V)$$

㉮ $RS\overline{T}$　㉯ RSV　㉰ RST　㉱ RS

41 논리식 $A\overline{B}+A\overline{B}C+A\overline{B}(D+E)$를 간단히 하면?

㉮ $A\overline{B}(D+E)$　　㉯ $\overline{A}B(D+E)$
㉰ $\overline{A}B$　　㉱ $A\overline{B}$

42 다음 논리식을 간단히 하면?

$$Y=\overline{(A+B)\overline{C}\,\overline{D}+E+\overline{F}}$$

㉮ $Y=(AB+C+D)\overline{EF}$
㉯ $Y=(\overline{A}\,\overline{B}+C+D)E\overline{F}$
㉰ $Y=(\overline{A}\,\overline{B}+C+D)\overline{E}F$
㉱ $Y=(\overline{A}\,\overline{B}+\overline{C}+\overline{D})EF$

43 다음과 같이 주어지는 논리식을 불 대수를 적용하여 간소화한 것은?

$$Z=(A+\overline{B}C+D+EF)(A+\overline{B}C+\overline{D+EF})$$

㉮ $Z=D+EF$　　㉯ $Z=\overline{B}C+D+EF$
㉰ $Z=A+\overline{B}C$　　㉱ $Z=A+D$

44 다음 논리회로를 만족시키는 논리회로는?

$$F(X,Y,Z)=(X+Y+XY)(X+Z)$$

㉮
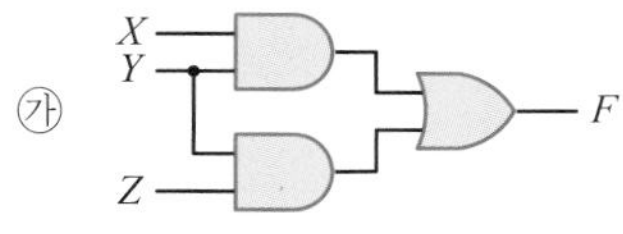

㉯
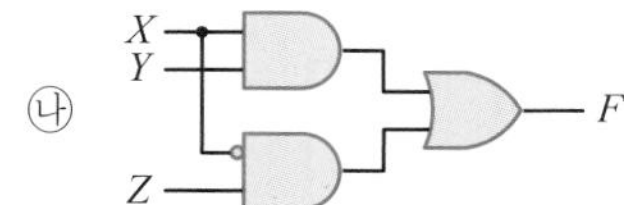

㉰
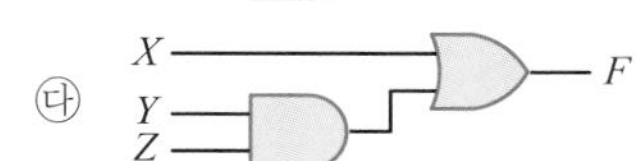

㉱
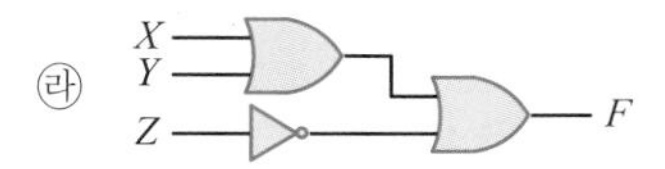

45 다음과 같은 논리회로의 출력 F를 나타낸 논리식은?

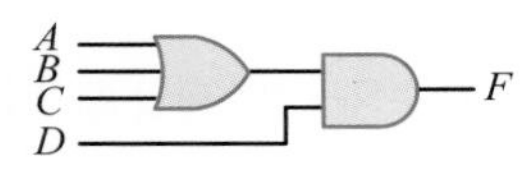

㉮ $(ABC)D$　　㉯ $(ABC)+D$

㉰ $(A+B+C)D$　　㉱ $A+B+C+D$

46 다음 논리회로의 논리식은?

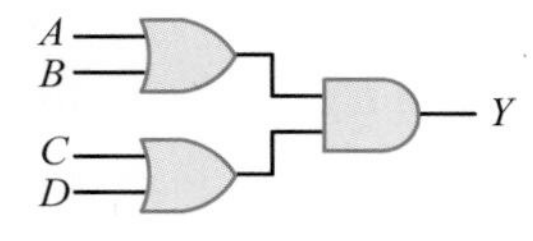

㉮ $Y = AB + CD$

㉯ $Y = (A+B)(C+D)$

㉰ $Y = AB(C+D)$

㉱ $Y = (A+B)+(C+D)$

47 다음과 같은 논리회로의 출력 X는?

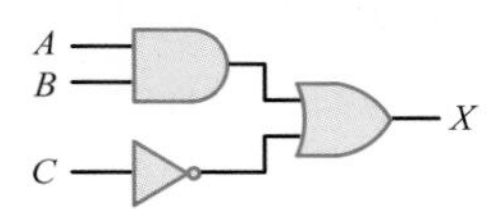

㉮ $(A+B)\overline{C}$　　㉯ ABC

㉰ $\overline{AB}+C$　　㉱ $AB+\overline{C}$

48 다음 논리회로의 불 대수식 표현은?

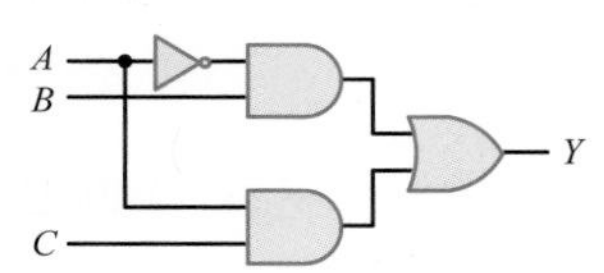

㉮ $Y = \overline{A}B + AC$　　㉯ $Y = \overline{A}BC$

㉰ $Y = A\overline{B} + C$　　㉱ $Y = \overline{A} + B + C$

49 다음과 같은 논리회로의 출력 X는?

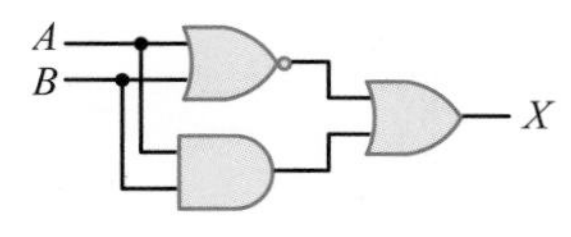

㉮ $X = (\overline{A+B})\cdot(\overline{A\cdot B})$

㉯ $X = (A+B)\cdot(\overline{A\cdot B})$

㉰ $X = (\overline{A+B})+(A\cdot B)$

㉱ $X = (A+B)+(A\cdot B)$

50 다음 회로를 논리식으로 표시한 것 중 옳은 것은?

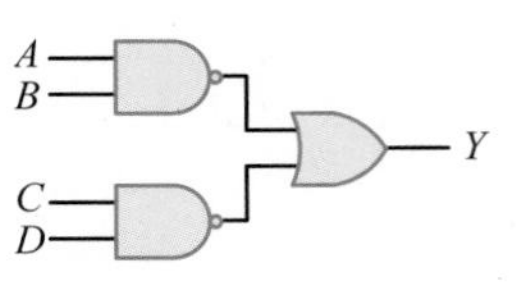

㉮ $Y = \overline{AB} + \overline{CD}$

㉯ $Y = (A+B)(C+D)$

㉰ $Y = AB + CD$

㉱ $Y = \overline{A+B} + \overline{C+D}$

51 다음 논리회로의 출력 F는?

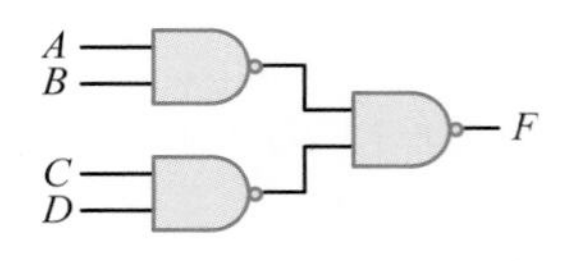

㉮ $\overline{AB+CD}$　　㉯ $(\overline{A+B})(C+D)$

㉰ $(A+B)(C+D)$　　㉱ $AB+CD$

52 다음과 같은 논리회로의 출력 X는?

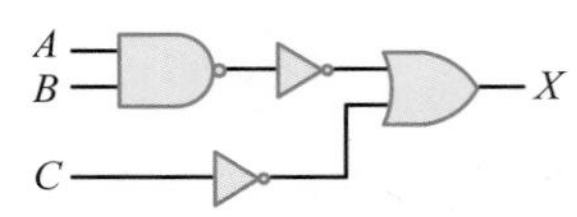

㉮ $AB+\overline{C}$　　㉯ $\overline{AB+C}$

㉰ $A+BC$　　㉱ $\overline{A}+BC$

53 다음과 같은 논리회로의 출력 F는?

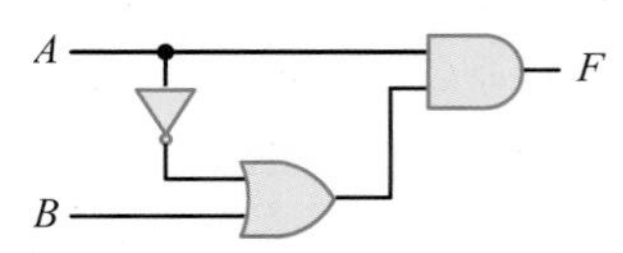

㉮ $A(\overline{A}+B)$　　㉯ $\overline{A}(A+B)$

㉰ $A(A+B)$　　㉱ $A(\overline{A}+\overline{B})$

54 다음과 같은 논리회로를 논리식으로 표시하면?

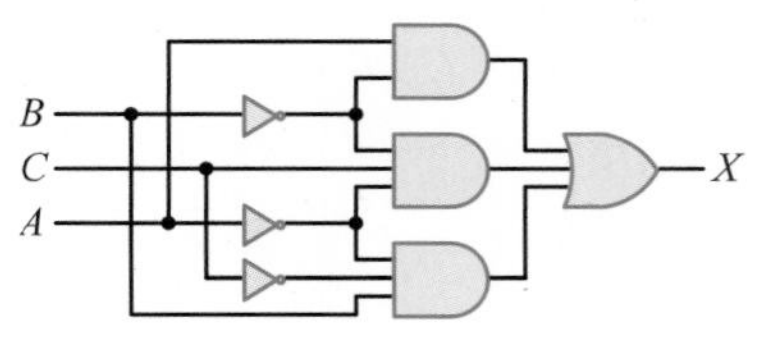

㉮ $X = \overline{A}\,\overline{B}C + \overline{A}B\overline{C} + A\overline{B}$

㉯ $X = ABC + AB\overline{C} + \overline{A}B$

㉰ $X = \overline{A}B\overline{C} + \overline{A}\,\overline{B}\,\overline{C} + A\overline{B}$

㉱ $X = \overline{A}\,\overline{B}C + A\overline{B}C + A\overline{B}$

55 다음과 같은 논리회로의 출력 X를 논리식으로 옳게 나타낸 것은?

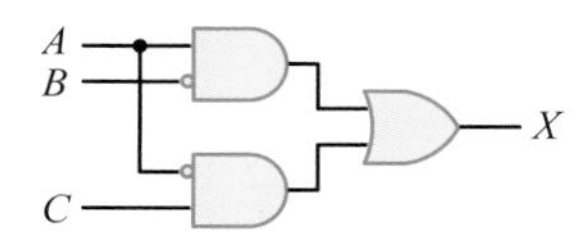

㉮ $AB+AC$　　㉯ $A\overline{B}+\overline{A}C$
㉰ $\overline{A\overline{B}+A\overline{C}}$　　㉱ $A\overline{B}+A\overline{C}$

56 다음 논리회로의 논리 출력식으로 옳은 것은?

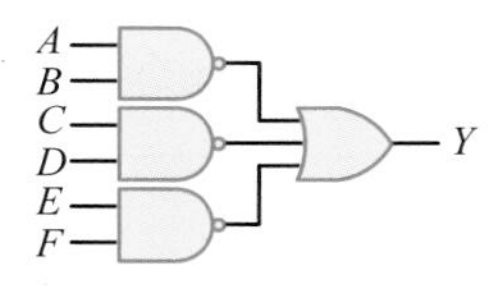

㉮ $Y=\overline{AB}\cdot\overline{CD}\cdot\overline{EF}$
㉯ $Y=\overline{AB+CD+EF}$
㉰ $Y=AB+CD+EF$
㉱ $Y=\overline{AB\cdot CD\cdot EF}$

57 다음과 같은 논리회로의 출력 Y는?

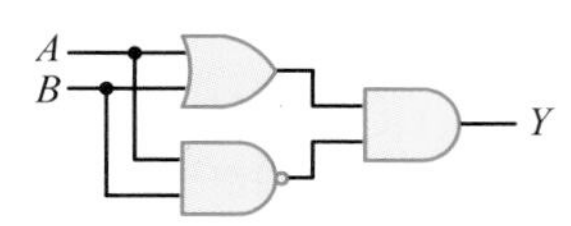

㉮ $AB+\overline{A}B$　　㉯ $(A+\overline{B})\overline{A}\overline{B}$
㉰ $AB(\overline{A}+\overline{B})$　　㉱ $(A+B)(\overline{A}+\overline{B})$

58 다음 논리회로를 간단히 하면?

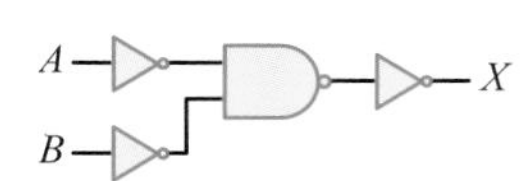

㉮ A B X　　㉯ A B X
㉰ A B X　　㉱ A B X

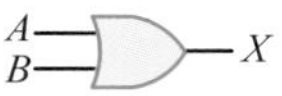

59 다음과 같은 논리회로의 출력은?

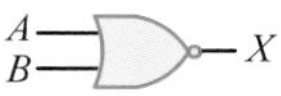

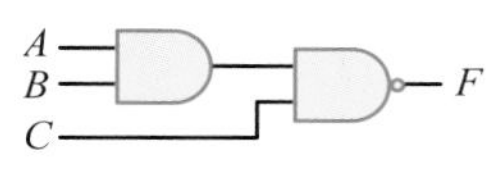

㉮ $A+B\overline{C}$　　㉯ $\overline{AB}+\overline{C}$
㉰ ABC　　㉱ $A+B+C$

60 다음 그림은 무슨 게이트를 나타낸 것인가?

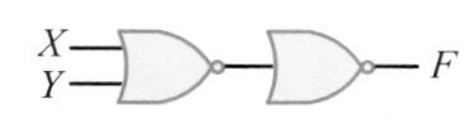

㉮ AND　　㉯ OR
㉰ NOR　　㉱ NAND

61 다음 논리회로를 한 개의 게이트로 표현하였을 때 옳은 것은?

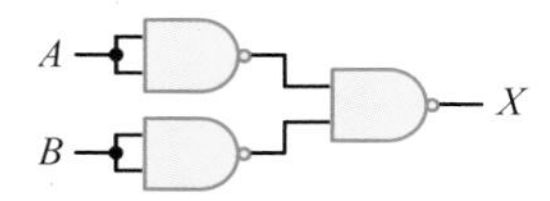

㉮ AND 게이트　　㉯ OR 게이트
㉰ NAND 게이트　　㉱ NOR 게이트

62 다음 논리회로의 출력 Y가 0이 될 입력의 조합은?

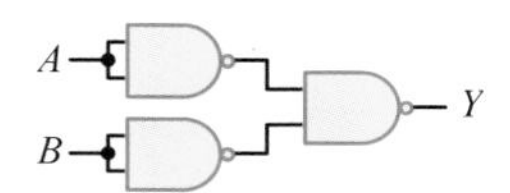

㉮ $A=0,\ B=0$　　㉯ $A=0,\ B=1$
㉰ $A=1,\ B=0$　　㉱ $A=1,\ B=1$

63 다음 논리회로를 간단히 하면?

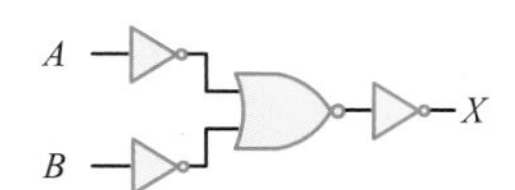

㉮ A B X　　㉯ A B X
㉰ A B X　　㉱ A B X

64 다음 논리회로를 간소화하면?

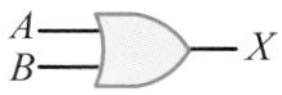

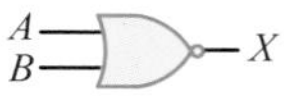

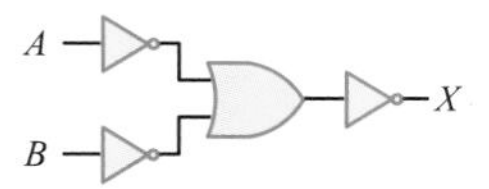

㉮ A B X　　㉯ A B X
㉰ A B X　　㉱ A B X

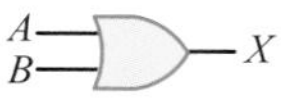

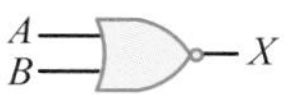

65 다음 그림과 등가인 게이트는?

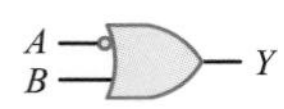

㉮  ㉯

㉰  ㉱

66 그림에서 회로의 등가가 성립되지 않는 것은?

㉮ 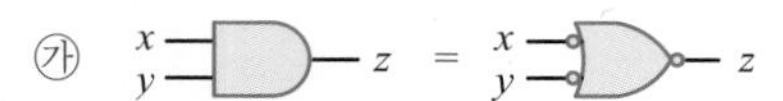

㉯

㉰

㉱

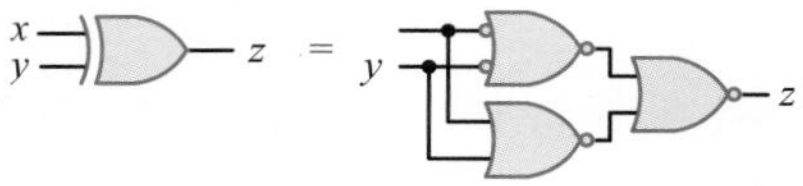

67 다음과 같은 회로의 논리식은?

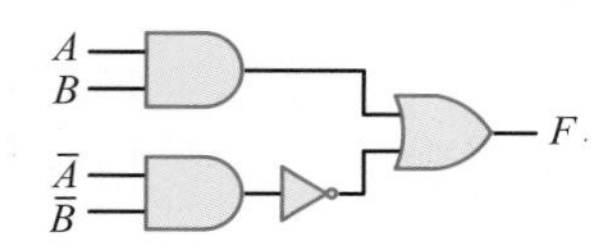

㉮ AB ㉯ $A+B$

㉰ $\overline{A}+\overline{B}$ ㉱ $\overline{A}\cdot\overline{B}$

68 다음 논리회로 중 출력 Y가 논리적으로 같지 않은 것은?

㉮ 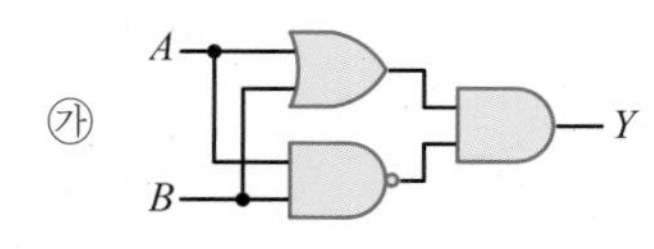

㉯ 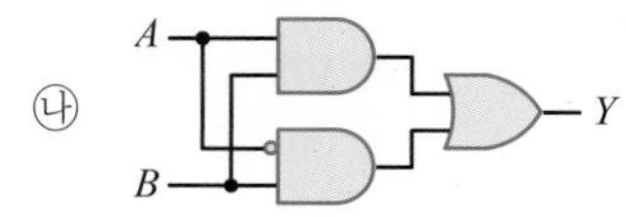

㉰ 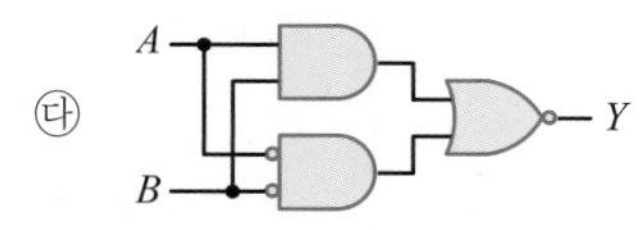

㉱ 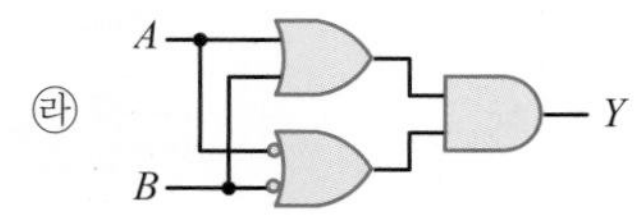

69 다음과 같은 논리회로의 출력 X는?

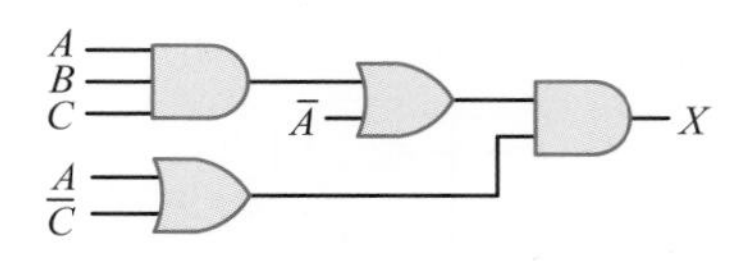

㉮ $B+\overline{C}$ ㉯ ABC

㉰ $AB+BC$ ㉱ $ABC+\overline{A}\overline{C}$

70 다음과 같은 논리회로를 간소화한 회로는?

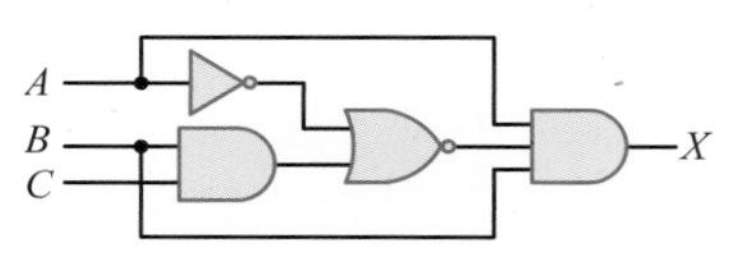

㉮

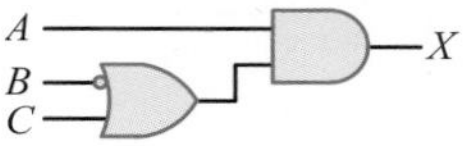

㉯

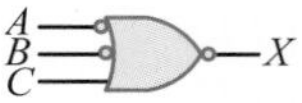

㉰

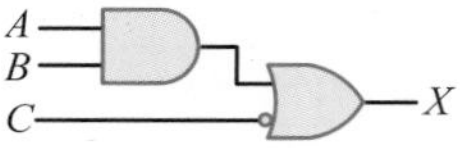

㉱

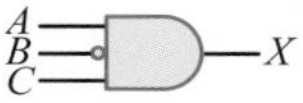

71 다음 논리회로를 간단히 하면?

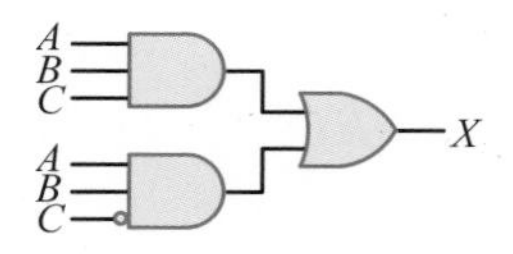

㉮ 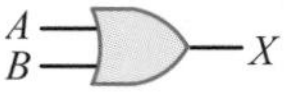 ㉯

㉰  ㉱

72 다음 논리회로에서 출력 X의 논리식은?

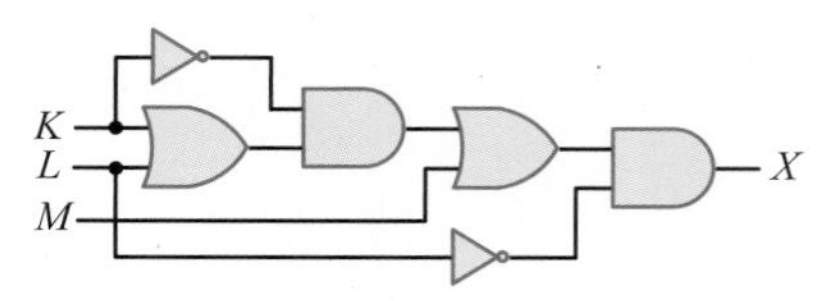

㉮ $X=\overline{L}M$

㉯ $X=LK+\overline{K}M$

㉰ $X=M+\overline{L}+K$

㉱ $X=\overline{K}(K+L)+\overline{L}$

73 $X = AB + CD$를 논리회로로 표현하면?

㉮
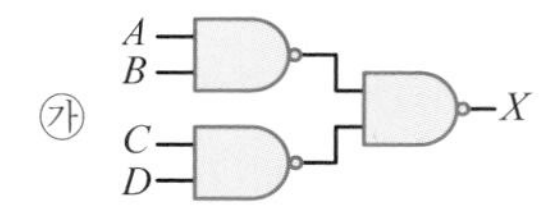

㉯
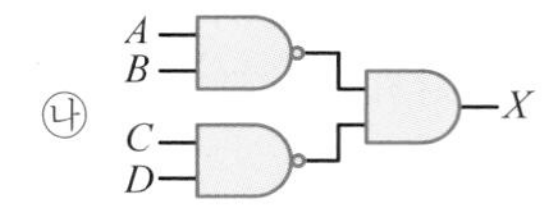

㉰
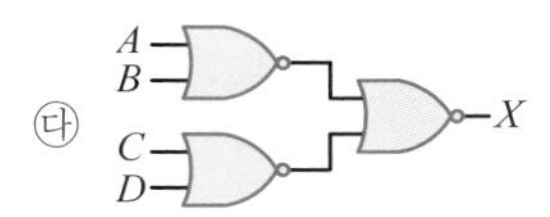

㉱
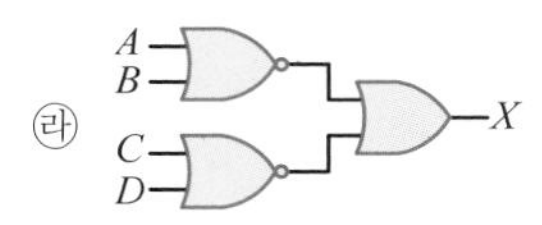

74 $f = \overline{ac} + a\overline{b}$ 의 논리회로로 잘못 설계된 것은?

㉮
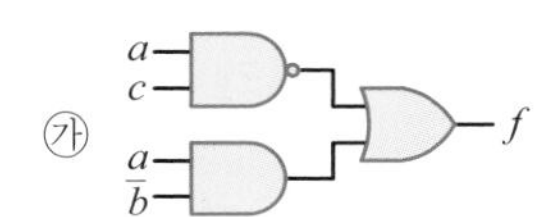

㉯
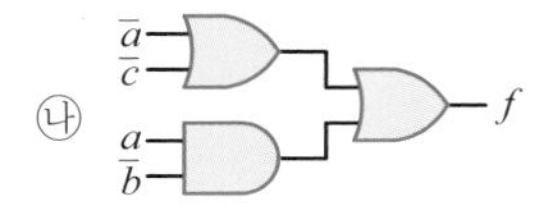

㉰
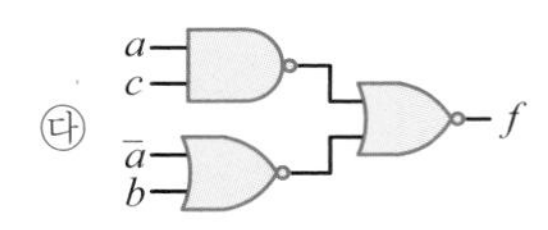

㉱
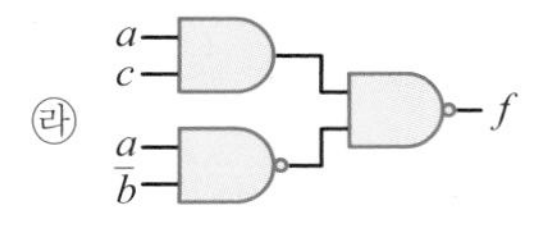

75 A, B 두 개의 변수로 구성된 논리함수의 최소항에 속하지 않는 것은?

㉮ AB　　㉯ $A\overline{B}$
㉰ $\overline{AB}$　　㉱ $\overline{A}B$

76 다음 논리회로의 구성은?

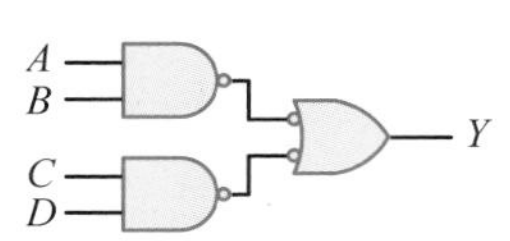

㉮ XOR 회로　　㉯ XNOR 회로
㉰ OR-AND 회로　　㉱ AND-OR 회로

77 다음 논리회로에 대한 진리표는?

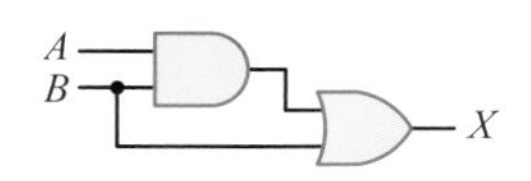

㉮

A B	X
0 0	0
0 1	1
1 0	1
1 1	1

㉯

A B	X
0 0	0
0 1	1
1 0	0
1 1	1

㉰

A B	X
0 0	0
0 1	0
1 0	0
1 1	1

㉱

A B	X
0 0	1
0 1	0
1 0	1
1 1	0

78 논리함수 $f(a,b,c) = a\overline{b} + \overline{a} + b$ 의 부정을 구한 것은?

㉮ $a\overline{b}$　　㉯ $\overline{a} + b$
㉰ 0　　㉱ 1

79 논리함수 $F = \overline{A}B\overline{C} + \overline{A}\,\overline{B}\,\overline{C}$ 를 complement화 한 것은?

㉮ $\overline{F} = (\overline{A} + B + \overline{C})(\overline{A} + \overline{B} + \overline{C})$
㉯ $\overline{F} = (A + \overline{B} + C)(A + B + C)$
㉰ $\overline{F} = (\overline{A} + B + C)(A + B + C)$
㉱ $\overline{F} = (A + \overline{B} + C)(\overline{A} + \overline{B} + \overline{C})$

80 논리식 $Y = \overline{A}B\overline{C} + A\overline{B}C + \overline{A}BC$ 의 부정식($\overline{Y}$)은?

㉮ $(A + \overline{B} + C)(\overline{A} + B + \overline{C})(A + \overline{B} + \overline{C})$
㉯ $(A + B + C)(\overline{A} + B + C)(A + \overline{B} + \overline{C})$
㉰ $(A + \overline{B} + C)(\overline{A} + \overline{B} + C)(A + \overline{B} + \overline{C})$
㉱ $(A + \overline{B} + C)(\overline{A} + \overline{B} + C)(\overline{A} + B + \overline{C})$

81 2-input NAND gate input에 각각 inverter가 접속되어 있을 때 결과적으로 얻어지는 논리 작용은?

㉮ AND　　㉯ OR
㉰ NAND　　㉱ NOT

82 2-input NOR 게이트 입력에 각각 inverter가 접속되어 있을 때 결과적으로 얻어지는 논리 작용은?

㉮ AND ㉯ OR ㉰ NAND ㉱ NOT

83 불 함수 $F = A + \overline{B}C$ 를 최소항의 합으로 바르게 표시한 것은?

㉮ $F(A,B,C) = \sum m(1,4,5,6,7)$
㉯ $F(A,B,C) = \sum m(1,2,3,6,7)$
㉰ $F(A,B,C) = \sum m(1,3,5,6,7)$
㉱ $F(A,B,C) = \sum m(1,2,4,6,7)$

84 논리함수 $f(x,y,z) = \sum m(1,2,3,4)$ 를 최대항의 곱으로 표시하면?

㉮ $f(x,y,z) = \prod M(1,3,6,7)$
㉯ $f(x,y,z) = \prod M(0,5,6,7)$
㉰ $f(x,y,z) = \prod M(0,2,5,6)$
㉱ $f(x,y,z) = \prod M(1,3,5,7)$

1. ㉰	2. ㉮	3. ㉱	4. ㉰	5. ㉮	6. ㉰	7. ㉮	8. ㉱	9. ㉯	10. ㉮
11. ㉱	12. ㉯	13. ㉰	14. ㉰	15. ㉯	16. ㉱	17. ㉯	18. ㉰	19. ㉰	20. ㉯
21. ㉮	22. ㉮	23. ㉯	24. ㉮	25. ㉱	26. ㉯	27. ㉯	28. ㉰	29. ㉮	30. ㉯
31. ㉰	32. ㉰	33. ㉯	34. ㉯	35. ㉱	36. ㉮	37. ㉯	38. ㉮	39. ㉮	40. ㉱
41. ㉱	42. ㉰	43. ㉰	44. ㉰	45. ㉰	46. ㉯	47. ㉱	48. ㉮	49. ㉰	50. ㉮
51. ㉱	52. ㉮	53. ㉮	54. ㉮	55. ㉯	56. ㉱	57. ㉱	58. ㉰	59. ㉯	60. ㉯
61. ㉯	62. ㉮	63. ㉱	64. ㉯	65. ㉰	66. ㉯	67. ㉯	68. ㉯	69. ㉱	70. ㉯
71. ㉰	72. ㉮	73. ㉮	74. ㉰	75. ㉰	76. ㉱	77. ㉯	78. ㉰	79. ㉯	80. ㉮
81. ㉯	82. ㉮	83. ㉮	84. ㉯						

CHAPTER

06

논리식의 간소화

이 장에서는 복잡한 논리식을 간소화하는 방법을 이해하는 것을 목표로 한다.

- 카르노 맵을 이용하여 논리식을 간소화할 수 있다.
- 모든 게이트들을 NAND와 NOR 게이트로 나타내는 방법을 이해하고 이를 응용할 수 있다.
- XOR 게이트와 XNOR 게이트의 특징을 이해하고 이를 활용할 수 있다.

CONTENTS

SECTION 01

2변수 카르노 맵

카르노 맵은 불 대수식을 간소화하기 위한 체계적인 방법이다. 이 절에서는 카르노 맵의 기본 원리와 카르노 맵을 이용한 간소화 기법을 살펴본다. 진리표의 내용을 카르노 맵으로 표현하는 방법과 카르노 맵에서 묶는 규칙을 배운다.

Keywords | 카르노 맵 | 무관항 |

5장에서는 불 대수의 법칙을 이용하여 논리식을 간소화하는 과정을 살펴보았다. 불 대수를 이용하여 간소화하는 방법은 복잡하고 실수할 확률도 높으며, 간소화되었는지 검증하기도 어렵다. 그래서 빠른 간소화 방법인 카르노 맵(Karnaugh map)과 퀸-맥클러스키(Quine-McCluskey) 방법을 주로 사용한다.

카르노 맵은 1953년 모리스 카르노(Maurice Karnaugh)가 소개하였다. 카르노 맵은 함수에서 사용할 최소항들을 각 칸 안에 넣어서 표로 만들어 놓은 것이다. 2변수일 때는 4(=2^2)개, 3변수일 때는 8(=2^3)개, 4변수일 때는 16(=2^4)개의 칸이 필요하다. 퀸-맥클러스키 간소화 방법은 퀸(Willard Van Orman Quine)과 맥클러스키(Edward J. McCluskey)가 1956년에 개발했으며, 많은 변수에 대해서도 쉽게 간소화할 수 있다. 이 책에서는 카르노 맵에 대해서만 설명한다.

먼저 카르노 맵부터 알아보자. **2변수 카르노 맵**은 [그림 6-1]의 (a), (b), (c)와 같이 3가지 형태로 나타낼 수 있으며, 이 중에서 선호하는 방법을 사용하면 된다. [그림 6-1(d)]와 같이 행과 열을 서로 바꾸어도 상관없다.

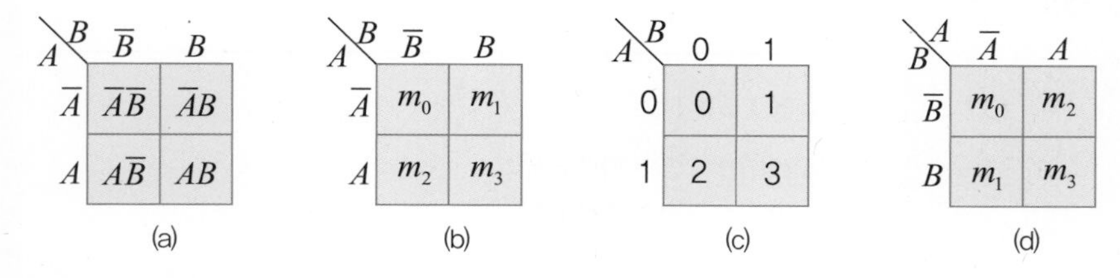

[그림 6-1] 2변수 카르노 맵 표현 방법

카르노 맵을 사용하는 방법에 대해서 알아보자. 함수의 출력이 1이 되는 최소항의 카르노 맵에 1을 넣는다. 나머지 빈 곳은 0으로 채우거나 비워도 된다. **무관**(don't care)**항**인 경우에는 ×나 d로 표시한다. 무관항이란 입력값이 0이어도 되고 1이어도 되는, 즉 입력이 결과에 영향을 미치지 않는 최소항을 말한다. 예를 들면, 다음과 같이 최소항식을 카르노 맵으로 그릴 수 있다.

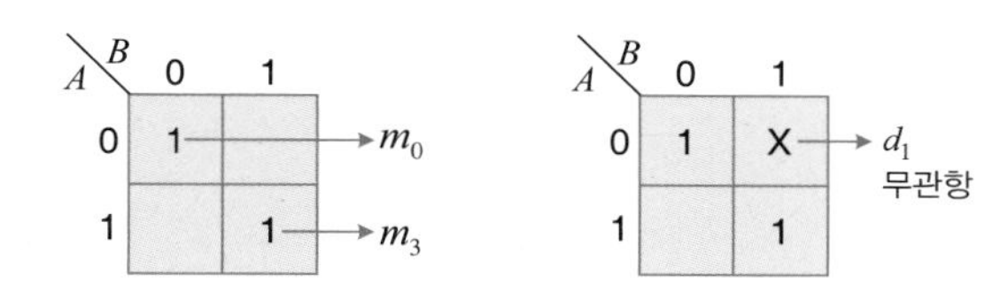

(a) $F(A,B)=\sum m(0,3)$ (b) $F(A,B)=\sum m(0,3)+\sum d(1)$

[그림 6-2] 카르노 맵에서 일반항과 무관항 표현

카르노 맵을 묶을 때의 규칙은 다음과 같다.

- 출력이 같은 항을 1, 2, 4, 8, 16개로 그룹을 지어 묶는다.
- 바로 이웃한 항들끼리 묶는다.
- 반드시 직사각형이나 정사각형의 형태로 묶어야 한다.
- 최대한 크게 묶는다.
- 중복하여 묶어서 간소화된다면 중복하여 묶는다.
- 무관항의 경우 간소화될 수 있으면 묶어 주고, 그렇지 않으면 묶지 않는다.

논리식 $F=\overline{A}\overline{B}+\overline{A}B$를 카르노 맵을 이용하여 간소화해보자. [그림 6-3]과 같이 카르노 맵을 그리고 규칙에 따라 묶는다.

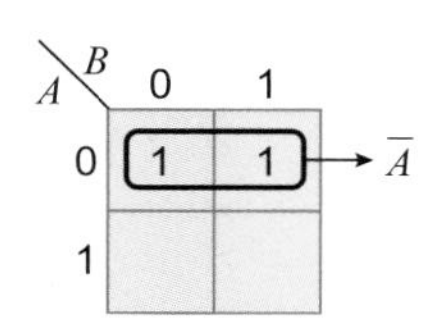

[그림 6-3] $F=\overline{A}\overline{B}+\overline{A}B$의 카르노 맵

[그림 6-3]처럼 묶었을 때 변수 A, B에 대해서 서로 다른 값을 나타내는 변수는 제거한다. 위의 그림에서 A는 0, B는 0과 1이 묶여 있다. 따라서 A는 남기고 B는 값이 서로 다르므로 제거하면 다음 논리식이 만들어진다.

$$F(A,B)=\overline{A}$$

이 원리는 5장의 불 대수 법칙을 사용하는 것과 같다. 즉 서로 이웃한 항끼리 묶으면 $\overline{A}+A=1$이 되므로 제거될 수 있기 때문이다. 다음 불 대수 법칙을 이용한 간소화 과정을 보면 이해하기 쉽다.

$$F(A,B)=\overline{A}\overline{B}+\overline{A}B=\overline{A}(\overline{B}+B)=\overline{A}\cdot 1=\overline{A}$$

2변수일 때는 경우의 수가 많지 않기 때문에 다양한 형태의 카르노 맵이 나타나지 않는다. 진리표를 작성하고 이 진리표로부터 카르노 맵을 작성해보자. 먼저 입력에 대해 원하는 출력을 진리표로 만든다. 카르노 맵을 그려서 출력 1에 해당하는 칸에 '1'을 입력한 다음 카르노 맵의 묶음 규칙에 따라 묶는다. 여러 묶음이 나타날 때 개별적인 묶음은 논리식에서 OR로 나타낸다.

입력		출력
A	B	F
0	0	1
0	1	1
1	0	1
1	1	0

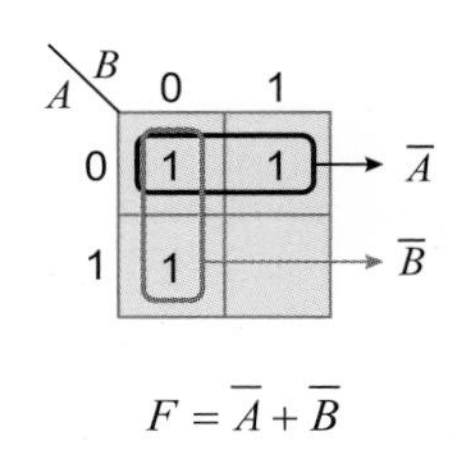

[그림 6-4] $F = \overline{A} + \overline{B}$ 의 진리표와 카르노 맵

[그림 6-4]처럼 $\overline{A}\overline{B}$ 가 중복되어 묶이는 부분이 생긴다. 중복되더라도 논리식만 간단하게 된다면 그렇게 해야 한다. 불 대수식을 이용하여 간소화한 식과 동일한지 확인해보자. 이 불 대수식에서도 $\overline{A}\overline{B}$ 가 중복되어 간소화됨을 알 수 있다.

$$\begin{aligned} F &= \sum m(0,1,2) = \overline{A}\overline{B} + \overline{A}B + A\overline{B} \\ &= \overline{A}\overline{B} + \overline{A}B + \overline{A}\overline{B} + A\overline{B} \\ &= \overline{A}(\overline{B} + B) + \overline{B}(\overline{A} + A) \\ &= \overline{A}\cdot 1 + \overline{B}\cdot 1 \\ &= \overline{A} + \overline{B} \end{aligned}$$

카르노 맵을 이용하면 불 대수의 법칙을 이용하여 간소화하는 것보다 더 쉽게 간소화할 수 있을 뿐만 아니라 실수도 줄일 수 있다.

예제 6-1

다음 논리식을 카르노 맵을 이용하여 간소화하여라. 단, d는 무관항이다.

$$F(A,B) = \sum m(0,3) + \sum d(2)$$

풀이

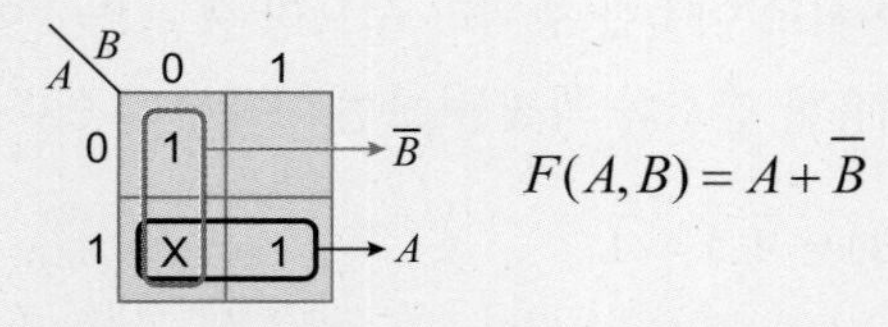

[그림 6-5] 무관항이 있는 경우 카르노 맵의 예

SECTION 02

3변수 카르노 맵

3변수 카르노 맵은 여러 가지 형태로 나타낼 수 있다. 이 절에서는 3변수 카르노 맵의 표현 방법과 간소화 방법을 익히고, 한 변에 2개의 변수가 있을 때 그 순서에 주의한다. 2변수의 순서는 한 비트씩 값이 다르다.

Keywords | 중복 묶음 | 양쪽 끝은 연결되어 있다 |

3변수 카르노 맵은 [그림 6-6]과 같이 여러 가지 형태로 나타낼 수 있다. 여기서 순서를 정확히 해야 한다. 한 변에 두 개의 변수 A, B를 같이 사용할 때 반드시 00, 01, 11, 10($\overline{A}\overline{B}$, $\overline{A}B$, AB, $A\overline{B}$) 순서로 적어야 한다. 그 이유는 뒤에서 간소화하는 방법을 보면 이해하겠지만 바로 이웃하는 항들의 차이가 한 비트만 되도록 하기 위한 것이다.

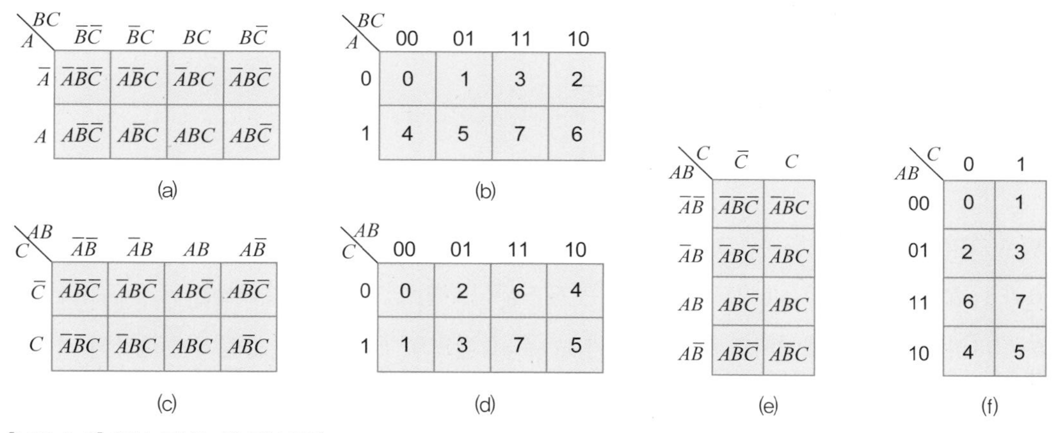

[그림 6-6] 3변수 카르노 맵 표현 방법

[그림 6-6]의 (e), (f)와 같이 행과 열을 바꾸어도 상관없다. 설계자가 선호하는 방법을 선택하면 된다. 3변수 카르노 맵을 간소화하는 방법을 살펴보자.

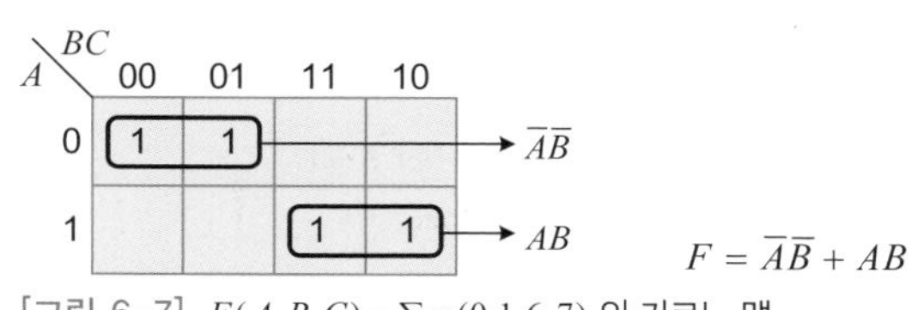

[그림 6-7] $F(A,B,C)=\sum m(0,1,6,7)$ 의 카르노 맵

[그림 6-7]의 왼쪽 위의 묶음에서 $A=0$, $B=0$, $C=0$과 $C=1$이므로 A와 B는 남고, C는 제거되어 $\overline{A}\overline{B}$ 가 된다. 오른쪽 아래 묶음은 $A=1$, $B=1$, $C=1$과 $C=0$이므로 A와 B는 남고, C는 제거되므로 AB가 된다. 그 결과 이들 묶음을 OR로 연결하여 나타내면 $F=\overline{A}\overline{B}+AB$ 가 된다.

[그림 6-8(a)]의 카르노 맵에서는 왼쪽 끝과 오른쪽 끝이 1이다. 이 경우 BC는 00, 10이므로 역시 한 비트만큼 차이가 난다. 즉 [그림 6-8(b)]와 같이 양쪽 끝에 있는 값들은 서로 연결되어 있으므로 묶을 수 있다.

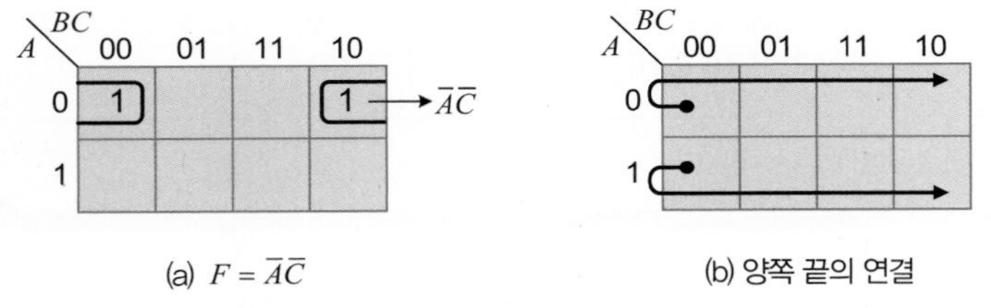

(a) $F = \overline{A}\overline{C}$ (b) 양쪽 끝의 연결

[그림 6-8] 3변수 카르노 맵에서 양쪽 끝의 묶음

그러므로 $A=0$, $B=0$과 $B=1$, $C=0$이므로 A, C는 남고, B는 제거되어 최종 논리식은 $F = \overline{A}\overline{C}$가 된다. 위의 카르노 맵을 [그림 6-9]와 같이 다시 그릴 수도 있다. 즉 BC의 순서를 01, 11, 10, 00으로 해도 결과는 마찬가지다. 다만 서로 이웃한 항끼리는 한 비트만 차이가 나야 한다.

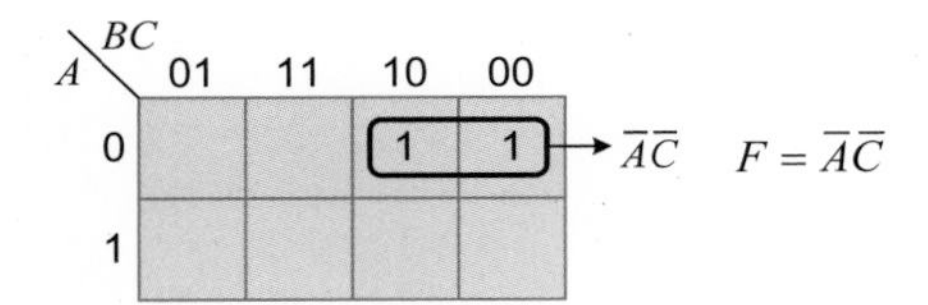

[그림 6-9] BC의 순서를 01, 11, 10, 00으로 바꾸어 놓은 카르노 맵

[그림 6-10]을 통해 4개를 한 그룹으로 묶는 예를 알아보자. [그림 6-10(a)]의 카르노 맵에서 A는 0과 1, B도 0과 1, $C=1$이므로 A와 B는 제거되고 C만 남게 되어 결과식은 $F=C$이다. [그림 6-10(b)]의 카르노 맵에서도 B, C가 0과 1, $A=0$이므로 $F=\overline{A}$다. [그림 6-10(c)]의 카르노 맵과 같이 왼쪽 끝에 있는 2개와 오른쪽 끝에 있는 2개를 묶으면 A는 0과 1, B도 0과 1, $C=0$이 되므로 A와 B는 제거되고 C만 남아 $F=\overline{C}$가 된다.

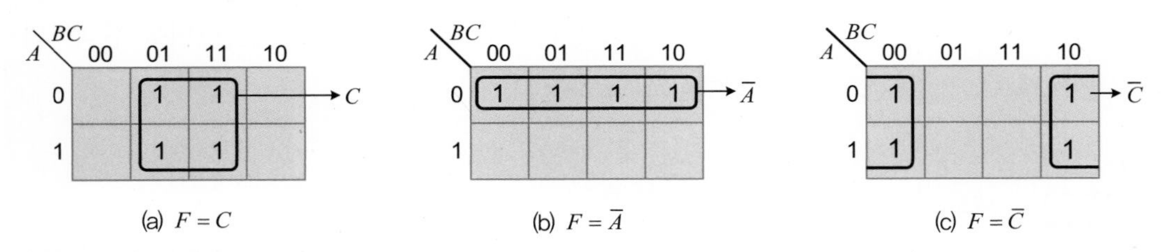

(a) $F = C$ (b) $F = \overline{A}$ (c) $F = \overline{C}$

[그림 6-10] 4개 항을 묶은 예

[그림 6-11]의 카르노 맵에서 위쪽 실선 묶음은 $A=0$, B는 0과 1, $C=1$이므로 $\overline{A}C$이고 아래쪽 실선 묶음은 $A=1$, $B=1$, C는 1과 0이므로 AB가 되어 결과 논리식은 $F=\overline{A}C+AB$가 된다. 이때 세로의 점선 묶음도 가능하지만 실제로 모든 값이 이미 다른 묶음에 포함되어 있기 때문에 더 이상 묶을 필요가 없다.

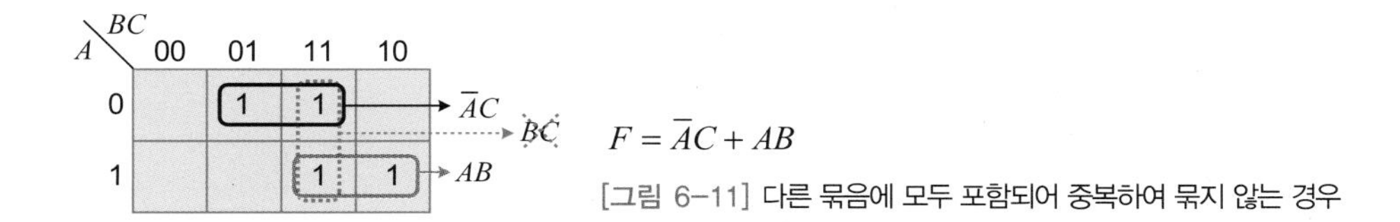

$F = \overline{A}C + AB$

[그림 6-11] 다른 묶음에 모두 포함되어 중복하여 묶지 않는 경우

[그림 6-12(a)]의 카르노 맵은 4개 묶음이 2개 만들어진다. 가로로 4개의 묶음은 $A = 0$이고, B와 C는 0과 1 모두 포함되므로 제거되어 $\overline{A}$가 되며, 왼쪽 끝에 있는 2개와 오른쪽 끝에 있는 2개를 같이 묶어 전체 4개로 묶으면 $\overline{C}$가 된다. 그러므로 최종 논리식은 $F = \overline{A} + \overline{C}$이다. 이 경우에는 중복하는 것이 더 간단하게 표현된다. 가능하면 크게 묶는 것이 간소화할 수 있는 방법이다. 그러나 [그림 6-12(b)]와 같이 묶으면 논리식은 $F = \overline{C} + \overline{A}C$가 되므로 간소화된 논리식이 아니다.

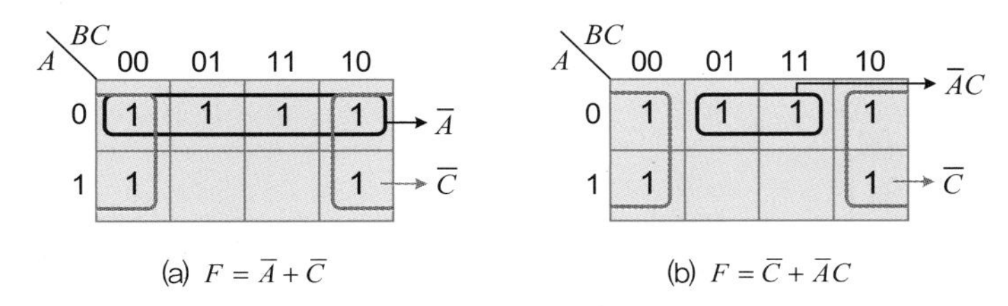

(a) $F = \overline{A} + \overline{C}$ (b) $F = \overline{C} + \overline{A}C$

[그림 6-12] 가능한 크게 묶었을 경우 더 간단하게 표현되는 예와 그렇지 않은 예

다음 진리표를 카르노 맵을 이용하여 간소화해보자. 이 예에서는 $ABC = 111$항을 세 번 중복하여 묶었음을 알 수 있다.

입력			출력
A	B	C	F
0	0	0	0
0	0	1	0
0	1	0	0
0	1	1	1
1	0	0	0
1	0	1	1
1	1	0	1
1	1	1	1

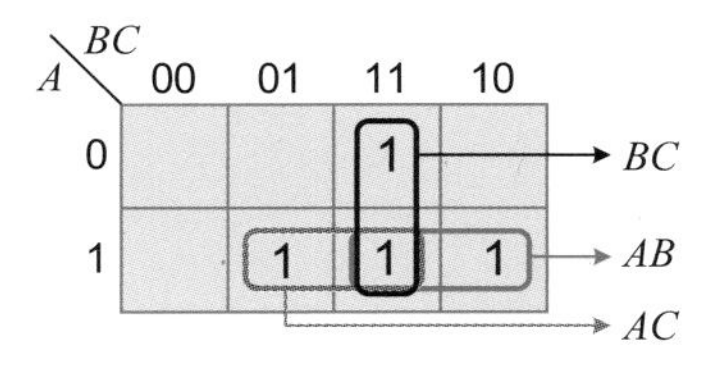

$F = \sum m(3,5,6,7) = AB + AC + BC$

[그림 6-13] 여러 번 중복하여 묶는 경우

3변수 카르노 맵에서 묶을 것이 하나도 없으면(모두 0) 논리식은 $F = 0$이고, 8개 모두를 묶을 수 있으면(모두 1) $F = 1$이다.

Tip

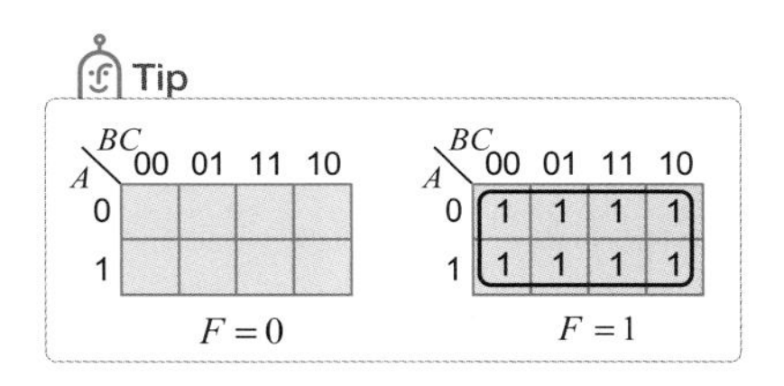

SECTION

03

4변수 카르노 맵

4변수 카르노 맵도 여러 가지 형태로 나타낼 수 있다. 이 절에서는 4변수 카르노 맵의 표현 방법과 간소화 방법을 익힌다. 4변수 카르노 맵은 상하와 좌우 끝이 연결되어 있는 것으로 간주하고 묶어줘야 한다.

Keywords | 상하, 좌우 연결 | 무관항 |

4변수 카르노 맵은 가로와 세로에 각각 2개 변수에 해당하는 값을 [그림 6-14]와 같은 순서로 기입한다. 가로와 세로를 바꾸어 그려도 상관없다.

$AB \backslash CD$	00	01	11	10
00	$\overline{A}\overline{B}\overline{C}\overline{D}$	$\overline{A}\overline{B}\overline{C}D$	$\overline{A}\overline{B}CD$	$\overline{A}\overline{B}C\overline{D}$
01	$\overline{A}B\overline{C}\overline{D}$	$\overline{A}B\overline{C}D$	$\overline{A}BCD$	$\overline{A}BC\overline{D}$
11	$AB\overline{C}\overline{D}$	$AB\overline{C}D$	$ABCD$	$ABC\overline{D}$
10	$A\overline{B}\overline{C}\overline{D}$	$A\overline{B}\overline{C}D$	$A\overline{B}CD$	$A\overline{B}C\overline{D}$

(a)

$AB \backslash CD$	00	01	11	10
00	0	1	3	2
01	4	5	7	6
11	12	13	15	14
10	8	9	11	10

(b)

[그림 6-14] 4변수 카르노 맵의 표현 방법

4변수 카르노 맵도 상하, 좌우 끝이 연결되어 있다. 즉 끝쪽에 있는 값들도 결국은 한 비트 차이를 보이므로 그룹으로 묶을 수 있다.

$AB \backslash CD$	00	01	11	10
00	0	1	3	2
01	4	5	7	6
11	12	13	15	14
10	8	9	11	10

[그림 6-15] 4변수 카르노 맵의 상하, 좌우 끝쪽의 연결

4변수 카르노 맵의 간소화 과정은 2, 3변수 카르노 맵을 간소화하는 과정과 동일하다. 8개나 16개도 묶을 수 있으며, 16개를 모두 묶으면 $F = 1$이다.

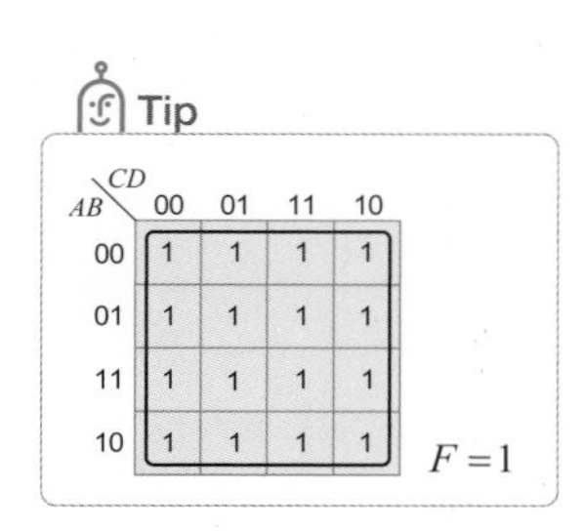

예제 6-2

다음과 같은 다양한 4변수 카르노 맵에서 간소화된 논리식을 구하여라.

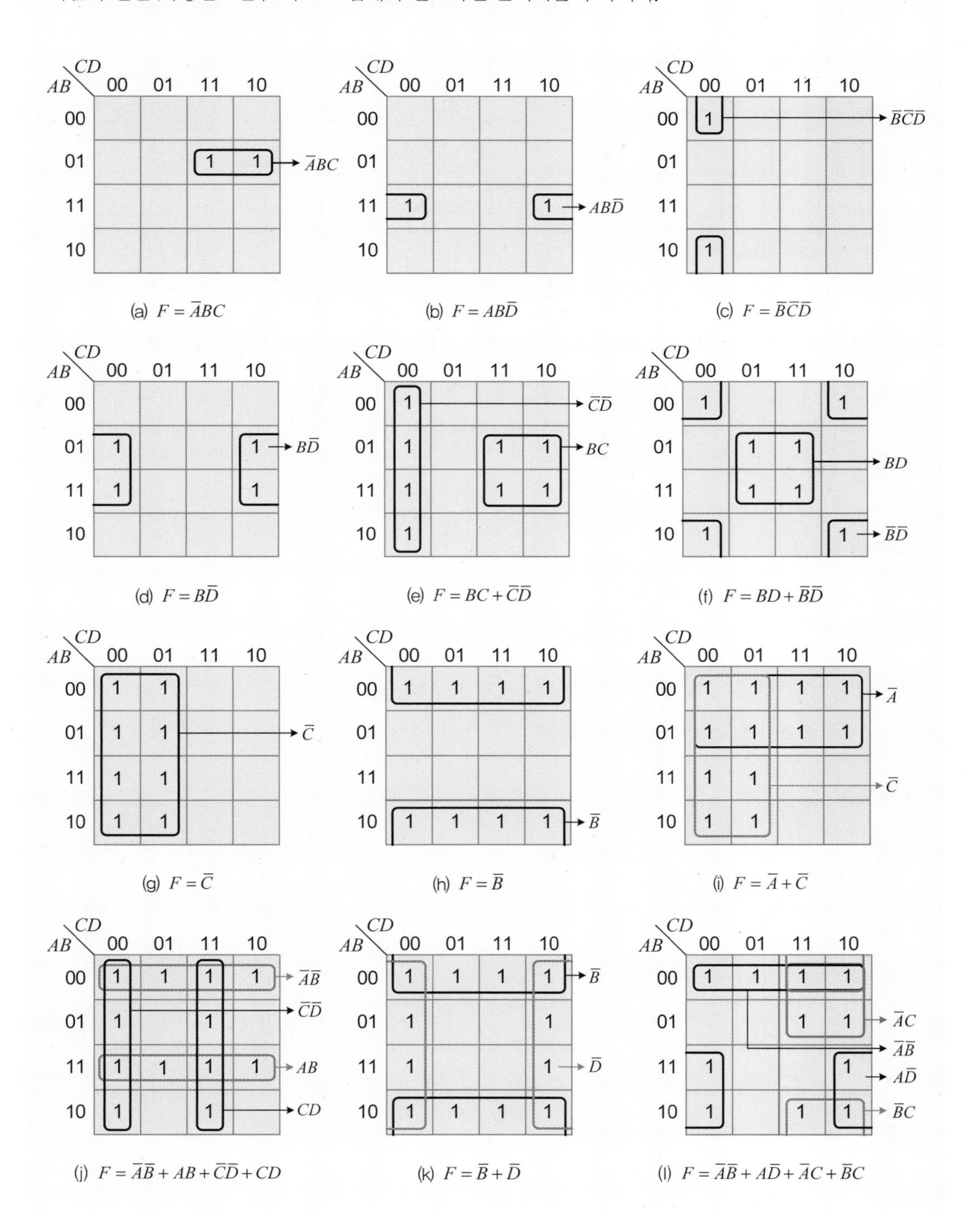

(a) $F = \overline{A}BC$

(b) $F = AB\overline{D}$

(c) $F = \overline{B}\overline{C}\overline{D}$

(d) $F = B\overline{D}$

(e) $F = BC + \overline{C}\overline{D}$

(f) $F = BD + \overline{B}\overline{D}$

(g) $F = \overline{C}$

(h) $F = \overline{B}$

(i) $F = \overline{A} + \overline{C}$

(j) $F = \overline{A}\overline{B} + AB + \overline{C}\overline{D} + CD$

(k) $F = \overline{B} + \overline{D}$

(l) $F = \overline{A}\overline{B} + A\overline{D} + \overline{A}C + \overline{B}C$

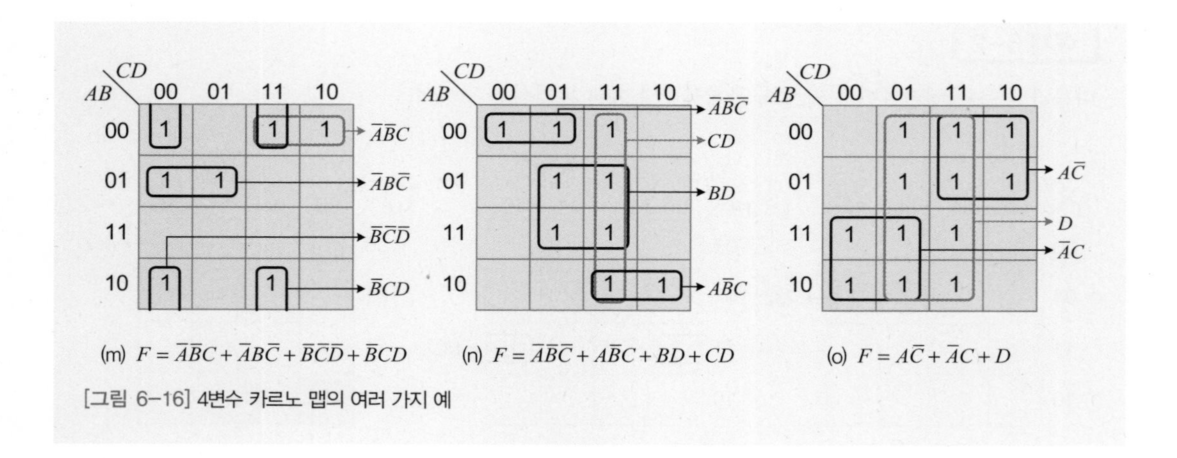

(m) $F = \overline{A}\overline{B}C + \overline{A}B\overline{C} + \overline{B}\overline{C}\overline{D} + \overline{B}CD$　(n) $F = \overline{A}\overline{B}\overline{C} + A\overline{B}C + BD + CD$　(o) $F = A\overline{C} + \overline{A}C + D$

[그림 6-16] 4변수 카르노 맵의 여러 가지 예

무관항이 있는 경우 묶어서 간소화된다면 무관항도 같이 묶어준다. 그러나 무관항끼리만 묶을 필요는 없으며, 무관항을 잘 이용하면 회로를 간단하게 나타낼 수 있다. 무관항은 BCD 코드를 다른 형태로 변환할 때 자주 등장한다. 또한 순서논리회로에서 플립플롭(flip-flop : 8장 참고)의 상태가 변할 때도 자주 등장한다.

예제 6-3

다음 식과 같이 무관항이 있을 경우, 카르노 맵을 이용하여 간소화하여라.

(a) $F(A,B,C,D) = \sum m(0,2,3,4,5,11) + \sum d(1,7,9,15)$

(b) $F(A,B,C,D) = \sum m(1,2,3,4,6,8,10) + \sum d(0,12,14)$

(c) $F(A,B,C,D) = \sum m(0,2,3,4,8,9,11) + \sum d(1,5,6,7,10,12)$

풀이

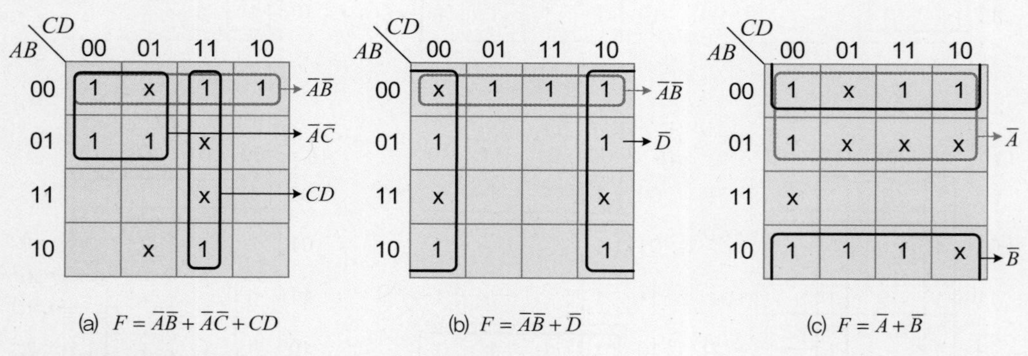

(a) $F = \overline{A}\overline{B} + \overline{A}\overline{C} + CD$　(b) $F = \overline{A}\overline{B} + \overline{D}$　(c) $F = \overline{A} + \overline{B}$

[그림 6-17] 무관항이 있는 경우 카르노 맵의 예

예제 6-4

[표 6-1]의 진리표로부터 카르노 맵을 작성하고 간소화하여라.

[표 6-1] 진리표

입력				출력
A	B	C	D	F
0	0	0	0	×
0	0	0	1	1
0	0	1	0	×
0	0	1	1	1
0	1	0	0	×
0	1	0	1	1
0	1	1	0	1
0	1	1	1	1
1	0	0	0	0
1	0	0	1	0
1	0	1	0	0
1	0	1	1	0
1	1	0	0	0
1	1	0	1	1
1	1	1	0	1
1	1	1	1	0

풀이

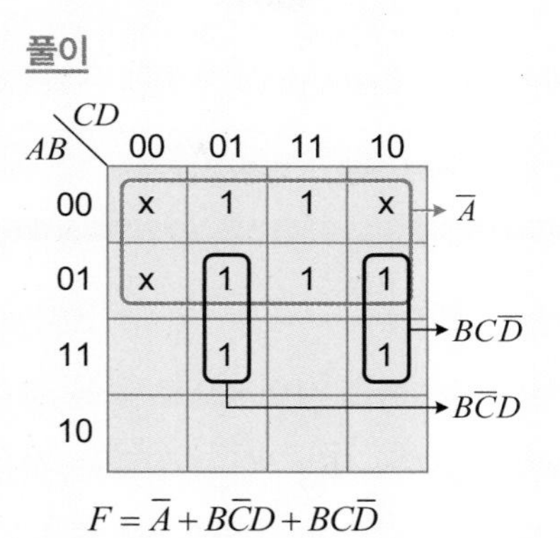

[그림 6-18] 진리표를 카르노 맵으로 간소화

SECTION
04 선택적 카르노 맵

카르노 맵으로 표현되는 논리식은 답이 여러 개가 가능한 경우가 있다. 답이 한 개만 있는 경우도 있고, 2개 혹은 많은 경우는 10개까지 다양한 결과를 나타낼 수 있다. 그러나 실제 회로의 동작은 동일하다.

Keywords | 선택 묶음 | 무관항 묶음 |

이 절에서는 카르노 맵을 선택적으로 묶을 수 있는 경우를 살펴보자. 5장에서 살펴본 식 중에서 $\overline{A}B+A\overline{B}+AC$와 $\overline{A}B+A\overline{B}+BC$는 같다는 것을 확인했다. 카르노 맵에서는 어떻게 표시하며 어떤 방법으로 묶을 수 있는지 [그림 6-19]를 통해 살펴보자.

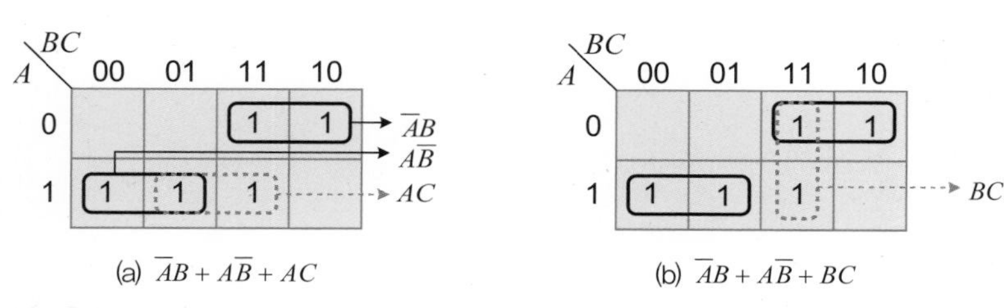

[그림 6-19] 3변수에서 선택적 카르노 맵의 예

[그림 6-19]와 같이 ABC=111은 좌측에 있는 1(ABC=101) 또는 위쪽에 있는 1(ABC=011)과 선택적으로 묶을 수 있다. 4변수인 경우 선택적 묶음의 예는 [그림 6-20]과 같다.

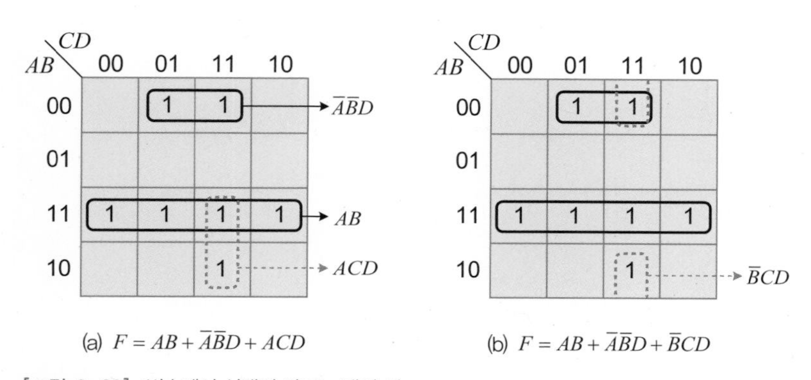

[그림 6-20] 4변수에서 선택적 카르노 맵의 예

[그림 6-21]은 무관항이 있을 때 여러 가지 선택적 묶음이 가능한 경우의 예를 보여준다. 이 경우에서는 5가지 선택적 묶음이 가능함을 알 수 있다. 즉 5가지 중 어느 것을 선택해도 답이 된다.

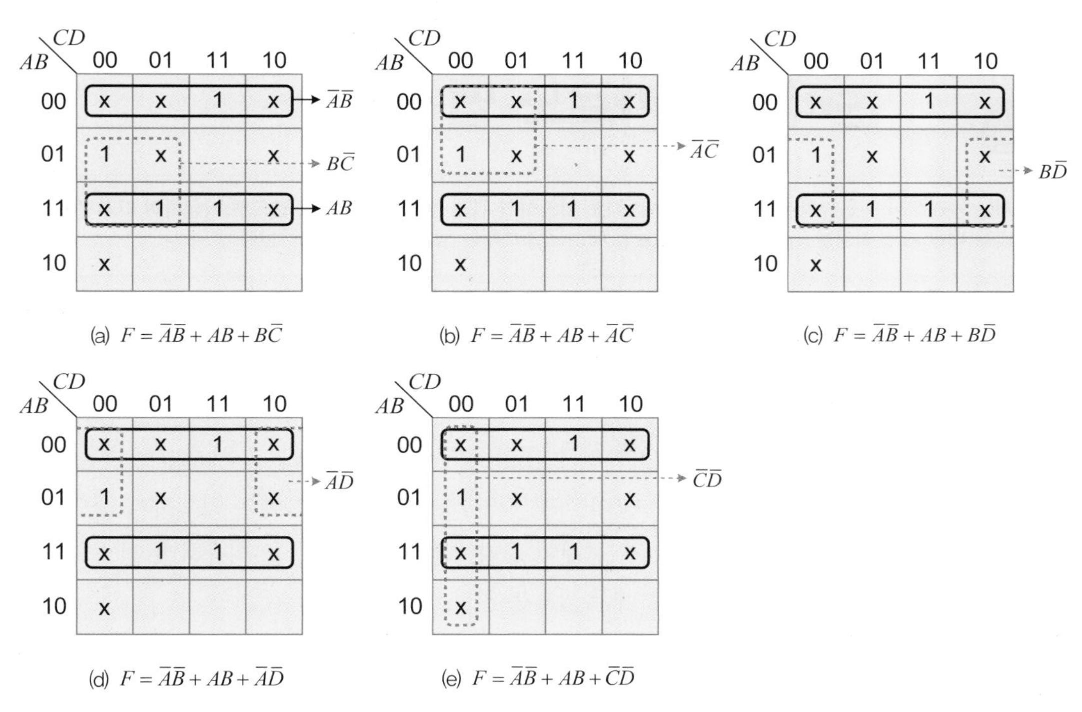

(a) $F = \overline{A}\overline{B} + AB + B\overline{C}$ (b) $F = \overline{A}\overline{B} + AB + \overline{A}\overline{C}$ (c) $F = \overline{A}\overline{B} + AB + B\overline{D}$

(d) $F = \overline{A}\overline{B} + AB + \overline{A}\overline{D}$ (e) $F = \overline{A}\overline{B} + AB + \overline{C}\overline{D}$

[그림 6-21] 무관항이 있는 경우 5가지 선택적 카르노 맵

예제 6-5

다음 논리식과 같이 무관항이 있을 경우, 2가지 선택적 카르노 맵으로 간소화하라.

$$F(A,B,C,D) = \sum m(0,2,3,4,5,11) + \sum d(1,7,9,15)$$

풀이

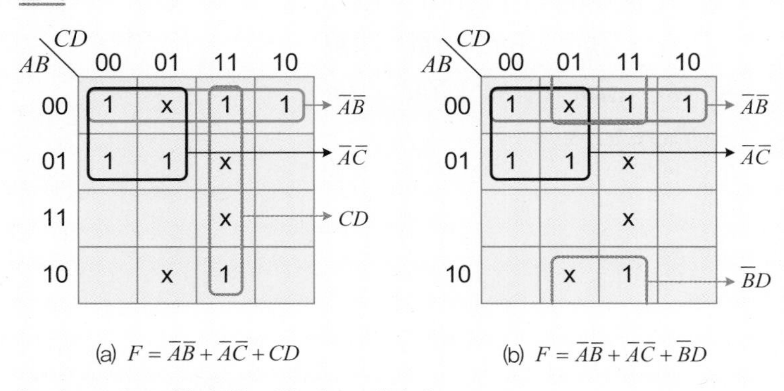

(a) $F = \overline{A}\overline{B} + \overline{A}\overline{C} + CD$ (b) $F = \overline{A}\overline{B} + \overline{A}\overline{C} + \overline{B}D$

[그림 6-22] 무관항이 있는 경우 카르노 맵의 예

SECTION 05

논리식의 카르노 맵 작성

이 절에서는 논리식이 최소한의 항으로 구성되었는지를 확인하기 위해 논리식을 카르노 맵으로 작성하여 다시 간소화하는 방법을 배운다. 논리식을 카르노 맵으로 변환할 때는 간소화하는 방법을 역으로 적용한다.

Keywords | 최소항 | 간소화 |

이 절에서는 논리식을 카르노 맵으로 작성하여 간소화하는 방법을 다룬다. 논리식을 카르노 맵으로 작성할 때는 최소항으로 바꿔야 한다. 굳이 바꾸지 않아도 되지만 처음에는 익숙하지 않으므로 생략된 항을 모두 찾아서 최소항으로 바꾸는 것이 좋다. 만일 카르노 맵을 이용하여 간소화하는 방법을 완전히 숙지하였다면 최소항으로 바꿀 필요는 없다.

다음 논리식을 카르노 맵을 이용하여 간소화해보자.

$$F(A,B,C) = ABC + \overline{A}B + \overline{A}\overline{B}$$

이 논리식에서 제거된 변수를 찾아서 최소항으로 바꾼다. 이 논리식은 변수 3개를 사용하므로 3개의 변수가 모두 없는 부분($\overline{A}B$와 $\overline{A}\overline{B}$)을 3개 변수가 모두 나타나도록 바꾼다. 불 대수를 이용한 간소화 과정을 반대로 적용하면 제거된 부분을 찾아낼 수 있다.

$$\begin{aligned}
F(A,B,C) &= ABC + \overline{A}B + \overline{A}\overline{B} \\
&= ABC + \overline{A}B(\overline{C} + C) + \overline{A}\overline{B}(\overline{C} + C) \\
&= ABC + \overline{A}B\overline{C} + \overline{A}BC + \overline{A}\overline{B}\overline{C} + \overline{A}\overline{B}C \\
&= \overline{A}\overline{B}\overline{C} + \overline{A}\overline{B}C + \overline{A}B\overline{C} + \overline{A}BC + ABC \\
&= \sum m(0,1,2,3,7)
\end{aligned}$$

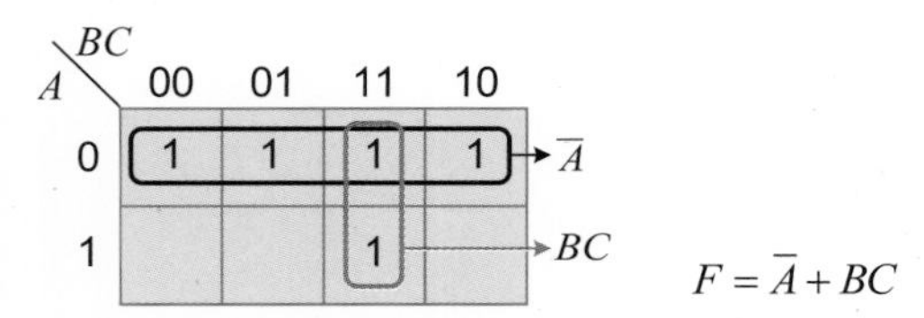

[그림 6-23] 논리식 $F(A,B,C) = ABC + \overline{A}B + \overline{A}\overline{B}$의 카르노 맵

다음 4변수 논리식을 카르노 맵을 이용하여 간소화해보자.

$$
\begin{aligned}
F(A,B,C,D) &= AB + ABC + \overline{A}CD + \overline{A}\overline{C}D + \overline{A}BC\overline{D} \\
&= AB(\overline{C}+C)(\overline{D}+D) + ABC(\overline{D}+D) + \overline{A}(\overline{B}+B)CD \\
&\quad + \overline{A}(\overline{B}+B)\overline{C}D + \overline{A}BC\overline{D} \\
&= (AB\overline{C} + ABC)(\overline{D}+D) + ABC\overline{D} + ABCD + \overline{A}\overline{B}CD + \overline{A}BCD \\
&\quad + \overline{A}\overline{B}\overline{C}D + \overline{A}B\overline{C}D + \overline{A}BC\overline{D} \\
&= AB\overline{C}\overline{D} + AB\overline{C}D + ABC\overline{D} + ABCD + ABC\overline{D} + ABCD + \overline{A}\overline{B}CD \\
&\quad + \overline{A}BCD + \overline{A}\overline{B}\overline{C}D + \overline{A}B\overline{C}D + \overline{A}BC\overline{D} \\
&= \sum m(12,13,14,15,3,7,1,5,6) = \sum m(1,3,5,6,7,12,13,14,15)
\end{aligned}
$$

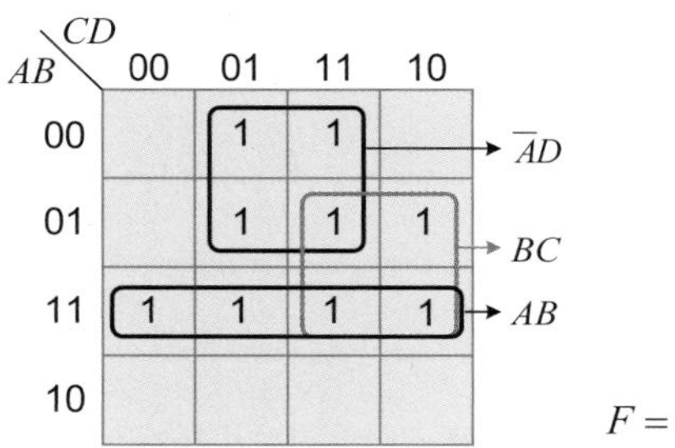

[그림 6-24] 논리식 $F(A,B,C,D) = AB + ABC + \overline{A}CD + \overline{A}\overline{C}D + \overline{A}BC\overline{D}$의 카르노 맵

다음에는 논리식 $F = \overline{A} + A\overline{B} + AB\overline{C}$를 최소항식으로 전개하지 않고 직접 카르노 맵을 작성한다. 그리고 작성한 카르노 맵을 이용하여 간소화된 논리식을 구하는 방법을 살펴본다.

각 곱의 항을 하나씩 카르노 맵에 표시하고, 이들을 모두 결합하면 원하는 카르노 맵을 얻을 수 있다. 먼저 $\overline{A} = \overline{A}(\overline{B}+B)(\overline{C}+C)$이므로 B, C가 모두 제거된 형태이고, 3변수에서 4개를 한 묶음으로 묶었을 때다. 또한 $A\overline{B} = A\overline{B}(\overline{C}+C)$ 이므로 3변수에서 2개를 한 묶음으로 묶었을 때다.

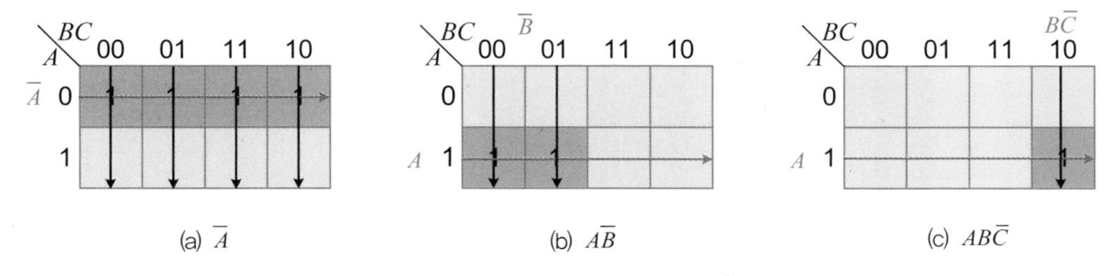

[그림 6-25] $F = \overline{A} + A\overline{B} + AB\overline{C}$의 각 항에 해당하는 카르노 맵

$\overline{A}$와 $A\overline{B}$에 해당하는 카르노 맵을 합하고, $AB\overline{C}$를 추가하면 다음과 같다. 이 카르노 맵을 간소화하여 나타내면 다음과 같은 논리식이 된다.

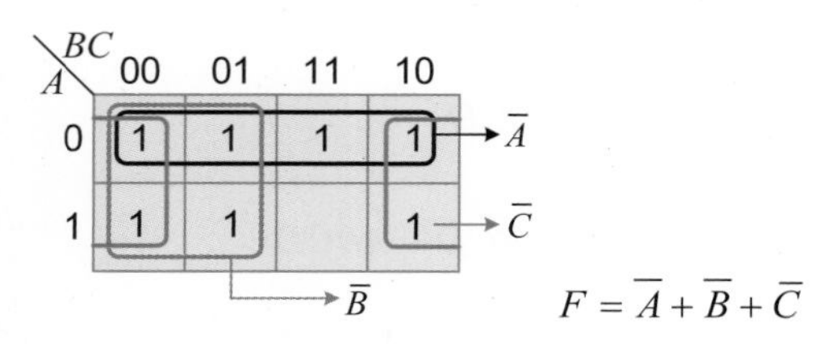

[그림 6-26] 독립적으로 만들어진 카르노 맵의 병합 후 간소화

예제 6-6

다음 논리식은 변수 4개로 구성되어 있고, 모든 항이 이미 어느 정도 간소화된 상태다. 더 간소화할 수 있는지 카르노 맵을 이용하여 확인해보아라.

$$F = AB + \overline{B}C + ACD + AB\overline{D} + AC\overline{D}$$

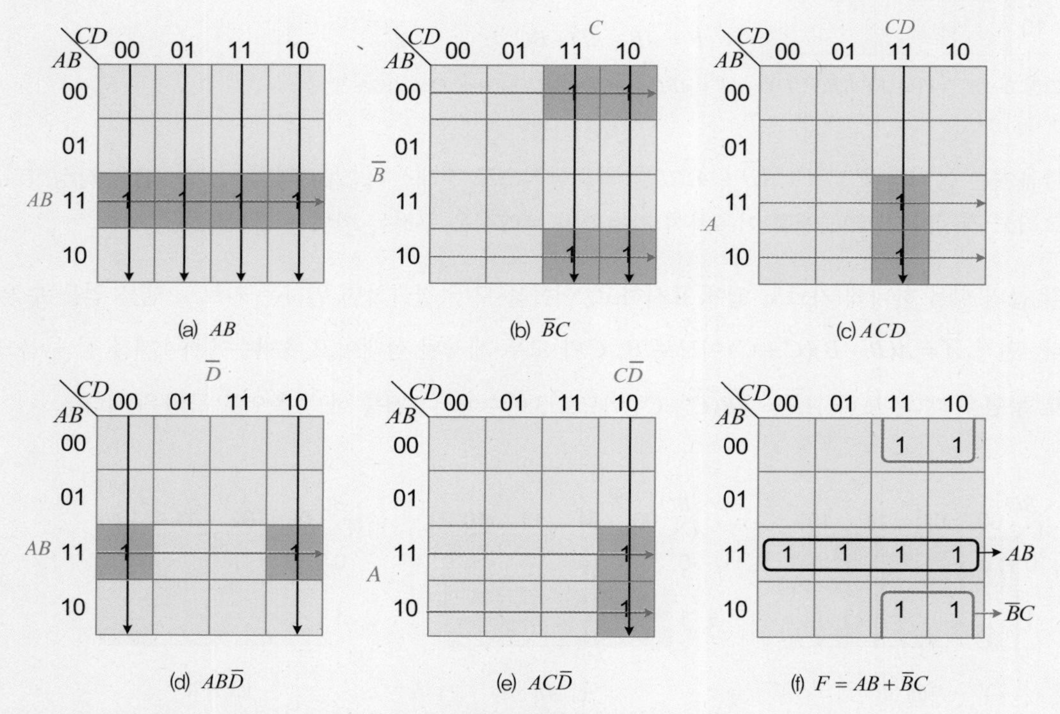

[그림 6-27] $F = AB + \overline{B}C + ACD + AB\overline{D} + AC\overline{D} = AB + \overline{B}C$의 간소화 과정

[그림 6-27]의 (a)~(e)를 모두 합하여 (f)와 같이 간소화할 수 있다.

SECTION
06

5변수, 6변수 카르노 맵

이 절에서는 5변수 또는 6변수일 때 카르노 맵을 작성하는 방법을 배운다. 카르노 맵으로 표현할 수 있는 변수는 최대 6개이다.

Keywords | 5변수 카르노 맵 | 6변수 카르노 맵 |

카르노 맵을 이용하면 비교적 쉽게 논리식을 간소화할 수 있었다. 그러나 변수가 늘어나면 그렇게 간단하지 않다. 5변수, 6변수 카르노 맵은 [그림 6-28], [그림 6-30]과 같이 먼저 4변수를 기준으로 각각 작성한 후 이들을 그림에 있는 점선과 같이 연결하면 4변수 카르노 맵과 같은 방법으로 간소화할 수 있다. 먼저 **5변수 카르노 맵**을 작성해보자. $A=0$인 면과 $A=1$인 면을 그룹으로 묶을 수 있다.

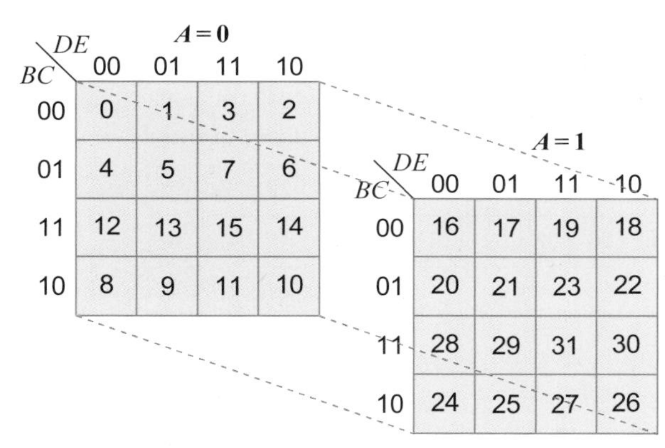

[그림 6-28] 5변수 카르노 맵

예제 6-7

다음 5변수 논리함수를 카르노 맵을 이용하여 간소화하여라.

$$F(A,B,C,D,E)=\sum m(0,1,4,8,12,13,15,16,17,23,29,31)$$

풀이

5변수 카르노 맵을 만들고 정해진 자리에 값을 넣는다. 여기서도 $A=0$인 면과 $A=1$인 면이 서로 연결되어 있다고 보고 그룹으로 묶으면 다음과 같은 결과를 얻을 수 있다.

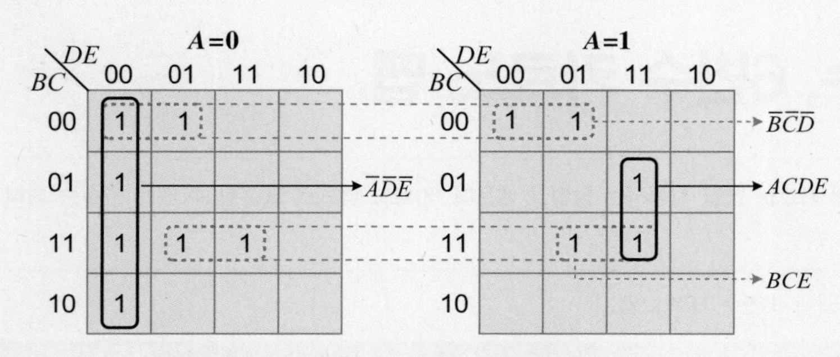

$$F = \overline{A}\overline{D}\overline{E} + \overline{B}\overline{C}\overline{D} + BCE + ACDE$$

[그림 6-29] $F(A,B,C,D,E) = \sum m(0,1,4,8,12,13,15,16,17,23,29,31)$ 의 카르노 맵

6변수 카르노 맵도 $AB = 00$인 면과 $AB = 10$인 면이 이어져 있다고 보고 묶으면 된다.

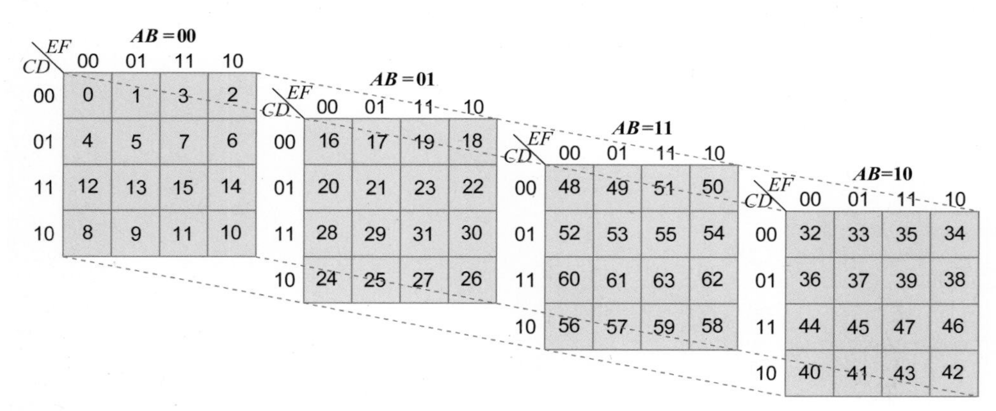

[그림 6-30] 6변수 카르노 맵

예제 6-8

다음 6변수 논리함수를 카르노 맵을 이용하여 간소화하여라.

$$F(A,B,C,D,E,F) = \sum m(1, 3, 6, 8, 9, 13, 14, 17, 19, 24, 25, 29, 32, 33, 34, 35, 38, 40, 46, 49, 51, 53, 55, 56, 61, 63)$$

풀이

한꺼번에 그룹으로 묶기에는 너무 복잡하므로 나누어서 해보자. 먼저 다음과 같이 묶어서 첫 번째 논리식을 만든다.

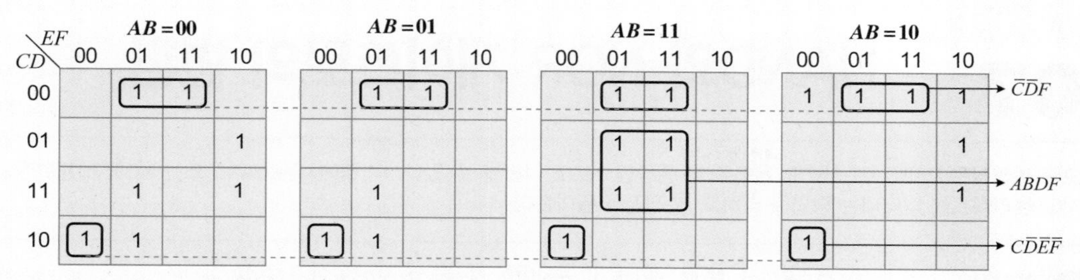

[그림 6-31] $F_1 = ABDF + C\bar{D}\bar{E}\bar{F} + \bar{C}\bar{D}F$ 의 6변수 카르노 맵

위에서 묶은 값들을 ×로 표시하고, 남아 있는 값들을 묶으면 다음과 같다.

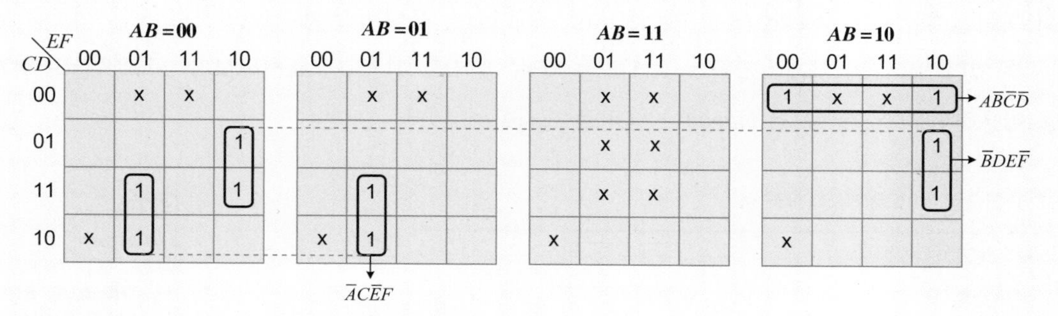

[그림 6-32] $F_2 = \bar{A}C\bar{E}F + \bar{B}DE\bar{F} + A\bar{B}\bar{C}\bar{D}$ 의 6변수 카르노 맵

두 식을 합하면 다음과 같은 최종 논리식이 된다.

$$F = ABDF + C\bar{D}\bar{E}\bar{F} + \bar{C}\bar{D}F + \bar{A}C\bar{E}F + \bar{B}DE\bar{F} + A\bar{B}\bar{C}\bar{D}$$

SECTION
07 NAND와 NOR 게이트로의 변환

모든 논리식은 NAND 또는 NOR 게이트 한 종류만으로도 나타낼 수 있다. 이 절에서는 NAND 또는 NOR 게이트만 가지고 논리회로를 나타내는 방법을 익히고 그 장점을 알아본다.

Keywords | NAND 게이트 | NOR 게이트 | 유니버설 게이트 | 이중부정 | 버블 |

회로를 설계할 때 NAND와 NOR 게이트(universal gate, 유니버설 게이트)만으로 모든 회로를 만들 수 있다. 먼저 기본 게이트를 NAND 또는 NOR 게이트 하나로만 표시해보자. 드모르간의 정리를 이용하면 모든 게이트를 NAND나 NOR로 표시할 수 있다.

[표 6-2] 기본 게이트의 NAND, NOR 식

NOT	$\overline{A} = \overline{A+A} = \overline{A\cdot A}$
AND	$AB = \overline{\overline{AB}} = \overline{\overline{A}+\overline{B}}$
OR	$A+B = \overline{\overline{A+B}} = \overline{\overline{A}\,\overline{B}}$
NAND	$\overline{AB} = \overline{\overline{\overline{AB}}} = \overline{\overline{\overline{A}+\overline{B}}}$
NOR	$\overline{A+B} = \overline{\overline{\overline{A+B}}} = \overline{\overline{\overline{A}\cdot\overline{B}}}$
XOR	$\overline{A}B + A\overline{B} = \overline{\overline{\overline{A}B + A\overline{B}}} = \overline{\overline{\overline{A}B}\cdot\overline{A\overline{B}}}$ $= \overline{(A+\overline{B})(\overline{A}+B)} = \overline{A+\overline{B}} + \overline{\overline{A}+B}$ $= \overline{\overline{\overline{A+\overline{B}} + \overline{\overline{A}+B}}}$

Tip
universal gate
NAND와 NOR 게이트는 만능 게이트라고도 불린다. 이 두 게이트는 다른 어떤 종류의 게이트라도 구성할 수 있기 때문이다.

[표 6-3]은 기본 게이트들의 논리식을 NAND와 NOR만 이용하여 나타낸 것이다.

Tip
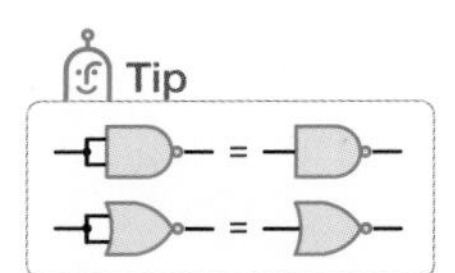

[표 6-3] 기본 게이트의 NAND, NOR 회로

기본 게이트	NAND 게이트 표현	NOR 게이트 표현
NOT	A — $\overline{A}$	A — $\overline{A}$
AND	A, B — AB	A, B — AB

기본 게이트	NAND 게이트 표현	NOR 게이트 표현
OR	A, B → $A+B$	A, B → $A+B$
XOR	A, B → $A \oplus B$	A, B → $A \oplus B$
NAND	A, B → $\overline{AB}$	A, B → $\overline{AB}$
NOR	A, B → $\overline{A+B}$	A, B → $\overline{A+B}$

NAND 게이트만 이용한 회로

SOP 논리식을 이중부정하고 드모르간의 정리를 적용하여 논리식을 변형하면 NAND 게이트만으로 논리회로를 나타낼 수 있다. 카르노 맵을 논리식으로 간소화한 다음 NAND만으로 나타내는 방법을 살펴보자.

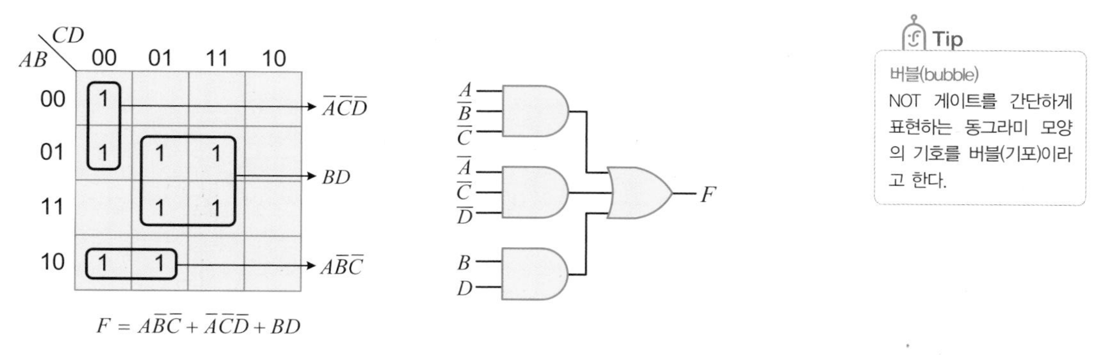

[그림 6-33] $F = A\overline{B}\overline{C} + \overline{A}\overline{C}\overline{D} + BD$ 의 카르노 맵과 논리회로

Tip

버블(bubble)

NOT 게이트를 간단하게 표현하는 동그라미 모양의 기호를 버블(기포)이라고 한다.

SOP 논리식 $F = A\overline{B}\overline{C} + \overline{A}\overline{C}\overline{D} + BD$를 이중부정하고 드모르간의 정리를 적용하여 변형하면 NAND 게이트만으로 나타낼 수 있다. 이를 논리회로로 그리면 [그림 6-34]와 같다.

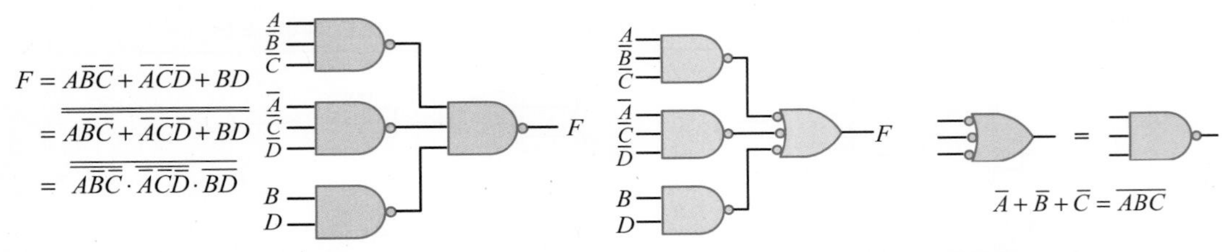

[그림 6-34] NAND 게이트만으로 표현

[그림 6-35] AND 게이트 출력에 이중부정을 한 회로

논리식을 NAND 게이트만으로 나타내기 위한 다른 방법으로는 원래의 논리회로를 그린 다음, [그림 6-35]와 같이 AND 게이트 뒤쪽에 NOT(bubble)을 2개 붙여 이중부정하는 방법을 사용할 수도 있다. 이렇게 회로가 바뀌면 부정입력 3개를 갖는 OR 게이트는 드모르간의 정리에 따라 NAND 게이트로 표현할 수 있다.

예제 6-9

다음 논리식을 NAND 게이트만 사용하여 설계하여라.

$$F = \overline{C}\,\overline{D} + AB\overline{C} + \overline{A}C + \overline{B}C$$

풀이

주어진 논리식을 이중부정하여 NAND 식으로 바꾸면 다음과 같다.

$$\begin{aligned} F &= \overline{C}\,\overline{D} + AB\overline{C} + \overline{A}C + \overline{B}C \\ &= \overline{\overline{\overline{C}\,\overline{D} + AB\overline{C} + \overline{A}C + \overline{B}C}} \\ &= \overline{\overline{\overline{C}\,\overline{D}} \cdot \overline{AB\overline{C}} \cdot \overline{\overline{A}C} \cdot \overline{\overline{B}C}} \end{aligned}$$

원래 논리식의 회로는 [그림 6-36]이고, NAND 게이트만으로 표현한 회로는 [그림 6-37]과 같다.

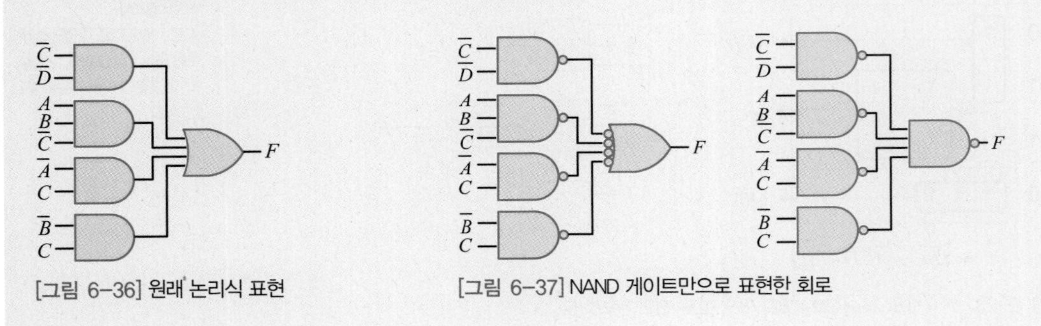

[그림 6-36] 원래 논리식 표현

[그림 6-37] NAND 게이트만으로 표현한 회로

NOR 게이트만 이용한 회로

논리식을 POS로 나타내고 이중부정을 하면 NOR 게이트만으로 회로를 나타낼 수 있다. 카르노 맵에서 0인 항들을 묶어서 SOP와 반대로 나타낸다. 각 변수를 +로 연결하여 묶고, 0일 때는 NOT을 하지 않고 1일 때 NOT을 한다. 또한 각 묶음은 AND로 연결하면 [그림 6-38]과 같이 된다.

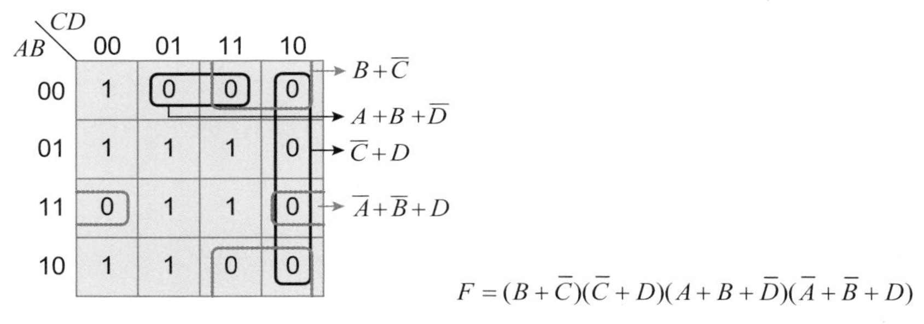

[그림 6-38] 카르노 맵에서 최대항 묶음

또는 0을 묶어서 다음과 같이 $\overline{F}$ 식을 SOP 식으로 나타낸 뒤 부정을 하여 F를 만들 수 있다.

$$\overline{F} = \overline{B}C + C\overline{D} + \overline{A}\overline{B}D + AB\overline{D}$$

$\overline{F}$ 논리식을 부정하면 F가 되며, 드모르간의 정리를 적용하면 다음과 같이 동일한 형태의 POS 논리식이 만들어진다.

$$\begin{aligned} F &= \overline{\overline{B}C + C\overline{D} + \overline{A}\overline{B}D + AB\overline{D}} \\ &= \overline{\overline{B}C} \cdot \overline{C\overline{D}} \cdot \overline{\overline{A}\overline{B}D} \cdot \overline{AB\overline{D}} \\ &= (B + \overline{C})(\overline{C} + D)(A + B + \overline{D})(\overline{A} + \overline{B} + D) \end{aligned}$$

이 논리식을 이용해 논리회로를 그리면 [그림 6-39]가 된다. [그림 6-39] 회로를 NAND 회로에서와 같은 방법으로 OR 게이트 뒤에 이중부정을 하면 [그림 6-40]과 같이 NOR 게이트 회로만으로 나타낼 수 있다.

$$\begin{aligned} \overline{\overline{F}} = F &= \overline{\overline{(B + \overline{C})(\overline{C} + D)(A + B + \overline{D})(\overline{A} + \overline{B} + D)}} \\ &= \overline{\overline{(B + \overline{C})} + \overline{(\overline{C} + D)} + \overline{(A + B + \overline{D})} + \overline{(\overline{A} + \overline{B} + D)}} \end{aligned}$$

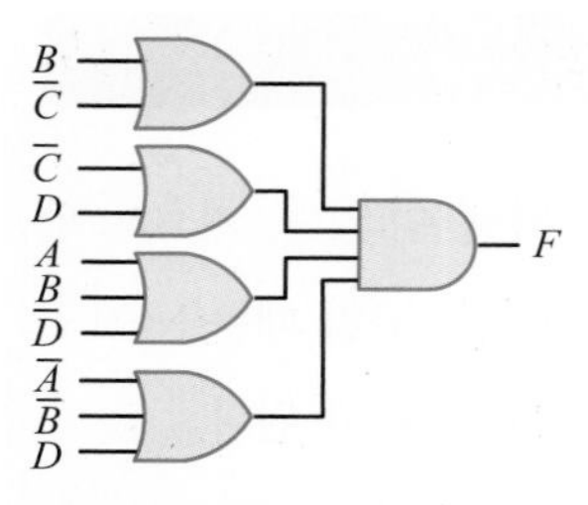

[그림 6-39] 논리식을 논리회로로 표현

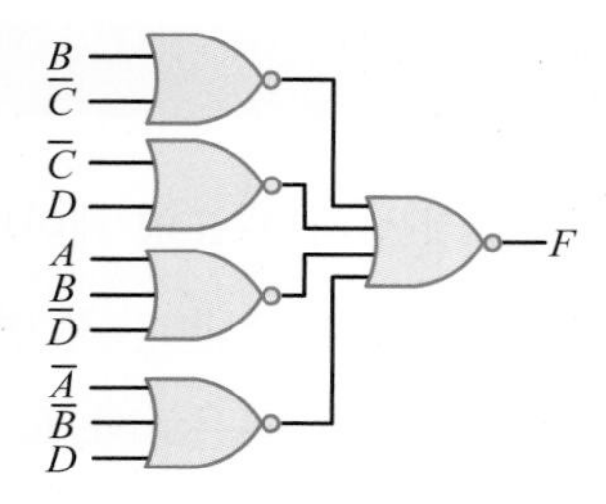

[그림 6-40] 이중부정하여 NOR 게이트로 표현

NAND에서와 마찬가지로 OR 게이트 뒤에 NOT(bubble)을 2개 붙여서 나타내면 [그림 6-41]과 같다. 여기서 AND 게이트의 앞쪽에 모두 NOT이 붙어있는데, 이는 NOR 게이트와 같으므로 NOR로 바꾼다.

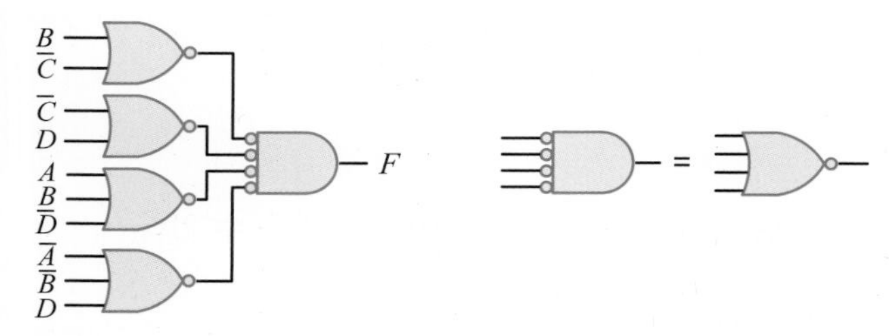

[그림 6-41] OR 게이트의 출력에 이중부정한 회로

예제 6-10

다음 진리표를 만족하는 논리회로를 NOR 게이트만으로 설계하여라.

[표 6-4] 진리표

$ABCD$	F	$ABCD$	F
0000	1	1000	0
0001	1	1001	0
0010	0	1010	1
0011	1	1011	1
0100	0	1100	0
0101	1	1101	1
0110	0	1110	0
0111	1	1111	1

풀이

[그림 6-42]와 같이 카르노 맵으로 나타내고 그룹화하면 논리식을 구할 수 있다.

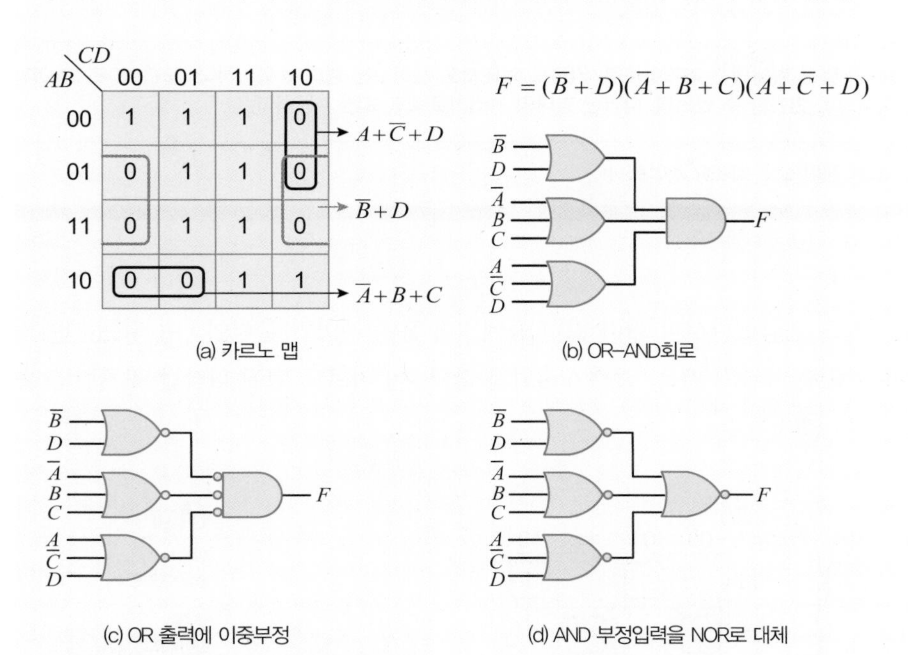

(a) 카르노 맵 (b) OR-AND회로

(c) OR 출력에 이중부정 (d) AND 부정입력을 NOR로 대체

[그림 6-42] 논리식을 구하고 논리회로로 표현

SECTION

08 XOR와 XNOR 게이트

XOR와 XNOR 게이트는 특별한 형태의 논리게이트로, 카르노 맵에서도 묶여지는 형태가 특이하다. 또한 XOR, XNOR를 다양한 형태의 논리식으로 변형할 수 있으며, 다양한 형태의 논리회로로도 표현 가능하다.

Keywords | XOR 게이트 | XNOR 게이트 |

XOR의 특징은 앞에서도 언급했다시피 여러 입력 중에 1이 홀수 개이면 출력이 1이 되는 게이트이다. 3변수와 4변수 XOR 카르노 맵은 [그림 6-43]과 같다. 이 카르노 맵에 나타난 것처럼 그룹으로 묶을 수 있는 것이 없다.

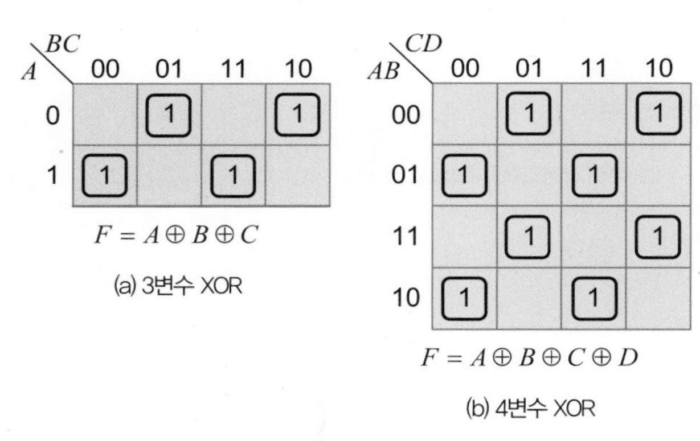

[그림 6-43] XOR의 카르노 맵 표현

> **Tip**
> XOR
> 홀함수(기함수)
>
> XNOR
> 짝함수(우함수)

이 카르노 맵의 논리식은 다음과 같으며, 이를 XOR 식으로 변환하는 과정을 살펴보자.

$$
\begin{aligned}
F &= \overline{A}\,\overline{B}C + \overline{A}B\overline{C} + A\overline{B}\,\overline{C} + ABC = \overline{A}(\overline{B}C + B\overline{C}) + A(\overline{B}\,\overline{C} + BC) \\
&= \overline{A}(B \oplus C) + A(\overline{B \oplus C}) = A \oplus (B \oplus C) = A \oplus B \oplus C
\end{aligned}
$$

$$
\begin{aligned}
F &= \overline{A}\,\overline{B}\,\overline{C}D + \overline{A}\,\overline{B}C\overline{D} + \overline{A}B\overline{C}\,\overline{D} + \overline{A}BCD + A\overline{B}\,\overline{C}\,\overline{D} + A\overline{B}CD + AB\overline{C}D + ABC\overline{D} \\
&= \overline{A}\,\overline{B}(\overline{C}D + C\overline{D}) + \overline{A}B(\overline{C}\,\overline{D} + CD) + A\overline{B}(\overline{C}\,\overline{D} + CD) + AB(\overline{C}D + C\overline{D}) \\
&= \overline{A}\,\overline{B}(C \oplus D) + \overline{A}B(\overline{C \oplus D}) + A\overline{B}(\overline{C \oplus D}) + AB(C \oplus D) \\
&= (\overline{A}\,\overline{B} + AB)(C \oplus D) + (\overline{A}B + A\overline{B})(\overline{C \oplus D}) \\
&= (\overline{A \oplus B})(C \oplus D) + (A \oplus B)(\overline{C \oplus D}) = A \oplus B \oplus C \oplus D
\end{aligned}
$$

다음은 XNOR를 살펴보자. [그림 6-44]의 XNOR는 XOR와 반대로 입력 중에 1이 짝수 개일 때 출력이 1이 되는 게이트이므로 카르노 맵에 반대로 배치된다. [그림 6-45]는 2개 변수씩 그룹으로 묶었을 때 XOR나 XNOR가 되는 경우를 보여준다.

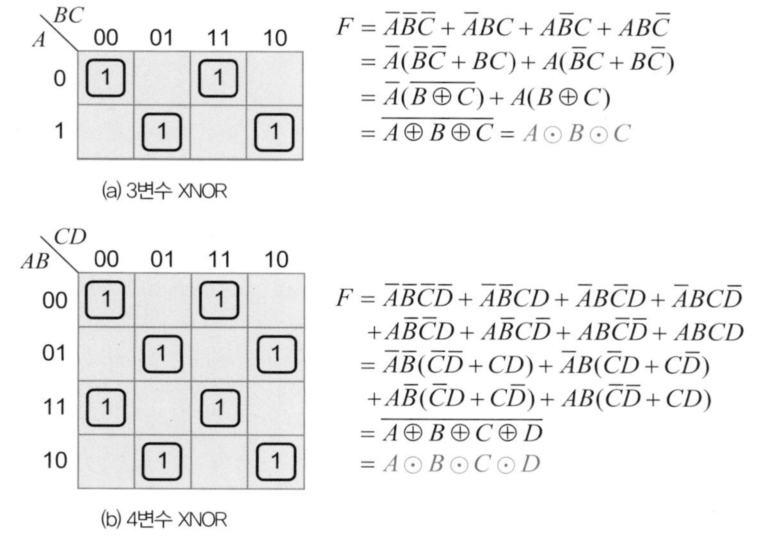

(a) 3변수 XNOR

(b) 4변수 XNOR

[그림 6-44] XNOR 카르노 맵 표현

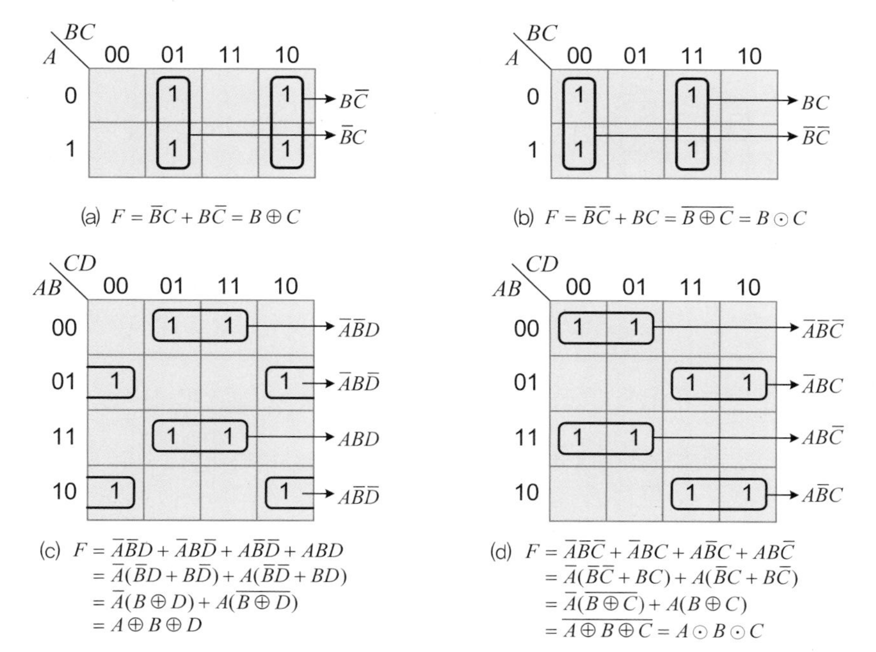

[그림 6-45] 2개 항을 묶었을 경우 XOR 또는 XNOR 게이트의 카르노 맵 표현

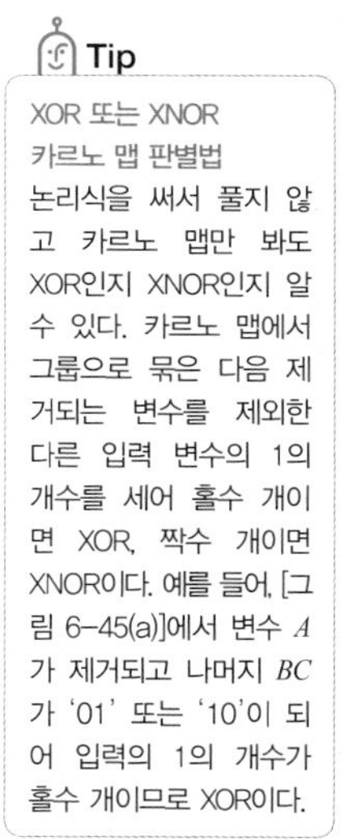
Tip

XOR 또는 XNOR 카르노 맵 판별법

논리식을 써서 풀지 않고 카르노 맵만 봐도 XOR인지 XNOR인지 알 수 있다. 카르노 맵에서 그룹으로 묶은 다음 제거되는 변수를 제외한 다른 입력 변수의 1의 개수를 세어 홀수 개이면 XOR, 짝수 개이면 XNOR이다. 예를 들어, [그림 6-45(a)]에서 변수 A가 제거되고 나머지 BC가 '01' 또는 '10'이 되어 입력의 1의 개수가 홀수 개이므로 XOR이다.

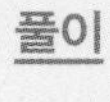

다음 논리함수 F와 G를 XOR 게이트 또는 XNOR 게이트로 표현할 수 있는지 알아보아라.

$$F(A,B,C,D) = \sum m(1, 3, 5, 7, 8, 10, 12, 14)$$

$$G(A,B,C,D) = \sum m(0, 2, 4, 6, 9, 11, 13, 15)$$

풀이

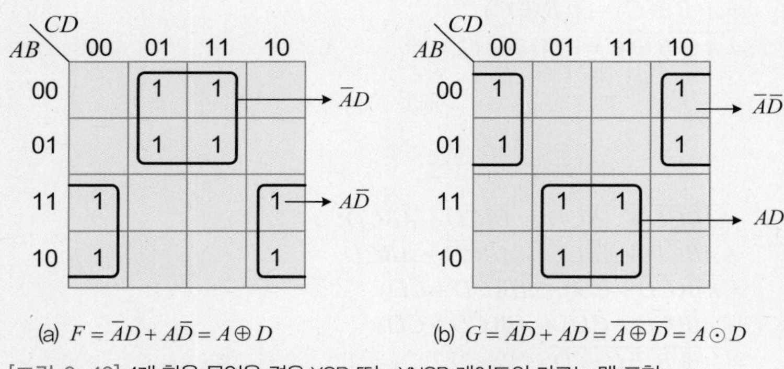

(a) $F = \overline{A}D + A\overline{D} = A \oplus D$ (b) $G = \overline{A}\overline{D} + AD = \overline{A \oplus D} = A \odot D$

[그림 6-46] 4개 항을 묶었을 경우 XOR 또는 XNOR 게이트의 카르노 맵 표현

2입력 XOR 게이트의 출력은 4장에서 설명한 것처럼 입력된 신호가 서로 다를 때 출력이 1이 되므로 **배타적**이라 한다. 이를 논리식으로 표현하면 $F = \overline{A}B + A\overline{B} = A \oplus B$이다. 이 식을 회로로 나타내면 [그림 6-47]과 같다.

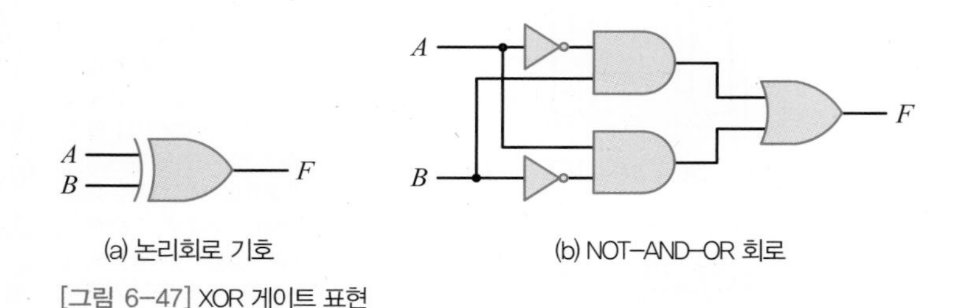

(a) 논리회로 기호 (b) NOT-AND-OR 회로

[그림 6-47] XOR 게이트 표현

또한 XOR 게이트는 두 입력이 모두 0이거나 1이면 출력은 0이 된다. 이를 불 대수식으로 쓰면 $F = \overline{AB + \overline{A}\overline{B}} = (\overline{AB})(\overline{\overline{A}\overline{B}}) = (A+B)\overline{AB} = (A+B)(\overline{A}+\overline{B})$이며, 이를 회로로 나타내면 [그림 6-48]과 같다.

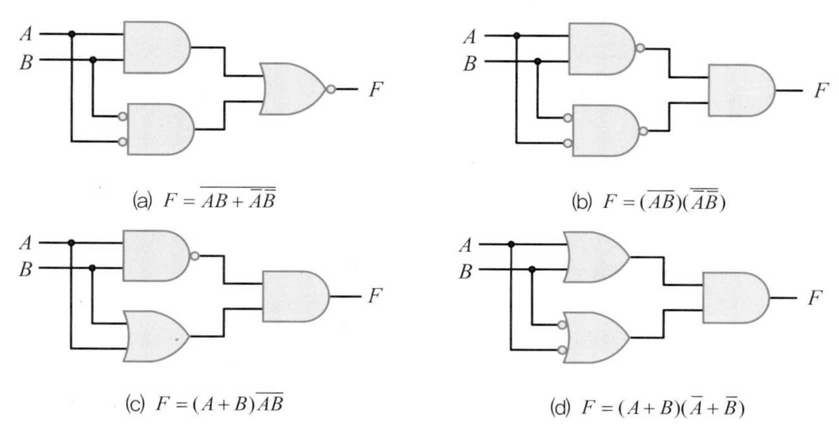

(a) $F = \overline{AB + \bar{A}\bar{B}}$　(b) $F = (\overline{AB})(\overline{\bar{A}\bar{B}})$

(c) $F = (A+B)\overline{AB}$　(d) $F = (A+B)(\bar{A}+\bar{B})$

[그림 6-48] XOR 게이트의 다른 회로 표현

XOR 게이트를 NAND 게이트만으로 표현하기 위해 이중부정을 취하고 드모르간의 정리를 적용하면 다음 논리식과 같다.

$$F = \overline{AB + \bar{A}\bar{B}} = (A+B)\overline{AB} = A \cdot \overline{AB} + B \cdot \overline{AB} = \overline{\overline{A \cdot \overline{AB} + B \cdot \overline{AB}}} = \overline{\overline{A \cdot \overline{AB}} \cdot \overline{B \cdot \overline{AB}}}$$

위 식을 논리회로로 표현하면 [그림 6-49]와 같이 NAND 게이트만으로 표현된다.

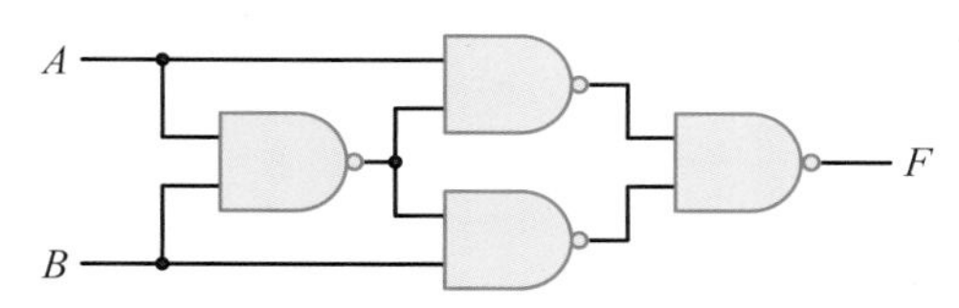

[그림 6-49] XOR 게이트를 NAND 게이트만으로 표현

CHAPTER

06 연습문제

주관식 문제(기본~응용회로 대비용)

1 다음 불 대수식을 3변수 카르노 맵을 이용하여 간소화하여라.

① $F(X,Y,Z)=\sum m(2, 3, 6, 7)$

② $F(X,Y,Z)=\sum m(3, 5, 6, 7)$

③ $F(A,B,C)=\sum m(0, 2, 3, 4, 6)$

④ $F(A,B,C)=\sum m(1, 3, 5, 7)$

⑤ $F(X,Y,Z)=XY+Y\overline{Z}+\overline{X}\,\overline{Y}\,\overline{Z}$

⑥ $F(A,B,C)=\overline{A}\overline{B}+BC+\overline{A}B\overline{C}$

⑦ $F(A,B,C)=\sum m(1, 2, 3, 4, 6, 7)$

⑧ $F(A,B,C)=\sum m(1, 2, 3, 6, 7)$

⑨ $F(A,B,C)=\sum m(0, 1, 5, 6, 7)$ (2가지 답)

⑩ $F(A,B,C)=\sum m(0, 1, 2, 5, 6, 7)$ (2가지 답)

2 다음 불 대수식을 4변수 카르노 맵을 이용하여 간소화하여라.

① $F(A,B,C,D)=\sum m(0, 2, 4, 5, 6, 7, 8, 10, 13, 15)$ (2가지 답)

② $F(A,B,C,D)=\sum m(1, 2, 3, 5, 6, 7, 8, 11, 13, 15)$

③ $F(A,B,C,D)=\sum m(2, 4, 5, 6, 7, 8, 10, 12, 13, 15)$ (2가지 답)

④ $F(A,B,C,D)=\sum m(0, 1, 2, 3, 4, 5, 6, 8, 9, 10, 12, 15)$

⑤ $F(A,B,C,D)=\sum m(2, 5, 7, 8, 10, 12, 13, 15)$

⑥ $F(A,B,C,D)=\sum m(0, 1, 2, 4, 6, 7, 8, 9, 10, 11, 12, 15)$

⑦ $F(A,B,C,D)=\sum m(0, 6, 8, 9, 10, 11, 13, 14, 15)$ (2가지 답)

⑧ $F(A,B,C,D)=\sum m(0, 4, 5, 6, 7, 8, 9, 10, 11, 13, 14, 15)$ (2가지 답)

⑨ $F(A,B,C,D)=\sum m(0, 2, 3, 5, 7, 8, 10, 11, 12, 13, 14, 15)$ (4가지 답)

⑩ $F(A,B,C,D)=\sum m(0, 1, 2, 4, 5, 6, 7, 8, 9, 10, 11, 13, 14, 15)$ (6가지 답)

3 어떤 진리표에서 입력변수 A, B, C, D와 출력변수 Y의 관계가 다음과 같이 주어졌을 때, 가장 간단한 논리식을 구하여라.

- $ABCD=0000\sim0110$: $Y=0$
- $ABCD=0111$: $Y=1$
- $ABCD=1000\sim1001$: $Y=0$
- $ABCD=1010\sim1111$: Y는 무관항

4 다음은 4입력을 갖는 스위칭회로망이다. A와 B는 2진수 N_1의 첫 번째와 두 번째 비트를 나타내고, C와 D는 2진수 N_2의 첫 번째와 두 번째 비트를 나타낸다. $N_1 \times N_2$가 2보다 크거나 같을 때만 회로망의 출력은 1이 된다.

① F에 대한 최소항(minterm) 전개식을 구하여라.

② F에 대한 최대항(maxterm) 전개식을 구하여라.

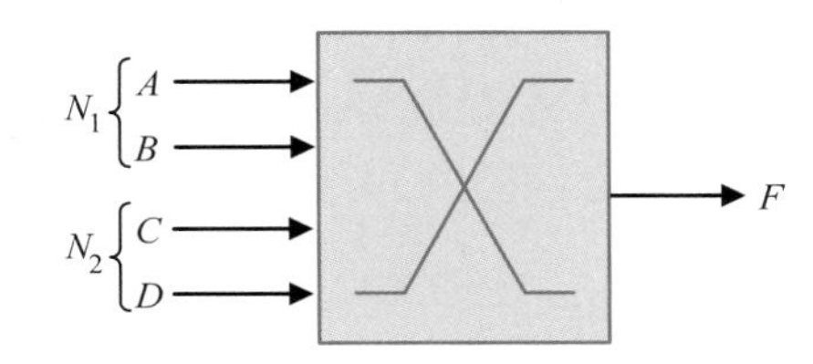

5 다음 논리식을 카르노 맵으로 나타내고 간소화할 수 있으면 간소화하여라.

① $F = XY + YZ + X\overline{Y}Z$

② $F = \overline{Y}Z + WX\overline{Y} + WX\overline{Z} + \overline{W}\overline{X}Z$

③ $F = ABC + \overline{B}\overline{D} + \overline{A}BD$

④ $F = \overline{A}D + BD + \overline{B}C + A\overline{B}D$

⑤ $F = \overline{X}Z + \overline{W}X\overline{Y} + W(\overline{X}Y + X\overline{Y})$

⑥ $F = ABC + CD + B\overline{C}D + \overline{B}C$

⑦ $F = A\overline{B}C + \overline{B}\overline{C}\overline{D} + BCD + AC\overline{D} + \overline{A}\overline{B}C + \overline{A}B\overline{C}D$ (2가지 답)

⑧ $F = \overline{W}YZ + X\overline{Y}Z + WY + WX\overline{Y}\overline{Z} + WZ + XY\overline{Z}$

6 다음과 같이 무관조건이 있을 때 카르노 맵을 이용하여 간소화하여라.

① $F(A, B, C) = \sum m(0, 1, 2, 4, 5) + \sum d(3, 6, 7)$

② $F(A, B, C, D) = \sum m(0, 6, 8, 13, 14) + \sum d(2, 4, 10)$

③ $F(A, B, C, D) = \sum m(1, 3, 5, 7, 9, 15) + \sum d(4, 6, 12, 13)$

④ $F(A, B, C, D) = \sum m(0, 1, 2, 3, 7, 8, 10) + \sum d(5, 6, 11, 15)$

⑤ $F(A, B, C, D) = \sum m(3, 4, 13, 15) + \sum d(1, 2, 5, 6, 8, 10, 12, 14)$

⑥ $F(A, B, C, D) = \sum m(1, 3, 5, 6, 7, 13, 14) + \sum d(8, 10, 12)$ (2가지 답)

⑦ $F(A, B, C, D) = \sum m(3, 8, 10, 13, 15) + \sum d(0, 2, 5, 7, 11, 12, 14)$ (8가지 답)

⑧ $F(A, B, C, D) = \sum m(4, 6, 9, 10, 11, 12, 13, 14) + \sum d(2, 5, 7, 8)$ (3가지 답)

⑨ $F(A, B, C, D) = \sum m(1, 3, 6, 8, 11, 14) + \sum d(2, 4, 5, 13, 15)$ (3가지 답)

⑩ $F(A, B, C, D) = \sum m(0, 2, 3, 5, 7, 8, 9, 10, 11) + \sum d(4, 15)$ (3가지 답)

⑪ $F(A, B, C, D) = \sum m(0, 2, 4, 5, 10, 12, 15) + \sum d(8, 14)$ (2가지 답)

⑫ $F(A, B, C, D) = \sum m(5, 7, 9, 11, 13, 14) + \sum d(2, 6, 10, 12, 15)$ (4가지 답)

7 다음 불 함수를 POS 형태로 간소화하여라.

① $F(X,Y,Z)=\sum m(2,3,6,7)$ ② $F(X,Y,Z)=\sum m(3,5,6,7)$

③ $F(X,Y,Z)=\sum m(0,2,3,4,6)$ ④ $F(X,Y,Z)=\sum m(1,3,5,7)$

⑤ $F(A,B,C,D)=\prod M(1,3,5,7,13,15)$ ⑥ $F(W,X,Y,Z)=\sum m(0,2,5,6,7,8,10)$

⑦ $F(A,B,C,D)=\sum m(0,2,4,5,6,7,8,10,13,15)$

⑧ $F(A,B,C,D)=\sum m(0,2,3,5,7,8,10,11,14,15)$

⑨ $F(A,B,C,D)=\sum m(1,3,5,10,11,12,13,14,15)$

8 다음 불 함수를 SOP와 POS로 나타내어라.

① $F=(AB+C)(B+\overline{C}D)$ ② $F=\overline{X}+X(X+\overline{Y})(Y+\overline{Z})$

③ $F=A\overline{C}+\overline{B}D+\overline{A}CD+ABCD$

④ $F=(\overline{A}+\overline{B}+\overline{D})(A+\overline{B}+\overline{C})(\overline{A}+B+\overline{D})(B+\overline{C}+\overline{D})$

⑤ $F=(\overline{A}+\overline{B}+D)(\overline{A}+\overline{D})(A+B+\overline{D})(A+\overline{B}+C+D)$

9 다음 논리식을 SOP로 표현하여라.

① $F=(A+B+C+\overline{D})(B+\overline{C}+D)(A+C)$ ② $F=(\overline{A}+B+\overline{C})(B+\overline{C}+D)(\overline{B}+\overline{D})$

③ $F=(\overline{A}+B)(C+D)(\overline{A}+C)(B+\overline{C}+D)$

④ $F=(A+B+C)(\overline{B}+C+D)(A+\overline{B}+D)(B+\overline{C}+\overline{D})$

10 다음 SOP를 POS로 변환하여라.

① $F=AC+\overline{A}\overline{D}$ ② $F=\overline{A}B\overline{C}+ABC+BD$

③ $F=B\overline{C}D+\overline{A}\overline{B}D+\overline{B}C\overline{D}$

11 다음 논리식에서 SOP 및 POS의 최소항과 최대항을 각각 구하여라.

① $F(A,B,C,D)=\sum m(2,3,5,7,10,13,14,15)$ (답 : SOP 1개, POS 1개)

② $F(A,B,C,D)=\sum m(3,4,9,13,14,15)+\sum d(2,5,10,12)$ (답 : SOP 1개, POS 2개)

③ $F(A,B,C,D)=\sum m(4,6,11,12,13)+\sum d(3,5,7,9,10,15)$ (답 : SOP 2개, POS 8개)

④ $F(A,B,C,D)=\sum m(1,5,6,7,8,9,10,12,13,14,15)$ (답 : SOP 1개, POS 2개)

⑤ $F(A,B,C,D)=\sum m(0,2,4,6,7,9,11,12,13,14,15)$ (답 : SOP 2개, POS 1개)

⑥ $F(A,B,C,D)=\sum m(1,4,5,6,7,9,11,13,15)$ (답 : SOP 1개, POS 1개)

⑦ $F(A,B,C,D)=\sum m(2,4,5,6,7,10,11,15)$ (답 : SOP 1개, POS 1개)

⑧ $F(A,B,C,D)=\sum m(0,4,6,9,10,11,14)+\sum d(1,3,5,7)$ (답 : SOP 1개, POS 1개)

⑨ $F(A,B,C,D)=\sum m(4,6,9,10,11,13)+\sum d(2,12,15)$ (답 : SOP 2개, POS 2개)

⑩ $F(A,B,C,D)=\sum m(0,1,2,5,7,9)+\sum d(6,8,11,13,14,15)$ (답 : SOP 4개, POS 2개)

⑪ $F(A,B,C,D)=\sum m(0,1,4,6,10,14)+\sum d(5,7,8,9,11,12,15)$ (답 : SOP 13개, POS 3개)

⑫ $F(A,B,C,D)=\sum m(1,3,7,11,13,14)+\sum d(0,2,5,8,10,12,15)$ (답 : SOP 6개, POS 1개)

12 다음 논리회로를 논리식으로 나타내고 간소화하여 다시 그려보아라.

① 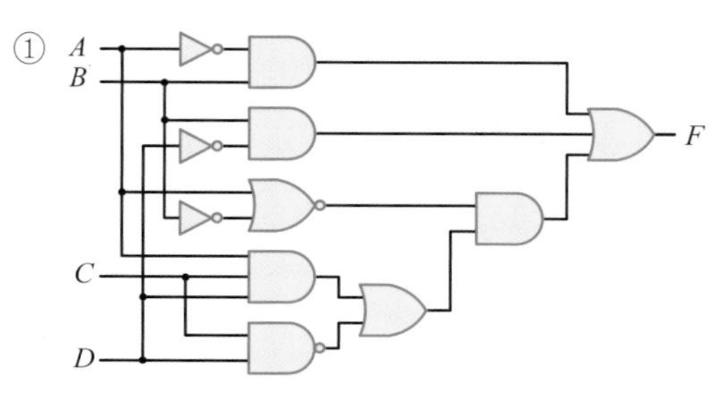

② 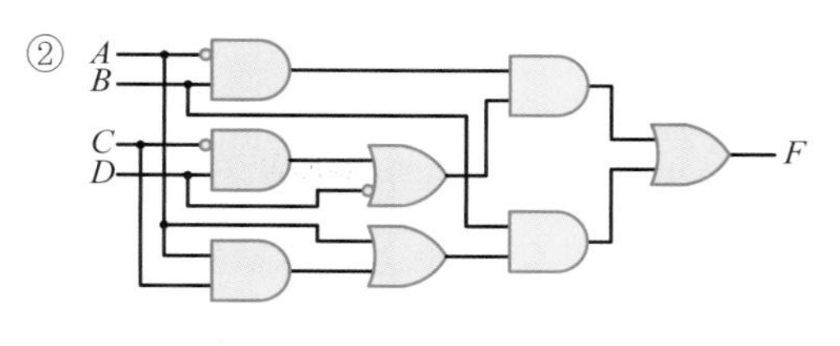

③ 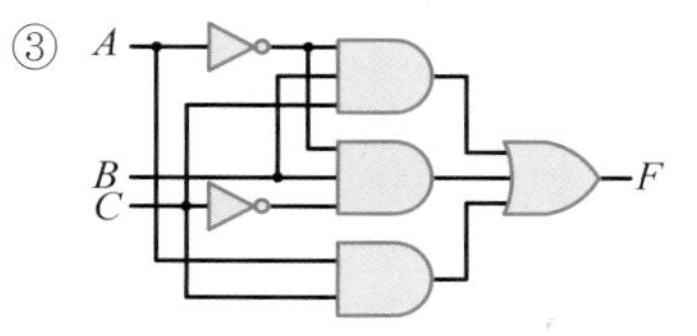

④ 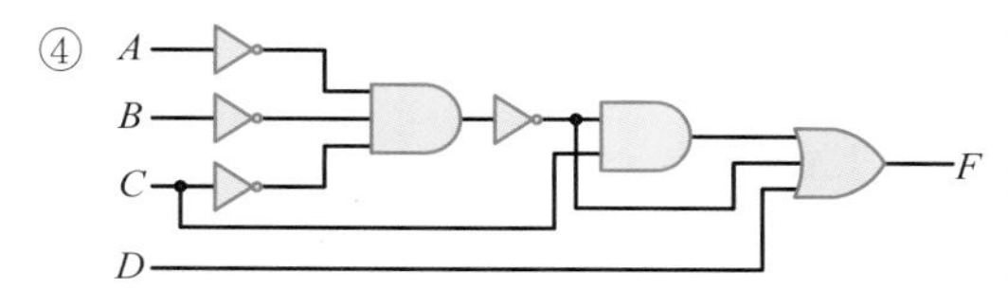

13 다음 논리식을 5변수 카르노 맵으로 간소화하여라.

① $F(A,B,C,D,E)=\sum m(0,1,4,5,16,17,21,25,29)$

② $F(A,B,C,D,E)=\overline{A}\overline{B}C\overline{E}+\overline{A}\overline{B}\overline{C}\overline{D}+\overline{B}\overline{D}\overline{E}+\overline{B}C\overline{D}+CD\overline{E}+BD\overline{E}$

③ $F(A,B,C,D,E)=\sum m(0,5,7,9,11,13,15,18,19,22,23,25,27,28,29,31)$

④ $F(A,B,C,D,E)=\sum m(0,2,4,7,8,10,15,17,20,21,23,25,26,27,29,31)$

⑤ $F(A,B,C,D,E)=\sum m(1,3,10,14,21,26,28,30)+\sum d(5,12,17,29)$

⑥ $F(A,B,C,D,E)=\sum m(0,1,2,4,5,6,10,13,14,18,21,22,24,26,29,30)$

14 다음 논리식을 6변수 카르노 맵으로 간소화하여라.

① $F(A,B,C,D,E,F)=\sum m(0, 4, 6, 8, 9, 11, 12, 13, 15, 16, 20, 22, 24, 25, 27, 28, 29, 31, 32, 34, 36, 38, 40, 41, 42, 43, 45, 47, 48, 49, 54, 56, 57, 59, 61, 63)$

② $F(A,B,C,D,E,F)=\sum m(4, 5, 6, 7, 8, 10, 13, 15, 18, 20, 21, 22, 23, 26, 29, 30, 31, 33, 36, 37, 38, 39, 40, 42, 49, 52, 53, 54, 55, 60, 61)$

③ $F(A,B,C,D,E,F)=\sum m(2, 3, 6, 7, 8, 12, 14, 17, 19, 21, 23, 25, 27, 28, 29, 30, 32, 33, 34, 35, 40, 44, 46, 49, 51, 53, 55, 57, 59, 61, 62, 63)$

④ $F(A,B,C,D,E,F)=\sum m(0, 1, 2, 4, 5, 6, 7, 9, 13, 15, 17, 19, 21, 23, 26, 27, 29, 30, 31, 33, 37, 39, 40, 42, 44, 45, 46, 47, 49, 53, 55, 57, 59, 60, 61, 62, 63)$
(2가지 답)

15 [연습문제 12]의 결과를 NAND 게이트와 NOR 게이트만으로 나타내어라.

16 다음 불 대수식을 간소화하고 NAND 게이트만으로 나타내어라. 단, 입력으로서 A, B, C, D뿐만 아니라 그 반전도 이용 가능하다고 가정한다.

① $F=A\overline{B}+\overline{C}\overline{D}+\overline{A}C\overline{D}$

② $F=\overline{A}B+A(\overline{B}+CD)$

17 다음 불 대수식을 간소화하고 NOR 게이트만으로 나타내어라. 단, 입력으로서 A, B, C, D뿐만 아니라 그 반전도 이용 가능하다고 가정한다.

① $F(A,B,C,D) = A\overline{B} + ABD + AB\overline{D} + \overline{A}\,\overline{C}\,\overline{D} + \overline{A}B\overline{C}$

② $F(A,B,C,D) = BD + BC\overline{D} + A\overline{B}\,\overline{C}\,\overline{D}$

③ $F(A,B,C,D) = \sum m(0, 1, 2, 3, 7, 8, 10) + \sum d(5, 6, 11, 15)$

18 다음 불 대수식을 XOR와 AND 게이트로 나타내어라.

$$F = A\overline{B}C\overline{D} + \overline{A}BC\overline{D} + A\overline{B}\,\overline{C}D + \overline{A}B\overline{C}D$$

19 [그림 6-49]에서 NAND 게이트가 NOR 게이트로 대체되는 경우 출력 F의 논리식을 구하여라.

CHAPTER

06 기출문제

객관식 문제(산업기사 대비용)

01 변수의 수(數)가 3이라면 카르노 맵에서 몇 개의 칸이 요구되는가?

㉮ 2칸　　㉯ 4칸
㉰ 6칸　　㉱ 8칸

02 다음 진리표의 카르노 맵을 작성한 것 중 옳은 것은?

입력		출력
A	B	Y
0	0	0
0	1	1
1	0	0
1	1	1

㉮

$B \backslash A$	0	1
0	1	1
1	0	0

㉯

$B \backslash A$	0	1
0	0	0
1	1	1

㉰

$B \backslash A$	0	1
0	0	1
1	1	0

㉱

$B \backslash A$	0	1
0	1	0
1	1	0

03 다음은 카르노 맵의 표이다. 논리식을 간소화한 것은?

$B \backslash A$	0	1
0	0	0
1	1	1

㉮ A　　㉯ B　　㉰ $A+B$　　㉱ $A \cdot B$

04 다음 카르노 맵을 간소화시킨 결과는?

$X_1 \backslash X_2$	0	1
0	1	1
1	1	0

㉮ $X_1 + \overline{X}_1 \cdot X_2$　　㉯ $X_1 + X_2$
㉰ $\overline{X}_1 + X_1 \cdot \overline{X}_2$　　㉱ $\overline{X}_1 + \overline{X}_2$

05 다음 진리표를 간소화한 결과 Y는?

A	B	Y
0	0	1
0	1	0
1	0	1
1	1	1

㉮ $Y = AB$　　㉯ $Y = A + \overline{B}$
㉰ $Y = \overline{AB}$　　㉱ $Y = \overline{A+B}$

06 다음의 논리식을 카르노 맵으로 옮긴 것은?

$$Y = \overline{A}BC + A\overline{B}C + ABC + \overline{A}\overline{B}C$$

㉮

$A \backslash BC$	00	01	11	10
0		1		
1		1	1	1

㉯

$A \backslash BC$	00	01	11	10
0			1	
1		1	1	1

㉰

$A \backslash BC$	00	01	11	10
0				1
1		1	1	1

㉱

$A \backslash BC$	00	01	11	10
0		1	1	
1		1	1	

07 다음 카르노 맵을 간소화하면?

$z \backslash xy$	00	01	11	10
0	0	0	0	0
1	1	1	0	0

㉮ $\overline{x}z$　　㉯ $\overline{x}\,\overline{z}y$
㉰ $x + \overline{y} + \overline{z}$　　㉱ $\overline{x}y + y$

08 다음 카르노 맵의 논리식을 간단히 하면?

A \ BC	00	01	11	10
0	0	0	1	0
1	1	0	1	1

㉮ $B + ABC$　　㉯ $A + BC$
㉰ $BC + A\overline{C}$　　㉱ $A\overline{BC} + BC + B$

09 다음과 같은 카르노 맵을 가장 간단한 논리식으로 나타내면?

C \ AB	00	01	11	10
0	1	0	0	1
1	1	0	0	1

㉮ $\overline{A}\overline{B}$　　㉯ $\overline{B}$　　㉰ $\overline{A}$　　㉱ $\overline{A}B$

10 다음과 같은 카르노 맵을 간소화하면?

A \ BC	00	01	11	10
0	1	1	0	0
1	1	1	1	0

㉮ $\overline{B} + AC$　　㉯ $B + AC$
㉰ $B + \overline{A}C$　　㉱ $B + \overline{AC}$

11 다음 카르노 맵에 나타낸 논리함수를 간단히 하면?

C \ AB	00	01	11	10
0	0	1	1	0
1	0	1	1	1

㉮ $A + AC$　　㉯ $A + A\overline{B}$
㉰ $\overline{B} + A\overline{B}$　　㉱ $B + AC$

12 다음 카르노 맵(Karnaugh map)을 간소화하면?

A \ BC	00	01	11	10
0	1	1	1	1
1	0	0	1	0

㉮ $\overline{A}$　　㉯ $\overline{A} + BC$
㉰ $A + \overline{B}C$　　㉱ ABC

13 다음과 같은 카르노 맵(Karnaugh map)이 있을 때 간소화하여 얻은 논리식으로 옳은 것은?

A \ BC	00	01	11	10
0	1	0	0	1
1	1	1	x	1

㉮ $Y = A$
㉯ $Y = BC + AC$
㉰ $Y = \overline{C} + A$
㉱ $Y = \overline{C} + AB$

14 다음 진리표의 논리식이 옳은 것은?

A	B	C	F
0	0	0	0
0	0	1	1
0	1	0	1
0	1	1	1
1	0	0	0
1	0	1	1
1	1	0	0
1	1	1	1

㉮ $F = AB + \overline{B}C$
㉯ $F = AB + C$
㉰ $F = \overline{A}B + C$
㉱ $F = \overline{A}C + B$

15 다음의 진리표를 보고 논리식을 간소화하면?

A	B	C	F
0	0	0	0
0	0	1	0
0	1	0	0
0	1	1	1
1	0	0	0
1	0	1	1
1	1	0	1
1	1	1	1

㉮ $F = AB + BC + AC$
㉯ $F = \overline{A}B + B\overline{C} + A\overline{B}$
㉰ $F = A + B + C$
㉱ $F = ABC$

16 다음의 진리표를 보고 논리식을 간소화하면?

C	B	A	F
0	0	0	0
0	0	1	0
0	1	0	0
0	1	1	1
1	0	0	1
1	0	1	0
1	1	0	0
1	1	1	0

㉮ $F = ABC + \overline{A}\overline{B}C$ ㉯ $F = AB\overline{C} + \overline{A}BC$
㉰ $F = AB\overline{C} + \overline{A}\overline{B}C$ ㉱ $F = AB\overline{C} + A\overline{B}C$

17 다음 카르노 맵의 함수를 간소화하면?

$AB \backslash CD$	$\overline{C}\overline{D}$	$\overline{C}D$	CD	$C\overline{D}$
$\overline{A}\overline{B}$	0	0	0	0
$\overline{A}B$	0	0	0	0
AB	0	0	1	1
$A\overline{B}$	0	0	1	1

㉮ AB ㉯ AC ㉰ AD ㉱ $\overline{A}\overline{B}$

18 다음 카르노 맵으로 표시된 함수를 간소화하면?

$AB \backslash CD$	$\overline{C}\overline{D}$	$\overline{C}D$	CD	$C\overline{D}$
$\overline{A}\overline{B}$	0	0	0	0
$\overline{A}B$	0	0	0	0
AB	1	1	1	1
$A\overline{B}$	0	0	0	0

㉮ AB ㉯ BC ㉰ $\overline{A}D$ ㉱ $A\overline{C}$

19 다음과 같은 카르노 맵에서 얻어지는 불 대수식은?

$AB \backslash CD$	$\overline{C}\overline{D}$	$\overline{C}D$	CD	$C\overline{D}$
$\overline{A}\overline{B}$	0	0	0	0
$\overline{A}B$	1	0	0	1
AB	1	0	0	1
$A\overline{B}$	0	0	0	0

㉮ $Y = B\overline{D}$ ㉯ $Y = \overline{B}D$
㉰ $Y = AB$ ㉱ $Y = \overline{A}\overline{B}$

20 다음과 같이 표시된 카르노 맵을 간소화한 함수 F는?

$AB \backslash CD$	00	01	11	10
00	1			1
01				
11				
10	1			1

㉮ $F = \overline{B} \cdot \overline{D}$ ㉯ $F = \overline{B} + \overline{D}$
㉰ $F = B + \overline{D}$ ㉱ $F = \overline{B} + D$

21 다음 카르노 맵을 간소화한 논리식은?

$AB \backslash CD$	$\overline{C}\overline{D}$	$\overline{C}D$	CD	$C\overline{D}$
$\overline{A}\overline{B}$	0	0	0	0
$\overline{A}B$	0	0	0	0
AB	1	1	1	1
$A\overline{B}$	1	1	1	1

㉮ $Y = A$ ㉯ $Y = B$
㉰ $Y = AB + \overline{CD}$ ㉱ $Y = A\overline{B} + \overline{C}D$

22 다음과 같은 카르노 맵의 가장 간단한 논리식은?

$CD \backslash AB$	00	01	11	10
00		1	1	
01		1	1	
11		1	1	
10		1	1	

㉮ A ㉯ B ㉰ C ㉱ D

23 다음 카르노 맵을 간소화하였을 때 얻어지는 논리식은?

$CD \backslash AB$	00	01	11	10
00	0	0	0	0
01	1	1	0	1
11	1	1	0	1
10	0	0	0	0

㉮ $(\overline{A} + \overline{B})D$ ㉯ $\overline{A}\overline{B}D + \overline{A}BD + A\overline{B}D$
㉰ $\overline{A}D + A\overline{B}D$ ㉱ $\overline{A} + D$

24 다음과 같은 4변수 카르노 맵을 간단히 했을 때 논리식은?

CD \ AB	00	01	11	10
00	1			1
01		1	1	
11		1	1	
10	1			1

㉮ $A\overline{C}+\overline{A}C$　　㉯ $A\overline{D}+\overline{B}C$
㉰ $A\overline{B}+AC$　　㉱ $BD+\overline{B}\overline{D}$

25 다음과 같은 카르노 맵을 간소화한 것은?

AB \ CD	00	01	11	10
00	1	1	0	0
01	1	1	0	1
11	1	1	0	1
10	1	1	0	0

㉮ $A+BC$　　㉯ $\overline{B}+AC$
㉰ $\overline{B}+C\overline{D}$　　㉱ $\overline{C}+B\overline{D}$

26 논리식 $A+\overline{A}B$ 를 간단히 하면?

㉮ $A+B$　㉯ $\overline{A}+B$　㉰ $\overline{A}+\overline{B}$　㉱ A

27 논리식 $A(A+B)$ 를 간단히 한 것은?

㉮ A　㉯ AB　㉰ $A+B$　㉱ B

28 논리식 $\overline{A}B+AB+\overline{A}\overline{B}$ 를 간소화한 식은?

㉮ $\overline{A}+\overline{B}$　㉯ $\overline{A}B$　㉰ $A+B$　㉱ $\overline{A}+B$

29 다음 중 논리식 $Y=\overline{A}\overline{B}+A\overline{B}+\overline{A}B$ 를 간소화하면?

㉮ $Y=\overline{A}B$　　㉯ $Y=\overline{A}$
㉰ $Y=\overline{B}$　　㉱ $Y=\overline{AB}$

30 논리식 $Y=AB+A\overline{B}+\overline{A}B$ 를 간소화하면?

㉮ AB　㉯ $A+B$　㉰ $A+\overline{B}$　㉱ $A\cdot\overline{B}$

31 다음 논리식을 간소화하면 어떻게 되는가?

$$Y=\overline{A}\overline{B}+A\overline{B}+\overline{A}B+AB$$

㉮ $Y=\overline{A}+\overline{B}$　　㉯ $Y=A+\overline{B}$
㉰ $Y=1$　　㉱ $Y=AB$

32 다음 논리식을 간소화하면 어떻게 되는가?

$$Y=\overline{A}+\overline{B}+AB$$

㉮ $Y=\overline{A}$　　㉯ $Y=1$
㉰ $Y=\overline{B}$　　㉱ $Y=\overline{A}+\overline{B}$

33 논리식 $A(A+B+C)$ 를 간단히 하면 어느 것과 같은가?

㉮ 1　㉯ 0　㉰ $B+C$　㉱ A

34 다음 논리식을 간단히 하면?

$$AB+AC+B\overline{C}$$

㉮ $AC+B\overline{C}$　　㉯ $AB+\overline{B}C$
㉰ $AC+B$　　㉱ $AB+C$

35 논리식 $Y=AB+AC+A\overline{B}\overline{C}$ 를 간단히 하면?

㉮ A　㉯ $\overline{A}$　㉰ B　㉱ $\overline{B}$

36 불 대수식 $Y=ABC+A\overline{B}C+AB\overline{C}$ 를 간단히 하면?

㉮ $A(C+B\overline{C})$　　㉯ $A(BC+\overline{B}C+B\overline{C})$
㉰ $A(B+C)$　　㉱ ABC

37 논리식 $Y=\overline{A}\overline{B}\overline{C}+A\overline{B}C+\overline{A}\overline{B}C+A\overline{B}\overline{C}$ 를 간소화하면?

㉮ $Y=A+B$　　㉯ $Y=\overline{B}$
㉰ $Y=A+B+C$　　㉱ $Y=AB$

38 다음과 같은 논리함수를 카르노 맵을 이용하여 간소화한 식은?

$$f=\overline{x}\,\overline{y}\,\overline{z}+x\overline{y}\,\overline{z}+\overline{x}\,y\overline{z}+x\overline{y}z+xy\overline{z}$$

㉮ $f=x\overline{y}+\overline{z}y$　　㉯ $f=xy+\overline{x}\,\overline{z}$
㉰ $f=\overline{z}+x\overline{y}$　　㉱ $f=xy+\overline{x}\,\overline{y}$

39 다음 3변수 논리식을 간단히 하면?

$$\overline{A}\overline{B}\overline{C}+\overline{A}\overline{B}C+A\overline{B}\overline{C}+A\overline{B}C+\overline{B}\overline{C}$$

㉮ A　㉯ B　㉰ $\overline{B}$　㉱ C

40 다음의 논리함수를 간소화한 결과는?

$$ABC + \overline{A}B + AB\overline{C} + A\overline{B}C$$

㉮ $\overline{A}B + BC + A\overline{B}C$
㉯ $A\overline{C} + BC + AC$
㉰ $B + AC$
㉱ $A\overline{B}C$

41 다음과 같은 논리함수를 구현할 때 최소의 게이트를 사용할 수 있도록 단순화시킨 것으로 맞는 것은?

$$F = \overline{A}C + \overline{A}B + A\overline{B}C + BC$$

㉮ $F = \overline{B}C + BC + \overline{A}B\overline{C}$
㉯ $F = C + \overline{B}C$
㉰ $F = AC + \overline{A}B + \overline{A}C$
㉱ $F = C + \overline{A}B$

42 다음 논리식 $(A+B)(\overline{A}+C)$ 를 간단히 하면?

㉮ $\overline{A}B + AC$　　㉯ $\overline{A}B + BC$
㉰ $AC + BC$　　㉱ $\overline{A} + ABC$

43 다음 불 함수 $Y = \overline{C}\overline{D} + A\overline{C} + C\overline{D}$ 를 간소화하면?

㉮ $\overline{A}C + D$　　㉯ $\overline{A}C + \overline{D}$
㉰ $A\overline{C} + \overline{D}$　　㉱ $A\overline{C} + D$

44 다음 논리식을 간소화하면?

$$\overline{A}B\overline{C}\overline{D} + AB\overline{C}\overline{D} + \overline{A}\overline{B}\overline{C}D + A\overline{B}\overline{C}D + \overline{A}\overline{B}CD + A\overline{B}CD + \overline{A}BC\overline{D} + ABC\overline{D}$$

㉮ $\overline{A}C + B\overline{D}$　　㉯ $\overline{B}D + B\overline{D}$
㉰ $A\overline{B} + B\overline{C}$　　㉱ $AB + CD + AC$

45 다음 불 함수를 간소화한 것은?

$$F = \overline{A}\overline{B}\overline{C} + \overline{B}C\overline{D} + \overline{A}BC\overline{D} + A\overline{B}\overline{C}$$

㉮ $F = \overline{B}D + \overline{B}C + AC\overline{D}$
㉯ $F = BD + \overline{B}\overline{C} + \overline{A}\overline{C}D$
㉰ $F = \overline{B}\overline{D} + \overline{B}\overline{C} + \overline{A}C\overline{D}$
㉱ $F = B\overline{D} + BC + \overline{A}CD$

46 다음 불 함수를 간소화하였을 때 결과식으로 옳은 것은?

$$F(A, B, \mathrm{C}) = \sum m(1, 3, 4, 6)$$

㉮ $F(A, B, C) = \overline{AB}$
㉯ $F(A, B, C) = AC + B$
㉰ $F(A, B, C) = A + C$
㉱ $F(A, B, C) = \overline{A}C + A\overline{C}$

47 다음 표준형 불 함수(sum of minterms)를 카르노 맵을 이용하여 간소화한 것 중 옳은 것은?

$$Y(A, B, C, D) = \sum m(0, 2, 4, 6, 8, 10)$$

㉮ $\overline{A}\overline{D} + AC$　　㉯ $\overline{B}\overline{C} + CD$
㉰ ABC　　㉱ $\overline{A}\overline{D} + \overline{B}\overline{D}$

48 그림에서 출력 X를 입력 A, B의 함수로 바르게 표시한 것은?

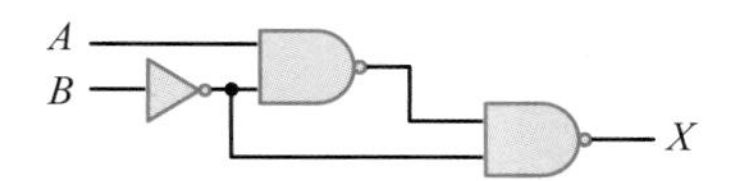

㉮ $X = AB$
㉯ $X = A + B$
㉰ $X = \overline{A}B + A\overline{B}$
㉱ $X = AB + A\overline{B}$

49 다음과 같은 논리회로의 출력 F는?

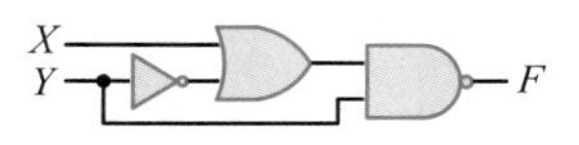

㉮ $\overline{X} + \overline{Y}$　　㉯ $X\overline{Y}$
㉰ XY　　㉱ $X + Y$

50 다음과 같은 논리회로의 출력은?

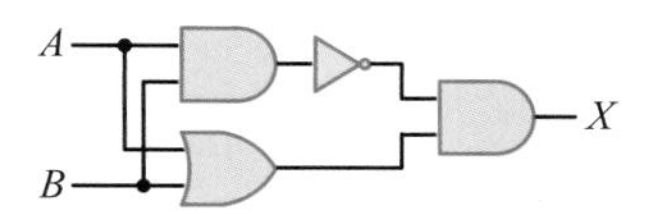

㉮ $X = A + B$　　㉯ $X = AB$
㉰ $X = \overline{A + B}$　　㉱ $X = \overline{A}B + A\overline{B}$

51 다음과 같은 논리회로를 간단히 하면?

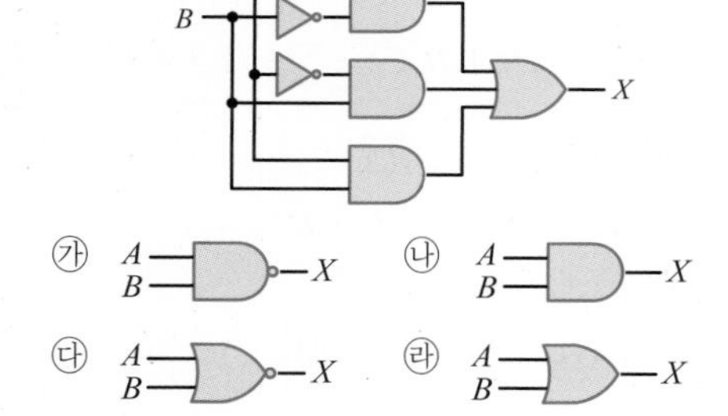

㉮ A, B → X   ㉯ A, B → X

㉰ A, B → X   ㉱ A, B → X

52 다음과 같은 논리회로의 출력(F)은?

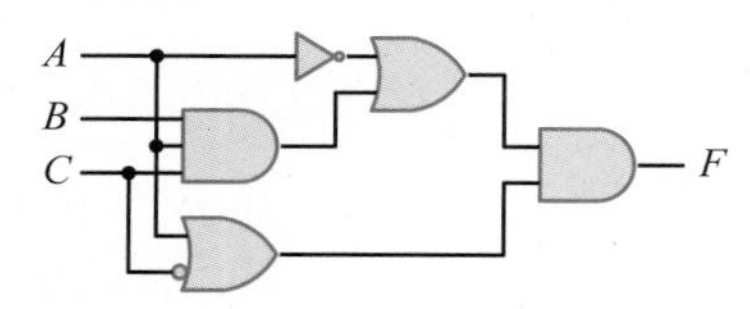

㉮ $ABC+\overline{A}\overline{C}$ ㉯ $AB+\overline{A}\overline{B}\overline{C}$

㉰ $A+B+C$ ㉱ ABC

53 다음 중에서 논리함수의 결과가 다른 하나는?

㉮ $\overline{A}+AB$ ㉯ $(\overline{A}+A)(\overline{A}+B)$

㉰ $\overline{A}+B$ ㉱ $B(\overline{A}+B)$

54 세 입력 중(X, Y, Z) 두 입력 이상이 정논리일 때 출력이 정논리가 되는 회로를 설계할 때의 논리식은?

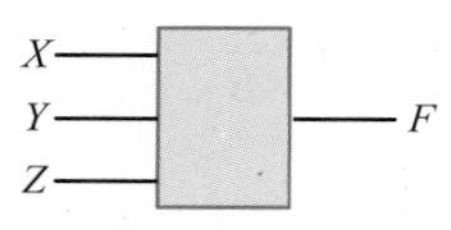

㉮ $X+Y+Z$

㉯ $XYZ+\overline{X}YZ+X\overline{Y}Z$

㉰ $\overline{X}YZ+X\overline{Y}Z+XY\overline{Z}$

㉱ $XY+YZ+XZ$

55 다음 논리회로 동작을 설명한 것 중 옳은 것은?

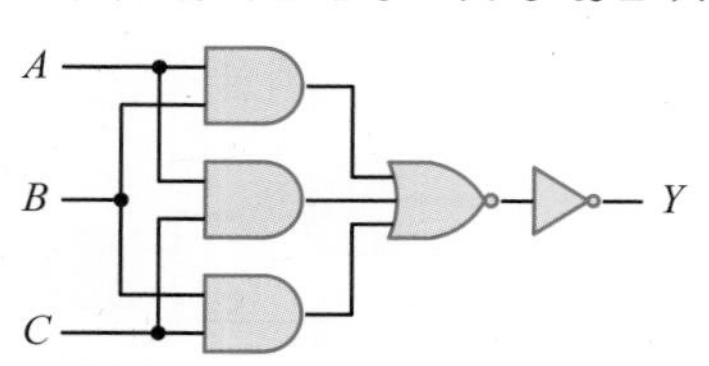

㉮ 다수결 회로로 동작한다.

㉯ multiplexer 회로로 동작한다.

㉰ encoder 회로로 동작한다.

㉱ A=1, B=1, C=0일 경우 출력 Y=0이 된다.

56 다음 중 논리게이트의 설명으로 틀린 것은?

㉮ 불 대수식은 AND, OR, NOT의 연산자로 이루어진다.

㉯ 기본 논리회로는 AND, OR, NOT 게이트로 나타낼 수 있다.

㉰ 모든 불 대수식을 NAND 게이트로 나타낼 수 있다.

㉱ 모든 불 대수식을 XOR 게이트로 나타낼 수 있다.

57 A와 B가 입력, Y가 출력일 때 다음 회로의 구성은?

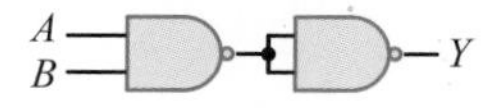

㉮ NAND 게이트를 사용하여 AND 게이트를 실현

㉯ NAND 게이트를 사용하여 XOR 게이트를 실현

㉰ NAND 게이트를 사용하여 OR 게이트를 실현

㉱ NAND 게이트를 사용하여 XNOR 게이트를 실현

58 논리식 $Y=(A+B)(C+D)$를 NOR 게이트만을 사용하여 표시할 때 몇 개의 NOR 게이트가 필요한가?

㉮ 2개   ㉯ 3개

㉰ 4개   ㉱ 5개

59 다음의 논리식을 최소의 NAND 게이트만으로 구성하기 위해 필요로 하는 NAND 게이트의 종류와 개수가 옳은 것은? (단, 인버터는 2입력 NAND 게이트를 사용함)

$$Y=ABC+A\overline{B}C+\overline{A}\overline{B}$$

㉮ 2입력 NAND 3개, 3입력 NAND 4개

㉯ 2입력 NAND 3개, 3입력 NAND 3개

㉰ 2입력 NAND 4개, 3입력 NAND 3개

㉱ 2입력 NAND 2개, 3입력 NAND 4개

60 다음 중 XOR 게이트에 대한 논리식이 아닌 것은? (단, Y는 출력이고, A와 B는 입력임)

㉮ $Y=A\overline{B}+\overline{A}B$

㉯ $Y=(A+B)(\overline{A\cdot B})$

㉰ $Y=A\oplus B$

㉱ $Y=(A+B)\overline{(\overline{\overline{A}+\overline{B}})}$

61 다음과 같은 논리회로의 출력 논리식이 아닌 것은?

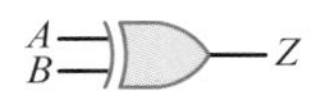

㉮ $Z = (\overline{A \cdot B + (\overline{A + B})})$
㉯ $Z = A \cdot \overline{B} + \overline{A} \cdot B$
㉰ $Z = (A + B)\overline{A \cdot B}$
㉱ $Z = (\overline{A + B})(A \cdot B)$

62 다음과 같은 논리회로의 명칭은?

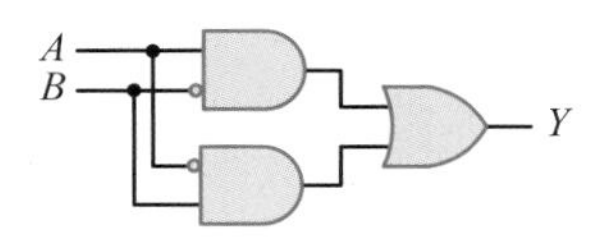

㉮ XOR　　㉯ AND
㉰ NOR　　㉱ NAND

63 다음과 같은 논리회로의 기능은 어떤 게이트인가?

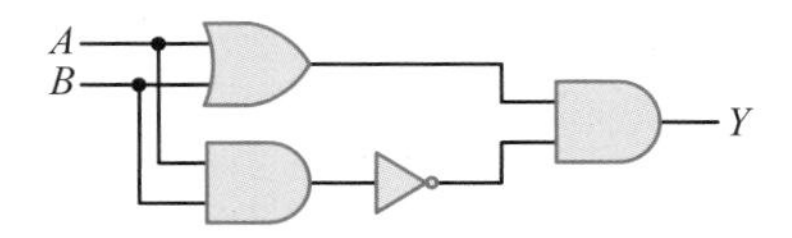

㉮ AND 게이트　　㉯ OR 게이트
㉰ NAND 게이트　　㉱ XOR 게이트

64 그림에서 NAND 게이트로 구성된 논리회로의 기능은 어느 게이트와 같은가? (단, A, B는 입력단자, Y는 출력단자이다.)

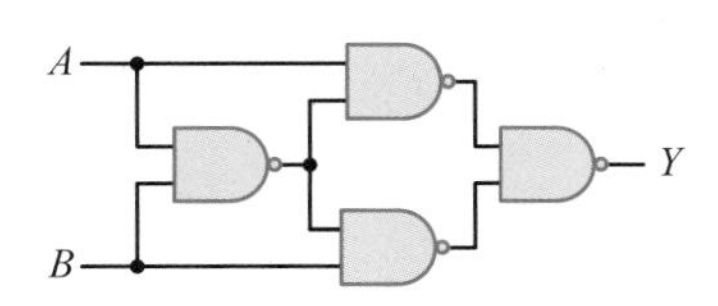

㉮ AND 게이트　　㉯ NOR 게이트
㉰ NAND 게이트　　㉱ XOR 게이트

65 다음 논리회로의 출력 X를 진리표 내에서 바르게 나타낸 것은?

입력	출력 X			
A B	①	②	③	④
0 0	1	0	0	0
0 1	0	1	1	0
1 0	1	1	1	0
1 1	0	1	0	1

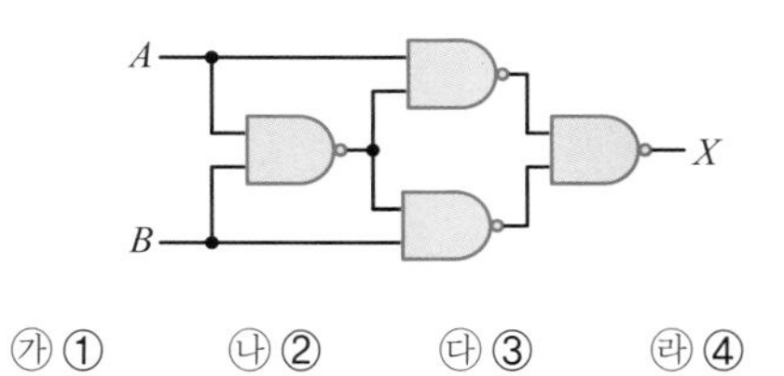

㉮ ①　　㉯ ②　　㉰ ③　　㉱ ④

66 다음 논리회로의 출력은?

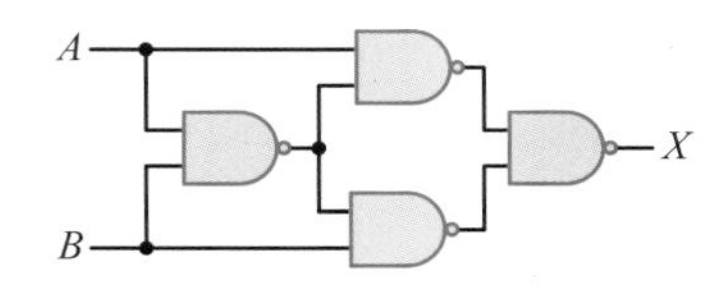

㉮ $A + B$　　㉯ AB
㉰ $A \oplus B$　　㉱ $A \odot B$

67 다음과 같은 논리회로의 출력 X는?

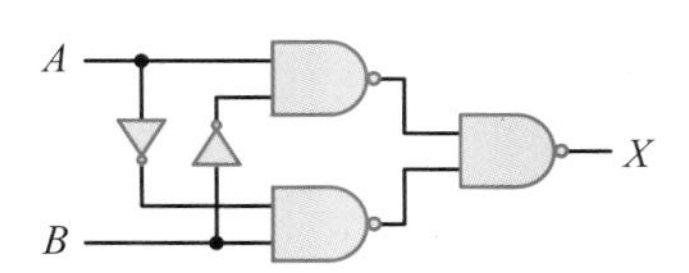

㉮ $A \oplus B$　　㉯ $AB + \overline{AB}$
㉰ $A\overline{B}$　　㉱ $\overline{A + \overline{B}}$

1. ㉱	2. ㉯	3. ㉯	4. ㉱	5. ㉯	6. ㉱	7. ㉮	8. ㉰	9. ㉯	10. ㉮
11. ㉱	12. ㉯	13. ㉰	14. ㉰	15. ㉮	16. ㉰	17. ㉯	18. ㉮	19. ㉮	20. ㉮
21. ㉮	22. ㉯	23. ㉮	24. ㉱	25. ㉱	26. ㉮	27. ㉮	28. ㉱	29. ㉱	30. ㉯
31. ㉰	32. ㉯	33. ㉱	34. ㉮	35. ㉮	36. ㉰	37. ㉯	38. ㉰	39. ㉰	40. ㉰
41. ㉱	42. ㉮	43. ㉰	44. ㉯	45. ㉰	46. ㉱	47. ㉱	48. ㉯	49. ㉮	50. ㉱
51. ㉱	52. ㉮	53. ㉱	54. ㉱	55. ㉮	56. ㉱	57. ㉮	58. ㉯	59. ㉯	60. ㉱
61. ㉱	62. ㉮	63. ㉱	64. ㉱	65. ㉰	66. ㉰	67. ㉮			

CHAPTER

07

조합논리회로

이 장에서는 여러 가지 조합논리회로를 설계하고 구성하는 방법을 이해하는 것을 목표로 한다.

- 반가산기, 전가산기, 병렬가산기 및 비교기 회로를 설계할 수 있다.
- 디코더와 인코더 동작 원리를 이해하고 응용회로를 설계할 수 있다.
- 멀티플렉서와 디멀티플렉서의 동작 원리를 이해하고 응용회로를 설계할 수 있다.
- 각종 코드를 변환하는 회로를 설계할 수 있다.
- 패리티 발생기와 검출기의 동작 원리를 이해하고 응용회로를 설계할 수 있다.

CONTENTS

SECTION 01

가산기

2진수의 기본 연산이 덧셈을 수행하는 가산기에 대해서 공부하고 가산기를 이용하여 감산기 회로를 구성하는 방법을 배운다. 또한 2진화 10진 코드인 BCD 코드의 가산기 설계도 익힌다.

Keywords | 반가산기 | 전가산기 | 병렬가감산기 | BCD 가산기 |

조합논리회로는 논리곱(AND), 논리합(OR), 논리부정(NOT)의 세 가지 기본 논리회로의 조합으로 만들어지며, 입력신호, 논리게이트 및 출력신호로 구성된다. 논리게이트는 입력신호를 받아서 출력신호를 생성하며, 이 과정에서 2진 입력데이터를 조합하여 원하는 2진 출력데이터를 생성한다.

[그림 7-1]은 입력 n개를 받아 출력 m개를 생성하는 조합논리회로의 블록도이다. n개의 입력신호는 2^n개의 입력조합이 가능하며, 이들 입력 조합에 따라 각 출력신호가 결정된다. 입력신호 n개의 조합을 진리표로 나타내고, 이를 이용하여 출력함수를 만든다. 서로 다른 m개의 출력을 생성하기 위해서는 m개의 논리함수가 필요하다.

[그림 7-1] 조합논리회로 블록도

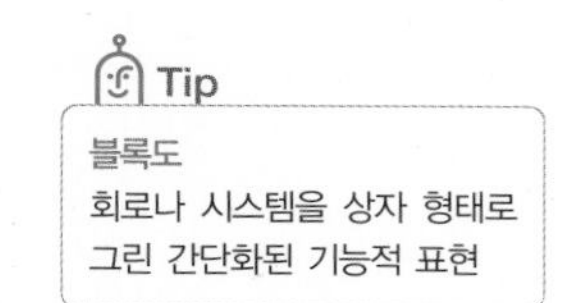

7장에서는 조합논리회로의 기본이 되는 가산기(adder), 비교기(comparator), 디코더(decoder), 인코더(encoder), 멀티플렉서(multiplexer), 디멀티플렉서(demultiplexer), 코드 변환기(code converter) 등의 회로를 설계하는 방법과 이들 회로를 이용하는 방법에 대해서 알아본다.

우선 기본이 되는 가산기부터 살펴보자. 기본 가산기에는 반가산기(HA : half-adder)와 전가산기(FA : full-adder)가 있으며, 이들을 이용한 병렬가산기, 고속가산기 등이 있다.

반가산기

반가산기는 한 자리 2진수 2개를 입력하여 합(S : sum)과 캐리(C : carry, 자리올림)를 계산하는 덧셈 회로이다. 다음과 같이 캐리 C는 입력 A와 B가 모두 1인 경우에만 1이 되고, 합 S는 입력 A와 B 둘 중 하나만 1일 때 1이 된다.

A	0	0	1	1
$+B$	+0	+1	+0	+1
$C\ S$	0 0	0 1	0 1	1 0

[그림 7-2]는 반가산기의 진리표, 논리식, 논리회로 및 논리기호를 보여준다.

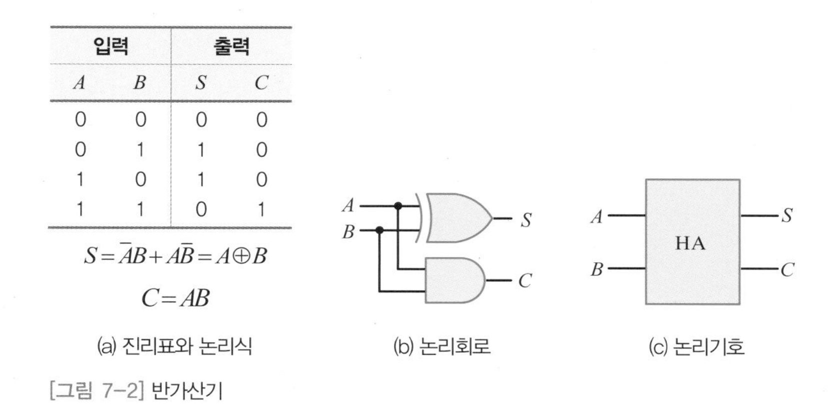

입력		출력	
A	B	S	C
0	0	0	0
0	1	1	0
1	0	1	0
1	1	0	1

$$S = \bar{A}B + A\bar{B} = A \oplus B$$

$$C = AB$$

(a) 진리표와 논리식 (b) 논리회로 (c) 논리기호

[그림 7-2] 반가산기

전가산기

반가산기는 2진수 한 자리 덧셈을 하므로 아랫자리에서 발생한 캐리를 고려하지 않기 때문에 2비트 이상의 2진수 덧셈은 할 수 없다. 이 캐리를 고려하여 만든 덧셈 회로가 전가산기이다. **전가산기**는 두 개의 2진수 입력 A, B와 아랫자리로부터 올라온 캐리 C_{in}을 포함하여 한 자리 2진수 3개를 더하는 조합논리회로이다. 캐리 C_{in}을 고려하여 2진수 3개를 더하는 모든 경우는 다음과 같다.

C_{in}	0	1	0	1	0	1	0	1
A	0	0	1	1	0	0	1	1
$+B$	+0	+0	+0	+0	+1	+1	+1	+1
$C_{out}\ S$	0 0	0 1	0 1	1 0	0 1	1 0	1 0	1 1

[그림 7-3(a)]의 전가산기 진리표를 이용하여 논리식을 정리하면 다음과 같다. 회로를 간단하게 만들기 위해 S 및 C_{out}의 논리식은 $A \oplus B$를 공통으로 이용할 수 있도록 바꾼다.

$$
\begin{aligned}
S &= \overline{A}\,\overline{B}C_{in} + \overline{A}B\overline{C_{in}} + A\overline{B}\,\overline{C_{in}} + ABC_{in} \\
&= \overline{A}(\overline{B}C_{in} + B\overline{C_{in}}) + A(\overline{B}\,\overline{C_{in}} + BC_{in}) \\
&= \overline{A}(B \oplus C_{in}) + A(\overline{B \oplus C_{in}}) \\
&= A \oplus (B \oplus C_{in}) = (A \oplus B) \oplus C_{in}
\end{aligned}
$$

$$
\begin{aligned}
C_{out} &= \overline{A}BC_{in} + A\overline{B}C_{in} + AB\overline{C_{in}} + ABC_{in} \\
&= C_{in}(\overline{A}B + A\overline{B}) + AB(\overline{C_{in}} + C_{in}) \\
&= C_{in}(A \oplus B) + AB
\end{aligned}
$$

입력			출력	
A	B	C_{in}	S	C_{out}
0	0	0	0	0
0	0	1	1	0
0	1	0	1	0
0	1	1	0	1
1	0	0	1	0
1	0	1	0	1
1	1	0	0	1
1	1	1	1	1

$$S = (A \oplus B) \oplus C_{in}$$

$$C_{out} = C_{in}(A \oplus B) + AB$$

(a) 진리표와 논리식

(b) 논리회로

(c) 논리기호

[그림 7-3] 전가산기

[그림 7-3(b)]에서 보는 바와 같이 전가산기 회로는 반가산기 2개와 OR 게이트 1개를 이용하여 나타낼 수 있다.

병렬가감산기

전가산기 여러 개를 병렬로 연결하여 2비트 이상인 가산기를 만들 수 있으며, 이를 **병렬가산기**(parallel-adder)라고 한다. [그림 7-4]는 4비트 병렬가산기로 입력 A, B가 각각 4비트이며, 전가산기의 최하위비트의 캐리는 0을 입력한다. 계산 결과 합은 $S_3S_2S_1S_0$이며, 마지막 캐리는 C_4이다.

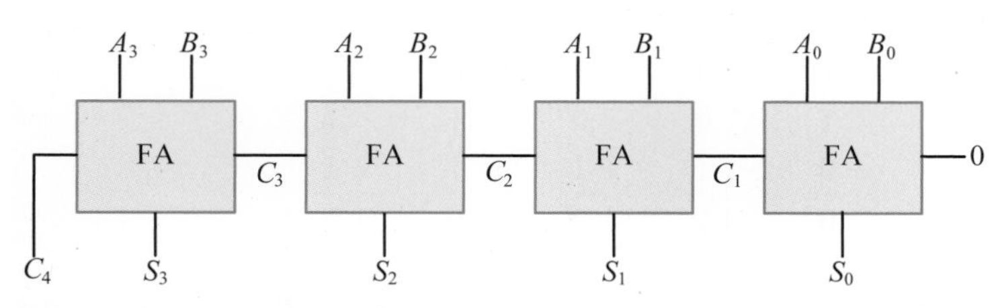

[그림 7-4] 전가산기를 이용한 병렬가산기

이 병렬가산기의 B 입력을 [그림 7-5]에서처럼 부호 S(sign)와 XOR하여 전가산기의 입력으로 사용하면 덧셈과 뺄셈이 모두 가능하다. 즉 $S=0$이면 B의 값이 그대로 전가산기로 입력되어 덧셈이 되고, $S=1$이면 B의 값이 반전, 즉 1의 보수가 되어 입력된다. 또한 뺄셈의 경우($S=1$) 맨 오른쪽 전가산기의 캐리 입력 $C_0=1$이 되어 결과적으로 B의 1의 보수에 1이 더해져서 2의 보수가 만들어진다. 그러므로 [그림 7-5]를 **병렬가감산기**(parallel-adder/subtractor) 회로라고 한다.

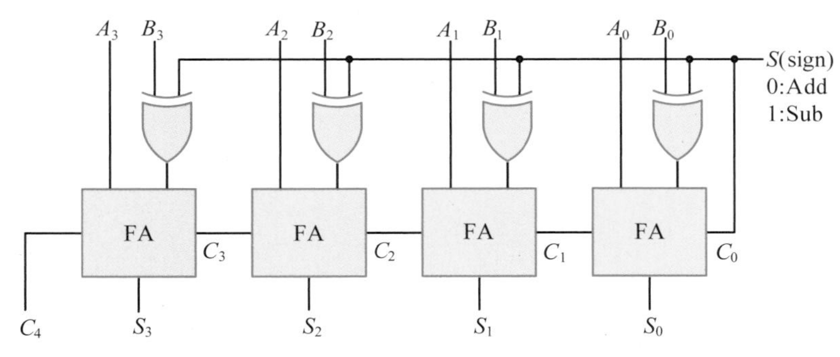

[그림 7-5] 병렬가감산기

디지털 시스템에서 속도는 매우 중요한 요소다. 대표적으로 가산기를 들 수 있다. [그림 7-5]의 병렬가산기는 속도가 매우 느리다. 그 원인은 아랫단에서 윗단으로 전달되는 캐리 때문이다. 이를 **리플-캐리**(ripple carry)라고 한다. 아랫단 가산기의 결과가 나와야만 바로 윗단을 계산할 수 있기 때문이다. 즉 하나의 전가산기에서 캐리가 나오기까지 게이트 4개(XOR 2개, AND, OR)를 거치며, 3단계에 걸쳐 최종 출력이 나오게 된다. 전가산기 한 개를 지날 때마다 지연이 점차 심해지는 것을 알 수 있다. 비트가 늘어날수록 병렬가산기는 지연이 더욱 심해질 것이다. 특히 컴퓨터의 CPU와 같이 빠른 계산을 요구하는 시스템에서는 심각한 문제다.

리플-캐리의 문제를 해결한 것이 **캐리예측가산기**(CLA : carry-lookahead-adder)이며, 자세한 내용은 생략한다. 캐리예측발생기 IC는 74182가 있으며, 캐리예측가산기 IC는 7483과 74283이 있다.

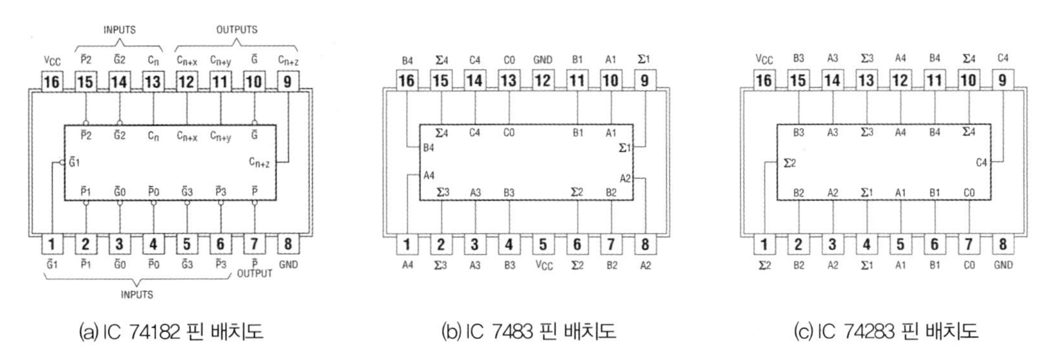

(a) IC 74182 핀 배치도 (b) IC 7483 핀 배치도 (c) IC 74283 핀 배치도

[그림 7-6] IC 74182, IC 7483, IC 74283 핀 배치도

예제 7-1

4비트 병렬가산기인 IC 7483 두 개를 사용하여 8비트 병렬가산기를 구성하여라.

풀이

[그림 7-7]과 같이 하위 가산기(IC1)의 캐리 출력(14번 핀)을 상위 가산기(IC2)의 캐리 입력(13번 핀)으로 연결하면 된다. 하위 가산기는 캐리 입력이 없으므로 IC1의 13번 핀은 접지한다.

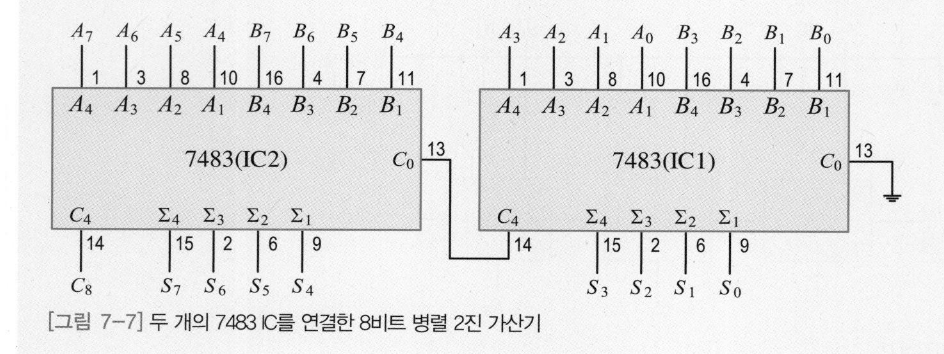

[그림 7-7] 두 개의 7483 IC를 연결한 8비트 병렬 2진 가산기

BCD 가산기

BCD 코드는 2진수와 달리 표현 범위가 0에서 9까지다. 그러므로 BCD 계산을 하려면 결과를 보정해야 한다. [표 7-1]은 2진수 덧셈과 BCD 덧셈의 진리표이다. 결과가 2진수 합으로 나오게 될 때 BCD 합으로 바꾸는 방법을 살펴보자.

[표 7-1] BCD 덧셈표

2진 합					BCD 합					10진값
K	Z_8	Z_4	Z_2	Z_1	C	S_8	S_4	S_2	S_1	
0	0	0	0	0	0	0	0	0	0	0
0	0	0	0	1	0	0	0	0	1	1
0	0	0	1	0	0	0	0	1	0	2
0	0	0	1	1	0	0	0	1	1	3
0	0	1	0	0	0	0	1	0	0	4
0	0	1	0	1	0	0	1	0	1	5
0	0	1	1	0	0	0	1	1	0	6
0	0	1	1	1	0	0	1	1	1	7
0	1	0	0	0	0	1	0	0	0	8
0	1	0	0	1	0	1	0	0	1	9
0	1	0	1	0	1	0	0	0	0	10
0	1	0	1	1	1	0	0	0	1	11
0	1	1	0	0	1	0	0	1	0	12
0	1	1	0	1	1	0	0	1	1	13

2진 합					BCD 합					10진값
K	Z_8	Z_4	Z_2	Z_1	C	S_8	S_4	S_2	S_1	
0	1	1	1	0	1	0	1	0	0	14
0	1	1	1	1	1	0	1	0	1	15
1	0	0	0	0	1	0	1	1	0	16
1	0	0	0	1	1	0	1	1	1	17
1	0	0	1	0	1	1	0	0	0	18
1	0	0	1	1	1	1	0	0	1	19

BCD는 0~9(0000~1001)까지만 결과가 나와야 하므로, 2진수 합의 결과가 $01010_{(2)} \sim 10011_{(2)}$ (10~19)의 범위일 때 보정해주어야 한다. 결과가 BCD의 범위를 벗어날 때 BCD 가산기는 캐리를 발생시켜야 하고, 하위 4비트의 값을 수정해야 한다.

BCD 합에서 캐리가 발생하는 경우를 논리식으로 나타내면 [표 7-1]에서 K가 1일 때 항상 C가 1이 되며, $F(Z_8, Z_4, Z_2, Z_1) = \sum m(10, 11, 12, 13, 14, 15) = Z_8Z_4 + Z_8Z_2$ 일 때 C가 1이므로 다음과 같은 식이 만들어진다. 여기서 Z_i는 [표 7-1]에서 보는 것처럼 2진수로 합을 계산했을 때의 결과 비트들이다.

$$C = K + Z_8Z_4 + Z_8Z_2$$

예를 들어, BCD 연산 $6 + 7 = 0110 + 0111 = 0\ 1101_{(2)}$이 되며, 이 결과는 BCD가 아니므로 BCD로 만들어야 한다. BCD 값 2개를 더했을 때 결과값의 하위 4비트가 BCD 표현 범위 내에 있지 않으면 0110(=6)을 더해준다. 즉 $0\ 1101 + 0110 = 1\ 0011$이 된다. 이때 BCD의 상위 자리로 캐리($1_{(BCD)}$)가 올라가며 합은 $0011_{(BCD)}$이 된다. [그림 7-8]은 BCD 가산기의 블록도이다.

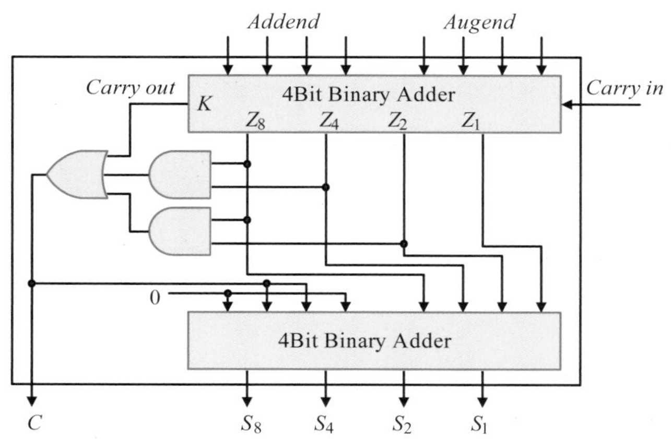

[그림 7-8] BCD 가산기

Tip

Z_8Z_4 \ Z_2Z_1	00	01	11	10
00	0	0	0	0
01	0	0	0	0
11	1	1	1	1
10	0	0	1	1

SECTION 02

비교기

2진수 두 수의 비교회로를 익힌다. 먼저 1비트 비교기와 2비트 비교기를 배우고, 비교기 IC인 7485의 사용법도 알아본다.

Keywords | 비교기 | 7485 |

2진 비교기(comparator)는 두 2진수 값의 크기를 비교하는 회로이다. 먼저 1비트 비교기를 살펴보자.

[표 7-2] 1비트 비교기 진리표

입력		출력			
A	B	$A=B$ F_1	$A \neq B$ F_2	$A>B$ F_3	$A<B$ F_4
0	0	1	0	0	0
0	1	0	1	0	1
1	0	0	1	1	0
1	1	1	0	0	0

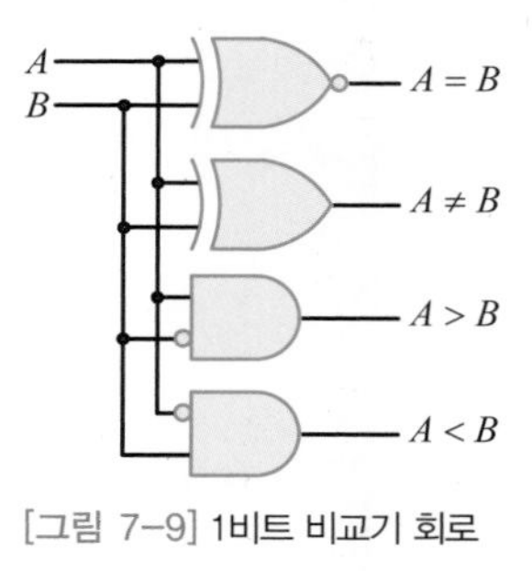

[그림 7-9] 1비트 비교기 회로

1비트 비교기의 각 출력 논리식은 다음과 같고 논리회로는 [그림 7-9]와 같다.

$$F_1 = \overline{A \oplus B},\ F_2 = A \oplus B,\ F_3 = A\overline{B},\ F_4 = \overline{A}B$$

다음은 2비트 비교기 회로를 설계해보자.

[표 7-3] 2비트 비교기 진리표

입력		출력			
A A_2A_1	B B_2B_1	$A=B$ F_1	$A \neq B$ F_2	$A>B$ F_3	$A<B$ F_4
0 0	0 0	1	0	0	0
	0 1	0	1	0	1
	1 0	0	1	0	1
	1 1	0	1	0	1
0 1	0 0	0	1	1	0
	0 1	1	0	0	0
	1 0	0	1	0	1
	1 1	0	1	0	1

입력		출력			
A A_2A_1	B B_2B_1	$A=B$ F_1	$A \neq B$ F_2	$A>B$ F_3	$A<B$ F_4
1 0	0 0	0	1	1	0
	0 1	0	1	1	0
	1 0	1	0	0	0
	1 1	0	1	0	1
1 1	0 0	0	1	1	0
	0 1	0	1	1	0
	1 0	0	1	1	0
	1 1	1	0	0	0

[표 7-3]의 진리표로부터 4변수 카르노 맵을 그려 논리식을 구하는 과정은 [그림 7-10]에 나타냈다.

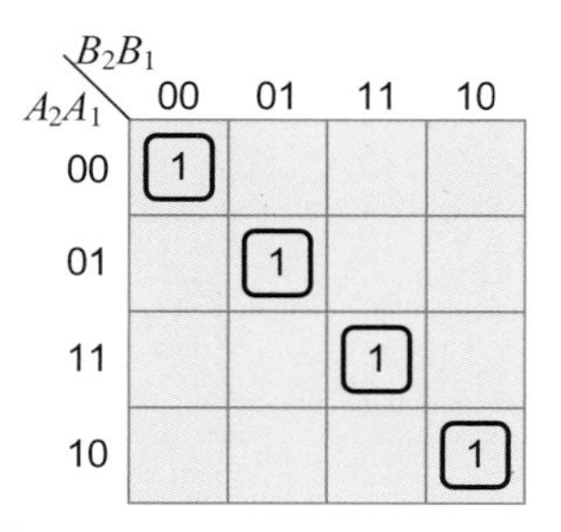

$F_1 = \bar{A}_2\bar{A}_1\bar{B}_2\bar{B}_1 + \bar{A}_2A_1\bar{B}_2B_1 + A_2A_1B_2B_1 + A_2\bar{A}_1B_2\bar{B}_1$

$= \bar{A}_2\bar{B}_2(\bar{A}_1\bar{B}_1 + A_1B_1) + A_2B_2(A_1B_1 + \bar{A}_1\bar{B}_1)$

$= \bar{A}_2\bar{B}_2(\overline{A_1 \oplus B_1}) + A_2B_2(\overline{A_1 \oplus B_1})$

$= (\overline{A_2 \oplus B_2})(\overline{A_1 \oplus B_1})$

(a) F_1

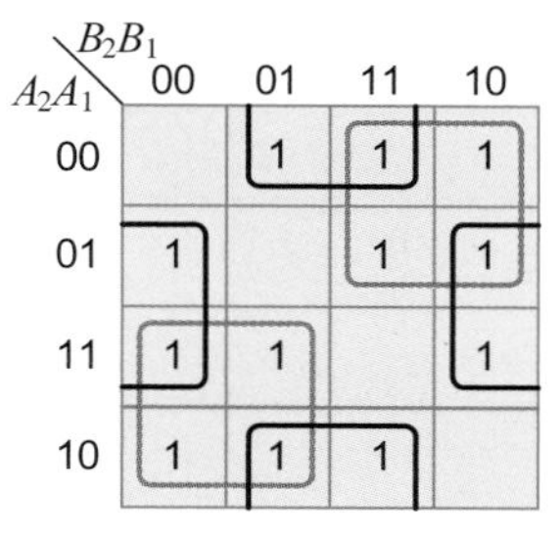

$F_2 = A_2\bar{B}_2 + \bar{A}_2B_2 + A_1\bar{B}_1 + \bar{A}_1B_1$

$= (A_2 \oplus B_2) + (A_1 \oplus B_1)$

(b) F_2

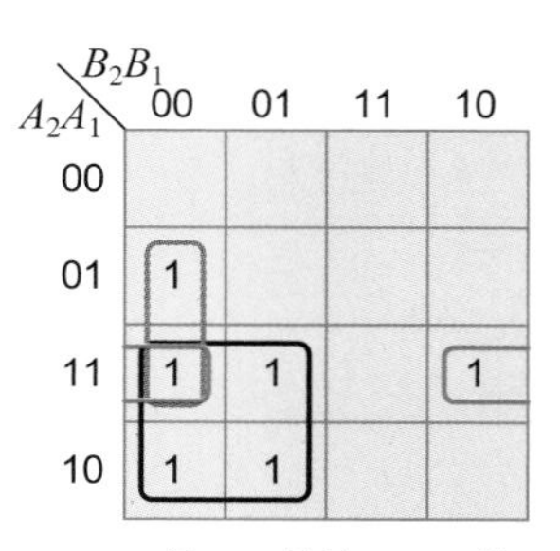

$F_3 = A_2\bar{B}_2 + A_1\bar{B}_2\bar{B}_1 + A_2A_1\bar{B}_1$

(c) F_3

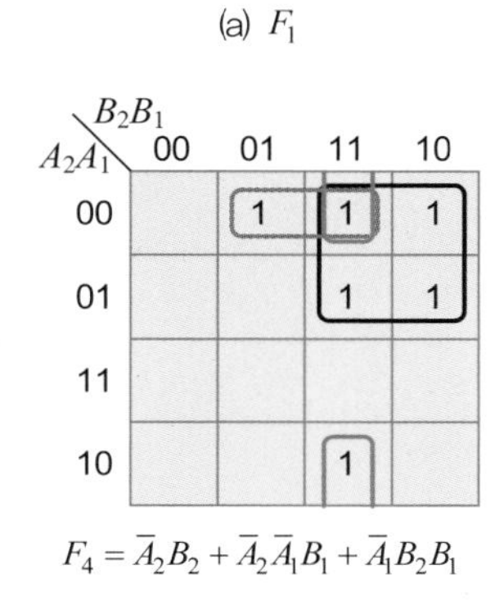

$F_4 = \bar{A}_2B_2 + \bar{A}_2\bar{A}_1B_1 + \bar{A}_1B_2B_1$

(d) F_4

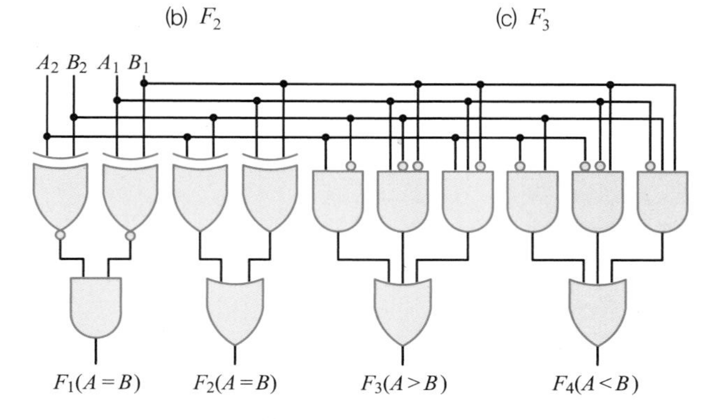

(e) 2비트 비교기 회로도

[그림 7-10] 2비트 비교기 회로설계 과정과 회로도

[표 7-4]는 4비트 2진 비교기인 IC 7485의 진리표이다.

[표 7-4] 4비트 비교기 IC 7485 진리표

입력							출력		
A_3, B_3	A_2, B_2	A_1, B_1	A_0, B_0	$AGBI$ $A>B$	$ALBI$ $A<B$	$AEBI$ $A=B$	$AGBO$ $A>B$	$ALBO$ $A<B$	$AEBO$ $A=B$
$A_3 > B_3$	×	×	×	×	×	×	1	0	0
$A_3 < B_3$	×	×	×	×	×	×	0	1	0
$A_3 = B_3$	$A_2 > B_2$	×	×	×	×	×	1	0	0
$A_3 = B_3$	$A_2 < B_2$	×	×	×	×	×	0	1	0
$A_3 = B_3$	$A_2 = B_2$	$A_1 > B_1$	×	×	×	×	1	0	0
$A_3 = B_3$	$A_2 = B_2$	$A_1 < B_1$	×	×	×	×	0	1	0

입력							출력		
A_3, B_3	A_2, B_2	A_1, B_1	A_0, B_0	$AGBI$ $A>B$	$ALBI$ $A<B$	$AEBI$ $A=B$	$AGBO$ $A>B$	$ALBO$ $A<B$	$AEBO$ $A=B$
$A_3=B_3$	$A_2=B_2$	$A_1=B_1$	$A_0>B_0$	×	×	×	1	0	0
$A_3=B_3$	$A_2=B_2$	$A_1=B_1$	$A_0<B_0$	×	×	×	0	1	0
$A_3=B_3$	$A_2=B_2$	$A_1=B_1$	$A_0=B_0$	1	0	0	1	0	0
$A_3=B_3$	$A_2=B_2$	$A_1=B_1$	$A_0=B_0$	0	1	0	0	1	0
$A_3=B_3$	$A_2=B_2$	$A_1=B_1$	$A_0=B_0$	0	0	1	0	0	1
$A_3=B_3$	$A_2=B_2$	$A_1=B_1$	$A_0=B_0$	0	1	1	0	0	1
$A_3=B_3$	$A_2=B_2$	$A_1=B_1$	$A_0=B_0$	1	0	1	0	0	1
$A_3=B_3$	$A_2=B_2$	$A_1=B_1$	$A_0=B_0$	1	1	1	0	0	1
$A_3=B_3$	$A_2=B_2$	$A_1=B_1$	$A_0=B_0$	1	1	0	0	0	0
$A_3=B_3$	$A_2=B_2$	$A_1=B_1$	$A_0=B_0$	0	0	0	1	1	0

Tip

[표 7-4] 하단의 5개 행(색칠한 부분)은 비정상적인 입력이 들어온 경우를 나타낸 것으로 제조사에서 정의하였다. *AGBI*나 *ALBI* 보다는 *AEBI*에 우선순위를 두고 정의한 것으로 보인다.

[그림 7-11]은 IC 7485 블록도와 핀 배치도를 나타낸 것이다. 다단계 입력($AGBI$, $ALBI$, $AEBI$)은 4비트가 넘는 2진수를 비교할 때 사용하기 위한 것이다.

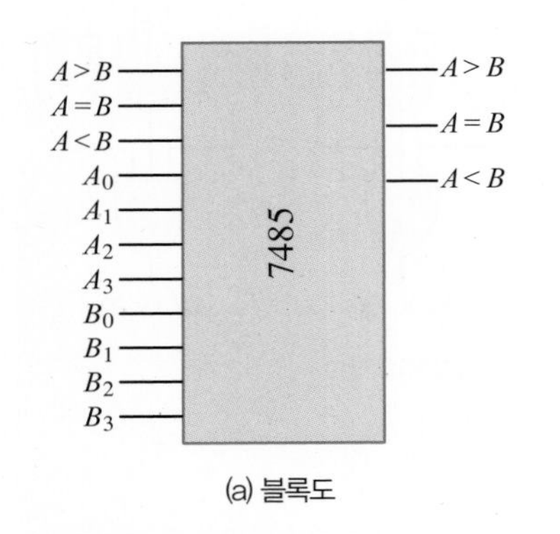

(a) 블록도

(b) 핀 배치도

[그림 7-11] IC 7485 크기 비교기

[그림 7-12]는 다단계 입력을 이용하여 16비트를 비교할 수 있게 연결한 회로이다. 7485는 $A_3 \sim A_0$과 $B_3 \sim B_0$의 크기를 비교하는 회로이며, A_3과 B_3이 MSB이다. $A>B$일 때 $AGBO$의 출력이 1, $A<B$일 때 $ALBO$의 출력이 1, $A=B$일 때 $AEBO$의 출력이 1이 된다. 확장 입력 $AGBI$, $ALBI$, $AEBI$는 LSB로 입력되며, 즉 아랫단의 $AGBO$, $ALBO$, $AEBO$의 출력이 윗단의 $AGBI$, $ALBI$, $AEBI$의 입력이 된다. 맨 아랫단의 $AGBI$, $ALBI$는 0을 $AEBI$는 1을 입력한다.

Tip

- AGBI : A Greater than B Input
- AGBO : A Greater than B Output
- ALBI : A Less than B Input
- ALBO : A Less than B Output
- AEBI : A Equal B Input
- AEBO : A Equal B Output

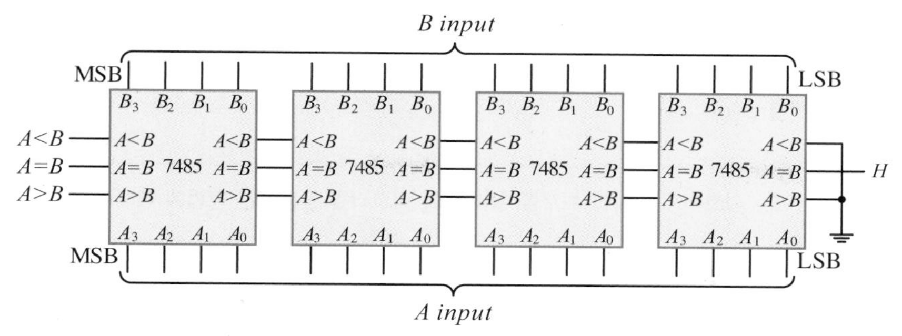

[그림 7-12] IC 7485를 이용한 16비트 비교 회로

예제 7-2

4비트 비교기인 IC 7485를 사용하여 각 입력파형에 대한 출력파형을 그려보아라.

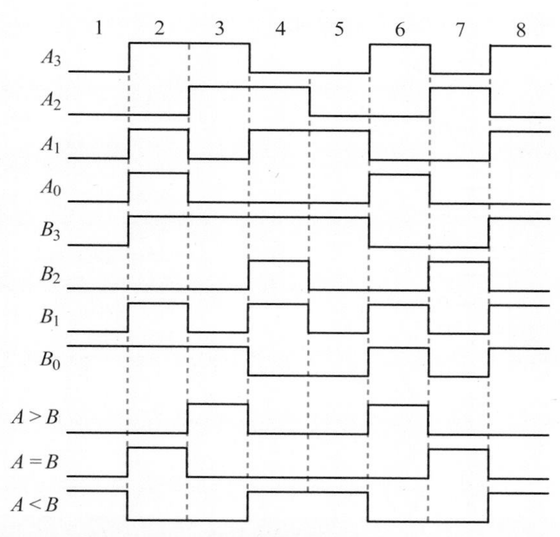

[그림 7-13] 4비트 비교기의 입출력파형 예

풀이

- 시간 구간 1 : $A_3A_2A_1A_0 = 0000$, $B_3B_2B_1B_0 = 0001$ 이므로 $A < B$
- 시간 구간 2 : $A_3A_2A_1A_0 = 1011$, $B_3B_2B_1B_0 = 1011$ 이므로 $A = B$
- 시간 구간 3 : $A_3A_2A_1A_0 = 1100$, $B_3B_2B_1B_0 = 1001$ 이므로 $A > B$
- 시간 구간 4 : $A_3A_2A_1A_0 = 0110$, $B_3B_2B_1B_0 = 1110$ 이므로 $A < B$
- 시간 구간 5 : $A_3A_2A_1A_0 = 0010$, $B_3B_2B_1B_0 = 1000$ 이므로 $A < B$
- 시간 구간 6 : $A_3A_2A_1A_0 = 1001$, $B_3B_2B_1B_0 = 0011$ 이므로 $A > B$
- 시간 구간 7 : $A_3A_2A_1A_0 = 0100$, $B_3B_2B_1B_0 = 0100$ 이므로 $A = B$
- 시간 구간 8 : $A_3A_2A_1A_0 = 1010$, $B_3B_2B_1B_0 = 1011$ 이므로 $A < B$

SECTION 03

디코더

이 절에서는 컴퓨터 회로로 많이 쓰이는 디코더의 기능과 회로를 살펴보고, 디코더를 응용하는 방법에 대해서도 알아본다.

Keywords | 디코더 | 인에이블 | active-low | active-high | 7-세그먼트 디코더 |

n 비트로 된 2진 코드는 서로 다른 2^n개의 정보를 표현할 수 있다. **디코더**(decoder)는 입력선에 나타나는 n 비트 2진 코드를 최대 2^n가지 정보로 바꿔주는 조합논리회로이다. 인에이블(enable) 단자를 가지고 있는 디코더와 각종 코드를 상호 변환하는 디코더도 있다.

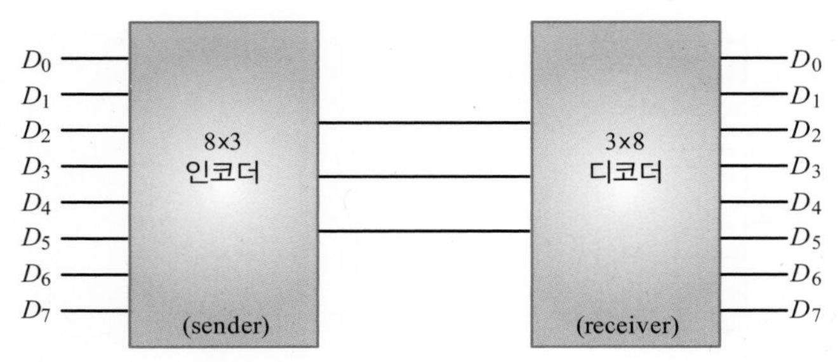

[그림 7-14] 디코더와 인코더의 기능

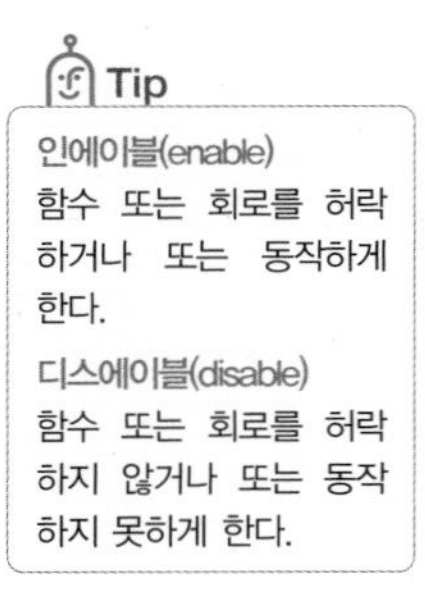

1×2 디코더

1×2 디코더는 입력 1개와 출력 2(=2^1)개로 구성된다. 입력 1개에 따라 출력 2개 중 하나가 선택된다. 1×2 디코더의 진리표와 회로는 [그림 7-15]와 같다.

입력	출력	
A	Y_1	Y_0
0	0	1
1	1	0

$Y_0 = \overline{A}$, $Y_1 = A$

(a) 진리표와 논리식

A Y_0 Y_1

(b) 회로도

[그림 7-15] 1×2 디코더

인에이블(E)이 있는 1×2 디코더는 [그림 7-16]과 같다. 인에이블이 1일 때 회로가 동작한다.

입력		출력	
E	A	Y_1	Y_0
0	0	0	0
0	1	0	0
1	0	0	1
1	1	1	0

$Y_0 = E\overline{A}$, $Y_1 = EA$

(a) 진리표와 논리식

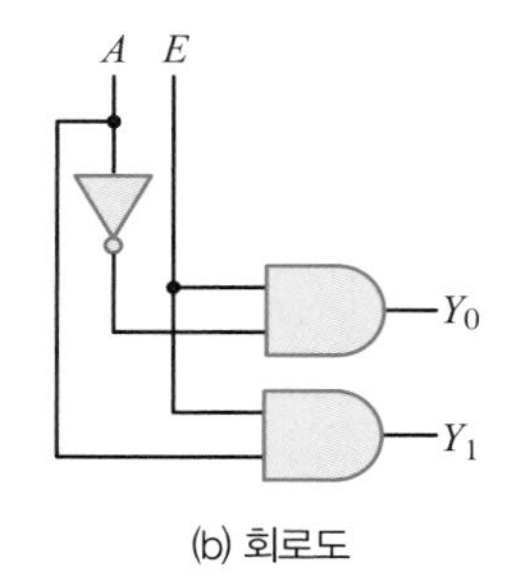

(b) 회로도

[그림 7-16] 인에이블이 있는 1×2 디코더

2×4 디코더

2×4 디코더는 입력 2개와 출력 $4(=2^2)$개로 구성된다. 두 입력에 따라 출력 4개 중 하나가 선택된다. 2×4 디코더의 진리표와 회로는 [그림 7-17]과 같다.

입력		출력			
B	A	Y_3	Y_2	Y_1	Y_0
0	0	0	0	0	1
0	1	0	0	1	0
1	0	0	1	0	0
1	1	1	0	0	0

$Y_0 = \overline{B}\overline{A}$, $Y_1 = \overline{B}A$, $Y_2 = B\overline{A}$, $Y_3 = BA$

(a) 진리표와 논리식

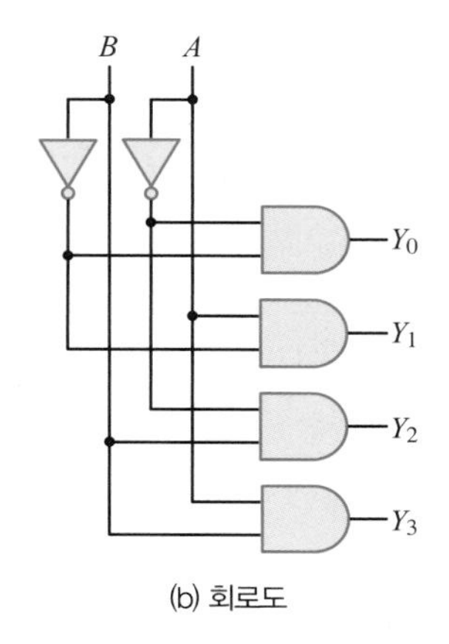

(b) 회로도

[그림 7-17] 2×4 디코더

실제 IC들은 AND 게이트가 아닌 NAND 게이트로 구성되어 있으며, 출력은 [그림 7-18]과 같이 반대로 된다.

입력		출력			
B	A	Y_3	Y_2	Y_1	Y_0
0	0	1	1	1	0
0	1	1	1	0	1
1	0	1	0	1	1
1	1	0	1	1	1

$Y_0 = \overline{\overline{B}\overline{A}}$, $Y_1 = \overline{\overline{B}A}$, $Y_2 = \overline{B\overline{A}}$, $Y_3 = \overline{BA}$

(a) 진리표와 논리식

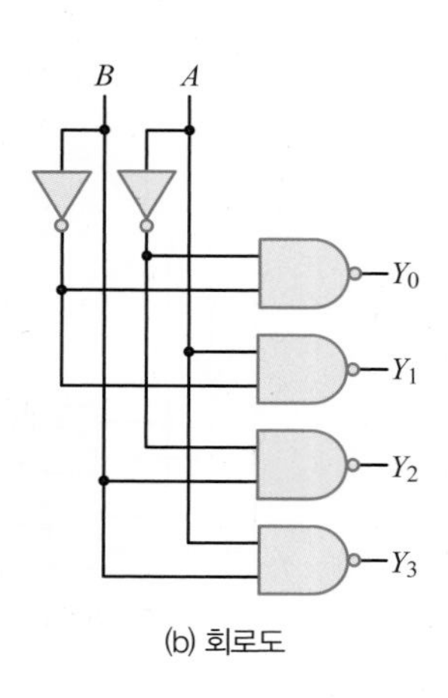

(b) 회로도

[그림 7-18] 2×4 NAND 디코더

대부분의 디코더 IC는 인에이블 입력이 있어서 회로를 제어한다. [그림 7-19]에서는 인에이블이 0이면 회로가 동작하지 않고, 인에이블이 1일 때만 동작한다.

입력			출력			
E	B	A	Y_3	Y_2	Y_1	Y_0
0	x	x	0	0	0	0
1	0	0	0	0	0	1
1	0	1	0	0	1	0
1	1	0	0	1	0	0
1	1	1	1	0	0	0

$Y_0 = E\overline{B}\overline{A}$, $Y_1 = E\overline{B}A$, $Y_2 = EB\overline{A}$, $Y_3 = EBA$

(a) 진리표와 논리식

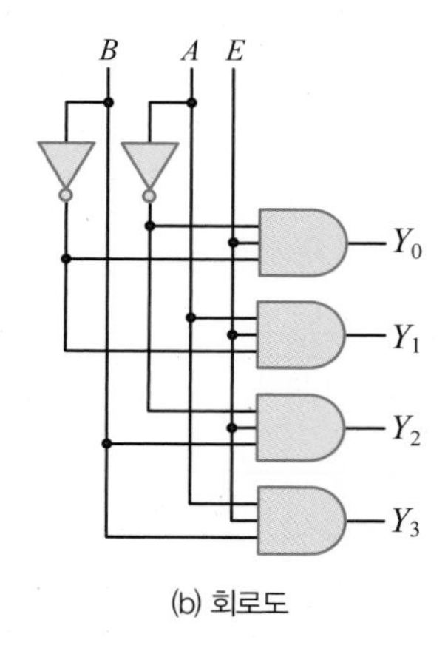

(b) 회로도

[그림 7-19] 인에이블이 있는 2×4 디코더

[그림 7-20]은 인에이블 입력이 있는 NAND 2×4 디코더이며, 인에이블이 1이면 동작하지 않고, 인에이블이 0일 때만 동작한다. 74139는 인에이블이 있는 2×4 디코더 2개가 포함되어 있는 IC이다.

입력			출력			
E	B	A	Y_3	Y_2	Y_1	Y_0
1	x	x	1	1	1	1
0	0	0	1	1	1	0
0	0	1	1	1	0	1
0	1	0	1	0	1	1
0	1	1	0	1	1	1

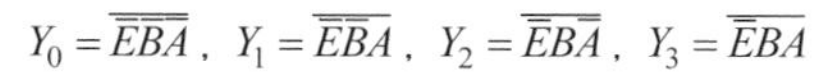
$Y_0 = \overline{\overline{E}\overline{B}\overline{A}}$, $Y_1 = \overline{\overline{E}\overline{B}A}$, $Y_2 = \overline{\overline{E}B\overline{A}}$, $Y_3 = \overline{\overline{E}BA}$

(a) 진리표와 논리식

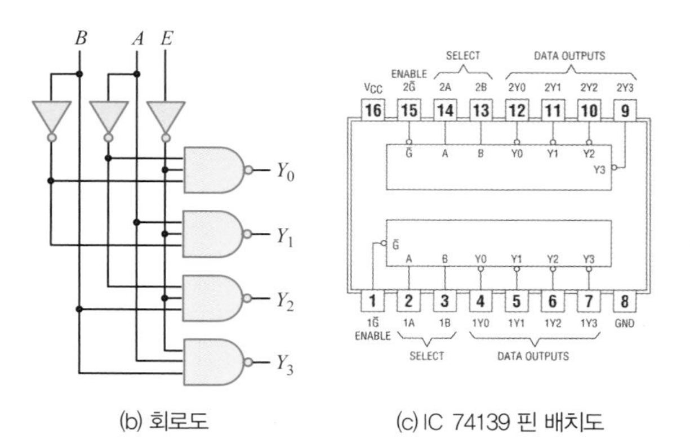

(b) 회로도

(c) IC 74139 핀 배치도

[그림 7-20] 인에이블이 있는 2×4 NAND 디코더

3×8 디코더

3×8 디코더는 입력 3개와 출력 8(=2^3)개로 구성되어 있다. 세 입력에 따라서 출력 8개 중 하나가 선택된다. [표 7-5]는 3×8 디코더의 진리표이며, [그림 7-21]은 회로도이다.

[표 7-5] 3×8 디코더 진리표

입력			출력							
C	B	A	Y_7	Y_6	Y_5	Y_4	Y_3	Y_2	Y_1	Y_0
0	0	0	0	0	0	0	0	0	0	1
0	0	1	0	0	0	0	0	0	1	0
0	1	0	0	0	0	0	0	1	0	0
0	1	1	0	0	0	0	1	0	0	0
1	0	0	0	0	0	1	0	0	0	0
1	0	1	0	0	1	0	0	0	0	0
1	1	0	0	1	0	0	0	0	0	0
1	1	1	1	0	0	0	0	0	0	0

$$Y_0 = \overline{C}\overline{B}\overline{A},\ Y_1 = \overline{C}\overline{B}A,\ Y_2 = \overline{C}B\overline{A},\ Y_3 = \overline{C}BA$$
$$Y_4 = C\overline{B}\overline{A},\ Y_5 = C\overline{B}A,\ Y_6 = CB\overline{A},\ Y_7 = CBA$$

세 입력에 따라 최대 8개의 출력을 얻을 수 있다. 각 출력은 3입력 변수의 최소항 중 하나를 나타낸다.

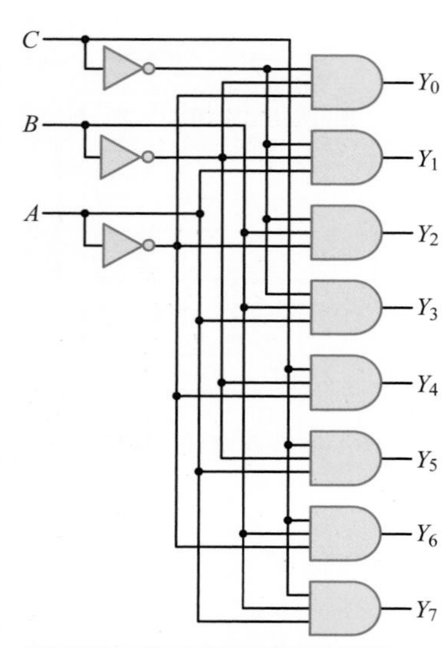

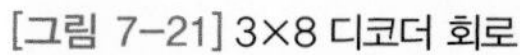
[그림 7-21] 3×8 디코더 회로

Tip

active-low
논리회로의 출력이 활성화되었을 때 Low이거나 활성화되기 위해 필요한 입력이 Low인 것을 말한다.

active-high
논리회로의 출력이 활성화되었을 때 High이거나 활성화되기 위해 필요한 입력이 High인 것을 말한다.

74138은 3개의 인에이블을 가지고 있으며, 하나($G1$)는 1일 때 동작하고, 두 개($G2A$, $G2B$)는 0일 때 동작한다. 8개의 출력($Y_7 \sim Y_0$)은 0일 때 활성화(active-low)되는 확장 가능한 디코더이다. $G1 = 1$, $G2A = 0$, $G2B = 0$이면 3비트 2진 입력 C, B, A에 의해 8개 출력 중 하나가 선택(0)된다. 나머지 선택되지 않은 출력은 1이 된다. $G1 = 0$이거나 $G2A = 1$ 또는 $G2B = 1$이면 출력은 모두 1이 된다.

[표 7-6] 인에이블이 있는 3×8 디코더 IC 74138의 진리표

입력						출력							
C	B	A	$G1$	$G2A$	$G2B$	Y_7	Y_6	Y_5	Y_4	Y_3	Y_2	Y_1	Y_0
0	0	0	1	0	0	1	1	1	1	1	1	1	0
0	0	1	1	0	0	1	1	1	1	1	1	0	1
0	1	0	1	0	0	1	1	1	1	1	0	1	1
0	1	1	1	0	0	1	1	1	1	0	1	1	1
1	0	0	1	0	0	1	1	1	0	1	1	1	1
1	0	1	1	0	0	1	1	0	1	1	1	1	1
1	1	0	1	0	0	1	0	1	1	1	1	1	1
1	1	1	1	0	0	0	1	1	1	1	1	1	1
×	×	×	0	×	×	1	1	1	1	1	1	1	1
×	×	×	×	1	×	1	1	1	1	1	1	1	1
×	×	×	×	×	1	1	1	1	1	1	1	1	1

[그림 7-22]는 IC 74138의 내부 회로도와 핀 배치도를 보여준다.

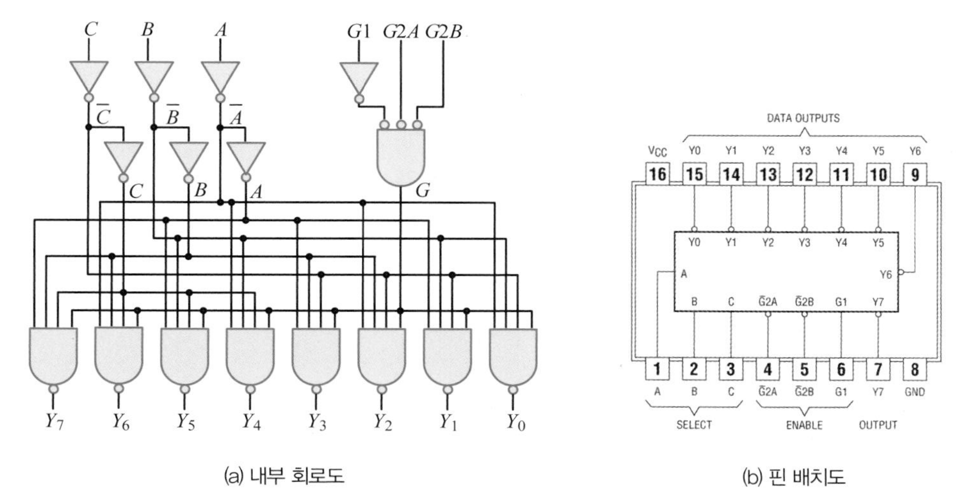

(a) 내부 회로도

(b) 핀 배치도

[그림 7-22] 3×8 디코더 IC 74138 내부 회로도 및 핀 배치도

예제 7-3

지하 1층, 지상 7층으로 이루어진 8층 건물에 설치된 엘리베이터에 현재 층을 알 수 있게 램프(lamp)를 켜주는 회로를 구성하려고 한다. 엘리베이터가 위치한 층을 표시하는 디스플레이는 B, 1, 2, 3, 4, 5, 6, 7로 배열된 글자판이 있으며, 각 글자 뒤에 있는 램프가 켜지면 해당 글자판이 밝게 비추어져 층을 표시한다고 가정한다. 또한 회로의 입력으로는 각 층의 센서로부터 해당 층을 나타내는 3비트 2진수(000: 지하층, 001: 1층, 010: 2층, 011: 3층, 100: 4층, 101: 5층, 110: 6층, 111: 7층)가 입력된다고 가정한다.

풀이

먼저 회로를 구성해보자. [그림 7-23]과 같이 현재의 엘리베이터 위치를 나타내는 2진수를 3×8 디코더로 입력시킨다. 그리고 디코더의 Y_0 출력을 디스플레이의 글자 B 뒤에 위치한 램프에 연결한다. 마찬가지로 Y_1는 1, Y_2는 2, Y_3은 3, Y_4는 4, Y_5는 5, Y_6은 6, Y_7은 7로 연결하면 된다. 예를 들어, 엘리베이터가 5층에 있으면 3×8 디코더의 입력으로 101이 들어오고, 디코더의 출력 Y_5만이 인에이블되어 5층이 표시된다.

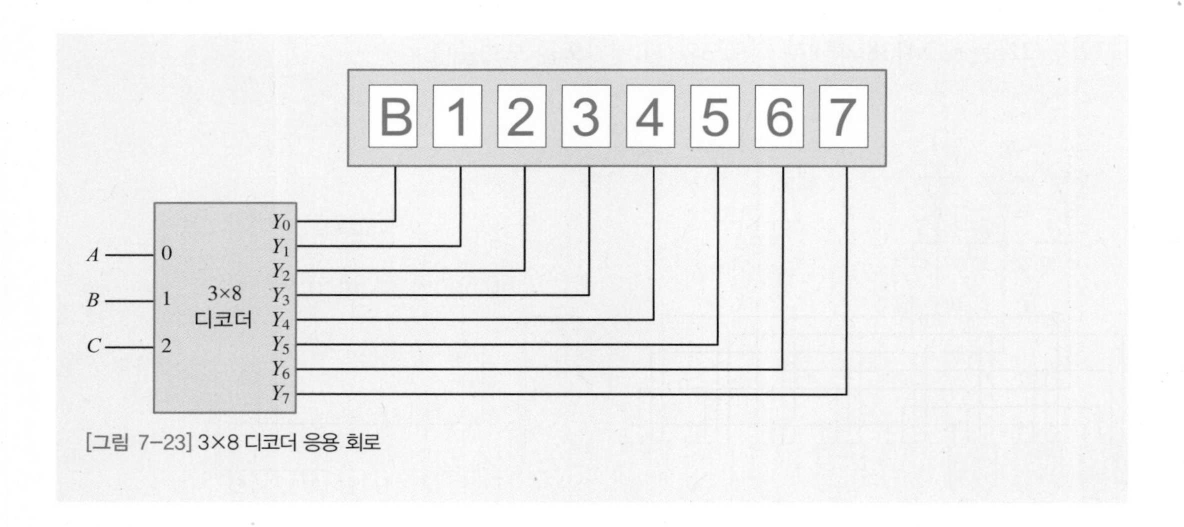

[그림 7-23] 3×8 디코더 응용 회로

4×16 디코더

3×8 디코더 2개를 이용하여 [그림 7-24]와 같이 4×16 디코더를 구성할 수 있다. 인에이블 입력을 통해 연결된 2개의 3×8 디코더는 4×16 디코더를 구성한다. $D=0$이면 위쪽의 디코더가 인에이블되어 출력은 $Y_0 \sim Y_7$ 중 하나가 1이 되고, 아래쪽의 디코더 출력은 모두 0이 된다. $D=1$이면 위쪽 디코더의 출력이 모두 0인 반면, 아래쪽 디코더의 출력 $Y_8 \sim Y_{15}$ 중 하나는 1이 된다.

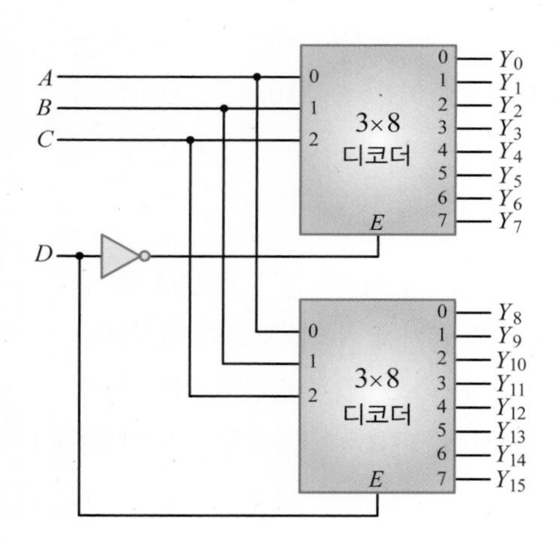

[그림 7-24] 3×8 디코더 2개를 이용한 4×16 디코더

[그림 7-25]의 74154는 4×16 디코더로, $G1$과 $G2$가 모두 0일 때 D, C, B, A에 입력된 신호(주소)에 따라서 $Y_0 \sim Y_{15}$ 중 하나가 논리 반전되어 출력된다. [그림 7-26]은 2×4 디코더 5개를 이용하여 4×16 디코더를 구성한 것이다.

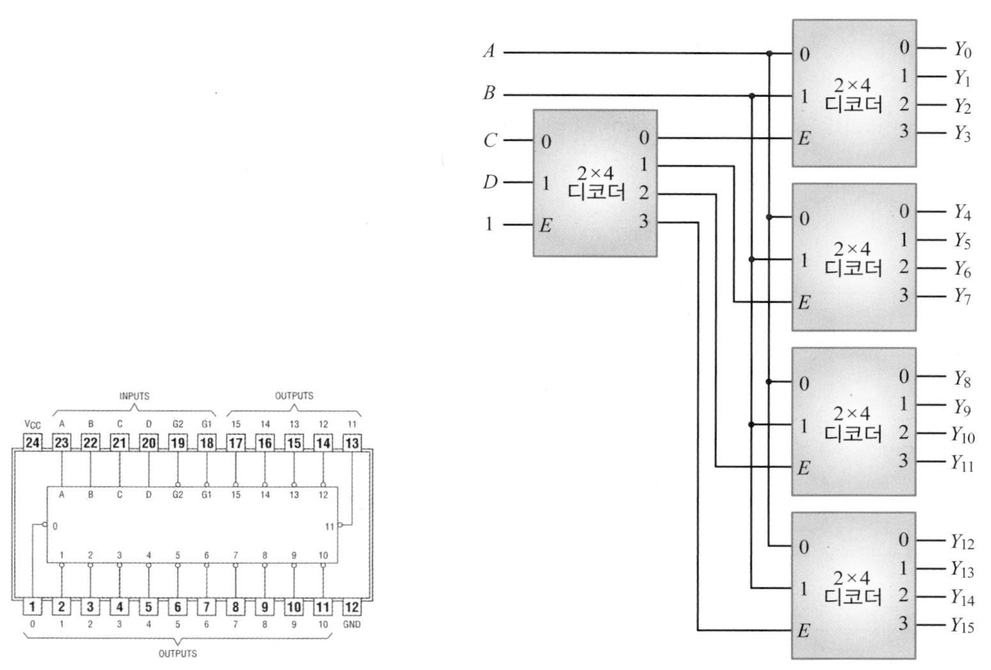

[그림 7-25] IC 74154 핀 배치도

[그림 7-26] 2×4 디코더 5개를 이용한 4×16 디코더

BCD-7-세그먼트 디코더

7-세그먼트(7-segment)는 숫자를 표시하기 위하여 막대 모양의 LED 7개로 구성되어 있다. 탁상용 전자계산기나 디지털 시계 등 간단한 정보를 확인하기 위한 출력장치이다. LED 7개를 숫자 모양으로 배열하여 하나의 소자로 만들어 놓은 것이다. 7-세그먼트는 [그림 7-27]과 같이 구성되어 있으며, 각 LED를 맨 위에서부터 시계 방향으로 알파벳 a부터 f까지 순서대로 이름을 붙여 놓았고, 안쪽의 LED는 맨 마지막인 g이다. 추가로 소수점을 표시하는 부분도 있다.

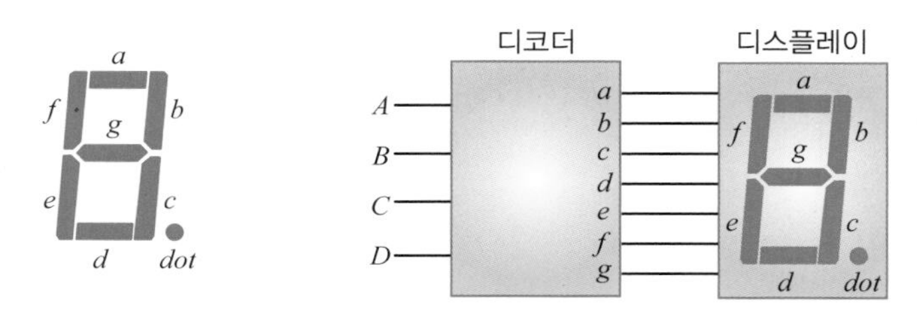

(a) 7-세그먼트 구성

(b) 7-세그먼트와 디코더의 연결

[그림 7-27] 7-세그먼트의 구성 및 디코더와의 연결

각 숫자는 [그림 7-28]과 같이 표현된다. 예를 들어, '0'을 나타내려면 a, b, c, d, e, f에, '1'을 나타내려면 b, c에, 2를 나타내려면 a, b, d, e, g의 LED에 불이 켜지게 해야 한다. [표 7-7]은 해당하는 숫자를 표현하기 위한 BCD-7-세그먼트 디코더의 진리표이다. 여기서 설계한 디코더는 0일 때 동작하는 active-low이다.

0	1	2	3	4	5	6	7	8	9

[그림 7-28] 7-세그먼트의 숫자 표시

[표 7-7] 7-세그먼트 디코더 진리표

입력				출력						
D	C	B	A	$\bar{a}$	$\bar{b}$	$\bar{c}$	$\bar{d}$	$\bar{e}$	$\bar{f}$	$\bar{g}$
0	0	0	0	0	0	0	0	0	0	1
0	0	0	1	1	0	0	1	1	1	1
0	0	1	0	0	0	1	0	0	1	0
0	0	1	1	0	0	0	0	1	1	0
0	1	0	0	1	0	0	1	1	0	0
0	1	0	1	0	1	0	0	1	0	0
0	1	1	0	1	1	0	0	0	0	0
0	1	1	1	0	0	0	1	1	1	1
1	0	0	0	0	0	0	0	0	0	0
1	0	0	1	0	0	0	1	1	0	0
1	0	1	0	×	×	×	×	×	×	×
1	0	1	1	×	×	×	×	×	×	×
1	1	0	0	×	×	×	×	×	×	×
1	1	0	1	×	×	×	×	×	×	×
1	1	1	0	×	×	×	×	×	×	×
1	1	1	1	×	×	×	×	×	×	×

7-세그먼트 디코더의 회로도를 그리려면 먼저 각 출력의 $\bar{a}$, $\bar{b}$, $\bar{c}$, $\bar{d}$, $\bar{e}$, $\bar{f}$, $\bar{g}$에 대해서 카르노 맵을 그리고 간소화하여 논리식을 구해야 한다. [그림 7-29]는 카르노 맵을 이용하여 논리식을 유도하는 과정을 보여준다.

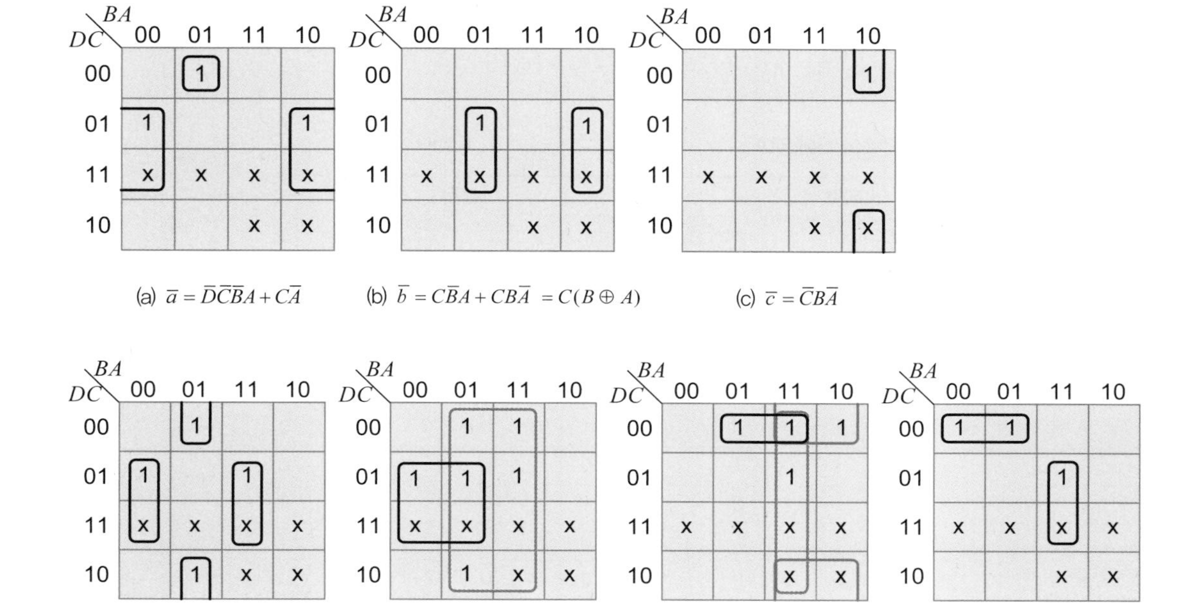

(a) $\overline{a} = \overline{D}\overline{C}\overline{B}A + C\overline{A}$ (b) $\overline{b} = C\overline{B}A + CB\overline{A} = C(B \oplus A)$ (c) $\overline{c} = \overline{C}B\overline{A}$

(d) $\overline{d} = \overline{C}\overline{B}A + C\overline{B}\overline{A} + CBA$ (e) $\overline{e} = A + C\overline{B}$ (f) $\overline{f} = BA + \overline{C}B + \overline{D}\overline{C}A$ (g) $\overline{g} = \overline{D}\overline{C}\overline{B} + CBA$

[그림 7-29] 7-세그먼트 디코더 논리식 유도 과정

[그림 7-29]에서 얻은 논리식을 이용하여 7-세그먼트 디코더의 논리회로를 그리면 [그림 7-30]과 같다. 여기서 $\overline{d} = \overline{C}\overline{B}A + C\overline{B}\overline{A} + CBA = \overline{C}\overline{B}A + C(\overline{B \oplus A})$ 와 같이 XNOR를 써도 되지만 게이트 레벨이 하나 늘어나므로 사용하지 않았다.

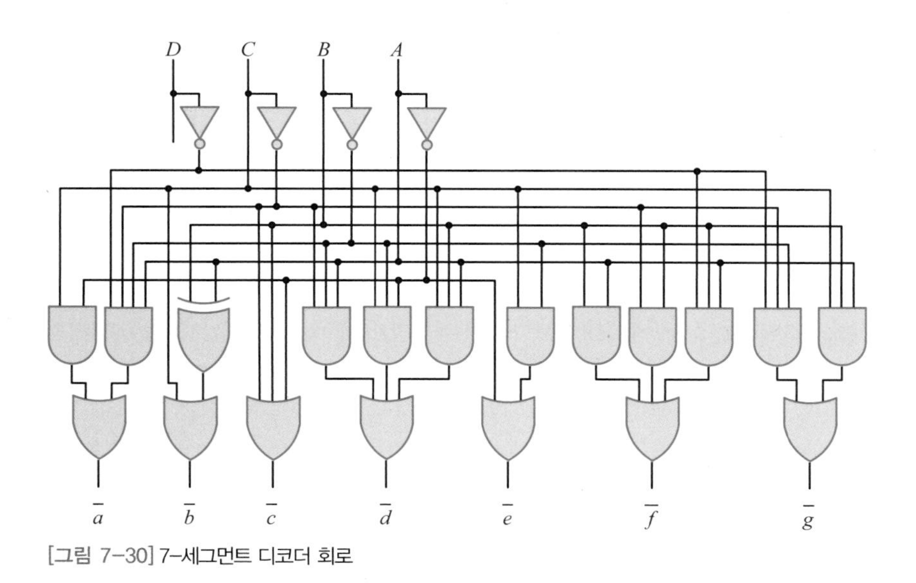

[그림 7-30] 7-세그먼트 디코더 회로

일반적으로 IC 7447이 7-세그먼트 디코더로 주로 쓰이는데, 이 디코더는 출력이 0일 때 활성화(active-low)된다. [표 7-8]에는 IC 7447의 진리표를 나타내었다.

[표 7-8] 7-세그먼트 디코더(IC 7447)의 진리표

10진값 또는 기능	입력							출력						
	$\overline{LT}$	$\overline{RBI}$	D	C	B	A	$\overline{BI}$ / $\overline{RBO}$	$\bar{a}$	$\bar{b}$	$\bar{c}$	$\bar{d}$	$\bar{e}$	$\bar{f}$	$\bar{g}$
0	1	1	0	0	0	0	1	0	0	0	0	0	0	1
1	1	×	0	0	0	1	1	1	0	0	1	1	1	1
2	1	×	0	0	1	0	1	0	0	1	0	0	1	0
3	1	×	0	0	1	1	1	0	0	0	0	1	1	0
4	1	×	0	1	0	0	1	1	0	0	1	1	0	0
5	1	×	0	1	0	1	1	0	1	0	0	1	0	0
6	1	×	0	1	1	0	1	1	1	0	0	0	0	0
7	1	×	0	1	1	1	1	0	0	0	1	1	1	1
8	1	×	1	0	0	0	1	0	0	0	0	0	0	0
9	1	×	1	0	0	1	1	0	0	0	1	1	0	0
10	1	×	1	0	1	0	1	1	1	1	0	0	1	0
11	1	×	1	0	1	1	1	1	1	0	0	1	1	0
12	1	×	1	1	0	0	1	1	0	1	1	1	0	0
13	1	×	1	1	0	1	1	0	1	1	0	1	0	0
14	1	×	1	1	1	0	1	1	1	1	0	0	0	0
15	1	×	1	1	1	1	1	1	1	1	1	1	1	1
$\overline{BI}$	×	×	×	×	×	×	0	1	1	1	1	1	1	1
$\overline{RBI}$	1	0	0	0	0	0	0	1	1	1	1	1	1	1
$\overline{LT}$	0	×	×	×	×	×	1	0	0	0	0	0	0	0

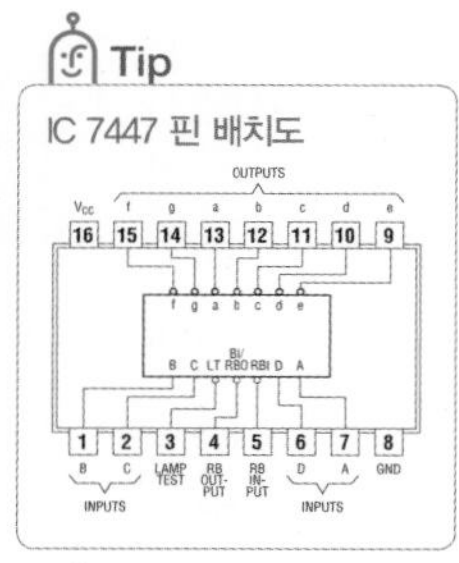

7446과 7447은 6과 9의 글자 모양만 다르다. 여기서 램프 테스트(LT : lamp test)를 Low로 하면 모든 세그먼트에 불이 켜진다. RBI(ripple blanking inputs)입력은 1(High)로 하거나 오픈 상태로 두면 강제적으로 0이 입력되는 것처럼 되어 LED에 0이 표시된다. 소형 전자계산기처럼 0일 때 LED를 강제 소등(leading zero suppress)하고자 할 때 RBI에 윗단의 BI/RBO를 접속한다. 다시 가장 윗단의 RBI는 GND로 한다. 소수점 이하의 경우는 반대로 RBI에 아랫단의 BI/RBO를 접속하고 가장 아랫단은 GND로 한다.

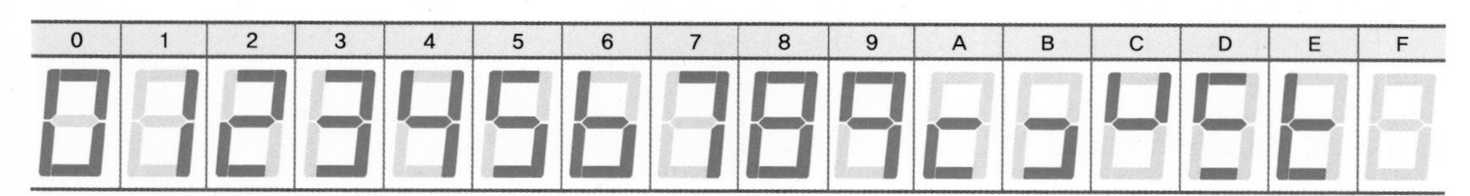

[그림 7-31] 7447의 LED 점등 패턴도

7-세그먼트 LED는 애노드 공통(+쪽)이거나 캐소드 공통(-쪽)이며, 전류를 제어하는 저항이 필요하다.

- **캐소드 공통**(common cathode) : LED의 모든 캐소드가 공통으로 묶여 있다. 캐소드는 0V나 접지(GND)에 연결된다. 불을 켜려는 LED 세그먼트에 +5V 전압을 가하면 된다. 캐소드 공통 LED 표시기는 입력전압이 1(High)일 때 동작하는 active-high이다. 7448과 7449는 캐소드 공통 LED 표시기를 작동하도록 설계된 IC이다.
- **애노드 공통**(common anode) : LED의 모든 애노드는 일반적으로 +5V에 연결된다. 불을 켜려는 LED 세그먼트에 0V 전압을 가하면 된다. 이 LED 표시기를 active-low라고 한다. 7446과 7447이 애노드 공통 LED 표시기를 구동하도록 설계된 것이다.

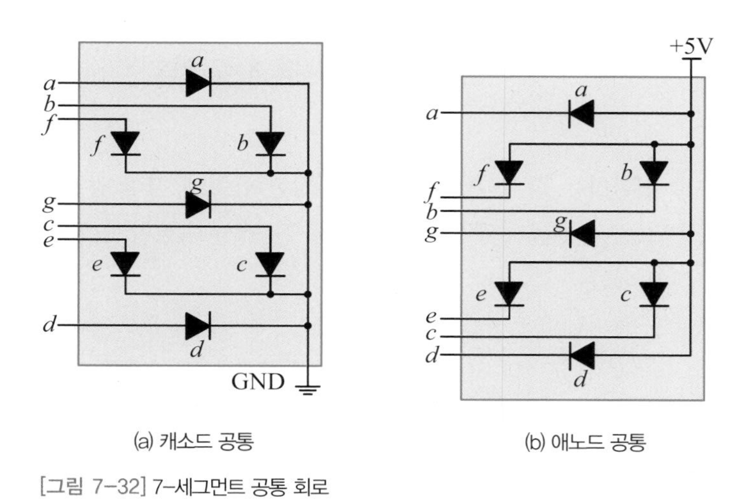

[그림 7-32] 7-세그먼트 공통 회로

LED를 구동하기 위한 기본 전류값은 10mA이며, 이 전류값을 보장하기 위해 저항이 필요하다. [그림 7-33]에는 전류 제한 저항을 사용한 7-세그먼트 회로의 예를 나타냈다.

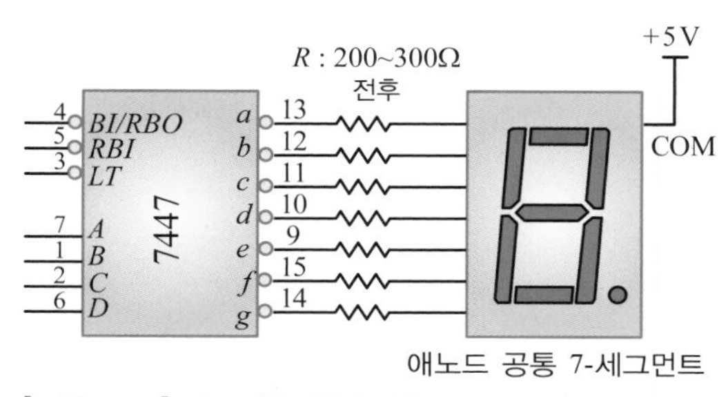

[그림 7-33] 전류 제한 저항을 사용한 7-세그먼트 회로의 예

SECTION 04

인코더

이 절에서는 디코더 회로의 반대 기능을 수행하는 인코더에 대해 살펴보고, 우선순위 인코더에 대해 알아본다.

Keywords | 인코더 | 우선순위 인코더 |

인코더(encoder)는 디코더의 반대 기능을 수행하는 조합논리회로로, 2^n 개의 신호를 입력받아 n 개의 출력신호를 만든다. 인코더는 2^n 개 중 활성화된 1 비트 입력신호를 받아서 그 숫자에 해당하는 n 비트 2진 정보를 출력한다. 입력의 개수에 따라 인코더는 4×2 인코더, 8×3 인코더와 같이 나타낸다.

인코더의 응용으로는 10진수를 2진수로 변환하는 장치, 정보 전송을 일정한 규칙에 따라 암호로 변환하는 장치, 컴퓨터 모니터에서 사용되는 VGA 등과 같은 RGB 정보를 TV에서 수신할 수 있는 ntsc 방식의 신호로 변환해 주는 장치 등이 있다.

2×1 인코더

2×1 인코더는 입력 $2(=2^1)$개와 출력 1개를 가지며, 입력 신호에 따라 0 또는 1이 출력된다.

입력		출력
D_1	D_0	B_0
0	1	0
1	0	1

$B_0 = D_1$

(a) 진리표와 논리식

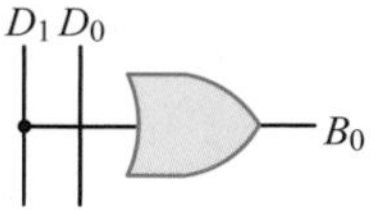

D_1 D_0 B_0

(b) 회로도

[그림 7-34] 2×1 인코더

4×2 인코더

4×2 인코더는 입력 4(=2^2)개와 출력 2개를 가지며, 입력 신호에 따라 2개의 2진 조합으로 출력된다.

입력				출력	
D_3	D_2	D_1	D_0	B_1	B_0
0	0	0	1	0	0
0	0	1	0	0	1
0	1	0	0	1	0
1	0	0	0	1	1

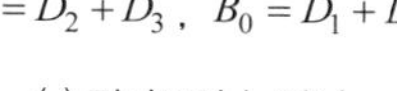

$B_1 = D_2 + D_3$, $B_0 = D_1 + D_3$

(a) 진리표와 논리식

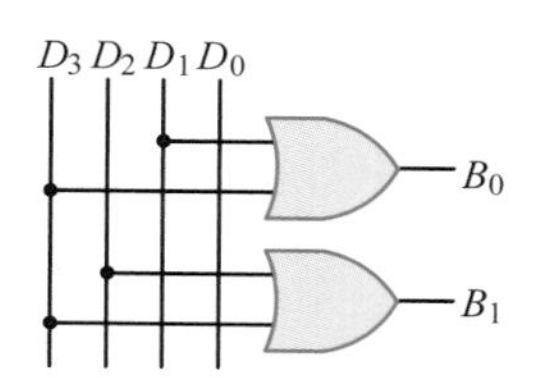

(b) 회로도

[그림 7-35] 4×2 인코더

8×3 인코더

8×3 인코더는 입력 8(=2^3)개와 출력 3개를 가지며, 입력의 신호에 따라 3개의 2진 조합으로 출력된다.

입력								출력		
D_7	D_6	D_5	D_4	D_3	D_2	D_1	D_0	B_2	B_1	B_0
0	0	0	0	0	0	0	1	0	0	0
0	0	0	0	0	0	1	0	0	0	1
0	0	0	0	0	1	0	0	0	1	0
0	0	0	0	1	0	0	0	0	1	1
0	0	0	1	0	0	0	0	1	0	0
0	0	1	0	0	0	0	0	1	0	1
0	1	0	0	0	0	0	0	1	1	0
1	0	0	0	0	0	0	0	1	1	1

$$B_2 = D_4 + D_5 + D_6 + D_7$$

$$B_1 = D_2 + D_3 + D_6 + D_7$$

$$B_0 = D_1 + D_3 + D_5 + D_7$$

(a) 진리표와 논리식

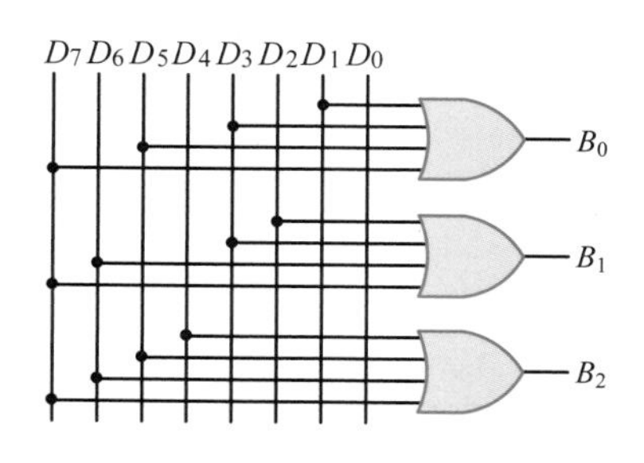

(b) 회로도

[그림 7-36] 8×3 인코더

8×3 우선순위 인코더

우선순위 인코더(priority encoder)는 입력에 우선순위를 정해 입력이 여러 개 있을 때 우선순위가 높은 입력값에 해당하는 출력신호를 만들어내는 회로이다. 회로 설계 시 우선순위를 결정하여 원하는 결과를 만들며, 보통은 입력값이 높은 쪽을 우선순위가 높은 것으로 한다. [그림 7-37]은 우선순위 인코더의 진리표와 회로를 보여준다. 진리표로부터 논리식을 유도하면 다음과 같다.

$$B_2 = D_7 + \bar{D}_7 D_6 + \bar{D}_7 \bar{D}_6 D_5 + \bar{D}_7 \bar{D}_6 \bar{D}_5 D_4$$
$$B_1 = D_7 + \bar{D}_7 D_6 + \bar{D}_7 \bar{D}_6 \bar{D}_5 \bar{D}_4 D_3 + \bar{D}_7 \bar{D}_6 \bar{D}_5 \bar{D}_4 \bar{D}_3 D_2$$
$$B_0 = D_7 + \bar{D}_7 \bar{D}_6 D_5 + \bar{D}_7 \bar{D}_6 \bar{D}_5 \bar{D}_4 D_3 + \bar{D}_7 \bar{D}_6 \bar{D}_5 \bar{D}_4 \bar{D}_3 \bar{D}_2 D_1$$

여기서 $D_7 + \bar{D}_7 D_6 = (D_7 + \bar{D}_7)(D_7 + D_6) = D_7 + D_6$ 이므로 $B_2 = D_7 + D_6 + D_5 + D_4$ 이다. 같은 방법으로 B_1과 B_0도 간소화하면 다음과 같다.

$$B_2 = D_7 + D_6 + D_5 + D_4$$
$$B_1 = D_7 + D_6 + \bar{D}_5 \bar{D}_4 D_3 + \bar{D}_5 \bar{D}_4 D_2$$
$$B_0 = D_7 + \bar{D}_6 D_5 + \bar{D}_6 \bar{D}_4 D_3 + \bar{D}_6 \bar{D}_4 \bar{D}_2 D_1$$

입력								출력		
D_7	D_6	D_5	D_4	D_3	D_2	D_1	D_0	B_2	B_1	B_0
0	0	0	0	0	0	0	1	0	0	0
0	0	0	0	0	0	1	×	0	0	1
0	0	0	0	0	1	×	×	0	1	0
0	0	0	0	1	×	×	×	0	1	1
0	0	0	1	×	×	×	×	1	0	0
0	0	1	×	×	×	×	×	1	0	1
0	1	×	×	×	×	×	×	1	1	0
1	×	×	×	×	×	×	×	1	1	1

(a) 진리표

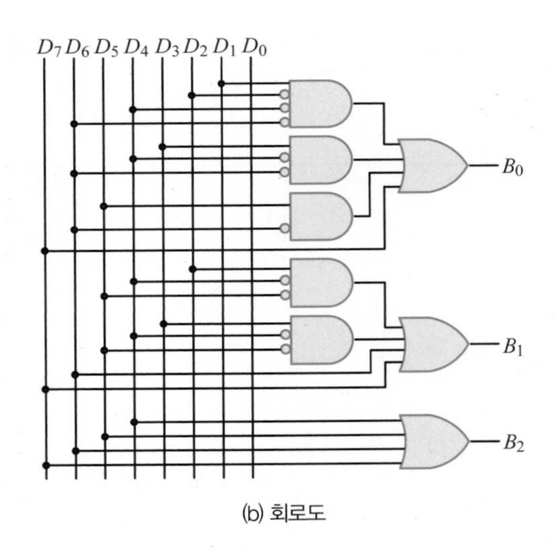

(b) 회로도

[그림 7-37] 8×3 우선순위 인코더

인코더 IC

74158은 4개의 2×1 인코더 논리반전 출력이며, 인에이블(또는 스트로브)이 1일 때 출력은 모두 1이 된다. 인에이블이 0일 때 선택선(S: Select) 입력이 0이면 입력 A의 반전된 출력이 발생하며, 인에이블이 1일 때 입력 B의 반전된 출력이 발생한다.

입력		출력
S	E	Y
×	1	1
0	0	$\bar{A}$
1	0	$\bar{B}$

(a) 진리표

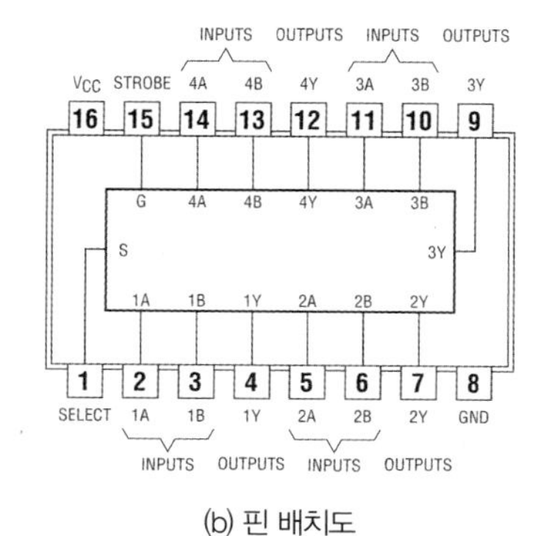

(b) 핀 배치도

[그림 7-38] IC 74158 인코더

74148은 8×3 우선순위 인코더이다. GS는 데이터 입력 중 하나가 0이고 인에이블 입력 $EI=0$일 때만 0이 된다. EI와 EO는 74148을 여러 개 연결할 때 사용한다. 가장 우선순위가 높은 단계의 EO는 다음 단계의 가장 우선순위가 높은 EI에 연결한다. $EI=0$이면 인코더의 출력은 가장 우선순위가 높은 데이터가 입력되었다는 것이며, $EO=1$이 된다. $EI=0$이고, 모든 데이터 입력이 1이면 EO 출력은 0이 되어 다음 단계의 낮은 우선순위를 인에이블할 수 있다. 가장 우선순위가 높은 것은 7번이다.

입력									출력				
EI	7	6	5	4	3	2	1	0	$A2$	$A1$	$A0$	GS	EO
1	×	×	×	×	×	×	×	×	1	1	1	1	1
0	1	1	1	1	1	1	1	1	1	1	1	1	0
0	0	×	×	×	×	×	×	×	0	0	0	0	1
0	1	0	×	×	×	×	×	×	0	0	1	0	1
0	1	1	0	×	×	×	×	×	0	1	0	0	1
0	1	1	1	0	×	×	×	×	0	1	1	0	1
0	1	1	1	1	0	×	×	×	1	0	0	0	1
0	1	1	1	1	1	0	×	×	1	0	1	0	1
0	1	1	1	1	1	1	0	×	1	1	0	0	1
0	1	1	1	1	1	1	1	0	1	1	1	0	1

(a) 진리표

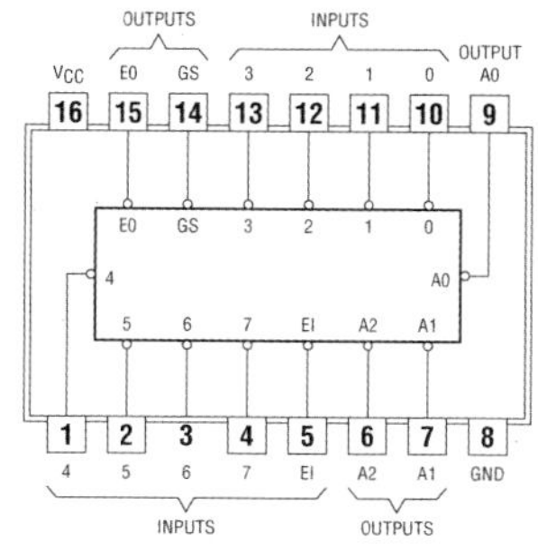

(b) 핀 배치도

[그림 7-39] IC 74148의 진리표 및 핀 배치도

예제 7-4

IC 74147은 10진-BCD 우선순위 인코더이며, 입력과 출력이 모두 active-low로 동작한다. IC 74147을 이용하여 키보드에 있는 10개의 10진 숫자들을 BCD로 변환하는 회로를 구성하여라.

풀이

[표 7-9]에는 IC 74147의 진리표를 나타냈다. 우선순위 기능은 인코더에 여러 개의 입력이 동시에 들어올 경우 가장 큰 10진수에 대응하는 BCD 값만 출력되고 다른 모든 입력은 무시된다. 예를 들어, 10진수 7과 3의 입력이 모두 선택(논리 0)되었다면 BCD 출력에는 7에 해당하는 1000이 출력되고 이를 반전시키면 0111(=$7_{(10)}$)이 된다. 3에 대응하는 1100은 무시된다.

[표 7-9] 10진-BCD 우선순위 인코더(74147)의 진리표

입력									출력			
$I9$	$I8$	$I7$	$I6$	$I5$	$I4$	$I3$	$I2$	$I1$	$\overline{Y_3}$	$\overline{Y_2}$	$\overline{Y_1}$	$\overline{Y_0}$
1	1	1	1	1	1	1	1	1	1	1	1	1
1	1	1	1	1	1	1	1	0	1	1	1	0
1	1	1	1	1	1	1	0	×	1	1	0	1
1	1	1	1	1	1	0	×	×	1	1	0	0
1	1	1	1	1	0	×	×	×	1	0	1	1
1	1	1	1	0	×	×	×	×	1	0	1	0
1	1	1	0	×	×	×	×	×	1	0	0	1
1	1	0	×	×	×	×	×	×	1	0	0	0
1	0	×	×	×	×	×	×	×	0	1	1	1
0	×	×	×	×	×	×	×	×	0	1	1	0
1	1	1	1	1	1	1	1	0	0	0	0	0

[그림 7-40]은 IC 74147을 이용하여 구성한 간단한 키보드 인코더이다. 그림에서 풀-업 저항(R)을 통해 $+V_{CC}$에 연결된 10개의 스위치들은 각 키를 나타낸다. 풀-업 저항은 키가 눌려지지 않았을 때 High가 입력되도록 한다. 키가 눌려지면 입력이 접지되어 대응되는 인코더 입력단에 Low가 공급된다. 0 이외의 키들 중 아무 것도 누르지 않았을 때에는 BCD 코드 0이 출력되므로 0키는 별도로 연결하지 않아도 된다.

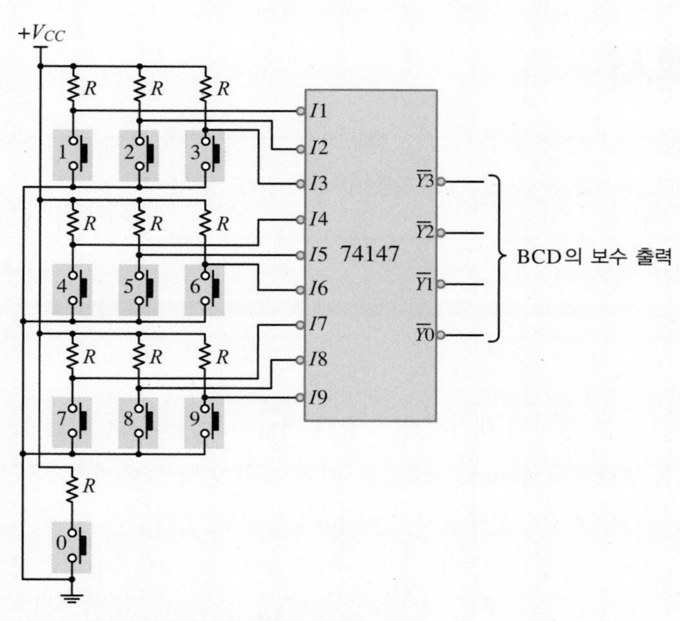

[그림 7-40] IC 74147을 이용한 키보드 인코더

SECTION 05

멀티플렉서

이 절에서는 데이터 선택기라는 개념의 멀티플렉서에 대해서 알아보고 활용분야에 대해서도 살펴본다.

Keywords | 멀티플렉서 | 선택선 |

멀티플렉싱(multiplexing)이란 다수의 정보 장치의 데이터를 소수의 채널(channel)이나 선을 통해 선택적으로 전송하는 것을 의미한다. **멀티플렉서**(multiplexer)는 여러 개의 입력선 중에서 하나를 선택하여 출력선에 연결하는 조합논리회로이며, 선택선의 값에 따라 하나의 입력선을 선택한다. 일반적으로 2^n개의 입력선과 n개의 선택선으로 구성되어 있다. 이때 n개 선택선의 비트 조합에 따라 입력 중 하나를 선택한다. 멀티플렉서는 많은 입력 중 하나를 선택하여 선택된 입력선의 2진 정보를 출력선에 넘겨주기 때문에 **데이터 선택기**(data selector)라고도 한다. 멀티플렉서의 크기는 입력선과 출력선의 개수에 따라 결정된다.

디멀티플렉서는 멀티플렉서와 반대로 정보를 한 선으로 받아서 2^n개의 가능한 출력선들 중 하나를 선택하여 받은 정보를 전송하는 회로이다. 디멀티플렉서는 n개의 선택선(selection line)의 값에 따라 출력선 한 개를 선택한다.

멀티플렉서는 줄여서 MUX, 디멀티플렉서는 DEMUX라고 표현한다.

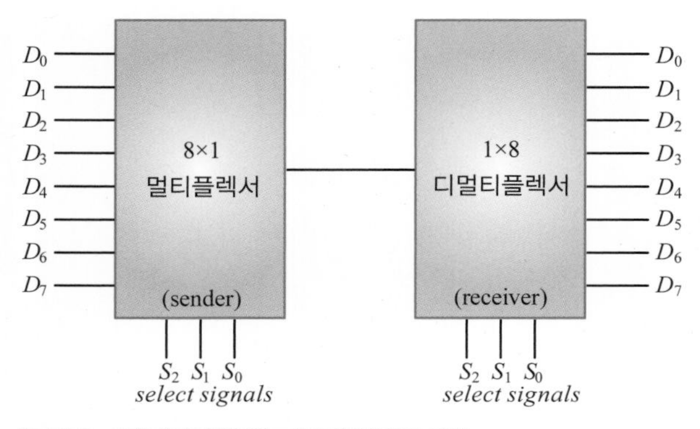

[그림 7-41] 멀티플렉서와 디멀티플렉서의 역할

2×1 멀티플렉서

2×1 멀티플렉서는 입력 2개 중 하나를 선택선 S에 입력된 값에 따라 출력으로 보내주는 조합논리회로이다.

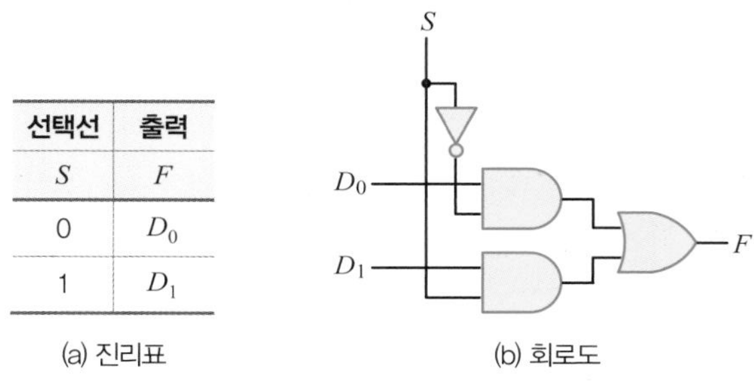

선택선	출력
S	F
0	D_0
1	D_1

(a) 진리표

(b) 회로도

[그림 7-42] 2×1 멀티플렉서

진리표를 이용하여 2×1 멀티플렉서의 논리식을 구하면 $F = \overline{S}D_0 + SD_1$ 이 된다.

4×1 멀티플렉서

4×1 멀티플렉서는 입력 4개 중 하나를 선택선 S_1과 S_0에 입력된 값에 따라 출력으로 보내주는 조합논리회로이다. 4×1 멀티플렉서의 논리식은 $F = \overline{S}_1\overline{S}_0D_0 + \overline{S}_1S_0D_1 + S_1\overline{S}_0D_2 + S_1S_0D_3$ 이다.

선택선		출력
S_1	S_0	F
0	0	D_0
0	1	D_1
1	0	D_2
1	1	D_3

(a) 진리표

(b) 회로도

[그림 7-43] 4×1 멀티플렉서

8×1 멀티플렉서

8×1 멀티플렉서는 3개의 선택선(S_2, S_1, S_0)을 통해 입력 8개 중 하나를 선택하여 출력하는 조합 논리회로이다. 8×1 멀티플렉서의 논리식은 다음과 같다.

$$F = \overline{S_2}\,\overline{S_1}\,\overline{S_0}D_0 + \overline{S_2}\,\overline{S_1}S_0D_1 + \overline{S_2}S_1\overline{S_0}D_2 + \overline{S_2}S_1S_0D_3 +$$
$$S_2\overline{S_1}\,\overline{S_0}D_4 + S_2\overline{S_1}S_0D_5 + S_2S_1\overline{S_0}D_6 + S_2S_1S_0D_7$$

선택선			출력
S_2	S_1	S_0	F
0	0	0	D_0
0	0	1	D_1
0	1	0	D_2
0	1	1	D_3
1	0	0	D_4
1	0	1	D_5
1	1	0	D_6
1	1	1	D_7

(a) 진리표

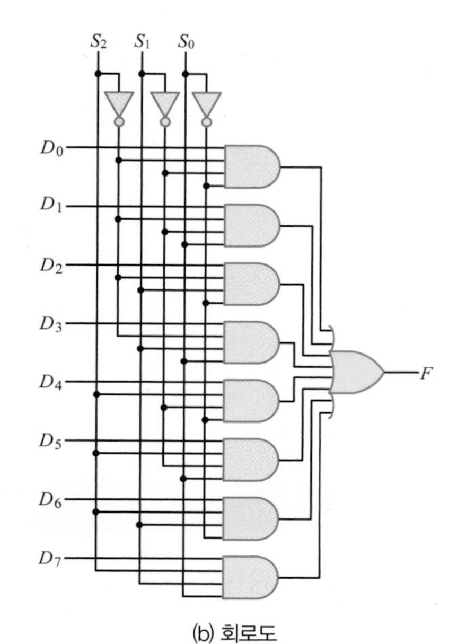

(b) 회로도

[그림 7-44] 8×1 멀티플렉서

[그림 7-45]는 4×1 멀티플렉서 5개를 이용하여 16×1 멀티플렉서를 구현한 것이다. 데이터 선택에 따라 인에이블되는 MUX는 다음과 같다.

- $S_3S_2S_1S_0 = 0000 \sim 0011$ 이면 #1 MUX가 인에이블
- $S_3S_2S_1S_0 = 0100 \sim 0111$ 이면 #2 MUX가 인에이블
- $S_3S_2S_1S_0 = 1000 \sim 1011$ 이면 #3 MUX가 인에이블
- $S_3S_2S_1S_0 = 1100 \sim 1111$ 이면 #4 MUX가 인에이블

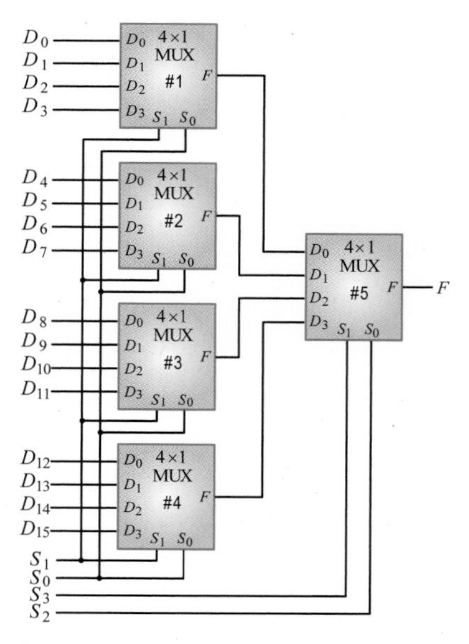

[그림 7-45] 16×1 멀티플렉서(4×1 멀티플렉서 5개 이용)

멀티플렉서 IC

74150은 입력 $\overline{E0} \sim \overline{E15}$ 중 1개를 선택선 입력 D, C, B, A에 따라 출력으로 보내주는 16×1 멀티플렉서 IC다.

입력					출력
Select				Strobe	W
D	C	B	A	S	
×	×	×	×	1	1
0	0	0	0	0	$\overline{E0}$
0	0	0	1	0	$\overline{E1}$
0	0	1	0	0	$\overline{E2}$
0	0	1	1	0	$\overline{E3}$
0	1	0	0	0	$\overline{E4}$
0	1	0	1	0	$\overline{E5}$
0	1	1	0	0	$\overline{E6}$
0	1	1	1	0	$\overline{E7}$
1	0	0	0	0	$\overline{E8}$
1	0	0	1	0	$\overline{E9}$
1	0	1	0	0	$\overline{E10}$
1	0	1	1	0	$\overline{E11}$
1	1	0	0	0	$\overline{E12}$
1	1	0	1	0	$\overline{E13}$
1	1	1	0	0	$\overline{E14}$
1	1	1	1	0	$\overline{E15}$

(a) 진리표

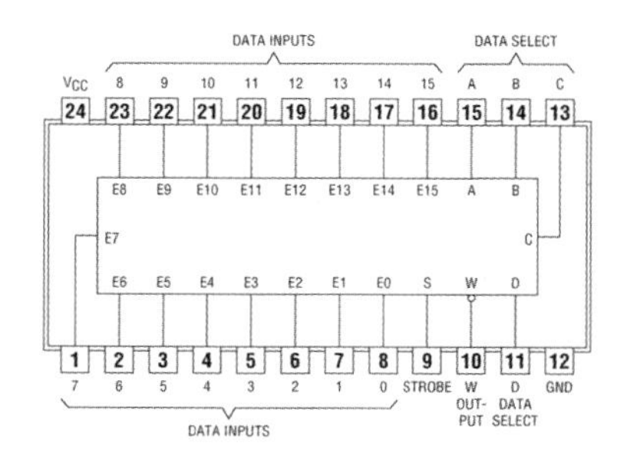

(b) 핀 배치도

[그림 7-46] IC 74150의 진리표 및 핀 배치도

74153은 입력 C_0, C_1, C_2, C_3 중 1개를 선택선 입력 B, A에 따라 출력으로 보내주는 4×1 멀티플렉서 2개가 내장된 IC이다.

입력			출력
Select		Strobe	Y
B	A	G	
×	×	1	0
0	0	0	C_0
0	1	0	C_1
1	0	0	C_2
1	1	0	C_3

(a) 진리표

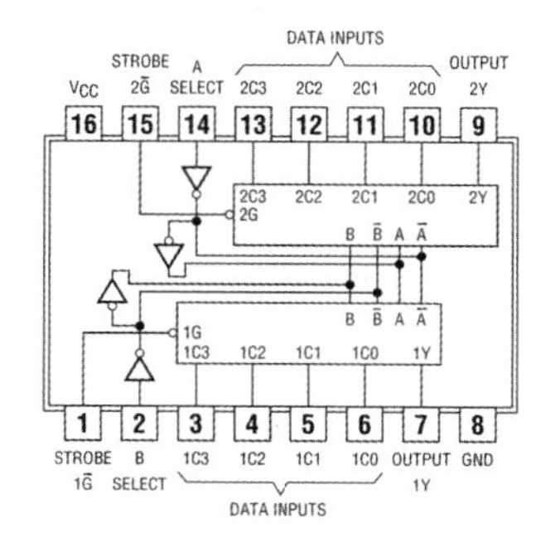

(b) 핀 배치도

[그림 7-47] IC 74153의 진리표 및 핀 배치도

예제 7-5

[그림 7-43(b)]의 멀티플렉서에 [그림 7-48]과 같은 데이터 입력(D_3, D_2, D_1, D_0)과 데이터 선택(S_1, S_0)파형을 입력하였다. 출력 F의 파형을 그려보아라.

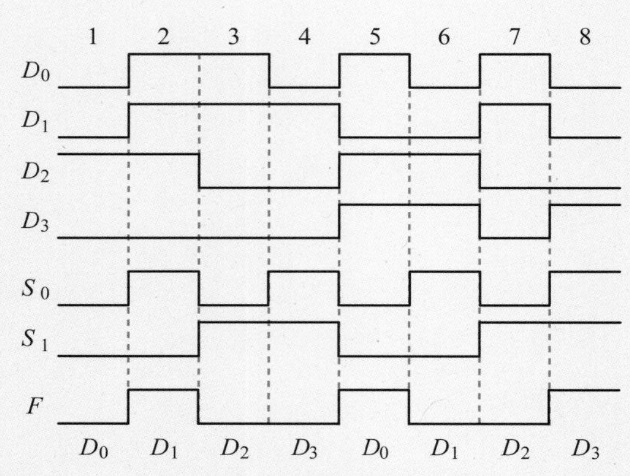

[그림 7-48] 4×1 멀티플렉서의 입출력파형 예

풀이

데이터 선택신호 S_1과 S_0에 의해서 데이터 입력 D_3, D_2, D_1, D_0 중 하나가 선택된다.

- 시간 구간 1에서 $S_1 = 0$, $S_0 = 0$이므로 D_0이 선택되어 $F = 0$이다.
- 시간 구간 2에서 $S_1 = 0$, $S_0 = 1$이므로 D_1이 선택되어 $F = 1$이다.
- 시간 구간 3에서 $S_1 = 1$, $S_0 = 0$이므로 D_2가 선택되어 $F = 0$이다.
- 시간 구간 4에서 $S_1 = 1$, $S_0 = 1$이므로 D_3이 선택되어 $F = 0$이다.
- 시간 구간 5에서 $S_1 = 0$, $S_0 = 0$이므로 D_0이 선택되어 $F = 1$이다.
- 시간 구간 6에서 $S_1 = 0$, $S_0 = 1$이므로 D_1이 선택되어 $F = 0$이다.
- 시간 구간 7에서 $S_1 = 1$, $S_0 = 0$이므로 D_2가 선택되어 $F = 0$이다.
- 시간 구간 8에서 $S_1 = 1$, $S_0 = 1$이므로 D_3이 선택되어 $F = 1$이다.

멀티플렉서를 이용한 조합회로 구현

멀티플렉서를 이용하여 조합회로를 구현할 수 있다. 예를 들어, $F(A,B,C) = \Sigma m(0,1,5,7)$ 을 8×1 멀티플렉서 및 4×1 멀티플렉서를 이용하여 설계해보자. 8×1 멀티플렉서를 사용할 때는 선택선이 3개이므로, 선택선 3개를 입력 A, B, C로 사용하고 데이터 D_0부터 D_7까지 입력에 해당하는 값, 즉 D_0, D_1, D_5, D_7은 1(+5V)로 나머지 입력은 0V(접지)로 설정하면 된다.

입력	출력
A B C	*F*
0 0 0	1 (D_0)
0 0 1	1 (D_1)
0 1 0	0 (D_2)
0 1 1	0 (D_3)
1 0 0	0 (D_4)
1 0 1	1 (D_5)
1 1 0	0 (D_6)
1 1 1	1 (D_7)

(a) 진리표

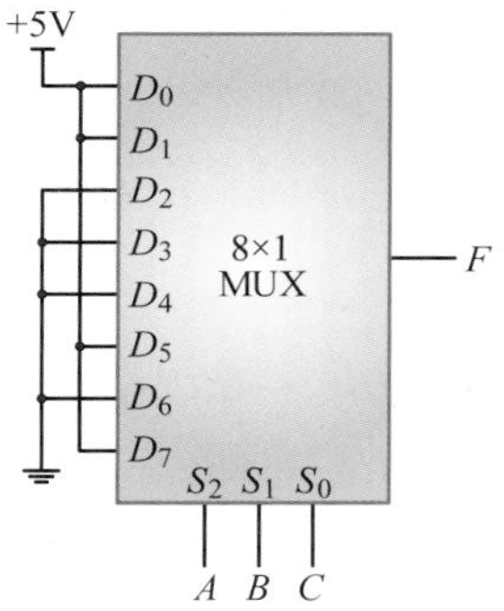

(b) 회로도

[그림 7-49] 8×1 멀티플렉서를 이용한 $F(A,B,C) = \Sigma m(0,1,5,7)$ 회로

4×1 멀티플렉서로 동일한 회로를 설계해보자. 4×1 멀티플렉서에는 선택선이 2개 있으므로 A, B를 선택선으로 사용하고, C는 D_0~D_3를 조합하여 사용한다. [그림 7-50(a)]의 진리표에서 출력은 A, B가 00일 때는 C에 관계없이 항상 1이고 A, B가 01일 때는 C에 관계없이 출력은 항상 0이다. 그리고 A, B가 10과 11일 때는 C의 값이 그대로 출력된다. 그러므로 D_0는 +5V, D_1은 0V(접지), D_2와 D_3은 입력을 그대로 출력하므로 C를 입력으로 한다.

입력			출력	
A	*B*	*C*	*F*	
0	0	0	$D_0 = 1$	1
		1		1
0	1	0	$D_1 = 0$	0
		1		0
1	0	0	$D_2 = C$	0
		1		1
1	1	0	$D_3 = C$	0
		1		1

(a) 진리표

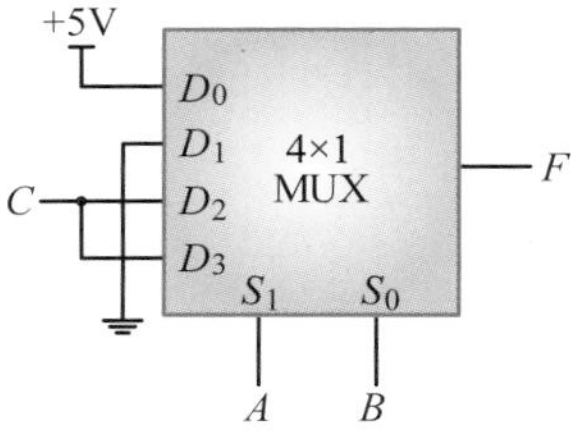

(b) 회로도

[그림 7-50] 4×1 멀티플렉서를 이용한 $F(A,B,C) = \Sigma m(0,1,5,7)$ 회로

예제 7-6

논리식 $F(A,B,C) = A + B\overline{C}$ 를 8×1 및 4×1 멀티플렉서로 설계하여라.

풀이

$F(A,B,C) = A + B\overline{C}$ 를 8×1 및 4×1 멀티플렉서로 설계하려면 다음 식과 같이 제거된 항을 복구한 후 설계한다.

$$\begin{aligned} F(A,B,C) &= A(\overline{B}+B)(\overline{C}+C)+(\overline{A}+A)B\overline{C} \\ &= A\overline{B}\overline{C} + A\overline{B}C + AB\overline{C} + ABC + \overline{A}B\overline{C} + AB\overline{C} \\ &= \overline{A}B\overline{C} + A\overline{B}\overline{C} + A\overline{B}C + AB\overline{C} + ABC \\ &= m_2 + m_4 + m_5 + m_6 + m_7 = \sum m(2,4,5,6,7) \end{aligned}$$

8×1 멀티플렉서를 사용할 경우, [그림 7-51(a)]의 진리표에서 D_2, D_4, D_5, D_6, D_7은 +5V로, 나머지 입력은 0V(접지)로 연결한다. 4×1 멀티플렉서를 사용할 경우, [그림 7-51(c)]의 진리표에서 A, B가 00일 때는 C에 관계없이 출력은 항상 0이고, A, B가 10과 11일 때는 C에 관계없이 출력은 항상 1이다. 그리고 A, B가 01일 때는 C의 값이 반전되어 출력된다. 그러므로 D_0에는 0V, D_2와 D_3에는 +5V, D_1에는 C를 반전하여 입력한다.

입력	출력
A B C	F
0 0 0	0 (D_0)
0 0 1	0 (D_1)
0 1 0	1 (D_2)
0 1 1	0 (D_3)
1 0 0	1 (D_4)
1 0 1	1 (D_5)
1 1 0	1 (D_6)
1 1 1	1 (D_7)

(a) 진리표(8×1 멀티플렉서 이용)

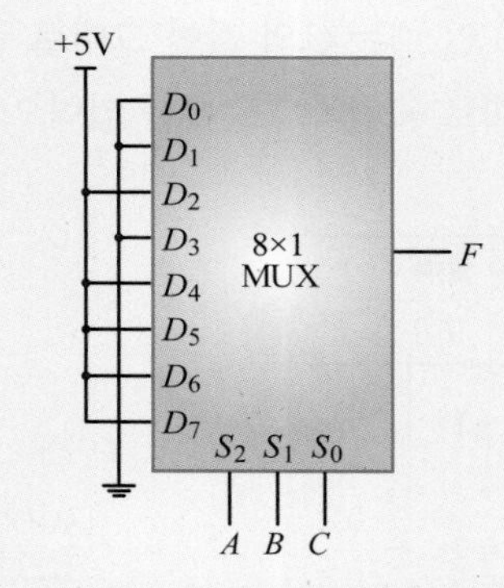

(b) 8×1 멀티플렉서를 이용한 회로도

입력			출력	
A	B	C	F	
0	0	0	$D_0=0$	0
		1		0
0	1	0	$D_1=\overline{C}$	1
		1		0
1	0	0	$D_2=1$	1
		1		1
1	1	0	$D_3=1$	1
		1		1

(c) 진리표(4×1 멀티플렉서 이용)

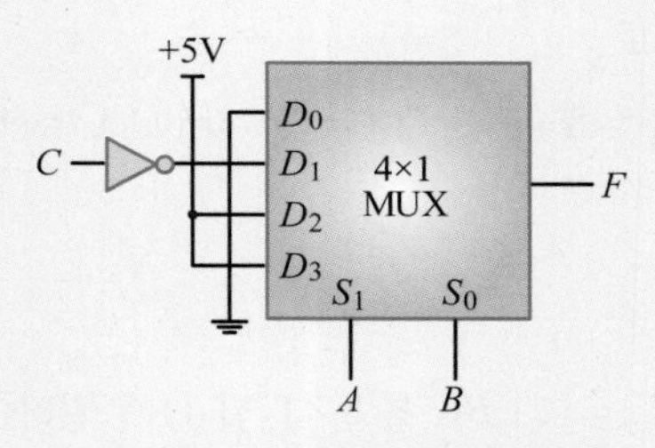

(d) 4×1 멀티플렉서를 이용한 회로도

[그림 7-51] 8×1 및 4×1 멀티플렉서를 이용한 $F(A,B,C) = A + B\overline{C}$ 회로

SECTION 06

디멀티플렉서

이 절에서는 멀티플렉서의 반대 개념인 디멀티플렉서에 대해 알아본다.

Keywords | 디멀티플렉서 | 선택선 |

7장 3절에서 언급한 인에이블 입력 1개를 가지고 있는 디코더는 디멀티플렉서 기능을 수행할 수 있다. [그림 7-52]와 같이 디코더와 디멀티플렉서는 사실상 같은 기능을 한다고 볼 수 있다. 다만 A, B, E 선에 입력되는 데이터에 따라 디코더로 동작할 수도 있고, 디멀티플렉서로 동작할 수도 있다.

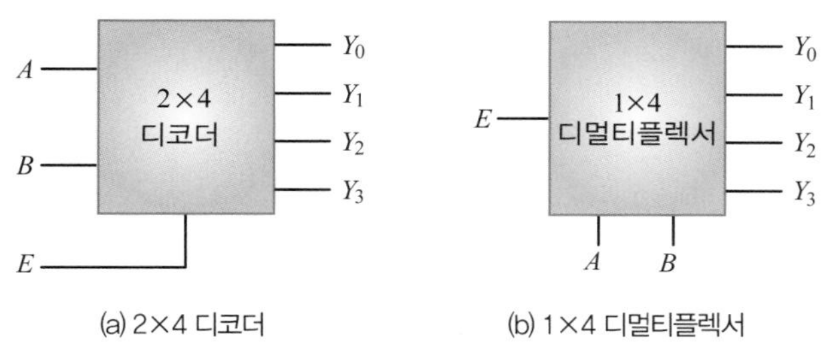

(a) 2×4 디코더 (b) 1×4 디멀티플렉서

[그림 7-52] 디코더와 디멀티플렉서 비교

[그림 7-22]의 3×8 디코더 IC 74138의 인에이블($G1$)을 데이터 입력으로 사용하고, A, B, C를 선택선으로 사용하면 $G1$의 부정($\overline{G1}$)이 출력된다. [표 7-10]은 진리표를 보여준다. 이때 $G2A$, $G2B$ 입력은 0으로 한다.

[표 7-10] IC 74138을 디멀티플렉서로 사용할 경우의 진리표

입력			출력							
C	B	A	Y_7	Y_6	Y_5	Y_4	Y_3	Y_2	Y_1	Y_0
0	0	0	1	1	1	1	1	1	1	$\overline{G1}$
0	0	1	1	1	1	1	1	1	$\overline{G1}$	1
0	1	0	1	1	1	1	1	$\overline{G1}$	1	1
0	1	1	1	1	1	1	$\overline{G1}$	1	1	1
1	0	0	1	1	1	$\overline{G1}$	1	1	1	1
1	0	1	1	1	$\overline{G1}$	1	1	1	1	1
1	1	0	1	$\overline{G1}$	1	1	1	1	1	1
1	1	1	$\overline{G1}$	1	1	1	1	1	1	1

[그림 7-25]의 IC 74154가 디멀티플렉서로 동작할 때는 IC 74138과 마찬가지로 G_1과 G_2가 데이터 선이 되고 A, B, C, D가 선택선이 된다.

예제 7-7

[그림 7-52(b)]의 1×4 디멀티플렉서에 [그림 7-53]과 같은 데이터 입력파형(E)과 데이터 선택(S_1, S_0)파형을 입력하였다. 출력 Y_3, Y_2, Y_1, Y_0의 파형을 그려보아라.

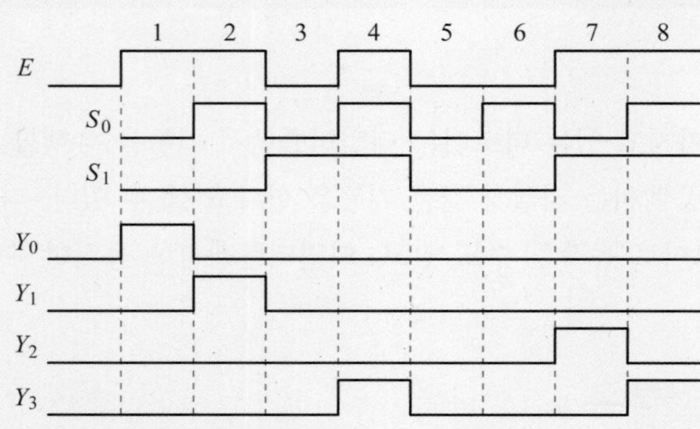

[그림 7-53] 1×4 디멀티플렉서의 입출력파형 예

풀이

데이터 선택신호 S_1과 S_0에 의해 출력 Y_3, Y_2, Y_1, Y_0 중 하나가 선택된다.

- 시간 구간 1 : $S_1 = 0$, $S_0 = 0$이므로 Y_0이 선택되어 $E = 1$이 Y_0으로 출력된다.
- 시간 구간 2 : $S_1 = 0$, $S_0 = 1$이므로 Y_1이 선택되어 $E = 1$이 Y_1로 출력된다.
- 시간 구간 3 : $S_1 = 1$, $S_0 = 0$이므로 Y_2가 선택되어 $E = 0$이 Y_2로 출력된다.
- 시간 구간 4 : $S_1 = 1$, $S_0 = 1$이므로 Y_3이 선택되어 $E = 1$이 Y_3으로 출력된다.
- 시간 구간 5 : $S_1 = 0$, $S_0 = 0$이므로 Y_0이 선택되어 $E = 0$이 Y_0으로 출력된다.
- 시간 구간 6 : $S_1 = 0$, $S_0 = 1$이므로 Y_1이 선택되어 $E = 0$이 Y_1로 출력된다.
- 시간 구간 7 : $S_1 = 1$, $S_0 = 0$이므로 Y_2가 선택되어 $E = 1$이 Y_2로 출력된다.
- 시간 구간 8 : $S_1 = 1$, $S_0 = 1$이므로 Y_3이 선택되어 $E = 1$이 Y_3으로 출력된다.

SECTION 07

코드 변환기

이 절에서는 하나의 디지털 코드에서 또 다른 디지털 코드로의 변환 회로 설계에 대해서 알아보고, 2진 코드-그레이 코드 변환기에 대해서도 알아본다.

Keywords | 코드 변환기 | 변환표 |

디지털 시스템들은 동일한 정보에 대해 다양한 코드를 사용하고 있으므로 시스템 간의 상호 호환성을 유지하기 위해 코드를 변환하는 기능이 필요하다. 하나의 2진 코드에서 다른 2진 코드로 변환하는 조합논리회로를 살펴보자.

2진 코드-그레이 코드 변환

[표 7-11]은 2진 코드를 그레이 코드로 변환하는 진리표이다.

[표 7-11] 2진 코드-그레이 코드 변환 진리표

2진 코드(입력) $B_3\ B_2\ B_1\ B_0$	그레이 코드(출력) $G_3\ G_2\ G_1\ G_0$	2진 코드(입력) $B_3\ B_2\ B_1\ B_0$	그레이 코드(출력) $G_3\ G_2\ G_1\ G_0$
0 0 0 0	0 0 0 0	1 0 0 0	1 1 0 0
0 0 0 1	0 0 0 1	1 0 0 1	1 1 0 1
0 0 1 0	0 0 1 1	1 0 1 0	1 1 1 1
0 0 1 1	0 0 1 0	1 0 1 1	1 1 1 0
0 1 0 0	0 1 1 0	1 1 0 0	1 0 1 0
0 1 0 1	0 1 1 1	1 1 0 1	1 0 1 1
0 1 1 0	0 1 0 1	1 1 1 0	1 0 0 1
0 1 1 1	0 1 0 0	1 1 1 1	1 0 0 0

위의 진리표를 카르노 맵을 이용하여 간소화하면 [그림 7-54]와 같다.

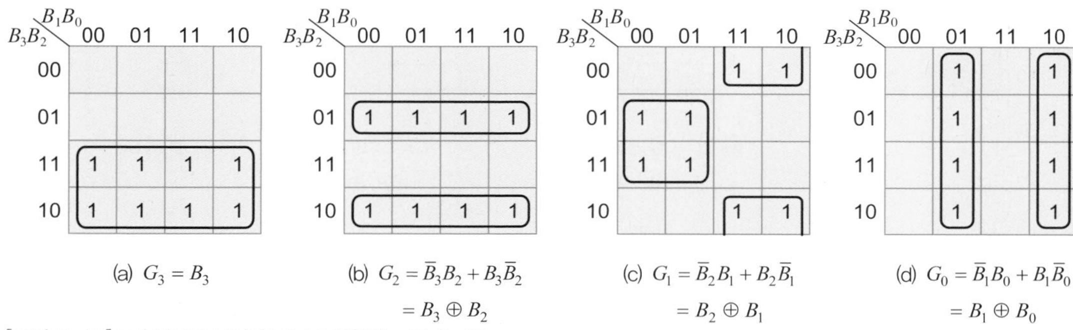

[그림 7-54] 2진 코드를 그레이 코드로 변환하는 카르노 맵

따라서 이를 이용하여 논리회로를 구성하면 [그림 7-55]와 같다.

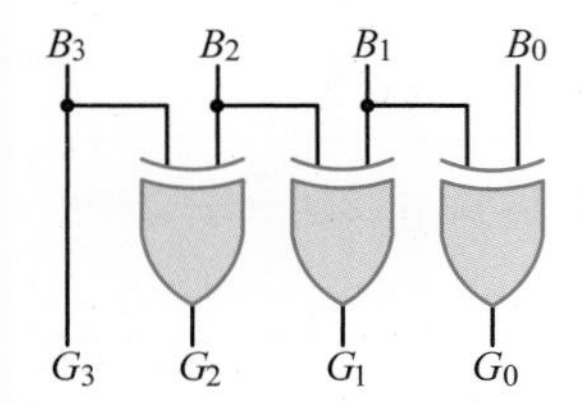

[그림 7-55] 2진 코드를 그레이 코드로 변환하는 회로

그레이 코드-2진 코드 변환

[표 7-12]는 그레이 코드를 2진 코드로 변환하는 진리표이다.

[표 7-12] 그레이 코드-2진 코드 변환 진리표

그레이 코드(입력) $G_3\ G_2\ G_1\ G_0$	2진 코드(출력) $B_3\ B_2\ B_1\ B_0$	그레이 코드(입력) $G_3\ G_2\ G_1\ G_0$	2진 코드(출력) $B_3\ B_2\ B_1\ B_0$
0 0 0 0	0 0 0 0	1 0 0 0	1 1 1 1
0 0 0 1	0 0 0 1	1 0 0 1	1 1 1 0
0 0 1 0	0 0 1 1	1 0 1 0	1 1 0 0
0 0 1 1	0 0 1 0	1 0 1 1	1 1 0 1
0 1 0 0	0 1 1 1	1 1 0 0	1 0 0 0
0 1 0 1	0 1 1 0	1 1 0 1	1 0 0 1
0 1 1 0	0 1 0 0	1 1 1 0	1 0 1 1
0 1 1 1	0 1 0 1	1 1 1 1	1 0 1 0

위의 진리표를 카르노 맵을 이용하여 간소화하면 [그림 7-56]과 같다.

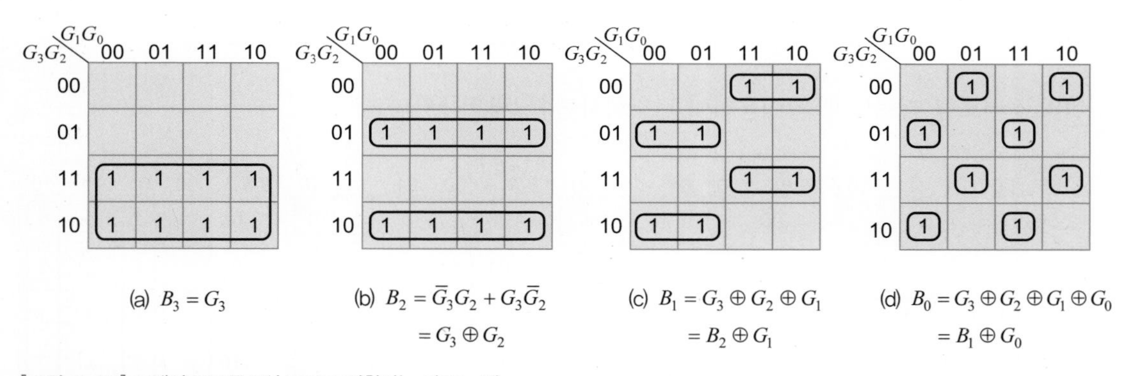

[그림 7-56] 그레이 코드를 2진 코드로 변환하는 카르노 맵

따라서 이를 이용하여 논리회로를 구성하면 [그림 7-57]과 같다.

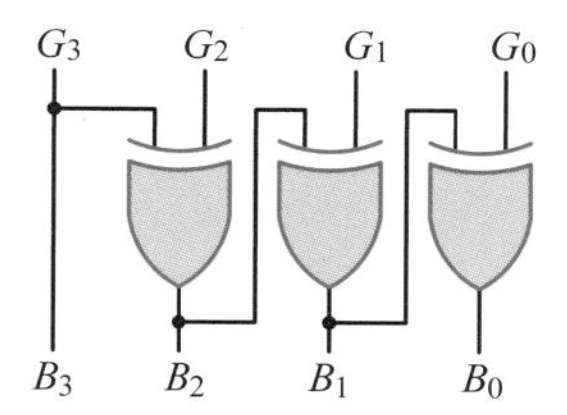

[그림 7-57] 그레이 코드를 2진 코드로 변환하는 회로

BCD 코드-3초과 코드 변환

[표 7-13]은 BCD 코드를 3초과 코드로 변환하는 진리표이다. BCD는 10개의 숫자만 사용하므로 1010에서 1111까지 6개는 BCD에 존재하지 않는 코드이며, 입력으로 사용될 수 없기 때문에 무관항으로 처리한다. 무관항이 있으므로 회로를 설계하는 데 유용하게 사용할 수 있다. [표 7-13]의 진리표를 카르노 맵을 이용하여 간소화하면 [그림 7-58]과 같다. 이를 이용하여 논리회로를 구성하면 [그림 7-59]와 같다.

[표 7-13] BCD 코드-3초과 코드 변환 진리표

BCD 코드(입력)				3초과 코드(출력)			
B_3	B_2	B_1	B_0	E_3	E_2	E_1	E_0
0	0	0	0	0	0	1	1
0	0	0	1	0	1	0	0
0	0	1	0	0	1	0	1
0	0	1	1	0	1	1	0
0	1	0	0	0	1	1	1
0	1	0	1	1	0	0	0
0	1	1	0	1	0	0	1
0	1	1	1	1	0	1	0
1	0	0	0	1	0	1	1
1	0	0	1	1	1	0	0
1	0	1	0	×	×	×	×
1	0	1	1	×	×	×	×
1	1	0	0	×	×	×	×
1	1	0	1	×	×	×	×
1	1	1	0	×	×	×	×
1	1	1	1	×	×	×	×

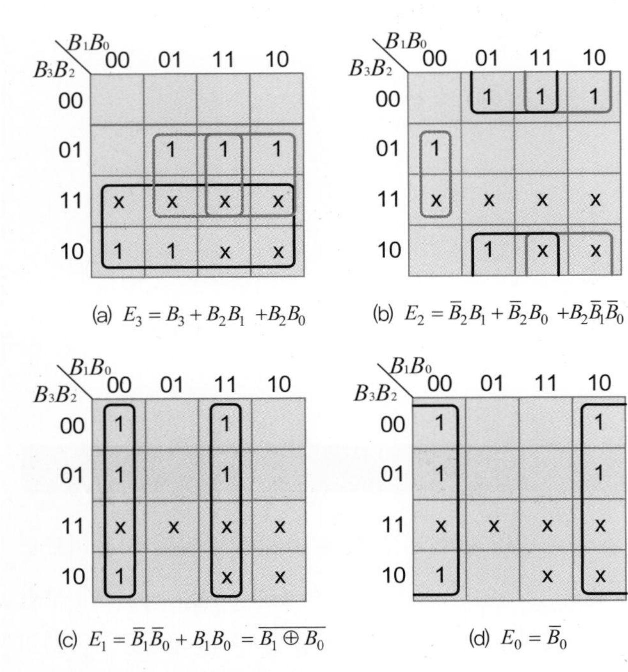

[그림 7-58] BCD 코드를 3초과 코드로 변환하기 위한 카르노 맵

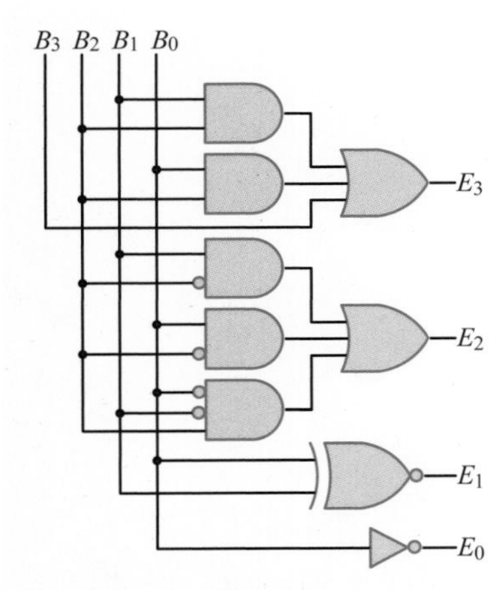

[그림 7-59] BCD 코드를 3초과 코드로 변환하는 회로

SECTION

08 패리티 발생기/검출기

이 절에서는 패리티 발생기 및 검출기 회로의 동작 특성에 대해서 알아보고, IC 74280을 이용하여 짝수/홀수 패리티 발생기 및 검출기를 구성하는 방법에 대해서도 알아본다.

Keywords | 패리티 발생기 | 패리티 검출기 | 짝수 패리티 | 홀수 패리티 |

패리티 발생기는 원래의 데이터에 1비트 패리티를 추가하여 1의 개수를 짝수 또는 홀수로 맞추는 회로를 말한다. 1의 개수를 짝수로 맞추면 짝수 패리티 발생기, 홀수로 맞추면 홀수 패리티 발생기가 된다. 패리티 검출기는 패리티가 추가된 데이터에서 1의 개수가 짝수인지 홀수인지를 검사하는 것을 말한다.

6장 8절에서 언급한 것처럼 XOR를 사용하여 짝수 패리티를, XNOR를 이용하여 홀수 패리티를 발생할 수 있다. XOR는 입력에서 1의 개수가 홀수(odd)일 때 출력이 1이므로 원래의 데이터에 XOR의 출력을 추가하면 1의 개수가 짝수가 된다. 반대로 XNOR는 1의 개수가 짝수(even)일 때 1이 발생하므로 데이터에 XNOR의 출력 비트를 추가하면 1의 개수가 홀수가 된다.

[그림 7-60]은 데이터가 8비트일 때 짝수 패리티와 홀수 패리티 발생회로이다. 짝수 패리티 발생회로의 논리식은 $P = A_0 \oplus A_1 \oplus A_2 \oplus A_3 \oplus A_4 \oplus A_5 \oplus A_6 \oplus A_7$ 이며, $A_0 \sim A_7$ 중에서 1의 개수가 홀수일 때 $P=1$ 이므로 전체 1의 개수는 짝수가 된다. 홀수 패리티 발생회로의 논리식은 $P = \overline{A_0 \oplus A_1 \oplus A_2 \oplus A_3 \oplus A_4 \oplus A_5 \oplus A_6 \oplus A_7}$ 이며, $A_0 \sim A_7$ 중에서 1의 개수가 짝수일 때 $P=1$ 이므로 전체 1의 개수는 홀수가 된다.

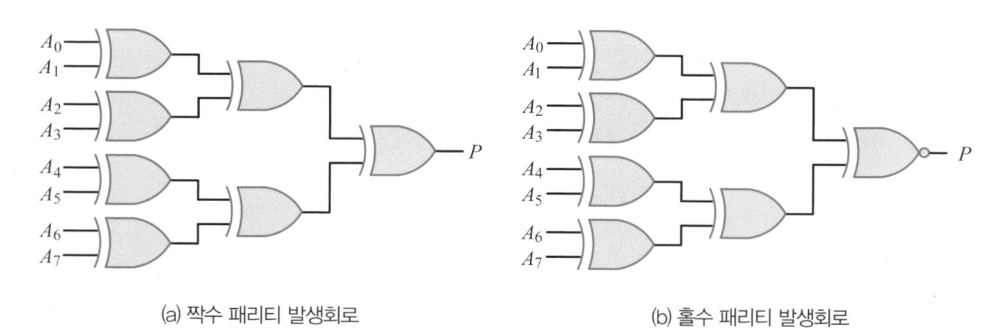

(a) 짝수 패리티 발생회로 (b) 홀수 패리티 발생회로

[그림 7-60] 8비트 짝수/홀수 패리티 발생회로

IC 74280은 9비트(8개의 데이터 비트와 1개의 패리티 비트)에 대해서 짝수와 홀수 패리티 모두를 검사할 수 있으며, 또한 9비트($A \sim I$)까지의 2진 데이터에 대해 패리티 발생기로도 사용할 수 있다.

[그림 7-61]에 IC 74280의 블록도 및 동작표를 나타내었다. 입력데이터 $A \sim I$ 중에서 1의 개수가 짝수이면 $\sum EVEN$ 출력은 High가 되고, $\sum ODD$ 출력은 Low가 된다. 또한 입력 데이터 $A \sim I$ 중에서 1의 개수가 홀수이면 $\sum EVEN$ 출력은 Low가 되고, $\sum ODD$ 출력은 High가 된다.

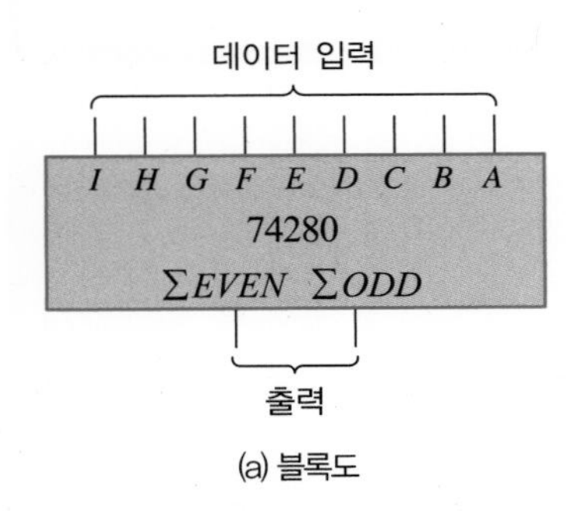

(a) 블록도

High인 입력($A \sim I$)의 개수	출력	
	$\sum EVEN$	$\sum ODD$
짝수 개(0, 2, 4, 6, 8)	H	L
홀수 개(1, 3, 5, 7, 9)	L	H

(b) 동작표

[그림 7-61] 9비트 패리티 발생기/검출기(IC 74280)

- **패리티 발생기** : $\sum ODD$ 출력은 입력 비트 중 1의 개수가 짝수이면 0, 1의 개수가 홀수이면 1이므로 74280을 짝수 패리티 발생기로 동작시키려면 $\sum ODD$ 출력을 패리티 비트로 사용하면 된다. $\sum EVEN$ 출력은 입력 비트 중 1의 개수가 홀수이면 0, 1의 개수가 짝수이면 1이므로 74280을 홀수 패리티 발생기로 동작시키려면 $\sum EVEN$ 출력을 패리티 비트로 사용하면 된다.
- **패리티 검출기** : 74280을 패리티 검출기로 사용하려면 $A \sim I$까지 9개 비트를 입력한 뒤 출력($\sum EVEN$, $\sum ODD$)을 검사하여 입력 중에서 1의 개수가 짝수($\sum EVEN$)인지, 홀수($\sum ODD$)인지 검사할 수 있다. 입력 중 1의 개수가 짝수이면 $\sum EVEN$ 출력이 High, 홀수이면 $\sum ODD$ 출력은 High가 된다.

예제 7-8

74280을 8비트 홀수 패리티 발생기(7개의 데이터 비트와 1개의 패리티 비트)로 사용하려고 한다. 7비트 입력 데이터 1010110에 대하여 패리티 비트를 생성하는 구성도를 그려보아라.

풀이

입력 $A \sim G$에 데이터 1010110을 연결하고 입력 H와 I는 출력에 영향을 미치지 않도록 접지(GND)에 연결한다. 출력 $\sum EVEN$이 홀수 패리티 비트가 된다. 입력 중에서 1의 개수가 4개이므로 출력 $\sum EVEN$은 1이 되어 최종적으로는 11010110이 된다.

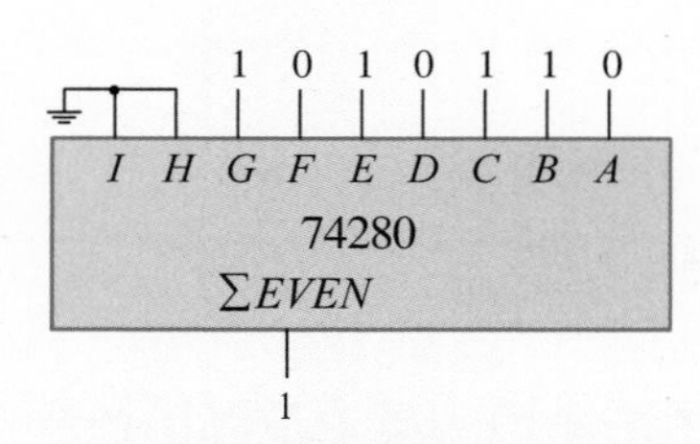

[그림 7-62] IC 74280을 사용하여 홀수 패리티를 발생하는 예

Tip

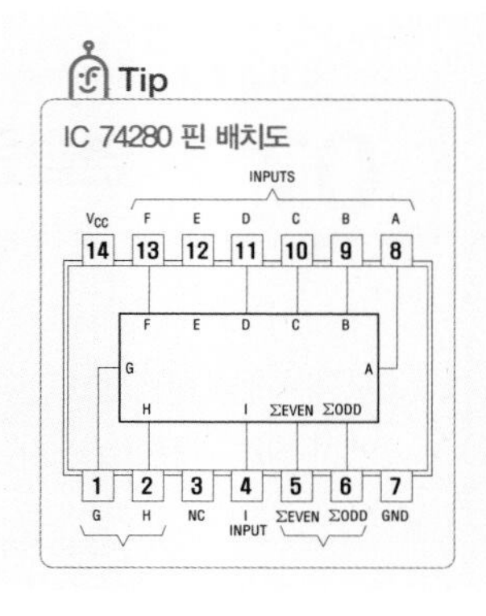

CHAPTER

07 연습문제

주관식 문제(기본~응용회로 대비용)

1 반감산기를 설계하고 전감산기는 반감산기를 이용하여 설계하여라. 차를 계산할 때 뺄 수 없으면 윗자리(=2)에서 빌려서 뺀다(D: 차, K: 빌림수). 빌림수가 있으면 K=1, 없으면 K=0이다.

반감산기 : $D=A-B$			
입력		출력	
A	B	D	K
0	0		
0	1		
1	0		
1	1		

전감산기 : $D=A-B-K_i$				
입력			출력	
A	B	K_i	D	K_o
0	0	0		
0	0	1		
0	1	0		
0	1	1		
1	0	0		
1	0	1		
1	1	0		
1	1	1		

2 IC 7483(또는 74283)을 이용하여 다음의 회로를 설계하여라.

① BCD 코드를 3초과 코드로 변환하는 회로

② 3초과 코드를 BCD 코드로 변환하는 회로(힌트 : 2의 보수 이용)

3 인에이블을 가진 2×4 디코더 11개를 사용하여 5×32 디코더를 설계하여라.

4 NOR 게이트만 사용하여 2×4 디코더를 설계하여라.

5 5×32 디코더를 인에이블이 있는 3×8 디코더 4개와 2×4 디코더 1개를 이용하여 [그림 7-26]과 같은 블록도로 설계하여라.

6 다음과 같은 특수한 5-세그먼트가 있다. 이 세그먼트를 이용하여 3비트 2진수 입력을 10진수로 변환했을 때의 값이 짝수인지 홀수인지를 표시하려고 한다. 입력값이 짝수이면 "E"를 표시하고 홀수이면 "O"를 표시하는 회로를 설계하여라.

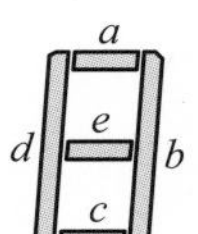

7 다음과 같은 특수한 8-세그먼트 LED가 있다. 이 세그먼트를 이용하여 시계의 1시부터 12시까지를 나타내고자 한다. 0, 13, 14, 15는 입력되지 않는 것으로 하고 이 8-세그먼트를 구동하는 디코더를 설계하여라.

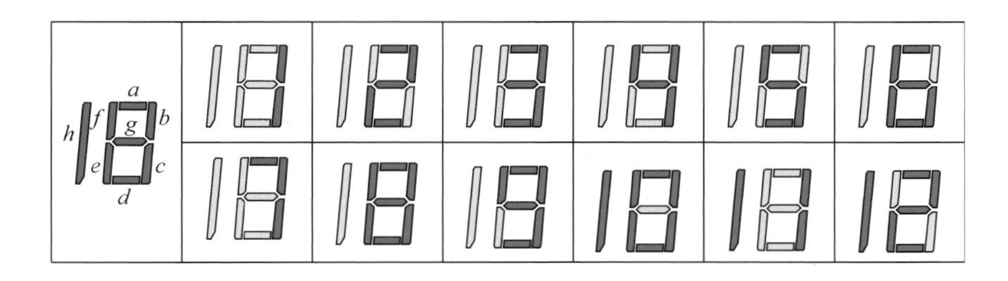

8 다음과 같은 8-세그먼트가 있다. 화살촉은 하나의 세그먼트이고 화살대는 두 개의 세그먼트로 구성되어 있다. 이 세그먼트를 아래에 있는 6가지와 모든 세그먼트가 표시되는 것과 모든 세그먼트가 표시되지 않는 것까지 포함하여 8가지를 구동할 수 있는 회로를 설계하여라.

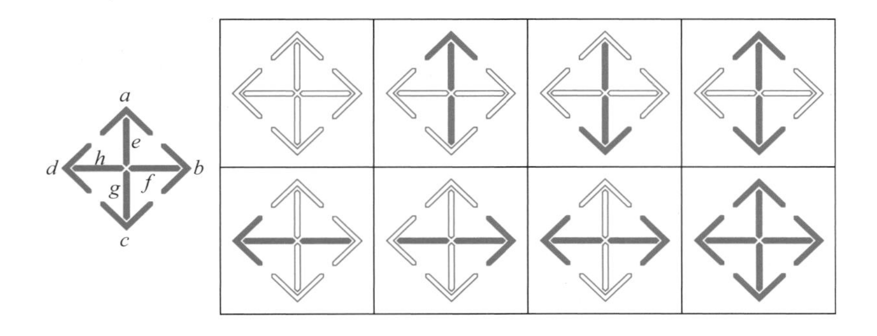

9 BCD-to-10 디코더를 설계하여라.

10 BCD 코드를 7-세그먼트 코드로 설계하여라. 단, NAND 게이트 21개만 사용하고 보수 입력이 가능하다고 가정한다.

11 8×3 우선순위 인코더 IC 74148을 이용하여 16×4 인코더를 설계하여라.

12 2×1 멀티플렉서와 NOT 게이트를 사용하여 2입력 XOR 게이트와 3입력 XOR 게이트를 각각 구성하여라.

13 2개의 2×1 멀티플렉서로 다른 게이트 추가없이 3×1 멀티플렉서를 구성할 수 있음을 보여라. 입력 선택은 다음의 규칙을 따른다고 가정한다.

- $AB = 00$이면 I_0을 선택한다.
- $AB = 01$이면 I_1을 선택한다.
- $AB = 1\times$이면 I_2를 선택한다.

14 2×1 멀티플렉서 7개를 이용하여 8×1 멀티플렉서를 설계하여라.

15 8×1 멀티플렉서 2개와 2×1 멀티플렉서 1개를 이용하여 16×1 멀티플렉서를 설계하여라.

16 논리함수 $F(A,B,C)=AB\overline{C}+\overline{A}B\overline{C}+\overline{A}BC+A\overline{B}C$ 를 8×1 멀티플렉서, 4×1 멀티플렉서를 이용하여 각각 설계하여라.

17 4변수 논리함수 $f(a,b,c,d)=\sum m(0,1,5,6,7,9,10,15)$ 를 다음에 제시한 방법을 이용하여 설계하여라.

① 8×1 멀티플렉서 이용하고 a, b, c를 선택선으로 사용

② 4×1 멀티플렉서 이용하고 a, b를 선택선으로 사용

18 다음의 코드 변환회로를 설계하여라.

① 3초과 코드를 BCD 코드로 변환하는 회로

② $84\overline{2}\overline{1}$ 코드를 BCD 코드로 변환하는 회로

③ 2421 코드로 된 10진수를 $84\overline{2}\overline{1}$ 코드로 변환하는 회로

19 3비트 2진수를 입력하여 입력된 수의 제곱을 출력하는 회로를 설계하여라.

20 2비트로 이루어진 숫자 ab와 cd를 곱하여 4비트 곱 $wxyz$를 구하는 회로를 설계하여라.

21 4비트 2진수를 입력하여 이 수의 2의 보수를 출력하는 회로를 설계하여라.

22 3비트 2진수 중 10진수로 짝수인 것은 그대로 출력으로 통과시키고 홀수인 것은 통과시키지 않는 조합논리회로를 설계하여라.

23 BCD로 표현된 4비트를 입력으로 받아서 BCD 9의 보수를 생성하는 조합논리회로를 설계하여라.

24 BCD 코드 4자리를 입력으로 받아 입력된 BCD에 에러가 있는지 검사하는 회로를 설계하여라. 즉 BCD 코드에 사용하지 않는 코드 1010~1111 중 하나가 입력되면 1을, 그렇지 않고 정상적으로 입력되면 0을 출력한다.

25 4비트 홀수 패리티 발생기와 짝수 패리티 발생기를 설계하여라. 진리표, 카르노 맵, 회로도를 제시하여라.

26 IC 74280 2개를 사용하여 17비트 홀수 패리티 검출기를 구성하여라. 패리티 오류의 유무를 확인하기 위해 330Ω 저항과 LED를 사용하여라. 패리티 에러가 있으면 LED가 on되도록 설계한다.

CHAPTER

07 기출문제

객관식 문제(산업기사 대비용)

01 조합논리회로에 대한 설명으로 옳은 것은?

㉮ 입력신호, 논리게이트, 출력신호로 이루어졌다.
㉯ 입력신호, 논리게이트, 메모리, 출력신호로 이루어졌다.
㉰ 입력신호, 논리게이트, 메모리, 출력신호, 이전상태로 이루어졌다.
㉱ 입력신호, 논리게이트, 메모리, 출력신호, 이전신호, 상태 출력으로 이루어졌다.

02 다음 설명 중 조합논리회로의 특징으로 옳지 않은 것은?

㉮ 입출력을 갖는 게이트의 집합으로 출력값은 0과 1의 입력값에 의해서만 결정되는 회로
㉯ 기억 회로를 갖고 있음
㉰ 반가산기, 전가산기, 디코더 등이 있음
㉱ 출력 함수는 n개의 입력변수의 항으로 표시

03 기억기능은 없이 특정 기능을 수행할 수 있도록 게이트를 조합한 논리회로는?

㉮ 순서논리회로 ㉯ 조합논리회로
㉰ 메모리논리회로 ㉱ 단순논리회로

04 다음 중 조합논리회로는?

㉮ 멀티플렉서 ㉯ 레지스터
㉰ 카운터 ㉱ RAM

05 컴퓨터의 기본 논리회로는 조합논리회로와 순서논리회로로 구분된다. 이 중에서 조합논리회로에 해당되는 것은?

㉮ RAM ㉯ 2진 다운카운터
㉰ 반가산기 ㉱ 2진 업카운터

06 조합논리회로가 아닌 것은?

㉮ 디코더 ㉯ 멀티플렉서
㉰ 가산기 ㉱ 카운터

07 다음 중 조합논리회로가 아닌 것은?

㉮ 반가산기 ㉯ 디코더
㉰ 멀티플렉서 ㉱ 플립플롭

08 다음 중 조합논리회로로만 나열한 것은?

㉮ adder, flip-flop
㉯ multiplexer, encoder
㉰ decoder, counter
㉱ ring counter, subtracter

09 마이크로프로세서 내에서 산술 연산의 기본 연산은?

㉮ 덧셈 ㉯ 뺄셈
㉰ 곱셈 ㉱ 나눗셈

10 하나의 XOR 회로와 AND 회로를 조합한 회로는?

㉮ 반가산기 ㉯ 전가산기
㉰ 래치 ㉱ 플립플롭

11 다음 중 반가산기 논리회로의 구성이 옳은 것은?

㉮ AND 게이트와 OR 게이트
㉯ AND 게이트와 XOR 게이트
㉰ OR 게이트와 XOR 게이트
㉱ OR 게이트와 NOR 게이트

12 다음 논리회로는?

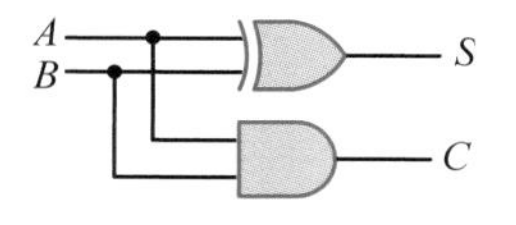

㉮ 일치회로 ㉯ 2진 비교기
㉰ 반가산기 ㉱ 전가산기

13 다음 그림의 논리회로 이름은?

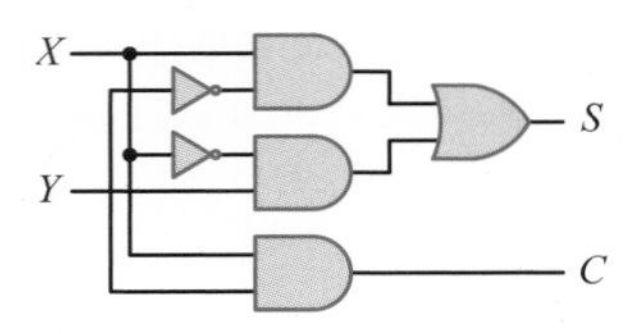

㉮ full-adder ㉯ half-adder
㉰ full-subtractor ㉱ half-subtractor

14 다음 그림은 반가산기의 기호이다. 입력 $A=1$, $B=1$인 경우 출력 S, C 값은?

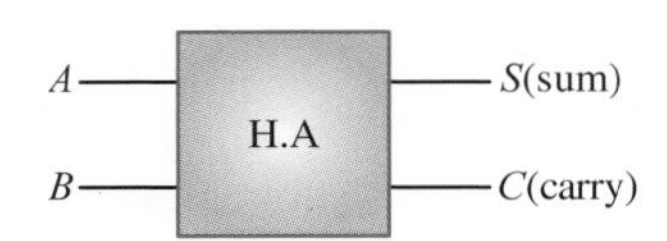

㉮ $S=0,\ C=0$ ㉯ $S=0,\ C=1$
㉰ $S=1,\ C=0$ ㉱ $S=1,\ C=1$

15 다음과 같은 회로의 명칭은?

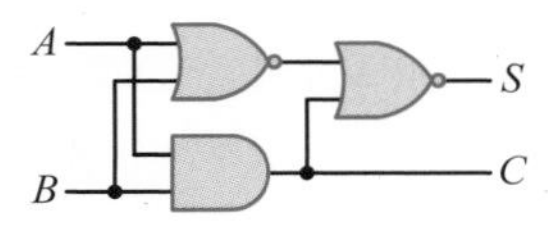

㉮ counter ㉯ full-adder
㉰ XOR ㉱ half-adder

16 다음과 같은 논리회로는 어떤 기능을 수행하는가?

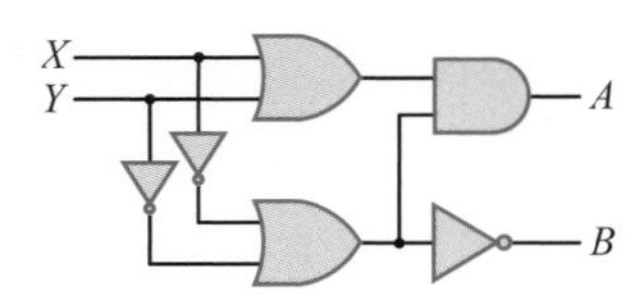

㉮ 일치회로 ㉯ 반가산기
㉰ 전가산기 ㉱ 반감산기

17 다음 그림의 회로도에 해당되는 것은?

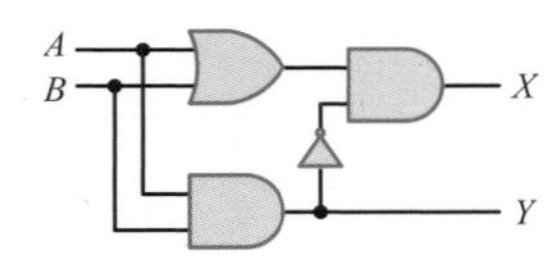

㉮ 반가산기 ㉯ 전가산기
㉰ 반감산기 ㉱ 전감산기

18 다음은 반가산기(half-adder)의 블록도이다. 출력단자 S(sum) 및 C(carry)에 나타나는 논리식은?

㉮ $S = XY + \overline{X}Y,\ C = XY$
㉯ $S = XY + \overline{X}Y,\ C = \overline{X}Y$
㉰ $S = \overline{X}Y + X\overline{Y},\ C = XY$
㉱ $S = XY + X\overline{Y},\ C = X\overline{Y}$

19 입력변수 A와 B가 있을 때, 반가산기(half-adder)가 할 수 있는 기능은?

㉮ $A \oplus B,\ A + B$ ㉯ $A + B,\ AB$
㉰ $AB,\ \overline{AB}$ ㉱ $A \oplus B,\ AB$

20 한 자리수의 2진수 A, B를 입력받아서 2개의 출력 $Y_1 = \overline{A}B + A\overline{B}$, $Y_2 = AB$ 를 얻어내는 회로는 무엇이라고 하는가?

㉮ 전감산기 ㉯ 반감산기
㉰ 반가산기 ㉱ 전가산기

21 다음과 같은 논리회로를 설명한 내용 중 옳지 않은 것은?

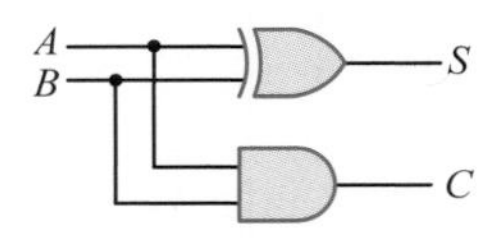

㉮ 반가산기를 나타내는 논리회로이다.
㉯ $S = AB + \overline{A} + \overline{B}$ 이다.
㉰ $C = AB$ 이다.
㉱ $S = A \oplus B$ 로 표시할 수 있다.

22 다음은 반가산기(half-adder)회로이다. X, Y에 각각 어떤 게이트 회로가 사용되어야 하는가?

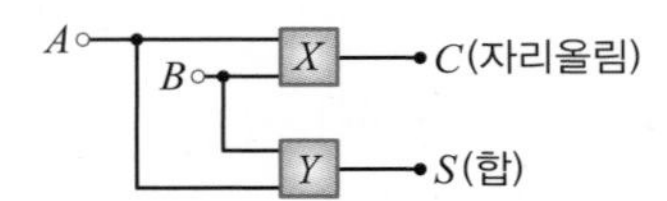

㉮ X : AND Y : 배타적 OR
㉯ X : 배타적 OR Y : AND
㉰ X : OR Y : 배타적 OR
㉱ X : 배타적 OR Y : OR

23 A, B를 입력으로 하는 반가산기의 합 S에 대한 출력 논리식으로 틀린 것은?

㉮ $S = A + B$
㉯ $S = (A + B)(\overline{A} + \overline{B})$
㉰ $S = A \oplus B$
㉱ $S = A\overline{B} + \overline{A}B$

24 A, B를 입력으로 하는 반가산기의 올림수(carry) C에 대한 논리식으로 맞는 것은?

㉮ $C = A + B$　　㉯ $C = A \cdot B$
㉰ $C = A \oplus B$　　㉱ $C = \overline{A} + \overline{B}$

25 다음과 같은 회로는?

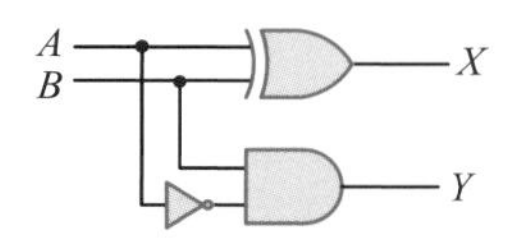

㉮ 전감산기　　㉯ 반가산기
㉰ 패리티 검사기　　㉱ 반감산기

26 반감산기의 논리회로는?

㉮
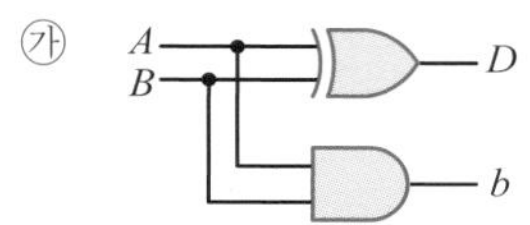

㉯
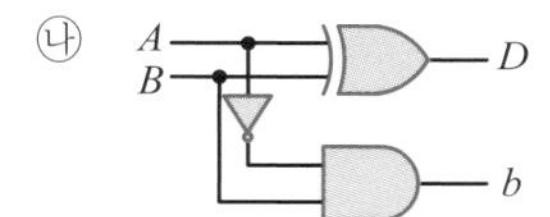

㉰
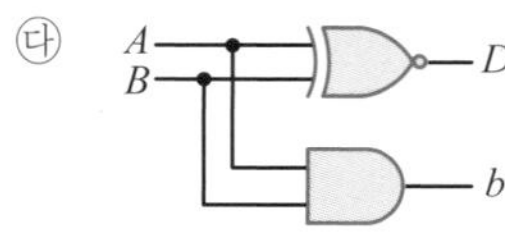

㉱
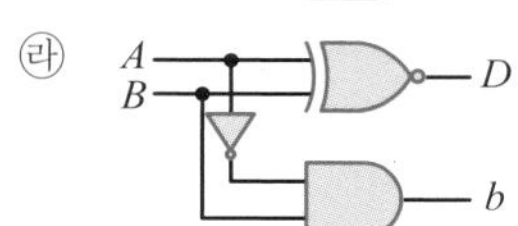

27 반(半)감산기에서 차(差)를 올바르게 나타낸 것은?

㉮ $\overline{A}B + A\overline{B}$　　㉯ $A + B$
㉰ $\overline{A}B$　　㉱ AB

28 반감산기($A-B$)에서 자리 내림수(borrow)를 얻기 위한 기능은?

㉮ $\overline{AB}$　　㉯ AB
㉰ $\overline{A}B$　　㉱ $A\overline{B}$

29 반가산기의 합 또는 반감산기의 차를 얻기 위해 필요한 게이트는?

㉮ XOR 게이트　　㉯ XNOR 게이트
㉰ OR 게이트　　㉱ AND 게이트

30 전가산기 회로(full-adder)의 구성으로 옳은 것은?

㉮ 입력 2개, 출력 4개로 구성
㉯ 입력 2개, 출력 3개로 구성
㉰ 입력 3개, 출력 2개로 구성
㉱ 입력 3개, 출력 3개로 구성

31 전가산기(full-adder)의 구조를 올바르게 설명한 것은?

㉮ 1개의 반가산기와 1개의 OR 게이트로 구성
㉯ 1개의 반가산기와 1개의 AND 게이트로 구성
㉰ 2개의 반가산기와 1개의 OR 게이트로 구성
㉱ 2개의 반가산기와 1개의 AND 게이트로 구성

32 다음 논리회로의 기능을 나타낸 이름 중 옳은 것은?

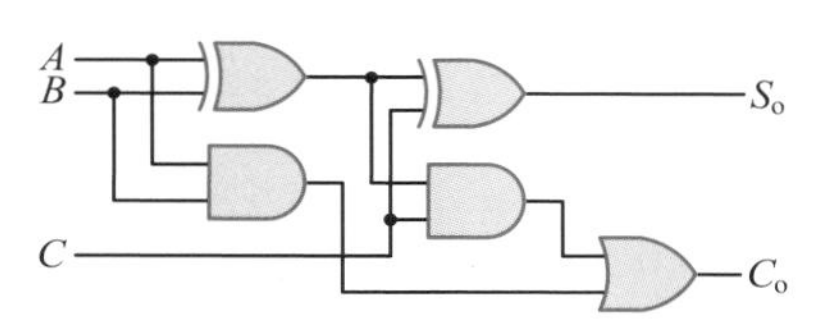

㉮ 반가산기 회로　　㉯ 전가산기 회로
㉰ 반감산기 회로　　㉱ 전감산기 회로

33 반가산기를 이용하여 전가산기를 만드는 회로구성으로 올바르게 된 것은?

㉮
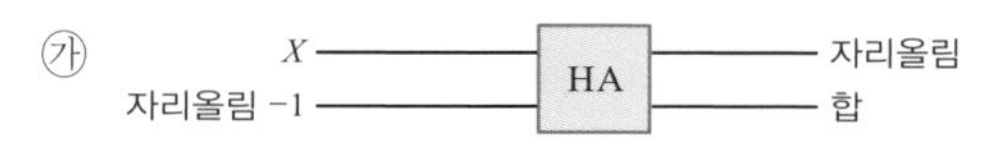

㉯
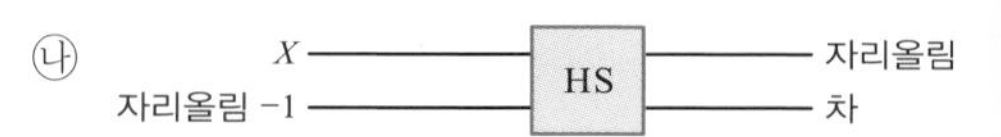

㉰
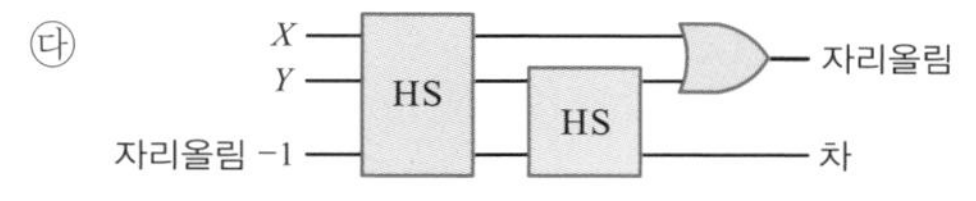

㉱
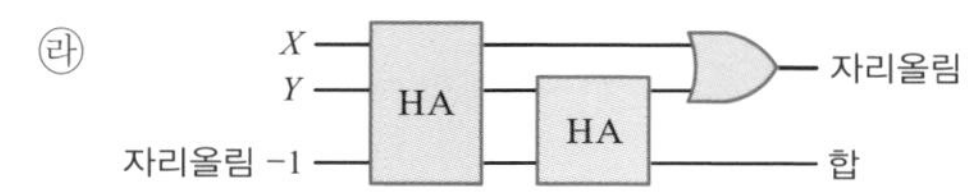

34 전가산기의 회로에서 합을 구하는 논리식은? (단, 입력은 A, B이고 C_i 는 바로 전 bit 단에서 발생된 자리올림수이다.)

㉮ $(A \oplus B)C_i$　　㉯ $(A \odot B) \odot C_i$
㉰ $(A \oplus B) \odot C_i$　　㉱ $(A \oplus B) \oplus C_i$

35 다음은 2개의 반가산기와 하나의 OR 게이트에 의해 전가산기를 실현시킨 것이다. 출력 S의 함수로서 옳은 것은?

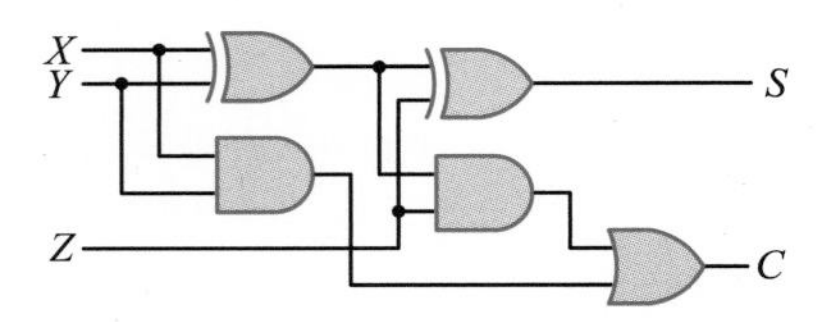

㉮ $S = \overline{X}Y\overline{Z} + X\overline{Y}\overline{Z} + XYZ + \overline{X}\overline{Y}Z$
㉯ $S = \overline{X}Y\overline{Z} + X\overline{Y}\overline{Z} + XYZ$
㉰ $S = XY\overline{Z} + X\overline{Y}\overline{Z} + XYZ + \overline{X}\overline{Y}Z$
㉱ $S = XY\overline{Z} + \overline{X}\overline{Y}\overline{Z} + \overline{X}\overline{Y}Z$

36 전가산기의 합(S)과 캐리(C_o)를 논리식으로 바르게 나타낸 것은?

㉮ $S = (A \oplus B) + C_i$
　$C_o = (A \oplus B \oplus C_i + AC_i) + AB$

㉯ $S = (A \oplus B)$, $C_o = (A \oplus B)C_i$

㉰ $S = (A \oplus B) + C_i$
　$C_o = (A \oplus B)C_i + (A \oplus B)$

㉱ $S = (A \oplus B) \oplus C_i$, $C_o = (A \oplus B)C_i + AB$

37 전가산기(full-adder)의 C(carry) 비트를 논리식으로 나타낸 것은? (단, x, y, z는 입력, C는 출력)

㉮ $C = x \oplus y \oplus z$　　㉯ $C = \overline{x}y + \overline{x}z + yz$
㉰ $C = xy + (x \oplus y)z$　　㉱ $C = xyz$

38 다음은 전가산기이다. A=1, B=0, C_i=1일 때 출력 S_o, C_o는? (단, S_o는 sum, C_o는 carry이다.)

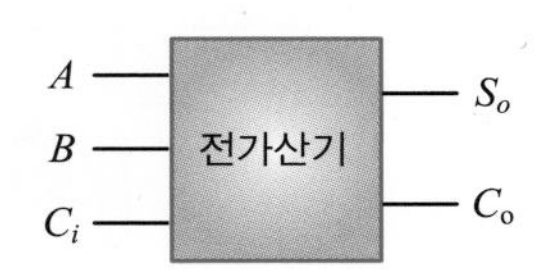

㉮ $S_o = 0, C_o = 0$　　㉯ $S_o = 1, C_o = 0$
㉰ $S_o = 0, C_o = 1$　　㉱ $S_o = 1, C_o = 1$

39 다음은 전가산기의 진리표 일부이다. A, B, C, D의 값은? (단, Z는 아래 자리에서 올라오는 캐리(carry)이며, 출력 중 C는 다음 자리로 올라가는 캐리이다.)

입력			출력	
X	Y	Z	C	S
0	1	0	0	A
0	1	1	B	0
1	1	0	1	C
1	1	1	1	D

㉮ $A = 0$, $B = 1$, $C = 0$, $D = 1$
㉯ $A = 1$, $B = 1$, $C = 1$, $D = 0$
㉰ $A = 1$, $B = 1$, $C = 0$, $D = 1$
㉱ $A = 1$, $B = 0$, $C = 1$, $D = 1$

40 전가산기의 출력(S: 합, C_o : 캐리 출력)에서 $S = C_o$가 되기 위한 입력 A, B, C_i(캐리 입력) 조건은?

㉮ A=0, B=0, C_i=1 또는 A=1, B=1, C_i=1
㉯ A=0, B=0, C_i=0 또는 A=1, B=1, C_i=1
㉰ A=1, B=1, C_i=0 또는 A=1, B=1, C_i=1
㉱ A=0, B=0, C_i=0 또는 A=0, B=0, C_i=1

41 전감산기의 결과는 차(difference)를 나타내는 D와 상위자리에서 빌려오는 것(borrow)을 나타내는 B가 있다. D를 최소항의 합으로 올바르게 표현한 것은?

㉮ $D(x,y,z) = \sum m(0,2,4,6)$
㉯ $D(x,y,z) = \sum m(0,2,4,7)$
㉰ $D(x,y,z) = \sum m(1,2,4,6)$
㉱ $D(x,y,z) = \sum m(1,2,4,7)$

42 다음과 같이 병렬가산기의 입력에 데이터를 인가했을 때 이 회로의 출력 F는 어떻게 되겠는가?

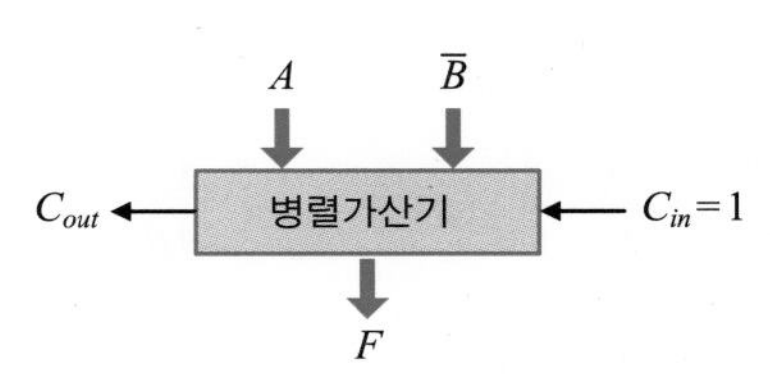

㉮ 가산　　㉯ A를 전송
㉰ A를 1 증가　　㉱ 감산

43 다음 그림에서 출력 F가 갖는 논리값은?

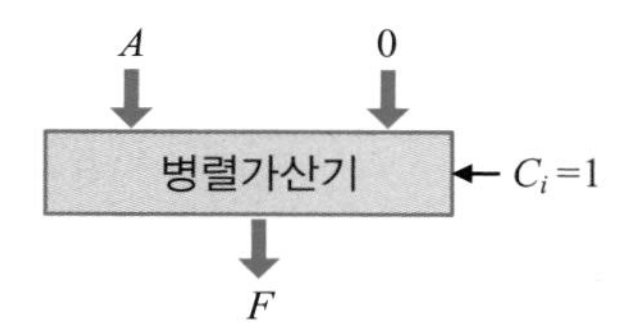

㉮ $F = A-1$ ㉯ $F = A+1$
㉰ $F = A$ ㉱ $F = \overline{A}$

44 다음과 같이 병렬가산기를 이용하는 산술연산에서 F에 출력되는 값은?

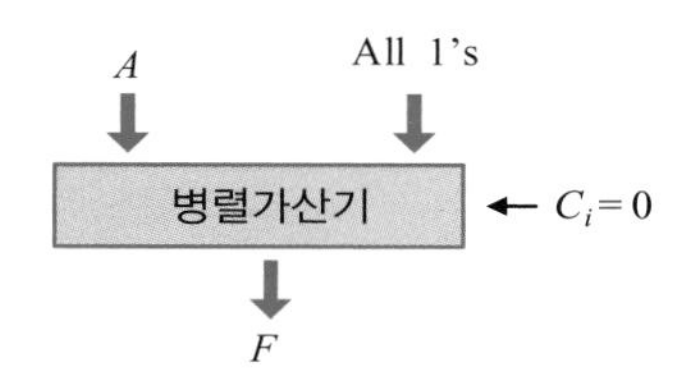

㉮ $F = A-1$ ㉯ $F = A+1$
㉰ $F = A$ ㉱ $F = \overline{A}$

45 다음 그림의 회로 명칭으로 옳은 것은?

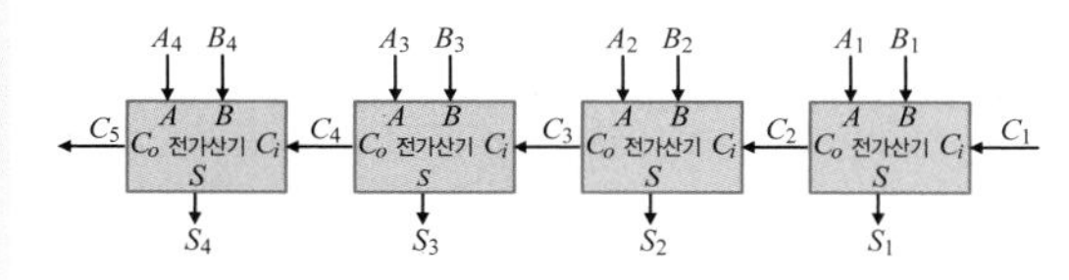

㉮ 2비트 직렬가산기 ㉯ 2비트 병렬가산기
㉰ 4비트 직렬가산기 ㉱ 4비트 병렬가산기

46 비교(compare) 동작과 같은 동작을 하는 논리 연산은?

㉮ 마스크 동작 ㉯ OR
㉰ XOR 동작 ㉱ AND 동작

47 다음 논리회로는 무엇인가?

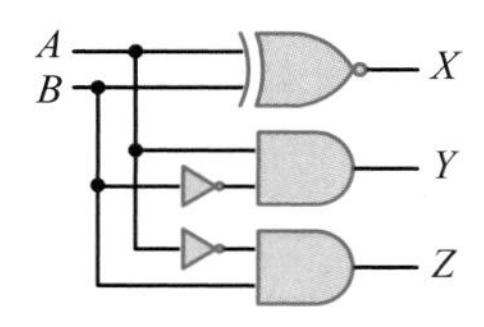

㉮ 가산기 ㉯ 디코더
㉰ 비교기 ㉱ 인코더

48 다음 비교 회로에서 논리 F_1의 기능은?

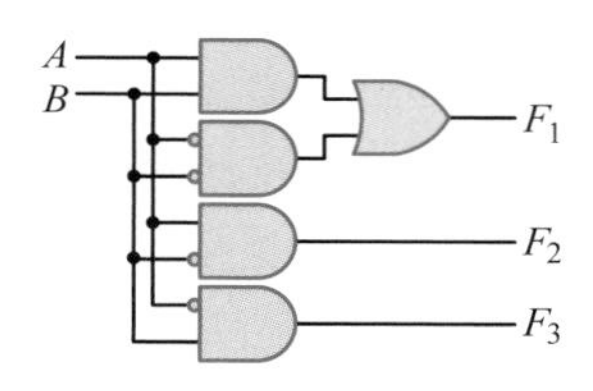

㉮ $A = B$ ㉯ $A > B$
㉰ $A < B$ ㉱ $A \geq B$

49 다음 조합논리회로의 명칭은?

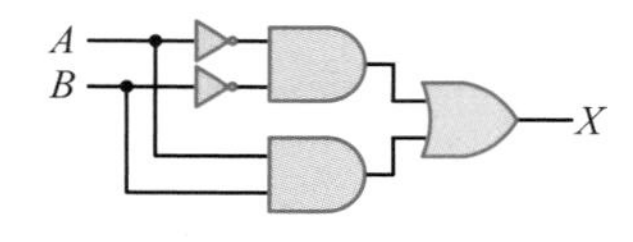

㉮ 다수결회로 ㉯ 비교회로
㉰ 일치회로 ㉱ 반일치회로

50 2진 비교기의 구성요소를 맞게 설명한 것은?

A B	A = B	A > B	A < B
0 0	1	0	0
0 1	0	0	1
1 0	0	1	0
1 1	1	0	0

㉮ 인버터 2개, NOR 게이트 2개, NAND 게이트 1개
㉯ 인버터 2개, AND 게이트 1개, NOR 게이트 2개
㉰ 인버터 2개, AND 게이트 2개, XNOR 게이트 1개
㉱ 인버터 2개, NAND 게이트 2개, XOR 게이트 1개

51 다음 논리회로를 1bit 비교기로 사용하고자 한다. 출력 F는 다음 중 어느 경우를 나타내는가?

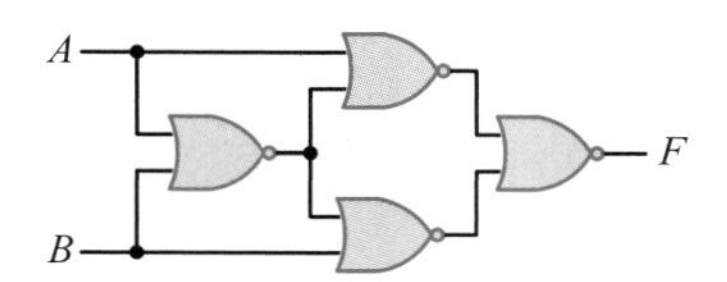

㉮ 사용할 수 없다. ㉯ $A > B$
㉰ $A < B$ ㉱ $A = B$

52 두 입력 A, B를 비교하여 출력(Y)을 발생하는 회로의 논리식으로 옳지 않은 것은?

㉮ $Y(A>B)=A\overline{B}$

㉯ $Y(A<B)=\overline{A}B$

㉰ $Y(A=B)=\overline{A\oplus B}$

㉱ $Y(A>B)=A\oplus B$

53 두 입력을 비교하여 $A>B$이면 출력이 1이고, $A\leq B$이면, 출력이 0이 되는 논리회로를 설계하고자 한다. 이 조건을 만족하는 논리식은?

㉮ $A\overline{B}$ ㉯ AB ㉰ $A+B$ ㉱ $A+\overline{B}$

54 다음 논리회로의 동작 설명 중 옳지 않은 것은?

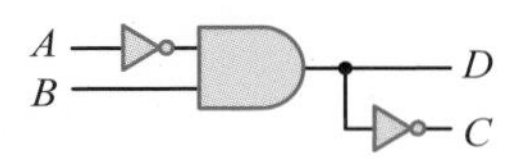

㉮ $A=1$, $B=0$이면 $D=0$이다.

㉯ $A=B$이면 $D=0$이다.

㉰ $C=1$이면 $A>B$이다.

㉱ $D=1$이면 $A<B$이다.

55 2개의 6비트 데이터를 위한 비교기를 만들려면 몇 개의 XNOR 게이트가 필요한가?

㉮ 2개 ㉯ 3개 ㉰ 6개 ㉱ 12개

56 비교회로에 대한 설명 중 옳지 않은 것은?

㉮ 2개의 입력을 비교하여 비교한 결과를 출력에 나타내는 회로이다.

㉯ 출력의 종류는 3가지이다.

㉰ 2개의 입력이 같은 값일 때 출력은 배타적 NOR(XNOR)로 표시된다.

㉱ 2개의 입력이 다른 값일 때 출력은 배타적 OR(XOR)로 표시된다.

57 XOR 논리회로가 응용되고 있는 것이 아닌 것은?

㉮ 가산기 ㉯ 감산기
㉰ 비교기 ㉱ 기억장치

58 부호화된 데이터로부터 정보를 찾아내는 조합논리회로는?

㉮ flip-flop ㉯ decoder
㉰ encoder ㉱ adder

59 n개의 입력과 최대 2^n개의 출력으로 구성되는 조합논리회로는?

㉮ 인코더 ㉯ 디코더
㉰ 멀티플렉서 ㉱ 플립플롭

60 디코더는 주로 어떤 게이트의 집합으로 구성되는가?

㉮ NOT ㉯ XOR ㉰ OR ㉱ AND

61 3×8 디코더를 설계할 때 몇 개의 AND 게이트가 필요한가?

㉮ 2개 ㉯ 4개 ㉰ 8개 ㉱ 16개

62 10진 BCD 계수가 출력으로 그림과 같은 표시기를 이용하려면 어떤 디코더 드라이버가 필요한가?

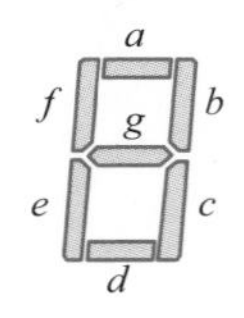

㉮ BCD-10 segment

㉯ Octal-10 segment

㉰ BCD-7 segment

㉱ Octal-7 segment

63 4입력 변수의 디코더는 몇 개의 출력을 하는가?

㉮ (2×4)개 ㉯ (4^2-1)개
㉰ 4개 ㉱ 2^4개

64 디코더의 출력이 3개일 때 입력은 보통 몇 개인가?

㉮ 1개 ㉯ 2개 ㉰ 8개 ㉱ 16개

65 다음과 같은 진리표를 갖는 회로는?

x	y	D_0	D_1	D_2	D_3
0	0	1	0	0	0
0	1	0	1	0	0
1	0	0	0	1	0
1	1	0	0	0	1

㉮ 인코더(encoder)

㉯ 디코더(decoder)

㉰ 멀티플렉서(multiplexer)

㉱ 전가산기(full-adder)

66 다음은 어떤 논리회로인가?

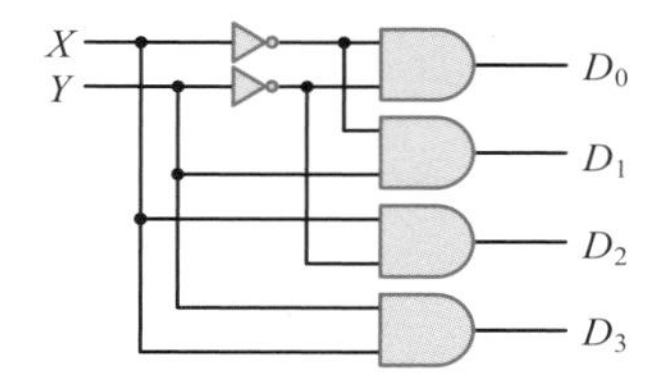

㉮ decoder ㉯ multiplexer
㉰ encoder ㉱ shifter

67 2×4 해독기의 논리식으로 옳지 않은 것은?

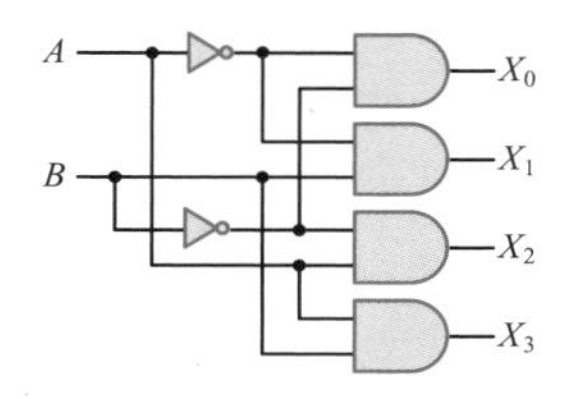

㉮ $X_0 = \overline{A}\overline{B}$ ㉯ $X_1 = \overline{A}B$
㉰ $X_2 = A\overline{B}$ ㉱ $X_3 = \overline{AB}$

68 다음 논리회로에서 Y_0에 1, Y_1에 0이 입력되었을 때 1을 출력하는 단자는?

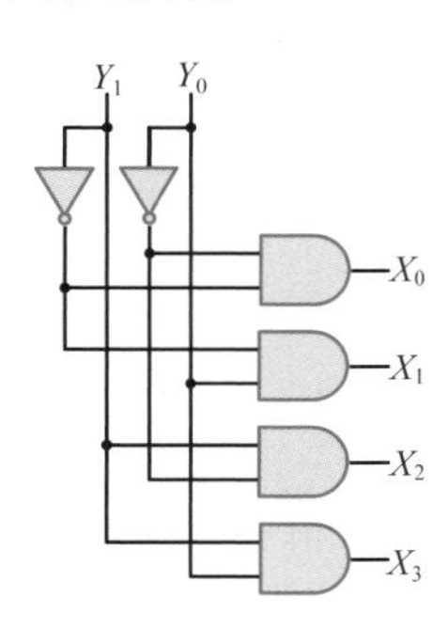

㉮ X_1 ㉯ X_1과 X_2
㉰ X_2 ㉱ X_2와 X_3

69 다음 논리회로가 나타내는 것은?

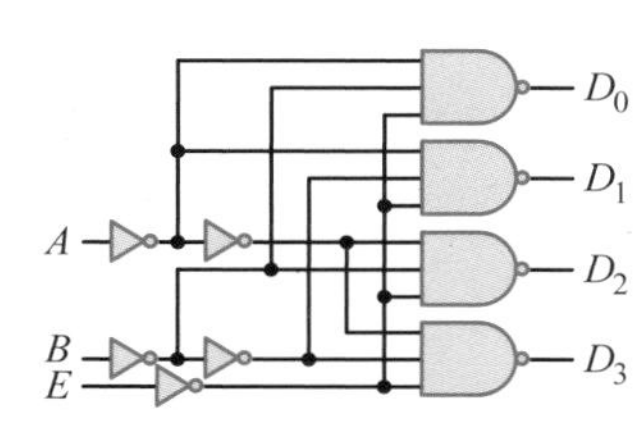

㉮ 3×4 멀티플렉서 ㉯ 2×4 인코더
㉰ 2×4 디코더 ㉱ 3×4 인코더

70 다음 조합논리회로의 기능은?

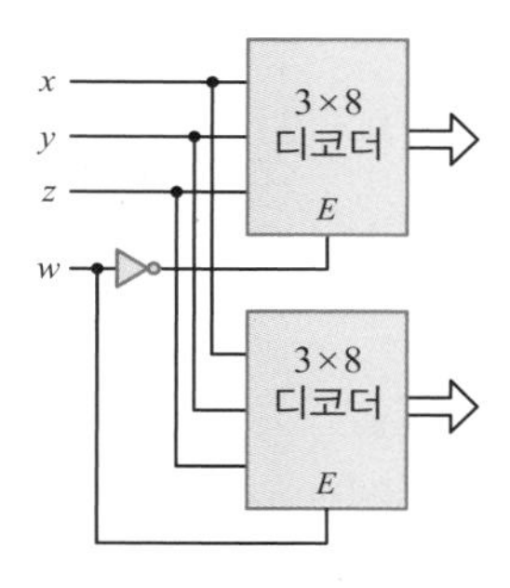

㉮ 4×8 디코더 ㉯ 4×16 디코더
㉰ 3×8 디코더 ㉱ 3×16 디코더

71 4개의 3×8 디코더(enable 입력 가정)와 1개의 2×4 디코더를 이용하여 5×32 디코더를 설계하고자 할 때, 필요한 입력의 개수와 enable의 수는?

㉮ 2개, 5개 ㉯ 5개, 4개
㉰ 2개, 4개 ㉱ 5개, 2개

72 디코더(decoder)에 대한 설명으로 옳지 않은 것은?

㉮ 출력 중 단지 한 개만이 논리적으로 1이 되고 나머지 출력은 모두 0이 되는 회로이다.
㉯ n개의 입력변수가 있을 때 최대 2^n개의 출력을 가진다.
㉰ n×m 디코더란 입력이 n개이고 출력이 m개임을 의미한다.
㉱ 인코더가 항상 같이 사용된다.

73 다음 중 디코더에 대한 설명으로 올바른 것은?

㉮ n비트의 2진 코드를 최대 n개의 서로 다른 정보로 교환하는 조합논리회로이다.
㉯ 디코더에 enable 단자를 가지고 있을 때 디멀티플렉서로 사용한다.
㉰ IC 7485는 디코더로서 기능을 사용할 수 있다.
㉱ 상용 IC 74138은 디코더와 멀티플렉서의 기능을 모두 사용할 수 없다.

74 인코더(encoder)의 설명 중 옳지 않은 것은?

㉮ 조합논리회로의 일종이다.
㉯ BCD 코드를 생성하기도 한다.
㉰ 키보드와 같은 입력장치에서 사용한다.
㉱ n개의 입력선과 2^n개의 출력선이 있다.

75 인코더의 회로 구성 시 사용되는 게이트의 집합은?

㉮ NOT ㉯ OR
㉰ AND ㉱ NAND

76 0과 1의 조합에 의하여 어떠한 기호라도 표현될 수 있도록 부호화를 행하는 회로를 무엇이라고 하는가?

㉮ encoder ㉯ decoder
㉰ comparator ㉱ detector

77 0~9까지의 10진수를 BCD 부호 또는 2진수로 변환하고자 할 때 사용할 수 있는 회로는 다음 중 어느 것인가?

㉮ 디코더 ㉯ 인코더
㉰ 멀티플렉서 ㉱ 디멀티플렉서

78 다음과 같이 2^3개 (0~7)의 10진수 입력을 넣었을 때 출력이 2진수(000~111)로 나오는 회로의 명칭은?

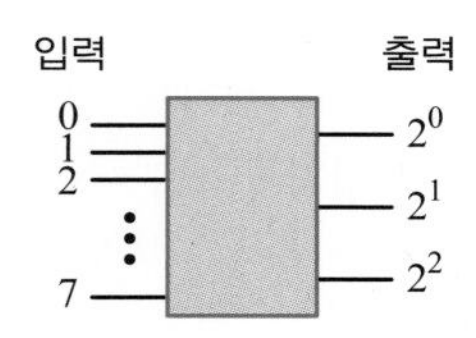

㉮ 디코더 회로
㉯ A/D 변환회로
㉰ D/A 변환회로
㉱ 인코더 회로

79 다음 진리표는 어떤 회로를 나타낸 것인가?

입력				출력		
D_0	D_1	D_2	D_3	X	Y	Z
0	0	0	0	×	×	0
1	0	0	0	0	0	1
×	1	0	0	0	1	1
×	×	1	0	1	0	1
×	×	×	1	1	1	1

㉮ 금지회로
㉯ 비교회로
㉰ 다수결 회로
㉱ 우선순위 인코더

80 다음 그림의 10진-BCD 인코더에서 입력변수에 대한 출력변수 값으로 옳은 것은?

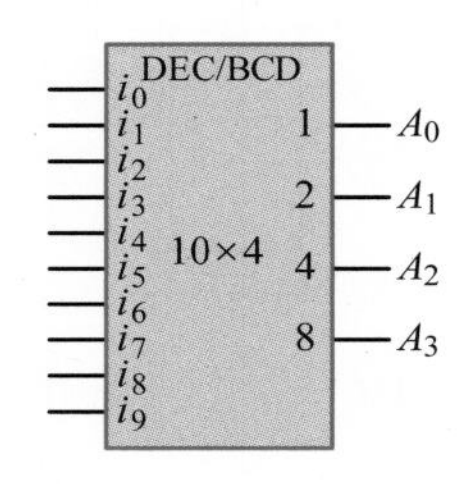

㉮ $A_0 = i_2 + i_4 + i_6 + i_8$
㉯ $A_1 = i_2 + i_3 + i_4 + i_5$
㉰ $A_2 = i_4 + i_5 + i_6 + i_7$
㉱ $A_3 = i_7 + i_8$

81 N개의 입력 데이터(data) 중에서 하나를 선택하여 그 데이터를 단일 정보 채널로 전송하는 것은?

㉮ 인코더 ㉯ 디코더
㉰ 멀티플렉서 ㉱ 디멀티플렉서

82 단일 채널로 복수 개의 입출력 장치를 연결할 수 있는 것은?

㉮ multiplexer ㉯ demultiplexer
㉰ encoder ㉱ decoder

83 다음 중 멀티플렉서의 실현에 대한 내용으로 틀린 것은?

㉮ 여러 개의 데이터 입력을 적은 수의 채널로 전송한다.
㉯ n개의 입력선과 2^n개의 선택선으로 구성한다.
㉰ 선택선은 비트조합에 의해 입력 중 하나가 선택된다.
㉱ data selector라고도 할 수 있다.

84 다음과 같은 멀티플렉서 회로에서 제어입력 A와 B가 각각 1일 때 출력 Y의 값은?

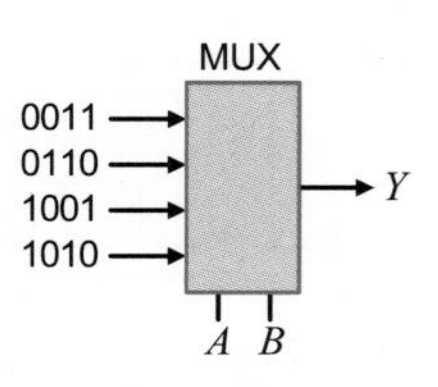

㉮ 0011 ㉯ 0110
㉰ 1001 ㉱ 1010

85 다음 논리회로의 명칭은? (단, E: enable, S: select)

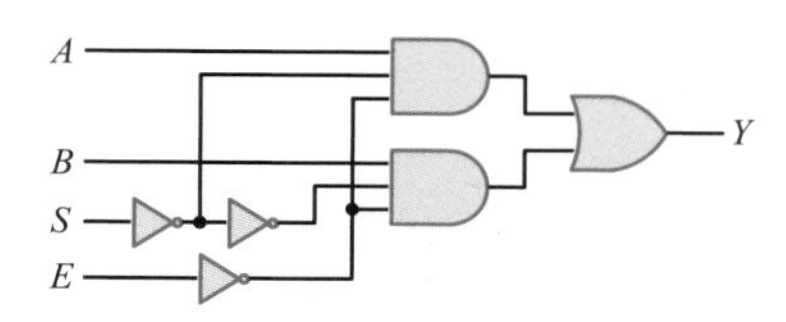

㉮ 2×1 디코더　　㉯ 2×1 멀티플렉서
㉰ 4×1 인코더　　㉱ 2×1 디멀티플렉서

86 다음 논리회로의 기능은?

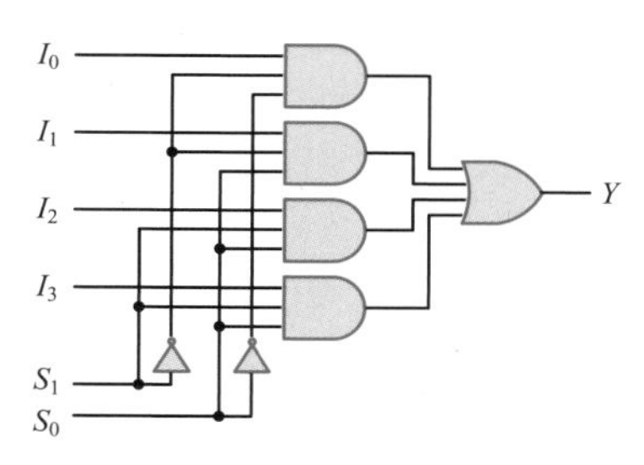

㉮ 4×1 멀티플렉서　　㉯ 4×1 디코더
㉰ 4×1 비교기　　㉱ 4×1 인코더

87 다음 중 4×1 멀티플렉서를 구성하기 위해 필요한 최소 gate 수로 옳은 것은?

㉮ inverter 1개 + AND gate 4개 + OR gate 1개
㉯ inverter 2개 + AND gate 3개 + OR gate 2개
㉰ inverter 1개 + AND gate 3개 + OR gate 2개
㉱ inverter 2개 + AND gate 4개 + OR gate 1개

88 4×1 멀티플렉서를 이용하여 논리회로를 구현한 것으로 옳은 것은?

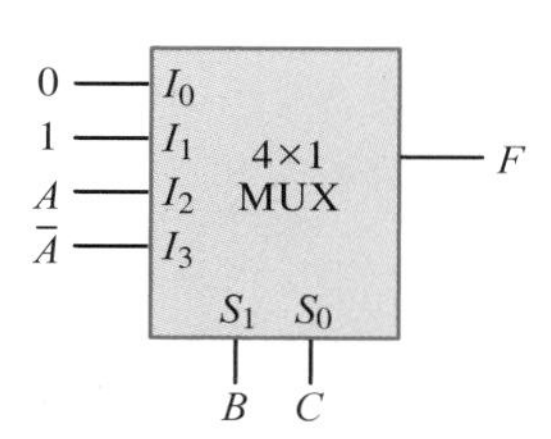

㉮ $F(A,B,C)=\sum m(1,3,4,6)$
㉯ $F(A,B,C)=\sum m(1,3,5,7)$
㉰ $F(A,B,C)=\sum m(1,2,4,7)$
㉱ $F(A,B,C)=\sum m(1,3,5,6)$

89 멀티플렉서를 이용한 회로의 논리함수로 옳은 것은?

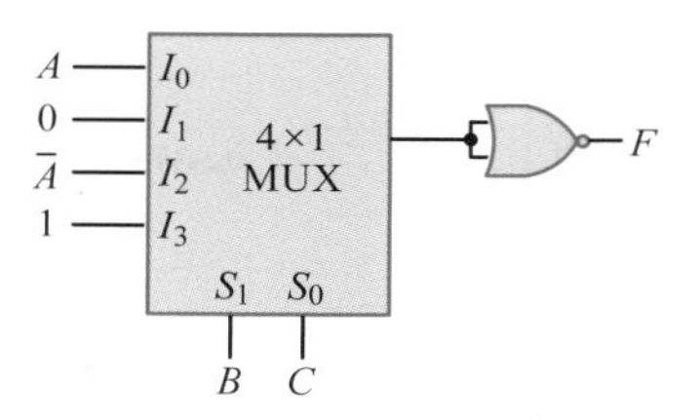

㉮ $F(A,B,C)=\sum m(1,4,5,7)$
㉯ $F(A,B,C)=\sum m(2,3,4,7)$
㉰ $F(A,B,C)=\sum m(1,2,3,6)$
㉱ $F(A,B,C)=\sum m(0,1,5,6)$

90 멀티플렉서 64개의 입력을 제어하기 위해서는 몇 개의 선택선이 필요한가?

㉮ 4개　㉯ 6개　㉰ 16개　㉱ 32개

91 4×1 멀티플렉서에서 선택선의 수(數)가 몇 개이면 이상적인가?

㉮ 1개　㉯ 2개　㉰ 3개　㉱ 4개

92 32×1 멀티플렉서에서 필요한 제어선의 수는 몇 개인가?

㉮ 2개　㉯ 5개　㉰ 8개　㉱ 16개

93 정보를 한 선으로 받아 이 정보를 2^n개의 출력선 중 어느 하나로 분배해주는 회로를 무엇이라 하는가?

㉮ encoder　　㉯ decoder
㉰ multiplexer　　㉱ demultiplexer

94 다음 중 데이터 분배회로로 사용되는 것은?

㉮ 인코더　　㉯ 멀티플렉서
㉰ 디멀티플렉서　　㉱ 패리티 체크회로

95 디멀티플렉서의 설명 중 옳은 것은?

㉮ 정보를 여러 개의 선으로 받아서 1개의 선으로 전송하는 회로이다.
㉯ 정보를 한 선으로 받아서 여러 개의 선들 중 한 개를 선택하여 정보를 전송하는 회로이다.
㉰ 디코더와 한 쌍으로 동작한다.
㉱ 많은 수의 정보 장치를 적은 수의 채널을 통해 전송하는 회로이다.

96 디멀티플렉서(demultiplexer)의 특성을 나타내는 것은?

㉮ 입력 n … 2^n 출력

㉯ 입력 2^n … n 출력

㉰ 입력 ─ 출력

㉱ 입력 ─ 출력

97 인에이블 입력을 가지고 있는 디코더는 다음의 예 중 어느 것으로 사용될 수 있는가? (단, 그림에서 입력과 E(enable)를 바꾸어서 사용)

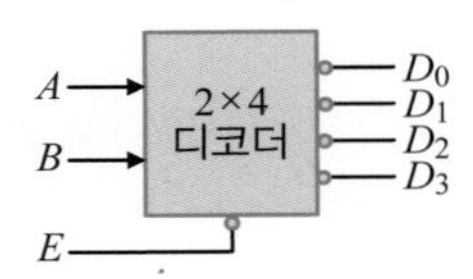

㉮ encoder ㉯ multiplexer
㉰ demultiplexer ㉱ ROM

98 송신기가 ASCII 코드 1100101을 홀수 패리티를 사용하여 전송한다면 11001011을 보내게 된다. 이 때, 수신측에서의 논리적인 검사방식에 주로 사용되는 논리회로는?

㉮ AND ㉯ NOT
㉰ OR ㉱ XOR

99 다음 중 패리티 비트를 검사하려면 어떤 게이트를 사용하는 것이 가장 좋은가?

㉮ AND ㉯ NAND
㉰ NOR ㉱ XOR

100 다음과 같은 회로의 명칭은?

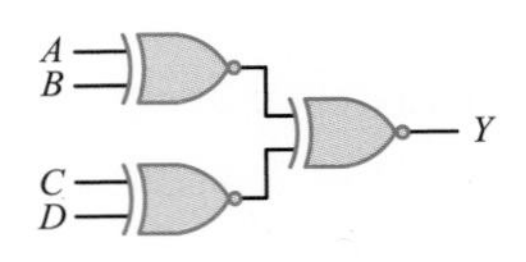

㉮ 4비트 가산기
㉯ 4비트 크기 비교기
㉰ 4비트 홀수 패리티 체커(checker)
㉱ 4비트 짝수 패리티 체커(checker)

101 다음 논리회로의 기능은?

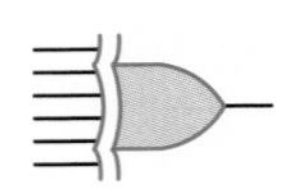

㉮ 6개(비트) 입력을 모두 더하는 기능을 갖는다.
㉯ 6개의(비트) 입력을 모두 보수화 한다.
㉰ 6개의(비트) 입력이 짝수개의 1을 가질 때 출력이 1이 된다.
㉱ 6개의(비트) 입력이 홀수개의 1을 가질 때 출력이 1이 된다.

102 2입력 1출력인 XOR 게이트를 사용하여 8비트 패리티 검사를 할 때 최소로 필요한 XOR 게이트의 수는?

㉮ 9개 ㉯ 8개 ㉰ 7개 ㉱ 6개

1. ㉮	2. ㉯	3. ㉯	4. ㉮	5. ㉰	6. ㉱	7. ㉱	8. ㉯	9. ㉮	10. ㉮
11. ㉯	12. ㉰	13. ㉯	14. ㉯	15. ㉱	16. ㉯	17. ㉮	18. ㉰	19. ㉱	20. ㉰
21. ㉯	22. ㉮	23. ㉮	24. ㉯	25. ㉱	26. ㉯	27. ㉮	28. ㉰	29. ㉮	30. ㉰
31. ㉰	32. ㉯	33. ㉱	34. ㉱	35. ㉮	36. ㉱	37. ㉰	38. ㉰	39. ㉰	40. ㉯
41. ㉱	42. ㉱	43. ㉯	44. ㉮	45. ㉱	46. ㉰	47. ㉰	48. ㉮	49. ㉯	50. ㉰
51. ㉱	52. ㉱	53. ㉮	54. ㉰	55. ㉰	56. ㉱	57. ㉱	58. ㉯	59. ㉯	60. ㉱
61. ㉰	62. ㉰	63. ㉱	64. ㉯	65. ㉯	66. ㉮	67. ㉱	68. ㉮	69. ㉰	70. ㉯
71. ㉯	72. ㉱	73. ㉯	74. ㉱	75. ㉯	76. ㉮	77. ㉯	78. ㉱	79. ㉱	80. ㉰
81. ㉰	82. ㉮	83. ㉯	84. ㉱	85. ㉯	86. ㉮	87. ㉱	88. ㉱	89. ㉱	90. ㉯
91. ㉯	92. ㉯	93. ㉱	94. ㉰	95. ㉯	96. ㉰	97. ㉰	98. ㉱	99. ㉱	100. ㉱
101. ㉱	102. ㉰								

CHAPTER

08

플립플롭

이 장에서는 각종 플립플롭의 동작 특성을 이해하는 것을 목표로 한다.

- NOR 래치회로와 NAND 래치회로의 동작을 이해하고 설명할 수 있다.
- *SR* 플립플롭, *D* 플립플롭, *JK* 플립플롭, *T* 플립플롭의 동작을 구분하여 이해할 수 있다.
- 게이티드 플립플롭, 에지 트리거 플립플롭의 차이점을 설명할 수 있다.
- 비동기 입력의 동작을 이해하고 응용할 수 있다.

CONTENTS

SECTION 01

기본적인 플립플롭

기본적인 플립플롭 회로는 NOR 게이트 2개 또는 NAND 게이트 2개로 구성할 수 있다. 이 절에서는 NOR 게이트 래치 또는 NAND 게이트 래치의 구성 및 동작 특성을 살펴본다.

Keywords | NOR 게이트로 구성된 *SR* 래치 | NAND 게이트로 구성된 *SR* 래치 |

조합논리회로에서 출력은 현재 입력의 조합에 의해서만 결정된다. 하지만 순서논리회로에서는 현재 입력의 조합과 입력이 인가되는 시점의 회로 상태(Low/High)에도 영향을 받아 출력이 결정된다. 따라서 순서논리회로에서는 회로의 상태를 기억하는 기억소자가 필요하다. 앞으로 설명할 각종 플립플롭(flip-flop)과 래치(latch)는 쌍안정(bi-stable) 상태 중 하나를 가지는 1비트 기억소자이다.

플립플롭은 클록 신호에 따라 정해진 시점에서의 입력을 샘플(sample)하여 출력에 저장하는 동기식 순서논리소자이고, 래치는 클록 신호에 관계없이 모든 입력을 계속 감시하다가 언제든지 출력을 변화시키는 비동기식 순서논리회로이다. 플립플롭과 래치도 게이트로 구성되지만 조합논리회로와 달리 궤환(feedback)이 있다.

플립플롭에는 *SR* 플립플롭, *D* 플립플롭, *JK* 플립플롭, *T* 플립플롭이 있지만, *JK* 플립플롭이 가장 많이 쓰인다. *SR* 플립플롭의 결점을 개선한 것이 *JK* 플립플롭이고, *D* 플립플롭 및 *T* 플립플롭의 동작은 *SR*과 *JK* 플립플롭으로부터 쉽게 얻을 수 있다. 기본적인 플립플롭부터 차례대로 살펴보자.

기본적인 플립플롭 회로는 NOR 게이트 2개 또는 NAND 게이트 2개로 구성할 수 있으며, 이를 **NOR 게이트 래치** 또는 **NAND 게이트 래치**라고 한다.

NOR 게이트 또는 NAND 게이트의 연결은 한 게이트의 출력이 다른 게이트의 입력이 되는 서로 교차 결합(cross-coupled) 형태의 쌍안정 회로이며, 서로 선이 교차되어 궤환을 구성하고 있다. *SR* 래치회로에는 S(set)와 R(reset)로 표시된 2개의 입력과 Q와 $\overline{Q}$로 표시된 2개의 출력이 있으며, Q와 $\overline{Q}$의 상태는 서로 보수 상태가 되어야 정상 상태가 된다.

NOR 게이트로 구성된 *SR* 래치

[그림 8-1(a)]는 NOR 게이트를 사용한 *SR* 래치회로로, NOR 게이트 G_1의 출력은 NOR 게이트 G_2

의 입력에 연결되고, NOR 게이트 G_2의 출력은 NOR 게이트 G_1의 입력에 연결되는 형태로 구성된다. NOR 게이트를 사용한 SR 래치의 진리표는 [그림 8-1(b)]와 같다. 여기서 $Q(t)$는 입력이 인가되기 이전 상태를 의미하고, $Q(t+1)$은 입력이 인가된 이후의 상태를 의미한다.

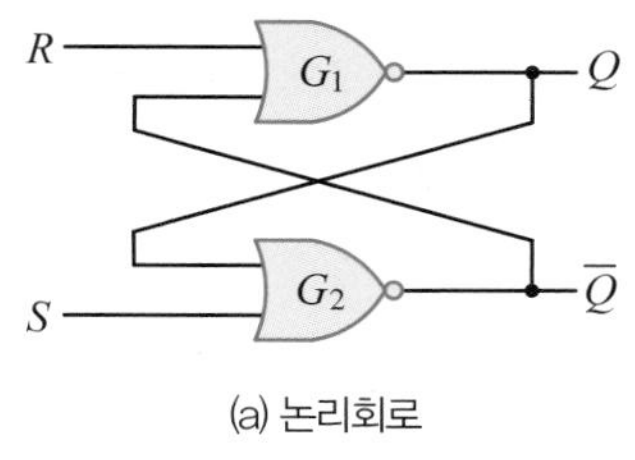

(a) 논리회로

S	R	$Q(t+1)$
0	0	$Q(t)$ (불변)
0	1	0
1	0	1
1	1	부정

(b) 진리표

[그림 8-1] NOR 게이트 SR 래치회로

Tip

$Q(t)$, $Q(t+1)$
다른 책에서는 Q_n, Q_{n+1} 이라고 표기하는 경우도 있다.

2입력 NOR 게이트는 두 입력 모두 논리 0이 입력될 때만 출력이 1이고, 그 외에는 모두 0이다. 따라서 2입력 NOR 게이트는 입력 상태 00, 01, 10, 11 네 가지가 입력될 수 있으므로 다음과 같이 설명할 수 있다.

■ 입력 $S=0$, $R=0$일 때

① 현재 출력 상태가 $Q=0$, $\overline{Q}=1$인 경우([그림 8-2(a)])

- $Q=0$과 $S=0$이 G_2에 입력되면, 출력은 $\overline{Q}=1$이다.
- $\overline{Q}=1$과 $R=0$이 G_1에 입력되면, 출력은 $Q=0$이다.

결과적으로 $Q=0$, $\overline{Q}=1$인 상태에서 $S=0$과 $R=0$이 입력되면 출력은 $Q=0$, $\overline{Q}=1$로 현재 상태를 유지한다.

② 현재의 출력 상태가 $Q=1$, $\overline{Q}=0$인 경우([그림 8-2(b)])

- $Q=1$과 $S=0$이 G_2에 입력되면, 출력은 $\overline{Q}=0$이다.
- $\overline{Q}=0$과 $R=0$이 G_1에 입력되면, 출력은 $Q=1$이다.

결과적으로 $Q=1$, $\overline{Q}=0$인 상태에서 $S=0$과 $R=0$이 입력되면 출력은 $Q=1$, $\overline{Q}=0$으로 현재 상태를 유지한다.

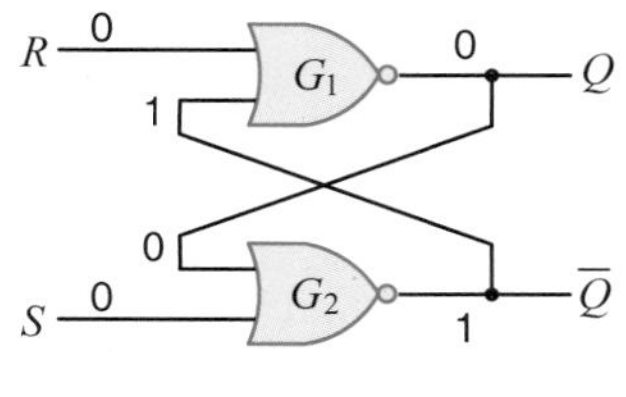

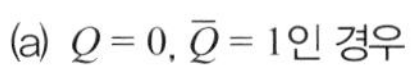
(a) $Q=0$, $\overline{Q}=1$인 경우

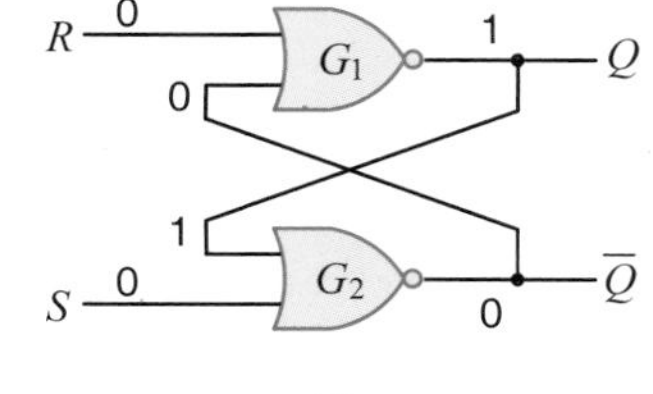

(b) $Q=1$, $\overline{Q}=0$인 경우

[그림 8-2] NOR형 SR 래치회로의 동작 ($S=0$, $R=0$)

Tip

NOR 게이트 진리표

A	B	F
0	0	1
0	1	0
1	0	0
1	1	0

■ 입력 $S=0$, $R=1$일 때

입력이 $S=0$이고 $R=1$이면, G_1의 출력은 또 다른 입력인 $\overline{Q}$ 상태에 관계없이 0이 되어 $Q=0$이 된다. 따라서 G_2의 입력은 모두 0이므로 G_2의 출력은 $\overline{Q}=1$이다. 결과적으로 $S=0$, $R=1$이 입력되면 Q의 이전 상태에 관계없이 출력은 반드시 $Q=0$, $\overline{Q}=1$이다.

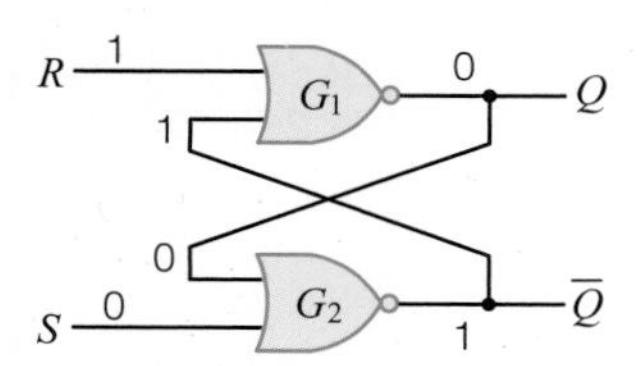

[그림 8-3] NOR형 SR 래치회로의 동작 ($S=0$, $R=1$)

■ 입력 $S=1$, $R=0$일 때

입력이 $S=1$이고 $R=0$이면, G_2의 출력은 또 다른 입력인 Q 상태에 관계없이 0이 되어 $\overline{Q}=0$이 된다. 따라서 G_1의 입력은 모두 0이므로 G_1의 출력은 $Q=1$이다. 결과적으로 $S=1$, $R=0$이 입력되면 Q의 이전 상태에 관계없이 출력은 반드시 $Q=1$, $\overline{Q}=0$이다.

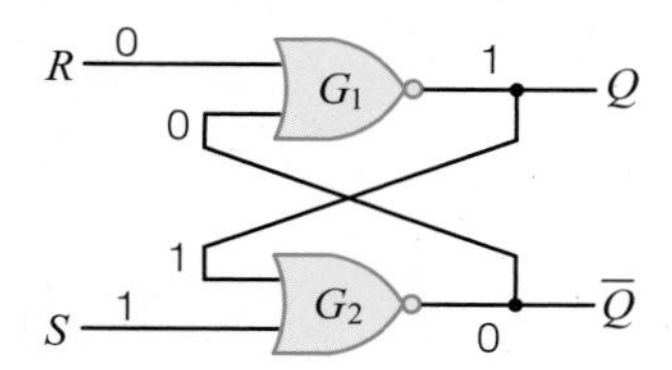

[그림 8-4] NOR형 SR 래치회로의 동작 ($S=1$, $R=0$)

■ 입력 $S=1$, $R=1$일 때

입력이 $S=1$이고 $R=1$이면, G_1과 G_2의 출력은 또 다른 입력에 관계없이 모두 0이 되어 $Q=0$, $\overline{Q}=0$인 상태가 된다. 결과적으로 G_1과 G_2 출력 $Q=0$과 $\overline{Q}=0$이 되어 서로 보수의 상태가 아닌 부정 상태가 되어 정상적으로 동작하지 못하므로 동시에 $S=R=1$로 하는 것은 금지된다.

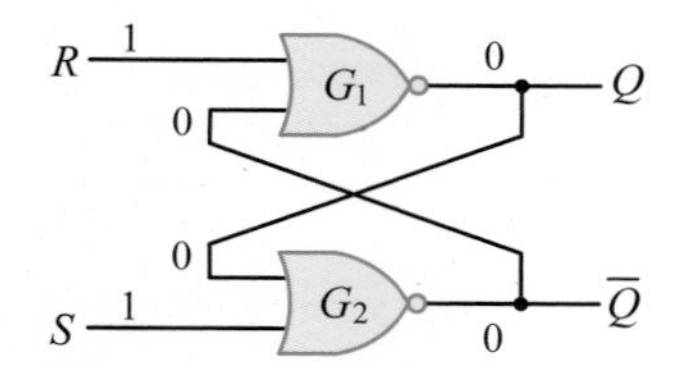

[그림 8-5] NOR형 SR 래치회로의 동작 ($S=1$, $R=1$)

예제 8-1

그림과 같은 파형을 NOR 게이트 *SR* 래치회로에 인가하였을 때, 출력 Q의 파형을 그려보아라. 단, Q는 0으로 초기화되어 있으며, 게이트에서 전파지연은 없다고 가정한다.

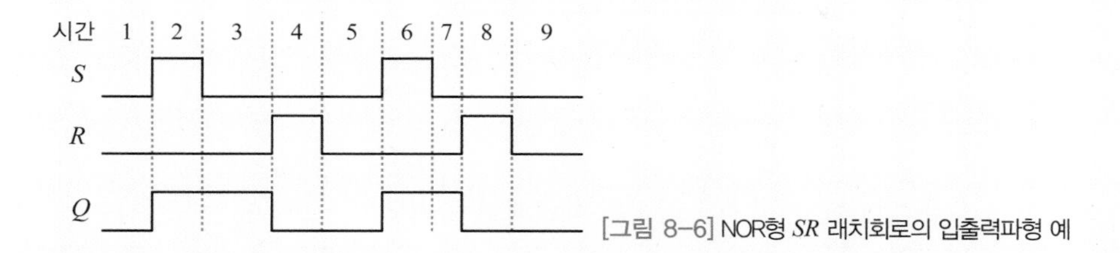

[그림 8-6] NOR형 *SR* 래치회로의 입출력파형 예

풀이

입력 S와 R을 통해서만 출력 Q가 변한다.

- 시간 구간 2 : $S = 1$, $R = 0$이므로 $Q = 1$
- 시간 구간 3 : $S = 0$, $R = 0$이므로 이전 상태 유지($Q = 1$)
- 시간 구간 4 : $S = 0$, $R = 1$이므로 $Q = 0$
- 시간 구간 5 : $S = 0$, $R = 0$이므로 이전 상태 유지($Q = 0$)
- 시간 구간 6 : $S = 1$, $R = 0$이므로 $Q = 1$
- 시간 구간 7 : $S = 0$, $R = 0$이므로 이전 상태 유지($Q = 1$)
- 시간 구간 8 : $S = 0$, $R = 1$이므로 $Q = 0$
- 시간 구간 9 : $S = 0$, $R = 0$이므로 이전 상태 유지($Q = 0$)

NAND 게이트로 구성된 *SR* 래치

[그림 8-7(a)]는 NAND 게이트를 사용한 *SR* 래치회로로, NAND 게이트 G_1의 출력은 NAND 게이트 G_2의 입력에 연결되고, NAND 게이트 G_2의 출력은 NAND 게이트 G_1의 입력에 연결되는 형태로 구성된다. NAND 게이트를 사용한 *SR* 래치의 진리표는 [그림 8-7(b)]와 같다.

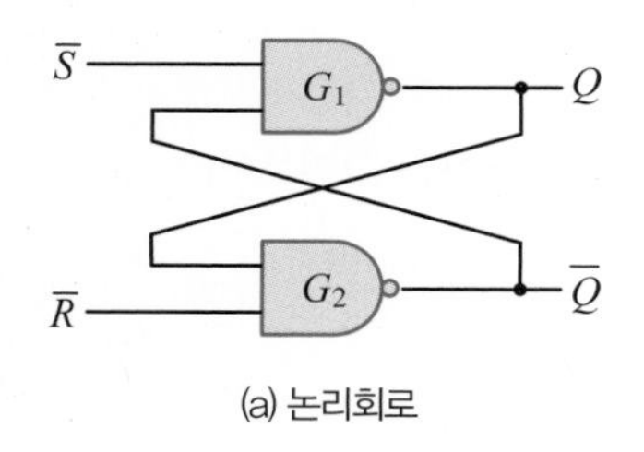

(a) 논리회로

$\overline{S}$	$\overline{R}$	$Q(t+1)$
0	0	부정
0	1	1
1	0	0
1	1	$Q(t)$ (불변)

(b) 진리표

[그림 8-7] NAND 게이트 *SR* 래치회로

Tip

$Q(t)$, $Q(t+1)$
다른 책에서는 Q_n, Q_{n+1} 이라고 표기하는 경우도 있다.

2입력 NAND 게이트는 모든 입력에 논리 1이 입력될 때만 0이 출력되고, 그 외에는 모두 1이 출력된다. 따라서 2입력 NAND 게이트는 입력 상태 00, 01, 10, 11의 네 가지가 입력될 수 있으므로 다음과 같이 설명할 수 있다.

■ 입력 $\overline{S}=0$, $\overline{R}=0$일 때

입력이 $\overline{S}=0$이고 $\overline{R}=0$이면, G_1과 G_2의 출력은 또 다른 입력에 관계없이 모두 1이 되어 $Q=1$, $\overline{Q}=1$인 상태가 된다. 결과적으로 G_1과 G_2의 출력 $Q=1$과 $\overline{Q}=1$이 되어 서로 보수의 상태가 아닌 부정 상태가 되어 정상적으로 동작하지 못한다. 따라서 동시에 $\overline{S}=\overline{R}=0$으로 하는 것은 금지된다.

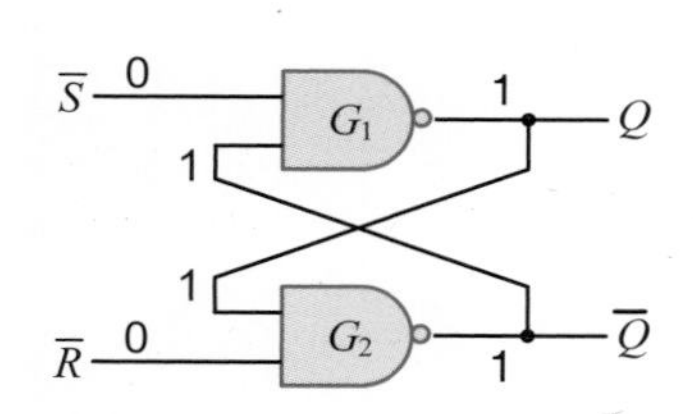

[그림 8-8] NAND형 *SR* 래치회로의 동작 ($\overline{S}=0$, $\overline{R}=0$)

Tip

NAND 게이트 진리표

A	*B*	*F*
0	0	1
0	1	1
1	0	1
1	1	0

■ 입력 $\overline{S}=0$, $\overline{R}=1$일 때

입력 $\overline{S}=0$이므로 G_1의 출력은 또 다른 입력인 $\overline{Q}$의 상태에 관계없이 1이 되어 $Q=1$이 된다. 따라서 G_2의 입력은 모두 1이므로 G_2의 출력은 $\overline{Q}=0$이다. 결과적으로 $\overline{S}=0$, $\overline{R}=1$이 입력되면 Q의 이전 상태에 관계없이 출력은 반드시 $Q=1$, $\overline{Q}=0$이다.

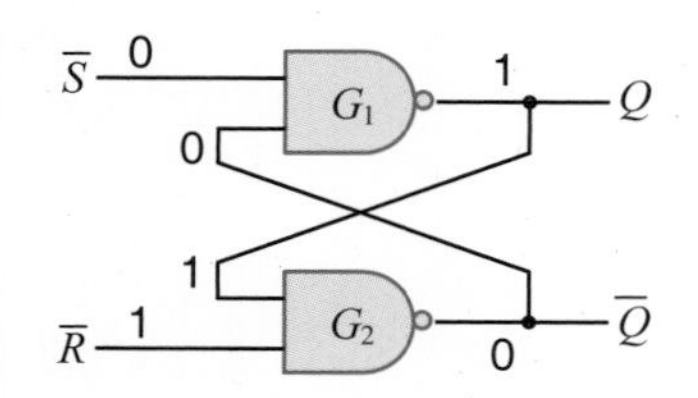

[그림 8-9] NAND형 *SR* 래치회로의 동작 ($\overline{S}=0$, $\overline{R}=1$)

■ 입력 $\bar{S}=1$, $\bar{R}=0$일 때

입력 $\bar{R}=0$이므로 G_2의 출력은 또 다른 입력인 Q의 상태에 관계없이 1이 되어 $\bar{Q}=1$이 된다. 따라서 G_1의 입력은 모두 1이므로 G_1의 출력은 $Q=0$이다. 결과적으로 $\bar{S}=1$, $\bar{R}=0$이 입력되면 Q의 이전 상태에 관계없이 출력은 반드시 $Q=0$, $\bar{Q}=1$이다.

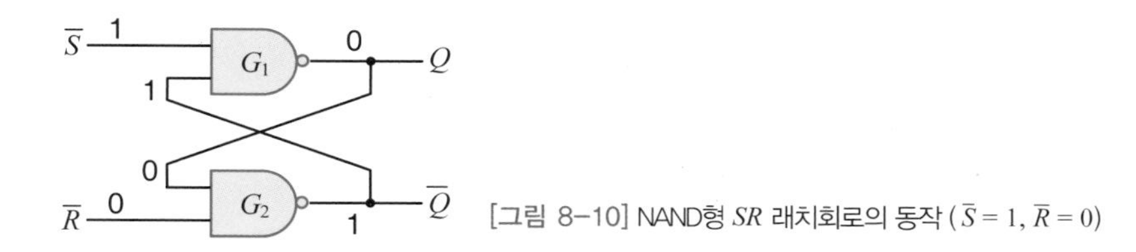

[그림 8-10] NAND형 SR 래치회로의 동작 ($\bar{S}=1$, $\bar{R}=0$)

■ 입력 $\bar{S}=1$, $\bar{R}=1$일 때

① 현재 출력 상태가 $Q=0$, $\bar{Q}=1$인 경우([그림 8-11(a)])

- $Q=0$과 $\bar{R}=1$이 G_2에 입력되면, 출력은 $\bar{Q}=1$이다.
- $\bar{Q}=1$과 $\bar{S}=1$이 G_1에 입력되면, 출력은 $Q=0$이다.

결과적으로 $Q=0$, $\bar{Q}=1$인 상태에서 $\bar{S}=1$과 $\bar{R}=1$이 입력되면 출력은 $Q=0$, $\bar{Q}=1$로 현재 상태를 유지한다.

② 현재의 출력 상태가 $Q=1$, $\bar{Q}=0$인 경우([그림 8-11(b)])

- $Q=1$과 $\bar{R}=1$이 G_2에 입력되면, 출력은 $\bar{Q}=0$이다.
- $\bar{Q}=0$과 $\bar{S}=1$이 G_1에 입력되면, 출력은 $Q=1$이다.

결과적으로 $Q=1$, $\bar{Q}=0$인 상태에서 $\bar{S}=1$과 $\bar{R}=1$이 입력되면 출력은 $Q=1$, $\bar{Q}=0$으로 현재 상태를 유지한다.

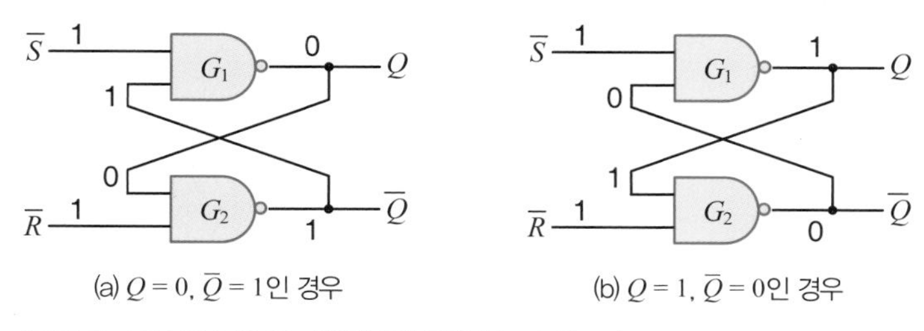

[그림 8-11] NAND형 SR 래치회로의 동작 ($\bar{S}=1$, $\bar{R}=1$)

예제 8-2

그림과 같은 파형을 NAND 게이트 SR 래치회로에 인가했을 때, 출력 Q의 파형을 그려보아라. 단, Q는 0으로 초기화되어 있으며, 게이트에서 전파지연은 없다고 가정한다.

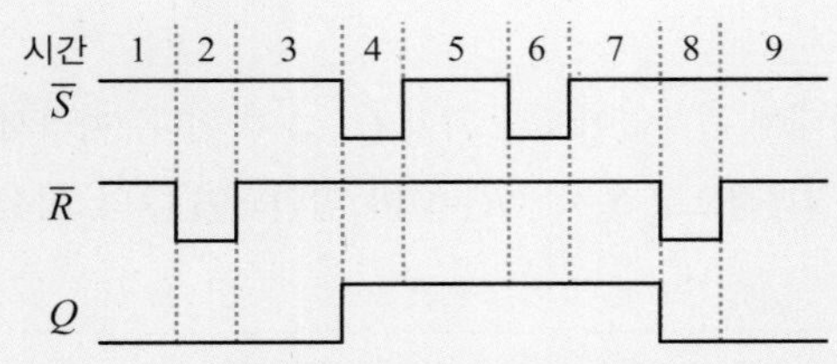

[그림 8-12] NAND형 SR 래치회로의 입출력파형 예

풀이

입력 $\overline{S}$와 $\overline{R}$에 의해서만 출력 Q가 변한다.

- 시간 구간 2 : $\overline{S}=1$, $\overline{R}=0$이므로 $Q=0$
- 시간 구간 3 : $\overline{S}=1$, $\overline{R}=1$이므로 이전 상태 유지($Q=0$)
- 시간 구간 4 : $\overline{S}=0$, $\overline{R}=1$이므로 $Q=1$
- 시간 구간 5 : $\overline{S}=1$, $\overline{R}=1$이므로 이전 상태 유지($Q=1$)
- 시간 구간 6 : $\overline{S}=0$, $\overline{R}=1$이므로 $Q=1$
- 시간 구간 7 : $\overline{S}=1$, $\overline{R}=1$이므로 이전 상태 유지($Q=1$)
- 시간 구간 8 : $\overline{S}=1$, $\overline{R}=0$이므로 $Q=0$
- 시간 구간 9 : $\overline{S}=1$, $\overline{R}=1$이므로 이전 상태 유지($Q=0$)

Tip

멀티바이브레이터

디지털 시스템에서 매우 중요하게 사용하는 것 중 하나가 멀티바이브레이터(multivibrator)이며, 회로 구성에 따라 다음과 같이 세 종류가 있다.

- 무안정 멀티바이브레이터(astable multivibrator) : 비안정 또는 불안정 멀티바이브레이터라고 하며, 한 상태에 머무르지 못하고 두 상태를 오가는 일종의 발진기(oscillator)로, 불안정한 두 가지 상태인 Low 또는 High를 가진다. 또한, 이것은 외부 입력 없이 스스로 주기적인 구형파를 발생시킨다.
- 단안정 멀티바이브레이터(monostable multivibrator, one-shot 멀티바이브레이터) : 입력에 트리거 신호(짧은 펄스)가 가해질 때마다 폭이 일정한 구형 펄스 하나를 발생시키는 회로이다. 트리거 신호에 의해 일단 준안정상태(quasi-stable)를 유지하다가 곧바로 안정된 상태로 복귀한다.
- 쌍안정 멀티바이브레이터(bistable multivibrator) : 두 개의 안정상태를 가지며, 모든 플립플롭이 여기에 속한다.

SECTION 02

SR 플립플롭

기본적인 SR 래치를 이용하여 SR 플립플롭을 구성할 수 있다. 이 절에서는 게이티드 SR 플립플롭과 에지 트리거 SR 플립플롭의 구조 및 동작 특성을 알아본다.

Keywords | 게이티드 SR 플립플롭 | 에지 트리거 SR 플립플롭 | 상승에지 | 하강에지 | 특성방정식 |

게이티드 SR 플립플롭

기본적인 SR 래치는 S나 R 입력에 의해 바로 출력이 결정되는 비동기식 회로이다. 그러나 순서논리회로에서는 대부분 클록펄스(CP, clock pulse)에 동기시켜서 동작시킨다. [그림 8-13(a)]는 NAND 게이트를 이용한 SR 래치회로 앞에 NAND 게이트 2개를 연결하고 공통단자에 인에이블(EN, enable) 신호를 인가한 **게이티드 SR 플립플롭**(gated SR flip-flop) 회로를 나타낸 것이다. [그림 8-13(b)]는 게이티드 SR 플립플롭의 논리기호를 나타낸다.

Tip

게이티드 SR 플립플롭을 게이티드 SR 래치라고도 한다.

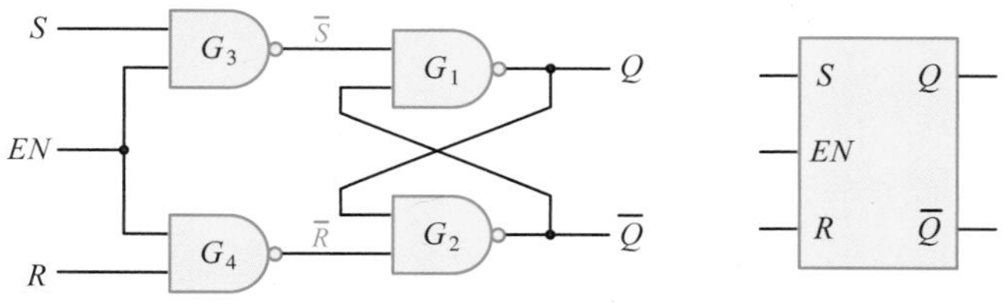

S, EN, R, G_3, G_4, $\bar{S}$, $\bar{R}$, G_1, G_2, Q, $\bar{Q}$

(a) 회로도

S, EN, R, Q, $\bar{Q}$

(b) 논리기호

[그림 8-13] 게이티드 SR 플립플롭(NAND형)

Tip

NAND 게이트 SR 래치회로 진리표

$\bar{S}$	$\bar{R}$	$Q(t+1)$
0	0	부정
0	1	1
1	0	0
1	1	$Q(t)$ (불변)

[그림 8-13]의 게이티드 SR 플립플롭은 앞단의 NAND 게이트의 동작만 이해하면 그 다음은 앞에서 살펴본 NAND 게이트 SR 래치와 같이 동작하므로 쉽게 이해할 수 있다. 먼저 $EN=0$이면 G_3과 G_4의 출력이 모두 1이 되므로 플립플롭의 출력 Q와 $\bar{Q}$는 변하지 않는다. 따라서 이 회로는 $EN=1$인 경우에만 동작하는 플립플롭이다. 게이티드 SR 플립플롭의 동작 상태를 살펴보면 다음과 같다.

① $S=0$, $R=0$인 경우

G_3과 G_4의 출력이 모두 1이 된다. 따라서 NAND 게이트 SR 래치의 $\bar{S}=1$, $\bar{R}=1$인 경우와 같으므로 출력은 변하지 않는다.

② $S=0$, $R=1$인 경우

> G_3의 출력은 1이 되고, G_4의 출력은 0이 된다. 따라서 NAND 게이트 SR 래치의 $\overline{S}=1$, $\overline{R}=0$인 경우와 같으므로 출력은 $Q(t+1)=0$이 된다. 결과적으로 $S=0$, $R=1$이 입력되면 이전 상태 $Q(t)$에 관계없이 $Q(t+1)=0$이 된다.

③ $S=1$, $R=0$인 경우

> G_3의 출력은 0이 되고 G_4의 출력은 1이 된다. 따라서 NAND 게이트 SR 래치의 $\overline{S}=0$, $\overline{R}=1$인 경우와 같으므로 출력은 $Q(t+1)=1$이 된다. 결과적으로 $S=1$, $R=0$이 입력되면 이전 상태 $Q(t)$에 관계없이 $Q(t+1)=1$이 된다.

④ $S=1$, $R=1$인 경우

> G_3과 G_4의 출력이 모두 0이 된다. 따라서 NAND 게이트 SR 래치의 $\overline{S}=0$, $\overline{R}=0$인 경우와 같으므로 출력은 부정 상태가 된다.

[표 8-1]은 게이티드 SR 플립플롭의 동작 상태를 토대로 작성한 SR 플립플롭의 진리표다.

[표 8-1] SR 플립플롭의 진리표

EN	S	R	$Q(t+1)$
1	0	0	$Q(t)$ (불변)
1	0	1	0
1	1	0	1
1	1	1	부정

이 진리표를 근거로 입력변수를 S, R, $Q(t)$로 하고 출력변수를 $Q(t+1)$로 하여 SR 플립플롭의 특성표를 [표 8-2]에 나타내었다. 플립플롭의 **특성표**는 현재 상태($Q(t)$)와 플립플롭의 입력이 주어졌을 때, 다음 상태($Q(t+1)$)가 어떻게 변하는가를 나타내는 표이며, 이는 플립플롭의 진리표로부터 쉽게 얻을 수 있다.

[표 8-2] SR 플립플롭의 특성표

$Q(t)$	S	R	$Q(t+1)$
0	0	0	0
0	0	1	0
0	1	0	1
0	1	1	부정
1	0	0	1
1	0	1	0
1	1	0	1
1	1	1	부정

Tip

$Q(t)$: 현재 상태
$Q(t+1)$: 다음 상태

[표 8-2]에서 부정 상태를 무관 상태(don't care)로 하여 카르노 맵을 그린 후 출력 $Q(t+1)$에 대한 불 함수를 구하면 다음과 같다.

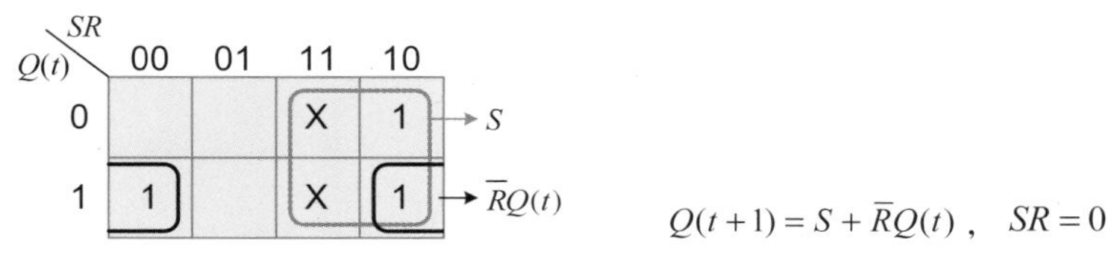

[그림 8-14] *SR* 플립플롭의 카르노 맵

여기서 $SR = 0$을 포함한 이유는 $S = R = 1$인 경우는 허용될 수 없음을 나타내기 위한 것이다. $Q(t+1)$을 **특성방정식**(characteristic equation)이라고 한다.

[그림 8-15]는 *SR* 플립플롭의 상태도로, *SR* 플립플롭의 특성을 도식화한 것이다. 원 안에 있는 0이나 1은 플립플롭의 현재 상태($Q(t)$)를 나타내는데, 현재 상태가 0인 경우 $S = 0$, $R = 0$ 또는 $S = 0$, $R = 1$이 입력되면 플립플롭의 다음 상태($Q(t+1)$)는 0을 유지하고 $S = 1$, $R = 0$이 입력되면 다음 상태가 1이 됨을 의미한다.

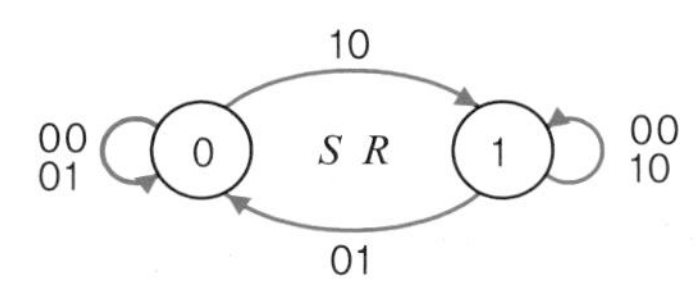

[그림 8-15] *SR* 플립플롭의 상태도

[그림 8-16]에는 NOR 게이트를 이용한 *SR* 래치회로에 *EN* 신호를 추가한 게이티드 *SR* 플립플롭의 회로도를 나타냈다. NOR 게이트를 이용한 게이티드 *SR* 플립플롭의 진리표도 [표 8-1]과 같다.

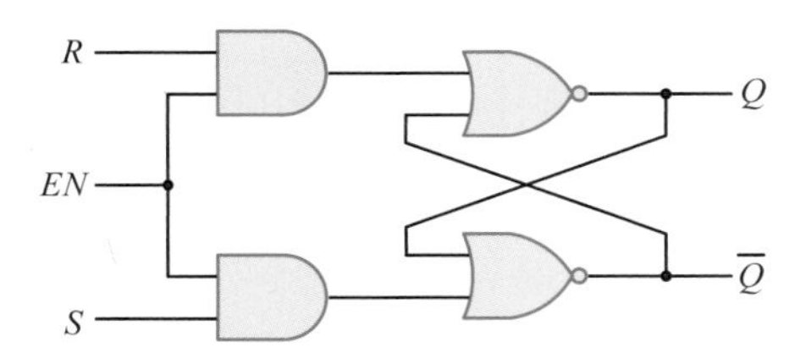

[그림 8-16] 게이티드 *SR* 플립플롭(NOR형)

예제 8-3

그림과 같은 파형을 게이티드 *SR* 플립플롭에 인가하였을 때, 출력 Q의 파형을 그려보아라. 단, Q는 0으로 초기화되어 있으며, 게이트에서 전파지연은 없다고 가정한다.

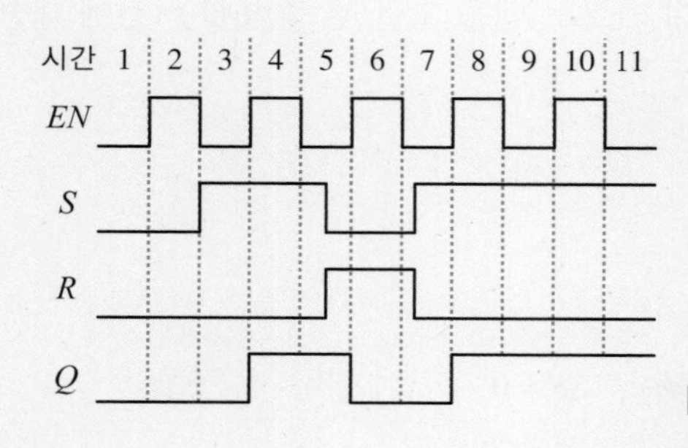

[그림 8-17] 게이티드 SR 플립플롭의 입출력파형 예

풀이

EN = 1인 동안(시간 구간 2, 4, 6, 8, 10) 입력 S와 R에 따라서 출력 Q가 변하지만, EN = 0인 동안에는 출력이 변하지 않는다.

- 시간 구간 2 : $S = 0$, $R = 0$이므로 이전 상태 유지($Q = 0$)
- 시간 구간 4 : $S = 1$, $R = 0$이므로 $Q = 1$
- 시간 구간 6 : $S = 0$, $R = 1$이므로 $Q = 0$
- 시간 구간 8 : $S = 1$, $R = 0$이므로 $Q = 1$
- 시간 구간 10 : $S = 1$, $R = 0$이므로 $Q = 1$

에지 트리거 *SR* 플립플롭

게이티드 SR 플립플롭은 기본적으로 궤환(feedback)이 존재하는 회로이며, EN=1인 상태에서 모든 동작이 수행된다. 그러므로 플립플롭의 동작시간보다도 EN의 지속시간이 길게 되면 플립플롭은 여러 차례 동작이 수행될 수 있고 따라서 예측하지 못한 동작을 할 여지가 충분하다. 이것은 게이티드 SR 플립플롭에 한정된 이야기는 아니다.

이러한 문제를 해결하는 방법 중에 **에지 트리거**(edge trigger)를 이용하는 방법이 있다. 플립플롭의 출력은 입력신호의 순간적인 변화에 따라 결정되는데, 이러한 순간적인 변화를 **트리거**(trigger)라 한다. 트리거는 레벨(level) 트리거와 에지(edge) 트리거 두 종류로 분류된다. 앞에서 살펴본 게이티드 플립플롭은 레벨 트리거(level trigger)를 한다고 할 수 있는데, EN=1이면 계속해서 입력을 받아들이기 때문이다. 이에 반해, 에지 트리거는 플립플롭의 내부 구조를 바꾸어 클록이 0에서 1로 변하거나 1에서 0으로 변하는 순간에만 입력을 받아들이게 하는 방법이다.

에지 트리거는 [그림 8-18]에서 보는 것처럼 **상승에지**(leading edge) **트리거**와 **하강에지**(trailing edge) **트리거** 두 가지가 있다. 상승에지 트리거는 정 에지(positive edge) 트리거, 하강에지 트리거는 부 에지(negative edge) 트리거라고도 한다.

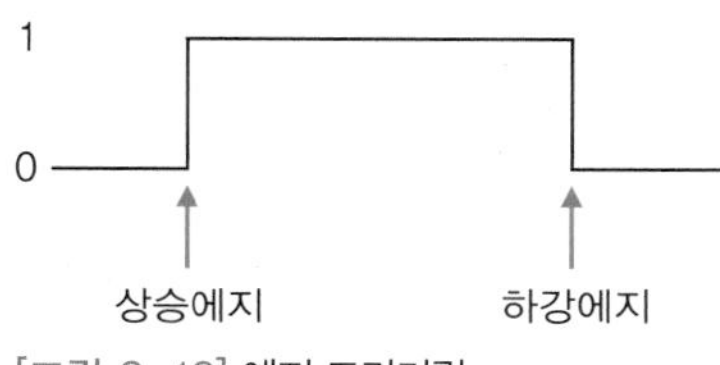

[그림 8-18] 에지 트리거링

일반적으로 동일한 1비트 기억소자에 대하여, 트리거 방법에 따라 에지 트리거를 하면 플립플롭이라 하고, 레벨 트리거를 하거나 클록을 사용하지 않으면 래치라고 한다.

에지 트리거 *SR* 플립플롭은 *S*와 *R*에 입력되는 정보를 클록펄스의 에지 트리거에서만 동작하여 출력하기 때문에 *S*와 *R* 입력을 동기 입력(synchronous input)이라고 한다. [그림 8-19(a)]는 에지 트리거 *SR* 플립플롭의 회로도로, 게이티드 *SR* 플립플롭의 *EN* 입력에 펄스전이검출기를 추가하였다. 펄스전이검출기는 [그림 8-19(b)]와 같이 입력되는 펄스를 상승에지에서 짧은 전이만 일어나게 하여 지속시간이 짧은 펄스를 만들기 위한 회로다. AND 게이트의 한 입력에는 펄스가 입력되고 다른 한 입력에는 NOT 게이트를 통하여 원래의 펄스보다 수 ns(nano second) 정도 지연된 펄스가 입력되므로 AND 게이트의 출력에는 지속시간이 매우 짧은 High인 클록펄스가 출력된다. [그림 8-19(c)]는 하강에지를 검출하는 회로이며, NOR 게이트의 출력에는 지속시간이 매우 짧은 High인 클록펄스가 출력된다.

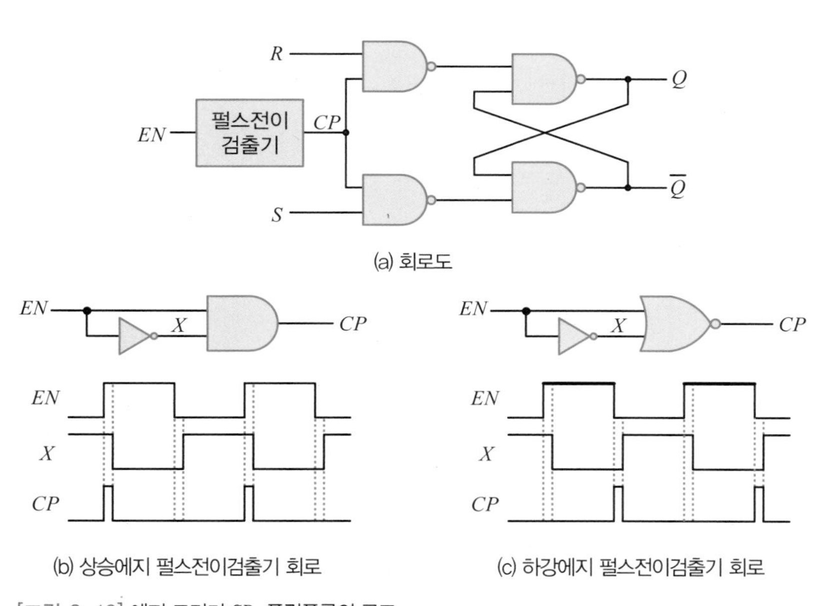

[그림 8-19] 에지 트리거 *SR* 플립플롭의 구조

[그림 8-20]은 에지 트리거 *SR* 플립플롭의 논리기호와 진리표다. 클록펄스 입력에 있는 삼각형(▷)은 동적 표시(dynamic indicator)로, (a)는 상승에지 트리거, (b)는 하강에지 트리거(버블이 있음)를

의미한다. 상승에지 트리거는 클록펄스가 0에서 1로 변하는 전이 과정(↑)에서 출력이 변하고, 하강에지 트리거는 클록펄스가 1에서 0으로 변하는 전이 과정(↓)에서 출력이 변한다는 것을 의미한다.

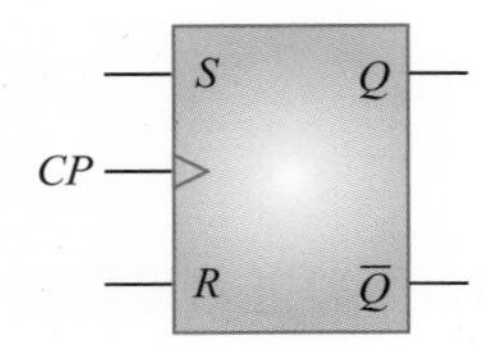

CP	S	R	$Q(t+1)$
↑	0	0	$Q(t)$ (불변)
↑	0	1	0
↑	1	0	1
↑	1	1	부정

(a) 상승에지 트리거 SR 플립플롭

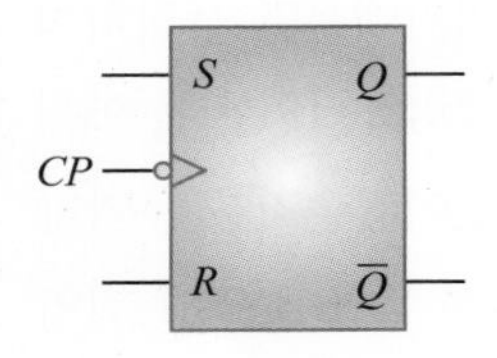

CP	S	R	$Q(t+1)$
↓	0	0	$Q(t)$ (불변)
↓	0	1	0
↓	1	0	1
↓	1	1	부정

(b) 하강에지 트리거 SR 플립플롭

[그림 8-20] 에지 트리거 SR 플립플롭의 논리기호와 진리표

예제 8-4

그림과 같은 파형을 상승에지 SR 플립플롭에 인가하였을 때, 출력 Q의 파형을 그려보아라. 단, Q는 0으로 초기화되어 있으며, 게이트에서 전파지연은 없다고 가정한다.

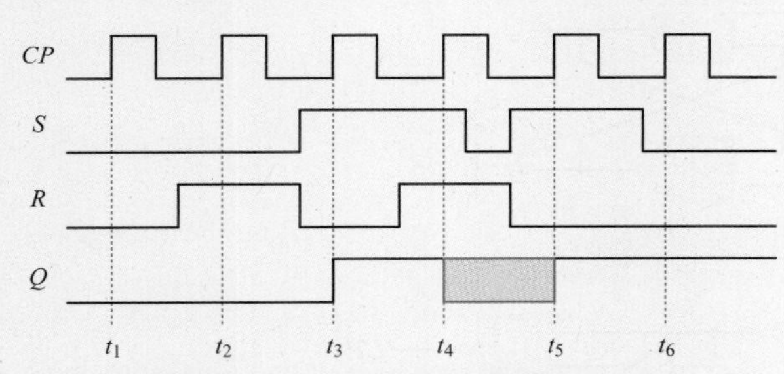

[그림 8-21] 상승에지 SR 플립플롭의 입출력파형 예

풀이

출력 Q는 CP가 0에서 1로 변하는 순간에만 변한다.

- t_1 : $S=0$, $R=0$이므로 이전 상태 유지($Q=0$)
- t_2 : $S=0$, $R=1$이므로 $Q=0$
- t_3 : $S=1$, $R=0$이므로 $Q=1$
- t_4 : $S=1$, $R=1$이므로 Q는 부정 상태
- t_5 : $S=1$, $R=0$이므로 $Q=1$
- t_6 : $S=0$, $R=0$이므로 이전 상태 유지($Q=1$)

SECTION 03

D 플립플롭

SR 플립플롭에서 원하지 않는 상태(S=R=1)를 제거하기 위한 방법 중 하나는 *D* 플립플롭으로 구성하는 것이다. 이 절에서는 게이티드 *D* 플립플롭과 에지 트리거 *D* 플립플롭의 구조 및 동작 특성을 알아본다.

Keywords | 게이티드 *D* 플립플롭 | 에지 트리거 *D* 플립플롭 | 특성방정식 |

게이티드 *D* 플립플롭

게이티드 *SR* 플립플롭에서 원하지 않는 상태($S = R = 1$)를 제거하는 한 가지 방법은 S와 R의 입력이 동시에 1이 되지 않도록 보장하는 것이다. 이러한 형태인 **게이티드 *D* 플립플롭**(gated *D* flip-flop)은 게이티드 *SR* 플립플롭을 변형한 것이다. 이를 [그림 8-22]에 나타냈는데, EN=1인 경우에만 입력신호 D가 그대로 출력에 전달되는 특성이 있다. *D* 플립플롭은 1비트 타임(time)의 지연소자로, 입력 D에 의해 출력 Q가 1비트 타임 전 상태와 같게 동작한다. *D* 플립플롭이라는 이름은 데이터(data)를 전달하는 것과 지연(delay)시키는 역할에서 유래한다.

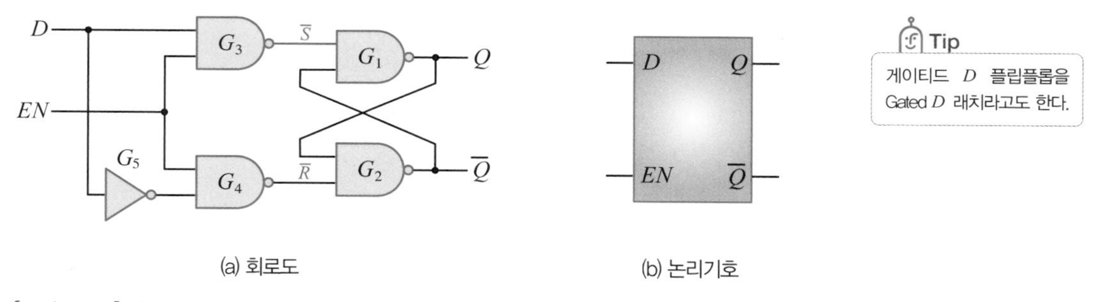

(a) 회로도

(b) 논리기호

[그림 8-22] 게이티드 *D* 플립플롭

[그림 8-22]는 NAND 게이트로 구성된 게이티드 *D* 플립플롭으로, $EN = 0$이면 G_3과 G_4의 출력이 모두 1이 되므로 플립플롭의 최종 출력 Q를 변화시킬 수 없다. 따라서 게이티드 *D* 플립플롭은 $EN = 1$인 경우에만 동작하는 플립플롭이다. 게이티드 *D* 플립플롭의 동작 상태를 살펴보면 다음과 같다.

- $EN = 1$, $D = 1$이면 G_3의 출력은 0, G_4의 출력은 1이 된다. 따라서 NAND 게이트로 구성된 *SR* 래치의 입력은 $\overline{S} = 0$, $\overline{R} = 1$이 되므로 결과적으로 $Q(t+1) = 1$을 얻는다.
- $EN = 1$, $D = 0$이면 G_3의 출력은 1, G_4의 출력은 0이 된다. 따라서 NAND 게이트로 구성된 *SR* 래치의 입력은 $\overline{S} = 1$, $\overline{R} = 0$이 되므로 결과적으로 $Q(t+1) = 0$을 얻는다.

이 동작 상태로부터 D 플립플롭은 입력 D의 상태를 1비트 타임만큼 지연하는 기능이 있음을 알 수 있다. [표 8-3]에는 D 플립플롭의 진리표를 나타냈다. [표 8-3]의 진리표를 근거로 입력변수를 D와 $Q(t)$, 출력을 $Q(t+1)$로 하는 D 플립플롭의 특성표를 [표 8-4]에 나타냈다.

[표 8-3] D 플립플롭의 진리표

EN	D	$Q(t+1)$
1	0	0
1	1	1

[표 8-4] D 플립플롭의 특성표

$Q(t)$	D	$Q(t+1)$
0	0	0
0	1	1
1	0	0
1	1	1

Tip

$Q(t)$: 현재 상태

$Q(t+1)$: 다음 상태

[표 8-4]를 토대로 카르노 맵을 그려서 출력 $Q(t+1)$에 대해 간소화한 특성방정식을 구하면 [그림 8-23]과 같다. *QG+1H= D*는 플립플롭의 다음 상태는 D에만 종속적이라는 의미이다. [그림 8-24]는 D 플립플롭의 상태도로, D 플립플롭의 특성을 그림으로 표시한 것이다. 원 안에 있는 0이나 1은 플립플롭의 현재 상태($Q(t)$)를 나타내는데, 현재 상태가 0인 경우 $D = 0$이 입력되면 플립플롭의 다음 상태($Q(t+1)$)는 0을 유지하고 $D = 1$이 입력되면 플립플롭의 다음 상태는 1이 됨을 의미한다.

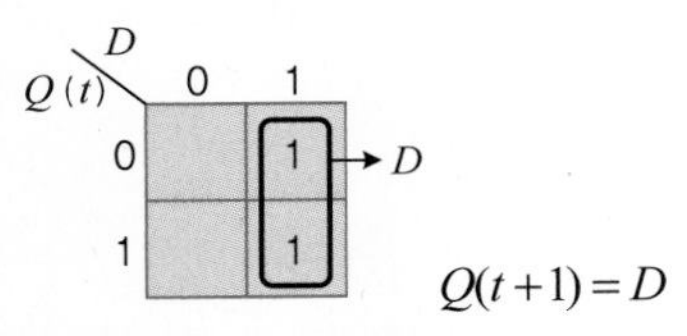

[그림 8-23] D 플립플롭의 카르노 맵

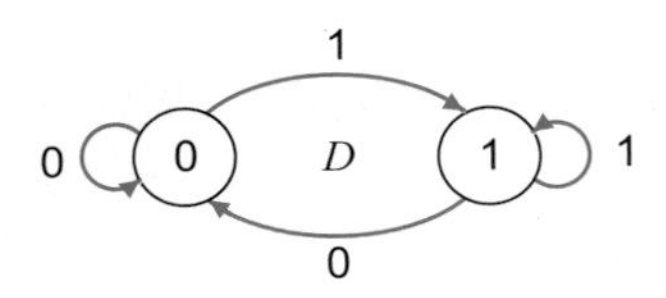

[그림 8-24] D 플립플롭의 상태도

예제 8-5

그림과 같은 파형을 게이티드 D 플립플롭에 인가하였을 때, 출력 Q의 파형을 그려보아라. 단, Q는 1로 초기화되어 있으며, 게이트에서 전파지연은 없다고 가정한다.

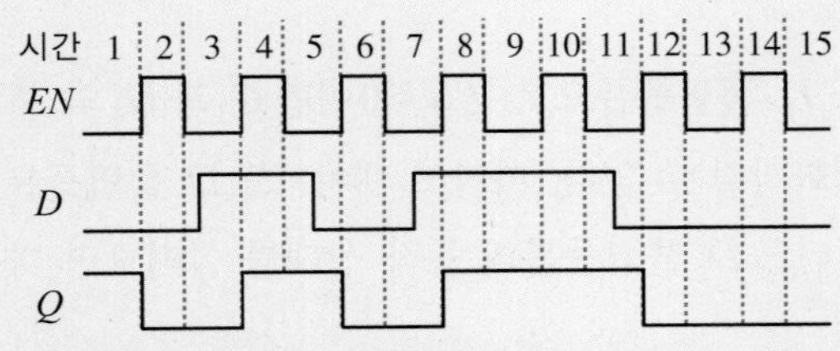

[그림 8-25] 게이티드 D 플립플롭의 입출력파형 예

풀이

$EN = 1$인 동안(시간 구간 2, 4, 6, 8, 10, 12, 14) 입력 D에 따라서 출력 Q가 변하지만, $EN = 0$인 동안에는 출력이 변하지 않는다.

- 시간 구간 2 : $D = 0$이므로 $Q = 0$
- 시간 구간 4 : $D = 1$이므로 $Q = 1$
- 시간 구간 6 : $D = 0$이므로 $Q = 0$
- 시간 구간 8 : $D = 1$이므로 $Q = 1$
- 시간 구간 10 : $D = 1$이므로 $Q = 1$
- 시간 구간 12 : $D = 0$이므로 $Q = 0$
- 시간 구간 14 : $D = 0$이므로 $Q = 0$

에지 트리거 D 플립플롭

에지 트리거 D 플립플롭은 게이티드 D 플립플롭의 EN 입력에 펄스전이검출기([그림 8-19(b)~(c)] 참조)를 추가하여 구성할 수 있다. [그림 8-26]은 에지 트리거 D 플립플롭의 논리기호와 진리표다. 클록펄스의 상승에지 또는 하강에지에서 출력의 상태가 변한다는 점을 제외하면 기본적으로 게이티드 D 플립플롭과 동일하다. 에지 트리거 D 플립플롭은 클록펄스가 입력될 때 $D = 1$이면 $Q = 1$이므로, D 입력의 논리 1 상태의 입력 정보는 클록펄스가 입력될 때 클록펄스의 상승에지(또는 하강에지)에서 플립플롭에 저장된다. 또 클록펄스가 입력될 때 $D = 0$이면 $Q = 0$이므로, D 입력의 논리 0 상태의 입력 정보는 클록펄스가 입력될 때, 클록펄스의 상승에지(또는 하강에지)에서 플립플롭에 저장된다.

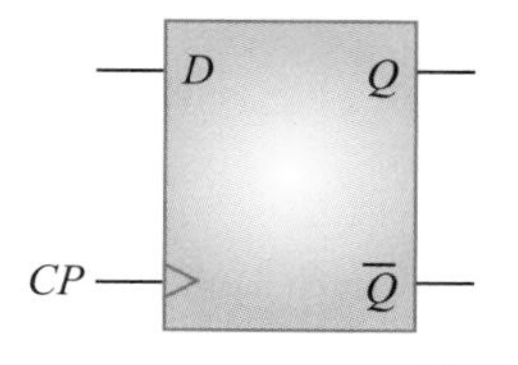

CP	D	$Q(t+1)$
↑	0	0
↑	1	1

(a) 상승에지 트리거 D 플립플롭

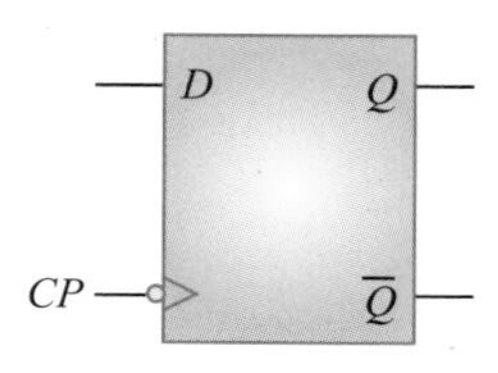

CP	D	$Q(t+1)$
↓	0	0
↓	1	1

(b) 하강에지 트리거 D 플립플롭

[그림 8-26] 에지 트리거 D 플립플롭의 논리기호와 진리표

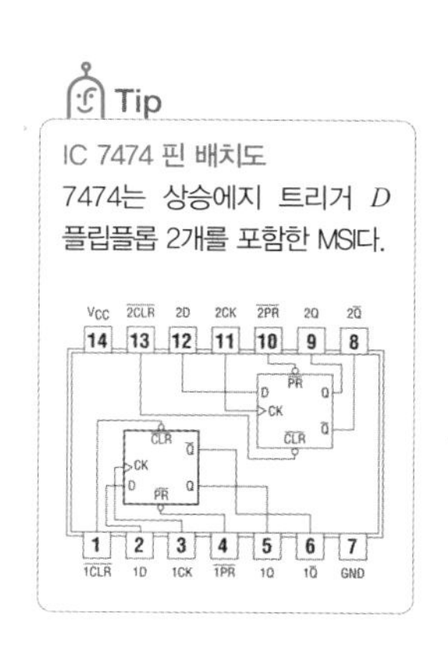

예제 8-6

그림과 같이 파형의 신호가 레벨 트리거, 상승에지 트리거 그리고 하강에지 트리거를 하는 D 플립플롭으로 입력되는 경우 출력파형을 그려보아라. 단, 출력 Q는 0으로 초기화되어 있으며, 게이트에서 전파지연은 없다고 가정한다.

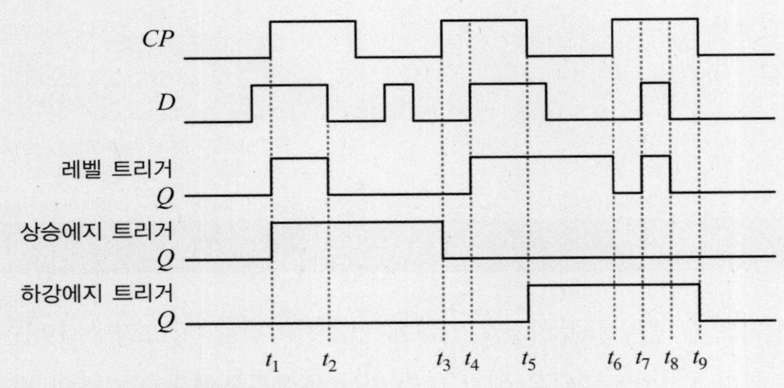

[그림 8-27] D 플립플롭의 입출력파형 예

풀이

레벨 트리거(게이티드)의 경우에는 $CP = 1$인 동안 D의 논리값이 복사되어 그대로 출력에 저장되고, 상승(하강)에지 트리거 플립플롭의 경우에는 각 상승(하강)에지에서의 D의 논리값이 출력에 저장된다.

SECTION

04 JK 플립플롭

SR 플립플롭에서 원하지 않는 상태(S=R=1)를 제거하기 위한 또 다른 방법은 JK 플립플롭으로 구성하는 것이다. 이 절에서는 게이티드 JK 플립플롭, 에지 트리거 JK 플립플롭, 주종형 JK 플립플롭의 구조 및 동작 특성을 알아본다.

Keywords | 게이티드 JK 플립플롭 | 에지 트리거 JK 플립플롭 | 주종형 JK 플립플롭 | 특성방정식 |

게이티드 JK 플립플롭

SR 플립플롭은 $S=1$, $R=1$인 경우 출력 상태가 불안정하다는 문제점이 있다. 이를 해결하기 위한 한 가지 방법은 S와 R의 입력이 동시에 1이 되지 않게 보장하는 D 플립플롭으로 구성하는 것이다. 또 다른 방법이 바로 JK 플립플롭이다.

SR 플립플롭과 비교하면 JK 플립플롭의 J는 S(set)에, K는 R(reset)에 대응하는 입력이다. JK 플립플롭의 가장 큰 특징은 $J=1$, $K=1$인 경우, JK 플립플롭의 출력은 이전 출력의 보수 상태로 바뀐다는 점이다. 즉 $Q(t)=0$이면 $Q(t+1)=1$이 되며, $Q(t)=1$이면 $Q(t+1)=0$이므로 $Q(t+1)=\overline{Q}(t)$가 된다. [그림 8-28]은 NAND 래치회로를 이용한 **게이티드 JK 플립플롭**의 회로도와 논리기호이다.

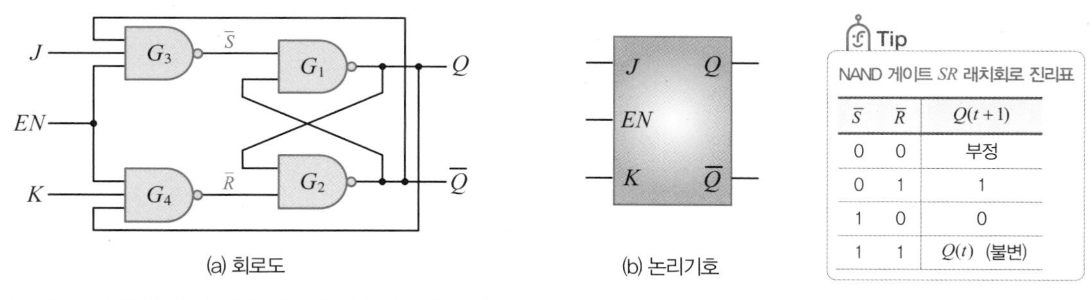

NAND 게이트 SR 래치회로 진리표

$\overline{S}$	$\overline{R}$	$Q(t+1)$
0	0	부정
0	1	1
1	0	0
1	1	$Q(t)$ (불변)

(a) 회로도

(b) 논리기호

[그림 8-28] 게이티드 JK 플립플롭(NAND 게이트형)

[그림 8-28]의 JK 플립플롭은 앞단의 NAND 게이트의 동작만 이해하면 그 다음은 앞에서 살펴본 SR 래치와 같이 동작하므로 쉽게 이해할 수 있다. 먼저 $EN=0$이면 G_3과 G_4의 출력이 모두 1이 되므로 플립플롭의 출력 Q를 변화시킬 수 없다. 따라서 이 회로는 $EN=1$인 경우에만 동작하는 플립플롭이다. 게이티드 JK 플립플롭의 동작 상태를 살펴보면 다음과 같다.

① $J=0, K=0$인 경우

> G_3과 G_4의 출력이 모두 1이 되므로 NAND 게이트 G_1과 G_2로 구성된 SR 래치는 출력이 변하지 않는다.

② $J=0, K=1$인 경우

> G_3의 출력은 1이 되고, G_4의 출력은 $\overline{Q(t)\cdot K\cdot EN}$인데 $K=1$, $EN=1$이므로 $\bar{Q}(t)$가 된다. $Q(t)=1$이면 SR 래치의 $\bar{S}=1$, $\bar{R}=0$인 경우와 같으므로 출력은 $Q(t+1)=0$이 된다. $Q(t)=0$이면 SR 래치의 $\bar{S}=1$, $\bar{R}=1$인 경우와 같으므로 출력은 변하지 않고 $Q(t+1)=0$이 된다. 결과적으로 $J=0$, $K=1$이 입력되면 이전 상태 $Q(t)$에 관계없이 $Q(t+1)=0$이 된다.

③ $J=1, K=0$인 경우

> G_4의 출력은 1이 되고 G_3의 출력은 $\overline{\bar{Q}(t)\cdot J\cdot EN}$인데 $J=1$, $EN=1$이므로 $Q(t)$가 된다. $Q(t)=0$이면 SR 래치의 $\bar{S}=0$, $\bar{R}=1$인 경우와 같으므로 출력은 $Q(t+1)=1$이 된다. $Q(t)=1$이면 SR 래치의 $\bar{S}=1$, $\bar{R}=1$인 경우와 같으므로 출력은 변하지 않고 $Q(t+1)=1$이 된다. 결과적으로 $J=1$, $K=0$이 입력되면 이전 상태 $Q(t)$에 관계없이 $Q(t+1)=1$이 된다.

④ $J=1, K=1$인 경우

> G_3의 출력은 $\overline{\bar{Q}(t)\cdot J\cdot EN}$인데 $J=1$, $EN=1$이므로 $Q(t)$가 된다. 또 G_4의 출력은 $\overline{Q(t)\cdot K\cdot EN}$인데 $K=1$, $EN=1$이므로 $\bar{Q}(t)$가 된다. $Q(t)=0$인 경우 SR 래치의 $\bar{S}=0$, $\bar{R}=1$인 경우와 같으므로 출력은 $Q(t+1)=1$이 된다. 마찬가지로 $Q(t)=1$인 경우 SR 래치의 $\bar{S}=1$, $\bar{R}=0$인 경우와 같으므로 출력은 $Q(t+1)=0$이 된다. 따라서 출력 $Q(t+1)$은 이전 상태 $Q(t)$의 보수가 된다.

[표 8-5]는 플립플롭의 동작 상태를 토대로 만든 JK 플립플롭의 진리표다.

[표 8-5] JK 플립플롭의 진리표

EN	J	K	$Q(t+1)$
1	0	0	$Q(t)$ (불변)
1	0	1	0
1	1	0	1
1	1	1	$\bar{Q}(t)$ (toggle)

[표 8-6]은 [표 8-5]의 진리표를 근거로 입력변수를 J, K, $Q(t)$로 하고 출력변수를 $Q(t+1)$로 하여 만든 JK 플립플롭의 특성표이다.

[표 8-6] *JK* 플립플롭의 특성표

$Q(t)$	J	K	$Q(t+1)$
0	0	0	0
0	0	1	0
0	1	0	1
0	1	1	1
1	0	0	1
1	0	1	0
1	1	0	1
1	1	1	0

Tip
$Q(t)$: 현재 상태
$Q(t+1)$: 다음 상태

[표 8-6]을 토대로 카르노 맵과 출력 $Q(t+1)$에 대한 간소화한 특성방정식을 구하면 [그림 8-29]와 같다.

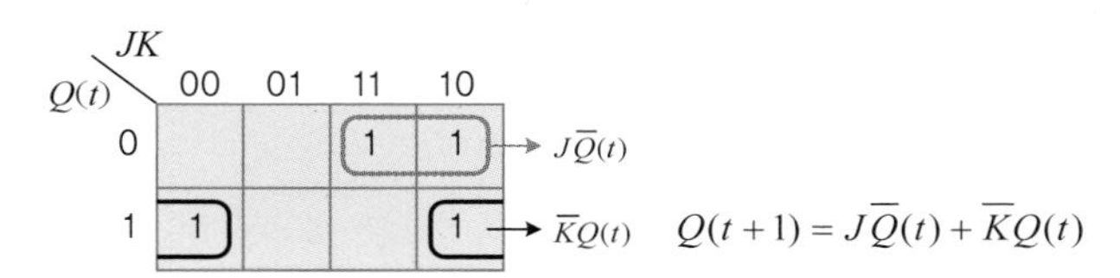

[그림 8-29] *JK* 플립플롭의 카르노 맵

[그림 8-28]의 게이티드 *JK* 플립플롭을 이용하는 경우, 인에이블 신호 *EN*의 폭이 충분히 길고 $J=1$, $K=1$이라고 가정해보자. 이 경우에 클록펄스가 가해져 출력이 보수가 된 후에도 클록펄스는 여전히 1인 상태이므로 플립플롭은 변화된 출력신호에 의해 또 다시 동작하게 된다. 그러므로 이러한 플립플롭을 이용하는 경우에는 클록펄스의 폭에 제한을 두어야 한다. 이러한 단점을 수정한 플립플롭이 에지 트리거 *JK* 플립플롭이다.

[그림 8-30]은 *JK* 플립플롭의 상태도로, *JK* 플립플롭의 특성을 그림으로 표시한 것이다. 원 안의 0이나 1은 플립플롭의 현재 상태를 나타내는데, 현재 상태가 0인 경우 $J=0$, $K=0$ 또는 $J=0$, $K=1$이 입력되면 플립플롭의 다음 상태가 0을 유지하고 $J=1$, $K=0$ 또는 $J=1$, $K=1$이 입력되면 플립플롭의 다음 상태가 1이 됨을 의미한다.

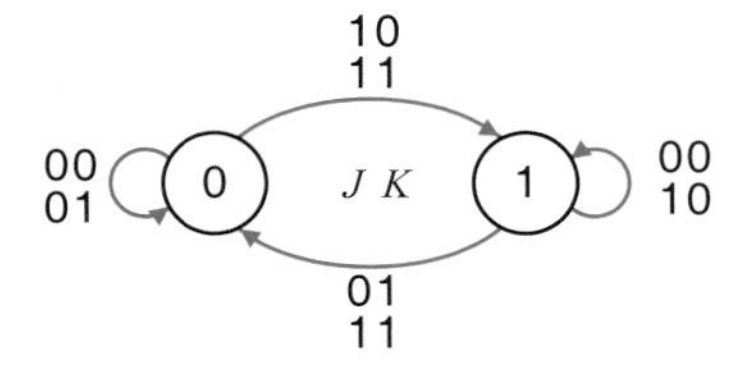

[그림 8-30] *JK* 플립플롭의 상태도

JK 플립플롭은 가장 많이 사용되는 플립플롭이다. [그림 8-28]의 플립플롭을 NOR 게이트형 플립플롭으로 표현하면 [그림 8-31]과 같다.

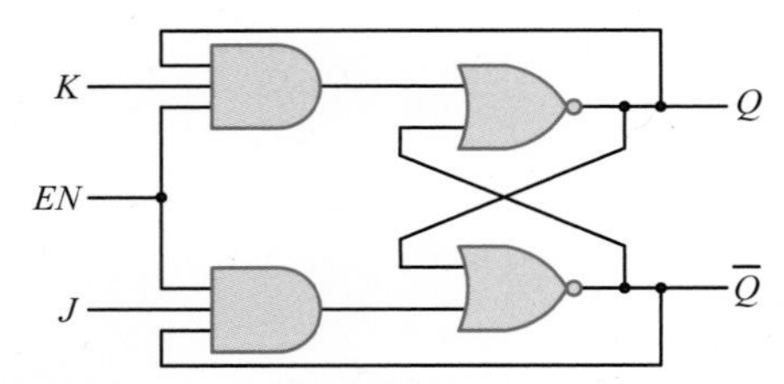

[그림 8-31] 게이티드 *JK* 플립플롭(NOR 게이트형)

예제 8-7

그림과 같은 파형을 게이티드 *JK* 플립플롭에 인가하였을 때, 출력 Q의 파형을 그려보아라. 단, 출력 Q는 0으로 초기화되어 있으며, 게이트에서 전파지연은 없다고 가정한다.

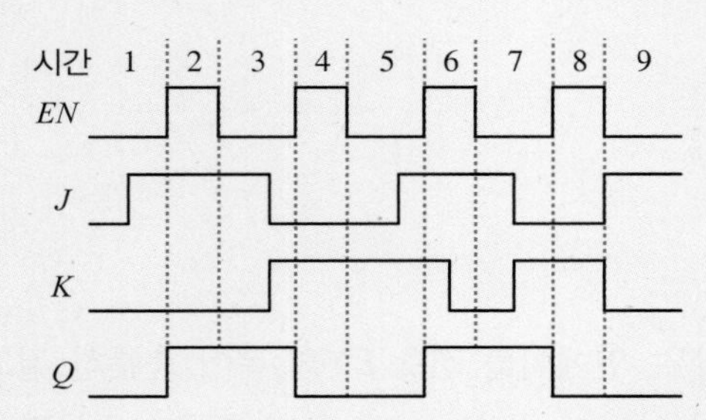

[그림 8-32] 게이티드 *JK* 플립플롭의 입출력파형 예

풀이

EN = 1인 동안(시간 구간 2, 4, 6, 8) 입력 J와 K에 따라서 출력 Q가 변하지만, EN = 0인 동안에는 출력이 변하지 않는다.

- 시간 구간 2 : $J = 1$, $K = 0$이므로 $Q = 1$
- 시간 구간 4 : $J = 0$, $K = 1$이므로 $Q = 0$
- 시간 구간 6 : $J = 1$, $K = 1$이므로 토글되어 $Q = 1$
- 시간 구간 6 : 중간에서 $J = 1$이고, K가 1에서 0으로 변하므로 $Q = 1$
- 시간 구간 8 : $J = 0$, $K = 1$이므로 $Q = 0$

Tip

JK 플립플롭에서 *J*와 *K*의 어원에 대한 정확한 근거는 없으나, 미국의 물리학자 잭 킬비(Jack S. Kilby, 1923~2005)의 이름 이니셜이라는 설이 있다. 텍사스인스트루먼트사의 엔지니어였던 잭 킬비는 1958년 집적회로를 발명했고 2000년에 노벨물리학상을 수상했다. 또 다른 설은 가장 흔한 미국 남녀 이름인 John과 Kate에서 따온 말이라고도 하지만 정확한 것은 알려져 있지 않다.

에지 트리거 JK 플립플롭

에지 트리거 JK 플립플롭의 구조는 [그림 8-33]과 같이 게이티드 JK 플립플롭의 EN 입력에 펄스 전이검출기([그림 8-19(b)~(c)] 참조)를 추가하여 구성할 수 있다.

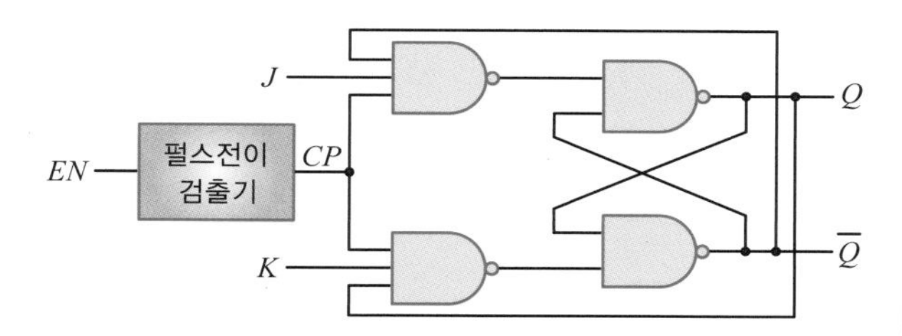

[그림 8-33] 에지 트리거 JK 플립플롭의 구조

[그림 8-34]는 에지 트리거 JK 플립플롭의 논리기호와 진리표다. 클록펄스의 상승에지 또는 하강에지에서 출력의 상태가 변한다는 점을 제외하면 기본적으로 게이티드 JK 플립플롭과 동일하다.

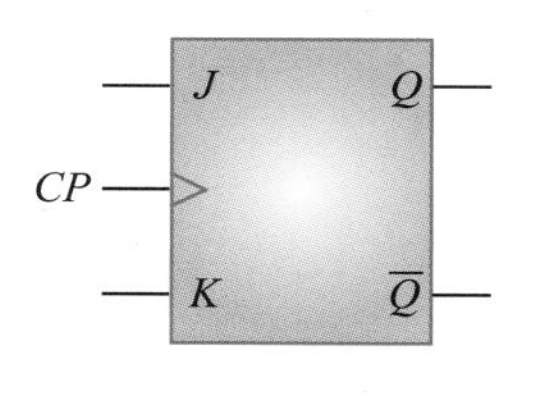

CP	J	K	$Q(t+1)$
↑	0	0	$Q(t)$ (불변)
↑	0	1	0
↑	1	0	1
↑	1	1	$\overline{Q}(t)$ (toggle)

(a) 상승에지 트리거 JK 플립플롭

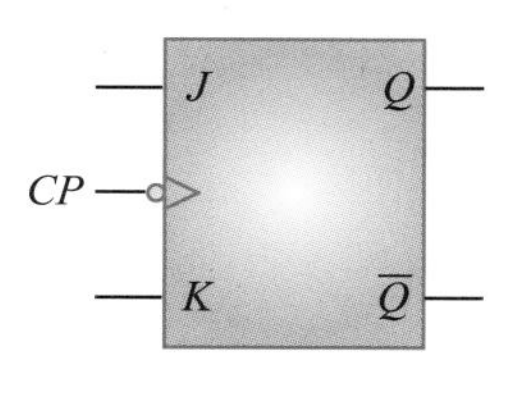

CP	J	K	$Q(t+1)$
↓	0	0	$Q(t)$ (불변)
↓	0	1	0
↓	1	0	1
↓	1	1	$\overline{Q}(t)$ (toggle)

(b) 하강에지 트리거 JK 플립플롭

[그림 8-34] 에지 트리거 JK 플립플롭의 논리기호와 진리표

Tip

IC 74112 핀 배치도
74112는 하강에지 트리거 JK 플립플롭 2개를 포함한 MSI다.

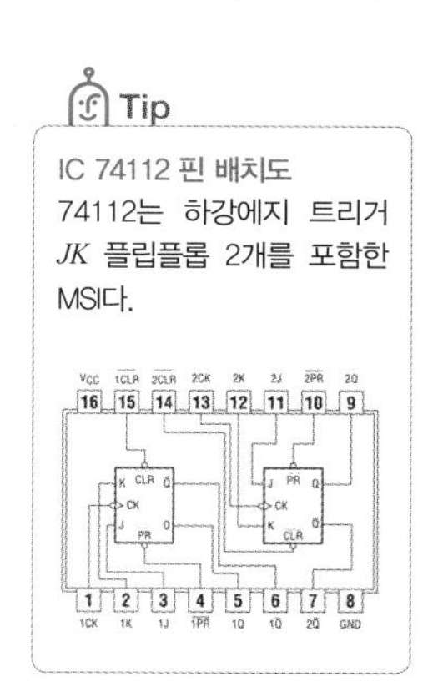

예제 8-8

그림과 같은 파형을 상승에지 JK 플립플롭에 인가하였을 때, 출력 Q의 파형을 그려보아라. 단, 출력 Q는 1로 초기화되어 있으며, 게이트에서 전파지연은 없다고 가정한다.

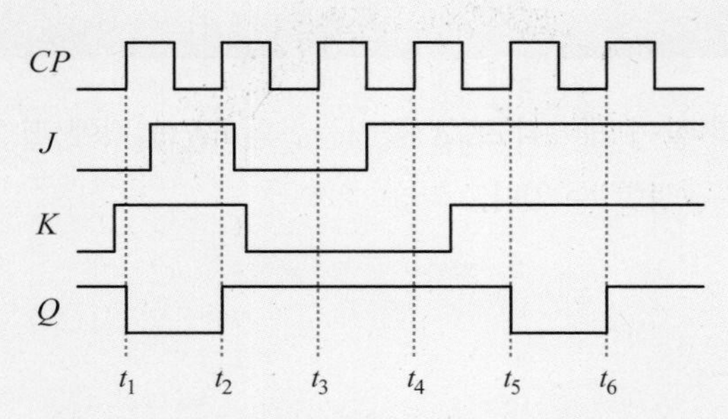

[그림 8-35] 상승에지 *JK* 플립플롭의 입출력파형 예

풀이

출력 Q는 CP가 0에서 1로 변하는 순간에만 변한다.

- t_1 : $J = 0,\ K = 1$이므로 $Q = 0$
- t_2 : $J = 1,\ K = 1$이므로 출력은 토글되어 $Q = 1$
- t_3 : $J = 0,\ K = 0$이므로 이전 상태 유지($Q = 1$)
- t_4 : $J = 1,\ K = 0$이므로 $Q = 1$
- t_5 : $J = 1,\ K = 1$이므로 출력은 토글되어 $Q = 0$
- t_6 : $J = 1,\ K = 1$이므로 출력은 토글되어 $Q = 1$

주종형 *JK* 플립플롭

레벨 트리거링을 행하는 플립플롭의 문제를 해결할 목적으로 많이 사용하는 방법 중에 주종형(master-slave) 플립플롭이 있다. **주종형 플립플롭**은 주 플립플롭(master flip-flop), 종 플립플롭(slave flip-flop) 그리고 NOT 게이트로 구성된다. [그림 8-36]은 주종형 *JK* 플립플롭을 나타낸 것이다.

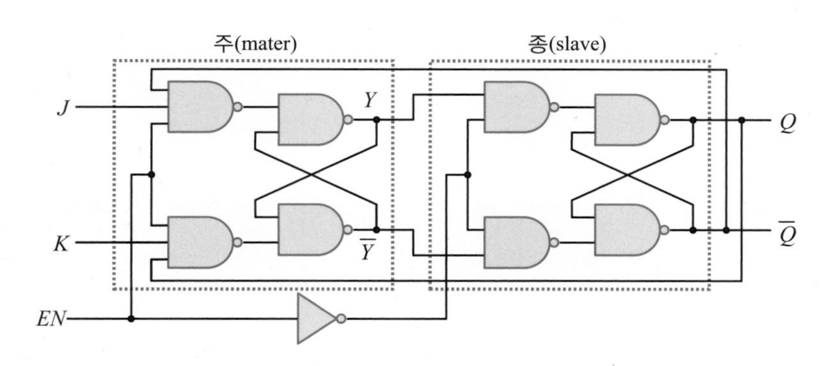

[그림 8-36] 주종형 *JK* 플립플롭

Tip

IC 7476 핀 배치도

7476은 하강에지 트리거 주종형 *JK* 플립플롭이며, 2개가 한 패키지 안에 들어 있다.

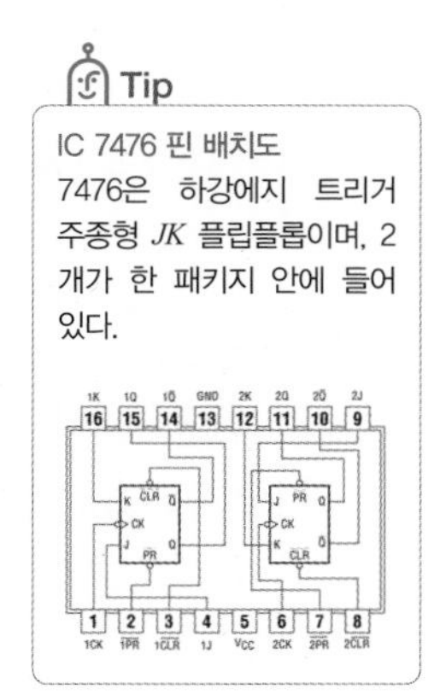

[그림 8-36]에서 볼 수 있듯이 $EN=1$이면 외부의 J와 K의 입력이 주 플립플롭에 전달된다. 그러나 $EN=1$인 동안에는 NOT 게이트 출력이 0이므로 종 플립플롭은 동작하지 않는다. $EN=0$이면 NOT 게이트의 출력은 1이다. 종 플립플롭의 클록 입력은 1이므로 종 플립플롭이 동작하여 Q는 Y가 되고 $\overline{Q}$는 $\overline{Y}$가 된다. 주 플립플롭은 $EN=0$이므로 동작하지 않는다. 이 내용을 타이밍도로 설명한 것이 [그림 8-37]이다.

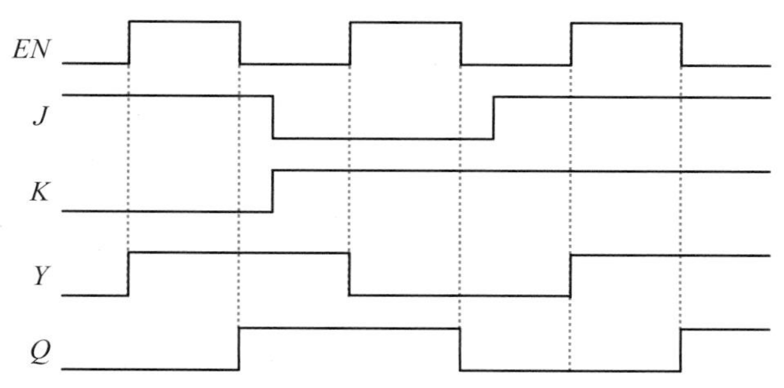

[그림 8-37] 주종형 *JK* 플립플롭의 파형도

주종형 플립플롭은 플립플롭 2개로 비교적 간단히 레벨 트리거링의 문제를 완화시켜준다. 즉 [그림 8-36]에서 외부로 나타나는 출력은 Q뿐이며, Q는 어떤 경우에라도 한 번만 정해진다. 한 클록 주기 동안 이것이 다시 궤환되어 입력으로 들어가는 경우가 없어서 새로운 값에 Q가 들어가지 않는다. 한 클록 주기 동안 한 번만 상태가 정의되기 때문에 주종형 플립플롭은 의미가 있다.

주종형 플립플롭은 외견상 에지 트리거링인 것처럼 동작한다. 즉 [그림 8-37]을 보면 Q는 클록이 1에서 0으로 변할 때 입력에 대응하는 상태로 바뀐다. 그러나 실제로는 주종형 플립플롭은 에지 트리거링 방식은 아니다. 왜냐하면 클록이 1인 동안 주 플립플롭은 계속 입력을 받아들이고 있기 때문에 만일 클록이 길어서 그 사이에 잡음 등 여러 형태의 잘못된 신호가 입력되면 주 플립플롭의 상태가 바뀌고, 해당 값이 종 플립플롭으로 전달될 수도 있기 때문이다. 따라서 이러한 문제를 고려하면 순간적으로 상태가 바뀌는 에지 트리거링이 더 좋은 방법이라고 할 수 있다.

레이스(race) 현상

플립플롭은 출력이 입력에 피드백되어 있으므로 클록의 레벨 폭이 플립플롭의 지연시간보다 크면 출력상태에 의해 입력상태가 바뀌고, 이로 인해 다시 출력상태가 바뀌어 플립플롭이 안정화되지 못하는 현상이다. 이러한 레이스 현상을 방지하기 위해 사용되는 플립플롭에는 에지 트리거 플립플롭과 주종형 플립플롭이 있다.

SECTION 05

T 플립플롭

T 플립플롭은 JK 플립플롭의 J와 K 입력을 묶어서 한 입력신호 T로 동작시키는 것이다. 이 절에서는 게이티드 T 플립플롭, 에지 트리거 T 플립플롭의 구조 및 동작 특성을 알아본다.

Keywords | 게이티드 T 플립플롭 | 에지 트리거 T 플립플롭 | 특성방정식 |

게이티드 T 플립플롭

게이티드 T 플립플롭은 [그림 8-38]과 같이 게이티드 JK 플립플롭의 J와 K 입력을 묶어서 한 입력신호 T로 동작시키는 플립플롭이다. 따라서 T 플립플롭은 JK 플립플롭의 동작 중에서 입력이 모두 0이거나 1인 경우만을 이용하는 플립플롭이다.

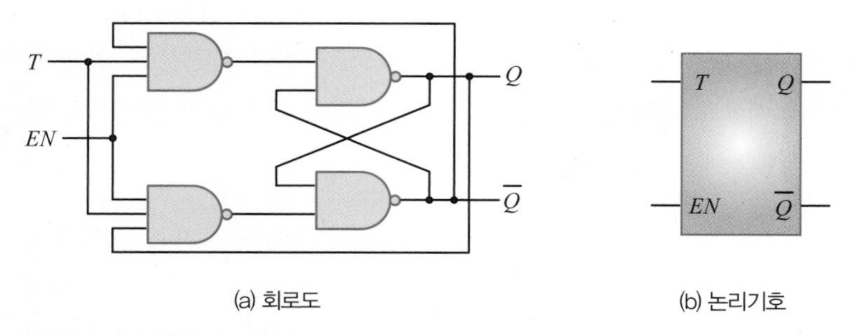

(a) 회로도　　(b) 논리기호

[그림 8-38] 게이티드 T 플립플롭

T 플립플롭의 입력 $T=0$인 경우, $J=0$, $K=0$인 JK 플립플롭과 같이 동작하므로 출력은 변하지 않는다. T=1인 경우, $J=1$, $K=1$인 JK 플립플롭과 같이 동작하므로 출력은 보수가 된다. 이러한 이유에서 T 플립플롭을 토글(toggle) 플립플롭이라고 한다. [표 8-7]은 T 플립플롭의 동작 상태를 토대로 한 T 플립플롭의 진리표이다.

[표 8-7] T 플립플롭의 진리표

EN	T	$Q(t+1)$
1	0	$Q(t)$
1	1	$\overline{Q}(t)$

[표 8-7]의 진리표를 근거로 입력변수를 T, $Q(t)$로 하고 출력을 $Q(t+1)$로 하는 T 플립플롭의 특성표를 [표 8-8]에 나타냈다.

[표 8-8] T 플립플롭의 특성표

$Q(t)$	T	$Q(t+1)$
0	0	0
0	1	1
1	0	1
1	1	0

Tip

$Q(t)$: 현재 상태

$Q(t+1)$: 다음 상태

[표 8-8]을 토대로 카르노 맵을 그려서 출력 $Q(t+1)$에 대해 간소화한 특성방정식을 구하면 다음과 같다.

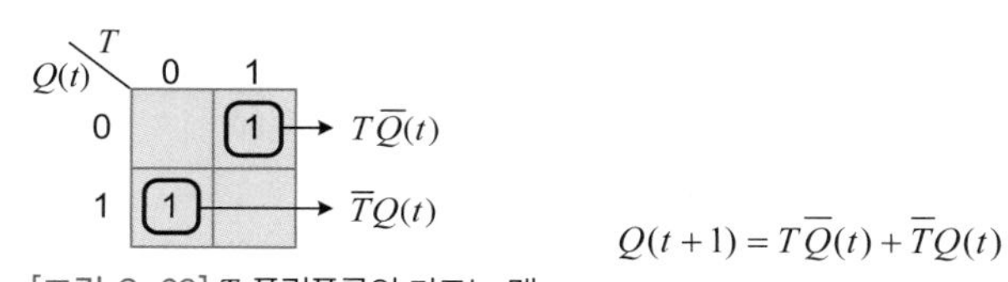

[그림 8-39] T 플립플롭의 카르노 맵

$$Q(t+1) = T\overline{Q}(t) + \overline{T}Q(t)$$

[그림 8-40]은 T 플립플롭 특성을 표시한 상태도이다. 원 안에 있는 0이나 1은 플립플롭의 현재 상태를 나타내는데, 현재 상태가 0인 경우 $T=0$이 입력되면 플립플롭의 다음 상태는 0을 유지하고 $T=1$이 입력되면 플립플롭의 다음 상태가 1이 됨을 의미한다.

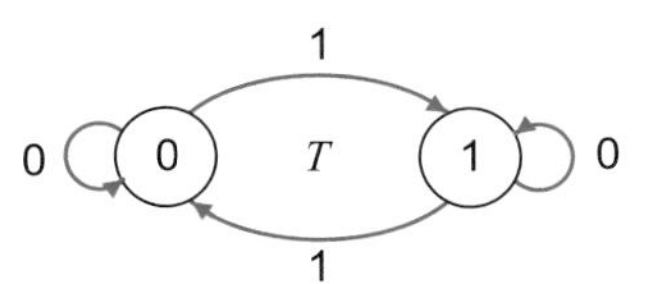

[그림 8-40] T 플립플롭의 상태도

예제 8-9

그림과 같은 파형을 게이티드 T 플립플롭에 인가했을 때, 출력 Q의 파형을 그려보아라. 단, 출력 Q는 0으로 초기화되어 있으며, 게이트에서 전파지연은 없다고 가정한다.

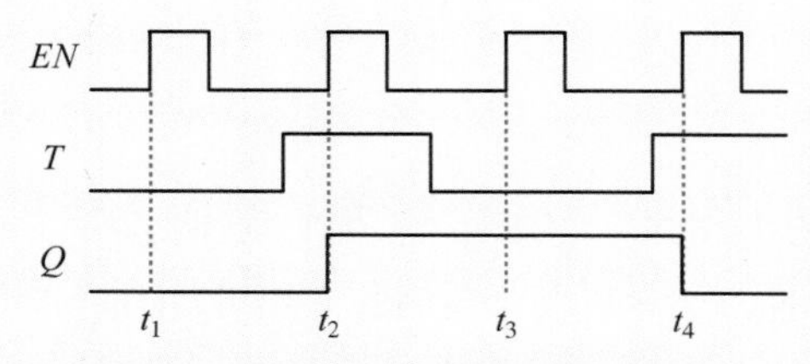

[그림 8-41] 게이티드 T 플립플롭의 입출력파형 예

풀이

EN=1인 동안 입력 T에 따라서 출력 Q가 변하지만, $EN=0$인 동안에는 출력이 변하지 않는다.

- t_1 : $T=0$이므로 Q의 상태를 유지($Q=0$)
- t_2 : $T=1$이므로 Q의 상태가 토글($Q=1$)
- t_3 : $T=0$이므로 Q의 상태를 유지($Q=1$)
- t_4 : $T=1$이므로 Q의 상태가 토글($Q=0$)

에지 트리거 T 플립플롭

[그림 8-42]에는 에지 트리거 T 플립플롭의 논리기호와 진리표를 나타냈다. 에지 트리거 T 플립플롭은 에지 트리거 JK 플립플롭의 J와 K 입력을 묶어 하나가 되게 구성한 것이다. T 입력이 논리 0일 때와 논리 1일 때의 두 가지 동작이 있다. T 입력을 논리 0으로 하고 CP에 짧은 클록펄스를 입력하면 출력 Q는 현재 상태를 유지한다. T 입력을 논리 1로 하고 CP에 짧은 클록펄스를 입력하면 출력 Q는 보수 상태로 변한다.

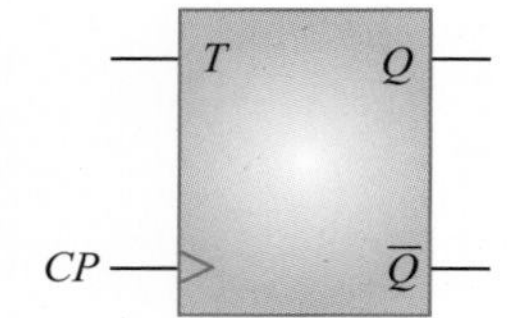

CP	T	$Q(t+1)$
↑	0	$Q(t)$
↑	1	$\bar{Q}(t)$

(a) 상승에지 트리거 T 플립플롭

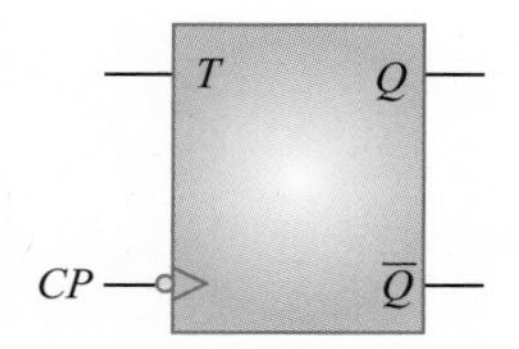

CP	T	$Q(t+1)$
↓	0	$Q(t)$
↓	1	$\bar{Q}(t)$

(b) 하강에지 트리거 T 플립플롭

[그림 8-42] 에지 트리거 T 플립플롭의 논리기호와 진리표

일반적으로 에지 트리거 T 플립플롭은 T 입력을 논리 1 상태로 고정하고 CP에 클록펄스를 트리거 입력으로 사용하기도 한다. 이러한 경우 T 플립플롭은 클록펄스가 들어올 때마다 상태가 반전되는 회로다. [그림 8-43]은 상승에지 트리거 T 플립플롭의 논리기호와 타이밍도다. 플립플롭의 출력 Q는 정확히 입력신호 주파수의 1/2이라는 것에 주목하라.

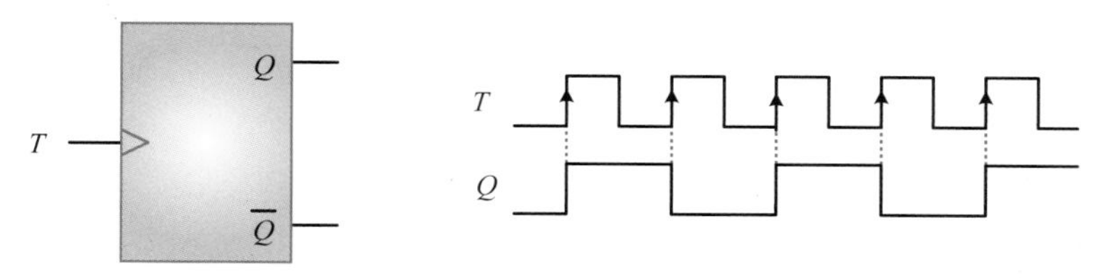

[그림 8-43] 에지 트리거 T 플립플롭의 논리기호와 타이밍도

[그림 8-44]는 D 플립플롭 또는 JK 플립플롭으로부터 T 플립플롭을 구현하는 방법을 보여준다. [그림 8-44(a)]에서 $Q=0$, $\overline{Q}=1$인 상태에서 클록펄스가 들어오면 상승에지에서 $D=1$이므로 $Q=1$, $\overline{Q}=0=D$로 변한다. 다음 클록펄스의 상승에지에서 $D=0$이므로 $Q=0$, $\overline{Q}=1=D$와 같이 된다. 즉 클록펄스가 들어올 때마다 출력이 반전된다. [그림 8-44(b)]에서 $Q=0$, $\overline{Q}=1$인 상태에서 클록펄스가 들어오면 상승에지에서 $J=1$, $K=0$이므로 $Q=1=K$, $\overline{Q}=0=J$로 변한다. 다음 클록펄스의 상승에지에서 $J=0$, $K=1$이므로 $Q=0$, $\overline{Q}=1$과 같이 된다. 즉 클록펄스가 들어올 때마다 출력이 반전된다. [그림 8-44(c)]는 JK 플립플롭의 진리표로부터 $J=K=1$인 경우에는 클록펄스가 들어올 때마다 출력이 반전됨을 보여준다. T 플립플롭은 카운터와 주파수 분할에 가장 많이 사용되는 플립플롭이다.

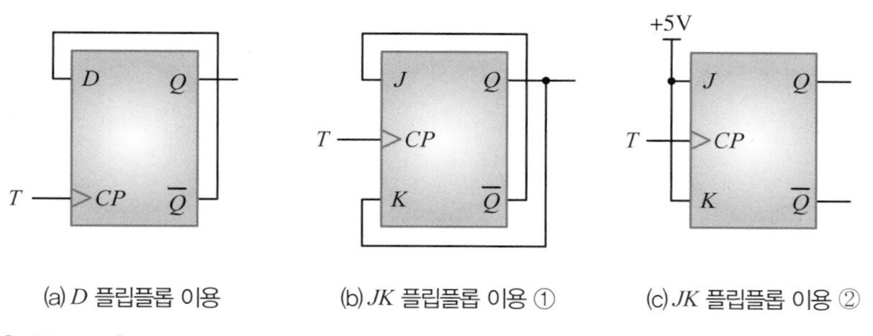

(a) D 플립플롭 이용 (b) JK 플립플롭 이용 ① (c) JK 플립플롭 이용 ②

[그림 8-44] T 플립플롭을 구현하는 방법

예제 8-10

100MHz 클록펄스 발생기를 사용해서 25MHz를 만들려면 몇 개의 T 플립플롭이 필요한가?

풀이

T 플립플롭 1개는 입력 주파수의 1/2인 주파수를 출력하므로 필요한 T 플립플롭의 개수는 2개다.

Tip

D 플립플롭과 JK 플립플롭은 IC 제품이 많지만 SR 플립플롭이나 T 플립플롭은 IC 제품이 거의 없다. D 플립플롭의 IC 제품은 7474, 74174, 74175, 74273, 74374 등이 있으며, JK 플립플롭의 IC 제품은 7473, 7476, 74112, 74376 등이 있다.

SECTION 06

비동기 입력

비동기 입력들은 임의의 시점에서 플립플롭의 상태를 바꿀 수 있기 때문에 주로 플립플롭의 초기 조건을 결정하는 용도로 사용된다. 이 절에서는 비동기 입력인 preset과 clear 입력에 대해 살펴본다.

Keywords | preset | clear | active-low |

앞에서 설명한 *SR* 플립플롭, *D* 플립플롭, *JK* 플립플롭, *T* 플립플롭 등은 클록펄스가 동작하는 동안에만 플립플롭이 동작하며, 입력데이터는 클록펄스에 동기되어 출력에 전달되므로 동기 입력(synchronous input)이라고 한다. 대부분의 플립플롭에는 클록펄스를 통해서 플립플롭의 상태를 변화시킬 수 있는 동기 입력이 있고, 클록펄스와 관계없이 비동기적으로 변화시킬 수 있는 비동기 입력인 preset($\overline{PR}$) 입력과 clear($\overline{CLR}$) 입력이 있다.

비동기 입력들은 임의의 시점에서 플립플롭의 상태를 바꿀 수 있기 때문에 주로 플립플롭의 초기 조건을 결정하는 용도로 사용된다. [그림 8-45]에는 비동기 입력을 가진 *JK* 플립플롭의 논리기호와 진리표를 나타냈는데, $\overline{PR}$ 입력과 $\overline{CLR}$ 입력에 있는 원은 이 입력이 0일 때 플립플롭의 상태를 변하게 한다는 것을 의미한다. 즉 active-low이다.

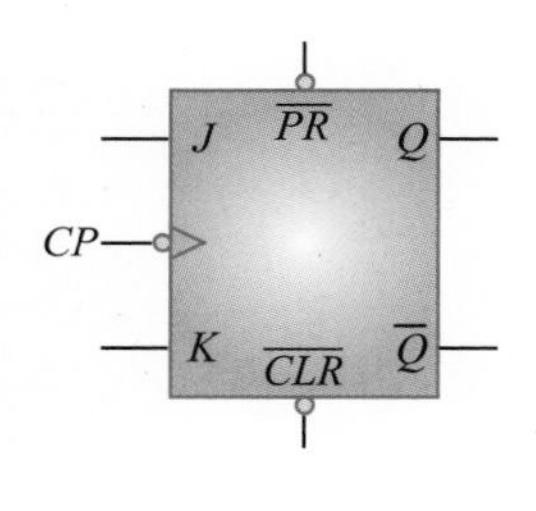

(a) 논리기호

$\overline{PR}$	$\overline{CLR}$	CP	J	K	$Q(t+1)$
0	1	×	×	×	1
1	0	×	×	×	0
1	1	↓	0	0	불변
1	1	↓	0	1	0
1	1	↓	1	0	1
1	1	↓	1	1	토글

(b) 진리표

[그림 8-45] 비동기 입력을 가진 *JK* 플립플롭의 논리기호와 진리표

[그림 8-46]은 $\overline{PR}$ 입력과 $\overline{CLR}$ 입력이 있는 *JK* 플립플롭의 논리회로이다.

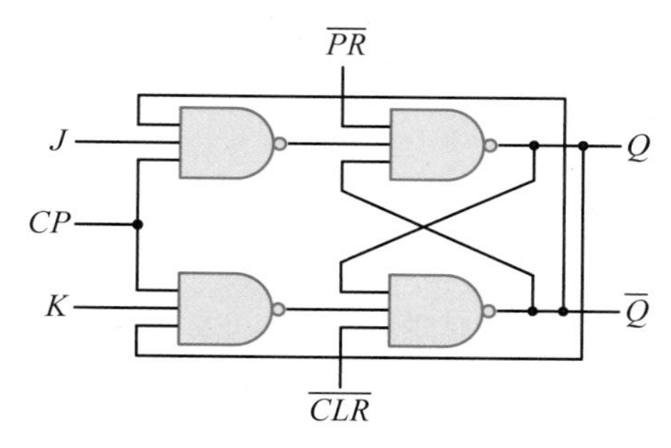

[그림 8-46] preset 입력과 clear 입력이 있는 JK 플립플롭의 논리회로

예제 8-11

그림과 같이 하강에지 JK 플립플롭의 J와 K 입력을 논리 1(+5V)로 하고, ($\overline{PR}$)과 ($\overline{CLR}$) 입력에 그림의 파형을 인가하였을 때, 출력 Q의 파형을 그려보아라. 단, 출력 Q는 0으로 초기화되어 있으며, 게이트에서 전파지연은 없다고 가정한다.

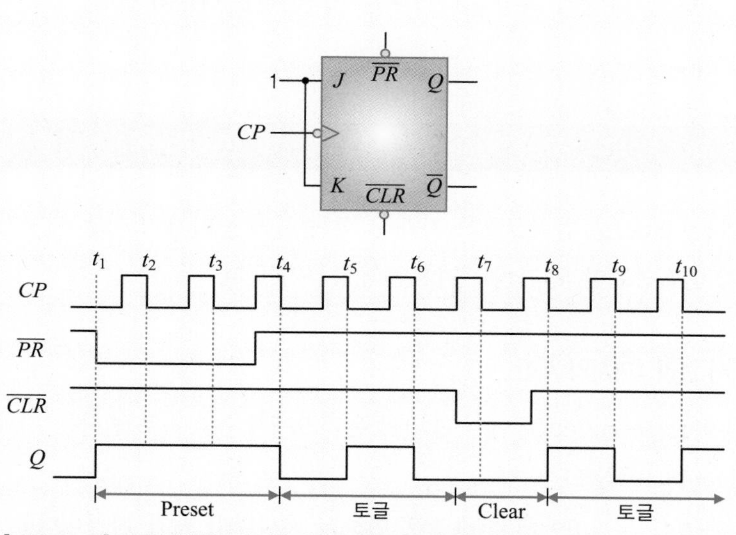

[그림 8-47] JK 플립플롭에서 비동기 입력을 고려한 입출력파형

풀이

클록 입력에 보수 기호가 있으므로 출력 Q는 클록펄스의 하강에지에서 변한다.

- t_1, t_2, t_3 : $\overline{PR} = 0$이므로 출력은 세트되어 $Q = 1$
- t_4, t_5, t_6 : $\overline{PR} = 1$, $\overline{CLR} = 1$이고, $J = 1$, $K = 1$이므로 출력 Q는 토글
- t_7 : $\overline{CLR} = 0$이므로 출력은 리셋되어 $Q = 0$
- t_8, t_9, t_{10} : $\overline{PR} = 1$, $\overline{CLR} = 1$이고, $J = 1$, $K = 1$이므로 출력 Q는 토글

SECTION 07

플립플롭의 동작 특성

플립플롭의 동작 특성은 디지털 논리게이트의 전기적 특성과 매우 유사하지만 일부가 다르다. 이 절에서는 플립플롭의 동작 특성을 결정하는 6가지 파라미터에 대해 살펴보고 IC 7474와 IC 74112를 동작 특성 관점에서 비교한다.

Keywords | 전파지연시간 | 설정시간 | 유지시간 | 펄스 폭 | 최대 클록주파수 | 전력소모 |

플립플롭의 동작 특성은 디지털 논리게이트의 전기적 특성과 매우 유사하지만 플립플롭의 특성 때문에 일부가 다르다. 실제 플립플롭의 응용에서 중요한 몇 가지 동작 특성이나 파라미터는 회로의 수행과 동작을 제한한다. 이들은 집적회로의 데이터에 나타나고 회로의 형태에 관계없이 모든 플립플롭에 적용할 수 있다. 플립플롭의 동작 특성을 나타내는 파라미터는 다음과 같다.

전파지연시간

전파지연시간(propagation delay time)은 입력신호가 가해진 후 출력에 변화가 일어날 때까지의 시간 간격이다. 플립플롭의 동작에 중요한 몇 가지 전파지연의 종류가 있다.

■ 전파지연(t_{PLH}) : 논리 0에서 논리 1까지의 시간

- 클록펄스의 트리거링 에지(triggering edge)에서 출력이 논리 0에서 논리 1로 변하는 점까지의 시간 간격이다([그림 8-48(a)] 참조).
- preset($\overline{PR}$)이 입력되어 출력이 논리 0에서 논리 1로 변하는 점까지의 시간 간격이다([그림 8-49(a)] 참조).

■ 전파지연(t_{PHL}) : 논리 1에서 논리 0까지의 시간

- 클록펄스의 트리거링 에지에서 출력이 논리 1에서 논리 0으로 변하는 점까지의 시간 간격이다([그림 8-48(b)] 참조).
- clear($\overline{CLR}$)가 입력되어 출력이 논리 1에서 논리 0으로 변하는 점까지의 시간 간격이다([그림 8-49(b)] 참조).

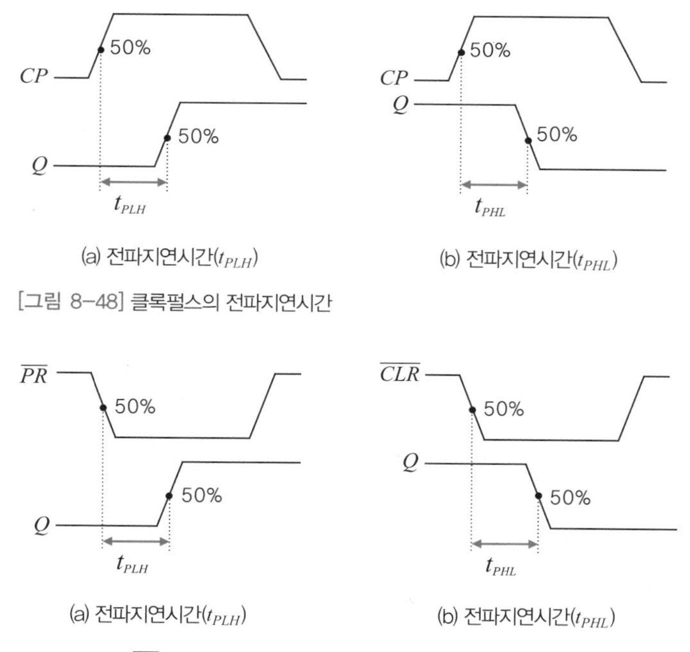

(a) 전파지연시간(t_{PLH}) (b) 전파지연시간(t_{PHL})

[그림 8-48] 클록펄스의 전파지연시간

(a) 전파지연시간(t_{PLH}) (b) 전파지연시간(t_{PHL})

[그림 8-49] $\overline{PR}$ 과 $\overline{CLR}$ 에서 전파지연시간

설정시간 및 유지시간

설정시간(set-up time, t_s)은 플립플롭의 입력신호가 플립플롭에서 안전하게 동작할 수 있게 하는 시간이다. 클록펄스의 상승에지 전이 전에 입력값이 일정 시간 동안 유지되어야 하는데, 이때 필요한 시간 간격을 설정시간이라고 한다.

유지시간(hold time, t_h)도 플립플롭이 신뢰성 있게 동작할 수 있도록 하는 시간이다. 플립플롭의 정상적인 동작을 위해서 클록펄스가 상승에지 전이 후에도 입력값이 변하면 안 되는 일정한 시간이 있는데, 이때 필요한 시간 간격을 유지시간이라고 한다. [그림 8-50]은 D 플립플롭에서의 설정시간과 유지시간을 표시한 것이다.

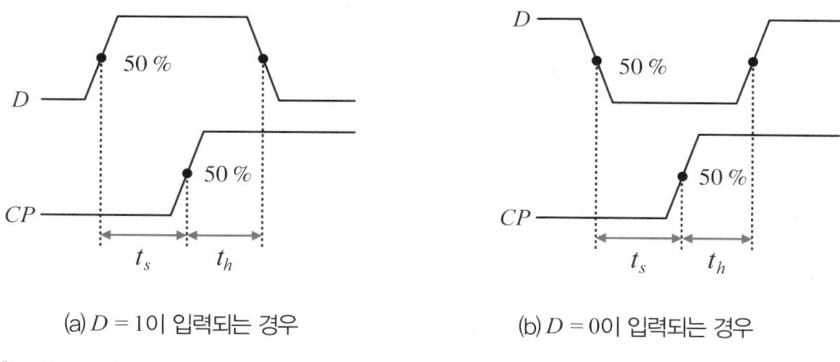

(a) $D = 1$이 입력되는 경우 (b) $D = 0$이 입력되는 경우

[그림 8-50] 설정시간 및 유지시간

펄스 폭

플립플롭은 클록 입력에 입력되는 클록펄스의 상승에지 또는 하강에지에서 동작하므로 상승에지 또는 하강에지의 펄스 폭이 어느 정도 유지되어야만 플립플롭이 정확하게 동작할 수 있다. 플립플롭이 정확하게 동작하기 위한 최소 **펄스 폭**(pulse width, t_w)은 일반적으로 플립플롭의 preset과 clear 입력의 펄스로 규정하고 있다. 즉 preset과 clear 입력의 최소 논리 1 시간과 최소 논리 0 시간으로 규정한다.

최대 클록주파수

플립플롭은 클록펄스를 통해 동작하므로 클록주파수는 플립플롭의 동작 속도를 결정하는 중요한 파라미터다. **최대 클록주파수**(maximum clock frequency, $f_{\max}$)는 플립플롭이 안전하게 동작할 수 있는 최대 주파수다. 플립플롭은 최대 클록주파수를 초과하면 정확하게 동작할 수 없기 때문에 항상 최대 클록주파수 이하에서 동작해야 한다.

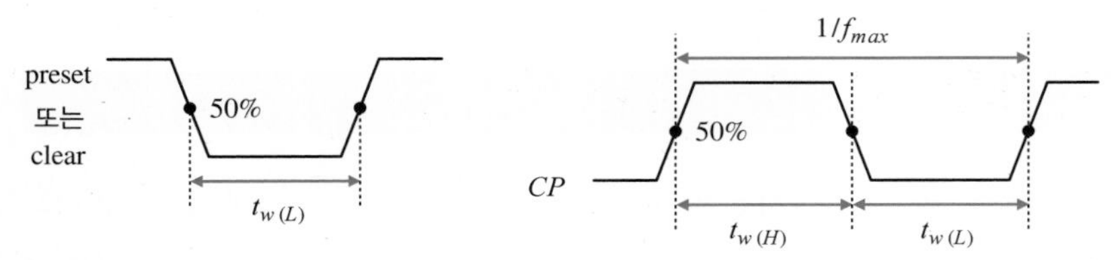

[그림 8-51] 펄스 폭 및 최대 클록주파수

전력소모

전력소모(power dissipation)는 디지털 논리게이트의 전력소모와 같이 플립플롭이 동작하는 데 필요한 전체 전력을 나타낸다. 플립플롭의 전력소모는 공급 전압 V_{CC}와 평균 공급 전류 I_{CC}의 곱이며, 플립플롭의 공급 전압은 일정하지만 공급 전류는 플립플롭의 동작에 따라 달라진다. 예를 들어, 플립플롭이 +5V 직류전원에서 동작하고 50mA의 전류가 흐른다면 전력소모는 다음과 같다.

$$P = V_{CC} \times I_{CC} = 5\text{V} \times 50\text{mA} = 250\text{mW}$$

전력소모는 직류전원용량을 고려하는 많은 응용에서 매우 중요하다. 예를 들어, 플립플롭이 총 10개 있고, 각 플립플롭은 250mW 전력을 소비하는 디지털 시스템에서 필요한 전체 전력은 다음과 같이 계산한다.

$$P_{total} = 10 \times 250\text{mW} = 2500\text{mW} = 2.5\text{W}$$

출력 용량을 고려할 때는 직류전원을 명시해야 한다. 예를 들면, 플립플롭이 +5V 직류에서 동작할 때 공급해야 하는 전류의 양은 다음과 같다.

$$I = \frac{2.5\text{W}}{5\text{V}} = 0.5\text{A}$$

기타 특성

디지털 논리게이트의 전기적 특성에 있는 잡음여유도, 팬-아웃, 팬-인 등은 플립플롭에도 동일하게 적용할 수 있다.

플립플롭의 특성 비교

[표 8-9]는 D 플립플롭인 7474와 JK 플립플롭인 74112를 동작 특성 관점에서 비교한 것이다.

[표 8-9] 플립플롭의 동작 파라미터 비교

파라미터 (단위: ns)	TTL		CMOS	
	7474	74LS112	74C74	74HC112
t_s (set-up)	20	20	60	25
t_h (hold)	5	0	0	0
t_{PHL} (from CLK to Q)	40	24	200	31
t_{PLH} (from CLK to Q)	25	16	200	31
t_{PHL} (from $\overline{CLR}$ to Q)	40	24	225	41
t_{PLH} (from $\overline{PR}$ to Q)	25	16	225	41
$t_{w(L)}$ (CLK Low time)	37	15	100	25
$t_{w(H)}$ (CLK High time)	30	20	100	25
$t_{w(L)}$ (at $\overline{PR}$ or $\overline{CLR}$)	30	15	60	25
$f_{\max}$ (in MHz)	15	30	5	20

CHAPTER

08 연습문제

주관식 문제(기본~응용회로 대비용)

1 그림과 같은 파형이 NOR 게이트 래치회로에 입력되었을 때, 출력 Q의 변화를 그려보아라. 단, Q는 0으로 초기화되어 있으며, 게이트에서 전파지연은 없다고 가정한다.

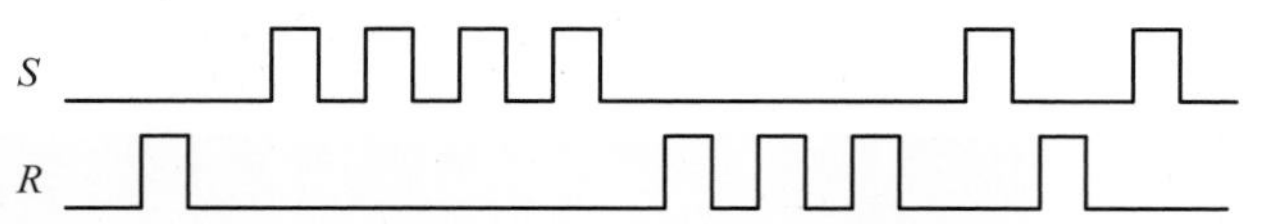

2 상승에지 트리거 SR 플립플롭에서 클록펄스와 S, R 입력이 그림과 같이 변할 때, 출력 Q의 변화를 그려보아라. 단, Q는 0으로 초기화되어 있으며, 게이트에서의 전파지연은 없다고 가정한다. 하강에지 트리거 SR 플립플롭에 대해서도 반복하여라.

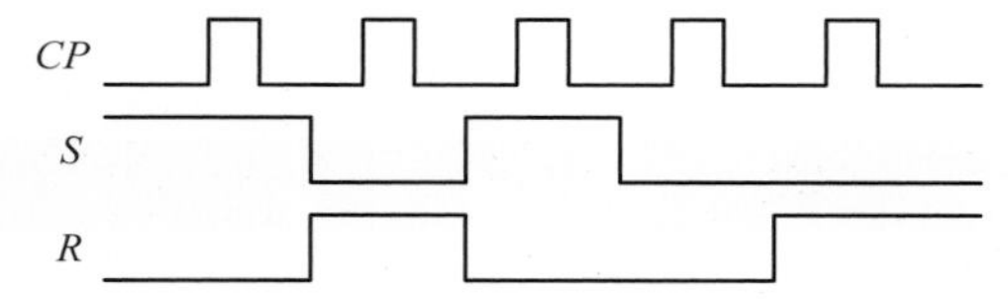

3 다음 그림과 같은 파형이 상승에지에서 동작하는 D 플립플롭에 입력되었을 때, 출력 Q의 파형을 그려보아라. 단, Q는 0으로 초기화되어 있으며, 게이트에서의 전파지연은 없다고 가정한다.

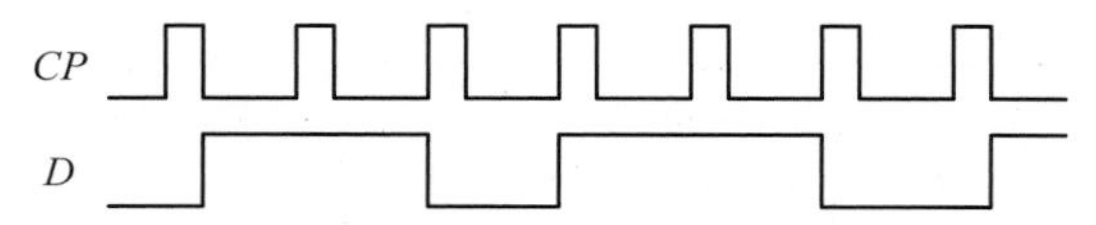

4 상승에지 트리거 JK 플립플롭에 그림과 같은 파형을 입력하였다. 출력 Q를 구하여라. 단, Q는 0으로 초기화되어 있으며, 게이트에서 전파지연은 없다고 가정한다.

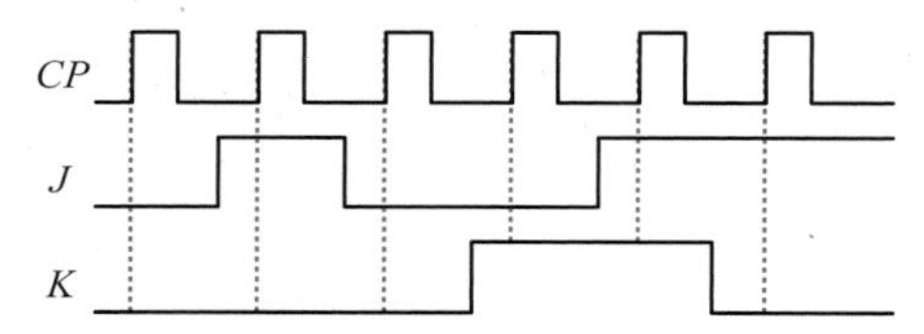

5 그림과 같은 회로에서 클록이 공급될 때, 각 플립플롭의 출력을 구하여라. 단, 플립플롭의 초기 상태는 0이라고 가정한다.

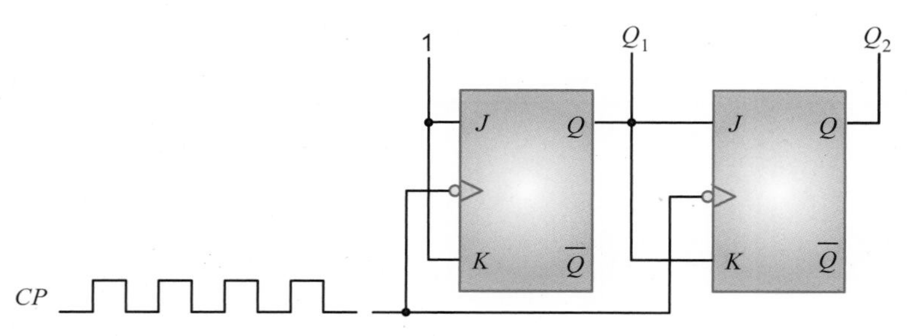

6 그림과 같은 회로가 JK 플립플롭으로 동작하는지 설명하여라.

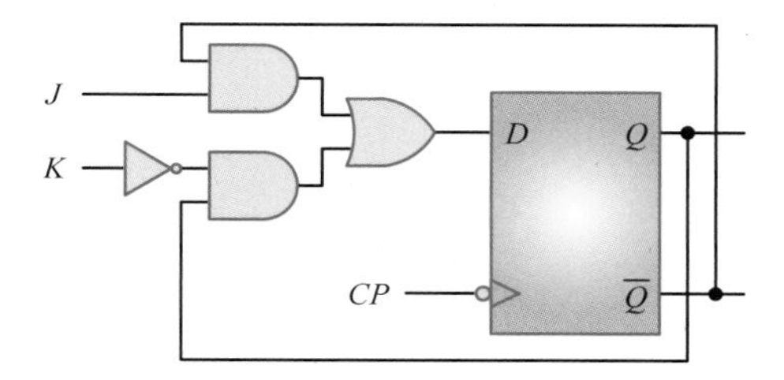

7 그림과 같이 D 플립플롭이 연결되어 있을 때, 클록 입력(CP)에 대한 출력 Q를 구하여라. 이 회로의 기능을 설명하여라. 단, 플립플롭의 초기 상태는 0이라고 가정한다.

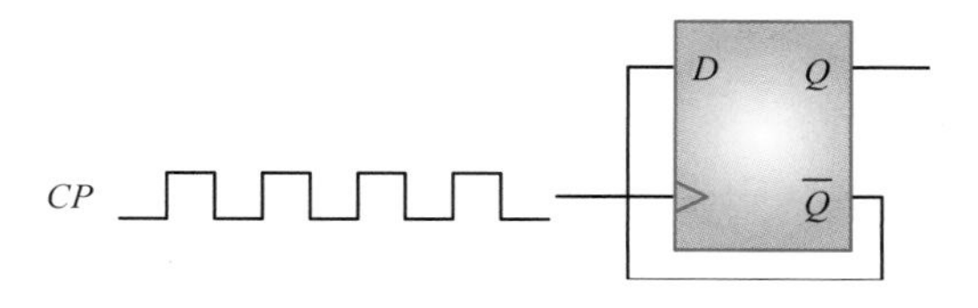

8 그림과 같은 회로에서 클록 입력(CP)에 대한 출력 Q를 구하여라. 또 이 회로의 기능을 설명하여라. 단, 플립플롭의 초기 상태는 0이라고 가정하며, 게이트 및 플립플롭에서의 전파지연은 없다고 가정한다.

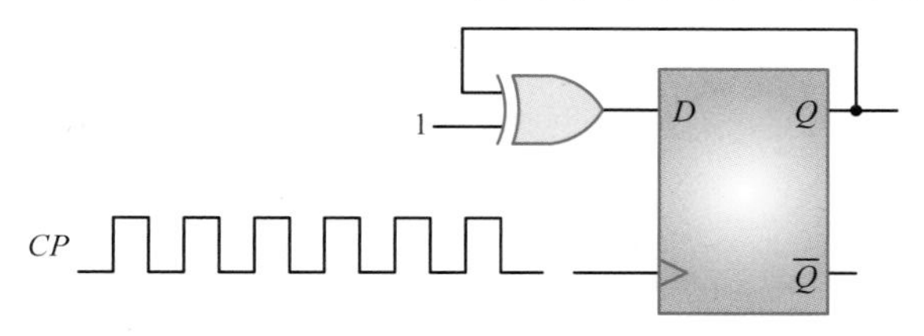

9 500KHz의 구형파가 T 플립플롭의 입력에 인가되고 있다. 출력 주파수는 얼마인가?

10 T 플립플롭 7개를 다단으로 연결했다. 입력 주파수가 512KHz일 때, 최종단에서의 출력 주파수는 얼마인가?

11 비동기 입력인 preset($\overline{PR}$)과 clear($\overline{CLR}$) 입력이 있는 상승에지 JK 플립플롭에 그림과 같은 파형이 입력되었을 때, 출력 Q의 파형을 그려보아라. 단, Q는 0으로 초기화되어 있으며, 게이트에서 전파지연은 없다고 가정한다.

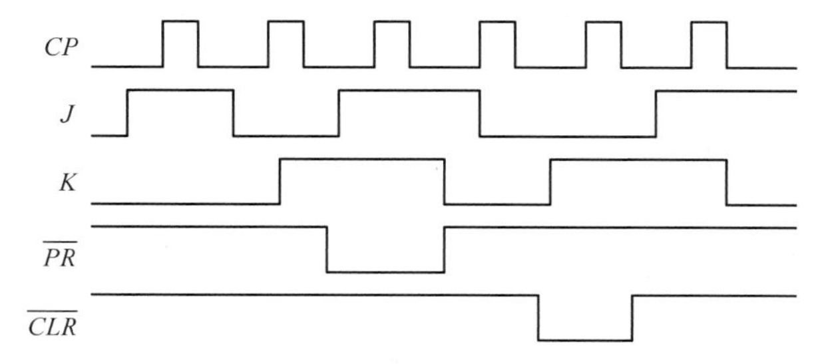

12 SD(set-dominant) 플립플롭은 SR 플립플롭의 제약조건인 $S=R=1$을 허용하는 플립플롭이며, $S=R=1$일 때는 플립플롭의 출력 Q가 1이라고 한다. 이 SD 플립플롭의 특성표를 작성하고, 또한 특성방정식을 유도하여라.

13 JN 플립플롭은 두 입력 J와 N을 갖는다. 입력 J는 JK 플립플롭의 J 입력과 같이 동작하고, 입력 N은 JK 플립플롭의 K 입력의 보수처럼 동작한다. 이 JN 플립플롭의 진리표, 특성표와 특성방정식을 작성하여라. 또 두 입력 J와 N을 연결하면 어떠한 플립플롭이 되는지 설명하여라.

14 그림은 상승에지트리거에서 동작하는 D 플립플롭의 타이밍도이다. 이 그림 위에 다음 양을 표시하여라.

① 전파지연시간 t_{PLH} ② 설정시간 $t_{s(H)}$ ③ 보류시간 $t_{h(H)}$

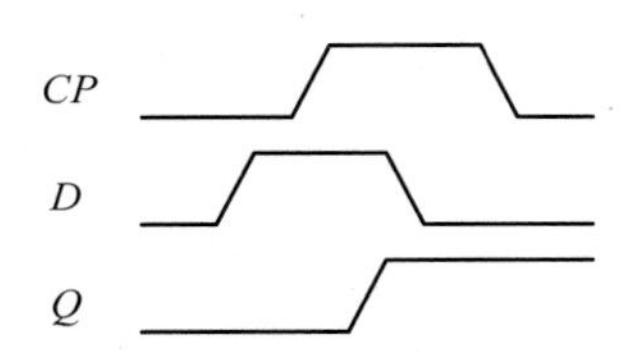

15 어떤 플립플롭의 데이터 시트(data sheet)를 보면 클록펄스의 최소 High 시간은 30ns, 최소 Low 시간은 37ns로 기술되어 있다. 이 플립플롭의 최대 동작 주파수는 얼마인가?

16 DC +5V에서 동작하는 플립플롭에 필요한 직류전류는 15mA이다. 어떤 디지털 시스템이 이러한 플립플롭을 25개 사용하는 경우 이 시스템에 요구되는 전류와 전력소모량을 구하여라.

CHAPTER

08 기출문제

객관식 문제(산업기사 대비용)

01 입력신호에 의해 상태를 바꾸도록 지시할 때까지 현재의 2진 상태를 그대로 유지해 주는 회로는?

㉮ 플립플롭　㉯ 디코더
㉰ 인코더　㉱ 커패시터

02 1비트 단위의 2진수 정보를 저장할 수 있는 2진 셀(cell)을 무엇이라 하는가?

㉮ RAM　㉯ ROM
㉰ 플립플롭　㉱ 멀티플렉서

03 다음 회로 중에서 플립플롭을 이용하여 구성하는 회로가 아닌 것은?

㉮ 시프트 레지스터　㉯ 카운터
㉰ 분주기　㉱ 전가산기

04 플립플롭에 관한 설명 중 옳지 않은 것은?

㉮ 0 또는 1을 저장할 수 있다.
㉯ 조합논리회로에 필수적으로 사용된다.
㉰ D 플립플롭은 입력신호를 지연시켜서 그대로 출력한다.
㉱ T 플립플롭은 입력신호가 1일 때 전 출력값의 보수를 출력한다.

05 다음과 같은 NOR 게이트로 구성된 기본적인 플립플롭 회로에서 $S=1$, $R=0$인 상태일 때 Q, $\overline{Q}$의 상태는?

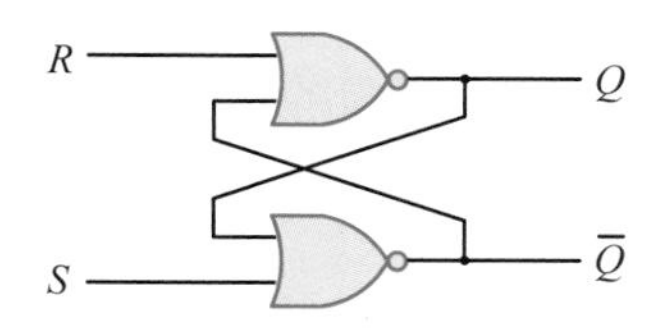

㉮ $Q=0,\ \overline{Q}=1$
㉯ $Q=1,\ \overline{Q}=1$
㉰ $Q=0,\ \overline{Q}=0$
㉱ $Q=1,\ \overline{Q}=0$

06 다음 그림은 어떤 플립플롭(flip-flop)회로인가?

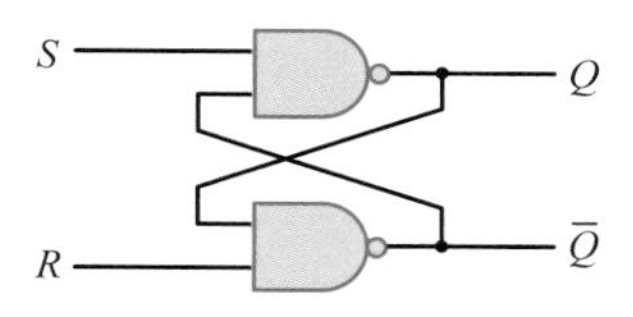

㉮ basic 플립플롭
㉯ JK 플립플롭
㉰ D 플립플롭
㉱ T 플립플롭

07 다음 그림의 회로와 관계가 없는 것은?

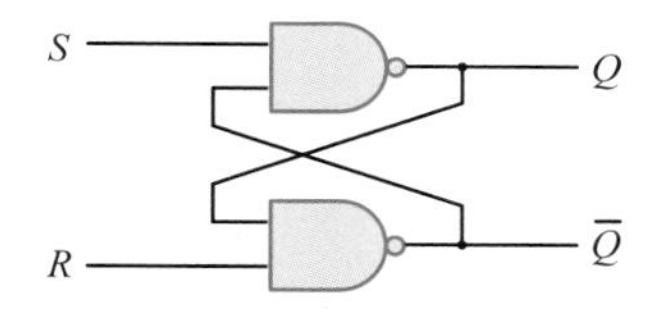

㉮ 플립플롭의 기본 회로이다.
㉯ $R=S=0$이 동시에 일어나면 $Q=\overline{Q}=0$으로 된다.
㉰ 래치(latch) 회로라고 한다.
㉱ 1bit 기억소자이다.

08 다음 중 NAND 게이트를 이용한 SR 래치(latch) 회로의 진리값으로 옳은 것은?

㉮ 입력 $R=0$, $S=1$일 때, 출력 $Q=0$, $\overline{Q}=0$
㉯ 입력 $R=1$, $S=1$일 때, 출력 이전상태 유지(불변)
㉰ 입력 $R=1$, $S=0$일 때, 출력 $Q=0$, $\overline{Q}=1$
㉱ 입력 $R=1$, $S=1$일 때, 출력 부정

09 D형 래치(latch) 회로의 주용도는?

㉮ 2진 계수기
㉯ 논리 연산기
㉰ 일시 기억장치
㉱ 정수 연산장치

10 *SR* 플립플롭의 동작 설명 중 옳지 않은 것은?

㉮ $S=0,\ R=0$ 입력일 때 불변 상태가 된다.
㉯ $S=0,\ R=1$ 입력일 때 리셋 상태가 된다.
㉰ $S=1,\ R=0$ 입력일 때 세트 상태가 된다.
㉱ $S=1,\ R=1$ 입력일 때 토글 상태가 된다.

11 *SR* 플립플롭에 대한 설명으로 옳은 것은?

㉮ 입력신호가 모두 0일 때는 이전 상태의 반전
㉯ 입력신호가 모두 0일 때는 이전 상태의 유지
㉰ 입력신호가 모두 1일 때는 이전 상태의 반전
㉱ 입력신호가 모두 1일 때는 reset

12 *SR* 플립플롭의 입력과 출력에 대한 설명으로 틀린 것은?

㉮ 입력 $S=1$일 때 $Q=\overline{Q}=0$이 된다.
㉯ 입력 $S=R=0$일 때 Q, $\overline{Q}$는 앞의 상태를 유지한다.
㉰ 입력 S와 R 모두 1이 되어서는 안 된다.
㉱ 출력 $\overline{Q}$는 항상 Q의 반대가 된다.

13 *SR* 플립플롭에 대한 설명 중 옳지 않은 것은?

㉮ S(set), R(reset), C(clock)의 입력과 Q, $\overline{Q}$의 출력을 가진다.
㉯ 클록 CP에 신호가 들어오지 않으면 S나 R 입력값에 관계 없이 출력은 변화가 없다.
㉰ S와 R이 모두 0일 때 클록 입력이 변하면 출력은 변화가 없다.
㉱ S와 R이 모두 1일 때 클록 입력이 변하면 회로 내부의 지연시간에 따라 출력값을 예상할 수 있다.

14 *SR* 플립플롭인 경우 시간 t_n 에서 입력 $S=1$, $R=0$일 때 시간 t_{n+1} 에서의 출력 Q와 $\overline{Q}$의 상태는?

㉮ $Q=0,\ \overline{Q}=0$
㉯ $Q=0,\ \overline{Q}=1$
㉰ $Q=1,\ \overline{Q}=0$
㉱ $Q=1,\ \overline{Q}=1$

15 클록이 있는 *SR* 플립플롭에서 클록펄스가 0일 때 이 회로의 기능은?

㉮ *JK* 플립플롭　　㉯ latch
㉰ RAM　　㉱ ROM

16 *SR* 플립플롭에서 출력 Q의 논리식은?

S	R	Q_{n+1}
0	0	Q_n
0	1	0
1	0	1
1	1	불확정

㉮ $\overline{S}\cdot(R+\overline{Q}_n)$　　㉯ $\overline{R}\cdot(S+Q_n)$
㉰ $S\cdot(R+\overline{Q}_n)$　　㉱ $R\cdot(S+Q_n)$

17 다음 회로에서 Q가 0일 때, A와 B가 아래와 같이 변하면 Q의 값의 변화는?

A : 001001　B : 010100

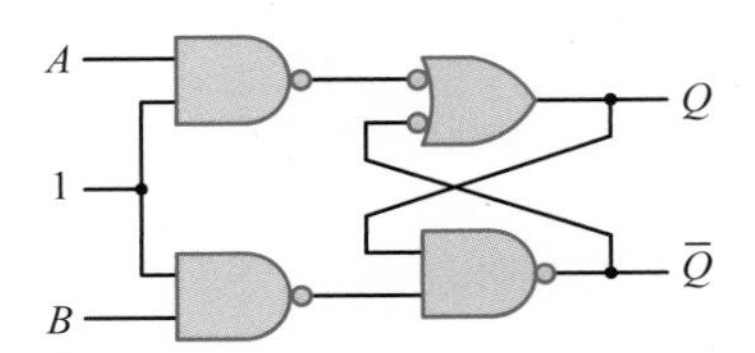

㉮ 001101　　㉯ 001001
㉰ 010010　　㉱ 001011

18 플립플롭 중에서 입력상태가 그대로 출력되는 것은?

㉮ *SR* 플립플롭　　㉯ *D* 플립플롭
㉰ *JK* 플립플롭　　㉱ *T* 플립플롭

19 데이터의 임시 저장을 위하여 사용하기에 가장 편리한 플립플롭은?

㉮ *SR* 플립플롭　　㉯ *JK* 플립플롭
㉰ *D* 플립플롭　　㉱ *T* 플립플롭

20 지연 소자로 이용할 수 있는 플립플롭은?

㉮ *SR* 플립플롭　　㉯ *D* 플립플롭
㉰ *JK* 플립플롭　　㉱ *T* 플립플롭

21 현재 상태의 값에 관계없이 다음 상태가 "0"이 되려면 입력도 "0"이 되어야 하는 플립플롭은?

㉮ *T* 플립플롭　　㉯ *D* 플립플롭
㉰ *JK* 플립플롭　　㉱ *SR* 플립플롭

22 *SR* 플립플롭의 입력 양단간에 inverter 회로를 접속하면 어떤 플립플롭의 동작을 하는가?

㉮ *D* 플립플롭 ㉯ *T* 플립플롭
㉰ M/S 플립플롭 ㉱ *SR* 플립플롭

23 *D* 플립플롭에 해당하는 것은?

㉮
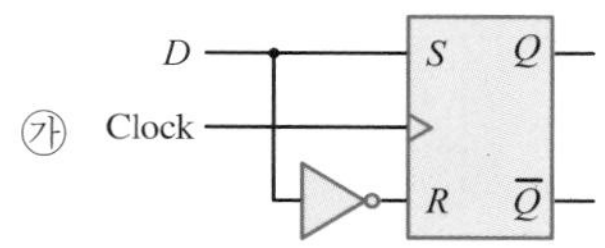

㉯ ㉰
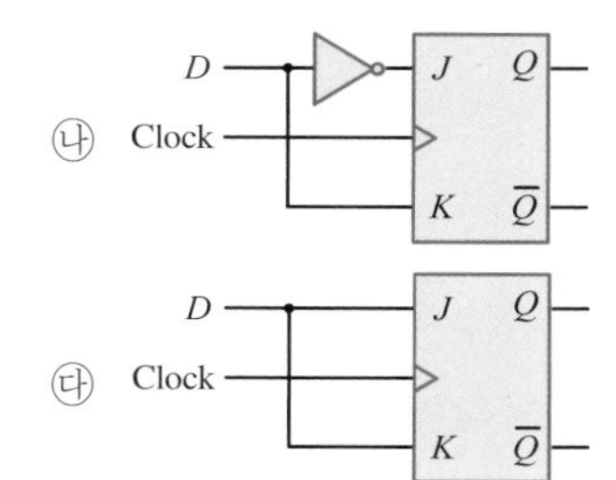

㉱
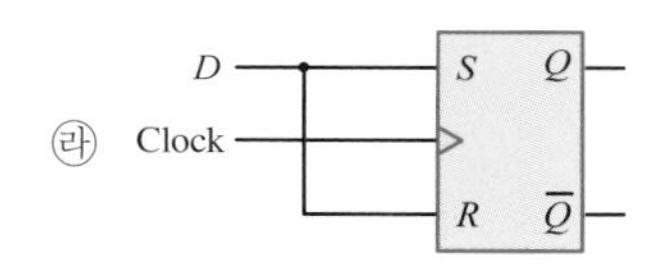

24 다음 논리회로가 나타내는 플립플롭 회로는 무엇인가?

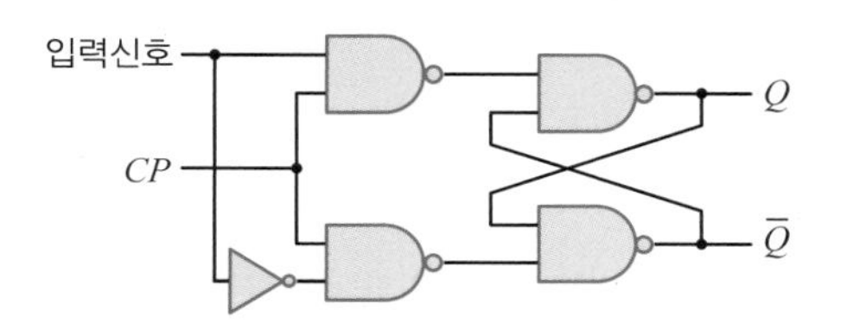

㉮ *T* 플립플롭 ㉯ *D* 플립플롭
㉰ *JK* 플립플롭 ㉱ *SR* 플립플롭

25 *JK* 플립플롭에 NOT 게이트를 추가하여 회로를 구성하면?

㉮ M/S 플립플롭 ㉯ *SR* 플립플롭
㉰ *D* 플립플롭 ㉱ *T* 플립플롭

26 *JK* 플립플롭을 사용하여 *D* 플립플롭을 만들려고 한다. 필요한 게이트는?

㉮ AND ㉯ NOT
㉰ OR ㉱ XOR

27 *JK* 플립플롭을 이용하여 *D*형 플립플롭을 만들려면?

㉮ *J*의 입력을 인버터를 통해 *K*에 연결한다.
㉯ *J*와 *K*를 동일 입력으로 한다.
㉰ *Q*의 입력을 *J*에 궤환시킨다.
㉱ *K*의 입력을 *J*에 궤환시킨다.

28 다음과 같은 결선의 플립플롭은 어떠한 플립플롭의 동작인가?

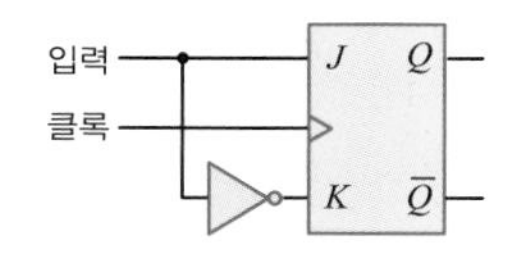

㉮ *SR* 플립플롭 ㉯ *T* 플립플롭
㉰ *D* 플립플롭 ㉱ *JK* 플립플롭

29 아래 표는 *D* 플립플롭의 진리표이다. Q_{n+1}의 상태는?

D	Q_n	Q_{n+1}
0	0	a
0	1	b
1	0	c
1	1	d

㉮ $a=0,\ b=0,\ c=0,\ d=0$
㉯ $a=0,\ b=0,\ c=0,\ d=1$
㉰ $a=0,\ b=1,\ c=0,\ d=1$
㉱ $a=0,\ b=0,\ c=1,\ d=1$

30 *D* 플립플롭 회로의 특성방정식은?

㉮ $Q(t+1)=\bar{D}Q(t)$
㉯ $Q(t+1)=D$
㉰ $Q(t+1)=D\bar{Q}(t)$
㉱ $Q(t+1)=Q(t)$

31 다음 그림의 파형이 positive 에지 트리거 *D* 플립플롭의 입력으로 들어간다. *D* 플립플롭에서 클록펄스(*CLK*) 후 출력(*Q*)의 값은?

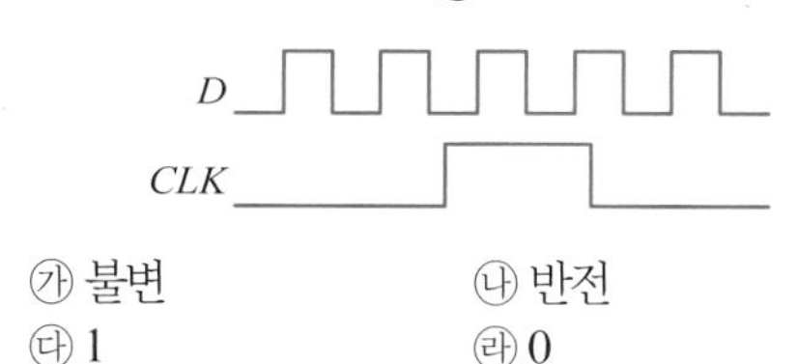

㉮ 불변 ㉯ 반전
㉰ 1 ㉱ 0

32 그림과 같은 타이밍 차트(timing chart)에 표시한 것과 같은 동작을 하는 플립플롭은? (단, (a)는 입력, (b)는 클록펄스, (c)는 출력파형이다.)

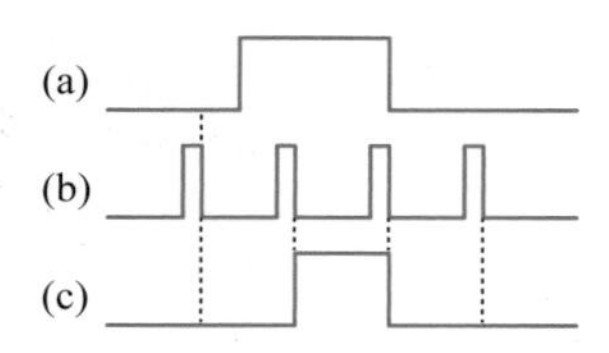

㉮ T 플립플롭
㉯ JK 플립플롭
㉰ D 플립플롭
㉱ SR 플립플롭

33 SR 플립플롭에서 부정의 상태를 정의하여 사용하도록 개량된 플립플롭은?

㉮ RST 플립플롭
㉯ JK 플립플롭
㉰ D 플립플롭
㉱ T 플립플롭

34 SR 플립플롭을 JK 플립플롭으로 만들고자 할 때 필요한 게이트(gate)는?

㉮ OR 게이트 2개
㉯ AND 게이트 2개
㉰ NOR 게이트 2개
㉱ NAND 게이트 2개

35 다음과 같은 구성도는 어떤 형태의 플립플롭인가?

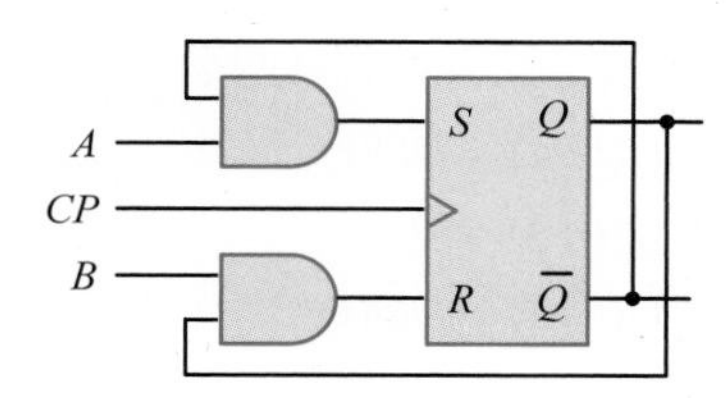

㉮ D형 ㉯ M/S형
㉰ JK 형 ㉱ T형

36 JK 플립플롭은 두 개의 입력데이터에 의하여 출력에서 몇 개의 조합을 얻을 수 있는가?

㉮ 2개 ㉯ 4개
㉰ 8개 ㉱ ∞

37 에지 트리거 JK 플립플롭의 논리기호로 옳은 것은?

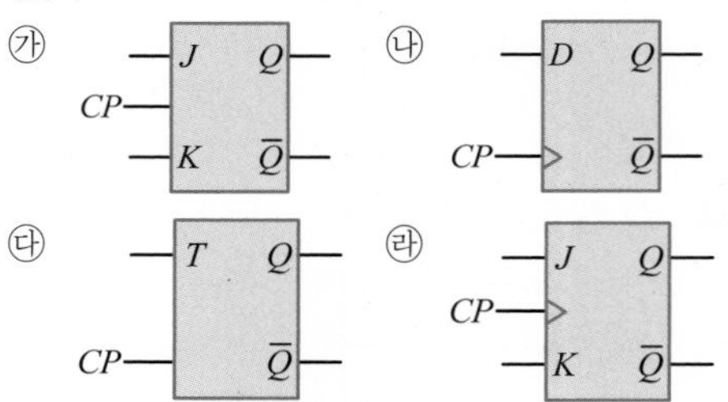

38 JK 플립플롭에서 J_n=0, K_n=0일 때, Q_{n+1}의 출력은?

㉮ 0 ㉯ 1
㉰ Q_n ㉱ −1

39 JK 플립플롭에서 $J_n = 0$, $K_n = 1$일 때 클록펄스가 1이면 Q_{n+1}의 출력 상태는?

㉮ 반전 ㉯ 1
㉰ 0 ㉱ 부정

40 JK 플립플롭에서 $J_n = K_n = 1$일 때 Q_{n+1}의 출력 상태는?

㉮ 반전 ㉯ 변화가 없다
㉰ 1 ㉱ 0

41 JK 플립플롭에서 $J = 1$, $K = 0$ 상태에서 클록에 "0"인 펄스를 가하면 출력측의 상태는?

㉮ toggle(반전) ㉯ 불변
㉰ 1 ㉱ 0

42 JK 플립플롭을 그림과 같이 결선하고 클록펄스가 계속 인가되면 출력은 어떤 상태가 되는가?

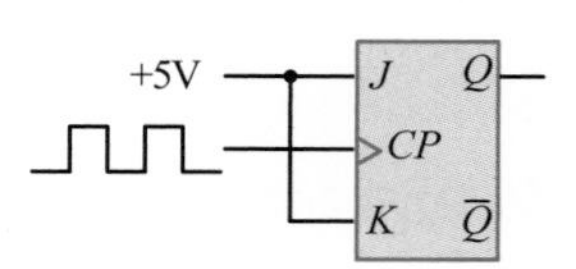

㉮ set ㉯ reset
㉰ toggling ㉱ 동작 불능

43 JK 플립플롭에서 클록신호가 인가되더라도 현재의 출력이 변하지 않고 그대로 유지되게 하려면 J, K 입력은 각각 어떤 값이어야 하는가?

㉮ $J = 0,\ K = 0$ ㉯ $J = 0,\ K = 1$
㉰ $J = 1,\ K = 0$ ㉱ $J = 1,\ K = 1$

44 JK 플립플롭을 이용해서 토글(toggle) 기능을 만들려고 하면 J, K 입력은 각각 어떤 값이어야 하는가?

㉮ $J=0,\ K=0$
㉯ $J=0,\ K=1$
㉰ $J=1,\ K=0$
㉱ $J=1,\ K=1$

45 JK 플립플롭의 트리거 입력과 상태전환 조건을 설명한 것 중 옳지 않은 것은?

㉮ $J=0,\ K=0$일 때는 변하지 않는다.
㉯ $J=0,\ K=1$일 때는 Q가 0으로 된다.
㉰ $J=1,\ K=0$일 때는 Q가 1로 된다.
㉱ $J=1,\ K=1$일 때는 반전되지 않는다.

46 JK 플립플롭의 동작 설명으로 틀린 것은?

㉮ J, K 입력이 모두 0일 때 출력은 변하지 않는다.
㉯ $J=0,\ K=1$일 때 $Q=0,\ \bar{Q}=1$이다.
㉰ $J=1,\ K=0$일 때 $Q=1,\ \bar{Q}=0$이다.
㉱ $J=1,\ K=1$일 때 출력은 무의미하며, 사용이 안 된다.

47 JK 플립플롭의 특성방정식은? 이때, $Q(t)$는 현재 상태, $Q(t+1)$은 다음 상태이다.

㉮ $Q(t+1)=\bar{J}\bar{Q}(t)+KQ(t)$
㉯ $Q(t+1)=\bar{J}Q(t)+K\bar{Q}(t)$
㉰ $Q(t+1)=J\bar{Q}(t)+\bar{K}Q(t)$
㉱ $Q(t+1)=JQ(t)+\bar{K}\bar{Q}(t)$

48 다음 진리표와 같은 플립플롭을 나타내는 것은? (단, ×는 don't care)

입력	CP	Q_{n+1} $\bar{Q}_{n+1}$
0 0	×	불 변
0 1	↑	0 1
1 0	↑	1 0
1 1	↑	반전(toggle)

㉮ D 플립플롭
㉯ SR 플립플롭
㉰ JK 플립플롭
㉱ clock SR 플립플롭

49 다음 Q_{t+1} 열에 알맞은 것은?

Q_t	J	K	Q_{t+1}
0	0	1	①
0	1	0	②
0	1	1	③
1	0	0	④
1	0	1	⑤
1	1	0	⑥

	①	②	③	④	⑤	⑥
㉮	0	1	1	0	0	1
㉯	0	1	1	1	0	1
㉰	0	1	1	0	1	1
㉱	1	0	0	0	1	1

50 toggling 상태를 이용한 플립플롭 형태는?

㉮ SR 플립플롭　㉯ D 플립플롭
㉰ JK 플립플롭　㉱ T 플립플롭

51 T 플립플롭을 토글(toggle) 플립플롭이라고 하는 주된 이유는?

㉮ 상태변화를 위해 토글스위치가 필요하므로
㉯ 2개의 입력펄스마다 토글되므로
㉰ 출력이 스스로 토글되므로
㉱ 각 입력펄스마다 출력이 토글되므로

52 플립플롭 중 입력단자가 하나이며, 1이 입력될 때마다 출력단자의 상태가 바뀌는 것은?

㉮ SR 플립플롭　㉯ T 플립플롭
㉰ D 플립플롭　㉱ M/S 플립플롭

53 다음과 같은 파형을 클록(CP)형 T 플립플롭에 가하였을 때, 출력파형으로 맞는 것은? (단, T 플립플롭은 상승에지(edge)에서 동작하고 클록이 입력되기 전의 T 플립플롭의 출력은 0이다.)

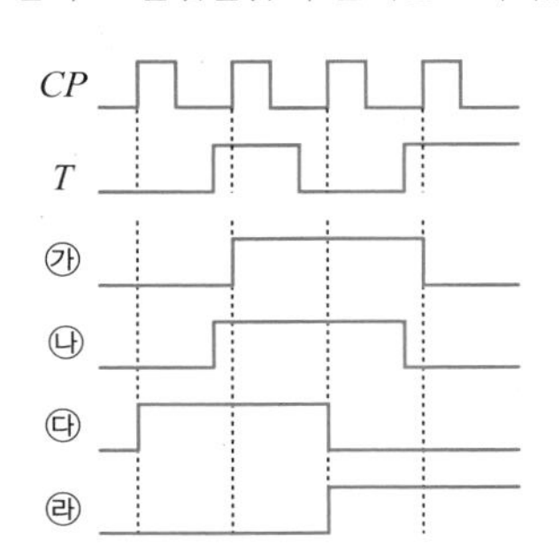

54 다음과 같은 입력펄스에 따라 출력이 나타나는 플립플롭은?

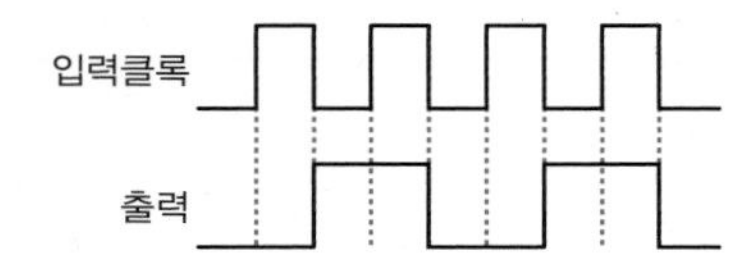

㉮ SR 플립플롭　㉯ RST 플립플롭
㉰ D 플립플롭　㉱ T 플립플롭

55 시간 폭이 매우 좁은 트리거 펄스 열이 입력단에 가해진다면, 이 펄스가 나타나는 순간마다 출력 상태가 바뀌는 플립플롭은?

㉮ JK 플립플롭　㉯ T 플립플롭
㉰ SR 플립플롭　㉱ D 플립플롭

56 JK 플립플롭에서 J와 K에 1의 입력을 넣어주면 어떤 플립플롭으로 동작하는가?

㉮ SR 플립플롭　㉯ T 플립플롭
㉰ D 플립플롭　㉱ M/S 플립플롭

57 SR 플립플롭을 이용하여 다음과 같이 연결하였을 때 기능상 어느 플립플롭과 같은가?

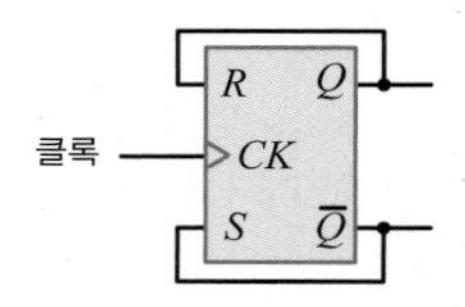

㉮ JK 플립플롭　㉯ T 플립플롭
㉰ D 플립플롭　㉱ M/S형 JK 플립플롭

58 JK 플립플롭을 그림과 같이 연결했을 때 어떤 것과 같은가?

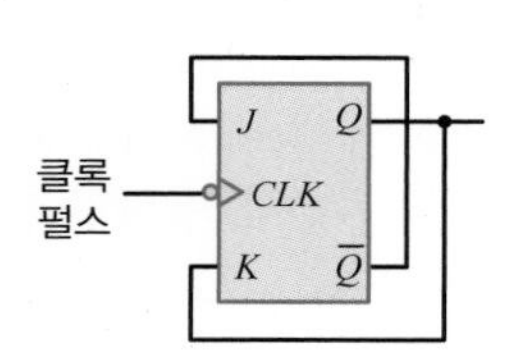

㉮ D 플립플롭　㉯ SR 플립플롭
㉰ T 플립플롭　㉱ 래치(latch)

59 T 플립플롭의 특성 설명 중 옳지 않은 것은?

㉮ 특성방정식은 $\overline{T}\overline{Q}+TQ$이다.
㉯ T=1일 때 보수 상태가 된다.
㉰ 한 개의 입력을 필요로 한다.
㉱ 0이 입력될 때는 변화가 없다.

60 T 플립플롭에 대한 설명으로 틀린 것은?

㉮ 토글 플립플롭(toggle flip-flop)이라고도 한다.
㉯ 클록이 들어올 때마다 상태가 반전된다.
㉰ 출력파형의 주파수는 입력파형의 주파수와 동일하다.
㉱ 1/2분주회로 또는 계수회로에 많이 쓰인다.

61 T 플립플롭에서 $T=0$일 때 Q_{n+1}의 동작 상태는?

㉮ Q_n　㉯ 0
㉰ 1　㉱ $\overline{Q}_n$

62 T 플립플롭의 특성방정식은?

㉮ $Q(t+1)=T$
㉯ $Q(t+1)=T+\overline{Q}$
㉰ $Q(t+1)=\overline{T}+Q$
㉱ $Q(t+1)=\overline{T}Q+T\overline{Q}$

63 1KHz의 주파수를 500Hz로 변환하여 사용하고자 할 때 사용되는 플립플롭 회로는?

㉮ SR 플립플롭　㉯ JK 플립플롭
㉰ T 플립플롭　㉱ D 플립플롭

64 그림에서 클록펄스가 CLK 입력에 인가되었다. Q의 주파수는?

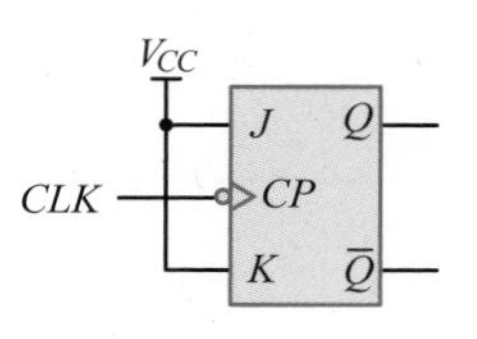

㉮ $CLK/2$　㉯ $CLK/4$
㉰ $2\times CLK$　㉱ $4\times CLK$

65 다음 JK 플립플롭의 입력신호 주파수가 1MHz일 때 출력신호의 주파수는?

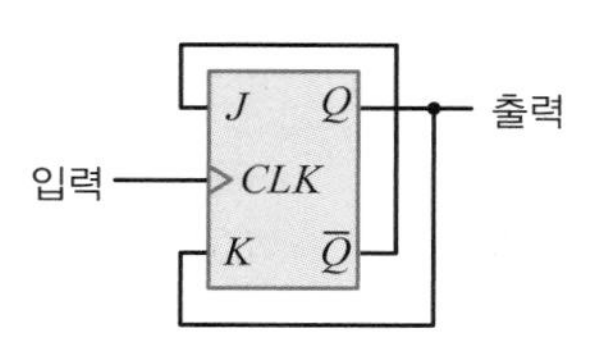

㉮ 100KHz ㉯ 500KHz
㉰ 1MHz ㉱ 4MHz

66 다음 회로에서 Y에는 어떤 파형이 출력되는가? (단, 입력은 64KHz 구형파이다.)

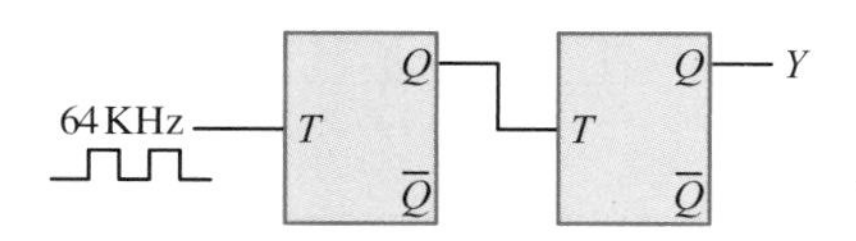

㉮ 32KHz 구형파
㉯ 24KHz 구형파
㉰ 16KHz 구형파
㉱ 8KHz 구형파

67 그림과 같이 T 플립플롭을 접속하고 첫 번째 플립플롭에 1,000Hz의 구형파를 가해주면 최종 플립플롭에서의 출력 주파수는?

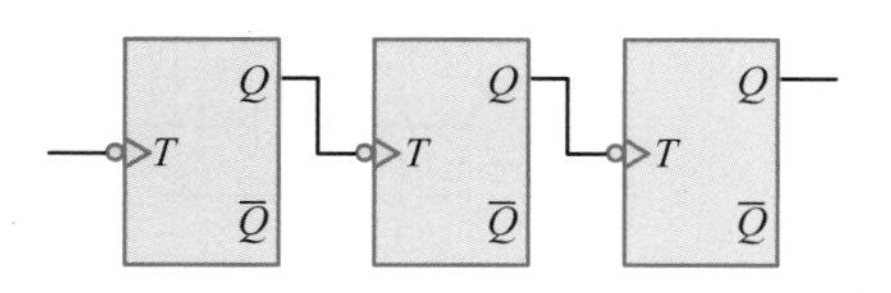

㉮ 125Hz ㉯ 250Hz
㉰ 500Hz ㉱ 1000Hz

68 7개의 T 플립플롭을 종속 접속하였다. 입력 주파수가 512Hz이면 최종 출력 주파수는 몇 Hz인가?

㉮ 4Hz ㉯ 8Hz
㉰ 12Hz ㉱ 16Hz

69 4개의 JK 플립플롭을 이용하여 구성할 수 있는 분주기의 최댓값은 얼마인가?

㉮ 8분주기 ㉯ 10분주기
㉰ 16분주기 ㉱ 24분주기

70 D 플립플롭을 이용하여 그림과 같은 회로를 구성하고, 클록(CLK)단자에 5KHz 클록펄스를 인가하였다. 동작 시작단계에서 Q 출력을 +5V로 하였다면 출력은?

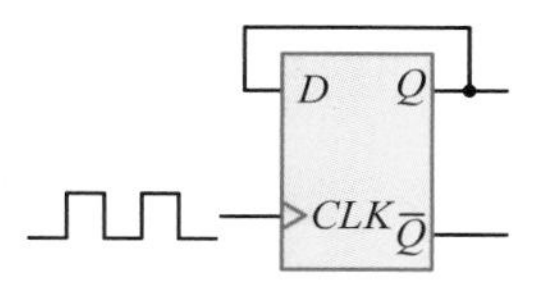

㉮ 10KHz ㉯ 2.5KHz
㉰ 5KHz ㉱ +5V DC

71 두 개의 입력이 동시에 1이 되었을 때에도 불확실한 출력 상태가 되지 않도록 두 개의 플립플롭을 사용한 회로는?

㉮ SR 플립플롭
㉯ D 플립플롭
㉰ Master-slave 플립플롭
㉱ T 플립플롭

72 플립플롭에서 클록펄스가 1인 도중에 출력이 변하게 되면 입력측에 변화를 일으켜 오동작을 발생하게 하는 현상은?

㉮ delay 현상
㉯ toggle 현상
㉰ race 현상
㉱ error 현상

73 에지 트리거 플립플롭을 사용하는 이유로 옳은 것은?

㉮ clock pulse를 사용하기 위해
㉯ toggle 작용을 하기 위하여
㉰ delay 시간을 길게 하려고
㉱ race 현상을 방지하기 위해

74 마스터-슬레이브 플립플롭은 어떤 문제를 해결하기 위한 회로인가?

㉮ 딜레이(delay)현상
㉯ 부정상태 제거
㉰ 토글(toggle)상태
㉱ 레이스(race) 현상

75 레이스(race) 현상을 방지하기 위하여 사용되는 플립플롭은?

㉮ D 플립플롭
㉯ SR 플립플롭
㉰ JK 플립플롭
㉱ M/S 플립플롭

76 M/S(Master-Slave) 플립플롭에 대한 설명으로 옳지 않은 것은?

㉮ SR 플립플롭 2개로 구성할 수 있다.
㉯ master와 slave에 각각 서로 다른 상태의 CP(clock pulse)를 인가한다.
㉰ 플립플롭의 레이스 현상이 일어나는 것을 제거하기 위한 것이다.
㉱ JK 플립플롭에서 불변동작이 일어나는 것을 제거하기 위한 것이다.

77 JK 플립플롭에서 발생할 수 있는 레이스(race) 현상의 원인이 되는 것은?

㉮ J입력과 K입력으로 들어가는 신호의 전파지연시간이 서로 다르기 때문이다.
㉯ 클록펄스의 폭이 주입력에서 주출력까지의 전파지연시간보다 클 경우에 발생한다.
㉰ 회로의 출력 Q와 $\overline{Q}$가 동일한 값을 가질 경우에 발생한다.
㉱ NAND 게이트와 NOR 게이트를 혼용할 경우 발생한다.

78 다음 논리회로의 명칭은?

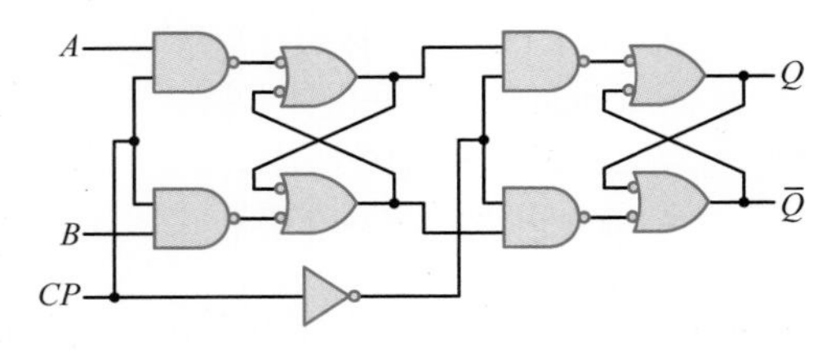

㉮ JK 플립플롭
㉯ SR 플립플롭
㉰ M/S SR 플립플롭
㉱ M/S JK 플립플롭

79 클록펄스에 관계없이 비동기 입력을 가진 JK 플립플롭의 논리회로로 올바른 것은?

㉮

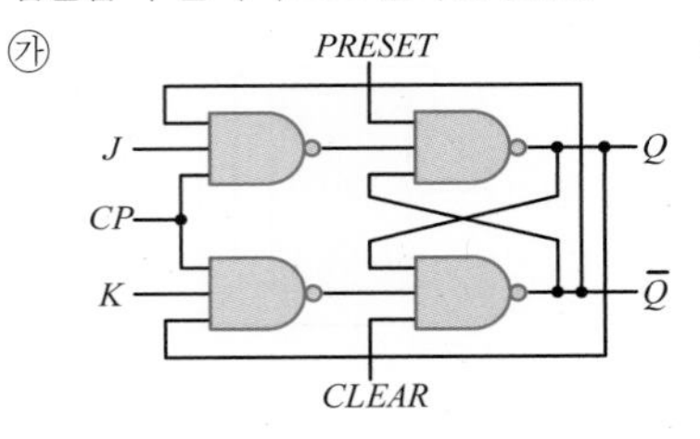

㉯

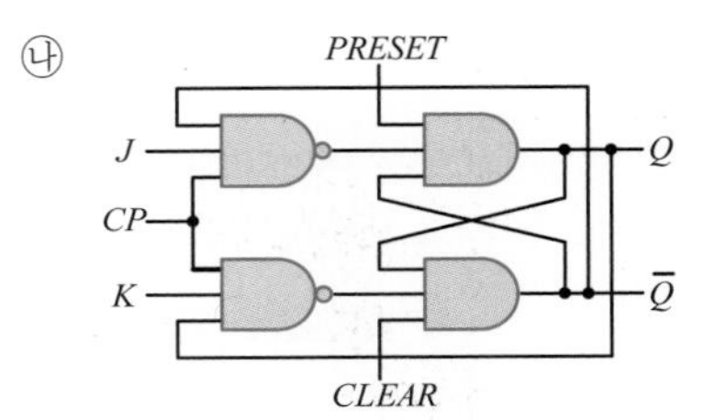

㉰

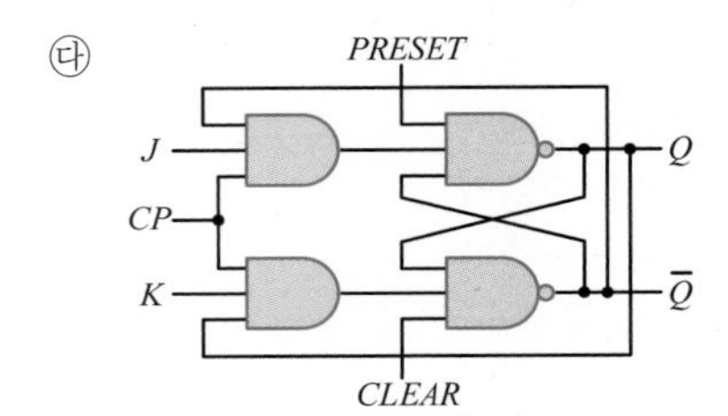

㉱

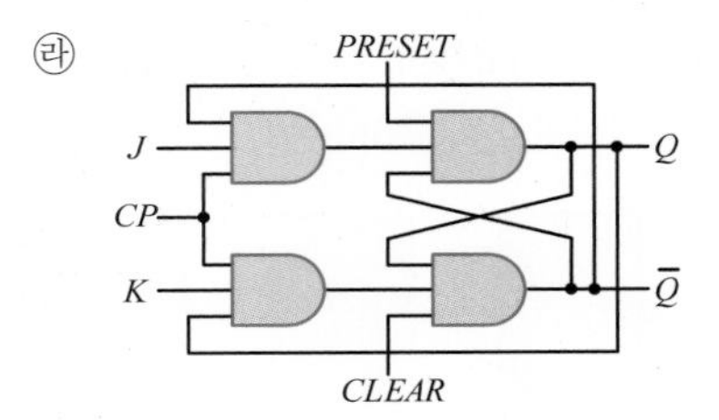

80 10개의 플립플롭이 +5V 직류전원에서 동작하고 25mA의 전류가 흐른다면 전력소모량은 얼마인가?

㉮ 125mW　　㉯ 250mW
㉰ 1.25W　　㉱ 2.5W

81 D 플립플롭이 셋업(setup) 시간 = 5ns, 홀드(hold) 시간 = 10ns, 전파(propagation)지연시간 = 15ns이다. 클록 에지가 발생하기 얼마 전에 데이터가 입력되어야 하는가?

㉮ 5ns　　㉯ 10ns
㉰ 15ns　　㉱ 30ns

82 D 플립플롭은 클록펄스를 0에서 1로 가하기 전에 D 입력에 새로운 입력값을 일정 시간 동안 유지하여 주어야 한다. 이 시간을 무엇이라고 하는가?

㉮ setup 시간　　㉯ hold 시간
㉰ idle 시간　　㉱ 실행시간

83 플립플롭을 구성하는 데 주로 이용되는 회로는?

㉮ 쌍안정 멀티바이브레이터
㉯ 단안정 멀티바이브레이터
㉰ 비안정 멀티바이브레이터
㉱ 무안정 멀티바이브레이터

84 두 개의 안정 상태를 가지고 있는 쌍안정 멀티바이브레이터를 의미하는 것은?

㉮ 인코더　　㉯ 디코더
㉰ 플립플롭　　㉱ 멀티플렉서

85 다음 중 외부로부터 트리거(trigger) 신호 없이 스스로 준안정 상태에서 다른 준안정 상태로 변화를 되풀이하는 것은?

㉮ 비안정 멀티바이브레이터
㉯ 쌍안정 멀티바이브레이터
㉰ 단안정 멀티바이브레이터
㉱ 슈미트 트리거

86 전원이 인가된 상태에서 연속적으로 펄스를 발생시키고자 할 때 사용되는 것은?

㉮ 비안정 멀티바이브레이터
㉯ 쌍안정 멀티바이브레이터
㉰ 단안정 멀티바이브레이터
㉱ 클램프 회로

87 외부 트리거 입력신호가 인가되는 경우에만 폭이 0.1ms이고 전압이 +5V인 펄스를 발생시켜 출력하고자 한다. 이러한 목적에 가장 적합한 것은?

㉮ 슈미트 트리거회로
㉯ 비안정 멀티바이브레이터
㉰ 쌍안정 멀티바이브레이터
㉱ 단안정 멀티바이브레이터

1. ㉮	2. ㉰	3. ㉱	4. ㉯	5. ㉱	6. ㉮	7. ㉯	8. ㉯	9. ㉰	10. ㉱
11. ㉯	12. ㉮	13. ㉱	14. ㉰	15. ㉯	16. ㉯	17. ㉯	18. ㉯	19. ㉰	20. ㉯
21. ㉯	22. ㉮	23. ㉮	24. ㉯	25. ㉰	26. ㉯	27. ㉮	28. ㉰	29. ㉱	30. ㉯
31. ㉱	32. ㉰	33. ㉯	34. ㉯	35. ㉰	36. ㉯	37. ㉱	38. ㉰	39. ㉰	40. ㉮
41. ㉯	42. ㉰	43. ㉮	44. ㉱	45. ㉱	46. ㉱	47. ㉰	48. ㉰	49. ㉯	50. ㉱
51. ㉱	52. ㉯	53. ㉮	54. ㉱	55. ㉯	56. ㉯	57. ㉯	58. ㉰	59. ㉮	60. ㉰
61. ㉮	62. ㉱	63. ㉰	64. ㉮	65. ㉯	66. ㉰	67. ㉮	68. ㉮	69. ㉰	70. ㉱
71. ㉰	72. ㉰	73. ㉱	74. ㉱	75. ㉱	76. ㉱	77. ㉯	78. ㉰	79. ㉮	80. ㉰
81. ㉮	82. ㉮	83. ㉮	84. ㉰	85. ㉮	86. ㉮	87. ㉱			

CHAPTER

09

동기 순서논리회로

이 장에서는 순서논리회로를 해석하고 설계할 수 있는 방법을 이해하는 것을 목표로 한다.

- 동기 순서논리회로를 해석할 수 있다.
- 각종 플립플롭에서 여기표의 개념을 이해하고, 이를 설계 과정에 적용할 수 있다.
- 동기 순서논리회로를 설계할 수 있다.
- 상태방정식을 이용하여 동기 순서논리회로를 설계할 수 있다.

CONTENTS

SECTION 01

동기 순서논리회로 개요

순서논리회로는 논리게이트 외에 메모리 요소와 피드백 기능을 포함하는 구조로 이루어지며, 현재의 입력값과 이전 출력 상태에 따라 출력값이 결정되는 논리회로이다. 이 절에서는 동기 순서논리회로의 분석 및 해석 과정을 개괄적으로 살펴본다.

Keywords | 동기 순서논리회로 | 비동기 순서논리회로 |

조합논리회로(combinational logic circuit)는 임의의 시점에서 이전 입력값에 관계없이 현재 입력값에 따라 출력이 결정되는 논리회로이다. 이에 반해 **순서논리회로**(sequential logic circuit)는 현재의 입력값과 이전 출력 상태에 따라 출력값이 결정되는 논리회로이다.

순서논리회로는 신호의 타이밍(timing)에 따라 **동기**(synchronous) **순서논리회로**와 **비동기**(asynchronyous) **순서논리회로**로 나눌 수 있다. 동기 순서논리회로에서 상태(state)는 단지 이산된(discrete) 각 시점, 즉 클록펄스가 들어오는 시점에서 상태가 변하는 회로이다. 이러한 펄스는 주기적(periodic) 또는 비주기적(aperiodic)으로 생성할 수 있으며, 클록펄스는 클록 발생기(clock generator)라는 타이밍 장치에서 생성한다. 이와 같이 클록펄스 입력을 통해서 동작하는 회로를 동기 순서논리회로 또는 단순히 동기 순서회로라 한다.

한편, 비동기 순서논리회로는 시간에 관계없이 단지 입력이 변하는 순서에 따라 동작하는 논리회로를 말한다. 비동기 순서논리회로는 회로 입력이 변화할 경우에만 상태 전이(state transition)가 발생하므로 클록이 없는 메모리 소자(unclocked memory device)를 사용한다. 결과적으로 비동기 순서논리회로의 정확한 동작은 입력의 타이밍에 의존하기 때문에 마지막 입력 변화에서 회로가 안정되도록 설계해야 한다. 그렇지 않으면 회로는 정확하게 동작하지 않는다.

[그림 9-1]은 순서논리회로의 블록도를 나타낸다. 순서논리회로는 조합논리회로와 메모리 소자(플립플롭)로 구성된다. 클록펄스(CP : clock pulse)가 있는 순서논리회로에서는 메모리 부분에 클록 입력이 있다. 순서논리회로의 출력 $Y(t)$는 현재 상태의 입력 $X(t)$와 이전 상태의 출력 $Y(t-1)$에 의하여 결정된다.

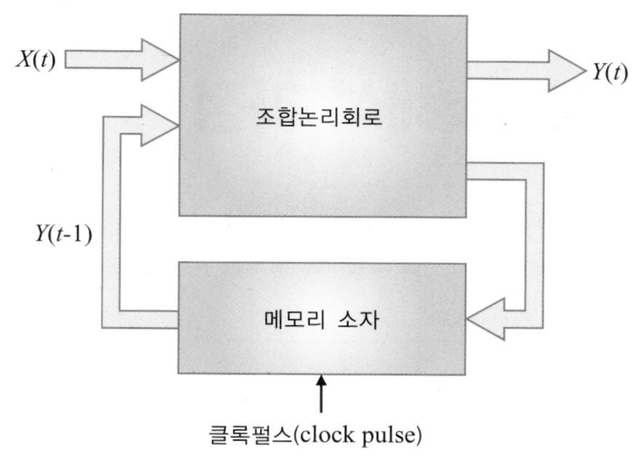

[그림 9-1] 순서논리회로의 블록도

[그림 9-2]에 나타낸 것처럼 해석 과정은 이미 구현된 순서논리회로로부터 상태표나 상태도를 유도하는 절차이며, 설계 과정은 주어진 사양(상태표, 상태도, 불 함수)으로부터 순서논리회로를 구현하는 절차이다. 여기서는 먼저 동기 순서논리회로의 해석 과정에 대해서 알아보고, 4절에서 설계 과정에 대해 설명할 것이다.

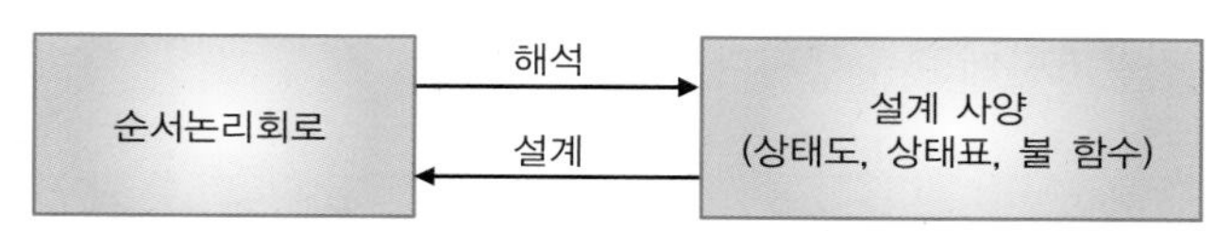

[그림 9-2] 순서논리회로의 해석과 설계 관계

SECTION 02

동기 순서논리회로의 해석 과정

순서논리회로에서 다음 상태는 입력과 출력 및 현재 상태에 따라 결정된다. 순서논리회로는 시간 순서를 상태표나 상태도로 나타냄으로써 해석이 가능하다. 또한 순서논리회로의 동작을 시간 순서를 포함하는 불 대수식으로 표시할 수도 있다.

Keywords | 상태도 | 상태표 | 상태방정식 |

순서논리회로는 플립플롭과 조합논리회로로 구성되므로 순서논리회로의 동작은 입력과 출력 및 플립플롭의 현재 상태에 따라 결정되며, 출력과 다음 상태는 현재 상태의 함수가 된다. 따라서 순서논리회로는 입력과 출력 및 현재 상태에 따라 결정되는 다음 상태의 시간 순서를 상태표나 상태도로 나타냄으로써 해석이 가능하다. 또 순서논리회로의 동작을 시간 순서를 포함하는 불 대수식으로 표시할 수도 있다.

순서논리회로의 해석 과정은 크게 다음과 같은 6단계로 수행된다.

❶ 회로 입력과 출력에 대한 변수 명칭 부여
❷ 조합논리회로가 있으면 조합논리회로의 불 대수식 유도
❸ 회로의 상태표 작성
❹ 상태표를 이용하여 상태도 작성
❺ 상태방정식 유도
❻ 상태표와 상태도를 분석하여 회로의 동작 설명

위의 각 단계를 적용하여 순서논리회로를 해석하는 과정을 상세히 알아보자. 해석하는 과정에서 입력, 클록, 플립플롭의 상태 및 출력 사이의 관계를 나타내는 타이밍도나 상태도를 작성할 것이다. 여기서는 클록의 상승에지나 하강에지에서 동작하는 에지 트리거 플립플롭들을 사용한다. 그리고 설정시간(setup time)과 유지시간(hold time)의 요구 조건이 만족되도록 클록 에지의 전후에서 플립플롭들의 입력이 충분한 시간 동안 안정된 값을 유지한다고 가정한다. 순서논리회로의 상태는 항상 상승에지나 하강에지에서 변화한다. 회로의 출력은 회로의 형태에 따라 플립플롭들이 상태를 바꿀 때 혹은 입력이 바뀔 때 변하게 된다.

순서논리회로는 두 가지 형태가 있는데, 하나는 출력들이 오직 플립플롭들의 현재 상태에만 의존하는 것이고, 다른 하나는 플립플롭의 현재 상태와 입력들에 모두 의존하는 것이다. 만약 순서논리회로의 출력이 플립플롭들의 현재 상태만의 함수라면 해당 회로를 **무어 머신**(Moore machine)

이라고 한다. 무어 머신의 상태도에서는 출력이 상태 안에 결합되어 표시된다. 만일 출력이 현재 상태와 입력 모두의 함수라면 그 회로를 **밀리 머신**(Mealy machine)이라 한다. 밀리 머신의 상태도에서는 출력이 상태 사이를 지나가는 화살선의 위에 표시된다. [그림 9-3]에는 무어 머신과 밀리 머신 상태도의 예를 나타냈다.

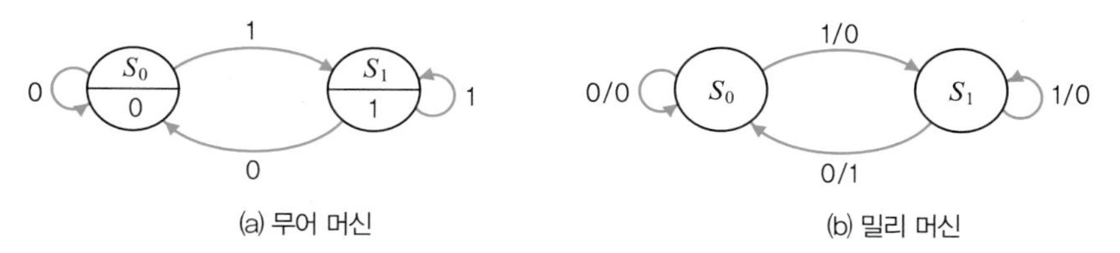

[그림 9-3] 무어 머신과 밀리 머신

변수 명칭 부여

[그림 9-4]는 JK 플립플롭을 사용한 순서논리회로의 예이며, 출력이 현재 상태와 입력의 함수이므로 밀리 머신의 상태도로 표현할 수 있다. 첫 번째 단계로 순서논리회로의 입력과 출력에 대한 변수의 명칭을 다음과 같이 부여한다.

- 입력변수 : x
- 출력변수 : y
- F-F A 플립플롭의 입력 : J_A, K_A
- F-F B 플립플롭의 입력 : J_B, K_B
- F-F A 플립플롭의 출력 : $A(=Q_A)$
- F-F B 플립플롭의 출력 : $B(=Q_B)$

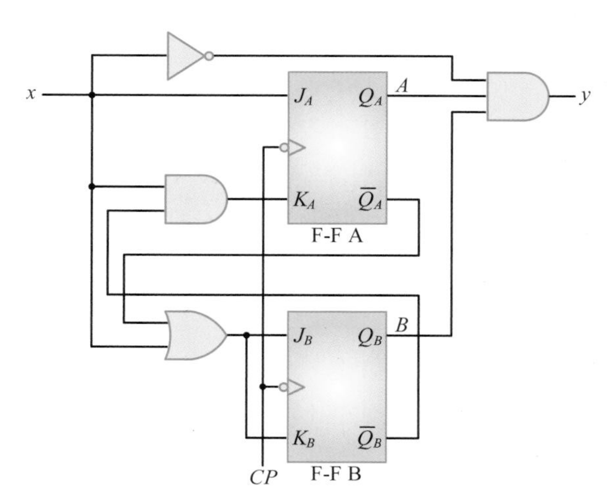

[그림 9-4] 동기 순서논리회로의 해석 예

불 대수식 유도

[그림 9-4]에서 두 JK 플립플롭의 입력에 있는 조합논리회로의 불 대수식을 구한다.

- F-F A 플립플롭의 입력 : $J_A = x,\ K_A = \overline{B}x$
- F-F B 플립플롭의 입력 : $J_B = \overline{A} + x,\ K_B = \overline{A} + x$
- 시스템 출력 : $y = AB\overline{x}$

상태표 작성

상태표(state table)는 현재 상태와 외부 입력의 변화에 따라 다음 상태와 출력의 변화를 정의한 것이다. [표 9-1]은 [그림 9-4]에 대한 상태표이다. 먼저 **현재 상태**란 클록펄스(CP)의 인가 전 상태를 나타내며, **다음 상태**란 클록펄스의 인가 후 상태를 나타낸다. 출력은 현재 상태의 출력값을 나타낸다.

[표 9-1] [그림 9-4]의 상태표

현재 상태		입력	다음 상태		출력
A	B	x	A	B	y
0	0	0	0	1	0
0	0	1	1	1	0
0	1	0	0	0	0
0	1	1	1	0	0
1	0	0	1	0	0
1	0	1	0	1	0
1	1	0	1	1	1
1	1	1	1	0	0

상태표를 작성하기 위해 각 플립플롭의 다음 상태값과 출력을 구한다. 먼저 입력 x와 두 개의 플립플롭의 출력 A, B의 현재 상태값을 불 대수식에 대입하여 각 플립플롭의 J와 K 입력값을 구한다. 다음에는 클록펄스가 인가되면 각 플립플롭의 J와 K 입력값을 대입하여 다음 상태값을 구한다.

① $A = 0,\ B = 0,\ x = 0$일 때

- F-F A는 $J_A = x = 0,\ K_A = \overline{B}x = 0$이므로 현재 상태가 변하지 않는다($A = 0$).
- F-F B는 $J_B = \overline{A} + x = 1,\ K_B = \overline{A} + x = 1$이므로 현재 상태가 반전한다($B = 1$).
- 출력은 $y = AB\overline{x} = 0$이다.

② $A = 0$, $B = 0$, $x = 1$일 때

- F-F A는 $J_A = x = 1$, $K_A = \overline{B}x = 1$이므로 현재 상태가 반전한다($A = 1$).
- F-F B는 $J_B = \overline{A} + x = 1$, $K_B = \overline{A} + x = 1$이므로 현재 상태가 반전한다($B = 1$).
- 출력은 $y = AB\overline{x} = 0$이다.

③ $A = 0$, $B = 1$, $x = 0$일 때

- F-F A는 $J_A = x = 0$, $K_A = \overline{B}x = 0$이므로 현재 상태가 변하지 않는다($A = 0$).
- F-F B는 $J_B = \overline{A} + x = 1$, $K_B = \overline{A} + x = 1$이므로 현재 상태가 반전한다($B = 0$).
- 출력은 $y = AB\overline{x} = 0$이다.

④ $A = 0$, $B = 1$, $x = 1$일 때

- F-F A는 $J_A = x = 1$, $K_A = \overline{B}x = 0$이므로 세트 상태가 된다($A = 1$).
- F-F B는 $J_B = \overline{A} + x = 1$, $K_B = \overline{A} + x = 1$이므로 현재 상태가 반전한다($B = 0$).
- 출력은 $y = AB\overline{x} = 0$이다.

⑤ $A = 1$, $B = 0$, $x = 0$일 때

- F-F A는 $J_A = x = 0$, $K_A = \overline{B}x = 0$이므로 현재 상태가 변하지 않는다($A = 1$).
- F-F B는 $J_B = \overline{A} + x = 0$, $K_B = \overline{A} + x = 0$이므로 현재 상태가 변하지 않는다($B = 0$).
- 출력은 $y = AB\overline{x} = 0$이다.

⑥ $A = 1$, $B = 0$, $x = 1$일 때

- F-F A는 $J_A = x = 1$, $K_A = \overline{B}x = 1$이므로 현재 상태가 반전한다($A = 0$).
- F-F B는 $J_B = \overline{A} + x = 1$, $K_B = \overline{A} + x = 1$이므로 현재 상태가 반전한다($B = 1$).
- 출력은 $y = AB\overline{x} = 0$이다.

⑦ $A = 1$, $B = 1$, $x = 0$일 때

- F-F A는 $J_A = x = 0$, $K_A = \overline{B}x = 0$이므로 현재 상태가 변하지 않는다($A = 1$).
- F-F B는 $J_B = \overline{A} + x = 0$, $K_B = \overline{A} + x = 0$이므로 현재 상태가 변하지 않는다($B = 1$).
- 출력은 $y = AB\overline{x} = 1$이다.

⑧ $A = 1$, $B = 1$, $x = 1$일 때

- F-F A는 $J_A = x = 1$, $K_A = \overline{B}x = 0$이므로 세트 상태가 된다($A = 1$).
- F-F B는 $J_B = \overline{A} + x = 1$, $K_B = \overline{A} + x = 1$이므로 현재 상태가 반전한다($B = 0$).
- 출력은 $y = AB\overline{x} = 0$이다.

상태도 작성

[표 9-1]의 상태표로부터 상태도를 그리면 [그림 9-5]와 같다. 상태도에는 두 플립플롭의 상태인 00, 01, 10, 11이 4개의 원 내부에 표시되어 있으며, 현재 상태에서 다음 상태로의 상태 변화는 화살표로 표시하였다. 방향 표시(화살표)가 된 선들은 슬래시(/)로 분리되는 2진수 2개를 갖는다. 슬래시 이전에 기술된 2진수는 상태 변화를 일으키는 입력값을, 다음에 나타난 2진수는 현재 상태에 대한 출력값을 나타낸다. 예를 들어, 01 → 10(01 상태에서 10 상태로의 변화)의 선에 1/0이라고 표시되어 있으면, 이것은 순서논리회로가 현재 상태 01, 입력 1, 출력 0일 때를 의미하며, 한 클록이 인가된 후 이 회로는 다음 상태 10으로 변함을 나타낸다.

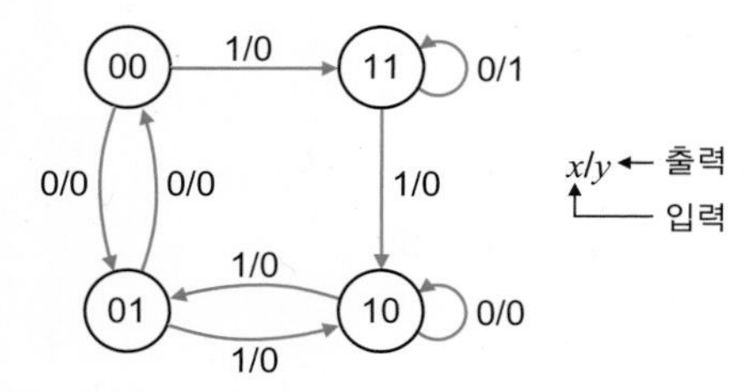

[그림 9-5] [그림 9-4]의 상태도

상태방정식 유도

상태방정식(state equation)은 플립플롭 상태 전이에 대한 조건을 지정하는 대수식이다. 상태방정식은 [표 9-1]의 상태표로부터 구할 수 있다. 플립플롭 A와 B가 논리 1이 되는 상태방정식은 다음과 같다.

$$A(t+1) = \overline{A}\overline{B}x + \overline{A}Bx + A\overline{B}\overline{x} + AB\overline{x} + ABx$$

$$B(t+1) = \overline{A}\overline{B}\overline{x} + \overline{A}\overline{B}x + A\overline{B}x + AB\overline{x}$$

이를 [그림 9-6]과 같이 카르노 맵을 이용하여 간소화한 상태방정식은 다음과 같다.

$$A(t+1) = \overline{A}x + AB + A\overline{x}$$

$$B(t+1) = \overline{A}\overline{B} + \overline{B}x + AB\overline{x}$$

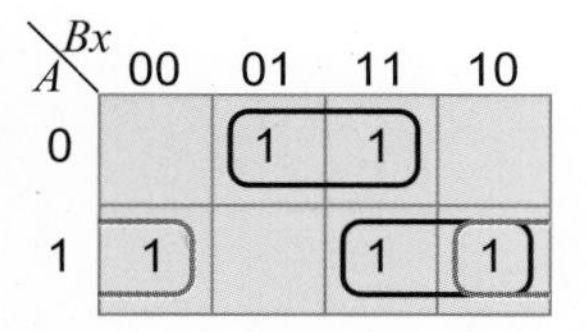

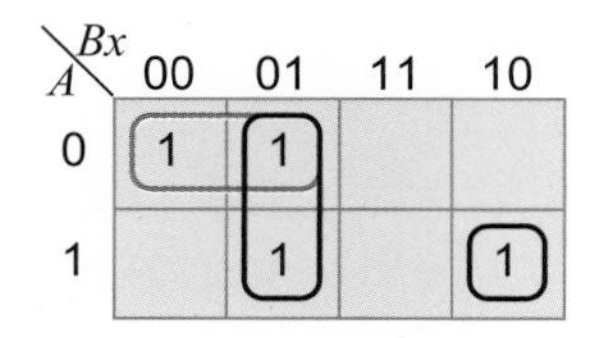

[그림 9-6] 상태방정식에 대한 카르노 맵

> **Tip**
> JK 플립플롭의 특성방정식
> $Q(t+1)=J\overline{Q}(t)+\overline{K}Q(t)$

JK 플립플롭의 특성방정식을 플립플롭 A와 B의 함수로 표시하면 다음과 같다.

$$A(t+1)=(J_A)\overline{A}+(\overline{K}_A)A$$

$$B(t+1)=(J_B)\overline{B}+(\overline{K}_B)B$$

위에서 구한 $A(t+1)$과 $B(t+1)$의 상태방정식을 JK 플립플롭의 특성방정식에 맞게 상태방정식의 형태를 변경하여 두 플립플롭의 입력인 J_A와 K_A, J_B와 K_B를 구한다.

$$A(t+1)=\overline{A}x+AB+A\overline{x}=x\overline{A}+(B+\overline{x})A=x\overline{A}+(\overline{\overline{B}x})A$$

$$B(t+1)=\overline{A}\,\overline{B}+\overline{B}x+AB\overline{x}=(\overline{A}+x)\overline{B}+A\overline{x}B=(\overline{A}+x)\overline{B}+(\overline{\overline{A}+x})B$$

이 상태방정식에서 $J_A=x$, $K_A=\overline{B}x$이며, $J_B=\overline{A}+x$, $K_B=\overline{A}+x$가 된다. 따라서 상태방정식으로부터 구한 두 플립플롭의 입력에 대한 불 대수식과 순서논리회로에서 구한 불 대수식이 같음을 알 수 있다.

회로의 동작 설명

순서논리회로의 동작은 상태도나 상태표를 이용하여 설명할 수 있다. [그림 9-4]는 입력 x의 값에 따라 클록펄스가 한 번씩 인가될 때마다 [그림 9-5]의 상태도에 나타낸 순서로 동작하는 순서논리회로다.

두 플립플롭의 현재 상태가 00이고 입력이 $x=0$일 때 클록펄스가 입력되면 01로 전이하며(출력은 0), 현재 상태가 01이고 입력이 $x=1$일 때 클록펄스가 인가되면 10으로 변한다(출력은 0). 플립플롭의 현재 상태가 10이고 입력이 $x=1$일 때 클록펄스가 입력되면 01로 전이하며(출력은 0), 현재 상태가 01이고 입력이 $x=0$일 때 클록펄스가 입력되면 00으로 변한다(출력은 0). 두 플립플롭의 현재 상태가 00이고 입력이 $x=1$일 때 클록펄스가 인가되면 11로 변하고(출력은 0), 현재 상태가 11이고 입력이 $x=0$이면 현재 상태를 유지한다(출력은 1). 플립플롭의 현재 상태가 11이고 입력이 $x=1$일 때 클록펄스가 인가되면 10으로 변한다(출력은 0).

SECTION 03

플립플롭의 여기표

플립플롭의 여기표는 현재 상태에서 다음 상태로 변했을 때 플립플롭의 입력 조건이 어떤 상태인지를 나타내는 표이다. 플립플롭의 여기표는 순서논리회로를 설계할 때 많이 사용한다. 이 절에서는 4가지 플립플롭의 여기표 유도 과정을 살펴본다.

Keywords | *D* 플립플롭의 여기표 | *JK* 플립플롭의 여기표 |

플립플롭의 **특성표**는 현재 상태와 입력값이 주어졌을 때, 다음 상태가 어떻게 변하는가를 나타내는 표이며, **여기표**(excitation table)는 현재 상태에서 다음 상태로 변했을 때 플립플롭의 입력 조건이 어떤 상태인지를 나타내는 표다. 플립플롭의 여기표는 순서논리회로를 설계할 때 많이 사용한다.

SR 플립플롭의 여기표

[그림 9-7]에는 *SR* 플립플롭의 특성표를 이용하여 여기표를 얻는 과정을 나타냈다. 특성표에서 왼쪽에 입력(S, R)과 현재 상태($Q(t)$)가 표시되고 오른쪽에는 다음 상태($Q(t+1)$)가 표시되어 있다. 이 특성표를 바탕으로 표의 왼쪽에 $Q(t)$와 $Q(t+1)$을 표시하고 오른쪽에 각 플립플롭의 입력을 표시하는 표로 변환하면 플립플롭의 여기표가 된다. 여기서 ×는 무관(don't care) 조건을 나타낸다.

특성표

입력		현재 상태	다음 상태
S	R	$Q(t)$	$Q(t+1)$
0	0	0	0
0	0	1	1
0	1	0	0
0	1	1	0
1	0	0	1
1	0	1	1
1	1	0	?
1	1	1	?

여기표

현재 상태	다음 상태	요구 입력	
$Q(t)$	$Q(t+1)$	S	R
0	0	0	×
0	1	1	0
1	0	0	1
1	1	×	0

Tip

SR 플립플롭의 진리표

S	R	$Q(t+1)$
0	0	$Q(t)$ (불변)
0	1	0
1	0	1
1	1	부정

[그림 9-7] *SR* 플립플롭의 여기표 유도 과정

① $Q(t)=0$에서 $Q(t+1)=0$으로 변하는 경우

입력 S와 R은 두 가지 조건이 있다. 즉 출력이 변하지 않았으므로 $S=0$, $R=0$인 경우와 $Q(t+1)=0$으로 되기 위한 $S=0$, $R=1$인 경우다. 따라서 입력 조건은 $S=0$, $R=0$ 또는 $S=0$, $R=1$이며, 이것은 $S=0$, $R=\times$로 표시한다.

② $Q(t)=0$에서 $Q(t+1)=1$로 변하는 경우

$S=1$, $R=0$인 경우만 변화가 가능하다.

③ $Q(t)=1$에서 $Q(t+1)=0$으로 변하는 경우

$S=0$, $R=1$인 경우만 변화가 가능하다.

④ $Q(t)=1$에서 $Q(t+1)=1$로 변하는 경우

출력이 변하지 않으므로 $S=0$, $R=0$인 경우와 $Q(t+1)=1$이므로 출력이 1이 되는 $S=1$, $R=0$인 경우가 가능하다. 이것은 $S=\times$, $R=0$으로 표시한다.

JK 플립플롭의 여기표

[그림 9-8]에는 *JK* 플립플롭의 특성표를 이용하여 여기표를 얻는 과정을 나타냈다.

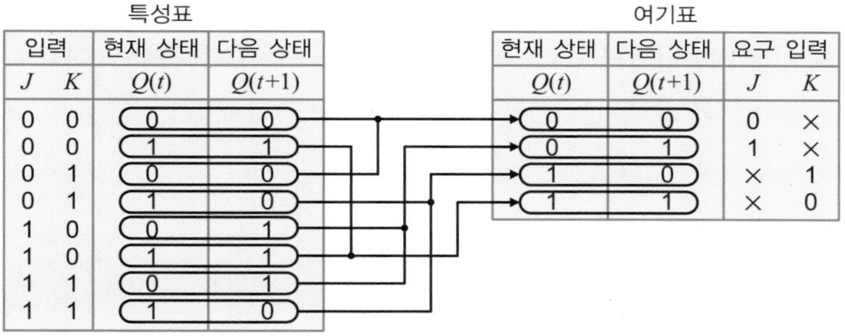

특성표

입력		현재 상태	다음 상태
J	K	$Q(t)$	$Q(t+1)$
0	0	0	0
0	0	1	1
0	1	0	0
0	1	1	0
1	0	0	1
1	0	1	1
1	1	0	1
1	1	1	0

여기표

현재 상태	다음 상태	요구 입력	
$Q(t)$	$Q(t+1)$	J	K
0	0	0	×
0	1	1	×
1	0	×	1
1	1	×	0

[그림 9-8] *JK* 플립플롭의 여기표 유도 과정

Tip

JK 플립플롭의 진리표

J	K	$Q(t+1)$
0	0	$Q(t)$ (불변)
0	1	0
1	0	1
1	1	$\overline{Q}(t)$ (토글)

① $Q(t)=0$에서 $Q(t+1)=0$으로 변하는 경우

출력이 변하지 않았거나 $Q(t+1)=0$이 되었다고 생각할 수 있다. 전자는 $J=0$, $K=0$의 입력이 필요하고, 후자는 $J=0$, $K=1$의 입력이 필요하다. 따라서 $J=0$, $K=\times$로 표시한다.

② $Q(t)=0$에서 $Q(t+1)=1$로 변하는 경우

출력이 반전되었으므로 $J=1$, $K=1$이거나 $Q(t+1)=1$로 세트되는 경우이므로 $J=1$, $K=0$인 입력이 필요하다. 따라서 $J=1$, $K=\times$로 표시한다.

③ $Q(t)=1$에서 $Q(t+1)=0$으로 변하는 경우

출력이 반전되었으므로 $J=1$, $K=1$이거나 $Q(t+1)=0$으로 리셋되는 경우이므로 $J=0$, $K=1$인 입력이 필요하다. 따라서 $J=\times$, $K=1$로 표시한다.

④ $Q(t)=1$ 에서 $Q(t+1)=1$ 로 변하는 경우

> 출력이 변하지 않으므로 $J=0$, $K=0$인 경우와 $Q(t+1)=1$이므로 출력이 1이 되는 $J=1$, $K=0$인 입력이 필요하다. 이것은 $J=\times$, $K=0$으로 표시한다.

D 플립플롭의 여기표

[그림 9-9]에는 D 플립플롭의 특성표를 이용하여 여기표를 얻는 과정을 나타냈다.

특성표

입력	현재 상태	다음 상태
D	$Q(t)$	$Q(t+1)$
0	0	0
0	1	0
1	0	1
1	1	1

여기표

현재 상태	다음 상태	요구 입력
$Q(t)$	$Q(t+1)$	D
0	0	0
0	1	1
1	0	0
1	1	1

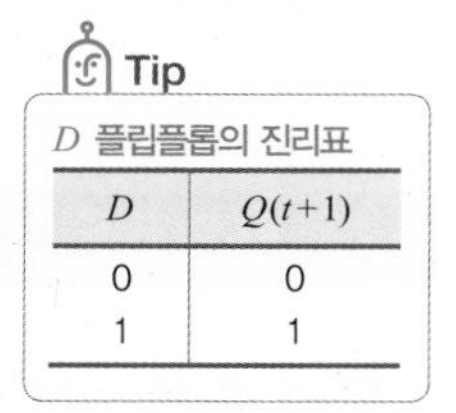

D 플립플롭의 진리표

D	$Q(t+1)$
0	0
1	1

[그림 9-9] D 플립플롭의 여기표 유도 과정

현재 상태에 관계없이 다음 상태는 항상 D 입력과 같다. 따라서 $Q(t+1)=0$이 되려면 $Q(t)$의 값에 관계없이 $D=0$이고 $Q(t+1)=1$이 되기 위해서는 $D=1$이 되어야 한다.

T 플립플롭의 여기표

[그림 9-10]에는 T 플립플롭의 특성표를 이용하여 여기표를 얻는 과정을 나타냈다.

특성표

입력	현재 상태	다음 상태
T	$Q(t)$	$Q(t+1)$
0	0	0
0	1	1
1	0	1
1	1	0

여기표

현재 상태	다음 상태	요구 입력
$Q(t)$	$Q(t+1)$	T
0	0	0
0	1	1
1	0	1
1	1	0

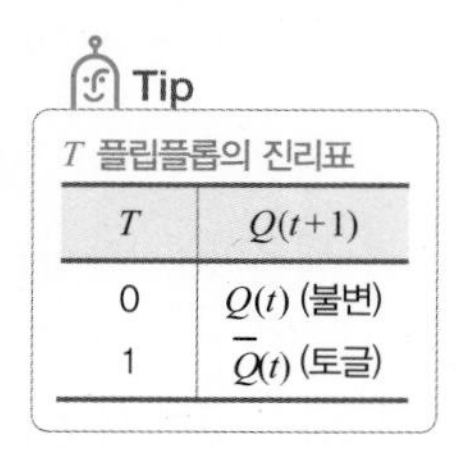

T 플립플롭의 진리표

T	$Q(t+1)$
0	$Q(t)$ (불변)
1	$\overline{Q}(t)$ (토글)

[그림 9-10] T 플립플롭의 여기표 유도 과정

$T=1$인 경우 플립플롭은 보수를 취하며, $T=0$인 경우 플립플롭의 상태는 변하지 않는다. 그러므로 플립플롭의 상태가 변하지 않을 때는 $T=0$이어야 하고 플립플롭의 상태가 변할 때는 $T=1$이어야 한다.

SECTION

04

동기 순서논리회로의 설계 과정

동기 순서논리회로의 설계는 크게 8단계로 수행된다. 이 절에서는 D 플립플롭과 JK 플립플롭을 이용하여 순서논리회로를 설계하는 과정을 살펴본다.

Keywords | 상태도 | 상태표 | 상태여기표 |

동기 순서논리회로는 조합논리회로 부분과 기억소자 부분으로 구성된다. 여기서 조합논리회로 부분은 AND나 OR 같은 기본 논리게이트들의 결합으로 구성되고, 기억소자 부분은 플립플롭 1개 이상이 병렬 또는 직렬로 결합되어 구성된다. 이러한 동기 순서논리회로의 설계는 크게 8단계로 수행된다.

1. 회로 동작 기술(상태도 작성)
2. 정의된 회로의 상태표 작성
3. 필요한 경우 상태 축소 및 상태 할당
4. 플립플롭의 수와 종류 결정
5. 플립플롭의 입력, 출력 및 각각의 상태에 문자기호 부여
6. 상태표를 이용하여 회로의 상태여기표 작성
7. 간소화 방법을 이용하여 출력함수 및 플립플롭의 입력함수 유도
8. 순서논리회로도 작성

각 단계를 적용하여 순서논리회로의 설계 과정을 상세히 알아보자.

JK 플립플롭을 이용한 순서논리회로 설계

■ 회로 동작 기술

순서논리회로의 설계 과정은 먼저 회로 동작을 명확히 기술해야 하며, 이때 플립플롭의 상태도나 다른 정보를 포함할 수 있다. 다시 말해, 순서논리회로의 설계는 조합논리회로와 달리 현재 상태가 다음 상태에 영향을 미치기 때문에 가능한 모든 상태와 이들 상태에 대한 전이 관계를 명확히 정의하는 것이 중요하다. 일단 회로에 대한 사양(specification)이 정해지면 해당 내용에 따라 상태표를 작성하고 설계 절차에 따라 회로를 설계할 수 있다. [그림 9-11]은 설계하려는 동기 순서논리회로에 대한 상태도(state diagram)를 나타낸다.

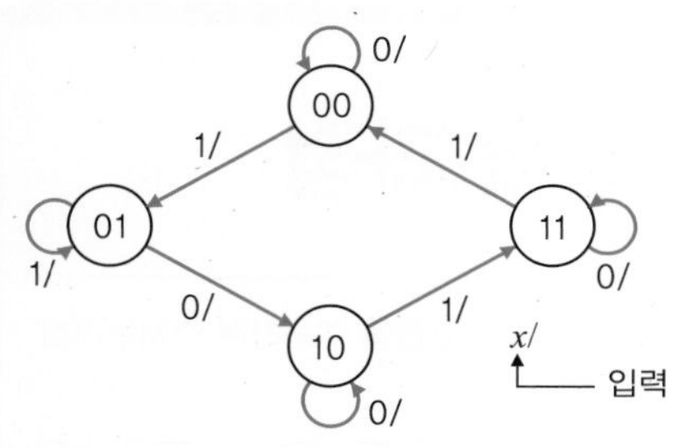

[그림 9-11] 동기 순서논리회로에 대한 상태도(JK 플립플롭을 이용하는 경우)

[그림 9-11]에서 4가지 상태에 각각 2진수 00, 01, 10, 11이 할당되었다. 일반적으로 방향 표시(화살표)가 된 선들은 슬래시(/)로 분리되는 2진수 2개를 갖는다. 슬래시 이전에 기술된 2진수는 현재 상태 동안의 입력값을, 다음에 나타난 2진수는 현재 상태 동안의 출력값을 나타낸다. 그러나 [그림 9-11]을 보면 출력이 없고 2진수 하나만 나타나 있는데, 입력변수만 있고 출력변수는 없는 상태에서 상태 변화가 일어남을 의미한다.

■ 상태표 작성

상태표(state table)는 현재 상태와 외부 입력의 변화에 따라 다음 상태의 변화를 정의한 것으로 상태도로부터 유도할 수 있다. [그림 9-11]의 상태도로부터 상태표를 유도하기 위해서 4가지 상태를 나타내고 있는 두 플립플롭에는 상태 변수 A와 B를 할당하고, 외부 입력에는 변수 x를 할당한다. 이 회로에는 출력이 없음에 주의하라. [표 9-2]는 [그림 9-11]의 상태도로부터 유도된 상태표를 나타낸다.

[표 9-2] [그림 9-11]의 상태표

현재 상태		입력	다음 상태	
A	B	x	A	B
0	0	0	0	0
0	0	1	0	1
0	1	0	1	0
0	1	1	0	1
1	0	0	1	0
1	0	1	1	1
1	1	0	1	1
1	1	1	0	0

[표 9-2]는 현재 상태 A, B가 외부 입력 x의 변화에 따라 다음 상태 A, B로 어떻게 변하는지를 나타내고 있다. 예를 들어, 현재 상태가 $A=0$, $B=1$이고 외부 입력 $x=0$인 경우 다음 상태는 $A=1$, $B=0$으로 변함을 알 수 있다. 이러한 변화는 [그림 9-11]의 상태도를 통해 직접 알 수 있다. 그러나 상태표에서는 현재 상태와 외부 입력 및 다음 상태를 정적인 형태로 표현하기 위하여 변수를 정의한 점이 다르다.

■ 플립플롭의 수와 형태 결정

동기 순서논리회로를 구성하는 플립플롭의 수는 회로의 모든 가능한 상태 수에 따라 결정된다. 예를 들어, 정의해야 할 상태의 수가 4가지면 플립플롭이 2개($4 = 2^2$) 필요하며, 8가지면 플립플롭이 3개($8 = 2^3$) 필요하다. 또 상태 수가 6가지인 경우에는 플립플롭이 3개 필요하지만 2가지 상태는 사용하지 않는다. 이때 사용하지 않은 2가지 상태는 조합논리회로에서처럼 무관 조건(don't care)이 된다.

[그림 9-11]의 상태도의 경우, 가능한 모든 상태는 4가지이므로 필요한 플립플롭의 수는 2개이며, 각각의 플립플롭에 대해 문자기호 A와 B를 할당한다. 일반적으로 플립플롭의 출력은 Q와 $\overline{Q}$로 구성된다. 따라서 4가지의 서로 다른 상태를 얻기 위해서는 플립플롭 2개가 필요하다.

[표 9-2]의 상태표에서 현재 상태와 다음 상태를 표시할 때 변수 A와 B를 사용했는데, 현재 상태 $A = 1$, $B = 1$이라고 하는 것은 두 개의 플립플롭 중에서 플립플롭 A의 Q 출력, 즉 $Q_A = 1$이고 플립플롭 B의 Q 출력, 즉 $Q_B = 1$이라는 의미이다. 그리고 외부 입력이 $x = 1$이면, 플립플롭이 다음 상태인 $Q_A = 0$과 $Q_B = 0$으로 변한다는 의미가 된다.

동기 순서논리회로에 사용되는 기본적인 기억소자에는 SR 플립플롭, D 플립플롭, JK 플립플롭, T 플립플롭이 있다. 이러한 플립플롭을 이용하여 논리회로를 설계하는 경우, 설계할 회로 특성에 알맞으면서도 구현이 용이한 플립플롭을 선택해야 한다. 예를 들어, 카운터를 설계할 경우에는 회로의 특성상 주로 JK 플립플롭이나 T 플립플롭을 이용하는 것이 유리하다. 여기서 설명하는 회로의 설계는 JK 플립플롭을 이용한다.

Tip

정의해야 할 상태의 수가 m가지면 플립플롭이 $\lceil \log_2 m \rceil$개 필요하다. 예를 들어, m=10이면 $\log_2 10 \approx 3.219$이므로 $\lceil \log_2 10 \rceil$=4개의 플립플롭이 필요하다.

■ 상태여기표 유도

플립플롭의 진리표는 순서논리회로의 동작을 분석하는 데 유용하다. 즉 회로의 입력과 현재 상태가 주어지고 다음 상태의 결과를 얻기 위해서 진리표를 이용한다. 한편, 순서논리회로의 설계에 있어 현재 상태에서 다음 상태로의 전이(transition)를 알고 있을 때, 필요한 전이를 일으키는 플립플롭의 입력 조건을 결정해야 한다. 이러한 경우 주어진 상태 변화에 대해 필요한 입력 조건을 결정하는 표를 플립플롭의 **여기표**(excitation table)라 한다.

[표 9-2]의 상태표로부터 두 JK 플립플롭의 입력 상태를 얻기 위한 상태여기표는 [표 9-3]과 같다. [표 9-3]의 상태여기표는 현재 회로 상태가 외부 입력과 결합하여 다음 상태로 변할 때 플립플롭의 입력에 인가해야 하는 값을 보여주고 있다. 예를 들어, [표 9-3]의 8가지 상태 변화 중에서

마지막 행인 $A=1$, $B=1$에서 $A=0$, $B=0$으로 상태 전이가 일어나는 경우를 생각해보자. 두 JK 플립플롭의 현재 상태가 $Q_A=1$, $Q_B=1$이고, 이 상태가 외부 입력 $x=1$과 결합하여 다음 상태인 $Q_A=0$, $Q_B=0$으로 변하고 있는데, 각 플립플롭은 똑같이 $Q=1$에서 $Q=0$으로 변한다. 결국 JK 플립플롭이 현재 상태 1에서 0으로 전이가 이루어지며, JK 플립플롭의 여기표를 참고하면 JK 플립플롭의 입력이 각각 $J=\times$, $K=1$이 되어야 함을 알 수 있다. 따라서 $Q_A=1$, $Q_B=1$에서 $Q_A=0$, $Q_B=0$이 되려면 두 JK 플립플롭에 $J_A=\times$, $K_A=1$, $J_B=\times$, $K_B=1$이 입력되어야 한다. 나머지 상태 변화도 같은 방법으로 이해할 수 있다.

[표 9-3] [그림 9-11]의 상태여기표

현재 상태		입력	다음 상태		플립플롭 입력			
A	B	x	A	B	J_A	K_A	J_B	K_B
0	0	0	0	0	0	×	0	×
0	0	1	0	1	0	×	1	×
0	1	0	1	0	1	×	×	1
0	1	1	0	1	0	×	×	0
1	0	0	1	0	×	0	0	×
1	0	1	1	1	×	0	1	×
1	1	0	1	1	×	0	×	0
1	1	1	0	0	×	1	×	1

Tip

JK 플립플롭의 여기표

$Q(t)$	$Q(t+1)$	J	K
0	0	0	×
0	1	1	×
1	0	×	1
1	1	×	0

■ **플립플롭의 입력함수 및 회로의 출력함수 유도**

조합논리회로의 설계에서 입출력변수 간의 관계를 진리표로 나타낸 것과 마찬가지로 [표 9-3]과 같은 상태여기표가 작성되면 설계하려는 순서논리회로의 함수(플립플롭의 입력함수 또는 조합논리회로의 출력함수)를 불 함수로 표현할 수 있다. 불 함수는 대수적으로 정리하여 간소화할 수도 있고, 카르노 맵을 이용하여 간소화할 수도 있다.

입력변수는 A, B, x이고 조합논리회로의 출력은 플립플롭의 입력이 된다. 플립플롭의 입력함수는 카르노 맵을 이용하여 간소화할 수 있으며, 이를 [그림 9-12]에 나타냈다.

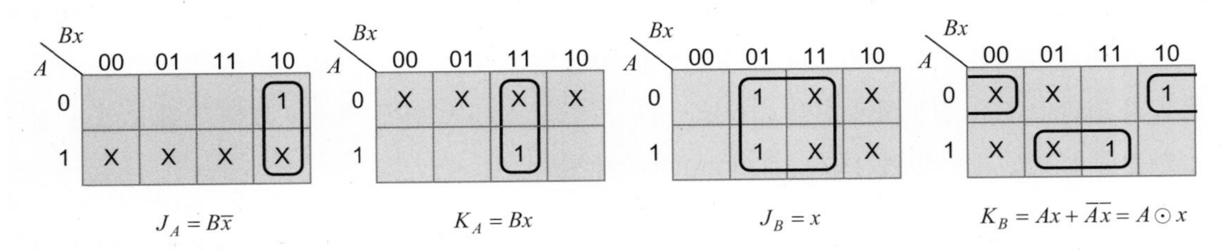

[그림 9-12] 카르노 맵을 이용한 간소화 과정

■ 논리회로의 구현

간소화된 입력함수를 이용하여 전체 순서논리회로를 구현하면 [그림 9-13]과 같다. [그림 9-13]에 구현된 순서논리회로는 플립플롭의 현재 출력(Q_A, Q_B)이 외부 입력(x)과 함께 조합논리회로에 입력되어 조합논리회로의 출력(J_A, K_A, J_B, K_B)을 변화시키면, 조합논리회로의 출력이 바로 플립플롭의 입력이 되므로 플립플롭의 상태가 변하는 회로가 됨을 알 수 있다. 따라서 순서논리회로를 설계한다는 것은 사용하는 플립플롭의 상태가 설계자의 요구에 따라 일련의 변화를 하도록 조합논리회로를 설계하는 것과 같다고 할 수 있다.

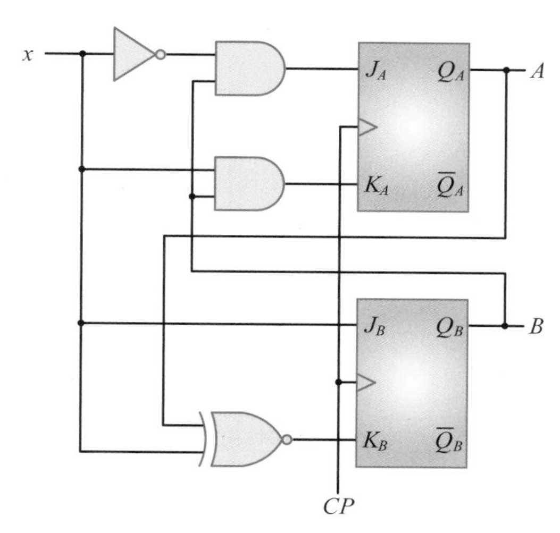

[그림 9-13] *JK* 플립플롭을 이용한 순서논리회로의 구현

D 플립플롭을 이용한 순서논리회로 설계

D 플립플롭을 이용하여 순서논리회로를 설계하는 방법을 설명하기 위하여 앞의 절차와 동일하게 설계하는 예를 살펴보자.

■ 회로 동작 기술

[그림 9-14]는 설계하려는 순서논리회로에 대한 상태도(state diagram)를 나타낸다. 4가지 상태에 각각 2진수 00, 01, 10, 11이 할당되었다. [그림 9-14]를 보면 입력변수와 출력변수가 모두 있는 상태에서 변화가 일어난다.

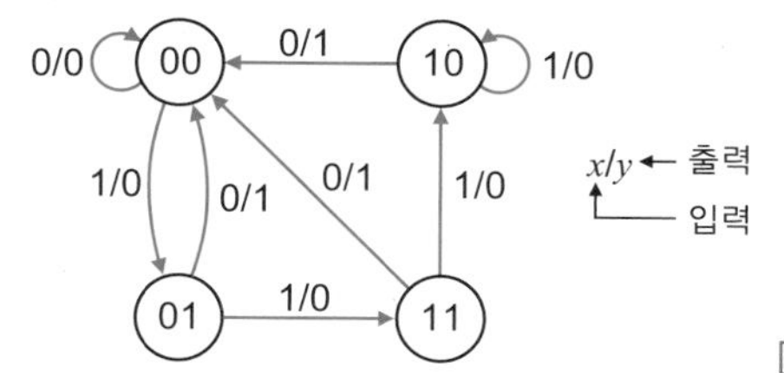

[그림 9-14] 동기 순서논리회로에 대한 상태도(*D* 플립플롭을 이용하는 경우)

■ 상태표 작성

[그림 9-14]의 상태도로부터 상태표를 유도하기 위해서 4가지 상태를 나타내고 있는 두 플립플롭에는 상태 변수 A와 B를 할당하고, 외부 입력에는 변수 x를 할당한다. [표 9-4]는 [그림 9-14]의 상태도로부터 유도된 상태표를 나타낸다.

[표 9-4] [그림 9-14]의 상태표

현재 상태		입력	다음 상태		출력
A	B	x	A	B	y
0	0	0	0	0	0
0	0	1	0	1	0
0	1	0	0	0	1
0	1	1	1	1	0
1	0	0	0	0	1
1	0	1	1	0	0
1	1	0	0	0	1
1	1	1	1	0	0

■ 플립플롭의 수와 형태 결정

[그림 9-14]의 상태도의 경우, 가능한 모든 상태가 4가지이므로 플립플롭은 2개가 필요하다. 이러한 동작을 구현하는 데 어떠한 플립플롭도 사용될 수 있으나, 여기서는 비교적 설계 과정이 단순한 D 플립플롭을 사용하기로 한다.

■ 상태여기표 유도

[표 9-4]의 상태표로부터 두 D 플립플롭의 입력 상태를 얻기 위한 상태여기표는 [표 9-5]와 같다. 예를 들어, [표 9-5]의 8가지 상태 변화 중에서 마지막 행인 $A=1$, $B=1$에서 $A=1$, $B=0$으로 상태 전이가 일어나는 경우를 생각해보자. D 플립플롭의 현재 상태가 $Q_A=1$, $Q_B=1$이고, 이 상태가 외부 입력 $x=1$과 결합하여 다음 상태인 $Q_A=1$, $Q_B=0$으로 변하고 있다. D 플립플롭의 여기표를 참고하면 이와 같이 상태가 변화하려면 D 플립플롭의 입력이 각각 $D_A=1$, $D_B=0$이 되어야 함을 알 수 있다. 나머지 상태 변화도 같은 방법으로 이해할 수 있다.

[표 9-5] [그림 9-14]의 상태여기표

현재 상태		입력	다음 상태		플립플롭 입력		출력
A	B	x	A	B	D_A	D_B	y
0	0	0	0	0	0	0	0
0	0	1	0	1	0	1	0
0	1	0	0	0	0	0	1
0	1	1	1	1	1	1	0
1	0	0	0	0	0	0	1
1	0	1	1	0	1	0	0
1	1	0	0	0	0	0	1
1	1	1	1	0	1	0	0

Tip

D 플립플롭의 여기표

$Q(t)$	$Q(t+1)$	D
0	0	0
0	1	1
1	0	0
1	1	1

■ 플립플롭의 입력함수 및 회로의 출력함수 유도

[표 9-5]와 같은 상태 전이를 발생하기 위한 플립플롭의 입력함수와 회로의 출력함수를 얻기 위해서는 다음 상태 값이 1인 항들로 이루어진 SOP 표현을 구하면 된다. 이때 SOP 표현의 각 항은 현재 상태 변수인 $A(t)$, $B(t)$ 및 입력변수 x로 이루어지며 그 결과는 다음과 같다.

$$A(t+1) = D_A = \overline{A}Bx + A\overline{B}x + ABx$$
$$B(t+1) = D_B = \overline{A}\overline{B}x + \overline{A}Bx$$
$$y(t+1) = \overline{A}B\overline{x} + A\overline{B}\overline{x} + AB\overline{x}$$

다음 단계로서 각 플립플롭의 입력함수와 회로의 출력함수를 카르노 맵을 이용하여 간소화하면 [그림 9-15]와 같다.

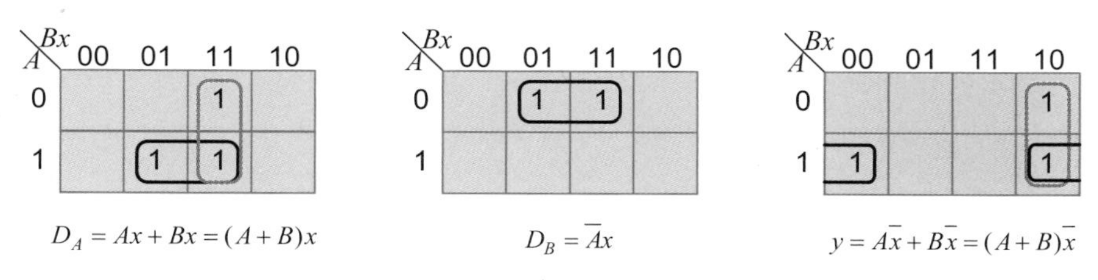

[그림 9-15] 카르노 맵을 이용한 간소화 과정

■ 논리회로의 구현

플립플롭의 입력함수(D_A, D_B)와 회로의 출력함수(y)를 최소항의 합으로 표현한 것과 비교하면 변수가 줄었으므로 카르노 맵으로 구한 것이 좀 더 간소화된 표현임을 알 수 있으며, 간소화된 입력함수 및 출력함수를 이용하여 전체 순서논리회로를 그리면 [그림 9-16]과 같다. [그림 9-16]에 구현된 순서논리회로는 플립플롭의 현재 출력(Q_A, Q_B)이 외부 입력(x)과 함께 조합논리회로에 입력되어 조합논리회로의 출력(D_A, D_B)을 변화시키면, 조합논리회로의 출력이 바로 플립플롭의 입력이 되므로 플립플롭의 상태가 변하는 회로가 됨을 알 수 있다.

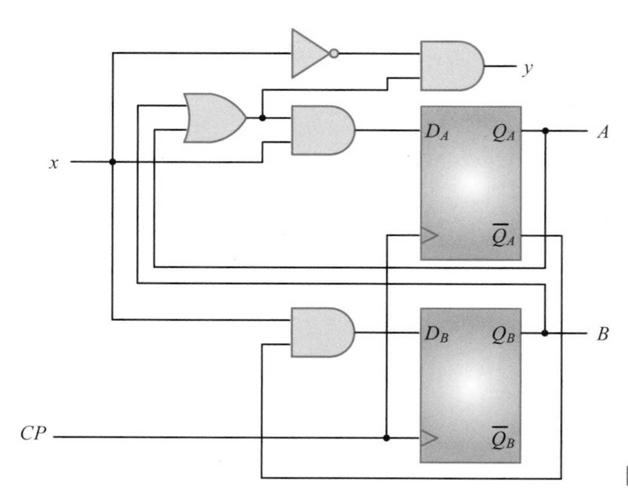

[그림 9-16] D 플립플롭을 이용한 순서논리회로의 구현

SECTION 05

미사용 상태의 설계

순서논리회로에서 현재 상태를 모두 사용하지 않는 경우가 있다. 이 절에서는 미사용 상태를 갖는 순서논리회로를 설계하는 과정에 대해 살펴본다. 설계 과정에서 사용하지 않는 상태는 무관항으로 처리한다.

Keywords | 미사용 상태 |

m개의 플립플롭을 가진 순서논리회로는 최대 2^m가지 현재 상태와 다음 상태를 가진다. 그러나 2^m가지 현재 상태를 순서논리회로에서 모두 사용하지 않는 경우가 있다. 카운터를 설계할 때도 마찬가지다. 순서논리회로를 설계할 때, 사용하지 않는 상태는 상태표나 상태여기표에서 표시하지 않으며, 플립플롭의 입력함수를 간소화할 경우에는 무관항으로 처리한다.

순서논리회로에서 사용하지 않는 상태를 처리하는 과정을 알아보기 위해 [그림 9-17]과 같이 주어지는 상태도를 JK 플립플롭 3개를 사용하여 순서논리회로를 구현하는 경우를 예로 들어보자. 상태도에서 6가지 상태는 사용되었고, 2가지 상태(000, 001)는 사용되지 않았다.

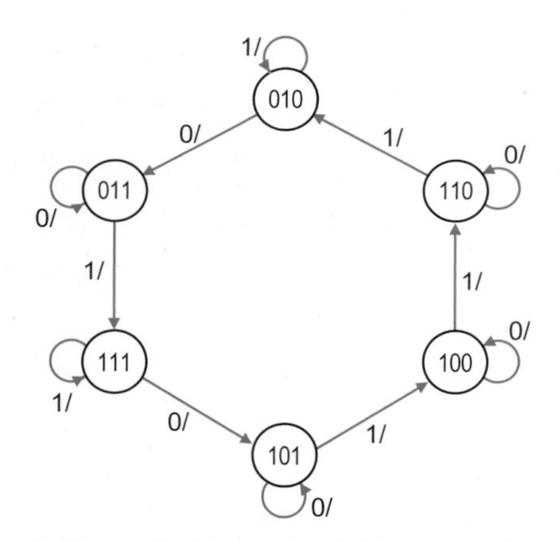

[그림 9-17] 미사용 상태를 설명하기 위한 상태도

상태도로부터 얻어진 상태여기표는 [표 9-6]과 같다. 입력변수 x만 있고, 출력은 없기 때문에 상태여기표에도 출력 부분이 없다.

[표 9-6] 미사용 상태를 포함한 순서논리회로의 상태여기표

현재 상태			입력	다음 상태			플립플롭 입력					
A	B	C	x	A	B	C	J_A	K_A	J_B	K_B	J_C	K_C
0	1	0	0	0	1	1	0	×	×	0	1	×
0	1	0	1	0	1	0	0	×	×	0	0	×
0	1	1	0	0	1	1	0	×	×	0	×	0
0	1	1	1	1	1	1	1	×	×	0	×	0
1	0	0	0	1	0	0	×	0	0	×	0	×
1	0	0	1	1	1	0	×	0	1	×	0	×
1	0	1	0	1	0	1	×	0	0	×	×	0
1	0	1	1	1	0	0	×	0	0	×	×	1
1	1	0	0	1	1	0	×	0	×	0	0	×
1	1	0	1	0	1	0	×	1	×	0	0	×
1	1	1	0	1	0	1	×	0	×	1	×	0
1	1	1	1	1	1	1	×	0	×	0	×	0

Tip

JK 플립플롭의 여기표

$Q(t)$	$Q(t+1)$	J	K
0	0	0	×
0	1	1	×
1	0	×	1
1	1	×	0

카르노 맵을 이용하여 간소화된 플립플롭의 입력함수를 구하면 [그림 9-18]과 같다. 여기서 사용하지 않은 두 개의 상태(000, 001)에 대해서는 카르노 맵에서 무관항으로 처리하여 간소화한다.

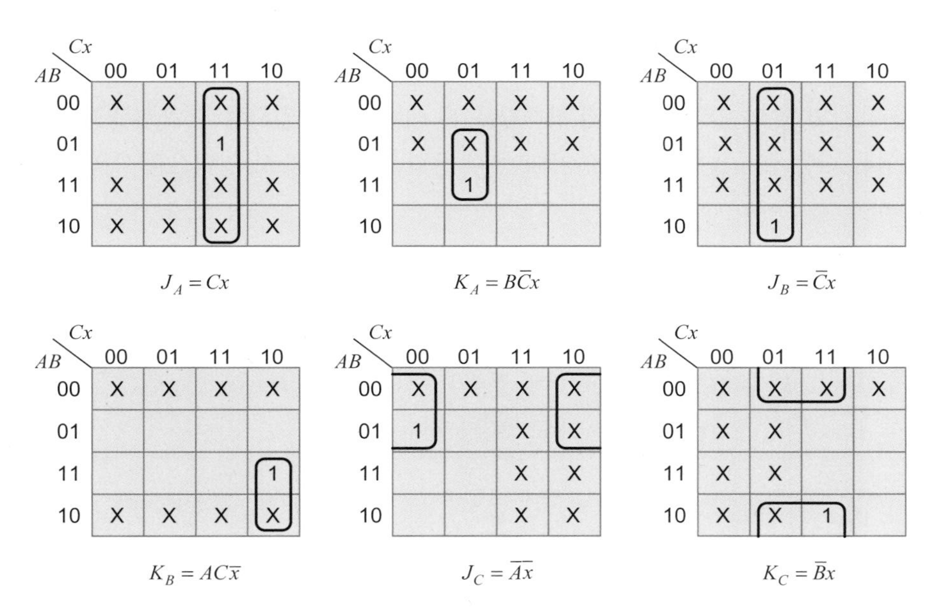

[그림 9-18] 미사용 상태를 포함한 순서논리회로의 카르노 맵

[표 9-6]의 상태여기표에 대한 순서논리회로는 [그림 9-19]와 같다.

이 예에서는 사용하지 않는 2가지 상태 000, 001이 있으며, [표 9-6]의 상태여기표에는 없기 때문에 발생하지 않는다. 순서논리회로에서는 어떠한 상태든지 초기 상태가 될 수 있다. 따라서 사용하지 않는 상태가 초기 상태가 될 수도 있으므로 사용하지 않는 상태에 대해 다음 상태가 어떤지 구해야 한다. 이 값은 [그림 9-19]의 순서논리회로에 대입하여 구할 수 있다.

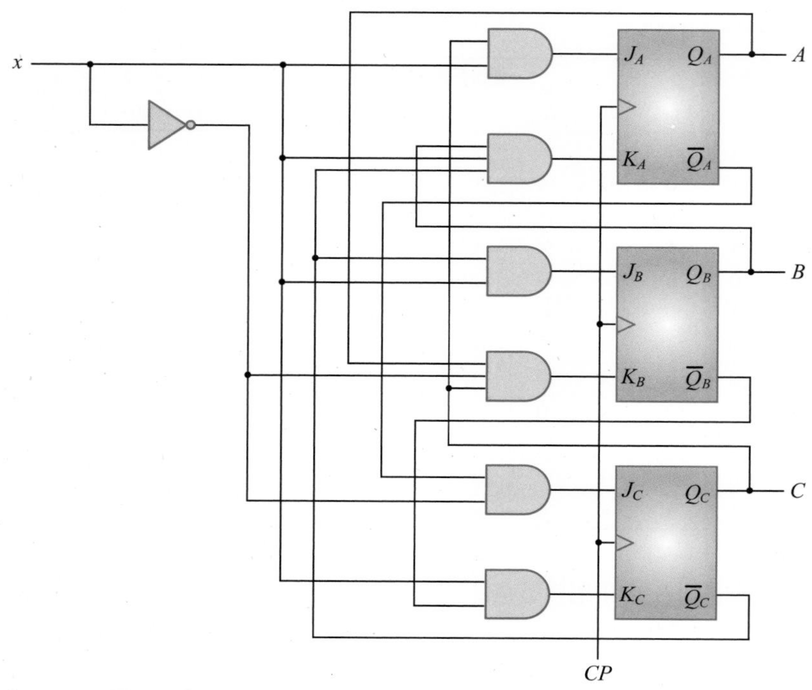

[그림 9-19] [표 9-6]의 순서논리회로

먼저 플립플롭의 출력 A, B, C와 입력 x의 현재 상태값을 불 대수식에 대입하여 각 플립플롭의 J와 K 입력값을 구한다. 다음에는 클록펄스가 인가되면 각 플립플롭의 J와 K 입력값을 대입하여 다음 상태값을 구한다.

① $A = 0$, $B = 0$, $C = 0$, $x = 0$일 때

- F-F A는 $J_A = Cx = 0$, $K_A = B\overline{C}x = 0$이므로 현재 상태가 변하지 않는다($A = 0$).
- F-F B는 $J_B = \overline{C}x = 0$, $K_B = AC\overline{x} = 0$이므로 현재 상태가 변하지 않는다($B = 0$).
- F-F C는 $J_C = \overline{Ax} = 1$, $K_C = \overline{B}x = 0$이므로 세트 상태가 된다($C = 1$).

② $A = 0$, $B = 0$, $C = 0$, $x = 1$일 때

- F-F A는 $J_A = Cx = 0$, $K_A = B\overline{C}x = 0$이므로 현재 상태가 변하지 않는다($A = 0$).
- F-F B는 $J_B = \overline{C}x = 1$, $K_B = AC\overline{x} = 0$이므로 세트 상태가 된다($B = 1$).
- F-F C는 $J_C = \overline{Ax} = 0$, $K_C = \overline{B}x = 1$이므로 리셋 상태가 된다($C = 0$).

③ $A = 0$, $B = 0$, $C = 1$, $x = 0$일 때

- F-F A는 $J_A = Cx = 0$, $K_A = B\overline{C}x = 0$이므로 현재 상태가 변하지 않는다($A = 0$).
- F-F B는 $J_B = \overline{C}x = 0$, $K_B = AC\overline{x} = 0$이므로 현재 상태가 변하지 않는다($B = 0$).
- F-F C는 $J_C = \overline{Ax} = 1$, $K_C = \overline{B}x = 0$이므로 세트 상태가 된다($C = 1$).

④ $A=0, B=0, C=1, x=1$일 때

- F-F A는 $J_A = Cx = 1$, $K_A = B\overline{C}x = 0$이므로 세트 상태가 된다($A=1$).
- F-F B는 $J_B = \overline{C}x = 0$, $K_B = AC\overline{x} = 0$이므로 현재 상태가 변하지 않는다($B=0$).
- F-F C는 $J_C = \overline{A}\overline{x} = 0$, $K_C = \overline{B}x = 1$이므로 리셋 상태가 된다($C=0$).

따라서 미사용 상태에 대한 결과는 [표 9-7]과 같다.

[표 9-7] 미사용 상태의 상태표

현재 상태			입력	다음 상태		
A	B	C	x	A	B	C
0	0	0	0	0	0	1
0	0	0	1	0	1	0
0	0	1	0	0	0	1
0	0	1	1	1	0	0

마지막으로 사용하지 않는 상태까지 고려한 상태도는 [그림 9-20]과 같다.

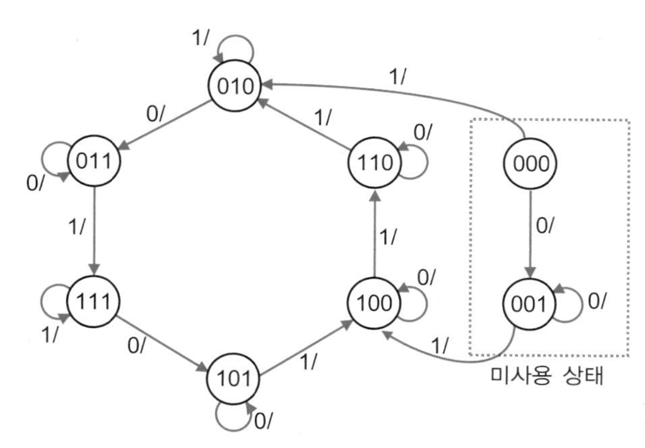

[그림 9-20] 미사용 상태를 포함한 상태도

플립플롭 3개를 사용한 순서논리회로에서는 최대 8가지(=2^3) 상태값을 가질 수 있으나, 이 예에서는 6가지의 상태값을 가지고 있으므로 2가지 상태는 미사용 상태가 된다. 만일 순서논리회로의 초기 상태가 6가지 유효한 상태인 경우에는 문제가 없으나 2가지 미사용 상태가 초기 상태인 경우에는 순서논리회로가 유효 상태로 돌아갈 수 있도록 순서논리회로를 구성해야 한다.

[그림 9-20]에서 미사용 상태인 001은 입력이 $x=0$일 때는 클록펄스가 입력되어도 상태 변화가 없지만, $x=1$일 때 클록펄스가 입력되면 유효 상태인 100으로 상태가 변한다. 또한 미사용 상태인 000은 입력이 $x=0$일 때 클록펄스가 입력되면 같은 미사용 상태인 001로 상태가 변하지만, $x=1$일 때 클록펄스가 입력되면 유효 상태인 010으로 상태가 변한다. 이와 같이 순서논리회로에서는 미사용 상태도 1개 또는 2개 이상의 클록펄스가 입력되면 유효한 상태로 전이하게 된다. 이때 미사용 상태에서 유효한 상태로 복귀하지 않는 상태를 Lookout이라 한다.

SECTION 06

상태방정식을 이용한 설계

순서논리회로는 상태방정식을 이용하여 설계할 수도 있다. 상태방정식은 현재 상태와 입력변수의 함수로, 플립플롭의 다음 상태에 관한 조건이 주어지는 불 대수식이다. 이 절에서는 상태방정식을 이용하여 순서논리회로를 설계하는 과정을 살펴본다.

Keywords | 상태방정식 |

순서논리회로는 상태여기표를 사용하지 않고 상태방정식을 이용하여 설계할 수 있다. 상태방정식은 현재 상태와 입력변수의 함수로서, 플립플롭의 다음 상태에 관한 조건이 주어지는 불 대수식을 말한다.

순서논리회로의 상태방정식은 상태표에 표시된 정보와 똑같은 내용을 대수적으로 표시하고 있으며, 플립플롭의 특성방정식과 형태가 유사하다. 상태방정식은 상태표에서 쉽게 유도할 수 있으며, 어떤 순서논리회로이든지 상태방정식으로 표시할 수 있다. 특히 D 플립플롭이나 JK 플립플롭을 사용하는 경우 상태방정식을 이용하여 순서논리회로를 설계하는 것이 더욱 편리하다. SR 플립플롭이나 T 플립플롭을 가진 회로에도 상태방정식을 적용할 수 있으나 많은 대수적 처리가 필요하다.

JK 플립플롭을 사용한 상태방정식

JK 플립플롭의 특성방정식은 다음과 같다([그림 8-29] 참조).

$$Q(t+1) = J\overline{Q} + \overline{K}Q$$

JK 플립플롭의 특성방정식은 현재 상태와 입력함수로 다음 상태를 나타내는 방정식이다. 순서논리회로를 설계할 때 상태여기표를 작성하지 않고 상태방정식을 구하여 이를 통해 플립플롭의 입력함수를 구한 후 순서논리회로를 설계할 수도 있다. JK 플립플롭의 상태방정식을 JK 플립플롭의 특성방정식과 같은 형태로 변형함으로써 JK 플립플롭의 J와 K의 입력함수를 구할 수 있다.

상태방정식을 이용하여 JK 플립플롭을 사용한 순서논리회로를 구현하는 예를 [그림 9-21]에서 설명한다.

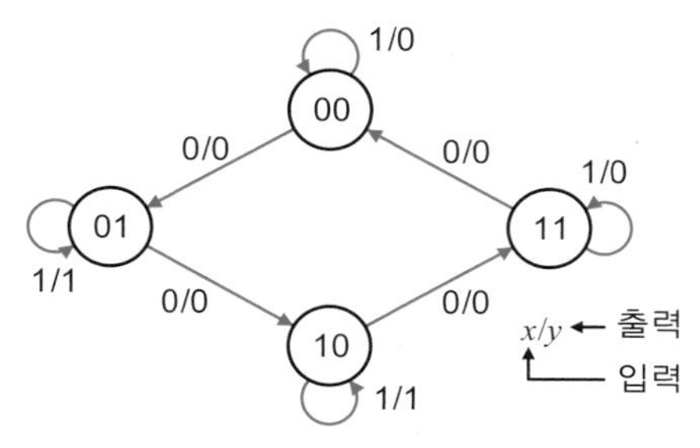

[그림 9-21] *JK* 플립플롭의 상태방정식을 이용하는 경우의 상태도

[그림 9-21]의 상태도를 이용하여 상태표를 구하면 [표 9-8]과 같다.

[표 9-8] *JK* 플립플롭의 상태방정식을 이용하는 경우의 상태표

현재 상태		입력	다음 상태		출력
A	*B*	*x*	*A*	*B*	*y*
0	0	0	0	1	0
0	0	1	0	0	0
0	1	0	1	0	0
0	1	1	0	1	1
1	0	0	1	1	0
1	0	1	1	0	1
1	1	0	0	0	0
1	1	1	1	1	0

두 *JK* 플립플롭을 각각 *A*, *B*라 할 때, 상태표에서 플립플롭 *A*의 다음 상태가 논리 1이 되는 항을 최소항으로 하는 곱의 합(sum of product)형인 불 함수를 구하고, 플립플롭 *B*도 다음 상태가 논리 1이 되는 곱의 합형인 불 함수를 구한다. 플립플롭 *A*의 다음 상태를 $A(t+1)$, 플립플롭 *B*의 다음 상태를 $B(t+1)$이라고 하며, 각각에 대해 곱의 합형인 불 함수를 구하면 상태방정식이 된다.

$$A(t+1) = \bar{A}B\bar{x} + A\bar{B}\bar{x} + A\bar{B}x + ABx$$

$$B(t+1) = \bar{A}\bar{B}\bar{x} + A\bar{B}\bar{x} + \bar{A}Bx + ABx$$

플립플롭 *A*의 상태방정식을 특성방정식의 형태로 변환한다.

$$\begin{aligned} A(t+1) &= \bar{A}B\bar{x} + A\bar{B}\bar{x} + A\bar{B}x + ABx \\ &= (B\bar{x})\bar{A} + (\bar{B}\bar{x} + \bar{B}x + Bx)A \\ &= (B\bar{x})\bar{A} + (\overline{\overline{\bar{B}\bar{x} + \bar{B}x + Bx}})A \end{aligned}$$

플립플롭 *A*의 상태방정식을 $J_A = B\bar{x}$, $K_A = \overline{\bar{B}\bar{x} + \bar{B}x + Bx}$로 하면 특성방정식과 동일한 형태의 불 대수식이 된다. 따라서 플립플롭 *A*의 입력인 J_A와 K_A는 다음과 같다.

$$J_A = B\bar{x}$$

$$K_A = \overline{\bar{B}\bar{x} + \bar{B}x + Bx} = \overline{\bar{B}\bar{x} + \bar{B}x + \bar{B}x + Bx}$$
$$= \overline{\bar{B}(\bar{x} + x) + (\bar{B} + B)x} = \overline{\bar{B} + x} = B\bar{x}$$

플립플롭 B의 상태방정식도 특성방정식 형태로 변환한다.

$$B(t+1) = \bar{A}\bar{B}\bar{x} + A\bar{B}\bar{x} + \bar{A}Bx + ABx$$
$$= (\bar{A}\bar{x} + A\bar{x})\bar{B} + (\bar{A}x + Ax)B$$
$$= (\bar{A}\bar{x} + A\bar{x})\bar{B} + (\overline{\overline{\bar{A}x + Ax}})B$$

플립플롭 B의 상태방정식을 $J_B = \bar{A}\bar{x} + A\bar{x}$, $K_B = \overline{\bar{A}x + Ax}$ 로 하면 특성방정식과 동일한 형태의 불 대수식이 된다. 따라서 플립플롭 B의 입력인 J_B와 K_B는 다음과 같다.

$$J_B = \bar{A}\bar{x} + A\bar{x} = (\bar{A} + A)\bar{x} = \bar{x}$$
$$K_B = \overline{\bar{A}x + Ax} = \overline{(\bar{A} + A)x} = \bar{x}$$

마지막으로 출력 y는 상태표로부터 논리 1이 되는 곱의 합형인 불 함수를 구하면 다음과 같다.

$$y = x\bar{A}B + xA\bar{B} = x(\bar{A}B + A\bar{B}) = x(A \oplus B)$$

상태방정식에서 구한 두 플립플롭의 입력함수와 출력함수를 이용하여 순서논리회로를 그리면 [그림 9-22]와 같다.

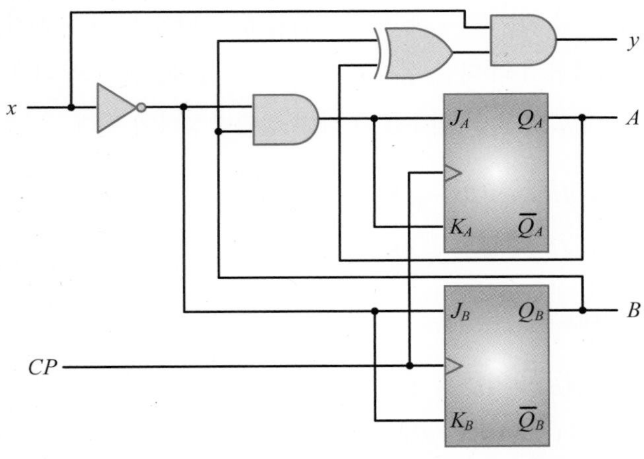

[그림 9-22] JK 플립플롭의 상태방정식을 이용하는 경우의 순서논리회로

D 플립플롭을 사용한 상태방정식

D 플립플롭의 특성방정식은 다음과 같다([그림 8-23] 참조).

$$Q(t+1) = D$$

D 플립플롭의 특성방정식은 플립플롭의 다음 상태가 현재 상태에 관계없이 입력 D의 현재값과 같음을 나타낸다. D 플립플롭을 사용하여 순서논리회로를 설계할 때도 상태여기표를 작성하지 않고 상태방정식을 구한 다음, 이를 통해 플립플롭의 입력함수를 구하여 설계할 수도 있다.

[그림 9-23]의 상태도로부터 상태방정식을 이용하여 D 플립플롭을 사용한 순서논리회로를 구현하는 경우를 예를 들어 설명한다.

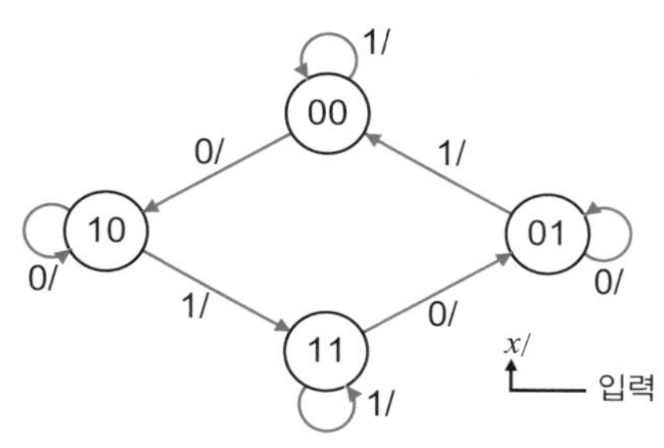

[그림 9-23] D 플립플롭의 상태방정식을 이용하는 경우의 상태도

[그림 9-23]의 상태도를 이용하여 상태표를 구하면 [표 9-9]와 같다.

[표 9-9] D 플립플롭의 상태방정식을 이용하는 경우의 상태표

현재 상태		입력	다음 상태	
A	B	x	A	B
0	0	0	1	0
0	0	1	0	0
0	1	0	0	1
0	1	1	0	0
1	0	0	1	0
1	0	1	1	1
1	1	0	0	1
1	1	1	1	1

두 D 플립플롭을 각각 A, B라 할 때, 상태표에서 플립플롭 A의 다음 상태가 논리 1이 되는 항을 최소항으로 하는 곱의 합(sum of product)형인 불 함수를 구하고, 플립플롭 B도 다음 상태가 논리 1이 되는 곱의 합형인 불 함수를 구한다. 플립플롭 A의 다음 상태를 $A(t+1)$, 플립플롭 B의 다음 상태를 $B(t+1)$ 이라고 하며, 각각에 대해 곱의 합형인 불 함수를 구하면 상태방정식이 된다.

D 플립플롭 A의 상태방정식을 특성방정식의 형태로 변환한다.

$$\begin{aligned} A(t+1) &= \overline{A}\,\overline{B}\,\overline{x} + A\overline{B}\,\overline{x} + A\overline{B}x + ABx \\ &= (\overline{A} + A)\overline{B}\,\overline{x} + (\overline{B} + B)Ax \\ &= \overline{B}\,\overline{x} + Ax \end{aligned}$$

D 플립플롭 A의 상태방정식을 특성방정식과 비교하여 플립플롭 A의 입력인 D_A를 구하면 다음과 같다.

$$D_A = \overline{B}\,\overline{x} + Ax$$

D 플립플롭 B의 상태방정식을 특성방정식의 형태로 변환한다.

$$\begin{aligned} B(t+1) &= \overline{A}B\overline{x} + AB\overline{x} + A\overline{B}x + ABx \\ &= (\overline{A} + A)B\overline{x} + (\overline{B} + B)Ax \\ &= B\overline{x} + Ax \end{aligned}$$

D 플립플롭 B의 상태방정식을 특성방정식과 비교하여 플립플롭 B의 입력인 D_B를 구하면 다음과 같다.

$$D_B = B\overline{x} + Ax$$

앞에서 구한 입력함수에 의해 순서논리회로를 구현하면 [그림 9-24]와 같다.

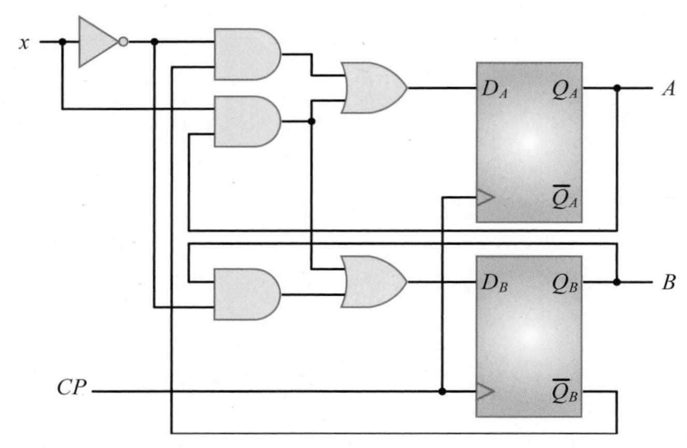

[그림 9-24] D 플립플롭의 상태방정식을 이용하는 경우의 순서논리회로

CHAPTER

09 연습문제

주관식 문제(기본~응용회로 대비용)

1 다음 순서논리회로에 대한 상태표와 상태도를 작성하고 논리회로의 기능을 설명하여라.

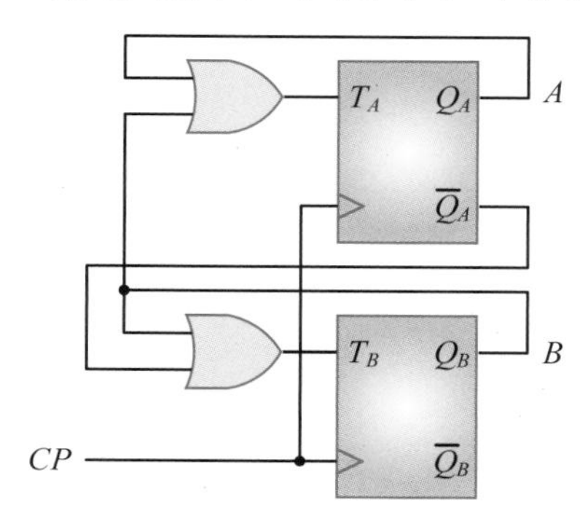

2 그림과 같이 JK 플립플롭 2개, 입력 x, 출력 F로 구성된 순서논리회로에서 상태표와 상태도를 구하여라.

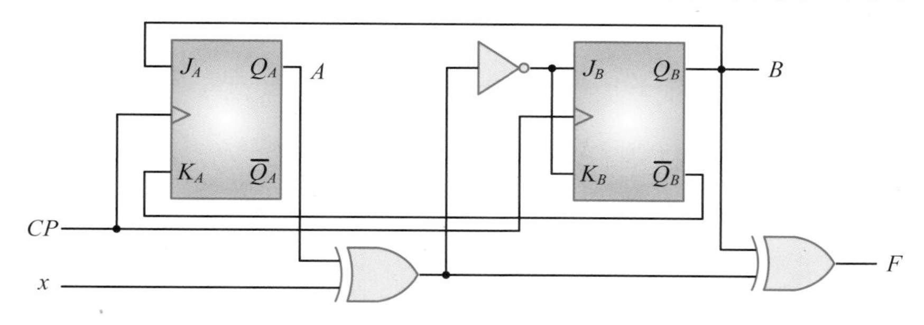

3 두 개의 D 플립플롭 A, B와 두 입력 x, y 그리고 1개의 출력 F로 구성된 순서논리회로의 입력함수가 $D_A = \overline{x}y + xA$, $D_B = \overline{x}B + xA$, $F = B$ 일 때,

① 순서논리회로를 구현하여라.

② 상태표와 상태도를 구하여라.

4 두 개의 JK 플립플롭 A, B와 두 입력 x, y 그리고 출력 F로 구성된 순서논리회로에서 플립플롭의 입력함수와 출력함수가 다음과 같다.

$$J_A = xB + \overline{y}\overline{B} \qquad K_A = x\overline{y}\overline{B}$$

$$J_B = x\overline{A} \qquad K_B = A + x\overline{y}$$

$$F = xyA + \overline{x}\,\overline{y}B$$

① 순서논리회로를 설계하여라.

② 상태표와 상태도를 그리고 상태방정식을 구하여라.

5 세 플립플롭 A, B, C와 입력 x, 출력 F로 구성된 순서논리회로의 상태도가 그림에 표시되어 있다. D 플립플롭을 사용하여 순서논리회로를 구현하여라.

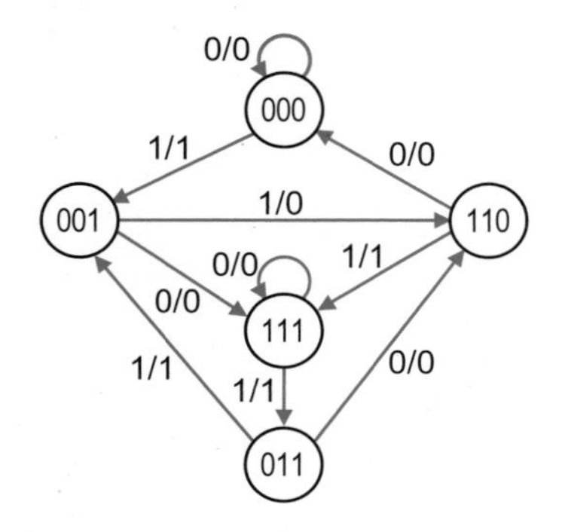

6 T 플립플롭을 사용하여 다음 상태도를 갖는 순서논리회로를 구현하여라.

7 다음 상태표에 주어진 순서논리회로를 JK 플립플롭을 사용하여 설계하여라. 여기서 x는 시스템 입력이다.

현재 상태			다음 상태						출력	
			$x=0$			$x=1$			$x=0$	$x=1$
A	B	C	A	B	C	A	B	C	F	F
0	0	1	0	0	1	0	1	0	0	0
0	1	0	0	1	1	1	0	0	0	0
0	1	1	0	0	1	1	0	0	0	0
1	0	0	1	0	1	1	0	0	0	1
1	0	1	0	0	1	1	0	0	0	1

8 D 플립플롭을 사용하여 아래와 같은 상태표에 해당하는 순서논리회로를 설계하고, 미사용 상태에 대한 상태도를 구하여라. 여기서 x는 시스템 입력이다.

현재 상태			다음 상태					
			$x=0$			$x=1$		
A	B	C	A	B	C	A	B	C
0	0	1	0	0	1	0	1	0
0	1	0	0	1	1	1	0	0
0	1	1	0	0	1	1	0	0
1	0	0	1	0	1	1	0	0
1	0	1	0	0	1	1	0	0

9 JK 플립플롭을 사용하여 그림과 같은 상태도를 갖는 3비트 그레이 코드 카운터를 설계하여라.

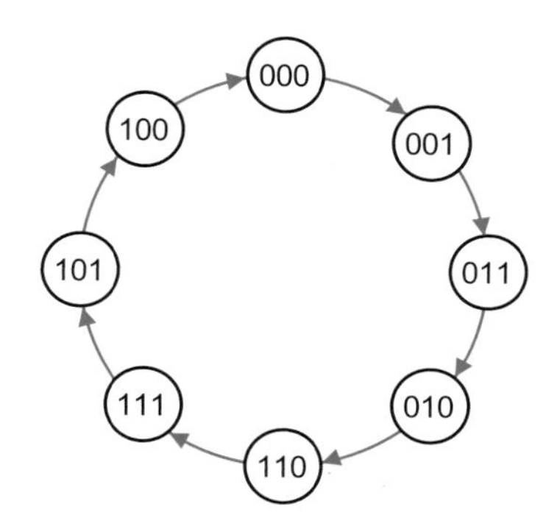

10 JK 플립플롭을 사용하여 다음과 같은 순서로 진행되는 카운터를 설계하여라.

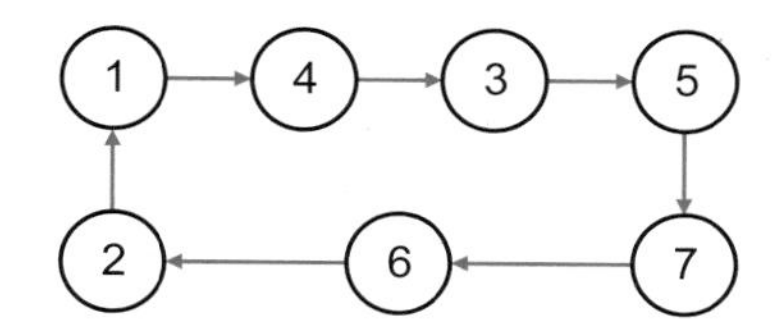

11 회로의 입력이 0이면, 출력이 0, 1, 2, 3의 순서를 반복하고 입력이 1이면 3, 2, 1, 0의 순서를 반복하는 순서논리회로를 설계하여라. 단 클록펄스 CP는 상승에지에서 동작하는 JK 플립플롭을 사용하여라.

12 다음 상태방정식으로 표시되는 순서논리회로를 JK 플립플롭을 사용하여 구현하여라. 여기서 x는 시스템 입력이고, y는 출력이다.

$$A(t+1) = xAB + y\overline{A}C + xy$$
$$B(t+1) = xAC + \overline{y}B\overline{C}$$
$$C(t+1) = \overline{x}B + yA\overline{B}$$

13 다음 상태방정식으로 표시되는 순서논리회로를 D 플립플롭을 사용하여 설계하여라. 여기서 x는 시스템 입력이다.

$$A(t+1) = \overline{x}\overline{A}B + \overline{x}A\overline{B} + x\overline{A}\overline{B} + xAB$$
$$B(t+1) = \overline{x}\overline{A}\overline{B} + \overline{x}A\overline{B} + x\overline{A}\overline{B} + xA\overline{B}$$

14 임의의 MN 플립플롭이 다음과 같이 동작한다고 가정한다. 이러한 MN 플립플롭의 여기표를 구하여라.

- $MN = 00$이면, 플립플롭의 다음 상태는 0이다.
- $MN = 01$이면, 플립플롭의 다음 상태는 현재 상태와 같다.
- $MN = 10$이면, 플립플롭의 다음 상태는 현재 상태의 보수(complement)이다.
- $MN = 11$이면, 플립플롭의 다음 상태는 1이다.

CHAPTER

09 기출문제

객관식 문제(산업기사 대비용)

01 순서논리회로에 대한 설명 중 옳지 않은 것은?

㉮ 플립플롭은 1비트를 저장한다.
㉯ 플립플롭의 집합은 레지스터를 구성한다.
㉰ 조합논리회로에 논리게이트를 포함하면 순서논리회로이다.
㉱ 플립플롭은 2진 정보를 저장하고, 게이트는 그것을 제어한다.

02 순서논리회로의 설명 중 옳지 않은 것은?

㉮ 조합논리회로가 포함된다.
㉯ 기억소자가 필요하다.
㉰ 카운터는 전형적인 순서논리회로이다.
㉱ 입력값의 순서에는 영향을 받지 않는다.

03 순서논리회로에 대한 설명 중 옳지 않은 것은?

㉮ 상태도를 구현할 수 있다.
㉯ 기억소자를 필요로 한다.
㉰ 현재 상태만이 다음 상태를 결정한다.
㉱ 밀리와 무어 회로로 구분지을 수 있다.

04 조합논리회로와 순서논리회로를 설명한 것 중 옳지 않은 것은?

㉮ 조합논리회로는 입력값에 의해서만 출력이 결정되므로 기억 능력이 없다.
㉯ 순서논리회로는 입력값과 내부 상태에 의해 출력이 결정되는 회로로 기억 능력이 있다.
㉰ 대표적인 조합논리회로에는 가산기, 디코더, 멀티플렉서 등이 있다.
㉱ 대표적인 순서논리회로에는 감산기, 인코더, 디멀티플렉서 등이 있다.

05 순서논리회로의 기본 구성은?

㉮ 반가산기 회로와 AND 게이트
㉯ 전가산기 회로와 AND 게이트
㉰ 조합논리회로와 논리소자
㉱ 조합논리회로와 기억소자

06 다음과 같은 블록도로 표시한 회로의 기능을 나타낸 것은?

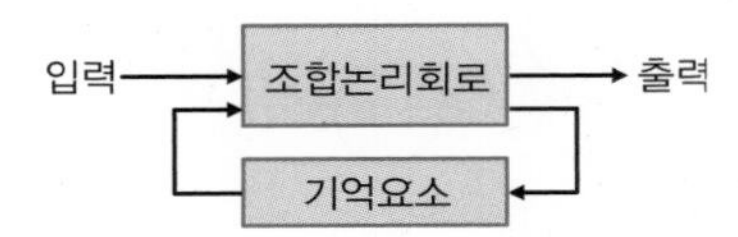

㉮ 순서논리회로　　㉯ 조합논리회로
㉰ 10진 디코더　　㉱ 멀티플렉서

07 순서논리회로를 설계하는 방법을 순서에 맞게 나열한 것은?

> ① 상태표 작성
> ② 동작상태를 상태도로 표시
> ③ 플립플롭을 논리식으로 표시
> ④ 플립플롭의 여기표 작성
> ⑤ 논리식을 회로도로 표시

㉮ ①-②-③-④-⑤
㉯ ②-③-①-④-⑤
㉰ ⑤-④-③-①-②
㉱ ②-①-④-③-⑤

08 순서논리회로를 설계하려 할 때 그 순서가 옳은 것은?

> ① 상태도를 구성, 플립플롭의 종류와 수 결정
> ② 여기표에 의해 상태표 구성
> ③ 간소화
> ④ 회로 구성

㉮ ②-③-④-①　　㉯ ①-②-③-④
㉰ ①-④-②-③　　㉱ ④-③-②-①

09 다음 중 순서논리회로에 해당되는 것은?

㉮ 인코더　　㉯ 가산기
㉰ 카운터　　㉱ 멀티플렉서

10 다음 ( )안에 알맞은 말은?

> "기억기능을 포함한 제어를 총칭하여 ( )제어라 한다."

㉮ 순서　　㉯ 조합
㉰ 논리　　㉱ 플립플롭

11 다음 표는 SR 플립플롭의 여기표(excitation table)이다. A, B, C, D는 각각 어떻게 표시되는가? (단, ×는 무관(don't care) 조건이다.)

현재 상태	다음 상태	입력	
$Q(t)$	$Q(t+1)$	S	R
0	0	A	B
0	1	1	0
1	0	0	1
1	1	C	D

㉮ $A=0,\ B=0,\ C=\times,\ D=\times$
㉯ $A=1,\ B=0,\ C=0,\ D=1$
㉰ $A=\times,\ B=0,\ C=0,\ D=\times$
㉱ $A=0,\ B=\times,\ C=\times,\ D=0$

12 다음은 SR 플립플롭의 여기표이다. 옳지 않은 것은? (단, ×는 무관 조건임)

	$Q(t)$	$Q(t+1)$	S	R
(1)	0	0	0	×
(2)	0	1	1	×
(3)	1	0	0	1
(4)	1	1	×	0

㉮ (1)　　㉯ (2)
㉰ (3)　　㉱ (4)

13 다음 표와 같은 플립플롭 여기표의 ( )에 들어갈 내용은?

$Q(t)$	$Q(t+1)$	(	)
0	0	0	×
0	1	1	×
1	0	×	1
1	1	×	0

㉮ JK　　㉯ SR
㉰ D　　㉱ T

14 다음 표는 JK 플립플롭의 여기표이다. A, B, C, D는 각각 어떻게 표시되는가? (단, ×는 무관 조건이다.)

현재 상태	다음 상태	입력	
$Q(t)$	$Q(t+1)$	J	K
0	0	0	×
0	1	A	B
1	0	C	D
1	1	×	0

㉮ $A=0,\ B=\times,\ C=\times,\ D=0$
㉯ $A=1,\ B=1,\ C=\times,\ D=\times$
㉰ $A=1,\ B=\times,\ C=\times,\ D=1$
㉱ $A=\times,\ B=1,\ C=1,\ D=\times$

15 JK 플립플롭의 여기표에서 현재 상태 $Q(t)=0$이 다음 상태 $Q(t+1)=1$로 여기될 때, J입력과 K입력을 나타낸 것은?

㉮ $J=0,\ K=1$
㉯ $J=0,\ K=0$
㉰ $J=1,\ K=$ don't care
㉱ $J=$ don't care, $K=1$

16 다음 표는 어떤 플립플롭의 여기표인가?

$Q(t)$	$Q(t+1)$	( )
0	0	0
0	1	1
1	0	1
1	1	0

㉮ D　　㉯ T
㉰ SR　　㉱ JK

17 다음 표는 각 플립플롭의 여기표이다. 옳지 않은 것은? (단, $Q(t)$는 현재 상태, $Q(t+1)$은 다음 상태, ×는 무관 조건임)

㉮

$Q(t)$	$Q(t+1)$	S	R
0	0	0	×
0	1	1	0
1	0	0	1
1	1	×	0

㉯

$Q(t)$	$Q(t+1)$	J	K
0	0	0	×
0	1	1	×
1	0	×	1
1	1	×	0

㉰

$Q(t)$	$Q(t+1)$	D
0	0	0
0	1	1
1	0	0
1	1	1

㉱

$Q(t)$	$Q(t+1)$	T
0	0	1
0	1	0
1	0	0
1	1	1

18 일반적으로 미사용 상태가 발생하더라도 문제없이 정상적인 카운트 루프로 복귀하는 카운터를 사용하는 것이 안전하다. 이와 같이 미사용 상태에서 정상의 카운트 루프로 복귀하지 않는 상태를 무엇이라 하는가?

㉮ glitch ㉯ lookout
㉰ drop ㉱ jitter

1. ㉰ 2. ㉱ 3. ㉰ 4. ㉱ 5. ㉱ 6. ㉮ 7. ㉱ 8. ㉯ 9. ㉰ 10. ㉮
11. ㉱ 12. ㉯ 13. ㉮ 14. ㉰ 15. ㉰ 16. ㉯ 17. ㉱ 18. ㉯

CHAPTER

10

카운터와 레지스터

이 장에서는 대표적인 순서논리회로인 카운터와 레지스터의 특성을 이해하는 것을 목표로 한다.

- 비동기식 카운터의 동작을 이해하고 설계할 수 있다.
- 동기식 카운터의 동작을 이해하고 설계할 수 있다.
- 4가지 기본형 레지스터의 동작을 이해하고 구분하여 설명할 수 있다.
- 링 카운터와 존슨 카운터의 동작을 이해하고 응용할 수 있다.

CONTENTS

SECTION 01

비동기식 카운터

비동기식 카운터는 간단한 구조를 갖지만 각 플립플롭을 통과할 때마다 지연시간이 누적되므로 고속 계수에는 적당하지 않다. 이 절에서는 비동기식 카운터를 설계하는 과정을 살펴본다.

Keywords | 리플 카운터 | 상향 카운터 | 하향 카운터 | 비동기식 10진 카운터 |

플립플롭의 주요 응용으로 입력되는 펄스의 수를 세는 카운터(counter, 계수기)가 있다. 카운터는 디지털 계측기기와 디지털 시스템에 널리 사용된다.

카운터는 크게 **비동기식 카운터**(asynchronous counter)와 **동기식 카운터**(synchronous counter)로 분류한다. 또한 카운터는 수를 세어 올라가는 **상향 카운터**(up counter)와 수를 세어 내려오는 **하향 카운터**(down counter)로 분류할 수 있다.

비동기식 카운터는 첫 번째 플립플롭의 CP 입력에만 클록펄스가 입력되고, 다른 플립플롭은 각 플립플롭의 출력을 다음 플립플롭의 CP 입력으로 사용한다. 즉 첫 단 플립플롭의 출력이 다음 단의 플립플롭을 트리거하므로 클록의 영향이 물결처럼 뒷단으로 파급된다는 뜻에서 비동기식 카운터를 **리플 카운터**(ripple counter)라고도 한다. 비동기식 카운터는 각 단의 플립플롭들의 상태가 동시에 변하지 않고, 각 플립플롭을 통과할 때마다 지연시간이 누적되므로 고속 계수에는 적당하지 않다.

일반적으로 카운터의 상태의 수가 m일 때 이 카운터를 m진(mod-m) 카운터라고 한다. 플립플롭 n개를 종속으로 연결하면 0부터 최대 $(2^n - 1)$까지 계수할 수 있다. 예를 들어, 플립플롭 2개를 사용하면 0부터 최대 3(=2^2-1)까지 계수하는 4진(mod-4) 카운터를 구성할 수 있다. 플립플롭 3개를 사용하면 8진(mod-8) 카운터, 플립플롭 4개를 사용하면 16진(mod-16) 카운터를 구성할 수 있다.

비동기식 카운터는 JK 플립플롭을 사용하여 구성하며, 모든 J와 K 입력을 논리 1(+5V)로 하여 토글(toggle) 상태가 되도록 한다.

4비트 비동기식 상향 카운터

비동기식 카운터의 가장 일반적인 형태는 순차적으로 2진수를 계수하는 2진 상향 카운터(binary up counter)이다.

[표 10-1]은 플립플롭 4개를 사용한 16진 카운터의 계수 상태를 나타낸 것으로 2진수의 4자리($Q_D Q_C Q_B Q_A$)를 사용하여 0000($0_{(10)}$)에서 1111($15_{(10)}$)까지 계수한다. Q_D 열은 8에 해당하는 자리로 최상위비트(MSB)라 하고, Q_A 열은 1에 해당하는 자리로 최하위비트(LSB)라 한다. 0000에서 1111까지 카운트하는 상태의 수가 16개이므로 16진(mod-16) 카운터라고 한다.

[표 10-1] 4비트 비동기식 상향 카운터의 계수표

클록펄스	Q_D	Q_C	Q_B	Q_A	10진수
1	0	0	0	0	0
2	0	0	0	1	1
3	0	0	1	0	2
4	0	0	1	1	3
5	0	1	0	0	4
6	0	1	0	1	5
7	0	1	1	0	6
8	0	1	1	1	7
9	1	0	0	0	8
10	1	0	0	1	9
11	1	0	1	0	10
12	1	0	1	1	11
13	1	1	0	0	12
14	1	1	0	1	13
15	1	1	1	0	14
16	1	1	1	1	15

[그림 10-1]은 JK 플립플롭을 사용한 4비트 비동기식 상향 카운터의 회로도, 타이밍도, 상태도를 보여준다. 모든 플립플롭의 입력은 $J = K = 1$이므로 출력은 토글 상태로 동작한다. 설계 방법은 다음과 같다.

❶ 모든 JK 플립플롭의 입력 J와 K를 1(+5V)에 연결한다.
❷ 첫 번째 플립플롭의 클록 입력에 외부 클록 신호(CP)를 연결한다.
❸ 첫 번째 플립플롭의 출력 Q_A를 두 번째 플립플롭의 클록입력에 연결한다.
❹ 두 번째 플립플롭의 출력 Q_B를 세 번째 플립플롭의 클록입력에 연결한다.
❺ 세 번째 플립플롭의 출력 Q_C를 네 번째 플립플롭의 클록입력에 연결한다.
❻ 플립플롭의 출력 단자 Q_D, Q_C, Q_B, Q_A로부터 출력된 값을 조합하면 상향 카운터가 된다.

이 카운터의 동작은 입력(CP)과 각 플립플롭의 출력을 포함하는 [그림 10-1(b)]의 타이밍도로 설명할 수 있다. 이제 모든 플립플롭의 출력이 0000(=$Q_D Q_C Q_B Q_A$)으로 되어 있다고 가정하자. 각 플립플롭은 클록펄스의 하강에지에서 변한다. t_1 에서 플립플롭 FF-A는 출력을 반전하여 $Q_D Q_C Q_B Q_A$ = 0001이 된다. t_2에서 FF-A의 출력은 다시 0으로 되고 이것은 즉시 FF-B의 클록에 인가되므로 FF-B의 출력은 1이 되어서 $Q_D Q_C Q_B Q_A$ = 0010이 된다. 계속해서 클록펄스가 인가됨에 따라 각 플립플롭의 출력은 다음 플립플롭의 입력으로 들어가 해당 플립플롭의 출력을 연쇄적으로 반전시키게 된다. 따라서 각 플립플롭은 2진수로 0000에서 1111까지 카운트한다.

이상의 카운터에서 Q_A 에서는 입력 클록주파수의 1/2, Q_B 에서는 1/4, Q_C 에서는 1/8, Q_D 에서는 1/16인 구형파가 얻어진다. [그림 10-1(c)]는 4비트 2진 상향 카운터의 상태도를 보여준다.

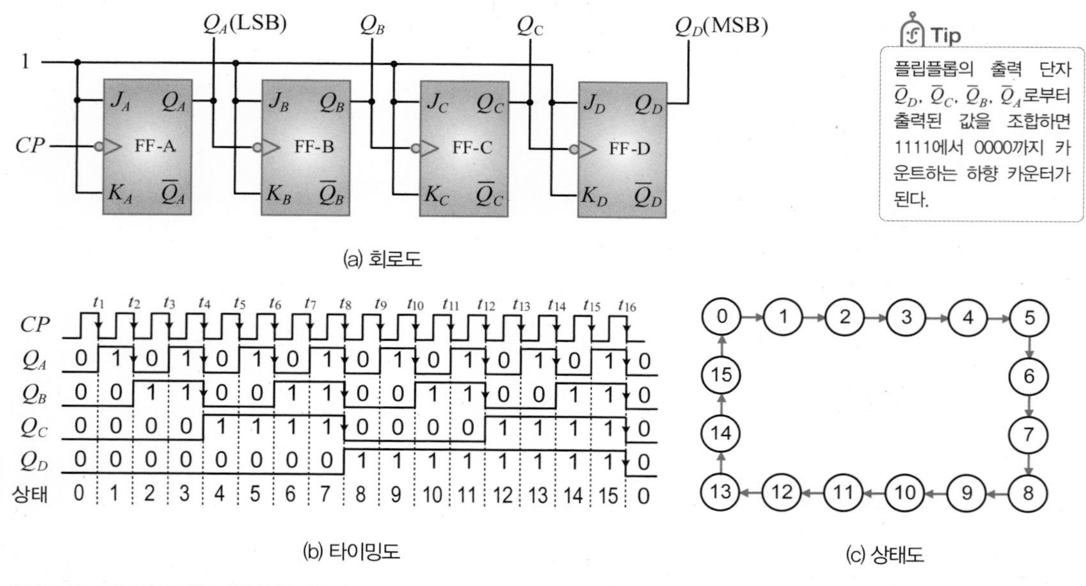

[그림 10-1] 4비트 비동기식 상향 카운터

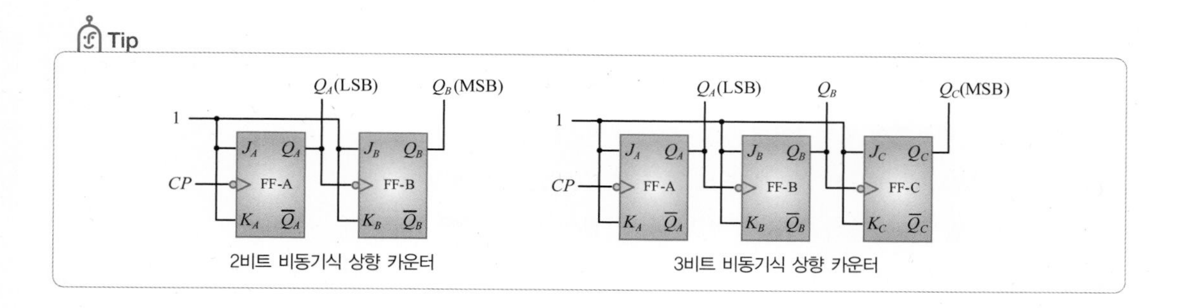

4비트 비동기식 하향 카운터

비동기식 카운터는 플립플롭의 클록 입력을 연결하는 방법에 따라 계수의 방향이 결정된다. 4비트 비동기식 상향 카운터에서 각 플립플롭의 $\overline{Q}$ 출력을 다음 단의 클록 입력으로 연결하면 하향 카운터가 된다. [표 10-2]에 4비트 비동기식 하향 카운터의 계수 상태를 나타냈다. 카운터는 1111에서 시작하여 15번째 클록펄스의 끝에서 0000으로 감소한다. 16번째 클록펄스가 인가된 후 카운터는 1111에서 반복한다.

[표 10-2] 4비트 비동기식 하향 카운터의 계수표

클록펄스	Q_D	Q_C	Q_B	Q_A	10진수
1	1	1	1	1	15
2	1	1	1	0	14
3	1	1	0	1	13
4	1	1	0	0	12
5	1	0	1	1	11
6	1	0	1	0	10
7	1	0	0	1	9
8	1	0	0	0	8
9	0	1	1	1	7
10	0	1	1	0	6
11	0	1	0	1	5
12	0	1	0	0	4
13	0	0	1	1	3
14	0	0	1	0	2
15	0	0	0	1	1
16	0	0	0	0	0

[그림 10-2]는 4비트 비동기식 하향 카운터의 회로도, 타이밍도, 상태도를 보여준다. 모든 플립플롭의 입력은 $J=K=1$이므로 출력은 토글 상태로 동작하며, 각 플립플롭은 2진수로 1111에서 0000까지 카운트한다. 설계 방법은 각 플립플롭의 $\overline{Q}$ 출력을 다음 단의 클록 입력으로 연결한다는 점을 제외하면 4비트 비동기식 상향 카운터와 같다.

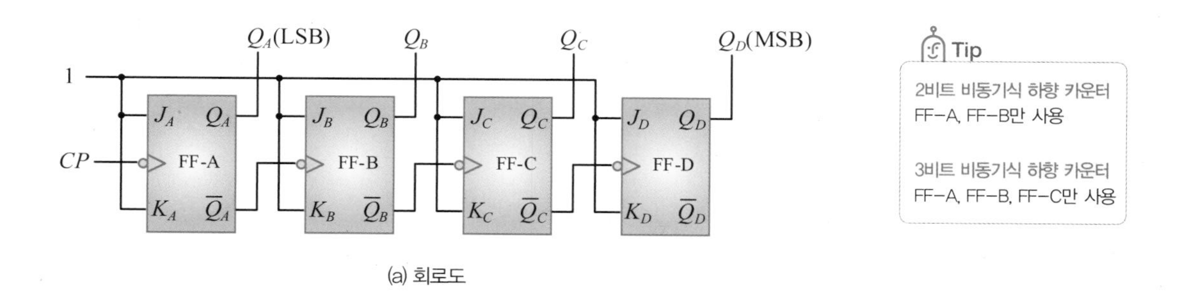

(a) 회로도

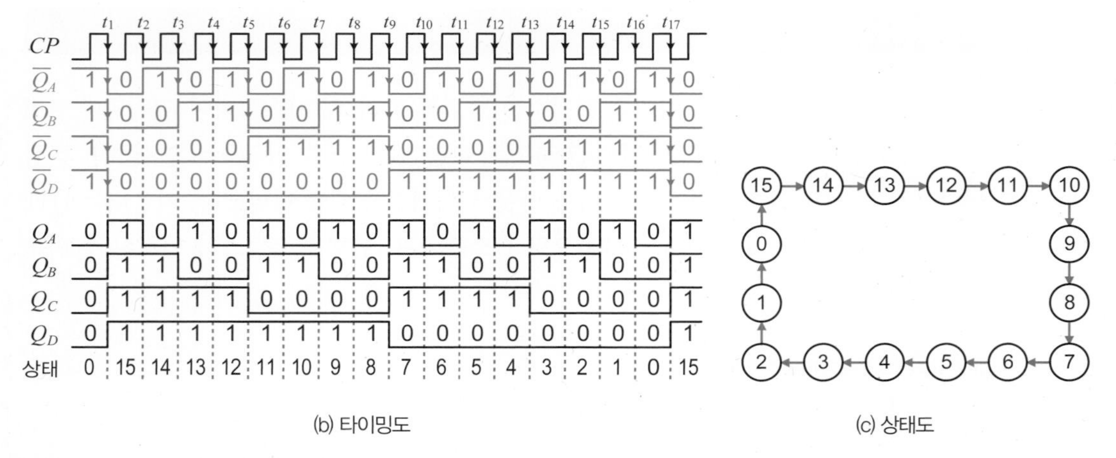

[그림 10-2] 4비트 비동기식 하향 카운터

처음에 모든 플립플롭의 출력이 $Q_DQ_CQ_BQ_A = 0000$으로 되어 있다고 가정한다. 이때 $\overline{Q}_D\overline{Q}_C\overline{Q}_B\overline{Q}_A = 1111$이다. 출력 Q_A는 클록펄스(CP)의 하강에지에서 상태를 반전한다. 출력 Q_B는 맨 앞단 플립플롭의 $\overline{Q}_A$가 1에서 0으로 변할 때마다(Q_A는 0에서 1로 변함) 상태를 반전한다. 출력 Q_C는 앞단 플립플롭의 $\overline{Q}_B$가 1에서 0으로 변할 때마다(Q_B는 0에서 1로 변함) 상태를 반전한다. 마찬가지로 출력 Q_D는 앞단 플립플롭의 $\overline{Q}_C$가 1에서 0으로 변할 때마다(Q_C는 0에서 1로 변함) 상태를 반전한다. 이후 각 플립플롭은 클록펄스의 하강에지에서 변하여 [그림 10-2(b)]와 같은 타이밍도를 얻을 수 있다.

4비트 비동기식 상향/하향 카운터

[그림 10-1(a)]에 주어진 비동기식 상향 카운터는 플립플롭의 출력 Q를 다음 플립플롭의 CP 입력에 연결하여 [표 10-1]과 같이 카운터의 순서가 0에서 시작하여 1, 2, …, 15로 증가하는 순서이다. [그림 10-2(a)]에 주어진 비동기식 하향 카운터는 플립플롭의 출력 $\overline{Q}$를 다음 플립플롭의 CP 입력에 연결하여 [표 10-2]와 같이 카운터의 순서가 15에서 시작하여 14, 13, …, 0으로 감소하는 순서이다.

앞의 2가지 카운터를 조합하면 상향/하향 카운터를 만들 수 있다. [그림 10-3]은 멀티플렉서(MUX)의 선택단자 S에 의해 상향 또는 하향 카운터로 동작하는 회로이다. 즉 $S=0$으로 하면 MUX의 입력 D_0과 출력 F가 연결되므로 상향 카운터가 되고, $S=1$로 하면 MUX의 입력 D_1과 출력 F가 연결되므로 하향 카운터로 동작한다.

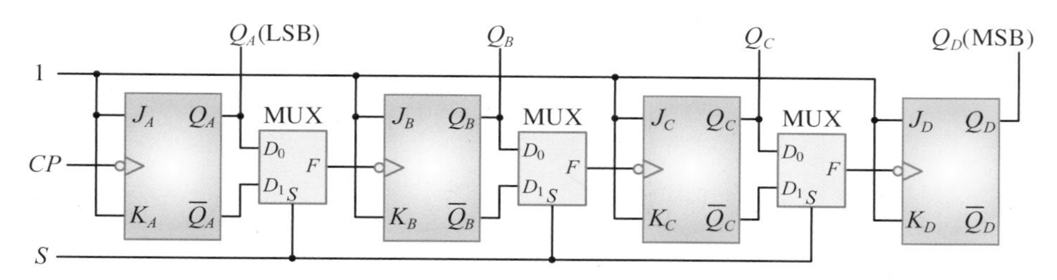

[그림 10-3] 4비트 비동기식 상향/하향 카운터

비동기식 10진 카운터

3비트 비동기식 카운터는 8진(mod-8) 카운터로, 0에서 7까지 카운트할 수 있다. 일반적으로 *JK* 플립플롭(또는 *T* 플립플롭) *n*개를 사용하면 2^n진(mod-2^n)까지의 카운터를 만들 수 있다. 예를 들면, *JK* 플립플롭 3개를 이용하여 5진, 6진, 7진, 8진 카운터를 구성할 수 있다. 4진, 8진, 16진 등의 카운터는 단순히 플립플롭 2개, 3개, 4개를 종속으로 연결하여 구성할 수 있으므로 여기서는 그 외의 3진, 5진, 6진, 10진 비동기식 카운터의 구성을 생각하자.

예를 들어, [표 10-3]과 같이 0에서 9까지의 계수를 반복하는 비동기식 10진 카운터(BCD 카운터, decade counter, mod-10 카운터)를 구성해보자.

[표 10-3] 10진 카운터의 계수표

클록펄스	Q_D	Q_C	Q_B	Q_A	10진수
1	0	0	0	0	0
2	0	0	0	1	1
3	0	0	1	0	2
4	0	0	1	1	3
5	0	1	0	0	4
6	0	1	0	1	5
7	0	1	1	0	6
8	0	1	1	1	7
9	1	0	0	0	8
10	1	0	0	1	9

0에서 9까지 계수하려면 4개의 플립플롭이 필요하다. 4개의 플립플롭을 종속으로 연결하면 0에서 15까지 계수할 수 있는데, 10진으로 하려면 카운터 출력이 '**(목표하는 최고 카운트)+1**'에 도달한 순간을 포착하여 모든 플립플롭을 0으로 클리어(clear)하면 된다. [그림 10-4]는 이 원리에 입각하여 구성한 비동기식 10진 카운터다. 각 플립플롭의 출력은 Q_D, Q_C, Q_B, Q_A이고, 플립플롭은 클록펄스의 하강에지에서 동작한다.

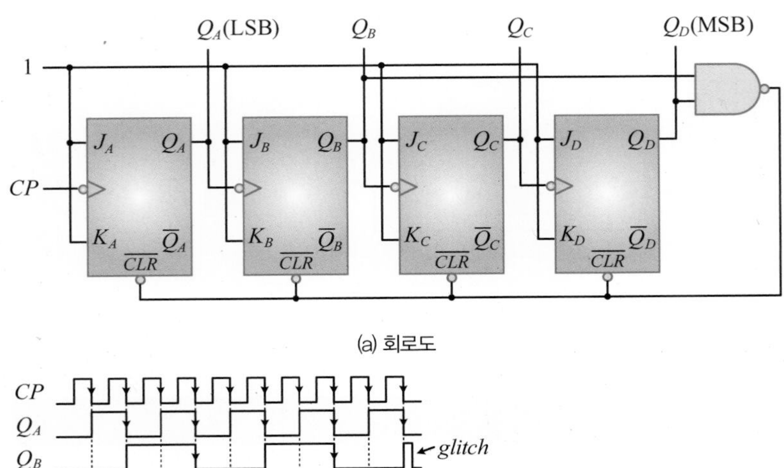

(a) 회로도

(b) 타이밍도

[그림 10-4] 비동기식 10진 카운터

비동기식 10진 카운터의 설계 방법은 다음과 같다.

❶ 모든 JK 플립플롭의 입력 J와 K를 1(+5V)에 연결한다.
❷ 첫 번째 플립플롭의 클록 입력을 외부 클록 신호(CP)와 연결한다.
❸ 첫 번째 플립플롭의 출력 Q_A를 두 번째 플립플롭의 클록 입력에 연결한다.
❹ 두 번째 플립플롭의 출력 Q_B를 세 번째 플립플롭의 클록 입력에 연결한다.
❺ 세 번째 플립플롭의 출력 Q_C를 네 번째 플립플롭의 클록 입력에 연결한다.
❻ 카운터를 리셋시킬 계수값을 선정한 다음, 게이트 소자를 선택한다. 여기서는 1010(=$Q_DQ_CQ_BQ_A$) 이므로 NAND 게이트를 사용하여 Q_D와 Q_B를 2입력 NAND 게이트의 입력에 연결한다. 또한 NAND 게이트 출력을 모든 플립플롭의 클리어 입력($\overline{CLR}$)에 연결한다.
❼ 플립플롭의 출력 $Q_DQ_CQ_BQ_A$로부터 출력된 값을 조합하면 비동기식 10진 카운터가 된다.

위와 같이 설계하는 이유는 다음과 같다. [표 10-3]을 살펴보면 0부터 9까지는 Q_D와 Q_B 출력이 동시에 1이 되는 경우는 없으며, 비로소 10($1010_{(2)}$)이 되었을 때 Q_D와 Q_B 출력이 동시에 논리 1이 된다. 그러므로 Q_D와 Q_B를 2입력 NAND 게이트 입력으로 연결하고 NAND 출력을 모든 플립플롭의 $\overline{CLR}$ 입력에 연결하면 모든 플립플롭은 강제적으로 0이 된다. NAND 게이트는 입력이 모두 1인 경우에만 출력이 0이 되므로 0($0000_{(2)}$)에서부터 증가하다가 10($1010_{(2)}$)이 되면 NAND 게이트의 출력이 논리 0이 되어 모든 플립플롭을 클리어하여 9에서 0으로 재순환된다. 이와 같은 설계 방법을 이용하면 임의의 비동기식 m진 카운터도 설계할 수 있다.

[그림 10-4(b)]의 타이밍도에서 Q_B의 출력파형에 돌발펄스(glitch)가 있다. 이것은 9에서 0으로의 재순환 시 아주 짧은 시간 동안 10($1010_{(2)}$)의 상태였다가 0으로 변하기 때문에 이 짧은 시간 동안에는 출력이 논리 1이 된다. 돌발펄스는 카운터뿐만 아니라 다른 디지털 회로에서도 생기며, 디지털 시스템의 오동작 원인이 될 수도 있다.

Tip

비동기식 카운터에서 첫 번째 플립플롭에 인가되는 클록주파수는 다음 식을 만족해야 한다. 여기서 $f_{\max}$는 최대 클록 주파수, n은 플립플롭의 수, t_{pd}는 플립플롭 한 개당 전파지연시간이다.

$$f_{\max} \le \frac{1}{n \times t_{pd}}$$

예를 들어, $t_{pd} = 20\text{ns}$ 이고 플립플롭의 수가 4개인 4비트 비동기식 카운터를 설계할 경우 클록주파수는 12.5MHz 이하여야 한다.

$$f_{\max} \le \frac{1}{n \times t_{pd}} = \frac{1}{4 \times 20 \times 10^{-9}} = 12.5\text{MHz}$$

SECTION 02

동기식 카운터

동기식 카운터는 카운터에 있는 플립플롭들이 공통의 클록펄스에 의해 동시에 트리거되어 고속 동작에는 적합하지만 비동기식 카운터에 비해 회로가 복잡하다는 단점이 있다. 이 절에서는 동기식 카운터의 설계 과정을 살펴본다.

Keywords | 동기식 2진 카운터 | 동기식 BCD 카운터 | 주파수 분할 |

동기식 카운터는 병렬 카운터라고도 하며, 카운터에 있는 플립플롭들이 공통의 클록펄스에 의해 동시에 트리거(trigger)되어 고속 동작에는 적합하지만 비동기식 카운터에 비해 회로가 복잡하다는 단점이 있다.

동기식 카운터와 같은 순서논리회로를 설계하는 순서는 다음과 같다.

❶ 클록 신호에 대한 각 플립플롭의 상태 변화(클록 이전 상태와 이후 상태)를 표(상태여기표)로 작성한다.
❷ 이러한 변화를 일으킬 수 있도록 플립플롭의 제어신호(J, K)를 결정한다. 여기서 플립플롭의 여기표(excitation table)가 필요하다.
❸ 플립플롭의 제어신호는 카르노 맵을 이용하여 간소화한다.
❹ 카운터 회로를 그린다.

2비트 동기식 카운터

JK 플립플롭을 사용하여 2비트 동기식 카운터를 순서논리회로 설계방식으로 설계해보자. 이 카운터의 상태도는 [그림 10-5]와 같다.

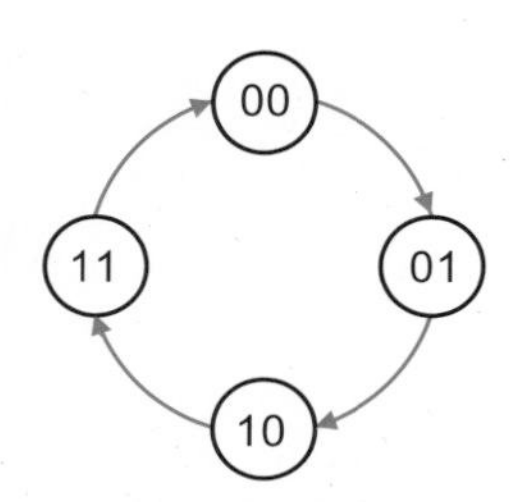

[그림 10-5] 2비트 동기식 카운터의 상태도

[표 10-4] 2비트 동기식 카운터의 상태여기표

현재 상태		다음 상태		플립플롭 입력			
Q_B	Q_A	Q_B	Q_A	J_B	K_B	J_A	K_A
0^a	0^c	0^b	1^d	0	×	1	×
0	1	1	0	1	×	×	1
1	0	1	1	×	0	1	×
1	1	0	0	×	1	×	1

Tip

JK 플립플롭의 여기표

$Q(t)$	$Q(t+1)$	J	K
0	0	0	×
0	1	1	×
1	0	×	1
1	1	×	0

설계할 카운터는 클록펄스가 입력될 때마다 00에서 시작하여 01, 10, 11 그리고 11 다음은 00으로 되돌아가는 것이다. [그림 10–5]의 상태도로부터 [표 10–4]와 같은 상태여기표를 작성한다. 카운터에서 사용할 상태 수가 4가지이므로 JK 플립플롭은 2개가 필요하다. 2개 플립플롭의 출력을 Q_B, Q_A라 하자.

상태여기표 작성 방법은 다음과 같다. 카운터는 00~11까지를 반복하므로 현재 상태 항에 00부터 11까지 순차적으로 모든 상태를 적는다. [그림 10–5]의 상태도에 의하면 현재 상태가 00이면 다음 상태는 01이고, 현재 상태가 01이면 다음 상태는 10이 된다. 계속해서 마지막으로 현재 상태가 11이면 다음 상태가 00이 된다. 이러한 내용을 기초로 다음 상태 항을 작성한다.

다음에는 JK 플립플롭의 여기표를 바탕으로 현재 상태와 다음 상태를 비교하여 플립플롭의 입력 항을 작성한다. 예를 들어, Q_B의 현재 상태(a)가 0이고 다음 상태(b)가 0이면 여기표로부터 $J_B = 0$, $K_B = \times$가 된다. Q_A의 현재 상태(c)가 0이고 다음 상태(d)가 1이면 $J_A = 1$, $K_A = \times$가 된다. 이와 같은 방법으로 각 플립플롭의 입력 항을 모두 작성한다. 각 플립플롭의 입력함수를 카르노 맵을 이용하여 간소화하면 [그림 10–6]과 같다.

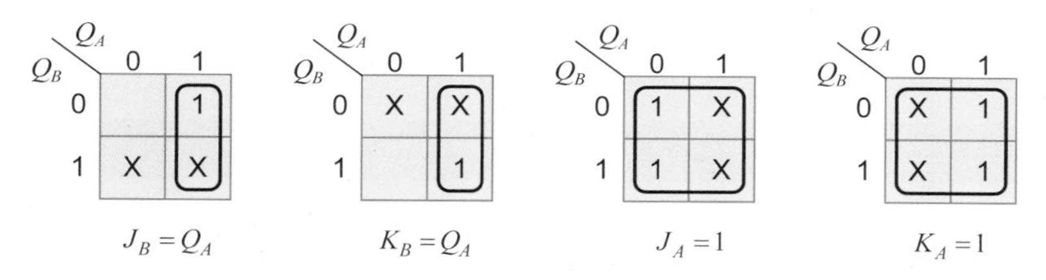

[그림 10–6] 카르노 맵을 이용한 2비트 동기식 카운터의 간소화 과정

[그림 10–7]은 위의 논리식을 토대로 구성한 2비트 동기식 카운터 회로와 타이밍도이다.

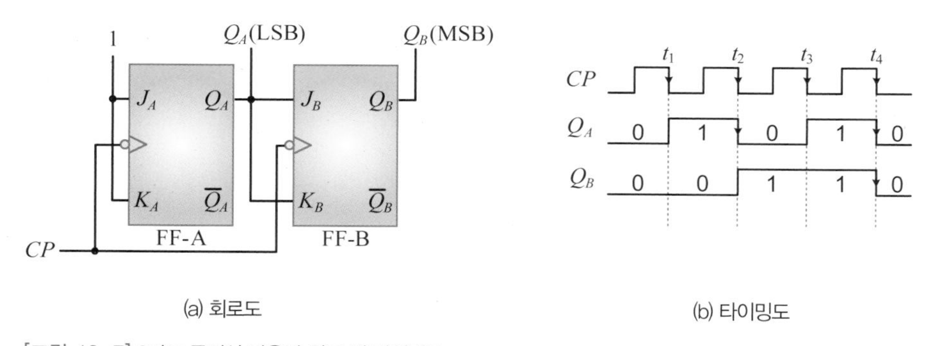

[그림 10–7] 2비트 동기식 카운터 회로 및 타이밍도

2비트 동기식 카운터는 [그림 10–7(a)]와 같이 JK 플립플롭 2개를 사용하며, 클록펄스는 두 플립플롭에 공통으로 입력되고, 클록펄스의 하강에지에서 동작한다. 첫 번째 플립플롭(FF–A)의 J_A와 K_A 입력은 모두 논리 1(+5V)로 하여 토글되도록 하며, 두 번째 플립플롭(FF–B)의 J_B와 K_B 입력에는 Q_A 출력이 연결된다.

2비트 동기식 카운터의 초기 상태를 $Q_BQ_A = 00$이라고 가정하고, 클록펄스의 입력에 따른 카운터의 동작을 [그림 10-7(b)]를 참조하여 설명하면 다음과 같다.

- t_1 : FF-A는 반전되어 $Q_A = 1$이 되고 FF-B는 상태가 변하지 않는다.
- t_2 : FF-A는 반전되어 $Q_A = 0$이 된다. FF-B는 J_B와 K_B 입력이 모두 논리 1이므로 t_2에서 반전되어 $Q_B = 1$ 상태가 된다.
- t_3 : FF-A는 반전되어 $Q_A = 1$이 된다. FF-B는 J_B와 K_B 입력이 모두 논리 0이므로 클록펄스가 입력되어도 현재 상태를 그대로 유지한다.
- t_4 : FF-A는 반전되어 $Q_A = 0$이 된다. FF-B는 J_B와 K_B 입력이 모두 논리 1이므로 t_4에서 반전되어 $Q_B = 0$ 상태가 된다.

2비트 동기식 카운터는 클록펄스 4개가 입력되면 처음과 같은 상태가 되어 위 동작을 반복한다. [그림 10-7(b)]를 보면 플립플롭의 상태 전이와 클록펄스의 하강에지가 동일한 시점에서 변화하는데, 실제로는 플립플롭의 전파지연 때문에 조금 뒤에 나타난다.

3비트 동기식 카운터

3비트 동기식 카운터도 순서논리회로 설계방식으로 설계해보자. 이 카운터의 상태도는 [그림 10-8]과 같다.

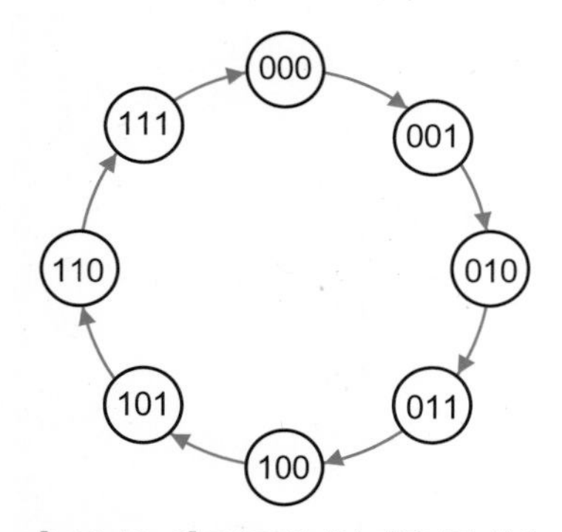

[그림 10-8] 3비트 동기식 카운터의 상태도

설계할 카운터는 클록펄스가 입력될 때마다 000에서 시작하여 001, 010, ... 111 그리고 111 다음은 000으로 되돌아가는 것이다. [그림 10-8]의 상태도로부터 [표 10-5]와 같은 상태여기표를 작성한다. 카운터에서 사용할 상태 수가 8가지이므로 JK 플립플롭은 3개가 필요하다. 3개 플립플롭의 출력을 Q_C, Q_B, Q_A라 하자.

[표 10-5] 3비트 동기식 카운터의 상태여기표

현재 상태			다음 상태			플립플롭 입력					
Q_C	Q_B	Q_A	Q_C	Q_B	Q_A	J_C	K_C	J_B	K_B	J_A	K_A
0	0	0	0	0	1	0	×	0	×	1	×
0	0	1	0	1	0	0	×	1	×	×	1
0	1	0	0	1	1	0	×	×	0	1	×
0	1	1	1	0	0	1	×	×	1	×	1
1	0	0	1	0	1	×	0	0	×	1	×
1	0	1	1	1	0	×	0	1	×	×	1
1	1	0	1	1	1	×	0	×	0	1	×
1	1	1	0	0	0	×	1	×	1	×	1

Tip

JK 플립플롭의 여기표

$Q(t)$	$Q(t+1)$	J	K
0	0	0	×
0	1	1	×
1	0	×	1
1	1	×	0

상태여기표 작성 방법은 2비트 동기식 카운터의 경우와 같다. 카운터는 000~111까지를 반복하므로 현재 상태 항에 000부터 111까지 순차적으로 모든 상태를 적는다. [그림 10-8]의 상태도에 의하면 현재 상태가 000이면 다음 상태는 001이고, 현재 상태가 001이면 다음 상태는 010이 된다. 계속해서 마지막으로 현재 상태가 111이면 다음 상태가 000이 된다. 이러한 내용을 기초로 다음 상태 항을 작성한다.

다음에는 플립플롭의 입력 항을 작성하기 위해 *JK* 플립플롭의 여기표를 이용한다. 각 플립플롭의 현재 상태와 다음 상태를 비교하여 각 플립플롭의 입력 항을 작성한다. 각 플립플롭의 입력함수를 카르노 맵을 이용하여 간소화하면 [그림 10-9]와 같다.

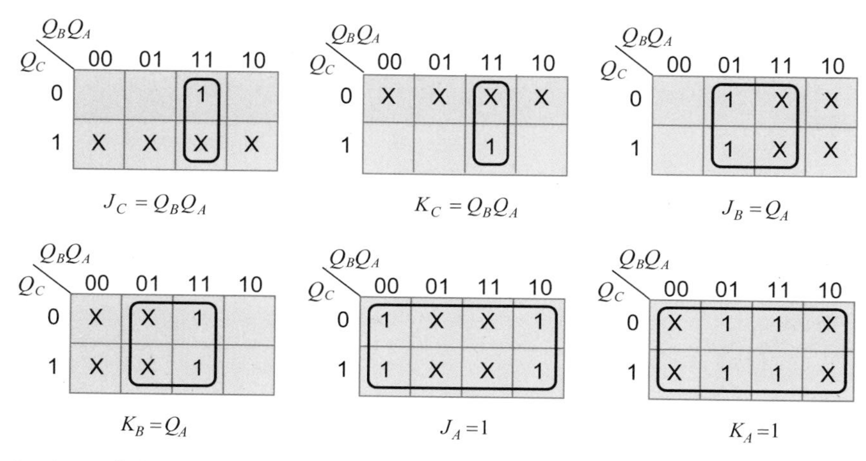

[그림 10-9] 카르노 맵을 이용한 3비트 동기식 카운터의 간소화 과정

모든 *JK* 플립플롭의 클록 신호(*CP*)를 동시에 인가하고, 위의 결과를 이용하여 회로를 그리면 [그림 10-10]과 같다.

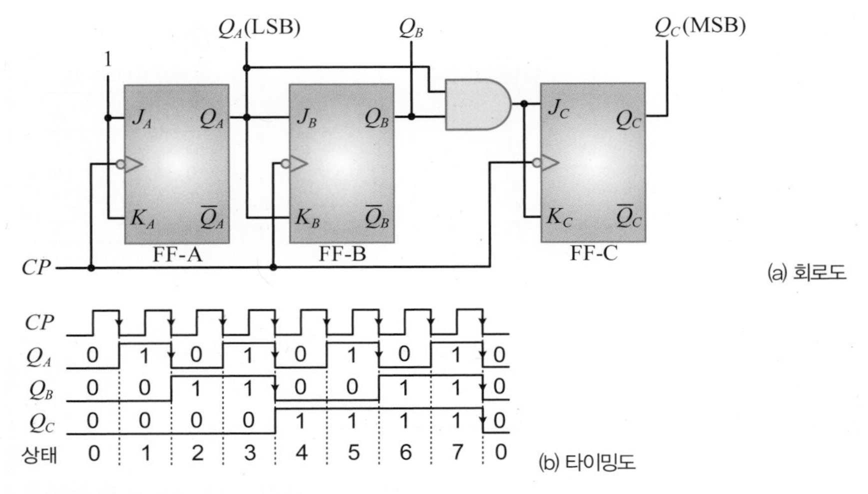

[그림 10-10] 3비트 동기식 카운터 회로 및 타이밍도

3비트 동기식 카운터는 [그림 10-10(a)]와 같이 JK 플립플롭 3개와 AND 게이트 1개로 구성된다. 클록펄스는 세 플립플롭에 공통으로 입력되고, 클록펄스의 하강에지에서 동작한다. 첫 번째 플립플롭(FF-A)의 J_A와 K_A 입력은 모두 논리 1(+5V)로 하여 토글되게 하며, 두 번째 플립플롭(FF-B)의 J_B와 K_B 입력에는 Q_A를 연결하였다. 세 번째 플립플롭(FF-C)의 J_C와 K_C 입력은 FF-A의 출력 Q_A와 FF-B의 출력 Q_B를 AND 게이트로 연결하였다. 이와 같은 구성 방법은 비트 수가 3개 이상인 동기식 카운터에서도 동일하게 적용할 수 있다. [그림 10-10(b)]의 타이밍도는 2비트 동기식 카운터와 동일하게 설명할 수 있다.

4비트 동기식 카운터

JK 플립플롭을 사용하여 4비트 동기식 카운터를 설계하기 위해 [그림 10-11]과 같이 카운터의 상태도를 그리고, 상태도로부터 JK 플립플롭을 사용한 상태여기표를 [표 10-6]에 나타냈다.

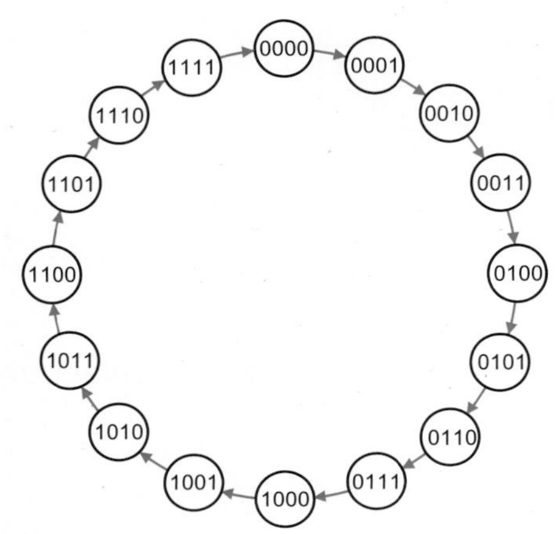

[그림 10-11] 4비트 동기식 카운터의 상태도

[표 10-6] 4비트 동기식 카운터의 상태여기표

현재 상태				다음 상태				플립플롭 입력							
Q_D	Q_C	Q_B	Q_A	Q_D	Q_C	Q_B	Q_A	J_D	K_D	J_C	K_C	J_B	K_B	J_A	K_A
0	0	0	0	0	0	0	1	0	×	0	×	0	×	1	×
0	0	0	1	0	0	1	0	0	×	0	×	1	×	×	1
0	0	1	0	0	0	1	1	0	×	0	×	×	0	1	×
0	0	1	1	0	1	0	0	0	×	1	×	×	1	×	1
0	1	0	0	0	1	0	1	0	×	×	0	0	×	1	×
0	1	0	1	0	1	1	0	0	×	×	0	1	×	×	1
0	1	1	0	0	1	1	1	0	×	×	0	×	0	1	×
0	1	1	1	1	0	0	0	1	×	×	1	×	1	×	1
1	0	0	0	1	0	0	1	×	0	0	×	0	×	1	×
1	0	0	1	1	0	1	0	×	0	0	×	1	×	×	1
1	0	1	0	1	0	1	1	×	0	0	×	×	0	1	×
1	0	1	1	1	1	0	0	×	0	1	×	×	1	×	1
1	1	0	0	1	1	0	1	×	0	×	0	0	×	1	×
1	1	0	1	1	1	1	0	×	0	×	0	1	×	×	1
1	1	1	0	1	1	1	1	×	0	×	0	×	0	1	×
1	1	1	1	0	0	0	0	×	1	×	1	×	1	×	1

Tip

JK 플립플롭의 여기표

$Q(t)$	$Q(t+1)$	J	K
0	0	0	×
0	1	1	×
1	0	×	1
1	1	×	0

상태여기표에서 각 플립플롭의 입력을 구하기 위해 카르노 맵을 이용하며, 이를 [그림 10-12]에 나타냈다.

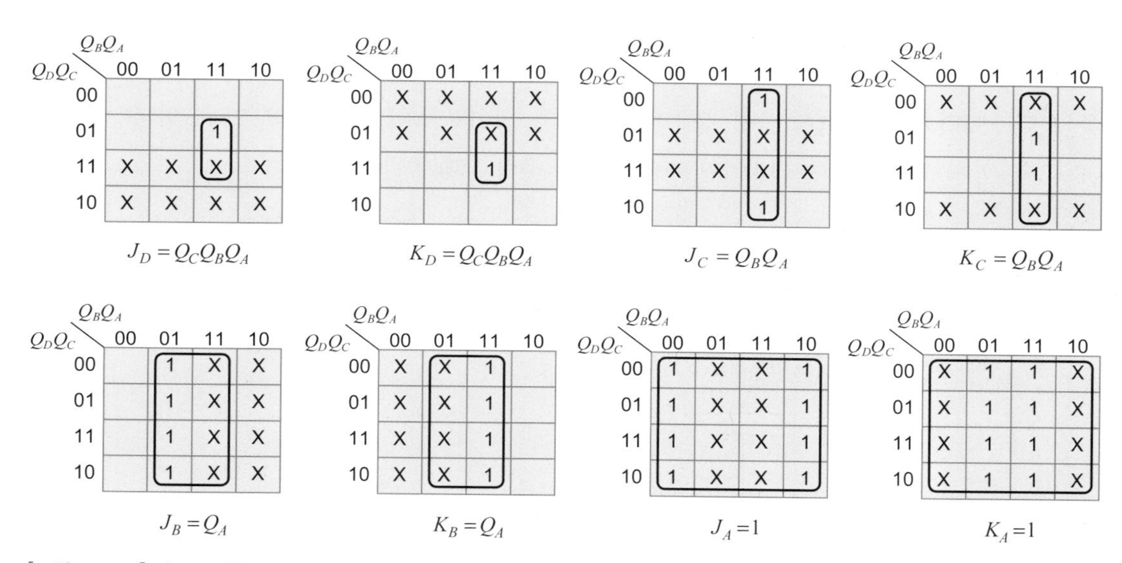

[그림 10-12] 카르노 맵을 이용한 4비트 동기식 카운터의 간소화 과정

[그림 10-13]은 위의 논리식을 토대로 구성한 4비트 동기식 카운터 회로와 타이밍도이다. 4비트 동기식 카운터는 [그림 10-13(a)]와 같이 *JK* 플립플롭 4개와 AND 게이트 2개로 구성된다. 클록펄스는 플립플롭 4개에 공통으로 입력되고, 클록펄스의 하강에지에서 동작한다. 첫 번째 플립플롭(FF-A)의 J_A와 K_A 입력은 모두 논리 1(+5V)로 하여 토글 상태가 되며, 두 번째 플립플롭(FF-B)

의 J_B와 K_B 입력에는 Q_A출력을 연결하였다. 또한 세 번째 플립플롭(FF−C)의 J_C와 K_C 입력에는 FF−A의 Q_A출력과 FF−B의 Q_B출력을 AND 게이트로 결합하여 연결하였다. 네 번째 플립플롭(FF−D)의 J_D와 K_D 입력에는 FF−A의 Q_A출력과 FF−B의 Q_B출력의 AND 게이트 출력과 FF−C의 Q_C 출력을 다시 AND 게이트로 결합하여 연결하면 된다.

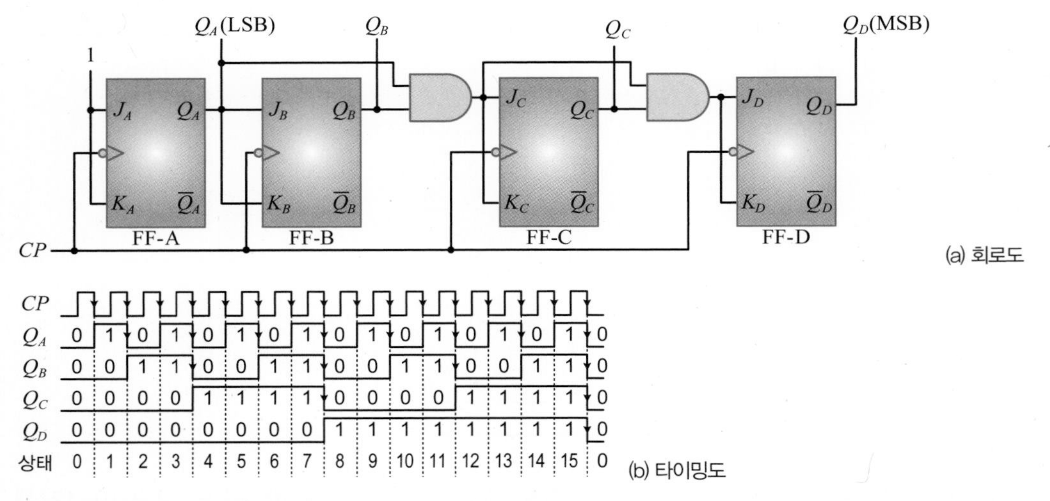

(a) 회로도

(b) 타이밍도

[그림 10−13] 4비트 동기식 카운터 회로 및 타이밍도

[그림 10−13(b)]는 [표 10−7]의 4비트 동기식 카운터의 계수표를 보면 알 수 있다. FF−A의 Q_A 출력이 논리 1이면 FF−B의 Q_B 출력 상태가 반전하며, FF−A의 Q_A 출력과 FF−B의 Q_B 출력이 모두 논리 1이면 FF−C의 Q_C 출력 상태가 반전한다. 또 FF−A의 Q_A 출력과 FF−B의 Q_B 출력과 FF−C의 Q_C 출력이 모두 논리 1이면 FF−D의 Q_D 출력 상태가 반전한다.

[표 10−7] 4비트 동기식 카운터의 계수표

클록펄스	Q_D	Q_C	Q_B	Q_A	10진수
1	0	0	0	0	0
2	0	0	0	1	1
3	0	0	1	0	2
4	0	0	1	1	3
5	0	1	0	0	4
6	0	1	0	1	5
7	0	1	1	0	6
8	0	1	1	1	7
9	1	0	0	0	8
10	1	0	0	1	9
11	1	0	1	0	10
12	1	0	1	1	11
13	1	1	0	0	12
14	1	1	0	1	13
15	1	1	1	0	14
16	1	1	1	1	15
17	0	0	0	0	0

[표 10-7]의 계수표를 보면 필요한 플립플롭의 입력함수를 추정할 수 있다. 하위의 모든 출력이 1일 때, 각 출력은 0 →1로, 또는 1 →0으로 변화한다. 토글 동작이 필요할 때, J와 K 입력은 모두 1이 되어야 한다. 그리고 플립플롭의 입력함수는 간단하게 하위비트의 논리적 AND다. 이와 같은 사실은 [표 10-7]로부터 알 수 있으며, 각 플립플롭의 입력 논리식은 다음과 같다.

$$J_A = K_A = 1$$
$$J_B = K_B = Q_A$$
$$J_C = K_C = Q_B Q_A$$
$$J_D = K_D = Q_C Q_B Q_A$$
$$J_E = K_E = Q_D Q_C Q_B Q_A$$
$$J_F = K_F = Q_E Q_D Q_C Q_B Q_A$$
$$\cdots\cdots$$

3비트 동기식 상향/하향 카운터

3비트 동기식 상향/하향 카운터(binary up/down counter)는 2진수의 계수가 0 →1→2 →⋯→ 7과 같이 증가하거나 7 →6 →⋯→0과 같이 감소하는 카운터다. 3비트 동기식 상향/하향 카운터의 상태도는 [그림 10-14]와 같으며, 상태여기표는 [표 10-8]과 같다. 여기서 외부 입력 $x=0$이면 상향 카운터로 동작하며, $x=1$이면 하향 카운터로 동작한다.

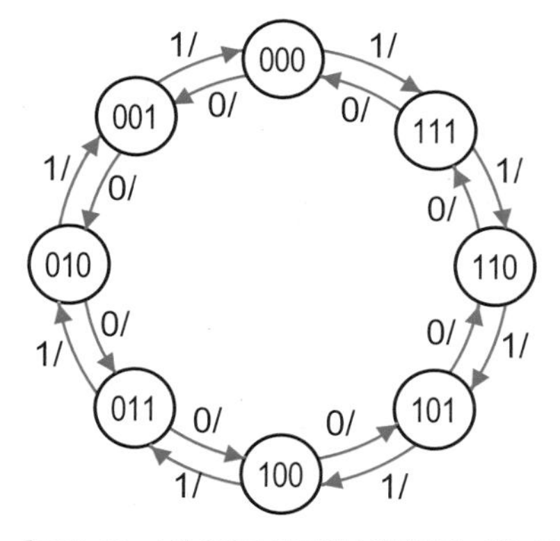

[그림 10-14] 3비트 동기식 상향/하향 카운터의 상태도

[표 10-8]의 상태여기표로부터 각 플립플롭의 입력함수를 카르노 맵으로 구하면 [그림 10-15]와 같다.

[표 10-8] 3비트 동기식 상향/하향 카운터의 상태여기표

현재 상태	외부 입력	다음 상태	플립플롭 입력					
$Q_C\ Q_B\ Q_A$	x	$Q_C\ Q_B\ Q_A$	J_C	K_C	J_B	K_B	J_A	K_A
0 0 0	0	0 0 1	0	×	0	×	1	×
0 0 0	1	1 1 1	1	×	1	×	1	×
0 0 1	0	0 1 0	0	×	1	×	×	1
0 0 1	1	0 0 0	0	×	0	×	×	1
0 1 0	0	0 1 1	0	×	×	0	1	×
0 1 0	1	0 0 1	0	×	×	1	1	×
0 1 1	0	1 0 0	1	×	×	1	×	1
0 1 1	1	0 1 0	0	×	×	0	×	1
1 0 0	0	1 0 1	×	0	0	×	1	×
1 0 0	1	0 1 1	×	1	1	×	1	×
1 0 1	0	1 1 0	×	0	1	×	×	1
1 0 1	1	1 0 0	×	0	0	×	×	1
1 1 0	0	1 1 1	×	0	×	0	1	×
1 1 0	1	1 0 1	×	0	×	1	1	×
1 1 1	0	0 0 0	×	1	×	1	×	1
1 1 1	1	1 1 0	×	0	×	0	×	1

Tip

JK 플립플롭의 여기표

$Q(t)$	$Q(t+1)$	J	K
0	0	0	×
0	1	1	×
1	0	×	1
1	1	×	0

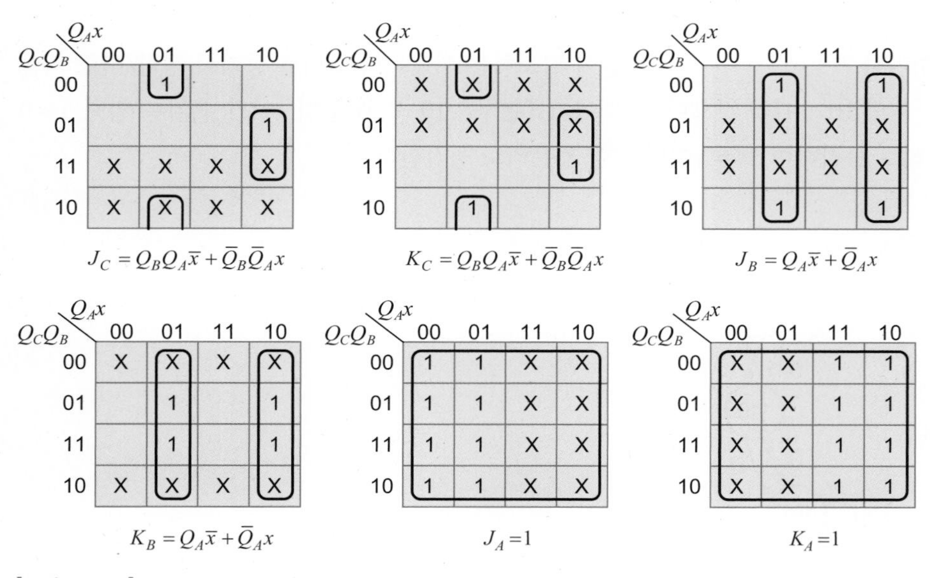

[그림 10-15] 3비트 동기식 상향/하향 카운터의 카르노 맵

[그림 10-16]에는 3비트 동기식 상향/하향 카운터 회로를 나타냈다. 최하위비트인 FF-A의 출력 Q_A는 클록펄스가 입력될 때마다 상태가 반전하며, FF-B의 출력 Q_B는 $Q_A\overline{x} + \overline{Q}_A x$가 논리 1일 때 클록펄스가 입력되면 상태가 반전된다. FF-C의 출력인 Q_C는 $Q_B Q_A \overline{x} + \overline{Q}_B \overline{Q}_A x$가 논리 1일 때 상태가 반전된다.

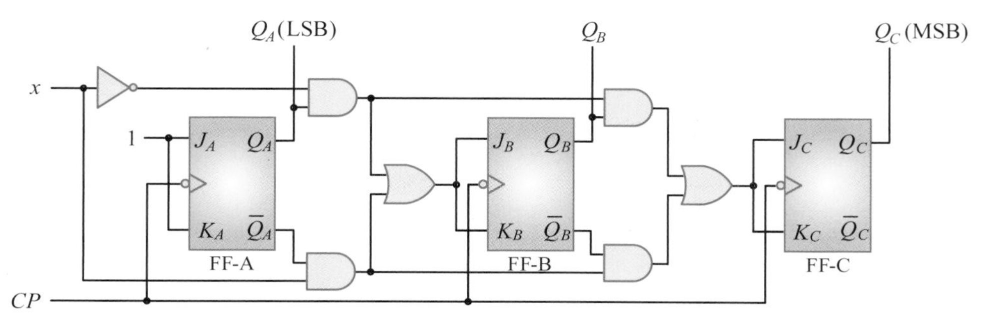

[그림 10-16] 3비트 동기식 상향/하향 카운터의 회로도

4비트, 5비트 동기식 상향/하향 카운터는 앞에서와 같은 패턴이 반복되어 각 플립플롭의 입력은 다음과 같다.

$$J_D = K_D = Q_C Q_B Q_A \bar{x} + \bar{Q}_C \bar{Q}_B \bar{Q}_A x$$

$$J_E = K_E = Q_D Q_C Q_B Q_A \bar{x} + \bar{Q}_D \bar{Q}_C \bar{Q}_B \bar{Q}_A x$$

동기식 BCD 카운터

모듈로-N 카운터란 카운터가 가질 수 있는 상태의 수가 N개인 카운터를 말한다. 예를 들어, 카운터의 상태가 0부터 $(N-1)$까지의 상태들을 순차적으로 발생시키고 다시 이와 같은 상태들을 반복하는 카운터가 있다. 모듈로-N 카운터의 한 예로서 디지털 시계의 분(minute)이나 초(second)는 00~59까지 변한다. 앞자리 숫자는 0에서 5까지 반복하므로 모듈로-6 카운터이며, 뒷자리 숫자는 0에서 9까지 반복하므로 모듈로-10 카운터가 된다. 모듈로-10 카운터를 BCD **카운터**라고도 한다.

동기식 BCD 카운터(동기식 10진 카운터, 동기식 모듈로-10 카운터, 동기식 mod-10 카운터)를 순서논리회로 방식으로 설계하기 위하여 [그림 10-17]과 같이 카운터의 상태도를 그리고, 상태도로부터 JK 플립플롭을 사용한 상태여기표를 [표 10-9]에 나타냈다.

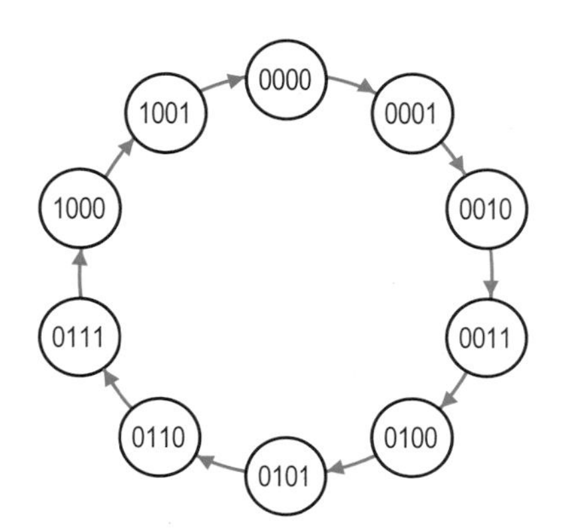

[그림 10-17] 동기식 BCD 카운터의 상태도

[표 10-9] 동기식 BCD 카운터의 상태여기표

현재 상태				다음 상태				플립플롭 입력							
Q_D	Q_C	Q_B	Q_A	Q_D	Q_C	Q_B	Q_A	J_D	K_D	J_C	K_C	J_B	K_B	J_A	K_A
0	0	0	0	0	0	0	1	0	×	0	×	0	×	1	×
0	0	0	1	0	0	1	0	0	×	0	×	1	×	×	1
0	0	1	0	0	0	1	1	0	×	0	×	×	0	1	×
0	0	1	1	0	1	0	0	0	×	1	×	×	1	×	1
0	1	0	0	0	1	0	1	0	×	×	0	0	×	1	×
0	1	0	1	0	1	1	0	0	×	×	0	1	×	×	1
0	1	1	0	0	1	1	1	0	×	×	0	×	0	1	×
0	1	1	1	1	0	0	0	1	×	×	1	×	1	×	1
1	0	0	0	1	0	0	1	×	0	×	×	0	×	1	×
1	0	0	1	0	0	0	0	×	1	0	×	0	×	×	1

Tip

JK 플립플롭의 여기표

$Q(t)$	$Q(t+1)$	J	K
0	0	0	×
0	1	1	×
1	0	×	1
1	1	×	0

상태여기표에서 각 플립플롭의 입력을 구하기 위해 [그림 10-18]과 같은 카르노 맵을 이용한다. 여기서 BCD 입력으로 사용되지 않는 $Q_DQ_CQ_BQ_A = 1010 \sim 1111$은 무관(don't care)항으로 처리하였다.

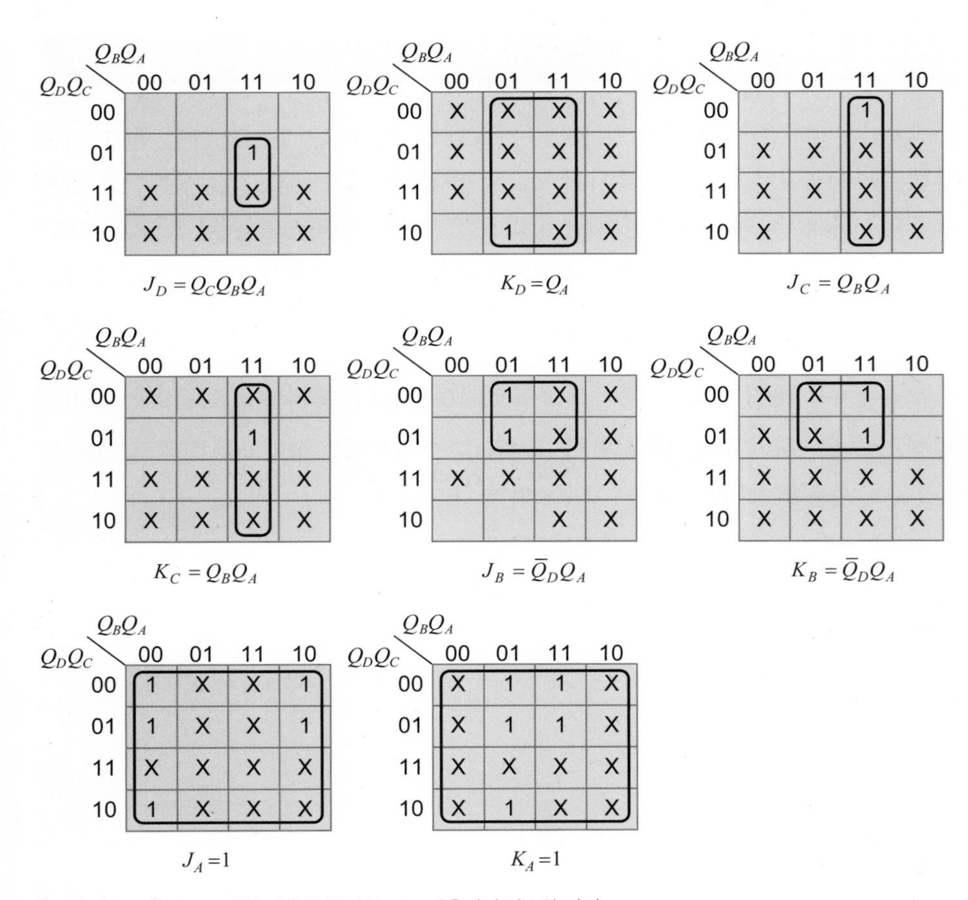

[그림 10-18] 카르노 맵을 이용한 동기식 BCD 카운터의 간소화 과정

모든 JK 플립플롭에 클록 신호(CP)를 동시에 인가하고, 위의 결과를 이용하여 회로를 그리면 [그림 10-19]와 같다. 동기식 BCD 카운터를 여러 개 종속으로 연결하면 여러 자리의 카운터도 쉽게 구성할 수 있다.

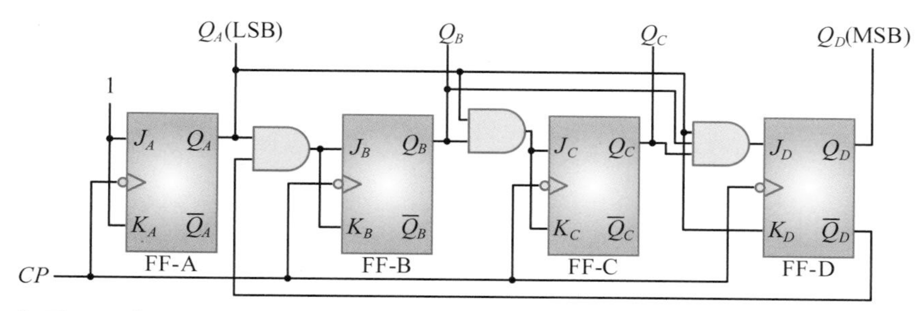

[그림 10-19] 동기식 BCD 카운터 회로도

10진 카운터는 0에서 9까지 카운트할 수 있으므로 n자리 10진수를 카운트하려면 10진 카운터 n개를 종속으로 연결하면 된다. [그림 10-20]은 4자리 10진수인 0000에서 9999까지 카운트할 수 있는 카운터를 10진 카운터 4개로 구성한 예를 보인 것이다. 각 자리의 값이 9에서 0으로 변할 때, 즉 Q_D가 1에서 0으로 변할 때 다음 자리의 10진 카운터가 1씩 증가하도록 구성되어 있다.

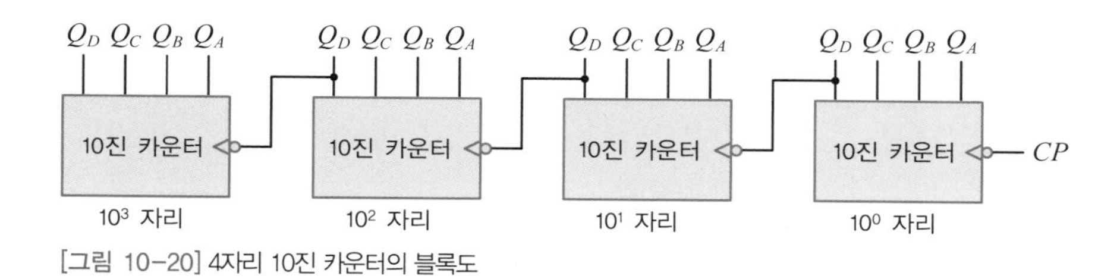

[그림 10-20] 4자리 10진 카운터의 블록도

모듈로-N 카운터

IC 74161/74163은 4비트 동기식 카운터로서 JK 플립플롭 4개로 구성되며, 4비트 병렬입력과 병렬출력이 있다. [그림 10-21]은 핀 배치도와 블록도이다. 블록도 구성 요소로 CP(CLOCK), $\overline{CLEAR}$, $\overline{LOAD}$, ENP(ENABLE P), ENT(ENABLE T) 입력과 RCO(Ripple Carry Output) 출력이 있다.

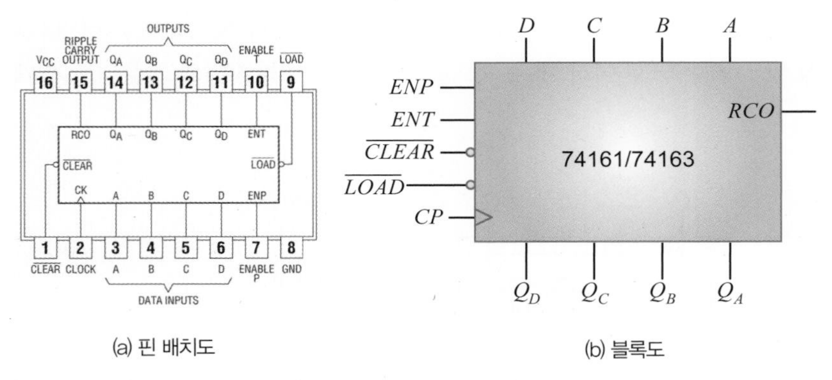

(a) 핀 배치도

(b) 블록도

[그림 10-21] IC 74161/74163의 핀 배치도 및 블록도

IC 74161/74163의 동작은 [표 10-10]을 보면 알 수 있다. $\overline{CLEAR}$ 입력과 $\overline{LOAD}$ 입력이 논리 1이고 ENP와 ENT 입력이 논리 1이면 카운터가 인에이블(enable)되어 클록펄스의 상승에지에서 상태가 변한다. 카운터가 마지막 상태인 15(=$1111_{(2)}$)가 되면 RCO가 논리 1이 된다. ENP와 ENT 입력 및 RCO 출력은 더 높은 계수를 갖는 카운터를 설계할 때 사용된다. 74161과 74163은 핀 기능, 동작, 사용법 등이 동일한 16진 동기식 상향 카운터다. 다만, 74161은 비동기적인 클리어 입력을 갖는다.

[표 10-10] IC 74161/74163 카운터의 동작표

$\overline{CLEAR}$	$\overline{LOAD}$	ENP, ENT	기 능
0	×	×	플립플롭이 클리어된다.
1	0	×	병렬입력이 수행된다.
1	1	0	불변 상태가 된다.
1	1	1	카운터가 동작한다.

모듈로-N 카운터는 임의의 N개의 상태를 나타내는 카운터를 설계할 때 많이 사용한다. 모듈로-10 카운터는 10개 계수의 순서를 갖는 카운터이며, 10개의 계수는 임의로 정할 수 있다. 비동기적인 클리어 입력을 갖는 IC 74161을 이용하여 0~9, 3~12, 6~15의 순서로 동작하는 모듈로-10 카운터를 설계해보자.

■ 0~9 순서로 계수하는 모듈로-10 카운터($\overline{LOAD}$ 입력 사용)

상태 0($0000_{(2)}$)에서 시작하는 모듈로-10 카운터는 [그림 10-22(a)]와 같이 병렬입력은 모두 논리 0(0V)으로 하고($DCBA$=0000) 병렬출력 중 Q_D와 Q_A를 NAND 게이트로 결합하여 $\overline{LOAD}$ 입력에 연결한다. 카운터는 0($0000_{(2)}$) 상태에서 시작하여 9($1001_{(2)}$)에 도달하면 NAND 게이트의 출력이 논리 0이 되므로 $\overline{LOAD}$ 입력이 논리 0이 된다. 그러면 앞서 설정한 병렬 데이터 0000이 입력되므로 초기상태로 돌아간다.

■ 0~9 순서로 계수하는 모듈로-10 카운터($\overline{CLEAR}$ 입력 사용)

IC 74161을 0에서 9까지 카운트하는 모듈로-10 카운터로 사용하기 위해서는 [그림 10-22(b)]와 같이 Q_D와 Q_B를 NAND 게이트로 결합하여 그 출력을 $\overline{CLEAR}$ 입력에 연결하면 된다. 카운터의 상태가 10(=$1010_{(2)}$)에 도달하면 Q_D=1, Q_B=1이므로 NAND 게이트의 출력은 0이 되어 카운터의 출력은 모두 0이 된다. 이것은 10에서 0으로의 재순환 시 아주 짧은 시간 동안 10(=$1010_{(2)}$)의 상태였다가 0으로 변하기 때문에 카운터의 상태 10은 없는 것으로 간주할 수 있다.

■ 3~12 순서로 계수하는 모듈로-10 카운터

상태 3($0011_{(2)}$)에서 시작하는 모듈로-10 카운터는 [그림 10-22(c)]와 같이 병렬입력은 3($0011_{(2)}$) 상태가 되게 하고, 병렬출력 중 Q_D와 Q_C를 NAND 게이트로 결합하여 $\overline{LOAD}$ 입력에 연결한다. 카운터는 3($0011_{(2)}$) 상태에서 시작하여 12($1100_{(2)}$)에 도달하면 NAND 게이트의 출력이 논리 0이 되므로 $\overline{LOAD}$ 입력이 논리 0이 된다. 그러면 앞서 설정한 병렬 데이터 0011이 입력되므로 초기 상태로 돌아간다.

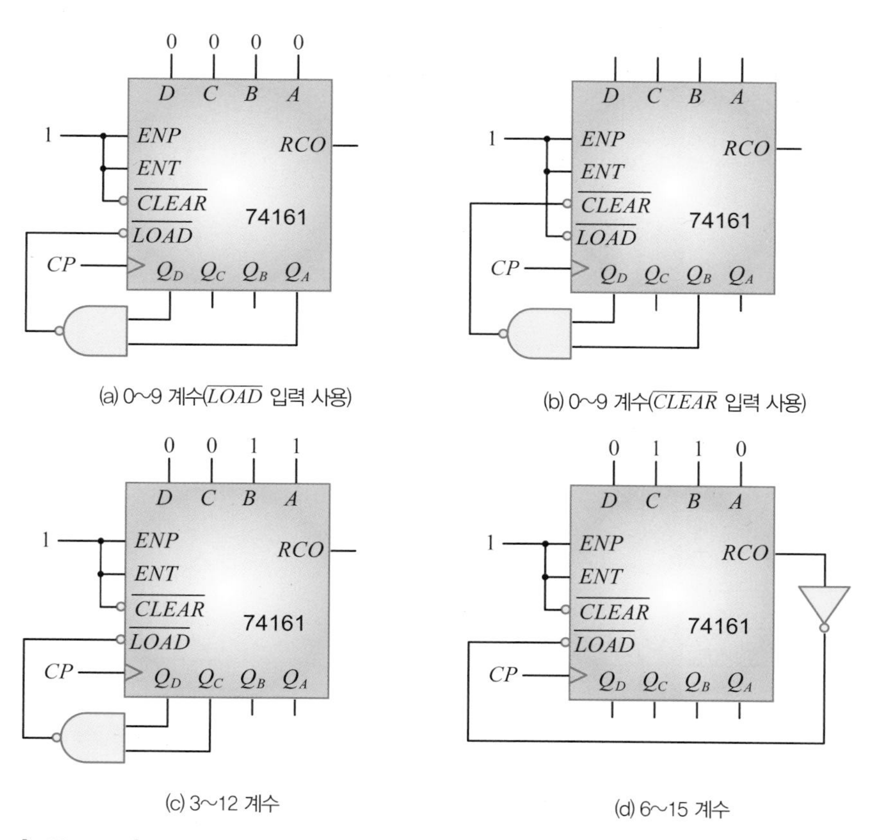

[그림 10-22] IC 74161을 사용한 모듈로-10 카운터 구현

■ 6~15 순서로 계수하는 모듈로-10 카운터

IC 74161을 6에서 15까지 카운트하는 모듈로-10 카운터로 사용하기 위해서는 [그림 10-22(d)]와 같이 병렬입력을 6($0110_{(2)}$)으로 하고 *RCO* 출력을 NOT 게이트로 통하여 $\overline{LOAD}$ 입력에 연결하면 된다. 이 카운터는 6($0110_{(2)}$)의 상태에서 시작하여 15($1111_{(2)}$)에 도달하면 올림수가 발생한다. 이 올림수 출력(*RCO*)이 NOT 게이트를 통과하면 논리 0이 되므로 $\overline{LOAD}$ 입력이 논리 0이 된다. 그러면 앞서 설정한 병렬 데이터 6($0110_{(2)}$)이 입력되므로 초기 상태로 돌아간다.

불규칙한 순서를 갖는 카운터

다른 형태의 카운터로서 순차적으로 변하지 않고 불규칙하게 변하는 카운터를 설계해보자. 이러한 유형의 카운터로서 클록펄스가 들어올 때마다 카운터의 상태가 [그림 10-23]과 같이 변하는 3비트 그레이 코드 카운터를 설계해보자.

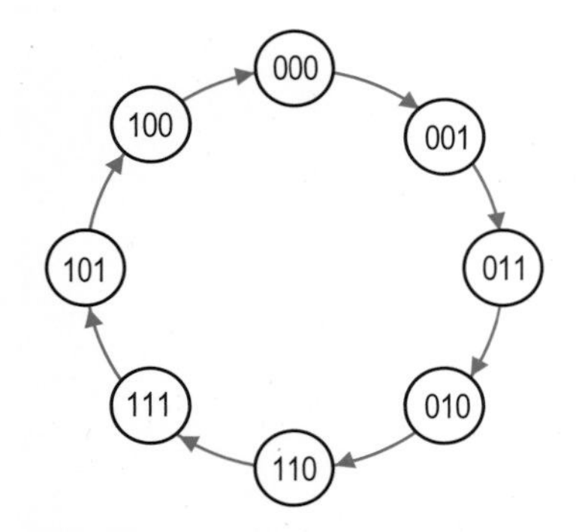

[그림 10-23] 3비트 그레이 코드 카운터의 상태도

3비트 그레이 코드 카운터를 순서논리회로 방식으로 설계하기 위해 [그림 10-23]과 같이 카운터의 상태도를 그리고, 상태도로부터 *JK* 플립플롭을 사용한 상태여기표를 [표 10-11]에 나타냈다.

[표 10-11] 3비트 그레이 코드 카운터의 상태여기표

현재 상태			다음 상태			플립플롭 입력					
Q_C	Q_B	Q_A	Q_C	Q_B	Q_A	J_C	K_C	J_B	K_B	J_A	K_A
0	0	0	0	0	1	0	×	0	×	1	×
0	0	1	0	1	1	0	×	1	×	×	0
0	1	0	1	1	0	1	×	×	0	0	×
0	1	1	0	1	0	0	×	×	0	×	1
1	0	0	0	0	0	×	1	0	×	0	×
1	0	1	1	0	0	×	0	0	×	×	1
1	1	0	1	1	1	×	0	×	0	1	×
1	1	1	1	0	1	×	0	×	1	×	0

Tip

JK 플립플롭의 여기표

$Q(t)$	$Q(t+1)$	J	K
0	0	0	×
0	1	1	×
1	0	×	1
1	1	×	0

[표 10-11]의 상태여기표로부터 각 플립플롭의 입력함수를 카르노 맵으로 구하면 [그림 10-24]와 같다.

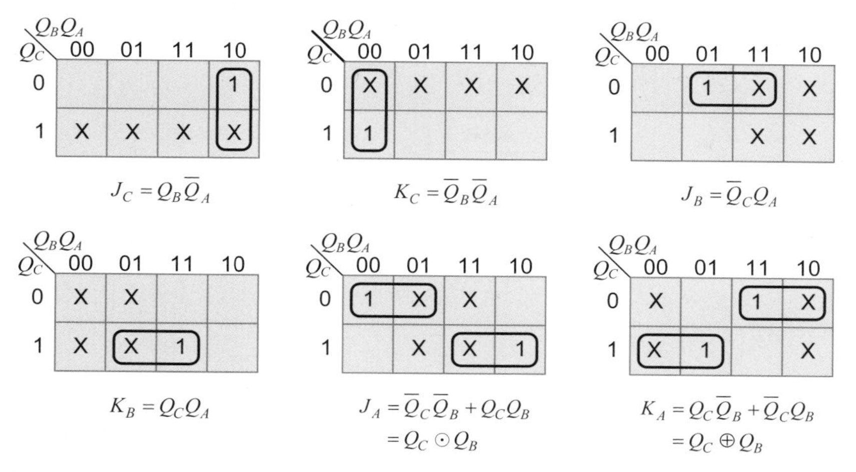

[그림 10-24] 카르노 맵을 이용한 3비트 그레이 코드 카운터의 간소화 과정

모든 JK 플립플롭에 클록 신호(CP)를 동시에 인가하고, 위의 결과를 이용하여 회로를 그리면 [그림 10-25]와 같다.

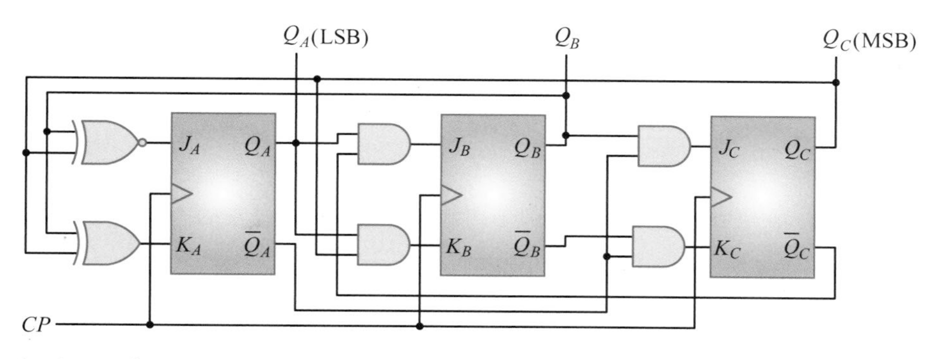

[그림 10-25] 3비트 그레이 코드 카운터 회로도

주파수 분할

T 플립플롭에서 출력은 입력 주파수의 1/2이 되므로 T 플립플롭 4개를 종속으로 연결하면 입력 주파수의 1/2, 1/4, 1/8, 1/16인 주파수를 얻을 수 있다. 이를 [그림 10-26(a)]에 나타냈다. 또한 m진(mod-m) 카운터의 최상위비트(MSB) 출력을 n진(mod-n) 카운터의 입력에 연결함으로써 ($m \times n$)의 주파수 분할을 할 수 있다. 이를 나타내면 [그림 10-26(b)]와 같다. 예를 들어, 6진 카운터와 10진 카운터를 이용하면 입력 주파수의 1/60의 주파수를 얻을 수 있으며, 이 경우 입력 주파수가

60Hz이면 출력 주파수는 1Hz가 되어, 이 클록은 디지털 시계의 초를 구동하는 클록으로 사용할 수 있다.

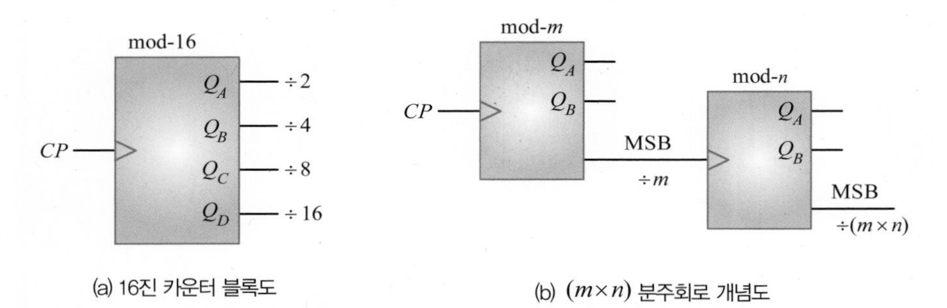

(a) 16진 카운터 블록도

(b) $(m\times n)$ 분주회로 개념도

[그림 10-26] 카운터에 의한 주파수 분할

예제 10-1

다음 그림에서 입력 클록(CP) 주파수가 1MHz일 때 출력 주파수를 구하여라.

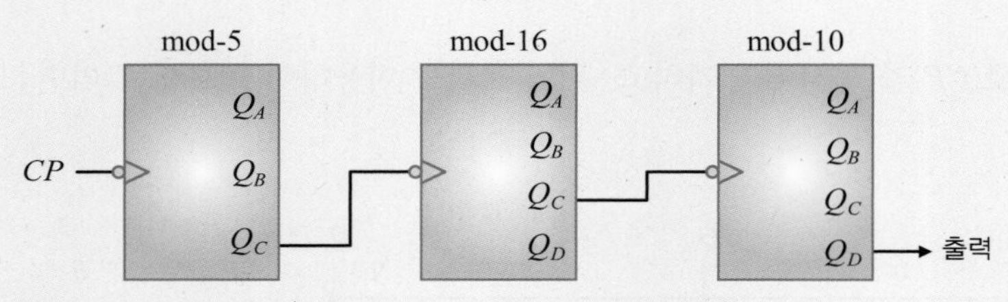

[그림 10-27] 주파수 분할 예

풀이

첫 번째 단은 5진 카운터, 두 번째 단은 8진 카운터, 세 번째 단은 10진 카운터이므로 입력 주파수가 1MHz이면 출력 주파수는 2.5KHz($=10^6/(5\times8\times10)$)이다.

SECTION 03

레지스터

플립플롭 여러 개를 일렬로 배열하여 적당히 연결함으로써 여러 비트의 2진수를 저장할 수 있게 한 것을 레지스터라고 한다. 이 절에서는 4가지 레지스터의 동작 특성을 살펴보고, 아울러 레지스터의 응용도 알아본다.

Keywords | 직렬입력–직렬출력 | 직렬입력–병렬출력 | 병렬입력–직렬출력 | 병렬입력–병렬출력 |

레지스터의 분류

플립플롭은 1비트를 저장할 수 있으며, 플립플롭 여러 개를 일렬로 배열하여 적당히 연결함으로써 여러 비트로 구성된 2진수를 저장할 수 있게 한 것을 **레지스터**(register)라고 한다. 따라서 n비트 레지스터는 n개의 플립플롭으로 구성되며, n비트의 2진 정보를 저장할 수 있다.

레지스터는 데이터를 입출력시키는 방법에 따라 4가지 종류가 있다. 먼저 n비트 레지스터에 데이터를 입력시킬 때, n비트를 병렬로 동시에 시프트(shift: 옮긴다는 뜻)시켜 입력시킬 수도 있고(병렬 시프트), 한 비트 한 비트씩 직렬로 시프트하면서 입력시킬 수도 있다(직렬 시프트). 마찬가지로 레지스터에 저장된 데이터를 출력할 때에도 직렬과 병렬의 두 가지 방식이 있다. 따라서 레지스터 종류에는 4가지 기본형이 있으며 이를 [그림 10-28]에 나타냈다.

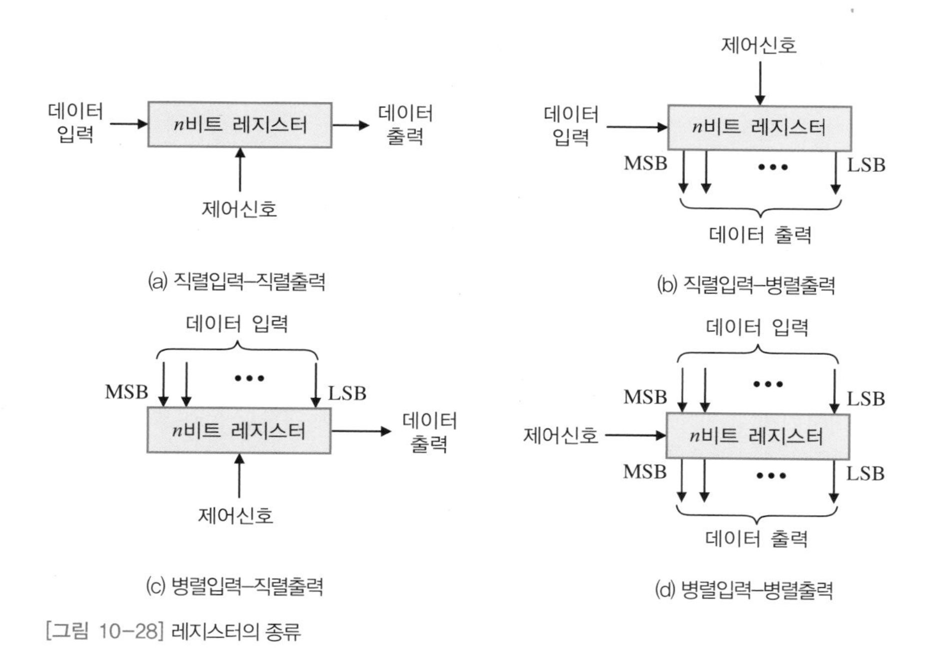

[그림 10-28] 레지스터의 종류

직렬입력−직렬출력(SISO : serial−in serial−out)은 데이터를 직렬로 입력하여 직렬로 출력하는 레지스터로, 모뎀(modem)과 같은 장치에 이용한다. 직렬입력−병렬출력(SIPO : serial−in parallel−out)은 데이터를 직렬로 입력하여 병렬로 출력하는 레지스터로, 직렬 통신 시 데이터를 한 비트씩 직렬로 수신하여 1바이트 데이터가 수신되면 데이터를 병렬로 변환하여 컴퓨터 내부로 읽어들일 때 사용한다. 병렬입력−직렬출력(PISO : parallel−in serial−out)은 데이터를 병렬로 입력하여 직렬로 출력하는 레지스터로, 직렬 통신 시 컴퓨터 내부의 병렬 데이터를 직렬로 전송하기 위해 데이터를 한 비트씩 직렬로 시프트할 때 사용한다. 마지막으로 병렬입력−병렬출력(PIPO : parallel−in parallel−out)은 데이터를 병렬로 입력하여 병렬로 출력하는 레지스터로, 범용 입출력 장치나 프린터 등에 사용한다.

[그림 10−28]을 보면 제어신호가 데이터의 입출력 동작을 제어한다. 레지스터에 데이터를 입출력시킬 때 비트의 시프트 동작이 다르기 때문에 이러한 레지스터를 **시프트 레지스터**라고 부른다.

직렬입력−직렬출력 레지스터

[그림 10−29]는 직렬입력−직렬출력 레지스터를 D 플립플롭을 이용하여 4비트 레지스터로 구성한 예를 보여준다. 처음에 모든 플립플롭의 출력 Q는 0이라고 가정하자. 클록펄스가 입력될 때마다 클록펄스의 하강에지에서 입력 데이터가 한 비트씩 오른쪽으로 시프트하면서 저장된다($I \rightarrow Q_A$, $Q_A \rightarrow Q_B$, $Q_B \rightarrow Q_C$, $Q_C \rightarrow Q_D$). 이 과정은 새로운 클록펄스의 하강에지마다 반복되므로 네 번째 클록펄스의 하강에지에서 비로소 Q_D에 처음에 입력된 데이터 비트가 나타난다. 이후로 계속적인 오른쪽 시프트 동작이 일어나서 레지스터 출력으로부터 데이터 비트가 출력되어 다음에 연결된 장치로 넘어간다.

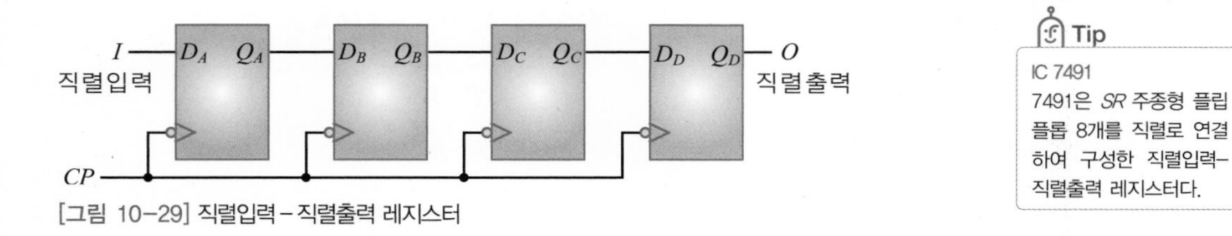

[그림 10−29] 직렬입력 − 직렬출력 레지스터

Tip
IC 7491
7491은 *SR* 주종형 플립플롭 8개를 직렬로 연결하여 구성한 직렬입력−직렬출력 레지스터다.

예를 들어, 샘플된 입력 데이터가 순차적으로 1, 1, 0, 1이었다면, 네 번째 클록펄스 이후부터 출력 Q_D에 입력 순서대로 비트가 순차적으로 나타난다. [그림 10−30(a)]는 클록펄스의 하강에지 t_1, t_2, t_3, t_4에서 레지스터의 내용을 나타낸다. $t = t_4$에서 마침내 의미 있는 입력 데이터가 레지스터에 들어 있다. [그림 10−30(b)]는 같은 상황을 타이밍도로 나타낸 것이다.

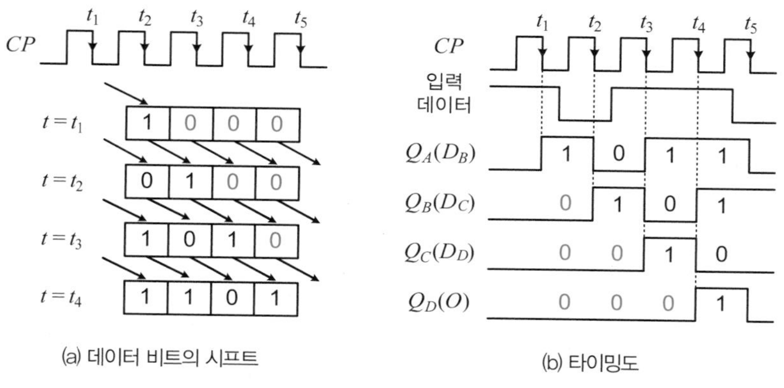

(a) 데이터 비트의 시프트 (b) 타이밍도

[그림 10-30] 직렬입력 - 직렬출력 레지스터의 데이터 이동

직렬입력-병렬출력 레지스터

[그림 10-31]은 직렬입력-병렬출력 레지스터를 D 플립플롭을 이용하여 4비트로 구성한 예를 보여준다. 이것은 [그림 10-29]의 직렬입력-직렬출력 레지스터와 기본적으로 동일한 구조이며, 각 출력에 3상태(tri-state) 버퍼가 연결된 점만 다르다.

처음에 모든 플립플롭의 출력 Q는 0이라고 가정하자. 클록펄스의 하강에지에서 입력 데이터가 한 비트씩 오른쪽으로 시프트하면서 저장된다. 4비트 레지스터는 클록펄스 4개가 입력되면 4비트 직렬입력 데이터가 레지스터에 모두 저장된다. 레지스터에 저장된 데이터를 출력하려면 새로운 4비트 데이터가 레지스터에 차게 되는 4번째, 8번째, 12번째 클록펄스 등에서 3상태 버퍼를 인에이블(enable)하여 동시에 읽어내면 된다. 즉 병렬출력은 $\overline{RD}=0$이면 각 플립플롭에 저장되어 있던 데이터가 출력 O_A, O_B, O_C, O_D에 동시에 출력되며, $\overline{RD}=1$이면 3상태 버퍼가 하이 임피던스(High-Z) 상태가 되어 버퍼의 입력과 출력 사이의 연결이 완전히 끊어져서 출력되지 않는다.

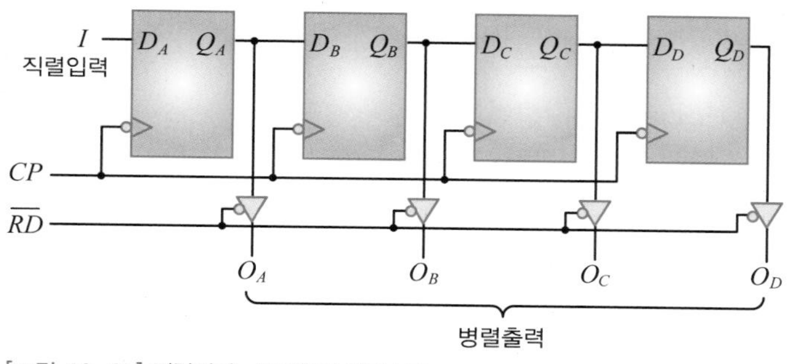

[그림 10-31] 직렬입력 - 병렬출력 레지스터

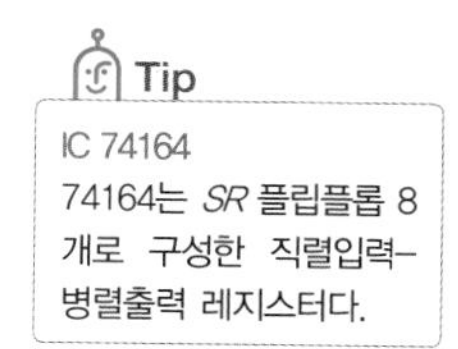

3상태 버퍼의 논리기호 및 진리표

논리회로의 출력 상태는 High, Low 그리고 하이 임피던스 (High-Z) 3가지이다. 하이 임피던스는 입력과 출력이 연결되어 있지 않다고 생각하면 된다.

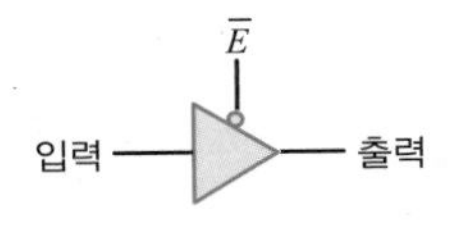

$\overline{E}$	입력	출력
0	0	0
0	1	1
1	0	High-Z
1	1	High-Z

병렬입력-직렬출력 레지스터

[그림 10-32]는 4비트 병렬입력-직렬출력 레지스터이며, 4개의 데이터(I_A, I_B, I_C, I_D)를 병렬로 입력하거나 시프트하기 위한 제어신호 $SH/\overline{LD}$가 있다. 먼저 2 ×1 MUX의 동작을 살펴보면 $S=0$ 이면 입력 A와 출력 F가 연결되고, $S=1$이면 입력 B와 출력 F가 연결된다.

$SH/\overline{LD}=0$으로 하면 입력 데이터 I_A, I_B, I_C, I_D가 각 플립플롭의 입력 D_A, D_B, D_C, D_D와 각각 연결되므로 클록펄스의 하강에지에서 입력 데이터의 각 비트가 대응하는 플립플롭의 출력 Q에 동시에 저장된다. 이제 $SH/\overline{LD}=1$로 하면, 클록펄스의 하강에지마다 레지스터 내용이 오른쪽으로 시프트되어 마지막 단의 레지스터 출력에서 데이터 비트는 직렬로 나온다. 입력 데이터는 클록펄스 4개마다 한 번씩 입력되어야 한다.

Tip

IC 74165

74165는 *SR* 플립플롭 8개와 조합논리회로로 구성된 병렬입력-직렬출력 레지스터다.

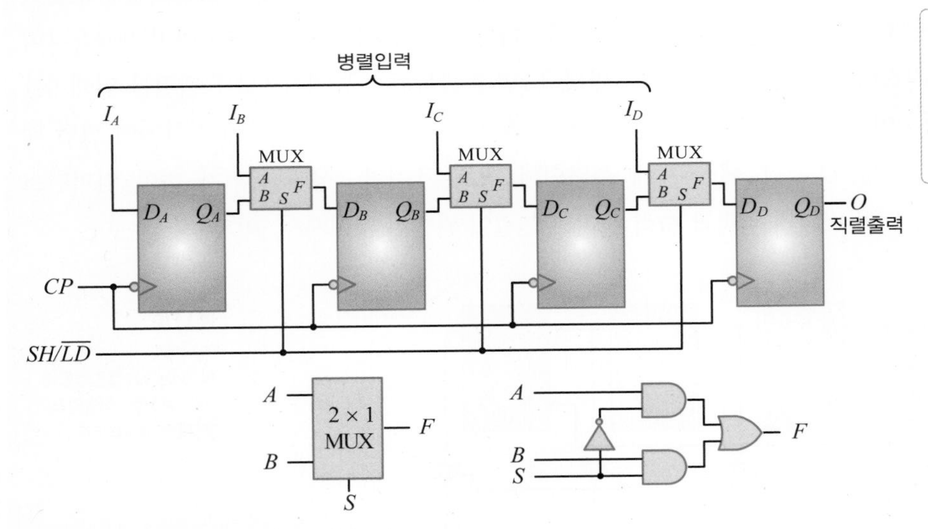

[그림 10-32] 병렬입력-직렬출력 레지스터

병렬입력-병렬출력 레지스터

[그림 10-33]은 병렬입력-병렬출력 레지스터를 D 플립플롭 4개로 구성한 경우를 보여주는데, 병렬입력을 제어하는 WR(write를 뜻함) 신호와 병렬출력을 제어하는 $\overline{RD}$ (read를 뜻함) 신호가 있다. WR=1이면 AND 게이트 G_A, G_B, G_C, G_D는 한 입력이 논리 1이므로 병렬 데이터 I_A, I_B, I_C, I_D는 각 AND 게이트를 통해 동시에 각 플립플롭의 D 입력에 전송된다. 이후 클록펄스가 입력되면 클록펄스의 하강에지에서 병렬 데이터가 각 플립플롭의 D 입력을 통해 레지스터에 저장된다.

병렬출력은 $\overline{RD}=0$이면 각 플립플롭의 출력 데이터는 3상태 버퍼를 통해 동시에 O_A, O_B, O_C, O_D에 출력되며, $\overline{RD}=1$이면 출력되지 않는다. 즉 $\overline{RD}=0$으로 하면 3상태 버퍼가 플립플롭의 출력 Q를 레지스터의 출력 O_A, O_B, O_C, O_D에 연결해주고, 반대로 $\overline{RD}=1$로 하면 3상태 버퍼가 하이 임피던스(High-Z) 상태가 되어 양자 간 연결이 완전히 끊어진다.

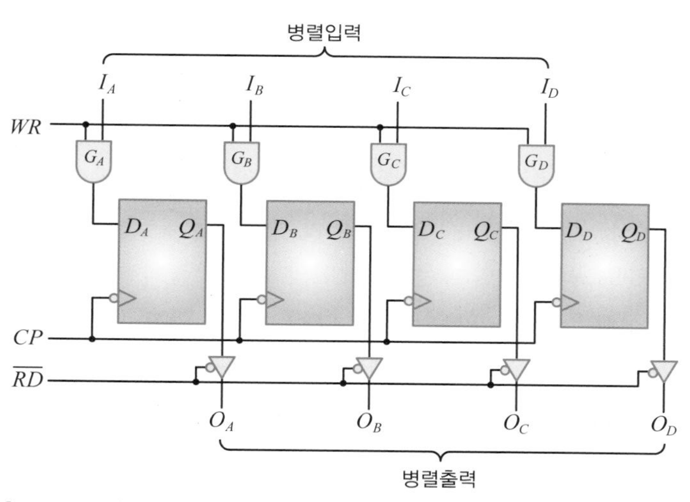

[그림 10-33] 병렬입력-병렬출력 레지스터

> **Tip**
> IC 74195
> 74195는 4비트 병렬입력-병렬출력 기능과 직렬 시프트 기능을 포함한 레지스터다.

양방향 시프트 레지스터

[그림 10-34]는 양방향 시프트가 가능한 직렬입력-병렬출력 시프트 레지스터의 블록도와 회로 구성을 보여준다. [그림 10-34(a)]의 각종 기호에서 S는 shift, R은 right, L은 left, I는 in, O는 out을 나타낸다. 예를 들어, SRI(shift right input)는 오른쪽 시프트 입력을 나타내고, SLO(shift left output)는 왼쪽 시프트 출력을 나타낸다. 제어신호 $R/\overline{L}$은 시프트 방향을 제어하는 것으로, 데이터를 SRI에 입력시켜 오른쪽으로 시프트하면서 SRO에서 출력하고자 할 때에는 $R/\overline{L}=1$로 해야 하고, 반대로 데이터를 SLI에서 입력하여 왼쪽으로 시프트하면서 SLO에서 출력하고자 할 때는 $R/\overline{L}=0$으로 해야 한다.

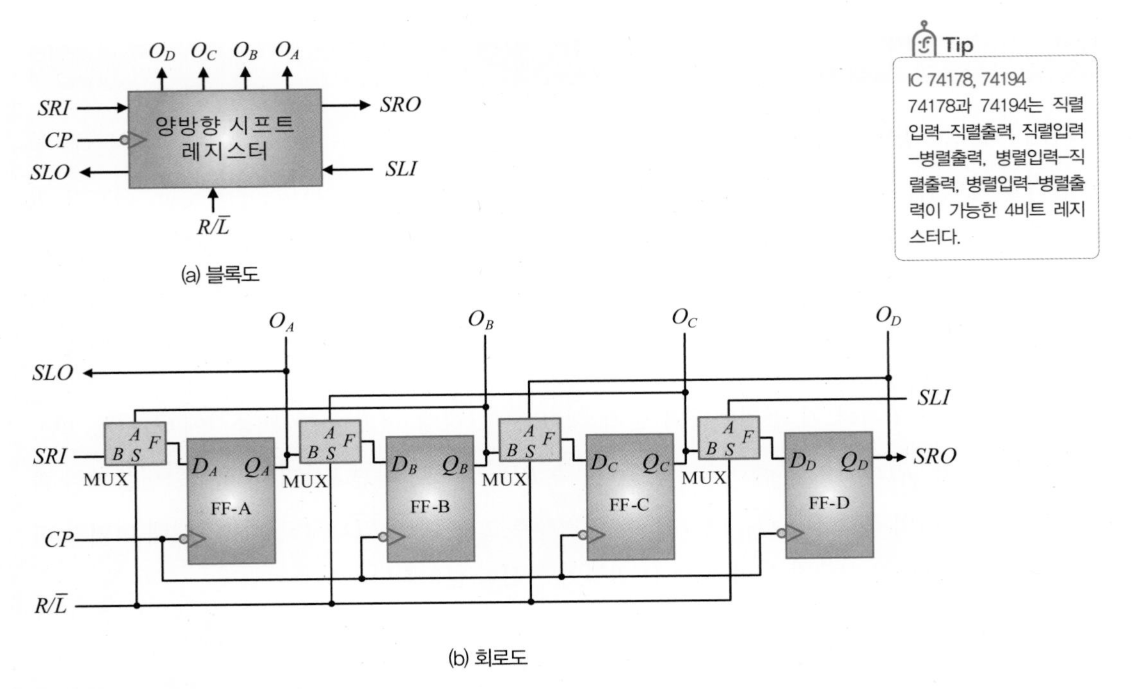

Tip

IC 74178, 74194
74178과 74194는 직렬입력–직렬출력, 직렬입력–병렬출력, 병렬입력–직렬출력, 병렬입력–병렬출력이 가능한 4비트 레지스터다.

[그림 10−34] 양방향 시프트 레지스터의 블록도와 회로도

[그림 10−34(b)]에서 각 2×1 MUX에서 $R/\overline{L}\,(=S)$이 논리 1일 때 각 MUX의 B와 그 출력 F가 연결되므로 이때의 회로 연결은 [그림 10−35(a)]와 같다. 이는 [그림 10−□9]와 같으므로 SRI에서 SRO 쪽으로 오른쪽 시프트가 일어난다. 또 $R/\overline{L}=0$일 때는 각 MUX의 A와 그 출력 F가 연결되므로 이때의 회로 연결은 [그림 10−35(b)]와 같다. 따라서 SLI에서 SLO 쪽으로 왼쪽 시프트가 일어난다.

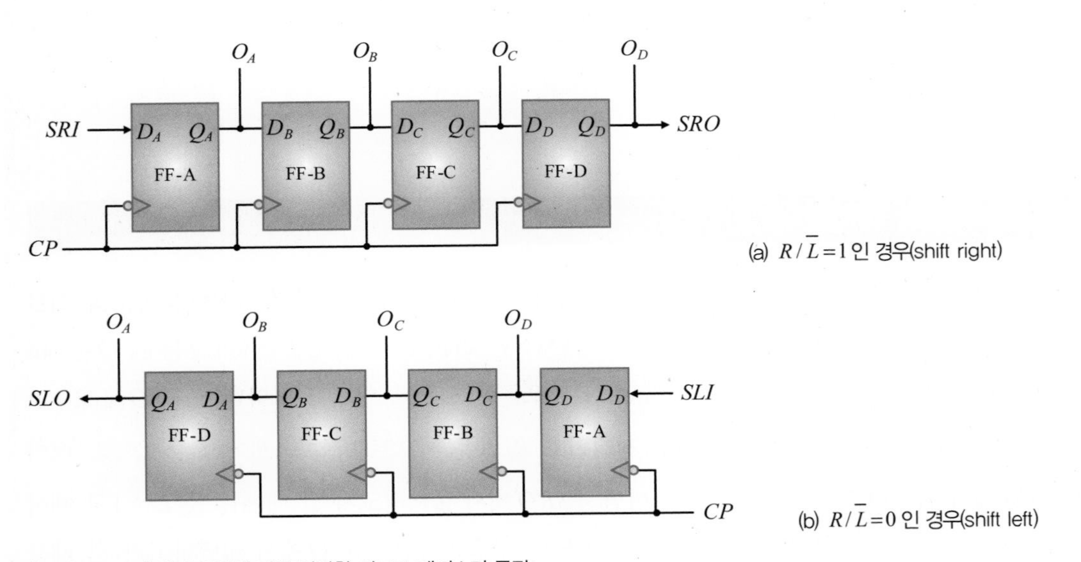

[그림 10−35] 제어 입력에 따른 양방향 시프트 레지스터 동작

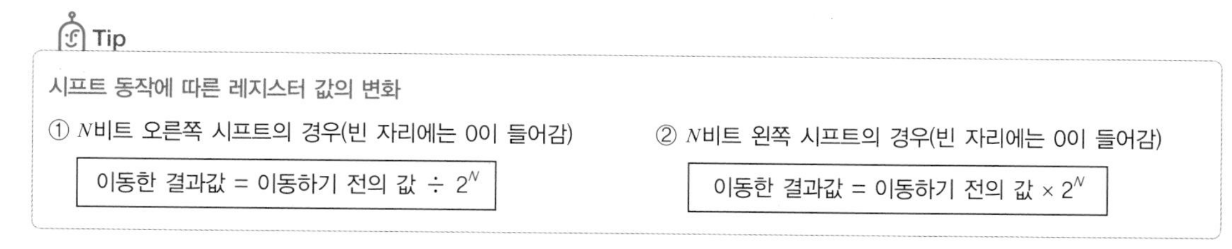

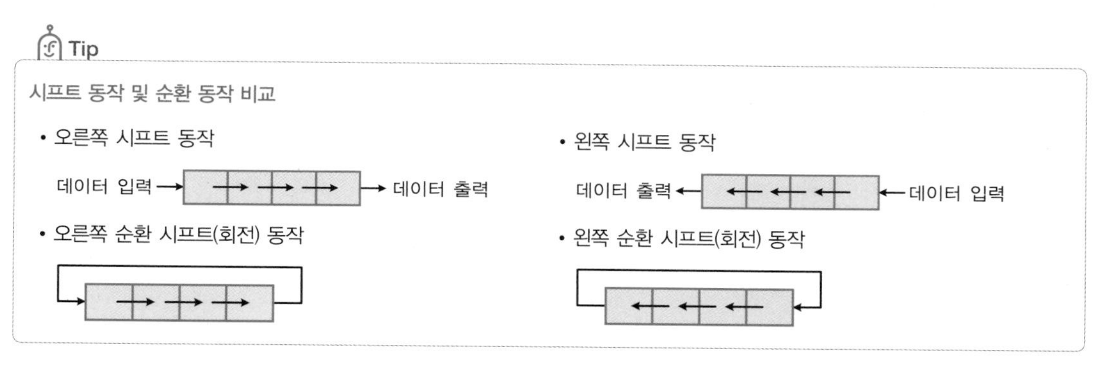

시프트 레지스터의 응용

■ 직렬 데이터 통신

시프트 레지스터는 음성 통신을 위한 시스템에서 광범위하게 사용된다. 전자교환기는 각 전화 가입자의 아날로그 음성 신호를 ADC(analog-to-digital converter)를 통해 디지털 신호로 변환한다. ADC는 입력 아날로그 신호를 초당 8000번 샘플링(sampling)하여 8비트 병렬 데이터로 변환한다 (8000×8=64Kbps). 이것은 다시 병렬입력-직렬출력 시프트 레지스터를 통해서 직렬 데이터로 변환된다. 그 이유는 중계선(trunk)이라는 전송 선로를 이용해서 데이터를 원거리에 전송하기 위해서다.

전송 선로의 전송 능력은 T1 방식(북미에서 사용하는 전송방식)의 경우에는 24채널, E1 방식(유럽에서 사용하는 전송방식)의 경우에는 32채널을 다중화(multiplexing)한다. 따라서 T1 중계선의 전송 속도는 오버헤드를 포함하여 24×64Kbps + 8Kbps = 1544Kbps = 1.544Mbps, E1 중계선의 전송 속도는 32×64Kbps = 2048Kbps = 2.048Mbps가 된다. 수신 측의 전자교환기에서는 직렬입력-병렬출력 시프트 레지스터로 이 직렬 데이터를 병렬 데이터로 변환한 다음 24채널(또는 32채널)로 역다중화하고, 각 채널의 8비트 병렬 데이터를 64KHz의 DAC(digital-to-analog converter)를 통해 원래의 아날로그 신호를 재생한다. [그림 10-36]은 전화 계통의 디지털 다중시스템의 블록 다이어그램을 나타낸다. 직렬 데이터를 전송하기 위한 데이터선 외에 비트 전송의 타이밍 기준을 제공하기 위한 클록을 보내는 선과 직렬 데이터의 형태(format)를 정의하기 위한 동기신호를 보내는 선이 필요하다.

[그림 10-36] 직렬 데이터 통신 개념도

■ 디지털 금고

디지털 금고는 비밀번호를 미리 지정해놓고 그 순서대로 키를 누를 때에 한해서 금고가 열리도록 한 것이다. [그림 10-37]에 간단한 디지털 금고 시스템의 예를 나타냈는데, 여기서는 비밀번호가 3, 1, 9, 0인 경우를 가정하였다.

키 패드에서 키 3은 FF-A의 클록펄스 단자와 연결되어 있으며, 키 1은 FF-B의 클록펄스 단자, 키 9는 FF-C의 클록펄스 단자 그리고 키 0은 FF-D의 클록펄스 단자와 연결되어 있다. 이외의 키들은 NOR 게이트의 입력에 연결되어 있다. 먼저 키 3을 누르면 $D_A = 1$이 Q_A, 즉 D_B로 시프트된다. 다음에 키 1을 누르면 $D_B = 1$이 D_C로 시프트된다. 다음에 키 9를 누르면 $D_C = 1$이 D_D로 시프트된다. 마지막으로 키 0을 누르면 $D_D = 1$이 Q_D로 출력되므로 $Q_D = 1$이 되어 금고문이 열린다. 반드시 이 순서대로 키를 눌러야 하며, 그 외에는 금고문이 열리지 않는다. 비밀번호 외의 번호는 NOR 게이트 입력에 연결되어 있으므로 3, 1, 9, 0 외의 키를 누르면 NOR 게이트의 출력은 논리 0이 되므로 모든 플립플롭의 출력은 클리어된다(모든 $Q = 0$).

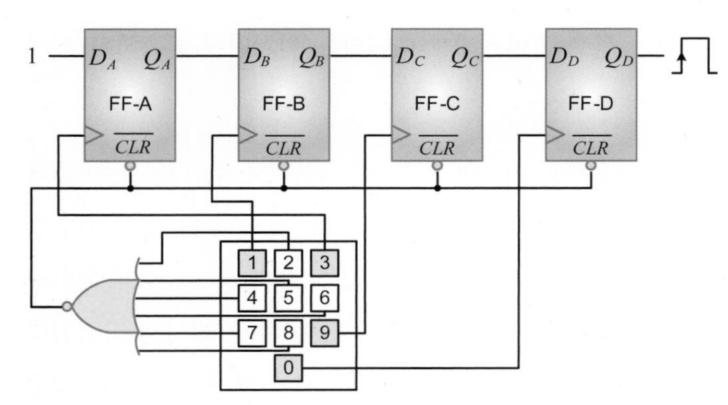

[그림 10-37] 디지털 금고 개념도

■ 시간지연회로

n 비트 직렬입력-직렬출력 레지스터를 사용하면 입력에 가해진 클록펄스보다 $(n-1)T$(T는 클록의 주기)만큼 지연되어 펄스가 출력된다. [그림 10-38]은 4비트 레지스터를 사용한 경우다. 예를 들어, 클록주파수가 1MHz이면 T=1μs(=1/10^6 s), 따라서 3μs 지연되어 펄스가 나온다. 시간지연(time delay)을 더욱 증가하려면 레지스터를 필요한 개수만큼 직렬연결하고, 클록펄스를 공통으로 사용하면 된다.

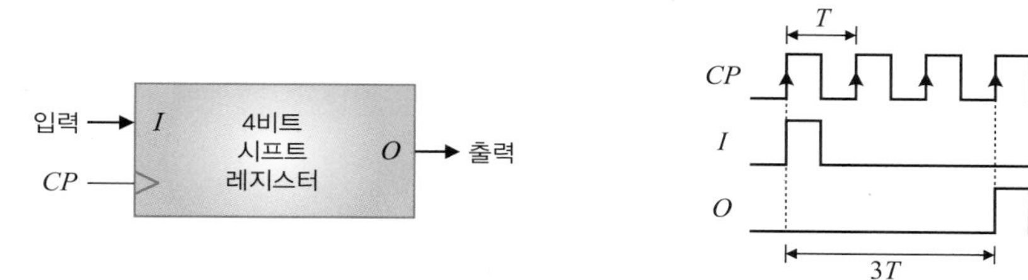

[그림 10-38] 시간지연회로

■ 난수발생회로

난수발생회로는 랜덤(random) 수열을 발생하는 회로를 의미한다. [그림 10-39(a)]는 그 한 예로 4비트 시프트 레지스터와 XOR 게이트를 이용한 난수발생기(pseudo-random number generator)의 구성을 나타낸다. 회로는 세 번째와 네 번째 플립플롭의 출력 Q_C와 Q_D를 XOR 게이트의 입력으로 연결하고 XOR 게이트의 출력을 첫 번째 D 플립플롭의 입력인 D_A에 연결하였다.

처음에 $\overline{PR}$을 논리 0(0V)으로 하여 모든 플립플롭의 출력을 1로 한 다음, $\overline{PR}$을 다시 논리 1(+5V)로 하면 난수발생회로의 최초의 출력은 1111이 된다.

$$Q_A Q_B Q_C Q_D = 1111$$

첫 번째 클록펄스의 상승에지에서 $Q_A \rightarrow Q_B$, $Q_B \rightarrow Q_C$, $Q_C \rightarrow Q_D$와 같이 오른쪽으로 한 비트씩 시프트하고 Q_A는 $(Q_C \oplus Q_D)$의 결과$(1 \oplus 1 = 0)$가 저장되므로 첫 번째 클록펄스가 인가된 후의 플립플롭의 출력은 $Q_A Q_B Q_C Q_D = 0111$이 된다. 두 번째 클록펄스가 인가된 후에는 한 비트씩 오른쪽으로 시프트하고 Q_A는 0이 되어 플립플롭의 출력은 0011로 변한다. 계속해서 15개의 클록펄스가 인가된 후에는 초기 상태인 1111이 되어 원래의 상태로 돌아오며, 이상의 순환이 반복된다. 난수발생회로의 상태도는 [그림 10-39(b)]와 같다.

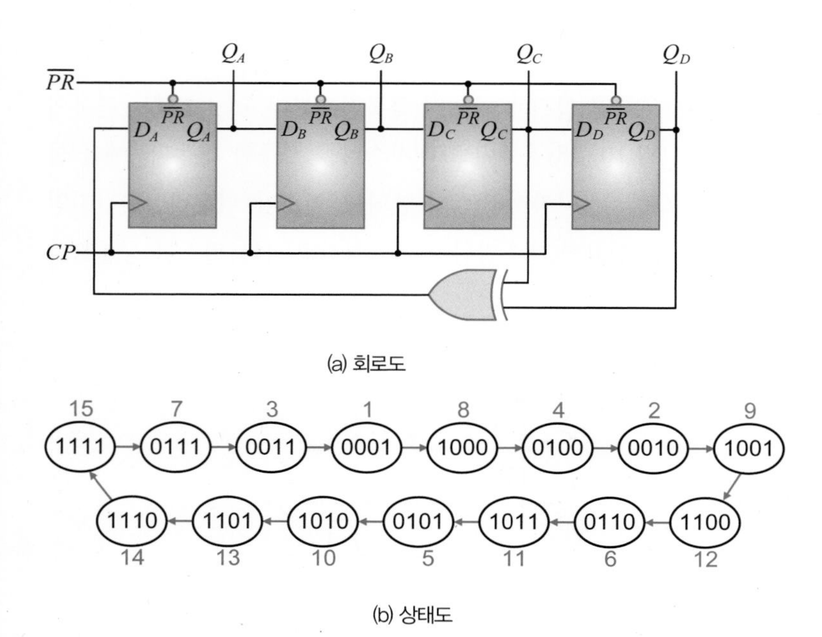

[그림 10-39] 난수발생 회로도 및 상태도

초기 상태는 0000을 제외한 어떤 상태에서 시작해도 무방하다. 초기 상태로 0000을 제외한 이유는 회로의 상태가 0000에서 더이상 변하지 않기 때문이다.

난수발생회로는 레지스터의 개수와 XOR 게이트의 입력을 다르게 함으로써 다양한 랜덤수열을 얻을 수 있는데, n비트 레지스터인 경우 난수 (2^n-1)개가 발생한 후 원래 수로 돌아간다.

SECTION 04

시프트 레지스터 카운터

시프트 레지스터 카운터는 특별한 시퀀스를 만들기 위해 직렬출력을 직렬입력에 연결하여 만든 시프트 레지스터이며, 때때로 카운터로 분류되기도 한다. 이 절에서는 시프트 레지스터 카운터인 링 카운터와 존슨 카운터의 구조 및 동작을 살펴본다.

Keywords | 링 카운터 | 존슨 카운터 |

링 카운터

지금까지 살펴본 모든 카운터는 2진수로서 카운트되었으나, **링 카운터**(ring counter)는 임의의 시간에 한 플립플롭만 논리 1이 되고 나머지 플립플롭은 논리 0이 되는 카운터다. 논리 1은 입력펄스에 따라 그 위치가 한쪽 방향으로 순환한다. [그림 10-40]은 4비트 링 카운터의 상태도를 보여준다.

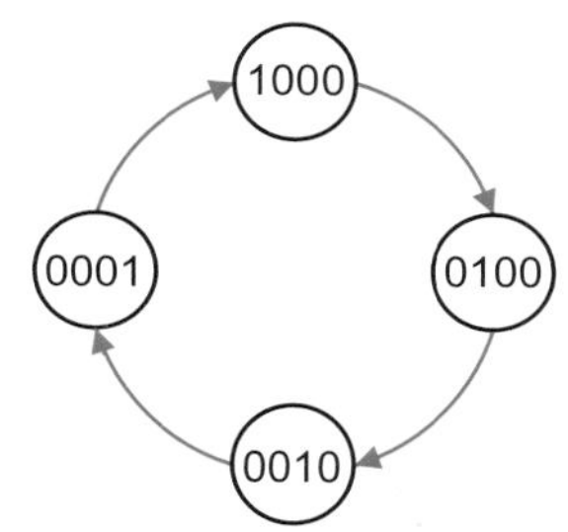

[그림 10-40] 4비트 링 카운터의 상태도

[표 10-12]는 상태도를 이용하여 상태여기표를 작성한 것으로, D 플립플롭 4개가 필요하다.

[표 10-12] 4비트 링 카운터의 상태여기표

현재 상태				다음 상태				플립플롭 입력			
Q_A	Q_B	Q_C	Q_D	Q_A	Q_B	Q_C	Q_D	D_A	D_B	D_C	D_D
1	0	0	0	0	1	0	0	0	1	0	0
0	1	0	0	0	0	1	0	0	0	1	0
0	0	1	0	0	0	0	1	0	0	0	1
0	0	0	1	1	0	0	0	1	0	0	0

Tip

D 플립플롭의 여기표

$Q(t)$	$Q(t+1)$	D
0	0	0
0	1	1
1	0	0
1	1	1

[그림 10-41]은 상태여기표로부터 플립플롭의 입력함수를 구하기 위한 간소화 과정이다. 변수 4개에 의한 상태 수는 총 16가지지만, 여기서는 상태 8, 4, 2, 1의 네 가지 상태만 사용하며, 나머지는 무관(don't care)항으로 처리하였다.

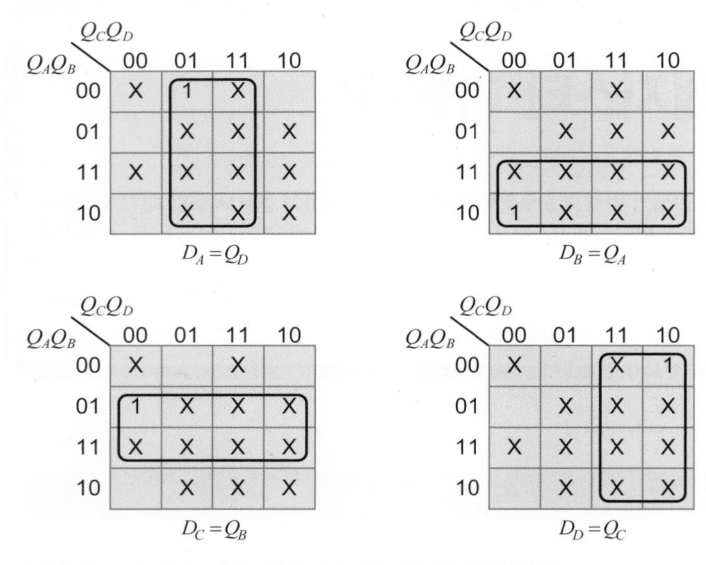

[그림 10-41] 카르노 맵을 이용한 4비트 링 카운터의 간소화 과정

위의 입력함수를 이용하여 순서논리회로를 구성하면 [그림 10-42(a)]와 같다. 링 카운터는 앞단 플립플롭의 출력이 다음 단 플립플롭의 입력으로 연결되는 과정이 반복되며, 최종단 플립플롭의 출력은 맨 앞단 플립플롭의 입력으로 연결되는 구조를 갖는 카운터다.

처음에 *INIT* 단자를 논리 0(0V)으로 하면 첫 번째 플립플롭의 출력 Q_A는 1(+5V)로 세트되고 나머지 플립플롭의 출력은 $Q_BQ_CQ_D$= 000이 된다. *INIT* 단자를 다시 논리 1로 하면 링 카운터의 최초 출력은 $Q_AQ_BQ_CQ_D$ = 1000이 된다. 이후부터 클록펄스가 입력될 때마다 클록펄스의 상승에지에서 오른쪽으로 한 자리씩 이동하며, 출력 Q_D는 다시 D_A로 입력된다. [그림 10-42(b)]는 링 카운터의 타이밍도이며, 각 플립플롭의 출력은 클록펄스 4개를 주기로 한 번씩 논리 1의 상태가 된다.

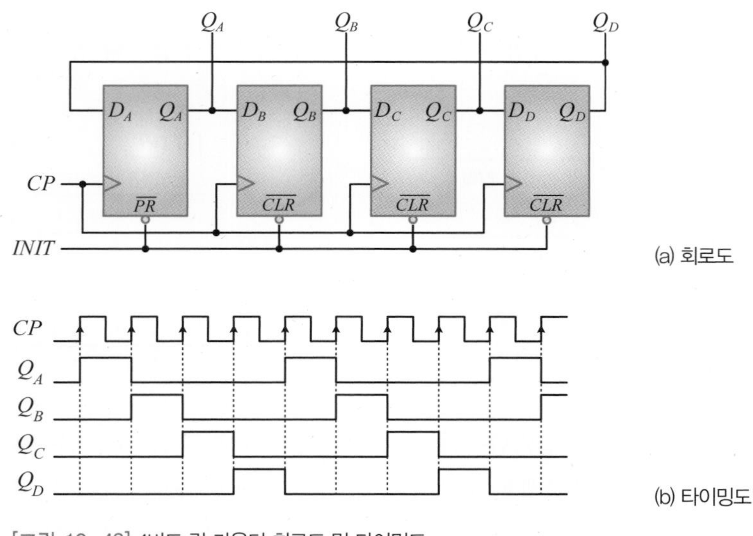

[그림 10-42] 4비트 링 카운터 회로도 및 타이밍도

[그림 10-42(a)]는 D 플립플롭을 사용하여 구현한 것으로, JK 플립플롭 또는 SR 플립플롭을 사용하여 구현할 수도 있다. SR 플립플롭을 사용하는 경우는 맨 오른쪽 플립플롭의 출력 Q와 $\overline{Q}$를 맨 왼쪽 플립플롭의 S와 R에 연결하면 된다. 또 JK 플립플롭을 사용하는 경우는 맨 오른쪽 플립플롭의 출력 Q와 $\overline{Q}$를 맨 왼쪽 플립플롭의 J와 K에 연결하면 된다.

링 카운터는 계수의 목적으로 사용하기보다는 어떤 일련의 동작을 제어하는 데 매우 유용하다. 예를 들어, 커피 자판기(vending machine)를 제어하는 데 유용하게 사용할 수 있다.

존슨 카운터

플립플롭 n개로 구성된 링 카운터는 n가지 상태를 출력한다. 링 카운터와 달리 맨 오른쪽 D 플립플롭의 $\overline{Q}$ 출력을 맨 왼쪽 D 플립플롭의 D 입력에 연결하면 서로 다른 상태의 수는 두 배로 늘어난다. [그림 10-43(a)]는 D 플립플롭 4개를 사용한 존슨 카운터(Johnson counter)의 순서논리회로로, 각 플립플롭의 출력 Q를 오른쪽 플립플롭의 D 입력에 연결하고, 맨 오른쪽 플립플롭의 $\overline{Q}_D$ 출력을 맨 왼쪽 D 플립플롭의 D_A 입력에 연결한다.

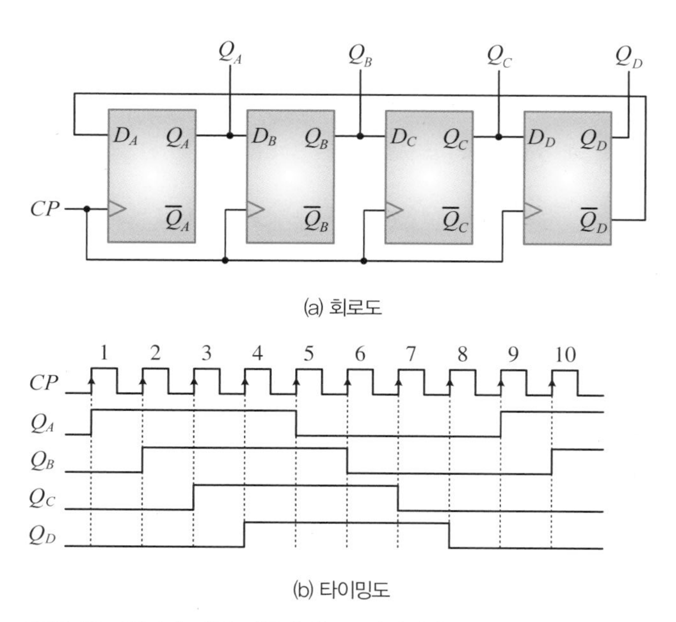

[그림 10-43] 4비트 존슨 카운터 회로도 및 타이밍도

클리어(clear) 상태에서 시작한 존슨 카운터는 [그림 10-43(b)]의 타이밍도와 같이 8가지 연속적인 상태가 출력된다. 존슨 카운터가 0000 상태에서 시작하면 클록펄스가 입력될 때마다 왼쪽의 플립플롭으로부터 논리 1이 삽입되어 모든 플립플롭의 출력이 모두 논리 1이 되는 1111 상태가 된다. 다시 다음 클록펄스가 입력될 때마다 왼쪽부터 논리 0이 삽입되어 모든 플립플롭의 출력이

논리 0이 되는 0000 상태가 된다. [표 10-13]은 4비트 존슨 카운터의 계수표를, [그림 10-44]는 상태도를 보여준다.

[표 10-13] 4비트 존슨 카운터의 계수표

클록펄스	Q_A	Q_B	Q_C	Q_D	10진수
1	0	0	0	0	0
2	1	0	0	0	8
3	1	1	0	0	12
4	1	1	1	0	14
5	1	1	1	1	15
6	0	1	1	1	7
7	0	0	1	1	3
8	0	0	0	1	1

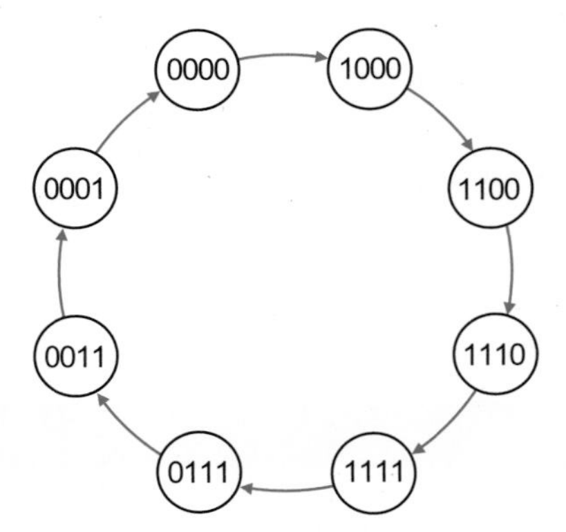

[그림 10-44] 4비트 존슨 카운터의 상태도

존슨 카운터의 단점은 사용되지 않는 초기 상태가 주어지면 사용되지 않는 계수의 순서만 계속하여 반복된다는 점이다. 예를 들어, [표 10-13]에 없는 상태인 0100이 초기 상태인 경우를 가정하자. 클록펄스가 인가됨에 따라 다음과 같은 상태를 반복하므로 존슨 카운터는 정상상태로 진입하지 못할 것이다.

$$0100 \rightarrow 1010 \rightarrow 1101 \rightarrow 0110 \rightarrow 1011 \rightarrow 0101 \rightarrow 0010 \rightarrow 1001 \rightarrow 0100$$

이와 같은 단점은 [그림 10-43(a)]의 회로에서 세 번째 플립플롭의 입력을 다음의 불 함수로 수정하면 해결할 수 있다.

$$D_C = (Q_A + Q_C)Q_B$$

예제 10-2

4비트 링 카운터의 각 플립플롭에서 출력파형의 주파수와 듀티 사이클을 구하여라. 단, 클록(CP) 주파수가 1MHz라고 가정한다. 또한 4비트 존슨 카운터에 대해서 반복하여라.

풀이

(a) 4비트 링 카운터인 경우

[그림 10-42(b)]를 참조하면 각 플립플롭에서 출력파형의 주파수는 클록주파수의 1/4이다. 즉 250KHz(=$10^6/4$)이다. 또한 듀티 사이클은 1주기 동안 High 구간의 비율이므로 25%이다.

(b) 4비트 존슨 카운터인 경우

[그림 10-43(b)]를 참조하면 각 플립플롭에서 출력파형의 주파수는 클록주파수의 1/8이다. 즉 125KHz(=$10^6/8$)이다. 또한 듀티 사이클은 1주기 동안 High 구간의 비율이므로 50%이다.

CHAPTER

10 연습문제

주관식 문제(기본~응용회로 대비용)

1 JK 플립플롭을 사용하여 비동기식 6진 상향 카운터를 설계하여라.

2 JK 플립플롭에서 클록펄스 CP가 논리 1에서 논리 0으로 변하는 시간과 출력이 보수화되는 시간 사이에는 10ns의 지연시간이 있다. 이 플립플롭을 사용하는 10비트 비동기식 카운터의 최대 지연시간은 얼마인가? 이 카운터가 신뢰성 있게 정상적으로 동작할 수 있는 최대 주파수는 얼마인가?

3 그림과 같은 비동기식 카운터의 동작상태를 클록이 인가됨에 따른 계수 상태표를 나타내고 어떤 카운터인지 설명하여라.

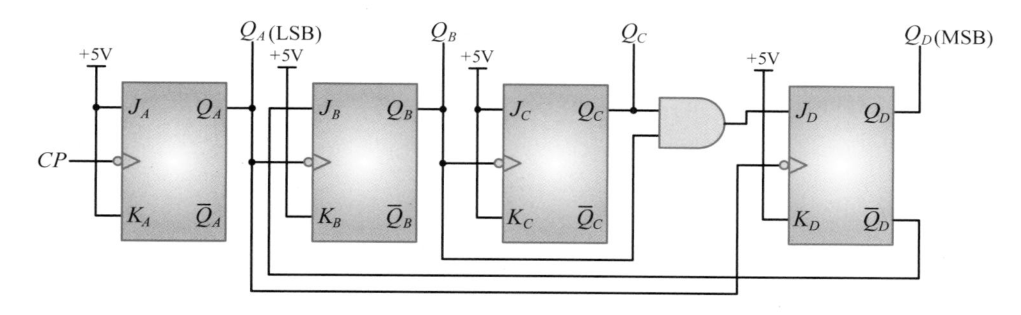

4 JK 플립플롭을 사용하여 000 → 001 → 010 → 011 → 100 → 101의 상태를 반복하는 동기식 6진 카운터(modulo-6 counter)를 설계하여라.

5 [그림 10-4]의 비동기식 BCD 카운터에서 사용되지 않는 6가지 상태에 대해서 다음 상태값을 구하여라. 또한 미사용 상태를 고려하여 카운터가 자기 스타트(self-start)가 가능한지를 구하여라.

6 4비트 동기식 카운터([그림 10-13])에서 각 플립플롭의 t_{pd}가 50ns이고, 각 AND 게이트의 t_{pd}가 20ns일 때, 최대 클록주파수 $f_{\max}$를 구하여라. 4비트 비동기식 카운터([그림 10-1])의 $f_{\max}$ 값과 비교하여라.

7 플립플롭, 5진 카운터, 10진 카운터를 사용하여 10MHz 클록에서 다음 주파수를 얻기 위한 방법을 일반적인 블록선도로 나타내어라.

① 2.5MHz ② 250KHz ③ 40KHz ④ 1KHz

8 IC 74160을 사용하여 9진 카운터를 설계하여라. 74160은 74161과 동일한 입력과 출력을 가지며, 74161은 4비트 동기식 16진 카운터이지만, 74160은 4비트 동기식 10진 카운터다.

9 IC 74161을 사용하여 4부터 15까지 계수하는 12진 카운터를 설계하여라.

10 IC 74161 2개 사용하여 121분주 카운터의 구성도를 그려보아라.

11 다음 그림은 자동차 주차관리 시스템의 입구와 출구에 설치한 센서의 출력이다. 주차장에는 이미 자동차 35대가 주차되어 있다고 가정하고, 24시간 후 카운터의 상태를 설명하여라.

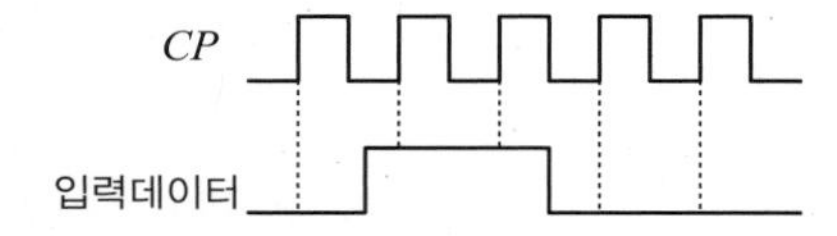

12 클록의 상승에지에서 트리거되는 JK 플립플롭을 사용하여 직렬입력-직렬출력 레지스터([그림 10-29] 참조)를 구성하고 입력 데이터와 클록펄스(CP)가 다음 그림과 같은 경우 출력 $Q_DQ_CQ_BQ_A$의 타이밍도를 그려보아라. 단, 초기 상태는 $Q_DQ_CQ_BQ_A = 0000$이라고 가정한다.

13 4비트 시프트 레지스터의 초깃값이 1101이다. 직렬입력이 101101인 경우 레지스터의 내용을 6번 오른쪽으로 시프트한다. 한 자리씩 시프트할 때마다 레지스터의 내용을 표시하여라.

14 클록주파수가 100KHz인 시스템이 있다. 1바이트의 데이터를 직렬로 전송하는 데 필요한 시간과 병렬로 전송하는 데 필요한 시간을 각각 구하여라.

15 [그림 10-37]의 회로를 확장하여 5비트 암호 48196이 검출되는 회로를 설계하여라.

16 그림과 같은 난수발생기에서 처음에 $Q_AQ_BQ_CQ_D = 1111$로 하고 클록펄스를 인가할 때 클록에 따라 $Q_AQ_BQ_CQ_D$의 상태는 어떻게 변하겠는가?

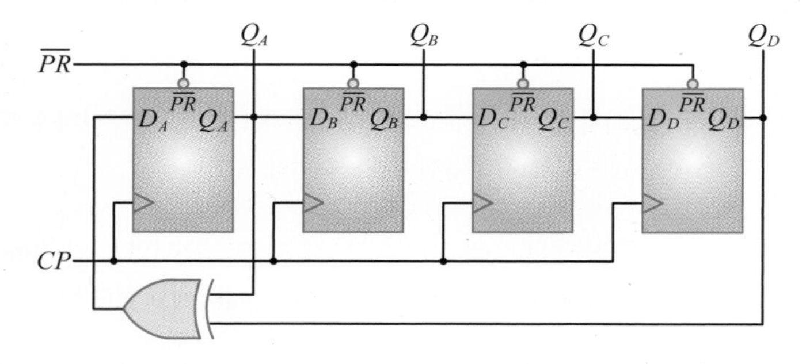

17 JK 플립플롭을 사용하여 4비트 링 카운터를 설계하고 타이밍도를 그려보아라.

18 JK 플립플롭을 사용하여 타이밍 신호 10개를 발생시키는 존슨 카운터를 설계하여라.

19 N개의 플립플롭으로 구성된 링 카운터의 출력 주파수와 듀티 사이클을 각각 구하여라. 단, 클록펄스의 주파수는 f_i라고 가정한다. 존슨 카운터에 대해서도 반복하여라.

CHAPTER

10 기출문제

객관식 문제(산업기사 대비용)

01 일련의 순차적인 수를 세는 회로는?

㉮ 디코더　　㉯ 인코더
㉰ 레지스터　　㉱ 카운터

02 입력 펄스에 따라 미리 정해진 순서대로 상태가 변화하는 레지스터로서 발생 횟수를 세거나 동작 순서를 제어하기 위한 타이밍(timing) 신호를 만드는 데 가장 적합한 회로는?

㉮ 범용 레지스터　　㉯ 멀티플렉서
㉰ 카운터　　㉱ 스택

03 다음 중 카운터에 관한 설명으로 틀린 것은?

㉮ 토글(T) 플립플롭의 원리를 이용한다.
㉯ MOD−N 카운터는 모듈러스가 N이다.
㉰ 동기식 카운터는 주로 고속동작에 사용된다.
㉱ 플립플롭이 4개라면 계수는 4가지 경우가 존재한다.

04 카운터를 설계하는 데 가장 많이 사용되는 플립플롭은?

㉮ M/S 플립플롭　　㉯ T 플립플롭
㉰ SR 플립플롭　　㉱ D 플립플롭

05 Modulo−6 카운터를 만들려면 최소 몇 개의 플립플롭이 필요한가?

㉮ 2개　㉯ 3개　㉰ 4개　㉱ 5개

06 10진 카운터를 구성하려고 한다. 플립플롭을 몇 단으로 하면 가장 적절한가?

㉮ 2단　㉯ 3단　㉰ 4단　㉱ 5단

07 25:1의 리플 카운터를 설계하고자 한다. 최소한 몇 개의 플립플롭이 필요한가?

㉮ 4개　㉯ 5개　㉰ 6개　㉱ 7개

08 입력으로 1024개의 펄스를 인가하여 출력에 한 개의 펄스를 얻으려면 몇 개의 T 플립플롭이 필요한가?

㉮ 8개　㉯ 10개　㉰ 12개　㉱ 16개

09 듀얼 JK 플립플롭인 74HC76을 이용한 카운터 회로를 제작하여 출입문을 통과하는 인원을 파악하려고 한다. 최대 1000명을 계수하기 위해서 최소한 몇 개의 IC가 필요한가?

㉮ 4개　㉯ 5개　㉰ 8개　㉱ 10개

10 3개의 플립플롭으로 구성된 카운터의 모듈러스는?

㉮ MOD−3　　㉯ MOD−4
㉰ MOD−8　　㉱ MOD−16

11 5개의 플립플롭으로 구성된 상향 카운터(up counter)의 모듈러스와 이 카운터로 계수할 수 있는 최대 계수는?

㉮ 모듈러스 : 5, 최대 계수 : 32
㉯ 모듈러스 : 6, 최대 계수 : 32
㉰ 모듈러스 : 31, 최대 계수 : 32
㉱ 모듈러스 : 32, 최대 계수 : 31

12 다음 중 10개의 플립플롭을 사용하여 만들 수 있는 카운터의 모듈러스 값과 최대 카운터 값으로 올바른 것은?

㉮ 10, 9　　㉯ 100, 99
㉰ 1024, 1023　　㉱ 1000, 999

13 BCD 카운터의 모듈러스(modulus)는?

㉮ 4　㉯ 8　㉰ 10　㉱ 16

14 T 플립플롭 3개를 이용하여 비동기식 카운터를 구성하려고 한다. 이 카운터가 가질 수 있는 최댓값은?

㉮ 3　㉯ 6　㉰ 7　㉱ 8

15 다음 그림의 캐스케이드 카운터의 구성에서 총 모듈러스를 구하면?

Mod-8 → Mod-12 → Mod-16

㉮ 36　㉯ 72　㉰ 144　㉱ 1536

16 한 플립플롭의 출력이 다른 플립플롭을 구동시키는 카운터는?

㉮ 링 카운터
㉯ 존슨 카운터
㉰ 10진 카운터
㉱ 리플 카운터

17 다음 중 비동기식 카운터와 관계없는 것은?

㉮ 고속계수 회로에 적합하다.
㉯ 리플 카운터라고도 한다.
㉰ 회로 설계가 동기식보다 비교적 용이하다.
㉱ 전단의 출력이 다음 단의 트리거 입력이 된다.

18 다음 중 카운터의 설명과 거리가 먼 것은?

㉮ 카운터는 미리 결정된 시퀀스를 계속 생성시키는 순서논리회로이다.
㉯ 카운터는 클록의 사용에 따라 동기식과 비동기식으로 나뉜다.
㉰ n비트 카운터는 $(n-1)$개의 플립플롭을 가지고 있다.
㉱ 동기식 카운터는 비동기식 카운터보다 회로가 복잡하다.

19 다음 중 비동기식 카운터에 대한 설명으로 틀린 것은?

㉮ 동기식 카운터에 비해 입력신호의 전달지연시간이 길다.
㉯ 동기식에 비해 논리상의 오차 발생비율이 많다.
㉰ 구조상으로 동기식에 비해 회로가 간단하다.
㉱ 같은 클록펄스에 의해 트리거된다.

20 비동기식 카운터의 플립플롭 구성에 대한 설명으로 틀린 것은?

㉮ 플립플롭 2개를 사용하면 16진 카운터 계수를 나타낸다.
㉯ T 플립플롭으로 구성한다.
㉰ JK 플립플롭으로 구성할 때, 입력을 J=K=1로 한다.
㉱ T 플립플롭으로 구성할 때, 입력 T=1로 하여 toggle 상태로 한다.

21 다음은 리플 카운터(ripple counter)이다. 초기 상태가 A=0, B=0, C=0이었다면 클록펄스가 12개 인가된 후의 상태는?

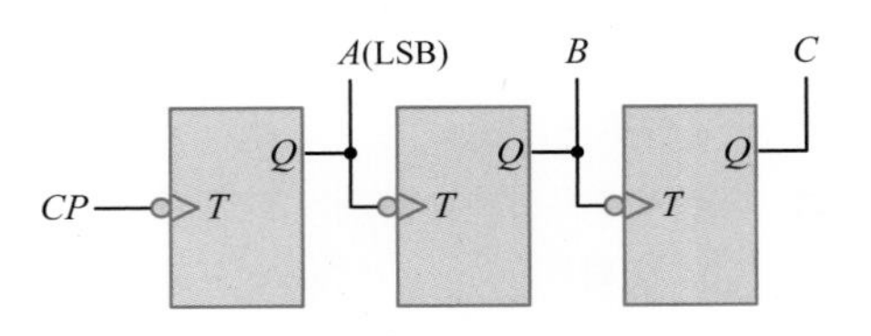

㉮ A=0, B=0, C=1
㉯ A=0, B=1, C=1
㉰ A=1, B=1, C=0
㉱ A=1, B=0, C=0

22 5비트 리플 카운터(ripple counter)의 입력에 4MHz의 구형파를 인가할 때, 최종단 플립플롭의 주파수는?

㉮ 125KHz ㉯ 250KHz
㉰ 500KHz ㉱ 800KHz

23 어떤 플립플롭에서 CP(clock pulse)가 1에서 0으로 변하는 시간과 출력이 보수화되는 시간 사이에 20ns의 지연이 생긴다면 10bit의 리플 카운터는 얼마의 지연시간이 발생되는가?

㉮ 2ns ㉯ 20ns
㉰ 200ns ㉱ 400ns

24 다음 카운터의 명칭은?

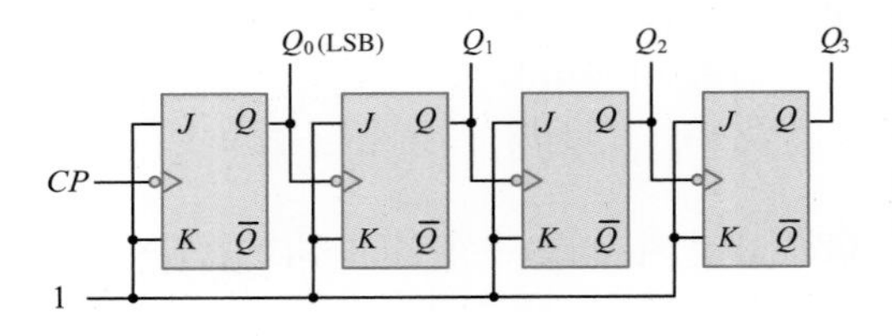

㉮ 비동기식 15진 업카운터
㉯ 비동기식 16진 업카운터
㉰ 동기식 15진 업카운터
㉱ 동기식 16진 업카운터

25 BCD 카운터가 0111 상태에 있다. 카운터가 리셋된 후 몇 개의 펄스가 공급되었는가?

㉮ 3개 ㉯ 6개 ㉰ 7개 ㉱ 12개

26 4bit binary ripple counter가 0100의 값을 갖고 있다. 9개의 input pulse가 공급된 후의 counter 상태는?

㉮ 0010 ㉯ 1001 ㉰ 1011 ㉱ 1101

27 5비트 2진 카운터가 00000 상태에서 계수를 시작한다고 가정하면 144개의 펄스가 입력된 후 계수 상태는 어떤 상태인가?

㉮ $00000_{(2)}$ ㉯ $11111_{(2)}$
㉰ $10000_{(2)}$ ㉱ $00001_{(2)}$

28 4단 하향 카운터에서 10번째 클록펄스가 인가되면 각 단이 나타내는 2진수를 10진수로 변환하면? 단, 카운터의 초기 상태는 0000이라고 가정한다.

㉮ 6 ㉯ 7 ㉰ 8 ㉱ 9

29 동기식 카운터의 설명 중 옳은 것은?

㉮ 리플 카운터라고도 한다.
㉯ 플립플롭의 단수와 동작 속도와는 무관하다.
㉰ 컴퓨터 회로에는 별로 사용되지 않는다.
㉱ 전단의 출력이 후단의 트리거(trigger) 입력이 된다.

30 동기식 카운터의 특징과 가장 거리가 먼 것은?

㉮ 회로가 복잡하다.
㉯ 동작 속도가 저속이다.
㉰ 시간지연(time delay)이 발생하지 않는다.
㉱ 클록펄스를 공동(병렬)으로 사용한다.

31 다음 중 동기식 카운터(synchronous counter)의 설명으로 옳지 않은 것은?

㉮ 비동기식보다 최종 플립플롭의 지연시간 변화를 단축시킬 수 있다.
㉯ 입력펄스가 플립플롭의 모든 클록에 동시에 가해지는 구조이다.
㉰ 저속의 카운터가 되지만 플립플롭의 회로가 간단하다.
㉱ 모든 플립플롭이 동시에 동작한다.

32 동기식 카운터와 비동기식 카운터를 비교 설명한 것 중 맞는 것은?

㉮ 동기식 카운터는 각 플립플롭의 clock에 동기되는 카운터다.
㉯ 동기식 카운터는 비동기식 카운터에 비해서 안정되지 못하는 결점이 있다.
㉰ 동기식과 비동기식 카운터는 플립플롭에 공동으로 클록이 공급된다.
㉱ 동기식 up counter는 기억소자로 응용될 수 있다.

33 다음과 같은 회로의 명칭은?

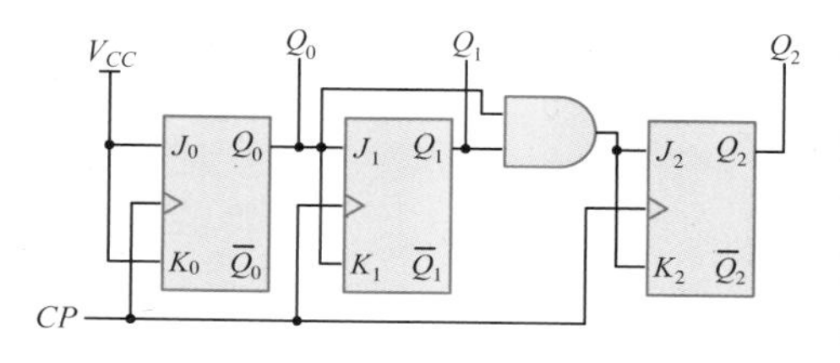

㉮ 동기식 8진 업 카운터
㉯ 비동기식 8진 업 카운터
㉰ 동기식 8진 다운 카운터
㉱ 비동기식 8진 다운 카운터

34 다음과 같은 회로의 명칭은?

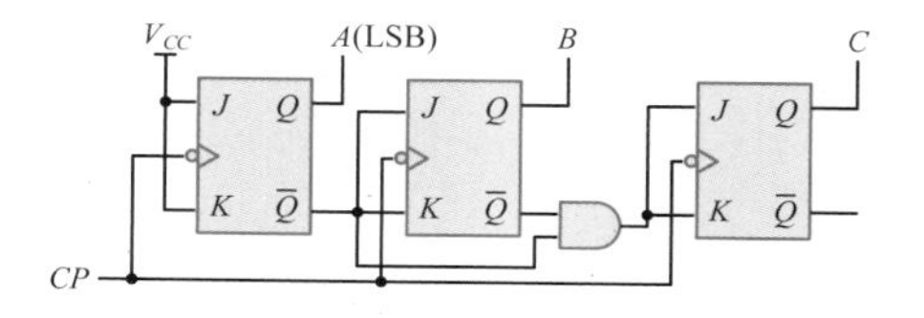

㉮ 비동기식 8진 하향 카운터
㉯ 비동기식 8진 상향 카운터
㉰ 동기식 8진 상향 카운터
㉱ 동기식 8진 하향 카운터

35 다음 회로는 직접 리셋형 3단 MOD-5 카운터 회로이다. X 부분에 적합한 게이트는?

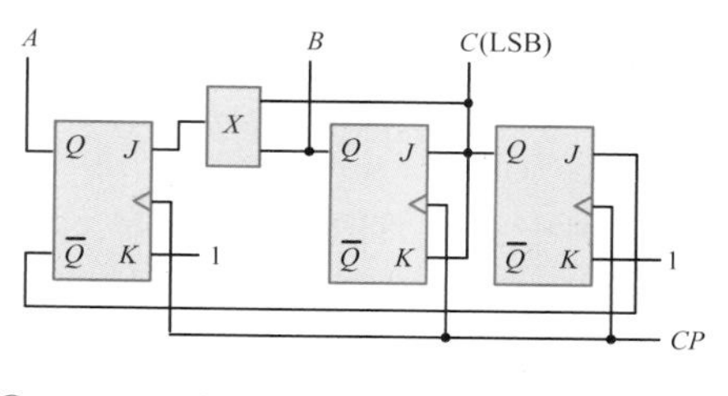

㉮ OR ㉯ AND ㉰ NOR ㉱ NAND

36 4비트 5진 카운터의 상태를 올바르게 나타낸 것은?

㉮ 0000 → 0001 → 0010 → 0011 → 0100 → 0000
㉯ 0000 → 0001 → 0010 → 0100 → 1000 → 1001
㉰ 0001 → 0010 → 0011 → 0100 → 0101 → 0000
㉱ 0001 → 0010 → 0100 → 1000 → 1001 → 0000

37 동기식 카운터로 사용할 수 없는 것은?

㉮ 2진 업-다운 카운터 ㉯ 3초과 BCD 카운터
㉰ 2진 카운터 ㉱ 리플 카운터

38 데이터를 일시 저장할 수 있는 것은?

㉮ 제너레이터 ㉯ 레지스터
㉰ 인코더 ㉱ 전원 공급장치

39 레지스터(register)의 기능은?

㉮ counter로 사용 ㉯ pulse를 발생
㉰ data 일시 저장 ㉱ 동작 속도 조절

40 레지스터의 기본 회로는?

㉮ 증폭기 ㉯ 플립플롭
㉰ 변조기 ㉱ 발진기

41 레지스터를 구성하기 위해 가장 알맞은 회로는?

㉮ D 플립플롭 ㉯ 가산기
㉰ 감산기 ㉱ 디코더

42 D 플립플롭을 이용하여 구성된 회로가 아닌 것은?

㉮ 8비트 레지스터
㉯ 4비트 시프트 레지스터
㉰ 15진 카운터
㉱ BCD 컨버터

43 시프트 레지스터의 특징으로 옳지 않은 것은?

㉮ 플립플롭의 연결 구조가 직렬
㉯ 모든 플립플롭은 공통으로 연결된 클록 입력을 사용
㉰ 레지스터에 저장된 2진 정보를 이동시킬 수 있는 레지스터
㉱ 본질적으로 클록펄스에 따라 미리 정해진 순서대로 상태를 변화시키는 레지스터

44 일반적으로 카운터(counter)와 시프트 레지스터(shift register)의 차이점을 가장 잘 표현한 것은?

㉮ 카운터에는 특정한 상태 순서가 있으나, 시프트 레지스터는 상태 순서가 없다.
㉯ 카운터에는 특정한 상태 순서가 없으나, 시프트 레지스터는 상태 순서가 있다.
㉰ 카운터와 시프트 레지스터는 데이터의 이동 기능이 주된 목적이다.
㉱ 카운터와 시프트 레지스터는 데이터의 저장 기능이 주된 목적이다.

45 다음 회로는 무엇을 표현한 것인가?

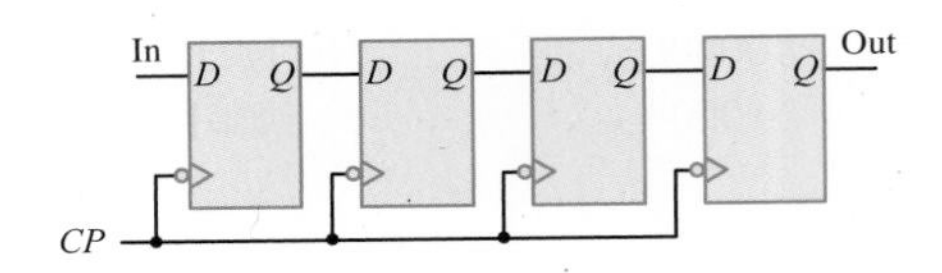

㉮ 자리이동 레지스터(shift register)
㉯ ROM(read only memory)
㉰ 4비트 레지스터(4bit register)
㉱ 직렬가산기(serial adder)

46 다음과 같은 회로는?

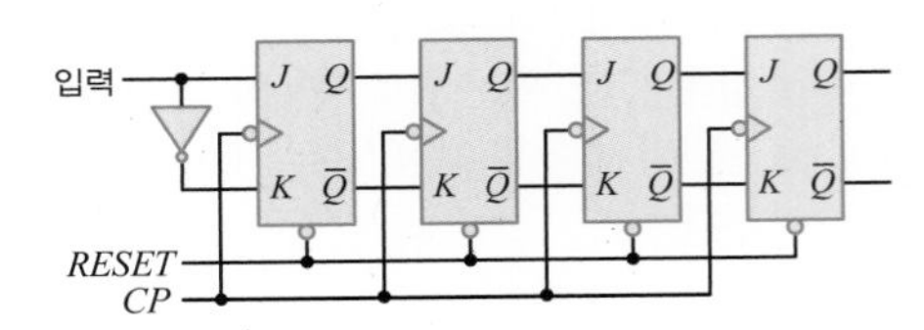

㉮ 4bit ring counter
㉯ 4bit 비동기 2진 counter
㉰ 4bit shift register
㉱ 4bit 직렬가산기

47 다음 회로의 명칭으로 옳은 것은?

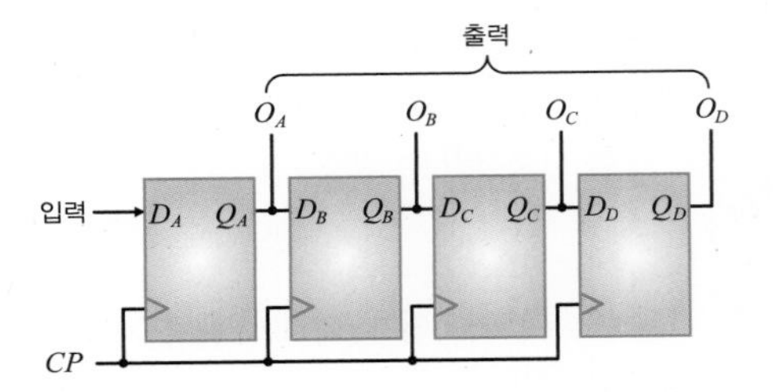

㉮ 병렬입력-직렬출력 시프트 레지스터
㉯ 병렬입력-병렬출력 시프트 레지스터
㉰ 직렬입력-직렬출력 시프트 레지스터
㉱ 직렬입력-병렬출력 시프트 레지스터

48 다음에 열거한 인터페이스의 종류 중에서 회선의 개수가 많지만 속도가 가장 빠른 인터페이스는?

㉮ 직렬입력-직렬출력　㉯ 직렬입력-병렬출력
㉰ 병렬입력-직렬출력　㉱ 병렬입력-병렬출력

49 우측 이동 순환 레지스터에 1101의 데이터가 기억되어 있을 경우, 3개 펄스가 인가되면 어떻게 변하는가?

㉮ 1011　㉯ 1110
㉰ 1100　㉱ 1101

50 n단으로 구성된 일반 카운터는 2^n개의 모드를 갖는 데 반해, n단으로 구성된 시프트 카운터는 몇 개의 모드를 갖는가?

㉮ n개　㉯ $n+1$개
㉰ $2n$개　㉱ $3n$개

51 직렬전송 레지스터와 병렬전송 레지스터의 장단점을 옳게 설명한 것은?

㉮ 직렬전송 레지스터가 빠르게 동작하나 비경제적이다.
㉯ 직렬전송 레지스터가 빠르게 동작하나 회로가 복잡하다.
㉰ 병렬전송 레지스터가 느리게 동작하나 경제적이다.
㉱ 병렬전송 레지스터가 빠르게 동작하나 회로가 복잡하다.

52 병렬 전송 시 버스를 이루는 선(線)들의 수는 레지스터의 bit 수(數)와 어떠한 관계가 있는가?

㉮ 같다.　㉯ 1/2이다.
㉰ 2배이다.　㉱ 2^2이다.

53 인에이블(enable) 또는 디스에이블(disable) 단자에 의하여 데이터의 전송 방향을 하드웨어적으로 제어하는 데 사용되는 소자는?

㉮ multiplexer
㉯ tri-state buffer
㉰ decoder
㉱ SRAM

54 1의 보수에 의해 표현된 수를 좌측으로 1bit 산술 shift하는 경우 입력되는 비트는?

㉮ 1　㉯ 0　㉰ sign bit　㉱ LSB

55 시프트 레지스터에 저장된 데이터를 좌측으로 1비트 이동 후 데이터 값은? (단, 자리넘침은 없음)

㉮ 원래 데이터의 2배
㉯ 원래 데이터의 4배
㉰ 원래 데이터의 1/2배
㉱ 원래 데이터의 1/4배

56 8bit register의 데이터가 00101001이다. 이 데이터를 4배 증가시키려고 할 때 취하는 연산 명령은?

㉮ shift left 4회　㉯ shift left 2회
㉰ shift right 4회　㉱ shift right 2회

57 다음과 같은 시프트 레지스터를 2bit 왼쪽 시프트시킬 때 실제로 이 레지스터의 내용은?

시프트 레지스터 : 000000101010

㉮ $0254_{(10)}$　㉯ $0126_{(10)}$
㉰ $0168_{(10)}$　㉱ $0120_{(10)}$

58 시프트 레지스터(shift register)에 있는 임의의 2진수를 4번 왼쪽으로 자리이동(shift-left) 하였다. 이때 결과로 옳은 것은? (단, 새로운 비트는 0이다.)

㉮ (원래의 수) × 4　㉯ (원래의 수) × 16
㉰ (원래의 수) ÷ 4　㉱ (원래의 수) ÷ 16

59 시프트 레지스터에 있는 2진수가 여섯(6)번 왼쪽으로 자리이동 되었을 때의 값은? (단, 시프트 레지스터는 충분히 크다고 가정한다.)

㉮ number × 6　㉯ number ÷ 6
㉰ number × 64　㉱ number ÷ 64

60 레지스터의 2진수 값을 오른쪽으로 세 번 시프트시켰다면 실제로 이 레지스터가 수행한 연산은?

㉮ added by 400　㉯ divide by 8
㉰ divide by 3　㉱ multiplied by 22

61 $-24_{(10)}$을 부호와 절댓값 방법으로 1비트 좌측 이동할 경우 올바른 것은? (단, 표현은 8비트로 한다.)

㉮ 11011110　㉯ 01011101
㉰ 10110000　㉱ 01010111

62 2의 보수로 표현된 $-36_{(10)}$을 왼쪽으로 1비트 산술시프트 했을 때의 결과는? (단, 2진수의 표현은 8비트(부호비트 포함)를 사용한다.)

㉮ 11011100　　㉯ 10111000
㉰ 01000111　　㉱ 11101100

63 8비트로 표현되는 부호와 절댓값 방식에서 $-50_{(10)}$을 1비트 우측으로 시프트 했을 때 옳은 것은?

㉮ 10011000　　㉯ 11011000
㉰ 11011001　　㉱ 10011001

64 8비트 부호와 2의 보수로 나타낸 수 $-77_{(10)}$을 오른쪽으로 두 비트 산술 시프트 수행한 결과는?

㉮ overflow　　㉯ −20
㉰ −19.5　　㉱ +20

65 8개의 플립플롭으로 된 시프트 레지스터(shift register)에 10진수로 64가 기억되어 있을 때 이를 오른쪽으로 3비트만큼 산술 시프트하면 그 값은?

㉮ 4　　㉯ 8　　㉰ 12　　㉱ 24

66 k비트가 크기만을 표시하고 그 이외의 한 비트가 부호비트이면 몇 비트의 레지스터에 수용될 수 있는가?

㉮ 2^k　　㉯ $k-1$　　㉰ k　　㉱ $k+1$

67 어떤 시스템에서 데이터의 전송 속도가 200bps라고 할 때 이 시스템에서 10초간 전송하는 데이터는 모두 몇 bit인가?

㉮ 2bit　　㉯ 20bit
㉰ 200bit　　㉱ 2000bit

68 다음과 같은 비밀번호를 입력하는 회로에서 비밀번호는 무엇인가?

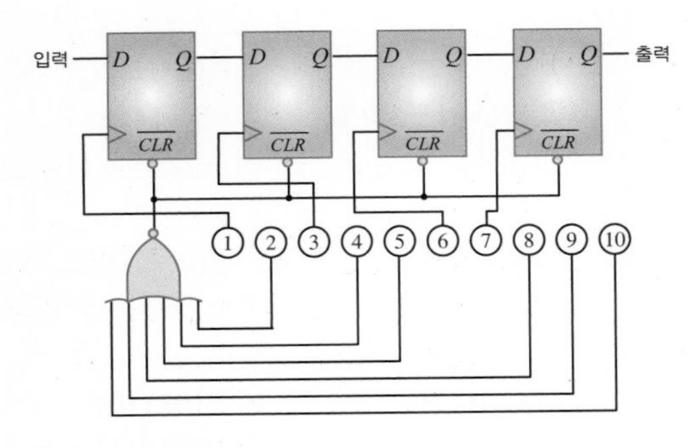

㉮ 2, 4, 5, 8, 9, 0　　㉯ 1, 3, 8, 9
㉰ 2, 5, 9, 0　　㉱ 1, 3, 6, 7

69 n비트 직렬입력–직렬출력 레지스터를 이용하여 시간 지연회로를 구성할 때, 4비트 레지스터를 사용하였다면 time delay는 얼마인가? (단, 클럭 주파수는 1MHz이다.)

㉮ 1μs　　㉯ 2μs
㉰ 3μs　　㉱ 4μs

70 난수발생회로에서 n비트의 레지스터를 사용할 경우 발생하는 난수는 최대 몇 개인가?

㉮ $n-1$개　　㉯ 2^n-1개
㉰ 2^n+1개　　㉱ $n+1$개

71 시프트 레지스터 출력을 입력에 궤환(feedback)시킴으로써 클록펄스가 가해지면 같은 2진수가 레지스터 내부에서 순환하도록 만든 카운터는?

㉮ 링 카운터　　㉯ 2진 리플 카운터
㉰ 동기형 카운터　　㉱ 업/다운 카운터

72 자리이동 레지스터를 사용하여 임의의 시간에 자리이동 레지스터 중에서 한 개의 플립플롭만 논리 1이 되고 나머지 플립플롭은 논리 0이 되도록 하는 카운터를 무엇이라 하는가?

㉮ 링 카운터　　㉯ BCD 카운터
㉰ 존슨 카운터　　㉱ 리플 카운터

73 다음 카운터의 명칭은?

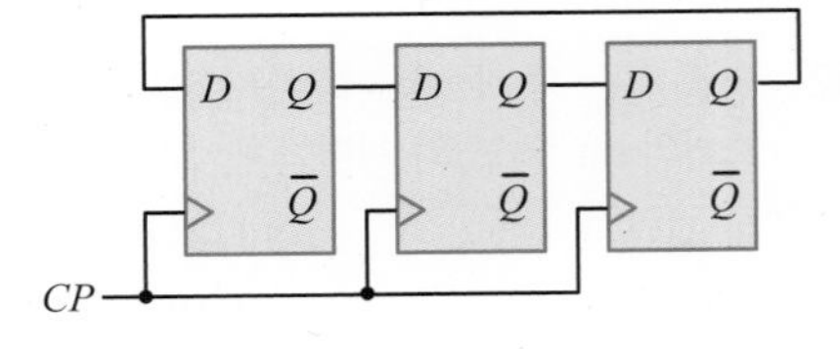

㉮ 3진 링 카운터　　㉯ 6진 링 카운터
㉰ 7진 시프트 카운터　　㉱ 8진 시프트 카운터

74 다음 그림과 같이 구성된 회로는 무슨 카운터인가?

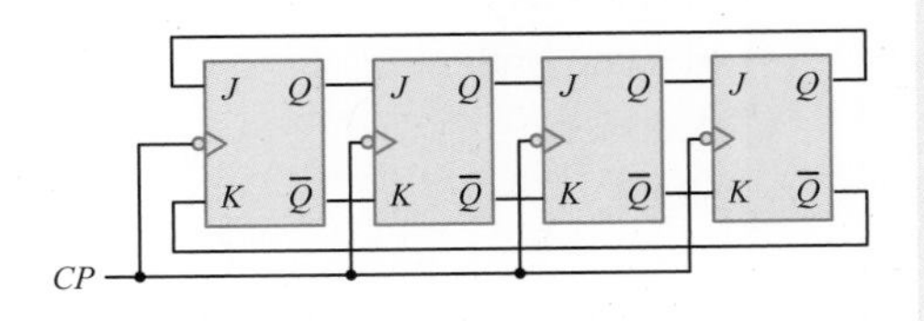

㉮ 동기식 카운터　　㉯ 비동기식 카운터
㉰ 존슨 카운터　　㉱ 링 카운터

75 MOD-8 링 카운터를 설계할 때 필요한 플립플롭의 수는?

㉮ 4개 ㉯ 8개
㉰ 16개 ㉱ 256개

76 다음 카운터의 명칭은?

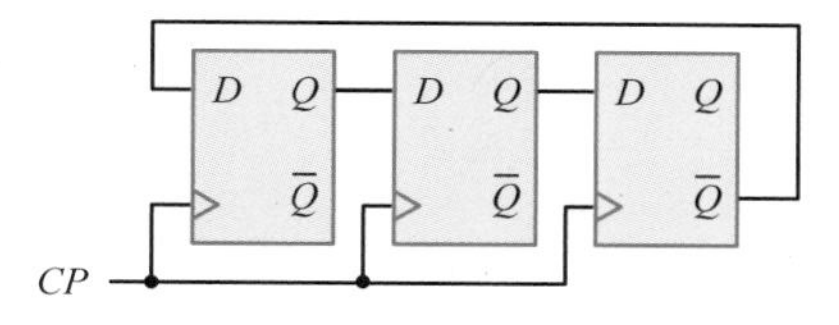

㉮ 존슨 카운터(Johnson counter)
㉯ BCD 카운터(BCD counter)
㉰ 업/다운 카운터(up/down counter)
㉱ 링 카운터(ring counter)

77 MOD-8 존슨(Johnson) 카운터를 설계하기 위하여 필요한 플립플롭의 수는 몇 개인가?

㉮ 3개 ㉯ 4개
㉰ 6개 ㉱ 8개

78 5비트 존슨 카운터는 몇 개의 모듈을 갖는가?

㉮ 5개 ㉯ 10개
㉰ 20개 ㉱ 25개

79 다음은 존슨 카운터의 정상순서이다. 빈칸에 들어갈 2진수는?

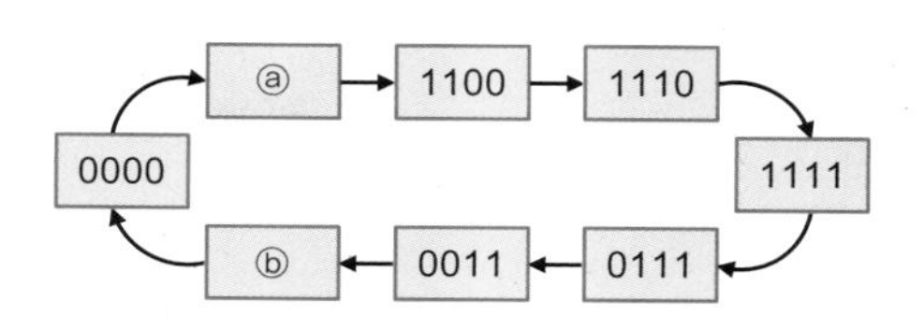

㉮ ⓐ : 1111, ⓑ : 1111
㉯ ⓐ : 0001, ⓑ : 0001
㉰ ⓐ : 1000, ⓑ : 1000
㉱ ⓐ : 1000, ⓑ : 0001

80 다음 중 존슨 카운터 회로에 대한 설명으로 틀린 것은?

㉮ 입력값은 순환된다.
㉯ 시프트 카운터라고도 한다.
㉰ 동기식 카운터다.
㉱ N개의 플립플롭으로 2^N개의 상태를 나타낼 수 있다.

81 링 카운터와 존슨 카운터에 대한 설명으로 틀린 것은?

㉮ 두 카운터 모두 비동기식이다.
㉯ N진 존슨 카운트를 설계하기 위해서는 $N/2$개의 플립플롭이 필요하다. (단, N은 짝수)
㉰ N진 링 카운터를 설계하기 위해서는 N개의 플립플롭이 필요하다.
㉱ 플립플롭의 출력이 다른 플립플롭 입력의 일부로 연결되는 궤환(feedback) 구조를 가지고 있다.

1. ㉱	2. ㉰	3. ㉱	4. ㉯	5. ㉯	6. ㉰	7. ㉯	8. ㉯	9. ㉯	10. ㉰
11. ㉱	12. ㉰	13. ㉰	14. ㉰	15. ㉱	16. ㉱	17. ㉮	18. ㉰	19. ㉱	20. ㉮
21. ㉮	22. ㉮	23. ㉰	24. ㉯	25. ㉰	26. ㉱	27. ㉰	28. ㉮	29. ㉯	30. ㉯
31. ㉰	32. ㉮	33. ㉮	34. ㉱	35. ㉯	36. ㉮	37. ㉱	38. ㉯	39. ㉰	40. ㉯
41. ㉮	42. ㉱	43. ㉱	44. ㉮	45. ㉮	46. ㉰	47. ㉱	48. ㉱	49. ㉮	50. ㉰
51. ㉱	52. ㉮	53. ㉯	54. ㉯	55. ㉮	56. ㉯	57. ㉰	58. ㉯	59. ㉰	60. ㉯
61. ㉰	62. ㉯	63. ㉱	64. ㉯	65. ㉯	66. ㉱	67. ㉱	68. ㉱	69. ㉰	70. ㉯
71. ㉮	72. ㉮	73. ㉮	74. ㉱	75. ㉯	76. ㉮	77. ㉯	78. ㉯	79. ㉱	80. ㉱
81. ㉮									

CHAPTER

11

메모리

이 장에서는 메모리의 종류 및 특징을 이해하는 것을 목표로 한다.

- 메모리를 구분하여 설명할 수 있다.
- ROM의 구조 및 동작 원리를 이해할 수 있다.
- RAM의 구조 및 동작 원리를 이해할 수 있다.
- 플래시메모리의 구조 및 동작 원리를 이해하고 응용분야를 설명할 수 있다.
- 메모리의 확장 개념을 이해하고 응용할 수 있다.

CONTENTS

SECTION 01

메모리 개요

메모리와 주변 장치 사이의 데이터 전송은 제어신호 2개와 레지스터 2개를 통하여 이루어진다. 메모리는 접근 방법, 기록 기능, 기억 방식, 휘발성 및 비휘발성 등에 따라 분류한다. 이 절에서는 메모리 구조 및 동작, 분류에 대해 살펴본다.

Keywords | 읽기 제어 신호 | 쓰기 제어 신호 | MAR | MBR | 메모리 분류 |

메모리는 컴퓨터, 기타 신호처리 장치(마이크로프로세서(microprocessor), 디지털 신호 프로세서(digital signal processor) 등)에 사용하는 데이터와 명령을 일시적으로 저장할 수 있고, 저장된 데이터를 읽을 수도 있다. 또 저장된 데이터는 새로운 데이터가 입력되는 경우를 제외하면 입출력할 때 변경되지 않는다. 컴퓨터에는 현재 실행되고 있는 프로그램과 데이터를 저장하기 위한 주기억장치(main memory) 외에도 다른 경우에 사용할 프로그램과 데이터를 저장하는 대용량 보조기억장치(mass storage)가 있다. 보조기억장치로 사용하는 자기 테이프(magnetic tape), 플로피 디스크(floppy disk), 하드 디스크(hard disk), 레이저 디스크 등에는 기계적 구동부가 있어서 동작 속도가 느리다. 또한 모니터나 프린터 등과 같은 컴퓨터의 주변 장치(peripheral devices)에는 소용량 메모리가 존재하며, 이들은 프로그램 실행 도중에 데이터를 일시적으로 저장하거나 속도가 느린 입출력장치와 주기억장치 사이의 버퍼로 사용된다.

메모리의 구조

메모리는 2진 데이터를 **워드**(word)라는 비트의 집합으로 저장한다. 즉 워드는 메모리에서 입출력 시 한 번에 전송되는 비트들을 의미한다. 메모리 워드는 0과 1의 조합으로 숫자 하나, 명령 코드 하나, 영문자 하나 이상 또는 그 외의 2진화된 정보를 나타낸다. 비트가 8개 모인 것을 바이트(byte)라고 한다. 대부분의 컴퓨터는 8비트의 배수의 길이를 워드 길이로 사용한다. 따라서 16비트 워드는 2바이트, 32비트 워드는 4바이트로 구성된다. 일반적으로 대부분의 메모리 장치의 용량은 저장할 수 있는 전체 바이트 수로 나타낸다.

메모리와 주변 장치 사이의 데이터 전송은 제어신호 2개와 레지스터 2개를 통하여 이루어지며, 제어신호는 데이터 전송 방향을 결정한다. 두 레지스터 중에서 하나는 메모리에 있는 특정한 메모리 레지스터를 지시하는 데 사용되며, 또 하나는 메모리 워드의 2진 비트 구성을 나타낸다. [그림 11-1]에 제어신호와 외부 레지스터가 표시되어 있다.

- 읽기 제어신호(read control signal) : 메모리로부터 데이터를 읽으라는 신호이다.
- 쓰기 제어신호(write control signal) : 데이터를 메모리에 저장하라는 신호이다.
- 메모리 주소 레지스터(MAR : memory address register) : 메모리에 있는 특정한 워드와 데이터 전송을 수행하는 경우, 해당 워드의 주소가 MAR에 전송된다.
- 메모리 버퍼 레지스터(MBR : memory buffer register) : 레지스터와 외부 장치 사이에서 전송되는 데이터의 통로다. 즉 메모리에 쓰기 제어신호가 입력되면 내부 제어는 MBR의 내용을 지정된 주소의 메모리에 저장하며, 읽기 제어신호가 입력되면 내부 제어는 지정된 주소의 메모리의 내용을 MBR로 전송한다.

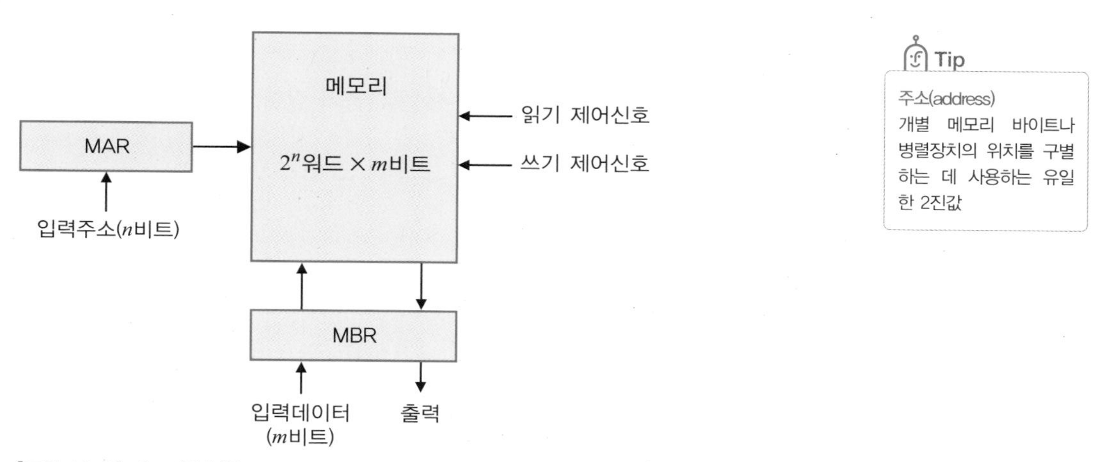

[그림 11-1] 메모리의 블록도

특정한 워드와 데이터 전송을 수행하려면 해당 워드의 주소를 MAR에 전송해야 하며, 메모리의 내부 회로가 이 주소를 입력받아 이 주소가 지시하는 워드와 데이터 전송을 수행하는 데 필요한 통로를 열어놓는다. n비트 MAR은 최대 2^n개의 메모리 주소를 표시할 수 있다. 컴퓨터의 메모리는 1,024(= 2^{10})개 워드일 때는 10비트 MAR이 필요하며, 1,048,576(=2^{20})개 워드일 때는 20비트 MAR이 필요하다.

예제 11-1

메모리 용량이 1024   8이라고 할 때 MAR과 MBR은 각각 몇 비트인가?

풀이

1024   8 = 2^{10} 8이므로 MAR=10비트, MBR=8비트이다.

MAR = address line

$2^{10} \times 8$ ← MBR = data line = word의 길이

참고로 MAR = address line = address bus, MBR = data line = data bus = word의 길이다.

예제 11-2

컴퓨터 주기억장치의 용량이 1GB라면 주소버스는 최소한 몇 bit여야 하는가?

풀이

1GB = $2^{30} \times 8$이므로 주소버스는 30비트이며, 데이터버스는 8비트다.

메모리의 동작

■ 메모리 읽기 동작

MAR이 지정하는 주소의 메모리 내용을 읽는(read) 동작 순서는 다음과 같다.

❶ 선택된 워드의 주소를 MAR로 전송한다.
❷ 읽기 제어신호를 동작시킨다.

[그림 11-2]는 읽기 동작의 예로, MAR에는 $0000101110_{(2)}$(=46), MBR에는 $01101010_{(2)}$이 들어 있다. 그리고 메모리 46번지에는 11001001이 저장되어 있다. 그림에서 MAR에 표시된 2진수는 10진수로 46이므로 MAR이 지정하는 메모리의 주소는 46번지가 된다. 메모리에 읽기 제어신호가 입력되면, 메모리 46번지에 저장되어 있던 2진 데이터 11001001이 MBR로 전송된다.

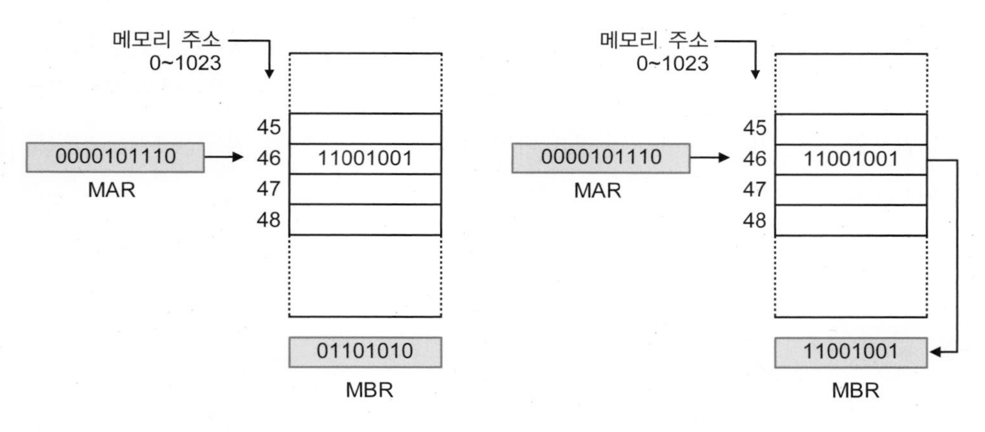

[그림 11-2] 메모리의 읽기 동작

■ 메모리 쓰기 동작

MAR이 지정하는 주소의 메모리에 새 데이터를 저장(write)하는 동작 순서는 다음과 같다.

❶ 지정된 메모리의 주소를 MAR로 전송한다.
❷ 저장하려는 데이터 비트를 MBR로 전송한다.
❸ 쓰기 제어신호를 동작시킨다.

[그림 11-3]은 메모리에 쓰기 제어신호가 입력되었을 때의 수행 결과를 보여준다. 이 그림에서 MBR에 저장되어 있던 데이터 01101010은 MAR이 지정하는 46 번지에 저장된다.

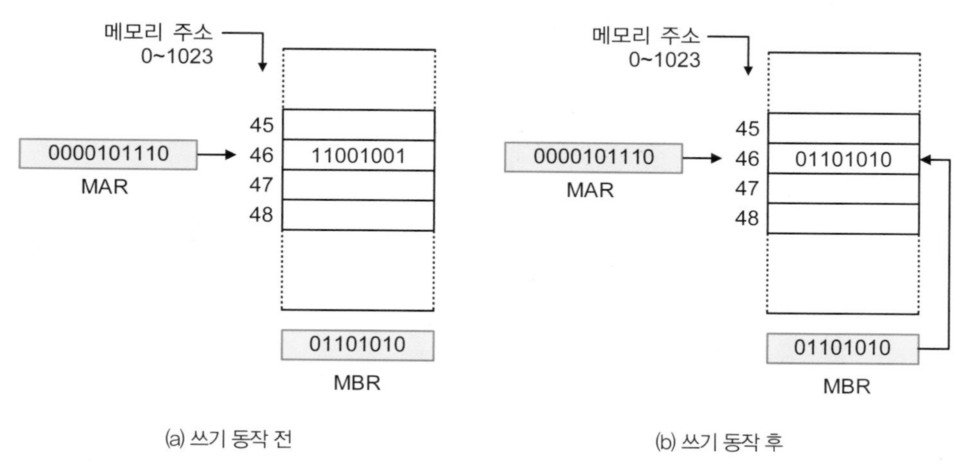

[그림 11-3] 메모리의 쓰기 동작

메모리 분류

메모리를 분류하는 관점은 여러 가지가 있으나 대표적으로 접근 방법, 기록 기능, 기억 방식, 휘발성 및 비휘발성 등에 따라서 분류한다. [그림 11-4]는 반도체 메모리를 분류하여 나타낸 것이다.

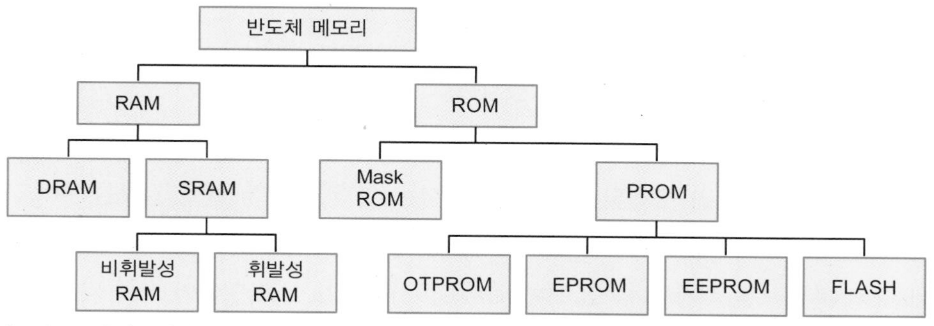

[그림 11-4] 반도체 메모리의 분류

■ 접근 방법에 의한 분류

메모리의 주소에 해당하는 위치에 데이터를 읽거나 쓰는 것을 **액세스**(access)라고 한다. 메모리 시스템에서 필요한 정보에 액세스하는 방법은 2가지로 구분할 수 있다. 한 가지 방법은 RAM(random access memory)이다. 이 방법에서 접근 시간은 어느 위치나 동일하게 걸리는 메모리 형태이다. 다른 방법인 순차액세스 메모리(SAM : sequential access memory)는 어떤 매개체에 저장되어 있는 정보로 직접 접근할 수 있는 것이 아니라, 원하는 위치에 도달하는 데 일정한 시간이 경과되는 형태다. 따라서 접근 시간은 위치에 따라 달라진다. 예를 들어, 자기 테이프 장치는 처음 위치에서부터 조사하여 지정된 위치에 도달해야만 정보를 액세스할 수 있다.

■ 기록 기능에 의한 분류

대부분의 메모리는 정보를 기억하는 기능과 기억되어 있는 정보를 읽어내는 판독 기능이 있다. 그러나 기록 기능에는 사용자가 기록하는 것이 가능한 경우와 그렇지 않은 경우가 있다. 사용자가 기록과 판독 두 가지를 모두 수행할 수 있는 메모리를 RWM(read and write memory)이라고 하며, 판독만 가능한 메모리는 ROM(read only memory)이라고 한다. 일반적으로 RAM은 RWM 메모리를 가리키는 것이다.

ROM에 기록된 정보는 전원이 꺼져도 지워지지 않으므로 프로그램이나 문자 패턴 등 고정된 정보를 기억할 때 사용된다. ROM은 제조 시 정보가 기록되어 있는 마스크 ROM(MROM, mask ROM)과 제조된 후 사용자가 기록할 수 있는 PROM(programmable ROM)으로 나눌 수 있다. PROM은 한 번만 기록할 수 있는 fuse-link PROM과 자외선을 쪼여서 그 내용을 지운 후에 다시 기록할 수 있는 EPROM(erasable PROM), 그리고 EEPROM(electrically erasable PROM)처럼 전기적으로 내용을 지운 후에 다시 기록할 수 있는 것으로 구분할 수 있다.

마스크 ROM은 mask 가격과 제조 시간 때문에 대량 생산의 경우에 유리하다. fuse-link PROM은 보통 PROM이라 하며, 프로그래밍에 시간이 소요되므로 집적도가 중간 정도인 경우가 가격 면에서 유리하다. 또 내용이 자주 변경되는 연구 개발 과정에서는 EPROM이나 EEPROM이 유리하다.

■ 기억 방식에 의한 분류

RAM은 **정적 RAM**(SRAM : static RAM)과 **동적 RAM**(DRAM : dynamic RAM)으로 구분한다. SRAM은 주로 2진 정보를 저장하는 내부 플립플롭으로 구성되며, 저장된 정보는 전원이 공급되는 동안 보존된다. DRAM은 2진 정보를 커패시터에 공급되는 전하 형태로 보관한다. 그런데 커패시터에 사용되는 전하는 시간이 경과하면 방전되므로 DRAM에서는 일정한 시간 안에 전하를 재충전(refresh)해야 한다. 재충전은 수백분의 1초마다 주기적으로 행한다. DRAM은 전력소비가 적고 단일 메모리 칩에 더 많은 정보를 저장할 수 있으며, SRAM은 사용하기 쉽고 읽기와 쓰기 사이클이 더 짧다는 특징이 있다.

■ 휘발성 / 비휘발성 메모리

일정한 시간이 지나거나 전원이 꺼지면 저장된 내용이 지워지는 메모리 형태를 **휘발성**(volatile) 메모리 또는 소멸성 메모리라고 한다. RAM은 모두 외부에서 공급되는 전원을 통해 정보를 저장하기 때문에 여기에 해당한다. 반면에 자기 코어나 자기 디스크, ROM 같은 **비휘발성**(non-volatile) 메모리는 전원이 차단되어도 기록된 정보가 유지된다. 왜냐하면 자기 소자에 저장된 정보는 자화 방향으로 나타내는데, 이 자화 방향은 전원이 차단된 후에도 상태를 계속 유지하기 때문이다. 비휘발성 메모리는 이러한 특성 때문에 디지털 컴퓨터 동작에 필요한 프로그램을 저장하는 데 사용할 수 있다.

■ 기억소자에 의한 분류

기억소자에 따라서 바이폴라(bipolar) 메모리, MOS(metal oxide semiconductor) 메모리, 그리고 CCD(charge coupled device), MBM(magnetic bubble memory) 등으로 나눌 수 있다. 바이폴라 메모리는 메모리 셀 및 주변 회로에 BJT(bipolar junction transistor)를 사용한 메모리로, TTL, ECL 등의 RAM, PROM, 시프트 레지스터 등이 있다. 액세스 시간이 빠르지만 전력소비가 많으므로 집적도가 높은 경우에는 사용하지 않는다. MOS 메모리는 PMOS, NMOS 또는 CMOS를 사용한 메모리로 RAM, PROM, ROM, 시프트 레지스터 등이 있다. MOS 메모리는 바이폴라 메모리에 비해서 속도가 느리지만 전력소비가 적고 VLSI에 적합하다.

컴퓨터에서의 메모리

메모리는 컴퓨터에서 데이터와 명령을 저장하는 데 필수적이다. 컴퓨터에는 중앙처리장치(CPU : central processing unit)에서 현재 실행하고 있는 프로그램과 데이터를 저장하는 주기억장치 외에도 다른 경우에 사용할 목적으로 프로그램과 데이터를 저장하는 대용량 보조기억장치가 있다. 주기억장치는 바이폴라 메모리나 MOS 메모리로 구성된 반도체 메모리를 사용한다. 보조기억장치로 사용되는 자기 테이프, 하드 디스크 등은 기계적 구동부가 있어 동작 속도가 느리다. 또 프린터와 같은 주변 장치(peripheral devices)에도 소용량 메모리가 존재하며, 이들은 프로그램 실행 도중에 데이터를 일시적으로 저장하거나 속도가 느린 입출력장치와 주기억장치 사이의 버퍼로 사용된다.

[그림 11-5]는 컴퓨터의 중앙처리장치와 주기억장치 및 입출력장치 사이에 데이터를 송수신하는 구성도다. 여기서 굵게 표시된 버스의 지로는 버스선들의 병렬 연결을 의미한다. 중앙처리장치는 특정 메모리의 주소를 지정하여 주소버스(address bus)에 실어 내보내고 동시에 제어신호(칩 선택, 읽기/쓰기 제어 등)를 제어버스(control bus)에 실어 내보낸다. 또 데이터는 데이터버스(data bus)에 실어서 내보낸다. 주소버스와 제어버스는 단방향이지만 데이터버스는 양방향이다. RAM은 데이터를 읽거나 쓰기도 하므로 양방향이고 ROM은 데이터를 읽기만 하므로 단방향이다. 중앙처리장치는 입력장치에서 데이터를 읽어들여야 하고 출력장치에 데이터를 내보내야 한다. 입출력장치도 지정된 주소를 통해서 데이터를 송수신하게 된다. 입출력장치는 속도가 느리기 때문에 일단 입출력 래치(latch)에 데이터를 저장해둔다.

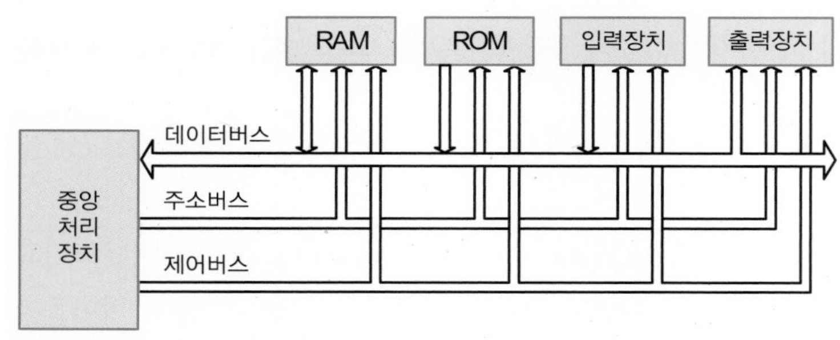

[그림 11-5] 컴퓨터 시스템 블록도

이와 같은 컴퓨터 시스템에서는 장치 2개 이상이 동시에 입력모드로 동작하는 것을 허용하지 않는다. 왜냐하면 데이터버스에서 데이터의 충돌이 일어나기 때문이다. 이를 방지하기 위하여 각 장치의 출력에 3상태 버퍼(tri-state buffer)를 삽입하여 해당 장치가 선택되지 않을 경우에는 칩 선택(chip select) 신호를 통해 하이 임피던스(high-impedance) 상태가 되게 함으로써 데이터버스와의 연결을 전기적으로 끊는다.

Tip

주소버스
1개의 메모리 위치를 선택하기 위하여 CPU에서 메모리 IC까지 2진 주소를 전달하는 단방향 버스

데이터버스
CPU와 메모리 IC 사이에서 데이터를 옮기는 양방향 버스

제어버스
CPU에서 메모리 IC까지 제어신호를 전달하는 단방향 버스

SECTION

02

ROM

ROM은 저장된 데이터를 읽을 수는 있으나 특별한 장치가 없이는 데이터를 기록하거나 변경할 수 없는 메모리다. 이 절에서는 ROM의 내부 구성을 알아보고 ROM의 종류도 살펴본다.

Keywords | mask ROM | PROM | EPROM | EEPROM |

ROM(read only memory)은 저장된 데이터를 읽을 수는 있으나 특별한 장치가 없이는 데이터를 기록하거나 변경할 수 없다. ROM은 자주 사용하는 데이터를 영구적 또는 반영구적으로 저장할 때 사용하는 메모리로 코드 변환, 수학적 환산표, 컴퓨터 명령어 등 변하지 않고 자주 사용하는 데이터를 저장하는 데 많이 사용한다. 반도체 ROM은 바이폴라 트랜지스터와 MOS 트랜지스터로 제조된다.

ROM은 한 IC에 디코더와 OR 게이트를 모두 포함하고 있는 장치로, 디코더의 출력과 OR 게이트의 입력들을 서로 연결하여 ROM을 프로그래밍할 수 있다. ROM은 고정된 2진 데이터의 집합이 저장되어 있는 메모리이며, 2진 데이터는 먼저 사용자에 의해 표시된 후 ROM 속에 기록된다. ROM은 특별한 내부 퓨즈(fuse)를 가지고 있으며, 이 퓨즈들은 필요한 회로를 구성하기 위해 절단되거나 원래의 연결 상태로 두게 된다. ROM은 일단 프로그램이 완성되면 전원이 나가도 저장된 데이터는 지워지지 않고 남아 있다.

Tip

하드웨어 장치를 이용하여 ROM에 정보를 기억시키는 것을 롬 프로그래밍(ROM programming)이라고 한다. ROM에 저장된 프로그램을 펌웨어(firmware)라고 하는데, 이는 하드웨어 요소인 기억 장치에 소프트웨어 요소인 프로그램이나 정보가 결합된 형태를 의미한다.

ROM의 구성

[그림 11-6]은 기본적인 ROM의 구조를 나타낸 것으로, 입력선 n개와 출력선 m개로 구성된다. 입력변수들의 비트 조합은 주소가 되고, 출력선에서 출력되는 비트 조합은 워드가 되며, 한 워드는 비트 m개로 구성된다. 주소는 n개 변수의 최소항들 중 하나를 나타내는 2진수다. 입력변수가 n개인 경우, 디코더로 지정할 수 있는 서로 다른 주소의 수는 최대 2^n개가 되며, 한 주소에 한 워드가 대응한다. 따라서 ROM에는 최대 2^n개의 주소들이 있으므로 최대 2^n개의 서로 다른 워드를 저장

할 수 있다. 임의의 시간에 출력선에 나타나는 워드는 입력선에 적용되는 주소에 따라 결정되며, ROM은 워드의 개수인 최대 2^n개와 워드당 비트 수인 m개로 표시할 수 있다.

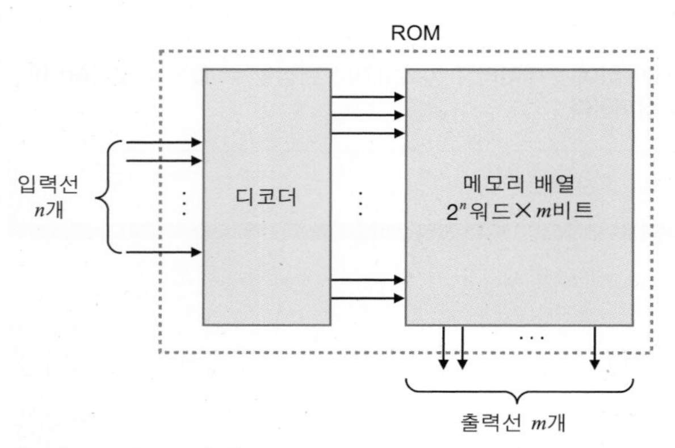

[그림 11-6] ROM의 기본 구조

입력선이 n개인 ROM에서는 최대 2^n개의 워드를 지정할 수 있다. 그러나 어떤 ROM에서는 ROM을 표시할 때 포함하고 있는 전체 비트의 수($2^n \times m$)로 표시하는 경우도 있다. 예를 들어, 2,048비트의 ROM은 8비트로 된 256개 워드로 표시할 수도 있으며, 이때 ROM은 출력선 8개와 워드 256($=2^8$)개를 지정하기 위한 입력선 8개로 구성된다. ROM은 AND 게이트와 OR 게이트로 구성된 조합논리회로이며, AND 게이트는 디코더를 구성한다. 또한 OR 게이트는 디코더의 출력인 최소항들을 합하는 데 사용하며, OR 게이트의 수는 ROM의 출력선의 수와 같다.

[그림 11-7]은 32×4 ROM의 내부 논리 구조이다. 입력변수 5개는 디코더를 통해 32개가 출력되며, 각 디코더의 출력은 32개 주소 중에서 1개만 선택한다. 주소 입력은 5비트이며 디코더로부터 선택되는 최소항은 입력의 5비트와 등가인 10진수로 표시되는 최소항이다. 디코더의 32개 출력은 각 OR 게이트의 퓨즈를 통해 연결된다. [그림 11-7]에는 OR 게이트의 입력에 퓨즈 3개만 표시되어 있으나 실제로 각 OR 게이트는 32개 입력에 퓨즈를 가지고 있으므로 내부 퓨즈가 32×4=128개 있으며, 이 입력들은 퓨즈를 통해 연결되어 있고 프로그램으로 퓨즈의 연결을 절단할 수 있다. [그림 11-8]은 32×4 ROM의 내부 구조를 간단하게 표시한 것이다.

ROM은 디지털 컴퓨터 시스템의 설계에서 매우 중요하다. ROM은 복잡한 조합논리회로들을 실현하는 데는 물론 다른 많은 응용 분야에서도 사용하고 있다.

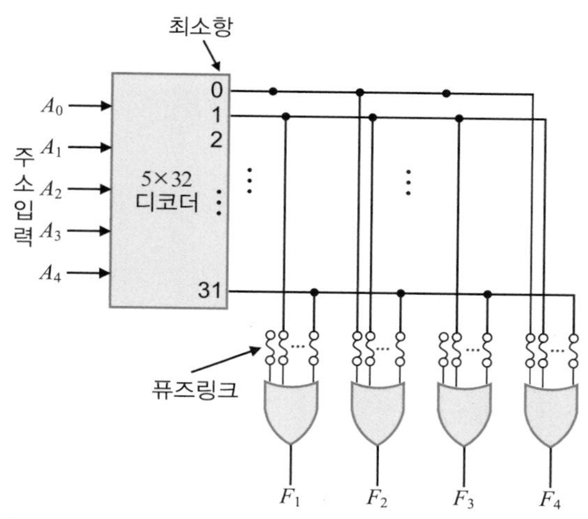

[그림 11-7] 32×4 ROM의 내부 논리 구조

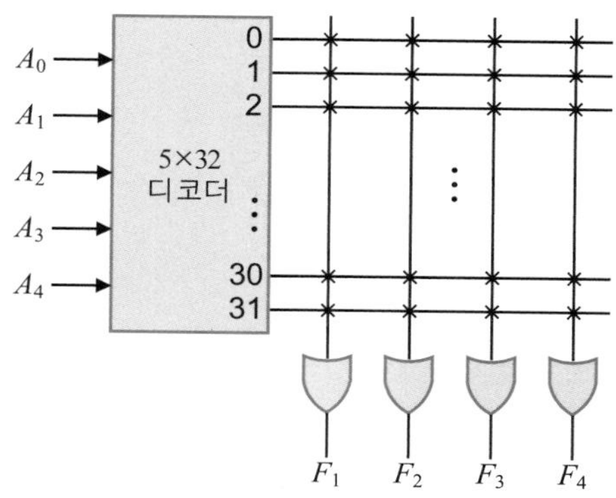

[그림 11-8] 간소화한 32×4 ROM의 내부 논리 구조

ROM을 사용한 조합논리회로의 구현

ROM의 각 출력은 입력변수 n개의 최소항을 모두 합한 것이며, 임의의 불 함수는 곱의 합(SOP : sum of product)으로 표현할 수 있다. 이때 불 함수에 포함되지 않는 최소항들은 퓨즈를 절단하여 출력변수들에 대한 불 함수를 구성한다. 이와 같이 퓨즈를 절단하는 과정을 'ROM을 프로그래밍(programming)한다'고 한다. 예를 들어, 입력 n개와 출력 m개를 가진 조합논리회로를 구성하는 경우, $2^n \times m$ ROM이 필요하다. 설계자는 ROM에서 필요한 통로들에 대한 정보를 나타내는 ROM 프로그램 표를 작성하면 되며, 이때 실제로 프로그래밍하는 것은 프로그램 표에 나열되어 있는 사양에 따르는 하드웨어 과정이다.

다음 불 함수를 ROM을 사용하여 구현하는 경우를 예로 들어 설명한다.

$$F_1(A,B) = \sum m(1,2,3)$$
$$F_2(A,B) = \sum m(0,2)$$

조합논리회로를 ROM을 사용하여 구현할 때 함수를 곱의 합으로 표현해야 한다. 만일 출력함수가 간소화되면 이 회로는 OR 게이트와 NOT 게이트 하나만 사용해도 된다. 이 조합논리회로를 구현하는 ROM의 크기는 4×2가 된다.

[그림 11-9(a)]는 출력함수 값이 논리 1인 최소항을 ROM으로 구현한 경우의 조합논리회로이며, [그림 11-9(b)]는 출력함수 값이 논리 0인 최소항을 ROM으로 구현한 경우의 조합논리회로이다. 따라서 [그림 11-9(b)]의 출력에는 NOT 게이트가 연결되어 있으므로 정상적인 함수를 출력한다.

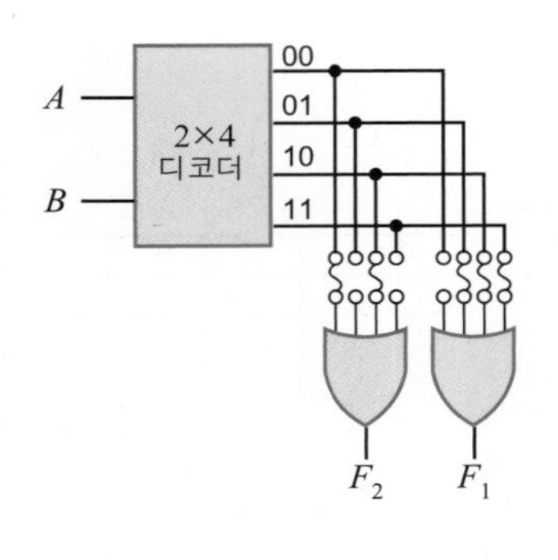

(a) AND-OR 게이트의 ROM

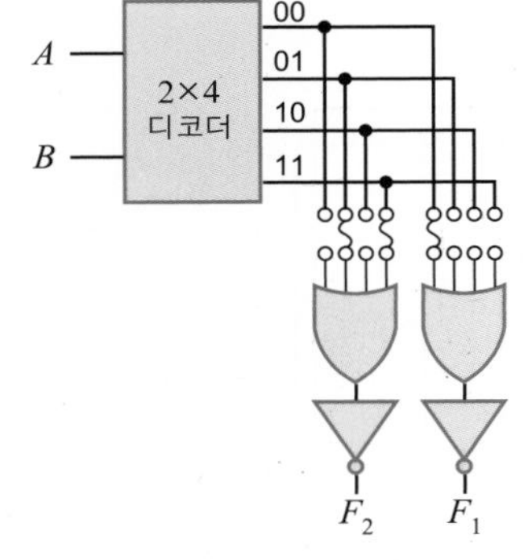

(b) AND-OR-NOT 게이트의 ROM

[그림 11-9] ROM을 사용한 조합논리회로

조합논리회로를 ROM으로 구현하는 경우 조합논리회로의 입력과 출력의 수에 따라 먼저 필요한 ROM의 크기를 결정해야 하며, 그 다음 ROM의 진리표를 얻어야 한다. 진리표에서 출력함수들을 논리 0(또는 논리 1)으로 만드는 최소항들의 퓨즈를 절단하여 곱의 합(SOP)으로 필요한 조합논리회로를 구하게 된다.

실제 ROM으로 회로를 설계할 때 [그림 11-9]와 같이 ROM 안에서 퓨즈들의 내부 게이트 연결을 보일 필요는 없다. 이것은 단지 설명을 위한 것이다. 설계자가 할 일은 ROM을 프로그래밍하는 데 필요한 모든 정보를 담고 있는 ROM의 진리표를 제공하는 것이다.

예제 11-3

다음 진리표를 만족하는 조합논리회로를 ROM을 사용하여 구현하여라.

A	B	F_1	F_2
0	0	1	0
0	1	1	1
1	0	0	1
1	1	1	0

풀이

진리표에서 출력함수들은 논리 0인 최소항들의 퓨즈를 절단하여 곱의 합 형태의 논리식으로 표현한다. ROM은 입력 2개(A, B)와 출력 2개(F_1, F_2)를 가지며, ROM의 크기는 4×2이다.

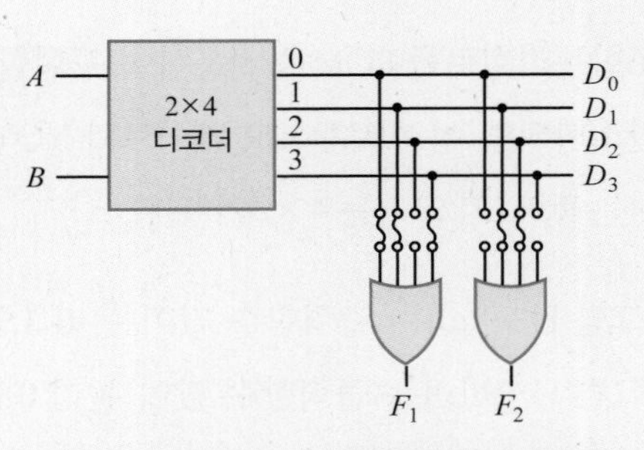

[그림 11-10] 주어진 진리표를 만족하는 ROM을 이용한 조합논리회로 구현 예

예제 11-4

[그림 7-31]과 같은 점등 패턴을 갖고, active-high로 동작하는 BCD-7-세그먼트 디코더(IC 7448)를 ROM을 사용하여 구현하여라.

풀이

[그림 7-31]과 같이 LED를 on함으로써 숫자를 표현하기 위한 BCD-7-세그먼트 디코더의 진리표는 [표 11-1]과 같다. 여기서 디코더의 출력은 1일 때 LED는 on된다(active-high).

[표 11-1] 7-세그먼트 디코더 7448 진리표

10진값	입력				출력						
	D	*C*	*B*	*A*	*a*	*b*	*c*	*d*	*e*	*f*	*g*
0	0	0	0	0	1	1	1	1	1	1	0
1	0	0	0	1	0	1	1	0	0	0	0
2	0	0	1	0	1	1	0	1	1	0	1
3	0	0	1	1	1	1	1	1	0	0	1
4	0	1	0	0	0	1	1	0	0	1	1
5	0	1	0	1	1	0	1	1	0	1	1
6	0	1	1	0	0	0	1	1	1	1	1
7	0	1	1	1	1	1	1	0	0	0	0
8	1	0	0	0	1	1	1	1	1	1	1
9	1	0	0	1	1	1	1	0	0	1	1
10	1	0	1	0	0	0	0	1	1	0	1
11	1	0	1	1	0	0	1	1	0	0	1
12	1	1	0	0	0	1	0	0	0	1	1
13	1	1	0	1	1	0	0	1	0	1	1
14	1	1	1	0	0	0	0	1	1	1	1
15	1	1	1	1	0	0	0	0	0	0	0

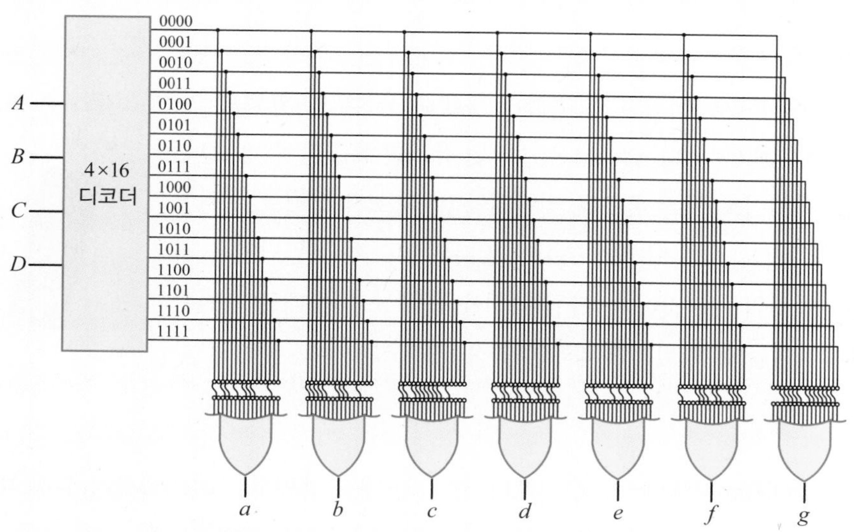

[그림 11-11] ROM을 이용한 조합논리회로 구현 예(BCD-7-세그먼트 디코더)

ROM의 종류

ROM(read only memory)은 프로그래밍 방법에 따라 크게 마스크 ROM, PROM, EPROM의 3가지로 구분할 수 있다.

■ 마스크 ROM

마스크 ROM(mask ROM)은 제조 과정 중 제작자가 마지막 조립 과정에서 프로그래밍하며, ROM에 기록된 프로그램은 절대 변경할 수 없다. 일반적으로 마스크 ROM을 ROM이라고 한다. 마스크 ROM은 사용자의 요구에 따라 제조된다. 따라서 마스크 ROM을 조립할 때는 사용자가 ROM 진리표를 제작자에게 제출하고, 제작자는 사용자의 진리표에 따라 논리 0과 논리 1을 구현하는 통로를 만든다. 마스크 ROM은 사용자의 요구에 따라 제조되는 것이므로 초기 설계에는 많은 비용이 소요되지만, 일단 설계가 완료되면 대량 생산할 수 있다. 동일한 형태가 대량으로 소요되는 경우에 마스크 ROM을 사용하면 경제적이다.

■ PROM

PROM(programmable ROM)은 사용자가 특별한 프로그램 장치를 이용해 프로그래밍할 수 있으므로 소량으로 필요한 경우에는 매우 경제적이다. 초기 PROM은 손상되지 않은 원래 상태의 퓨즈로 구성되므로, 원하는 형태로 퓨즈를 절단하면 된다. 즉 PROM에 있는 퓨즈를 원하는 형태로 절단하려면 해당하는 주소를 선택한 다음 출력단자를 통해 전류 펄스를 인가하면 된다. 절단된 퓨즈 상태는 2진수의 논리 0, 절단되지 않은 퓨즈는 논리 1을 나타낸다. PROM도 마스크 ROM과 같이 일단 프로그래밍하면 퓨즈의 연결 형태가 그대로 유지되며 변경할 수 없다.

■ EPROM

EPROM(erasable PROM)은 PROM과 같이 퓨즈의 형태로 구성되어 있으며, 원하는 형태로 퓨즈를 절단할 수 있다. PROM은 절단된 퓨즈를 복원할 수 없으나, EPROM은 퓨즈가 절단되어도 모든 퓨즈를 절단되지 않은 초기 상태로 복원할 수 있는 PROM이다. 일정 시간 자외선을 쪼이면 절단된 퓨즈가 복원되면서 저장되어 있던 데이터가 지워지는 것이다. 복원 과정을 통해 초기 상태로 복원된 EPROM은 다시 프로그램을 통해 필요한 데이터를 저장할 수 있다.

Tip

EPROM

■ EEPROM

EEPROM(electrically EPROM)은 EPROM과 같으나, 초기 상태로 복원하는 과정에서 자외선 대신 전기 신호를 사용하여 데이터를 지우는 PROM이다.

SECTION

03 RAM

RAM은 필요한 내용을 저장하거나 저장된 데이터를 읽을 수 있는 메모리이다. 이 절에서는 SRAM과 DRAM의 내부구조와 동작 특성을 알아본다.

Keywords | SRAM | DRAM |

RWM(read and write memory)은 메모리에 저장된 데이터를 읽을 수 있으며, 또 필요한 데이터를 저장할 수 있는 메모리이다. 그러나 일반적으로 RWM 대신에 RAM(random access memory)이라는 용어를 사용한다. 반도체 RAM은 바이폴라 트랜지스터와 MOS 트랜지스터로 제조된다.

RAM의 종류로는 SRAM(static RAM)과 DRAM(dynamic RAM)이 있다. SRAM은 바이폴라 트랜지스터 또는 MOS 트랜지스터를 사용하여 제조되며, DRAM은 MOS 트랜지스터를 사용하여 제조된다. SRAM에 사용되는 저장 소자는 래치(latch)이므로 이 메모리는 전원이 켜 있는 동안에는 언제나 데이터를 저장하거나 읽을 수 있다. 래치는 특정 디지털 상태를 유지할 수 있는 기능을 갖고 있으므로 래치회로는 입력이 제거된 후에도 디지털 펄스의 레벨을 유지한다. DRAM은 커패시터(capacitor)에 데이터를 저장하므로 일정 시간마다 주기적으로 재충전(refreshing)해야 한다.

정적 RAM(SRAM)

SRAM은 일단 데이터 비트가 메모리 셀(cell)에 저장되면 전원이 꺼지거나 새로운 데이터가 입력되지 않는 한, 계속 그 상태를 유지하고 있다. 또한 전원이 꺼지면 저장된 데이터가 소멸되므로 휘발성 메모리이다.

■ SRAM의 메모리 셀 구조와 동작

각 워드가 n 비트이고, 워드 m 개로 구성된 RAM의 내부 구조는 메모리 셀 $m \times n$ 개와 각 워드를 선택하는 데 필요한 주소를 출력하는 논리회로로 구성된다.

[그림 11-12]에는 1비트 데이터를 저장하는 SRAM의 메모리 셀(또는 2진 셀, binary cell)의 논리회로가 표시되어 있으며, 이 메모리 셀은 메모리를 구성하는 기본 단위가 된다. [그림 11-12]를 보면 메모리 셀은 래치 1개(또는 플립플롭)와 게이트 몇 개로 표시되어 있지만, 실제로는 입력이 여러 개인 트랜지스터 2개로 구성되어 있다.

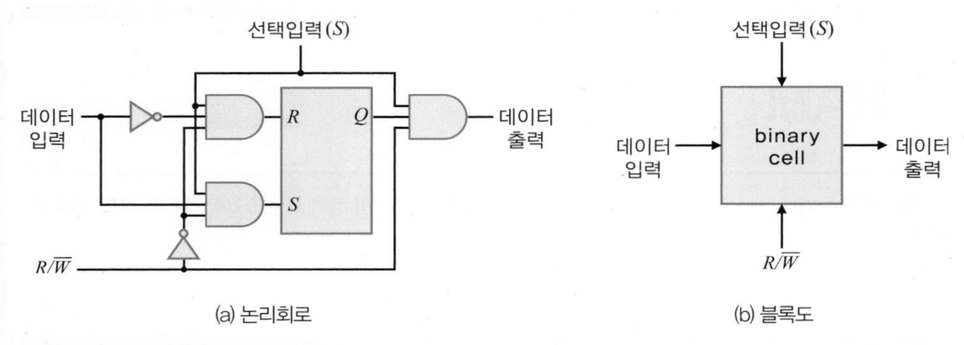

[그림 11-12] SRAM의 메모리 셀 구조

[그림 11-12]의 SRAM의 메모리 셀은 래치 1개, 입력 3개, 출력 1개로 구성되어 있으며, 동작은 다음과 같다.

메모리 셀에서 선택 입력(S : select)은 여러 메모리 셀 중에서 주소를 통해 선택되었을 때 논리 1이 입력된다. $S=1$일 때, $R/\overline{W}$(read/write) 입력이 논리 1(읽기 동작)이면 래치에 저장된 데이터 비트가 데이터 출력단자를 통하여 출력되며, $R/\overline{W}$ 입력이 논리 0(쓰기 동작)이면 데이터 입력단자에 있던 데이터 비트가 래치로 전송되어 저장된다. 이런 경우에 래치는 클록펄스 없이 동작하여 데이터의 1비트를 메모리 셀에 저장한다.

반도체 메모리에 따라서는 읽기와 쓰기 제어 입력이 별도로 분리되어 있는 경우도 있고, 입력 1개로 2가지 제어 기능을 수행하는 경우도 있다. 또한 여러 반도체 메모리를 조합하여 용량이 큰 메모리를 구성할 수 있게 하는 인에이블(E : enable) 입력이 있다.

■ SRAM의 기본 구조

[그림 11-13]에는 4×4 SRAM의 논리 구조가 표시되어 있다. 이 RAM은 한 워드가 4비트고, 워드 4개로 구성되어 있으므로 전체는 메모리 셀 16개로 구성되어 있다. 이 그림에서 BC(binary cell)는 메모리 셀 1개를 표시하며, 각 BC마다 출력이 1개 있다.

여기서 주소 입력 2개는 2×4 디코더에 연결되어 있으며, 이 디코더에는 인에이블(E) 입력이 있다. 즉 인에이블 입력이 논리 0이면 디코더의 모든 출력은 논리 0이 되어 워드를 선택할 수 없으며, 인에이블 입력이 논리 1이면 두 주소 입력값에 따라 워드 4개 중 하나가 선택된다. 이때 $R/\overline{W}$ 입력이 논리 1이면 지정된 워드의 2진 데이터가 OR 게이트 4개를 통하여 출력되며, $R/\overline{W}$ 입력이 논리 0이면 입력단자에 있던 데이터가 지정된 워드의 메모리 셀 배열에 전송되어 저장된다. 인에이블 입력이 논리 0이면 $R/\overline{W}$ 입력에 관계없이 메모리에 있는 모든 메모리 셀의 내용은 변하지 않는다.

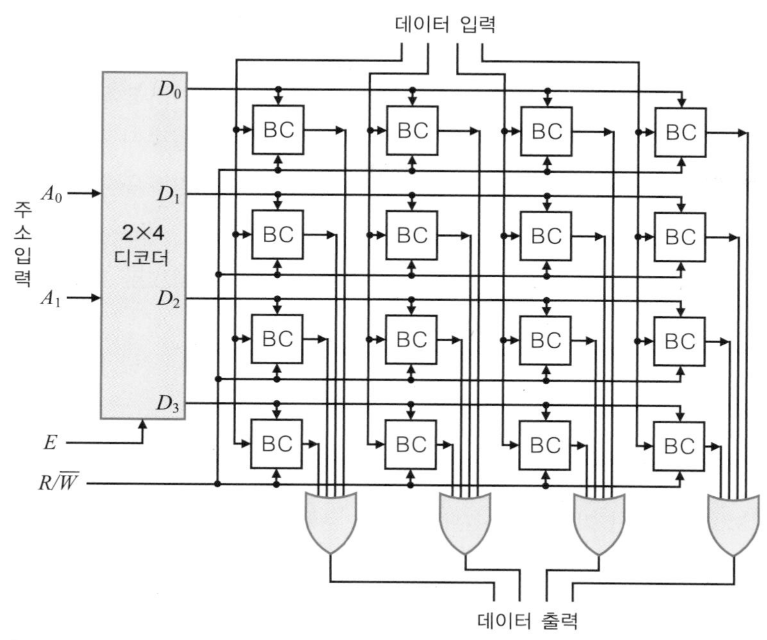

[그림 11-13] 4×4 SRAM의 기본 구조

동적 RAM(DRAM)

DRAM은 데이터 비트를 커패시터에 저장한다. DRAM의 메모리 셀은 구조가 매우 단순하다. DRAM은 SRAM보다 비트 당 가격이 저렴하고, 고밀도 칩을 구성할 수 있다. 그러나 메모리 셀을 구성하는 커패시터는 일정한 시간이 지나면 저장된 데이터가 소멸되기 때문에 주기적으로 재충전해 주어야 한다. 이 재충전 과정에 부수적인 논리회로가 필요하다.

[그림 11-14]에는 MOS 트랜지스터와 커패시터로 구성된 DRAM의 메모리 셀이 표시되어 있으며, MOS 트랜지스터는 스위치로 동작한다.

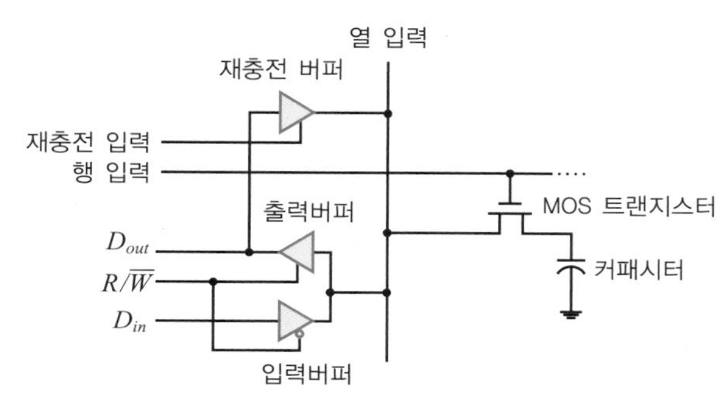

[그림 11-14] DRAM의 메모리 셀 구조

■ 쓰기 모드

$R/\overline{W}$가 논리 0인 쓰기 모드에서는 3상태 버퍼인 입력버퍼가 인에이블되고, 출력버퍼는 디스에이블된다. 메모리 셀에 논리 1을 저장하려면 데이터 입력 D_{in}을 논리 1로 하고, 행 입력이 논리 1이면 MOS 트랜지스터는 on 상태가 되어 커패시터에 양(+)의 전압이 충전된다. 논리 0을 저장하기 위해서는 데이터 입력(D_{in})을 논리 0으로 하면 커패시터는 충전되지 않는다. 이때 커패시터에 논리 1이 저장되어 있는 경우 커패시터는 방전하게 된다. 그러나 열 입력이 논리 0이므로 트랜지스터는 off가 되어, 커패시터의 전하(논리 1 또는 논리 0)는 트래핑(trapping)된다.

■ 읽기 모드

$R/\overline{W}$가 논리 1인 읽기 모드에서는 3상태 버퍼인 출력버퍼가 인에이블되고, 입력버퍼는 디스에이블된다. 행 입력이 논리 1이면 MOS 트랜지스터는 on 상태가 되어 커패시터는 비트 선(bit line)을 통하여 출력버퍼에 연결된다. 따라서 저장된 데이터는 출력(D_{out})을 통하여 외부로 출력된다.

■ 재충전

DRAM 메모리 셀을 재충전하려면 $R/\overline{W}$와 행 입력과 재충전 입력을 논리 1로 하면 된다. 그러면 MOS 트랜지스터는 on이 되어 커패시터가 비트 선에 연결된다. 출력버퍼는 인에이블되고, 저장된 데이터 비트는 재충전 입력이 논리 1이 되어 인에이블되므로 재충전 버퍼에 다시 입력된다. 이는 저장된 비트의 논리값을 커패시터에 다시 충전하기 위해서이다.

Tip

캐시메모리(cache memory)

중앙처리장치(CPU)와 상대적으로 느린 주기억장치 사이에서 두 장치 간의 데이터 접근속도를 완충해주기 위해 사용되는 고속의 기억장치이다. 캐시메모리는 주기억장치를 구성하는 DRAM보다 속도가 빠른 SRAM으로 구성하여 전원이 공급되는 상태에서는 기억 내용을 유지하는 임시 메모리이다.

한번 액세스한 정보는 다시 액세스할 확률이 높으므로 주기억장치 내의 정보를 복사하여 일시적으로 고속메모리(캐시메모리)에 보관한 후, 다음 액세스 시 캐시메모리에서 정보를 꺼내면 주기억장치의 액세스 속도를 고속화할 수 있다.

SECTION 04

플래시메모리

플래시메모리는 블록 단위로 읽기, 쓰기, 지우기가 가능한 EEPROM의 한 종류로, ROM과 RAM의 장점을 동시에 지닌 반도체 메모리이다. 이 절에서는 플래시메모리의 셀 구조와 동작 특성을 알아보고, 플래시메모리의 종류도 살펴본다.

Keywords | NAND 플래시 | NOR 플래시 | USB 메모리 |

플래시메모리(flash memory)에서 '플래시'를 사전에서 찾으면 '일순간' 또는 '빛난다'라는 의미로 되어 있다. 플래시메모리의 플래시는 일순간의 의미와 일치한다. 즉 일순간에 데이터를 소거한다, 또는 일순간에 데이터를 읽고/쓴다, 액세스 속도가 빠르다 등의 의미를 포함한다.

플래시메모리는 1980년대 초에 개발된 반도체 메모리로서 블록 단위로 읽기, 쓰기, 지우기가 가능한 EEPROM의 한 종류이다. 플래시메모리는 전원이 끊겨도 저장된 데이터를 보존(비휘발성)하는 ROM의 장점과 정보의 입출력이 자유로운 RAM의 장점을 동시에 지닌 반도체 메모리이다. 플래시 메모리는 크기가 작고 속도가 빠르며 전력 소모가 적고, CD나 DVD처럼 드라이브를 장착해야 하는 번거로움이 없다. 플래시메모리는 2001년부터 USB 드라이브, thumb 드라이브라는 이름으로 소개되면서 주목을 받기 시작했다. 이후 디지털 캠코더, 휴대전화, 디지털카메라, 개인휴대단말기(PDA), 게임기, MP3 플레이어 등의 휴대용 디지털 기기에 사용되면서 그 사용량이 급격히 증가하기 시작했다.

플래시메모리의 셀 구조

플래시메모리는 FGMOS(Floating Gate MOSFET)라는 특별한 구조의 MOSFET에 전하(electrical charge)를 축적하여 데이터를 기억한다. FGMOS의 구조는 [그림 11-15]와 같이 제어게이트(control gate), 플로팅게이트(floating gate), 드레인(drain), 소스(source)로 구성된다. 2층 구조의 게이트는 위쪽이 제어게이트, 아래쪽이 플로팅게이트이다. 제어게이트와 플로팅게이트 사이의 절연막은 ONO(Oxide-Nitride-Oxide)의 3층

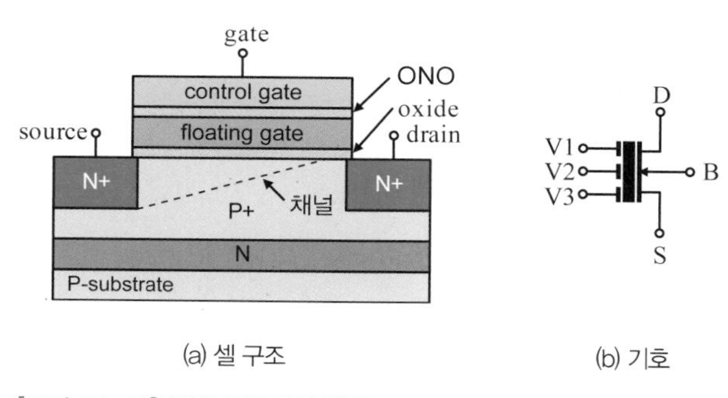

[그림 11-15] 플래시메모리의 셀 구조

구조로 되어 있고, 플로팅게이트 아래에는 매우 얇은 산화막이 있다. 플로팅게이트는 모든 주위가 전기적으로 절연되어 공중에 떠있는(floating) 게이트이며, 제어게이트는 메모리 셀 어레이의 워드 라인(WL : word line)을 겸하는 게이트이다. 플래시메모리는 플로팅게이트에 축적된 전하의 유무에 따라 0과 1의 데이터를 저장하며, 축적된 전하는 전원 공급이 없어도 2~10년 동안 전하를 저장할 수 있다.

제어게이트에 충분한 전압을 인가하면 플로팅게이트에 전자(전하)가 저장된다. 플로팅게이트에 저장된 전자가 많으면 논리 0이 저장되고, 전자가 적거나 없을 경우에는 논리 1이 저장된다. FGMOS가 off 상태에서 on 상태로 변하는 게이트 전압을 문턱전압(threshold voltage) V_T라고 한다. 플로팅게이트에 전자가 있으면 제어게이트에서 나오는 전기장에 영향을 주어 문턱전압이 변경된다. 이와 같이 제어게이트에 특정 전압을 인가하여 그 메모리 셀의 정보를 읽을 때, 플로팅게이트에 있는 전자의 수에 따라 V_T가 다르기 때문에 드레인에서 소스로 전류가 흐르거나 흐르지 않는다. 전류가 흐르면 논리 1, 흐르지 않으면 논리 0으로 해석되는 원리다.

NAND 플래시와 NOR 플래시의 비교

플래시메모리는 NAND 플래시(NAND flash)와 NOR 플래시(NOR flash)로 나누어지는데, 이것은 반도체 칩 내부의 전자회로 형태에 따라 붙인 용어이다. NAND 플래시는 저장 단위인 메모리 셀을 수직으로 배열하고 NOR 플래시는 메모리 셀을 수평으로 배열한다. NAND 플래시는 대용량화에 유리하고 쓰기 및 지우기 속도가 빠른 반면, NOR 플래시는 읽기 속도가 빠른 장점을 갖고 있다. [표 11-2]에는 NAND 플래시와 NOR 플래시를 비교하여 나타냈다.

[표 11-2] NAND 플래시와 NOR 플래시 특성 비교

구 분	NAND 플래시	NOR 플래시
용도	데이터 저장용	프로그램 코드 저장용
읽기 속도	느리다	빠르다
쓰기 속도	빠르다	느리다
지우기 속도	빠르다	느리다
구조	셀이 직렬로 연결, 데이터/주소 통합구조	셀이 병렬로 연결, 데이터/주소 분리구조
액세스 단위	블록	워드 및 바이트
랜덤액세스	Data Read 시 불가능	Data Read 시 가능
불량 섹터	있다	없다
단가	단가 낮음	단가 높음
저장용량	대용량	소용량
사용기기	USB 드라이브, 메모리 카드에 이용	휴대폰, 셋톱박스용 칩에 사용
주도업체	삼성전자, 도시바	인텔, AMD

플래시메모리와 타 메모리의 비교

■ DRAM과 플래시메모리

DRAM은 휘발성이고 고집적도이며 읽기/쓰기가 가능한 메모리이다. DRAM은 데이터 보존을 위해 일정한 전원과 주기적인 재충전을 필요로 한다. DRAM 셀은 한 개의 트랜지스터와 한 개의 커패시터로 구성되지만, 플래시메모리 셀은 한 개의 트랜지스터로만 구성되어 있고 재충전이 필요하지 않기 때문에 집적도가 DRAM보다 높다. 또한 플래시메모리는 등가의 DRAM보다 전력소비가 적다.

■ SRAM과 플래시메모리

SRAM은 휘발성이고 읽기/쓰기가 가능한 메모리이며, 플립플롭으로 구성되기 때문에 집적도는 상대적으로 낮다. 플래시메모리는 읽기/쓰기가 가능한 메모리지만 비휘발성이며, SRAM보다 플래시메모리의 집적도가 훨씬 높다.

■ EPROM, EEPROM과 플래시메모리

EPROM은 고집적도 비휘발성 메모리이지만, 데이터를 지우기 위해서는 시스템으로부터 분리하여 자외선을 사용해야 하며, 특별한 장치를 사용하여 재프로그래밍할 수 있다. EEPROM은 시스템에서 분리하지 않고도 재프로그래밍할 수 있으나 EPROM보다 셀 구조가 복잡하여 집적도가 낮으며 비트 당 가격이 높다. 플래시메모리는 읽기/쓰기가 가능한 메모리이므로 시스템 내에서 쉽게 재프로그래밍할 수 있다. 플래시메모리는 1cell-1Tr.이므로 집적도는 EPROM과 비슷하다. EPROM이나 EEPROM과 마찬가지로 플래시메모리도 전원이 끊어진 상태에서도 데이터를 저장할 수 있는 비휘발성 메모리이다. [표 11-3]에는 각종 메모리의 특성을 비교하여 나타냈다.

[표 11-3] 각종 메모리 특성 비교

구분	비휘발성	In-system 쓰기	High density	Low power	Low cost
DRAM	No	Yes	Yes	No	Yes
SRAM	No	Yes	No	No	No
EPROM	Yes	No	Yes	Yes	Yes
EEPROM	Yes	Yes	No	Yes	No
FLASH	Yes	Yes	Yes	Yes	Yes

플래시메모리의 응용

플래시메모리는 별도의 리더장치 없이 PC에 USB 방식으로 직접 꽂아서 사용할 수 있는 일체형 제품과(USB 드라이브) 별도의 리더기가 있어야 PC와 연결할 수 있는 제품으로 구분된다. 후자의 제품들은 디지털카메라와 PDA 등의 저장장치로 널리 이용되고 있으며 CF, SMC, MS 등이 사용된다.

■ USB 메모리

USB(Universal Serial Bus)란 컴퓨터와 주변기기 사이에 데이터를 주고받을 때 사용하는 버스 규격 중 하나다. 1990년대 후반부터 대부분의 개인용 컴퓨터에 USB 장치를 꽂을 수 있게 됨에 따라 USB는 다른 규격의 버스에 비해 보급률이 매우 높다. USB와 플래시메모리를 결합해 하나의 제품으로 만든 것이 바로 USB 플래시 드라이브(USB flash drive), 흔히 말하는 USB 메모리이다. USB 메모리는 대개 손가락 하나 정도 크기의 막대형 본체에 USB 커넥터가 노출된 형태이다. [그림 11-16]에는 USB 메모리의 구성도를 나타냈는데, 내부는 데이터를 저장하는 플래시메모리 칩, 그리고 커넥터와 메모리 칩 사이에서 데이터 전송을 제어하는 컨트롤러(controller)로 구성되어 있다.

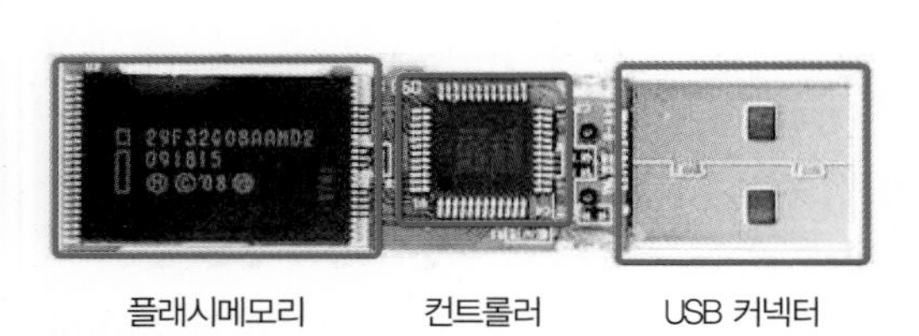

[그림 11-16] USB 메모리 구성도

Tip

USB 버스의 데이터 전송 속도가 향상됨에 따라 USB 메모리의 속도도 점차 향상되었다. 초기 USB 메모리는 최대 12Mbps의 데이터 전송 속도를 갖춘 USB 1.1 규격을 사용했으나, USB 메모리가 대중화되기 시작한 2003년 이후의 제품들은 최대 480Mbps의 USB 2.0 규격을 지원하고 있다. 또한 2010년에는 데이터 전송 속도가 최대 5Gbps인 USB 3.0 규격의 제품도 나오기 시작했다. USB 버스는 기본적으로 하위 호환성을 제공하고 있다. 따라서 하위 규격의 USB 포트에 상위 규격의 USB 메모리를 꽂아도 사용할 수 있으며, 그 반대의 경우도 마찬가지다. 다만 이런 경우 데이터 전송 속도는 하위 규격에 맞춰지게 된다.

■ CF(Compact Flash) 카드

1994년 샌디스크(SanDisk)가 개발한 규격이며, 널리 사용되고 있는 메모리로 크기는 36mm×43mm이다. CF는 두께의 차이로 Type-I과 Type-II로 구분되며, Type-I의 두께는 3.3mm이고 Type-II는 5mm 정도이다. 대부분의 디지털카메라에 사용되는 CF는 Type-I 방식이며, Type-II는 2GB, 4GB, 8GB의 대용량의 마이크로 드라이브(micro drive)에 사용된다. CF에는 컨트롤러가 내장되어 있다.

■ SMC(Smart Media Card) / XD Picture Card

1995년 일본 도시바(Toshiba)가 최초로 규격화하고 CF만큼 널리 사용되었던 메모리로, 크기는

45mm×37mm×0.76mm이다. 사용전압에 따라 +5V용과 +3.3V용으로 구분된다. 최근에 출시되는 모든 SMC는 +3.3V용이며 CF에 비해 메모리 가격이 저렴하다. SMC의 메모리 용량은 최대 128MiB까지만 지원되며, 데이터 전송 속도가 느리고, 내구력이 취약하다는 단점 때문에 2005년에 생산이 중단되고 XD 픽쳐 카드로 대체되었다. XD 픽쳐 카드는 소형화, 경량화되는 플래시메모리 추세에 맞게 올림푸스(Olympus)와 후지(Fuji)가 선택한 차세대 메모리로, 고급형 디지털카메라에 널리 이용된다. 크기는 20mm×25mm×1.7mm이고, 무게는 2g이며, 용량은 최대 8GB까지 지원한다.

(a) CF 카드

(b) 마이크로 드라이브

(c) SMC

(d) XD 픽쳐 카드

[그림 11-17] CF 카드, 마이크로 드라이브, SMC, XD 픽쳐 카드 모양

■ MMC(Multi Media Card)/MMC Micro 메모리/RS-MMC

1997년 샌디스크(SanDisk)와 지멘스(Siemens)가 공동 개발한 메모리로 대용량 데이터를 저장하기 위한 용도로 개발되어 디지털카메라나 PDA 등에 사용되었다. CF와 마찬가지로 컨트롤러를 내장하여 제어가 쉬운 반면 SMC나 SD에 비해 전송 속도는 느리다. MMC는 저가의 장점 때문에 한동안 SD와 공존했지만 저렴한 SD 카드가 대량으로 보급되면서 MMC는 점차 시장에서 모습을 감추게 되었다. 속도를 높인 HS-MMC, 카드 크기를 줄인 RS-MMC(reduced size multi-media card) 및 MMC 마이크로 등이 나오긴 했지만 그다지 많이 보급되지는 못했다.

■ SD(Secure Digital) 카드/미니 SD 카드

1999년 파나소닉(Panasonic), 샌디스크(SanDisk), 도시바(Toshiba)가 공동 개발한 메모리로, 우표 정도의 크기에 2g으로 초경량 제품이다. MMC에 비해 초당 1.25Mbyte로 데이터 전송 속도를 고속화하고 저작권이 보호된 파일의 전송 횟수를 제한하는 규격(Digital Rights Management)을 추가한 것이 특징이다. 기존에 출시된 CF, SMC에 비해 MMC가 휴대성은 뛰어나지만 고가이기 때문에 널리 이용되지 못했다. 이에 보안성과 성능이 우수한 SD 카드가 출시되었는데, 다른 메모리에 비해 견고해서 충격에도 데이터가 안전하게 보존되어 디지털카메라용 메모리로 널리 이용될 수 있었다. 미니 SD 카드(Mini SD Card)는 기존 SD 카드에 비해 크기를 1/2로 줄인 제품이고, 마이크로 SD(또는 Trans Flash)는 미니 SD 카드에 비해 1/4 정도의 크기로 스마트폰 또는 자동차의 블랙박스에 많이 사용되고 있다.

(a) MMC (b) SD 카드

[그림 11-18] MMC, SD 카드 모양

■ MS(Memory Stick)

1998년 소니(sony)에서 50mm×21.5mm, 두께 2.8mm의 규격으로 발표한 메모리로, 자사에서 출시되는 디지털카메라, 바이오노트북, 보이스레코더, PDA 등에 사용된다. 일반적으로 보라색 MS를 사용하지만, 저작권에 민감한 콘텐츠를 저장하는 경우에는 보안 기능을 강화한 흰색 MS를 사용한다. MS Duo는 기존 MS에 비해 1/2 정도의 크기로 소형화한 제품이며, MS Micro는 가장 작은 크기의 제품이다. MS는 용량에 따라 초기 MS는 128MiB, MS Pro는 최대 32GiB까지 지원하며, MS XC는 최대 2TiB까지 지원한다.

(a) MS (b) MS Duo MS Micro

[그림 11-19] MMC, SD 카드 모양

SECTION 05

메모리 확장

여러 개의 메모리 칩을 주소, 데이터 및 제어버스에 연결하여 메모리를 확장할 수 있다. 이 절에서는 메모리를 확장하는 방법인 워드 길이 확장과 워드 용량 확장에 대해 살펴본다.

Keywords | 워드 길이 확장 | 워드 용량 확장 |

현재 사용되는 메모리는 워드 길이(각 주소에 있는 비트의 수)나 워드(주소의 수), 또는 양자 모두를 확장할 수 있다. 적당한 수의 메모리 칩을 주소, 데이터 및 제어버스에 연결하여 메모리를 확장하는 방법에 대하여 살펴보자.

워드 길이 확장

메모리의 워드 길이(word length)를 확장하기 위해서는 데이터버스의 비트 수를 확장해야 한다. [그림 11-20]은 4비트 워드 길이를 가진 16×4 RAM 2개를 이용하여 워드 길이가 8비트인 16×8 RAM을 구성한 예다.

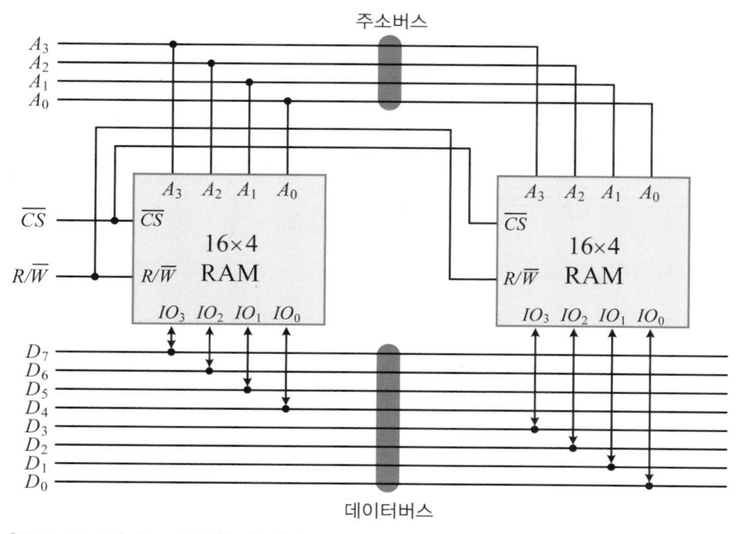

[그림 11-20] 워드 길이 확장(2개의 16×4 RAM을 16×8 RAM으로 확장)

$\overline{CS}$(chip select)는 RAM을 선택하는 입력이며, $R/\overline{W}$(read/write)는 선택된 RAM 칩의 읽기(read)와 쓰기(write) 동작을 제어한다.

$\overline{CS}=1$이면 RAM 칩은 선택되지 않고 출력은 하이 임피던스 상태가 된다. $\overline{CS}=0$이고 $R/\overline{W}=1$이면 주소에 의해 선택된 8비트의 데이터가 출력선을 통하여 출력된다.

연결된 메모리의 주소 수는 각각의 메모리 주소 수와 같은 $16(=2^4)$개이다. 4비트 데이터버스를 갖는 두 메모리의 데이터버스를 결합하여 8비트 데이터버스로 만든다. 주소가 선택되면 각 메모리에서 4비트씩 합쳐 모두 8비트의 데이터가 만들어진다.

예제 11-5

2개의 1K × 8 RAM을 사용하여 1K × 16 RAM을 구성하여라.

풀이

2개의 RAM 칩을 사용하여 16비트의 데이터 입력과 출력을 구성한다. 10개의 주소선, $\overline{CS}$, $R/\overline{W}$ 입력은 2개의 RAM 칩에 공통으로 접속된다. 1K × 16 RAM의 구성도를 [그림 11-21]에 나타냈다.

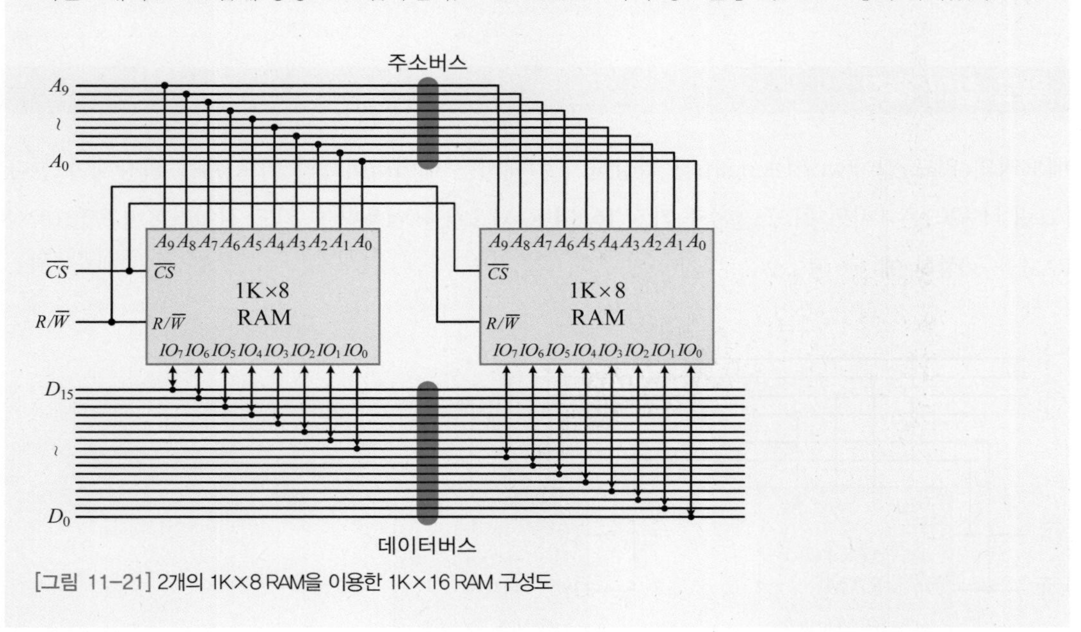

[그림 11-21] 2개의 1K×8 RAM을 이용한 1K×16 RAM 구성도

워드 용량 확장

메모리 설계 시 원하는 워드 용량을 하나의 RAM 칩으로 구성할 수 없는 경우가 많은데, 이런 경우에는 여러 개의 RAM 칩을 사용하여 주소 수를 증가시킴으로써 구성할 수 있다. [그림 11-22]는 16×4 RAM 2개를 사용하여 32×4 RAM을 구성한 예다. 메모리 모듈의 전체 용량이 32×4이므로 32개의 서로 다른 주소가 존재한다. 이것은 5비트의 주소버스를 필요로 하는데, 기존의 4비트 주

소 버스에 추가로 하나의 주소버스가 더 필요하다. 상위 주소선 A_4는 2개의 RAM 중 하나를 선택할 수 있도록 동작한다. 다른 주소선 $A_3 \sim A_0$는 선택된 RAM 모듈에 대해서 16개의 메모리 중 하나를 선택할 때 사용된다.

$A_4 = 0$일 때, 오른쪽 RAM #0의 $\overline{CS}$는 읽거나 쓰기가 가능하도록 칩을 인에이블(enable)시킨다. 나머지 4개의 주소선 $A_3 \sim A_0$들은 원하는 위치를 선택하기 위해 $0000_{(2)}$에서 $1111_{(2)}$까지의 범위를 갖는다. 따라서 오른쪽 RAM #0의 주소공간 범위는 다음과 같다.

$$A_4 A_3 A_2 A_1 A_0 = 00000_{(2)} \sim 01111_{(2)} = 00_{(16)} \sim 0F_{(16)}$$

$A_4 = 1$일 때, 왼쪽 RAM #1의 $\overline{CS}$는 읽거나 쓰기가 가능하도록 칩을 인에이블시킨다. 따라서 왼쪽 RAM #1의 주소공간 범위는 다음과 같다.

$$A_4 A_3 A_2 A_1 A_0 = 10000_{(2)} \sim 11111_{(2)} = 10_{(16)} \sim 1F_{(16)}$$

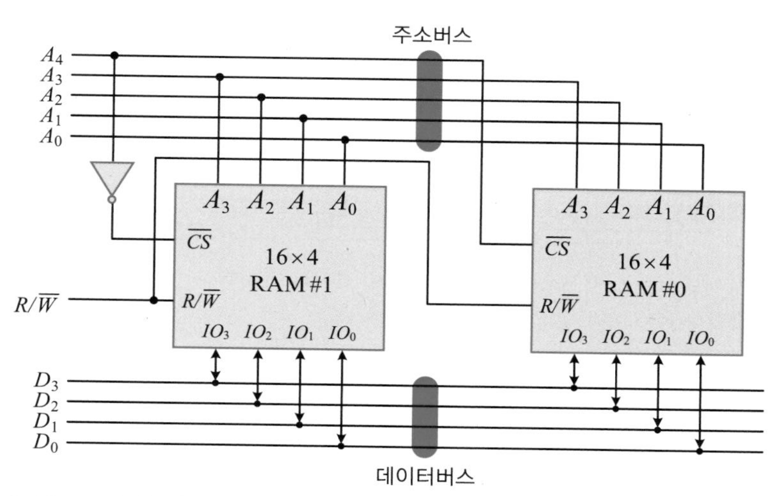

[그림 11-22] 워드 용량 확장(2개의 16×4 RAM을 이용하여 32×4 RAM으로 확장)

예제 11-6

1K×8 RAM 4개를 사용하여 4K×8 RAM을 구성하여라.

풀이

4K를 구성하기 위한 12개의 주소선 중 하위 10개의 주소선은 모든 RAM 칩에 공통으로 접속된다. 2×4 디코더의 4개의 출력은 각각 RAM 칩의 $\overline{CS}$ 입력에 접속된다. 여기서 디코더는 active-low로 동작한다고 가정한다. 디코더의 $\overline{E}$(enable) 입력이 논리 1이면 메모리가 디스에이블(disable)되어, 디코더의 4개 출력은 모두 1(High)이 되며 RAM 칩은 선택되지 않는다.

디코더가 인에이블되면($\overline{E}$=0) A_{11}, A_{10}의 2개의 주소선에 의해 4개의 RAM 칩이 선택된다. 만약 $A_{11}A_{10}$=00이면 RAM #0이 선택되고, 10개의 하위 주소선(A_9~A_0)에 의해 0~1023($000_{(16)}$~$3FF_{(16)}$)의 메모리 주소가 선택된다. $A_{11}A_{10}$=01이면 RAM #1이 선택되어 1024~2047($400_{(16)}$~$7FF_{(16)}$)의 메모리 주소가 선택된다. 또 $A_{11}A_{10}$=10이면 RAM #2가 선택되어 2048~3071($800_{(16)}$~$BFF_{(16)}$)의 메모리 주소가 선택되고 마지막으로 $A_{11}A_{10}$=11이면 RAM #3이 선택되어 3072~4095($C00_{(16)}$~$FFF_{(16)}$)의 메모리 주소가 선택된다.

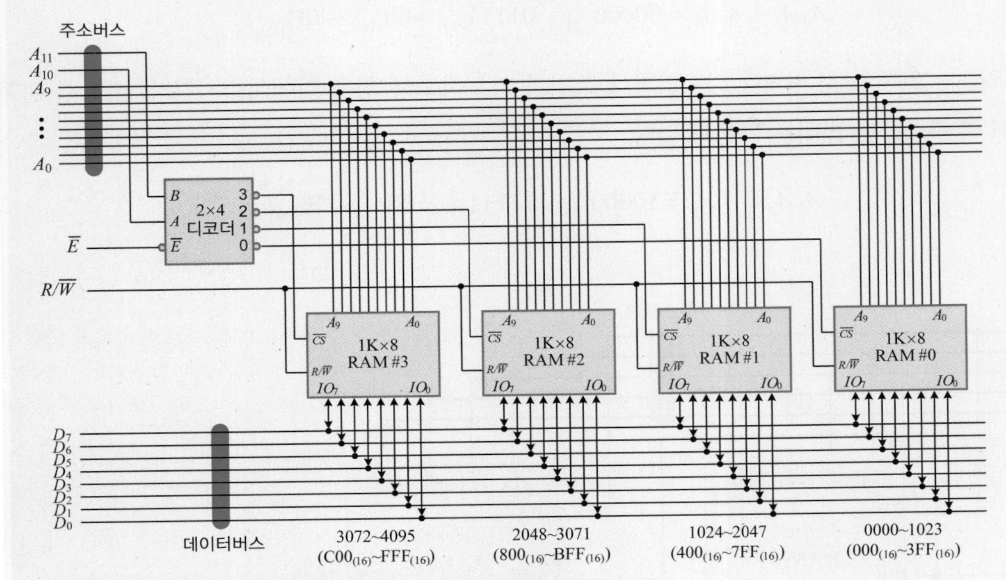

[그림 11-23] 4개의 1K×8 RAM을 이용한 4K×16 RAM 구성도

CHAPTER

11 연습문제

주관식 문제(기본~응용회로 대비용)

1 다음과 같은 메모리 장치에서 주소선의 수와 데이터선의 수를 각각 구하여라.

① 2K×16 ② 64K×8 ③ 16M×32 ④ 96K×12

2 한 워드의 길이가 32비트이며, 8,192워드 용량을 가진 메모리 장치가 있다. MAR과 MBR을 구성하는 데 플립플롭이 몇 개 필요한가? 또 MAR이 15비트인 경우에는 메모리 장치의 용량은 얼마인가?

3 8K×8의 용량이 필요한 메모리 회로가 있다. 2K×8 PROM을 결합하여 이 회로를 구성하려고 한다. PROM 칩이 몇 개 필요한가? 그때 필요한 주소버스 라인은 몇 개인가?

4 1K×8(=1024×8)의 용량을 갖는 메모리 IC가 있다.

① 이 메모리 IC에는 주소선과 데이터선의 수는 각각 몇 개인가?

② 16K×16 RAM을 구성하려면 메모리 IC는 몇 개 필요한가? 또 이 경우에 주소선과 데이터선의 수는 각각 몇 개인가?

5 주어진 목적에 적합한 메모리의 종류를 〈보기〉에서 골라 답하여라. 어떤 설명은 한 가지 이상의 메모리 형태에 해당할 수 있다.

〈보기〉 SRAM, 마스크 ROM, PROM, EPROM, EEPROM, 플래시메모리

① 프로그램 실행 상 수시로 데이터를 쓰고 읽기 위한 working memory

② 영구적인 프로그램 저장

③ 개발 단계에서 프로그램 저장

④ 사용자가 프로그래밍할 수 있으나 지울 수 없다.

⑤ 제작자가 프로그래밍한다.

⑥ 휘발성이다.

⑦ 반복해서 지우고 다시 프로그래밍 할 수 있다.

⑧ 각 워드 단위로 지우고 다시 쓸 수 있다.

6 다음 논리식 4개를 구현하는 8×4 ROM에 대한 진리표를 구하여라. 여기서 m은 최소항의 번호를 나타낸다.

$W(A,B,C)=\sum m(1,2,4,6)$ $X(A,B,C)=\sum m(0,1,6,7)$

$Y(A,B,C)=\sum m(2,6)$ $Z(A,B,C)=\sum m(1,2,3,5,7)$

7 3비트 2진수를 입력하여 입력의 제곱에 해당하는 2진수를 출력하는 조합논리회로를 ROM을 사용하여 구현하여라.

8 64K×4 ROM을 확장하여 64K×16 ROM을 구성하기 위한 외부 연결을 나타내어라.

9 64K×8 ROM 4개와 디코더를 사용하여 256K×8 ROM을 구성하기 위한 외부 연결을 나타내어라.

CHAPTER

11 기출문제

객관식 문제(산업기사 대비용)

01 컴퓨터에서 MAR(memory address register)의 역할은?

㉮ 수행되어야 할 프로그램의 주소를 가리킨다.
㉯ 메모리에 보관된 내용을 누산기(accumulator)에 전달하는 역할을 한다.
㉰ 고급수준 언어를 기계어로 변환해 주는 일종의 소프트웨어이다.
㉱ CPU에서 기억장치 내의 특정주소에 있는 데이터나 명령어를 인출하기 위해 그 주소를 기억하는 역할을 한다.

02 MAR은 자료를 기억할 주소를 저장하는 레지스터인데 자료를 기억하거나 읽는 자료를 받는 레지스터는?

㉮ PC ㉯ MBR
㉰ IR ㉱ Accumulator

03 메모리에 새로운 워드를 저장시키려 한다. 올바른 순서는?

㉠ MBR의 데이터를 메모리로 전송 ㉡ write 제어신호 작동 ㉢ 지정된 워드의 주소를 MAR로 전송

㉮ ㉠-㉡-㉢ ㉯ ㉢-㉡-㉠
㉰ ㉠-㉢-㉡ ㉱ ㉢-㉠-㉡

04 1024×8비트 ROM의 경우 최소한 몇 개의 address line이 필요한가?

㉮ 8개 ㉯ 9개
㉰ 10개 ㉱ 11개

05 한 워드가 8비트이고 총 32개의 워드를 저장하는 ROM이 있다. 입력 주소선은 몇 개 필요한가?

㉮ 4개 ㉯ 5개
㉰ 8개 ㉱ 32개

06 어떤 컴퓨터의 메모리 용량이 4096워드(word)이다. MAR(memory address register)은 몇 bit로 구성하면 좋은가? (단, 8bit/word이다.)

㉮ 10비트 ㉯ 12비트 ㉰ 14비트 ㉱ 16비트

07 어떤 메모리가 4K×8의 용량을 가지고 있으며, word size가 8일 때 이 메모리를 모두 지정하기 위한 어드레스 선(address line)의 수는?

㉮ 8비트 ㉯ 10비트 ㉰ 12비트 ㉱ 16비트

08 데이터 단위가 8비트인 메모리에서 용량이 8192byte인 경우 어드레스 핀은 몇 개인가?

㉮ 12개 ㉯ 13개 ㉰ 14개 ㉱ 15개

09 컴퓨터 주기억장치의 용량이 256MB라면 주소 버스는 최소한 몇 bit여야 하는가?

㉮ 24bit ㉯ 26bit ㉰ 28bit ㉱ 30bit

10 14개의 어드레스 비트는 몇 개의 메모리 장소 내용을 리드(read)할 수 있는가?

㉮ 14개 ㉯ 140개
㉰ 16384개 ㉱ 32768개

11 어떤 컴퓨터에서 MAR(memory address register)이 12비트로 되어 있다면 메모리 장치가 포함할 수 있는 워드 수는 모두 몇 개인가?

㉮ 1024개 ㉯ 4096개
㉰ 16384개 ㉱ 65536개

12 메모리 용량이 2048×16이라고 하면 MAR과 MBR은 각각 몇 비트인가? (단, MAR: memory address register, MBR: memory buffer register)

㉮ MAR: 11, MBR: 16
㉯ MAR: 12, MBR: 16
㉰ MAR: 11, MBR: 8
㉱ MAR: 12, MBR: 8

13 어떤 메모리가 8K×8 크기를 가질 때 데이터의 입출력선과 어드레스 선은 몇 개인가?

㉮ 입출력선: 8, 어드레스선: 13
㉯ 입출력선: 8, 어드레스선: 8
㉰ 입출력선: 4, 어드레스선: 8
㉱ 입출력선: 4, 어드레스선: 13

14 32×16 RAM을 구성하기 위해서는 4×4 RAM 칩 몇 개가 필요한가?

㉮ 16개 ㉯ 32개 ㉰ 40개 ㉱ 64개

15 4096×1bit의 반도체 메모리 RAM 칩을 이용하여 16Kbyte의 기억장치를 구성하기 위해 필요한 가장 적당한 칩의 수는?

㉮ 16개 ㉯ 32개
㉰ 64개 ㉱ 128개

16 256×4비트의 구성을 갖는 메모리 IC(집적회로)를 사용하여 4096×16비트 메모리를 구성하려고 한다. 몇 개의 IC가 필요한가?

㉮ 16개 ㉯ 32개
㉰ 64개 ㉱ 128개

17 어떤 RAM이 8비트로 된 주소버스와 4비트로 된 입출력 자료 버스를 가지고 있다면 이 RAM의 용량은?

㉮ 512비트 ㉯ 1024비트
㉰ 2048비트 ㉱ 4096비트

18 입력 주소선이 10개, 출력 데이터선이 8개인 ROM의 기억용량은?

㉮ 256byte ㉯ 1024byte
㉰ 2048byte ㉱ 8192byte

19 16bit 데이터버스와 10bit 주소버스를 갖고 있는 마이크로프로세서에 연결될 수 있는 최대 메모리 용량은?

㉮ 1024byte ㉯ 2048byte
㉰ 4096byte ㉱ 8192byte

20 주소선의 수가 12개이고 데이터선의 수가 8개인 ROM의 내부 조직을 나타내는 것은?

㉮ 2K×8 ㉯ 3K×8
㉰ 4K×8 ㉱ 12K×8

21 어떤 컴퓨터의 주소 레지스터(address register)가 16비트일 때 최대 주소지정 가능한 용량은?

㉮ 256K ㉯ 64K ㉰ 32K ㉱ 16K

22 주소 신호가 n개일 때, 주기억 용량은?

㉮ $2n$ ㉯ 2^n ㉰ n^2 ㉱ 10^{2n}

23 10개의 입력선과 16개의 출력선을 갖는 ROM이 있다. 이 ROM의 전체 비트 수는?

㉮ 10×16 ㉯ $2^{10}\times16$
㉰ 10×2^{16} ㉱ $2^{10}\times2^{16}$

24 $2^{12}\times6$ ROM이 있다. 이 ROM의 입력신호와 1 word당 비트 수는?

㉮ 2개, 12비트 ㉯ 6개, 6비트
㉰ 6개, 12비트 ㉱ 12개, 6비트

25 7K word 메모리의 실제 word 수는?

㉮ 1024개 ㉯ 4096개 ㉰ 7168개 ㉱ 8192개

26 어떤 마이크로컴퓨터의 기억 용량이 64Kbyte이다. 이 마이크로컴퓨터의 메모리 수와 필요한 주소선의 수는? (단, 메모리 1개의 용량은 1byte이다.)

㉮ 2^{16}개, 16 line ㉯ 2^{64}개, 64 line
㉰ 2^{64}개, 16 line ㉱ 2^{16}개, 64 line

27 그림과 같이 256×8 RAM 칩의 주소를 A_0~A_7로 지정하고 RAM1을 A_8로, RAM2를 A_9로 CS에 연결하여 칩 선택 신호로 사용할 때, A_8=1이면 RAM1칩이 선택되고, 주소범위는 $100_{(16)}$ ~ $1FF_{(16)}$가 된다. A_9=1이면 RAM2 칩이 선택되도록 할 때, RAM2에 할당되는 주소범위는?

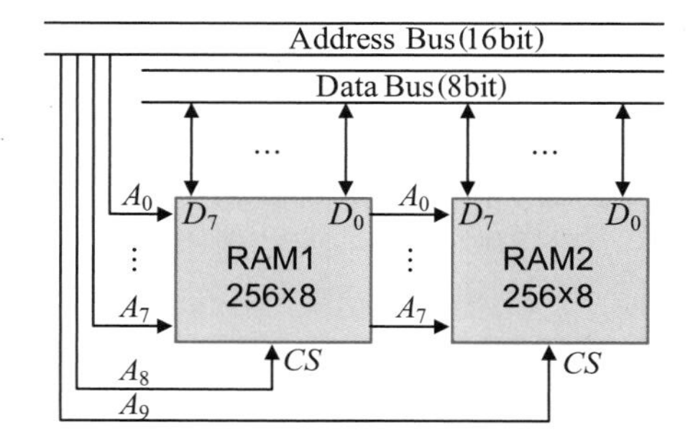

㉮ $100_{(16)}$~$1FF_{(16)}$ ㉯ $200_{(16)}$~$2FF_{(16)}$
㉰ $300_{(16)}$~$3FF_{(16)}$ ㉱ $400_{(16)}$~$4FF_{(16)}$

28 컴퓨터의 주 메모리(main memory)장치에 널리 사용되는 것은?

㉮ 자기 테이프 ㉯ 플로피 디스크
㉰ 하드 디스크 ㉱ 반도체 IC 메모리

29 메모리 계층(hierarchy)에서 캐시메모리로 주로 사용되는 것은?

㉮ ROM ㉯ DRAM
㉰ SRAM ㉱ VRAM

30 반도체 기억소자와 관련이 없는 것은?

㉮ 자기코어 ㉯ 플립플롭
㉰ EPROM ㉱ RAM

31 반도체 기억소자 ROM에 대한 설명 중 옳지 않은 것은?

㉮ 전원이 나가면 기록된 내용이 지워진다.
㉯ 제조 과정에서 하드웨어적으로 프로그래밍된다.
㉰ 정보의 write는 불가능하고, 단지 read만 가능하다.
㉱ 기억내용을 수시로 바꾸어야 하는 곳에는 사용할 수 없다.

32 ROM과 RAM의 차이점을 설명한 것으로 틀린 것은?

㉮ RAM은 휘발성 메모리라고 한다.
㉯ 어느 ROM이나 한 번 쓰면 지울 수 없다.
㉰ RAM은 동적 RAM과 정적 RAM으로 나눌 수 있다.
㉱ ROM의 종류에는 EPROM, EEPROM, PROM 등이 있다.

33 ROM에 대한 설명 중 옳지 않은 것은?

㉮ 내용을 읽어내는 것만 가능하다.
㉯ 기억된 내용을 임의로 변경시킬 수 없다.
㉰ 주로 마이크로프로그램과 같은 제어 프로그램을 기억시키는 데 사용한다.
㉱ 사용자가 작성한 프로그램이나 데이터를 기억시켜 처리하기 위해 사용하는 메모리이다.

34 기억 상태를 읽는(read) 동작만 할 수 있는 메모리로 알맞은 것은?

㉮ SRAM ㉯ DRAM
㉰ register ㉱ ROM

35 한번 기록한 데이터를 빠른 속도로 읽을 수 있지만 다시 기록할 수 없는 메모리는?

㉮ SRAM ㉯ ROM
㉰ 레지스터 ㉱ DRAM

36 마이크로컴퓨터에서 지워지면 안 되는 시스템 프로그램을 기억시키는 소자는?

㉮ RAM ㉯ ROM
㉰ CD-ROM ㉱ Disc

37 단일 IC패키지에 OR 게이트와 디코더를 기본으로 포함하는 것은?

㉮ 카운터 ㉯ ROM
㉰ TTL ㉱ MOS

38 ROM IC의 특징을 설명한 것 중 옳지 않은 것은?

㉮ Mask ROM: 반도체 공장에서 내용이 기입된다.
㉯ PROM: PROM writer로 기입되고 내용을 지울 수 없다.
㉰ EPROM: 자외선을 조사하면 내용을 지울 수 있다.
㉱ EPROM: refresh 회로가 필요하다.

39 대용량 메모리를 내장한 제품 중 프로그램되어 있는 ROM은?

㉮ PROM ㉯ mask ROM
㉰ EPROM ㉱ EAROM

40 동일한 데이터 배열이 대량으로 요구되는 경우 경제성을 위하여 제조 공정 시 만들어 내는 ROM은?

㉮ mask ROM ㉯ PROM
㉰ EPROM ㉱ EEPROM

41 반도체 기억소자로서 기억된 내용을 자외선을 이용하여 지우고 다시 사용할 수 있는 메모리 소자는?

㉮ SRAM ㉯ DRAM
㉰ EPROM ㉱ flash memory

42 전원 공급이 중단되어도 내용이 지워지지 않으며 전기적으로 삭제하고 다시 쓸 수도 있는 기억장치는?

㉮ SRAM ㉯ PROM
㉰ EPROM ㉱ EEPROM

43 다음 메모리 중 휘발성(소멸성) 메모리 소자는?

㉮ RAM ㉯ ROM
㉰ PROM ㉱ EPROM

44 RAM(Random Access Memory)의 특징으로 가장 옳은 것은?

㉮ 데이터 입출력의 고속 처리
㉯ 데이터 입출력의 순서적 처리
㉰ 데이터 입출력의 내용 기반 처리
㉱ 데이터 기억공간의 확장 처리

45 RAM에 대한 설명 중 옳지 않은 것은?

㉮ RWM이라고도 한다.
㉯ 등속 호출 기억장치이다.
㉰ 별도의 read 및 write 선이 있다.
㉱ 전원이 나가도 기억된 정보는 소실되지 않는다.

46 다음은 SRAM에 관한 설명이다. 가장 옳지 않은 것은?

㉮ refresh 회로가 필요 없다.
㉯ 메모리 집적도가 DRAM보다 높다.
㉰ 전원이 공급되는 동안에는 내용을 유지한다.
㉱ 속도가 DRAM보다 빠르다.

47 SRAM과 DRAM을 설명한 것으로 옳은 것은?

㉮ SRAM은 재충전이 필요 없는 메모리이다.
㉯ DRAM은 SRAM에 비해 속도가 빠르다.
㉰ SRAM의 소비전력이 DRAM보다 낮다.
㉱ DRAM의 메모리 셀은 플립플롭으로 구성되어 있다.

48 SRAM과 DRAM의 차이를 설명한 것 중 옳지 않은 것은?

㉮ DRAM이 SRAM보다 집적도가 크다.
㉯ SRAM이 DRAM보다 기억 용량이 크다.
㉰ DRAM에는 리플레시(refresh)신호가 필요하다.
㉱ 리플레시 신호는 마이크로프로세서의 클록(clock)으로 만들어진다.

49 RAM은 SRAM과 DRAM으로 나누는데 이들의 차이점은?

㉮ 읽고 쓸 수 있다.
㉯ 쓸 수는 없으나 읽을 수는 있다.
㉰ DRAM은 refresh가 필요하다.
㉱ SRAM은 refresh가 필요하다.

50 다음의 회로가 나타내는 것은?

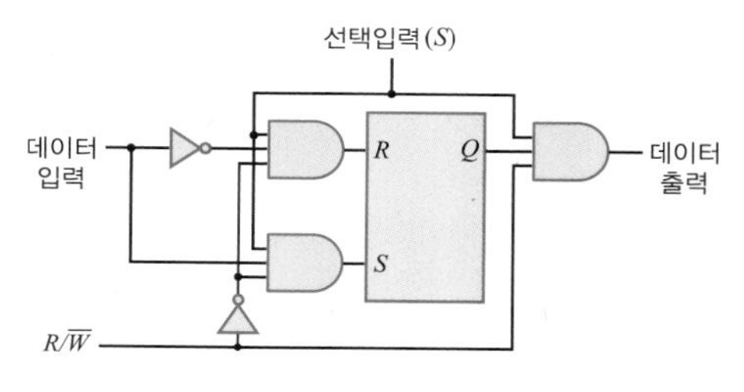

㉮ memory cell
㉯ ROM(Read Only Memory)
㉰ PLA(Programmable Logic Array)
㉱ magnetic core

51 다음 기억장치 중 전원을 껐다가 켜면 내용이 소멸되는 것은?

㉮ EPROM ㉯ PLA
㉰ SRAM ㉱ 자기디스크

52 플립플롭 구조를 단위 소자의 구조로 하여 이루어진 기억장치용 IC는?

㉮ DRAM ㉯ SRAM
㉰ PROM ㉱ EPROM

53 전원 공급이 계속되더라도 주기적으로 충전시키지 않으면 기억된 내용이 모두 소멸하는 기억장치는?

㉮ ROM ㉯ RAM
㉰ DRAM ㉱ SRAM

54 각 비트(bit)를 전하(charge)의 형태로 저장하며, 주기적으로 재충전(refresh)을 필요로 하는 기억장치는?

㉮ SRAM ㉯ DRAM
㉰ PROM ㉱ EPROM

55 SRAM에 비해 DRAM의 특징이 아닌 것은?

㉮ 가격이 저렴하다.
㉯ 전력소모가 적다.
㉰ 동작 속도가 빠르다.
㉱ 단위 면적당 기억용량이 크다.

56 다음 중 DRAM에 대한 설명으로 맞는 것은?

㉮ 플립플롭 회로를 사용하여 만들어졌다.
㉯ 모든 메모리 유형 중에서 가장 빠르다.
㉰ 일반적으로 CPU의 레지스터나 캐시메모리에 만 사용된다.
㉱ 저장된 데이터를 유지하기 위해 계속적으로 데이터를 새롭게 하는 것이 필요하다.

57 DRAM에 대한 설명 중 옳지 않은 것은?

㉮ SRAM에 비해서 집적도가 높다.
㉯ 기억된 정보를 보관하기 위해 주기적인 refresh 가 필요하다.
㉰ 일반적으로 SRAM에 비하여 메모리 접근 속도가 느리다.
㉱ 캐시메모리에 주로 사용된다.

58 전원이 끊겨도 저장된 정보가 지워지지 않기 때문에 휴대전화, 디지털카메라 등에 널리 사용되는 것은?

㉮ EPROM ㉯ SRAM
㉰ DRAM ㉱ flash memory

59 읽고 쓰기가 가능하고 전원이 소멸되어도 기억된 내용이 지워지지 않는 RAM과 같은 ROM은?

㉮ 캐시메모리 ㉯ 플래시메모리
㉰ 가상메모리 ㉱ 연상기억장치

60 전기적으로 데이터를 지우고 다시 기록할 수 있는 비휘발성 컴퓨터 기억장치로, 여러 구역으로 구성된 블록 안에서 지우고 쓸 수 있는 것은?

㉮ EEPROM ㉯ 플래시메모리
㉰ PROM ㉱ DRAM

1. ㉱	2. ㉯	3. ㉱	4. ㉰	5. ㉯	6. ㉯	7. ㉰	8. ㉯	9. ㉰	10. ㉰
11. ㉯	12. ㉮	13. ㉮	14. ㉯	15. ㉯	16. ㉰	17. ㉯	18. ㉯	19. ㉯	20. ㉰
21. ㉯	22. ㉯	23. ㉯	24. ㉱	25. ㉰	26. ㉮	27. ㉯	28. ㉱	29. ㉰	30. ㉮
31. ㉮	32. ㉯	33. ㉱	34. ㉱	35. ㉯	36. ㉯	37. ㉯	38. ㉱	39. ㉯	40. ㉮
41. ㉰	42. ㉱	43. ㉮	44. ㉮	45. ㉱	46. ㉯	47. ㉮	48. ㉯	49. ㉰	50. ㉮
51. ㉰	52. ㉯	53. ㉰	54. ㉯	55. ㉰	56. ㉱	57. ㉱	58. ㉱	59. ㉯	60. ㉯

[1] A.P. Malvino and D.P. Leach, 『Digital Principles and Applications, 4th Ed.』, McGraw Hill, 1986.

[2] M.M. Mano, 『Computer Engineering : Hardware Design』, Prentice Hall, 1988.

[3] W. Kleitz, 『Digital Electronics, 6th Ed.』, Prentice Hall, 2001.

[4] R.J. Tocci and N.S. Widmer, 『Digital Systems : Principles and Applications, 9th Ed.』, Prentice Hall, 2003.

[5] Alan B. Marcovitz, 『Introduction to Logic Design』, McGraw Hill, 2002.

[6] Charles H. Roth Jr., 『Fundamentals of Logic Design, 5th Ed.』, Thomson, 2003.

[7] Thomas L. Floyd, 『Digital Fundamentals, 8th Ed.』, Prentice Hall, 2002.

[8] D. Ercefovac, T. Lang, 『Digital Arithmetic』, Morgan Kaufmann, 2004.

[9] 임석구, 홍경호, 『IT CookBook, 디지털 논리회로(개정3판)』, 한빛아카데미, 2015.

[10] 박송배, 『디지털 회로의 원리와 응용』, 광문각, 2006.

[11] 김성락, 남시병, 임혜진, 『디지털 시스템』, 정익사, 2002.

[12] 이두성, 김선형, 임혜진, 허기중, 이홍석, 『디지틀 실험 및 응용』, 청문각, 2001.

[13] 정차근, 조경록, 『디지털 논리 설계』, 도서출판 미래컴, 2001.

[14] 김선화, 여태경, 『교실밖 수학여행』, ㈜사계절출판사, 2001.

[15] 앙드레 주에트 저, 김보현 역, 『수의 비밀(Le Secret Des Nombres)』, 이지북, 2001.

[16] Texas Instrument, 『TTL Data Book』, 2003.

Index

기호

숫자

A | B | C

D | E | F | G

Index

Index

Index